昆虫生态学研究与应用

张润杰　张古忍　张文庆　编

科学出版社

北京

内 容 简 介

本书从昆虫个体、种群、群落、生态系统（含景观和区域生态系统）、全球变化和生物技术 6 个方面介绍昆虫生态学研究与应用的理论、研究方法和应用技术。在介绍经典昆虫生态学研究方法的基础上，按照昆虫生态学的特点，精选了国内外近年发展起来的、应用较为普遍的昆虫生态学研究新理论、新技术和新方法加以介绍。全书共分 6 章，前 3 章分别从昆虫个体生态学、昆虫种群生态学和昆虫群落生态学介绍相应的研究与应用，后 3 章则介绍"生态系统中昆虫的研究与治理""全球气候变化条件下的昆虫研究与控制""现代生物技术在昆虫学研究中的应用"。书中各章节在介绍相关生态学理论和应用技术的基础上，还选编了相应的研究实例，以加深读者对相关内容的理解。每章后附有复习题，书后附有参考文献，方便读者阅读理解。

本书可作为综合性大学和高等农林院校研究生的教材，也可供相关专业的研究生、教师及科研人员参考阅读。

图书在版编目（CIP）数据

昆虫生态学研究与应用/张润杰，张古忍，张文庆编. —北京：科学出版社，2017.4

ISBN 978-7-03-051967-2

Ⅰ. ①昆…　Ⅱ. ①张…　②张…　③张…　Ⅲ. ①昆虫学-动物生态学-研究　Ⅳ. ①Q968.1

中国版本图书馆 CIP 数据核字（2017）第 042804 号

责任编辑：席　慧　文　茜 / 责任校对：李　影
责任印制：张　伟 / 封面设计：铭轩堂

科 学 出 版 社 出版
北京东黄城根北街 16 号
邮政编码：100717
http://www.sciencep.com

北京凌奇印刷有限责任公司 印刷
科学出版社发行　各地新华书店经销
＊

2017 年 4 月第　一　版　　开本：787×1092　1/16
2023 年 7 月第六次印刷　　印张：21 3/4
字数：560 000

定价：118.00元
（如有印装质量问题，我社负责调换）

前　言

生态学由于与环境、经济及社会发展紧密联系，使它超越了其最初的生物学和地理学范畴，继而成为研究生物、环境、资源及人类相互作用的应用基础学科。20世纪后半叶以来，人类活动对地球和生物圈的负面影响上升到了新的层面，已经威胁到了可持续发展及人类本身的生存。人与自然必须协调发展的思想，以及发展经济必须与保护自然环境和生物多样性同步的观点，已经被人们接受。

昆虫生态学作为生态学的一个分支学科，在100多年尤其是近60年的发展进程中，紧密跟随学科的发展前沿，密切联系生产实际，取得了举世瞩目的成就。20世纪30年代前后，生态学沿着种群生态和群落生态两个主要方向发展。六七十年代，种群动态成为种群生态研究的重要问题，在种群数量变化及其预测的研究与实践中得到发展；群落生态提出了各种群落指标，群落结构的描述和分析方法迅速发展。随着系统科学的形成、普及和不断进步，种群生态提出了种群调节和控制的研究方向，并逐步形成理论与实际紧密联系的种群生态学；群落生态学与系统科学相联系，建立了系统生态学；另外，以生态系统作为研究对象，形成了生态系统生态学。80年代，计算机科学和工程系统学促使昆虫种群数学生态学中的数学描述、数学模拟及最优化飞速发展；90年代，昆虫生态学与其他学科及昆虫学内各分支学科间相互渗透、交叉和综合，产生了许多交叉学科，如昆虫行为生态学、昆虫分子生态学、昆虫化学生态学、昆虫信息生态学等。进入21世纪以来，现代生物技术和全球变化与昆虫生态学相互结合，使研究的范围向微观和宏观两极展开，形成了量子水平→分子水平→细胞→组织→器官→个体→种群→生态系统→生物圈等许多层次，并在现代生物技术影响和全球变化情景下，昆虫生态学研究取得了巨大进步。面对21世纪人口、资源、环境的挑战，昆虫生态学在学科领域与害虫防治实践中将发挥越来越重要的作用。

中山大学昆虫学研究所和有害生物控制与资源利用国家重点实验室是蒲蛰龙院士亲手创立的昆虫学研究和人才培养基地。近60年来，它在科学研究、研究生培养与教学实践中取得了举世瞩目的成就，积累了丰富的材料和经验。我们在总结这些材料和经验的基础上，结合国内外昆虫生态学的最新发展，编写了本书。它的指导思想是系统地向研究生介绍昆虫生态学研究的新思想、新理论、新方法及其在生产中的新应用，在内容结构上共有6章，分别是"昆虫个体生态学研究与应用""昆虫种群生态学研究与应用""昆虫群落生态学研究与应用""生态系统中昆虫的研究与治理""全球气候变化条件下的昆虫研究与控制""现代生物技术在昆虫学研究中的应用"。

本书在编写过程中，得到中山大学研究生院、生命科学学院研究生工作部、蒲蛰龙科学基金、有害生物控制与资源利用国家重点实验室和中山大学昆虫学研究所的大力支持，科学出版社积极支持本书出版，对席慧等负责本书的编辑，在此一并致谢。本书参考了国内外相关的专著、教材等文献资料，我们在此对相关作者深表敬意。由于昆虫生态学涉及的内容广泛，而编者收集的文献不够全面，不足之处在所难免，希望读者予以批评指正。

编　者

2016年5月30日

目　录

第一章　昆虫个体生态学研究与应用

第一节　环境及其对昆虫的影响

一、环境与环境胁迫

环境（environment）是指生物有机体赖以生存的所有因素和条件的综合，指某一特定生物群体外的空间、直接或间接影响该生物群体生存的一切事物的总和。在生物科学中，环境是指生物的栖息地，以及直接或间接影响生物生存和发展的各种因素。

环境是由相应的因素（因子）和条件组成。环境因素（environment factor）是指直接参加生物有机体物质和能量循环的组成部分。例如，绿色植物的生存需要一定的光、二氧化碳、水、氧，以及氮、磷、钾、钙、镁、铁等营养元素，称为绿色植物的环境因素。环境条件（environment condition）是指为环境因素提供物质和能量基质的组成部分。例如，为绿色植物提供物质和能量的地质、地貌、水文、土壤、气候等，称为绿色植物的环境条件。

环境可按其性质分为非生物因素、生物因素、居住地土壤等。

环境胁迫：生物学意义上的胁迫是指环境对生物的一种逼迫和压力状态。胁迫因子是指超出正常变动范围的生态因子。这些胁迫因子影响了生物的生长发育、生存及生理功能。环境因子胁迫类型大体分为四类：气候因子（极端的温度、干旱、洪涝、强光和辐射等）、基质因子（极端pH、矿物质或微量元素的严重缺乏等）、非自然的污染因子（有害气体、有毒重金属、农药等）、生物因子（病原物、防御性的化学物质等）。温度胁迫是指生物对正常生存温度之外的温度反应，包括低温胁迫、高温胁迫和高低温交叉胁迫。对很多昆虫来说，快速冷驯化可以使它们免于遭受过冷却点（super cooling point，SCP）以上的低温伤害；高温驯化使昆虫能耐受更高温度的胁迫，并获得较强的耐热性。果蝇热胁迫后冷锻炼对其存活影响的研究结果表明，果蝇的温度胁迫中存在交叉保护效应，冷锻炼能增加果蝇的抗热性，温和的热锻炼能提高其抗寒性。对于相同的物种，研究者发现经冷锻炼后能提高高温胁迫条件下生物的存活率。人们对变温动物在温度胁迫下生存和适应策略进行了大量研究，发现暴露在极端温度下的昆虫会产生不同反应，或通过行为上的逃跑来躲避，或通过形态学、生活史及生理特征的改变来适应。当前研究较多的胁迫因子主要是昆虫的抗药性、对极端温度的适应性及对植物防御的适应性等。

二、温度对昆虫的影响及估算有效积温的正弦模型

（一）温度对昆虫的影响

1. 温度与昆虫的发生世代数

大多数种类可以用有效积温的方法来计算它在各个地区的发生代数，我国北部地区

代数少而南部地区代数多，即低纬度代数多而高纬度代数少。以黏虫 [*Mythimna separate*（Walker）] 为例，我国北纬 48° 以北为基本一年 1 代区，42°～48° 为基本一年 2 代区，36°～42° 为基本一年 3 代区，32°～36° 为基本一年 4 代区，27°～32° 为基本一年 5 代区，24°～27° 为基本一年 6 代区，再往南则一年发生 7 代、8 代，甚至 9 代。又如白背飞虱 [*Sogatella furcifera*（Horváth）]，自北向南：黑龙江一年发生 1 代；吉林通化大致发生 2 代；辽宁盘锦地区 3 代；河南郑州 3～4 代；江苏南京 4～5 代；上海以 5 代为主，部分 6 代；江西南昌以 6 代为主，部分 7 代；广东广州 7～8 代。

由于海拔影响了温度高低（一般海拔每升高 100 m，气温下降 0.6℃），因此在同纬度不同海拔条件下，昆虫代数即随海拔增加而递减。以亚洲玉米螟 [*Ostrinia furnacalis*（Guenée）] 为例，在江西省海拔 200 m 以下地区一年 4 代，400～500 m 一年 3 代，800～1000 m 一年 2 代，1500 m 处则为 1 代。又如二化螟 [*Chilo suppressalis*（Walker）]，贵州中部海拔 700 m 以上的山区，一年发生 2 代，东部 400～700 m 处，以一年 2 代为主，部分 3 代；而在南部和北部 200～400 m 地区，则为一年 3 代。

2. 温度与昆虫滞育

温度对诱导滞育的影响主要表现在两个方面：①作为主要的诱导因子，一些温带地区的昆虫，特别是生活史的全部或某个阶段在土壤内的昆虫，由于它们生活环境缺乏光周期暗示，季节节律只与温度有关。大猿叶虫（*Colaphellus bowringi* Baly）以成虫在土壤中越冬和越夏，当环境温度≤20℃时，低温诱导夏季滞育的大猿叶虫成虫全部进入越冬滞育。②作为诱导的调节因子，温度与光周期、湿度等其他因子相互作用诱导昆虫滞育。在对大草蛉 [*Chrysopa pallens*（Rambur）] 滞育特性的研究中发现，影响大草蛉预蛹滞育的主要因素是光周期和温度，光周期对滞育的诱导起决定作用，温度对预蛹滞育率的形成有重要的调节作用。分子机制研究表明，温度和光周期影响家蚕（*Bombyx mori* L.）滞育激素基因 *dh*、滞育特征能量代谢限速酶山梨醇脱氢酶基因 *sdh*、家蚕滞育生物钟蛋白基因 *ea4*，以及家蚕抗氧化酶基因 *sod* 和过氧化氢酶基因 *cat* 的表达谱，这些基因决定着家蚕卵滞育水平和滞育解除的相关特性。温度诱导的滞育反应一般有冬滞育和夏滞育。昆虫滞育大多是由低温引起的，烟蚜茧蜂（*Aphidius glfuensis* Ashmead）在 0℃ 以下低温有利于维持滞育，滞育持续期可达 4～5 个月；中红侧沟茧蜂（*Microplitis mediator* Haliday）也是受低温影响才能进入滞育，在 20℃ 以上温度条件下，无论光周期如何变化，其都不能进入滞育，所结茧为非滞育茧，且随温度的升高发育历期缩短；多异瓢虫（*Adonia variegate* Goeze）也属于低温诱导滞育型。也有少数昆虫是由高温诱导滞育的，如日本的棉铃虫（*Helicoverpa armigera* Hübner）的蛹滞育。温度周期的变化也在滞育诱导中占有重要地位。对棉铃虫蛹滞育的研究发现，不同温光周期的配合处理结果具有显著差异，表明光期温度是影响棉铃虫滞育的主要因素。滞育的解除需要高温或者低温的诱导。

3. 温度与昆虫行为

随着温度的变化，昆虫的生理代谢也会发生变化，在行为上就会有表现。昆虫具有不同的温度感受器来感知周围环境中的温度变化，并决定自己的行为。一种吉丁虫（*Melanophila acuminate*）利用位于中足靠近胸部两侧的两个红外窝器官检测由火灾产生的红外，一些蝴蝶利用温度感受器来决定自己的活动，猎蝽 [*Triatoma infestans*（Klug）] 可以利用猎物的温度来进行捕食。对于迁飞昆虫而言，温度对其飞翔能力有重要影响。

在对麦长管蚜 ［*Sitobion avenae*（Fabricius）］飞行能力的研究中发现，适于飞行的温度为 12～22℃，在温度过低或者过高时，其飞行能力明显降低。在对美洲斑潜蝇（*Liriomyza sativae* Blanchard）的测试中发现，在 18～33℃，随着温度的升高其平均飞行距离和平均飞行时间增加，但到 36℃ 又开始下降。当气温达到 23℃ 时，越冬后的马铃薯甲虫（*Leptinotarsa decemlineata* Say）才具有起飞能力，25～33℃ 是其最适飞行温度。迁飞性昆虫通常会选择适宜的温度大规模起飞。棉铃虫试虫群体对空间最优飞行温度是 20～22℃；在 16～22℃温度梯度场中的棉铃虫群体对最适温度的选择比在 19～30℃的温度梯度场中的群体更显著，表明在温度较低的迁飞季节中，温度对迁飞棉铃虫空中虫群聚集成层的影响要比在高温季节更明显。

温度影响着传粉昆虫的行为。晴天苍蝇的访花次数与温度存在密切的关系。气温低于 22℃时，苍蝇几乎不访花，随着气温的升高，访花次数增多，其访花高峰在 23～39℃，温度达 40℃时访花次数急剧减少；在阴天，温度达 20℃时苍蝇开始访花活动，在 14～18℃几乎没有苍蝇访花，在 20～26℃随温度升高苍蝇访花次数逐渐增加。

4. 温度与环境因子相互作用对昆虫的影响

1）温度与杀虫剂　　温度对化学杀虫剂活性的影响是较复杂的，不仅不同类型的杀虫剂具有不同的温度效应，而且，同一类杀虫剂对不同的昆虫，甚至同类杀虫剂的不同药剂品种对同一种昆虫的温度效应也有较大差异。在不同温度下测试 8 种杀虫剂对绿盲蝽（*Apolygus lucorum* Meyer-Dür.）的毒杀作用发现，有机磷和氨基甲酸酯类杀虫剂的毒力受温度的影响较小。其中，温度对辛硫磷的毒力几乎没有明显影响。灭多威在 30℃ 有最大 LC_{50}，是 15℃时的 2.3 倍，表现为负温度系数药剂。丁硫克百威在 20℃时有最大温度系数＋2.36。高效氯氰菊酯和高效氯氟氰菊酯对绿盲蝽均为明显的负温度系数药剂。高效氯氰菊酯对绿盲蝽的毒力受温度的影响比高效氯氟氰菊酯大，但毒力较高。吡虫啉和啶虫脒为明显的正温度系数药剂。对麦长管蚜的毒力实验表明，高效氯氰菊酯对麦长管蚜表现负温度系数，啶虫脒表现不规则正温度系数，高效氟氯氰菊酯对麦长管蚜的毒力受温度影响极小，其他药剂均表现为明显的正温度系数效应，以有机磷类表现最为明显。

2）温度与病原线虫　　病原线虫通过侵染昆虫来降低虫口密度，病原线虫的生长发育和侵染致病力受温度的影响。温度对线虫生物学的影响同对昆虫的影响一样。不同的温度对病原线虫 *Steinernema jeltiae* 的发育、繁殖、个体感染力的影响研究表明，该线虫在 10～30℃内具有致病力，25℃致病力最强。与昆虫类似，线虫也有发育适宜的温度范围和最适温度。

3）温度与寄主植物　　温度通过作用于寄主植物来影响昆虫的生物学特性，这种作用有正效应也有负效应。在对转基因 741 杨抗虫性的研究中发现，随着温度的升高，舞毒蛾（*Lymantria dispar* L.）幼龄幼虫的总死亡率、累计死亡率均明显升高，且随着昆虫龄级的增加，幼虫对转基因株系和温度的敏感性逐渐降低。寄生于黑松（*Pinus thunbergii* Parl.）和马尾松（*Pinus massoniana* Lamb.）的松突圆蚧（*Hemiberlesia pitysophila* Takagi）雌成虫的过冷却点显著高于寄生于湿地松（*Pinus elliottii* Engelm.）和火炬松（*Pinus taeda* L.）的个体。

4）温度与天敌昆虫　　天敌昆虫有适宜的活动温度，温度异常会对其寄生或捕食功能造成影响。试验表明，适宜的高温胁迫有助于提高螟黄赤眼蜂（*Trichogramma chilonis*

Ishii）的寄生量，但随着温度的升高和处理时间的延长，对其寄生量有明显的抑制作用，螟黄赤眼蜂的繁殖适温为 26℃，受 34℃和 36℃高温胁迫后，雌蜂产卵量有所增加，但连续长时间多代受高温胁迫并不能使其获得长久的耐热性从而增强繁殖力。

5. 温度胁迫影响昆虫的内在机制

　　温度胁迫是指生物对正常生存温度之外的温度反应，包括低温胁迫和高温胁迫。昆虫的耐寒策略包括抗冻物质的产生、冰核剂的作用及抗冻蛋白。对于昆虫的耐热性的分子机制方面研究较多的是热休克蛋白和热休克转录因子、hsr-omega 基因及磷酸葡萄糖异构酶。不同的生物与耐热性有关的热激蛋白（heat shock protein，Hsp）Hsp70 是不同的。在对果蝇的研究中发现，在受到高温胁迫时 Hsp70 参与耐热性的表达，Hsp70 和耐热性呈正相关。在果蝇体内只有一种热休克转录因子 hsf1，在受到热胁迫时诱导热休克蛋白的基因表达。在 37℃短暂高温胁迫下，能诱导果蝇染色体产生新的膨突，此膨突生成与该区的基因转录有关，而 hsr-omega 基因位于此区域，hsr-omega 基因是一种不编码蛋白质的基因，但转录子可形成 RNP，从而参与 mRNA 的加工及与 DNA 的结合。磷酸葡萄糖异构酶可能参与调节昆虫在高温下生长的体内代谢，使昆虫适应高温。

　　在对梨小食心虫（Grapholitha molesta Busck）短期高温处理中发现，38℃处理 48 h 雌雄成虫的死亡率均达到 90%以上，并且对产卵历期、产卵量、卵的孵化率、成虫寿命产生重要影响。在对斑须蝽（Dolycoris baccarum L.）的调查中发现，冬季极端低温对越冬成活率影响较大。较低的温度影响柑橘大实蝇 [Bactrocera（Tetradacus）minax Enderlein] 幼虫的化蛹率，并且不同温度下化蛹所需的时间也不同。在对美国白蛾（Hyphantria cunea Drury）越冬蛹短时低温处理中，不同低温下随着处理时间的延长存活率逐渐下降，-10℃处理 30 h 越冬蛹全部死亡。低温延长成虫的寿命但降低其生殖能力，在中华通草蛉（Chrysoperla sinica Tjeder）和大猿叶甲（Colaphellus bowringi Baly）的研究中有所体现。

　　1）温度胁迫下昆虫的生态可塑性反应　　生理学家通常把短时间亚致死条件下的暴露称为锻炼，锻炼后产生的影响可能会持续于昆虫的整个生命周期，但这种过程产生的变化是可逆的。在生物正常发育温度范围内的长时间温度暴露则称为驯化，可产生可逆和不可逆的生理变化，包括低温驯化和高温驯化。低温驯化是指昆虫在接受低温胁迫前，在较低温度下暴露一定时间，由此可显著提高昆虫的耐寒性。对很多昆虫来说，快速冷驯化可以使它们免于遭受过冷却点以上的低温伤害。高温驯化是将昆虫暴露于非致死高温一段时间，使昆虫能耐受更高温度的胁迫，并获得增强的耐热性。驯化和锻炼通过改变昆虫的温度胁迫耐受性，从而对其生态可塑性产生影响，其主要作用机制是诱导热激蛋白的表达。

　　2）高低温交叉胁迫对昆虫抗性的影响　　果蝇热胁迫后冷锻炼对其存活影响的研究结果表明，果蝇的温度胁迫中存在交叉保护效应。冷锻炼能增加果蝇的抗热性，温和的热锻炼能提高其抗寒性。研究者发现，对于相同的物种，经冷锻炼后能提高高温胁迫条件下生物的存活率。低温条件诱导 Hsp70 的表达，并且 Hsp70 在交叉抗性中发挥了作用。

　　3）昆虫对温度胁迫的响应和适应　　昆虫在极端温度胁迫下，形成了各种对策。昆虫通过自身的运动去主动选择对其最有利的环境温度。禾谷缢管蚜 [Rhopalosiphum padi（L.）] 在温度梯度场内的运动在接近高温端时有一个突然转向低温方向的运动过程，即禾谷缢管蚜有躲避高温的习性。锈赤扁谷盗（Cryptolestes ferrugineus Stephens）成虫在秋季粮仓外冷内热时向中心移动，但温度过高时，则向较凉爽的区域运动；烟粉虱（*Bemisia tabaci* Gennadius）在叶片温度较低的一侧产卵。低温驯化增加了昆虫应对低温的影响。美国白蛾越冬蛹经过 0℃驯化之后，可以提高低温处理下蛹的存活率，在 0℃下处理时间越长则在−10℃下存活率越高。在蠋蝽（*Arma chinensis* Fallou）也表现出相似的特性，低温驯化提高了其抗寒性。极端高、低温诱导昆虫体内热激蛋白和抗冻蛋白的表达。烟粉虱在高温下诱导热激蛋白基因的表达；二化螟（*C. suppressalis*）会形成热激蛋白抵抗温度变化。

4）温度胁迫对昆虫适应性影响的内在机制　　热激蛋白的表达和调控系统是生物对多种环境胁迫条件产生应激反应以达到自我保护的物质基础，其中，热激蛋白的表达是细胞受高温胁迫后在分子水平上最主要的响应之一。昆虫在温度胁迫条件下往往会产生热激蛋白（Hsp），它们在昆虫的环境适应和进化中发挥重要作用。高温锻炼诱导的胁迫反应导致 Hsp 的表达和抗氧化物质的产生。锻炼导致细胞内 Hsp 表达水平的增加，并且锻炼后的细胞在较高温度下能存活较长时间且较快恢复其具有的正常的细胞功能。冷驯化涉及复杂的膜重构过程，其中最常见的变化是不饱和脂肪酸含量的增加。除了膜组分的变化，较长时间的冷暴露还能诱导一些不同基因的上调表达，包括抗冻蛋白基因和热激蛋白 Hsp70 基因。

温度锻炼对昆虫虽无致死影响，但诱导了基因表达和一些生理变化。温和的温度锻炼增强耐热性是以生殖损害为代价的，进而导致种群数量的减少。温度胁迫中最重要的生理适应之一是诱导 Hsp 的表达，而诱导表达 Hsp 可能会对昆虫产生不利的影响。

（二）利用正弦模型估算昆虫发育的有效积温

传统的有效积温计算方法是使用平均温度。用平均温度计算有效积温，当发育起点温度低于每日最低温时是有效的，当发育起点温度在每日最高温与最低温之间时用平均温度计算出的有效积温偏小，当发育起点温度等于或超过平均温度时，此时的误差就变得很大。由此，科学家利用正弦曲线模型，结合发育起点温度和发育上限温度，计算昆虫在田间变温条件下的有效积温（昝庆安等，2010）。

1. 发育上限温度的计算

这里选择 Lactin 模型计算发育上限温度。Lactin 模型表达式如下：

$$1/N = e^{(\rho \times t)} - e^{[\rho \times t_m (t_m - t)/\Delta]}$$

式中，N 为发育历期（d）；t 为温度（℃）；ρ 为最适温度下的发育速率（1/d）；t_m 为致死高温（℃）；Δ 为高温衰退范围（℃）。由上式可知，Lactin 模型参数简单（只有 3 个），不但描述了昆虫的最适温度（参数 ρ），还有效地描述了昆虫高温衰退的过程（参数 Δ）。致死高温（t_m）和高温衰退范围（Δ）的差值就是昆虫的发育上限温度。

2. 变温条件下有效积温的计算

正弦方法是通过正弦曲线来描述每日最高温与最低温间的温度变化。通过比较每日最高温和最低温与发育起点温度、发育上限温度的关系，分 6 种情况分别计算每日的有效积温值（D）并累加（图 1-1～图 1-6）。

（1）每日最低温高于发育起点温度、每日最高温高于发育上限温度（图 1-1）。

$$D = 1/\pi \{[(T_{max} + T_{min})/2 - T_L](\theta_2 + \pi/2) + (T_U - T_L)(\pi/2 - \theta_2) - \alpha\cos\theta_2\}$$

式中，T_L 为发育起点温度；T_U 为发育上限温度；T_{max} 为日最高温；T_{min} 为日最低温；下同。

（2）每日最低温低于发育起点温度、每日最高温高于发育上限温度（图 1-2）。

$$D=1/\pi\ \{[(T_{max}+T_{min})/2-T_L]\ (\theta_1-\theta_2)+(T_U-T_L)\ (\pi/2-\theta_2)+\alpha\ (\cos\theta_1-\cos\theta_2)\}$$

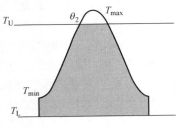

图 1-1 $T_{max}>T_U$ & $T_{min}>T_L$

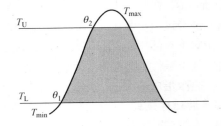

图 1-2 $T_{max}>T_U$ & $T_{min}<T_L$

（3）每日最低温高于发育起点温度、每日最高温低于发育上限温度（图 1-3）。

$$D=(T_{max}+T_{min})/2-T_L$$

（4）每日最低温低于发育起点温度、每日最高温低于发育上限温度（图 1-4）。

$$D=1/\pi\ \{[(T_{max}+T_{min})/2-T_L]\ (\pi/2-\theta_1)+\alpha\cos\theta_1\}$$

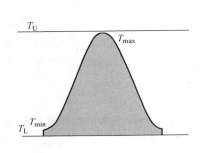

图 1-3 $T_{max}<T_U$ & $T_{min}>T_L$

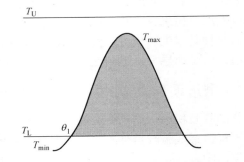

图 1-4 $T_{max}<T_U$ & $T_{min}<T_L$

（5）每日最低温高于发育上限温度（图 1-5）。

$$D=T_U-T_L$$

（6）每日最低温低于发育起点温度（图 1-6）。

$$D=0$$

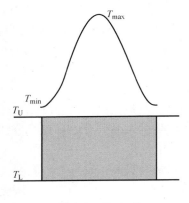

图 1-5 $T_{min}>T_U$

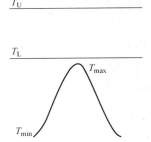

图 1-6 $T_{max}<T_L$

$$\theta_1 = \sin^{-1}\{[T_L - (T_{max} + T_{min})/2]/\alpha\}$$
$$\theta_2 = \sin^{-1}\{[T_U - (T_{max} + T_{min})/2]/\alpha\}$$
$$\alpha = (T_{max} - T_{min})/2$$

三、湿度、降雨、干旱、降雪对昆虫的影响

（一）湿度对昆虫的影响

1. 湿度影响昆虫的生殖、发育、寿命和取食

相对湿度在 75%以上时，对黏虫成虫产卵比较有利；在相对湿度低于 40%时，即使其他生态条件合适，黏虫产卵量也很低。例如，将 10 对成虫置于 20.9℃条件下饲养，相对湿度平均为 40.9%时，10 头雌蛾只产卵 11 块，合计产卵 195 粒，平均每头雌蛾只产 19.5 粒，而且孵化率很低；当相对湿度为 84.7%时，10 头雌蛾共产卵 110 块，合计产卵 7561 粒，平均每头雌蛾产 756.1 粒，孵化率均在 90%以上。土壤含水量大于 12.15%时，南方圆头犀金龟［*Cyclocephala immaculate*（Olivier）］的卵才能正常发育，初产卵和近孵化卵对于干燥的土壤十分敏感。卵壳结构的扫描电镜图片显示，刚产出 1～2 d 的卵，卵壳中含有脂肪酸层，而脂肪酸层对水的通透性好，使得初产卵对干燥十分敏感；8 d 后，卵壳内外已包被了结构致密的浆膜表皮，浆膜表皮有允许水分进入卵而阻止水分渗出卵外的特性，使得卵对于干燥环境具有很强的抵抗力；卵孵化前，浆膜表皮被酶消解吸收，使其对土壤干燥又表现敏感。对烟芽夜蛾（*Heliothis virescens*）和棉铃虫（*Helicoverpa armigera* Hübner）、澳洲棉铃虫［*H. punctigera*（Castr.）］和美洲棉铃虫［*H. zea*（Boddie）］等昆虫而言，环境湿度大则延缓卵和幼虫的发育，以及降低卵的孵化率、蛹的羽化率和幼虫的存活率等。湿度过低或过高均抑制昆虫的发育，对黏虫卵发育的影响结果表明，在温度为 16℃及 21℃时，相对湿度（RH）为 20%、40%、60%、80%和 100%的组合中，卵均能孵化，但以相对湿度为 60%、80%条件下孵化率较高，而在相对湿度为 40%或 100%的条件下，孵化率均有所降低。

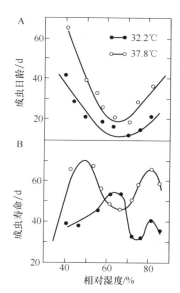

图 1-7　飞蝗成虫到性成熟所需时间（A）和成虫寿命（B）与湿度关系

湿度影响昆虫的寿命。飞蝗在相对湿度为 70%时，性成熟最快，但寿命最短；相对湿度超过 70%以后，不仅性成熟延缓，其寿命也随之延长（图 1-7）。

湿度影响昆虫的死亡率、发育速度、生育力和寿命（图 1-8）。

环境湿度变化导致昆虫寄主植物组织水分含量变化，进而影响其取食。大气湿度和植物水分含量低对黏虫（*M. seperata*）幼龄幼虫发育不利，但对老龄幼虫影响不大；幼虫对食物中水分的吸收量能主动调节，特别是在食物水分含量低时能通过暴食以吸收较多的水分。

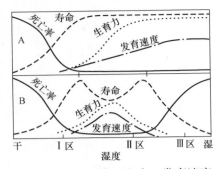

图 1-8　湿度对昆虫死亡率、发育速度、
生育力和寿命影响的模式图
（仿孙儒泳，1987）
A. 单峰型；B. 双峰型
Ⅰ区. 湿度偏干；Ⅱ区. 中等湿度；
Ⅲ区. 湿度偏湿

2. 环境湿度影响土中生活的昆虫

蛹期土壤含水量变化可影响棉铃虫化蛹、羽化，使各代种群数量产生很大波动。土壤含水量主要影响棉铃虫蛹的存活和成虫的正常羽化出土，而对幼虫入土化蛹影响较小。土壤含水量越大，蛹和成虫的死亡率越大；其中，又以幼虫入土第 3 天"降雨"的影响最大。土壤含水量大是棉铃虫蛹期死亡的关键因子。棉铃虫入土前降雨对幼虫的影响是毁灭性的，入土后 1～3 d 内降雨会使部分幼虫死亡，化蛹后再降雨则主要影响蛹和蛾的存活，开始羽化时降雨对棉铃虫的影响比前期小。

3. 环境湿度影响昆虫抗寒性及其越冬存活

环境湿度对于昆虫越冬存活的影响可通过昆虫的多种反应表现出来，如滞育行为和对冷、热、干旱的忍耐性等。土壤含水量仅是造成越冬蛹死亡的众多因子之一，土壤的温度、土层结构、灌溉状况、寄生、捕食和疾病等也是重要的死亡因子。湿冷土壤中美洲棉铃虫越冬蛹的存活率远低于干冷土壤中的存活率；干冷的冬季，即使是在 −17.15℃ 的低温下，蛹的越冬存活率仍高达 25%。昆虫抗寒性（cold hardness）的强弱与其体内水分含量密切相关。虫体内低的含水量可提高其血淋巴的溶液浓度，从而提高其过冷却点，进而提高其抗寒性。当温度 25℃ 时，RH 90% 处理下松墨天牛（*Monochamus alternatus* Hope）越冬幼虫的寿命要长于 RH 40% 处理，高湿可提高越冬幼虫的羽化率。

橘小实蝇（*Bactrocera dorsalis* Hendel）适于 RH 60%～80% 环境下活动，当 RH 低于或高于该范围时对其不利。RH 为 40%、60% 和 80% 时，麦长管蚜的平均飞行距离与时间随 RH 的提高而增加，飞行速度在 RH 60% 时较高，在 RH 40% 和 RH 80% 时相对较低，且分别与 RH 60% 下该虫的飞行速度差异极显著。分析认为，RH 是通过影响麦长管蚜体内水分平衡和存活而间接影响其飞行能力的。高湿度有利于麦长管蚜飞行时间的延长，但不利于飞行速度的提高；而低湿度对该虫存活和飞行速度的提高均不利。

土壤湿度变化对土壤昆虫的潜层深度有直接影响，如原河北省沧州市农业科学研究所和原河北省黄骅县河南大队调查了 1968～1975 年沧州地区春季蛴螬发生情况后发现，降雨导致土壤湿度过大而不利于蛴螬下移，进而使之危害减轻。土壤湿度也影响土壤害虫滞育发生的时间，如麦红吸浆虫［*Sitodiplosis mosellana*（Gehin）］和麦黄吸浆虫［*Comtarinia tritci*（Kiby）］在春季遇到土壤含水量低时，由于不能激活体内的滞育解除因子而继续滞育，如果土壤持续干旱，小麦吸浆虫可以一直滞育，直至合适的土壤湿度。降雨可解除小麦吸浆虫的越冬滞育，促使越冬幼虫破茧出土加快，造成成虫大发生。土壤湿度也影响一些地下害虫在土中的分布。例如，细胸金针虫（*Agriotes subrittatus* Motschulsky）、小地老虎（*Agrotis ypsilon* Rottemberg）多发生于土壤湿度大的地方或低洼地；钩金针虫（*Pleonomus canaliculatus* Faldemann）和宽背金针虫（*Selatosomus latus* Fabricius）则多发生于土壤湿度小和较干旱的地区；而拟步甲科（Tenebrionidae）昆虫多发生在干旱的沙土地。

（二）降雨对昆虫的影响

降雨常常是昆虫数量消长的原因之一，大雨常阻止昆虫活动，影响交配和产卵。降雨对棉蚜、棉蓟马等影响较大，可直接杀死，对棉铃虫也有较大的冲刷作用。降雨对蝗虫的发生影响较大，如在孵化期遇雨，蝗虫会大量死亡，减少发生。在蝗虫每年发生 2 代的沿淮蝗区，雨期越提前，对蝗虫的发生越不利；雨季越推后对蝗虫发生越有利，特别是蝗卵发育后期和孵化期雨量对其的影响最大，直接决定蝗虫发生的盛衰。

不同的降雨时间对昆虫的影响不同。降雨时间的差异会显著影响处于不同虫龄的昆虫发育。一方面，降雨时间的先后对昆虫的寿命和生长发育影响不同，如降雨对未入土棉铃虫幼虫的影响是毁灭性的，在入土后 1～3 d 内降雨会使部分幼虫死亡，而化蛹之后的再降雨则主要影响蛹和蛾子存活，开始羽化时降雨对棉铃虫的影响要比前期小。另一方面，降雨时间的差异也明显影响昆虫生殖力。如棉铃虫入土第 3 天降雨，且相应的土壤含水量在 20%以上时，成虫的生殖力下降 44.2%以上，但在同样湿度下，在入土第 5 天降雨，成虫生殖力则没有显著下降；若在入土前降雨，且土壤含水量高达 40%以上时，成虫生殖力下降 40.75%～57.50%。再者，降雨时间的差异影响了昆虫的发生程度，在幼龄阶段阴雨有利于黏虫的生长发育，但对高龄幼虫则会抑制其取食程度。

降雨量的大小对不同体型大小的昆虫的物理冲刷作用不同，对小型昆虫的影响更大。日降雨量在 20 mm 以上时，对湿地松粉蚧 [*Oracella acuta*（Lobdell）]、黏虫会产生明显影响，对低龄若虫有很强的致死作用，而对棉蚜（*Aphis gossypii* Glover）和棉铃虫没有什么影响；如果日降雨量大于 20 mm 时，则对棉蚜有一定的冲杀作用，但是只有日降雨量达到 100 mm 以上时，才能有效控制棉蚜的发生。降雨对棉铃虫的物理冲刷作用明显，日降雨量要达到 500 mm 以上时能有效防止其猖獗发生。降雨量对同一种虫的不同虫龄影响不同，降雨在 25～50 mm 时对黏虫的各龄幼虫均有致死作用，但不同虫龄间存在差异；其中 3 龄幼虫致死率最低，1 龄幼虫致死率最高，而 5 龄、6 龄和 2 龄幼虫相近。

降雨改变了环境湿度，进而影响昆虫的繁殖。环境湿度变化影响昆虫卵巢的发育，进而抑制其生殖潜能的发挥。华北大黑鳃金龟 [*Holotrichia oblita*（Faldermann）] 产卵的适宜土壤含水量为 11%～25%，以 17.16%最为适宜；土壤含水量过高抑制其产卵，过低则不利于其卵巢的发育。室温下，甲螨类（Oribatidae）和跳虫类（Collembolan）生长的最适土壤含水量为 16%；16%和 4%土壤含水量处理，4 个月后甲螨数量相差 21.75 倍，而跳虫数量则相差 61.20 倍。降雨主要通过影响棉铃虫的土中虫态以影响其繁殖，即生殖后效应。棉铃虫入土第 3 天降雨，土壤相对含水量达到 20%～80%时，成虫的生殖力比对照下降 44.12%～56.19%；若在入土前降雨，土壤相对含水量达 40%～80%时，成虫的生殖力下降 40.17%～57.15%；入土第 5 天降雨，土壤相对含水量达 20%～80%时，成虫生殖力与对照差异不显著。环境湿度过低将影响昆虫产卵率和孵化率，如在低湿环境下稻纵卷叶螟（*Cnaphalocrocis medinalis* Guenee）的怀卵率和卵孵化率都显著降低，而雨量过大，特别在盛蛾期或卵孵化盛期的连续大雨，不利于成虫和低龄幼虫的存活及卵的附着。25℃和 80%的相对湿度是黏虫成虫繁殖的最适温度和湿度，成虫的寿命、产卵历期、单雌产卵率及实际繁殖力都随湿度下降而显著下降。适温高湿能明显提高甜菜夜蛾（*Spodoptera exigua* Hübner）雌雄性比、增加雌虫产卵率、促进卵巢发育和提高产卵量，进而加重危害。环境湿度过低会影响成虫的交配行为，如黏虫和稻纵卷叶螟在相对湿度低于 60%～80% 时，交配率要明显低于正常水平，高温干旱也会使亚洲玉米螟（*O. furnacalis*）和粟灰螟（*Chilo infuscatellus* Snellen）等的卵块干瘪脱落。

降雨可通过影响环境温湿度、寄主植物和天敌等对昆虫产生间接作用。降雨次数的多少和降雨量的大小将直接影响寄主植物组织内的含水量，进而影响植食昆虫的取食为害。植物水分含量低对幼龄黏虫的发育不利，但对高龄或老龄幼虫的影响不大；幼虫对食物中水分的吸取能主动调节，特别是在食物水分含量低时能通过暴食以吸收较多的水分，进而加重干旱情况下的害虫危害。降雨减少引发的干旱将会改变植物体内营养成分的组成，进而影响植食昆虫的发生。在水分胁迫下，寄主植物叶片内的游离氨基酸增加，加剧了昆虫的取食；持续的干旱也使寄主作物的水势降低，限制了刺吸式昆虫的取食，但对咀嚼昆虫取食没有影响。例如，短期干旱会使蚜虫（*Aphis* spp.）和叶螨科（Tetranychidae）的寄主植物体内水解酶增加，促使其可溶性糖类浓度提高，有利于蚜虫和螨类的营养代谢，使之大量繁殖，造成大发生。

降雨量减少可以改变一些昆虫的习性，使原本散居型昆虫变为群居型昆虫。例如，干旱季节来临前沙漠蝗的寄主植物生长繁盛，促使沙漠蝗连续增殖；但之后的持续干旱使寄主植物数量骤减，形成生境的片段化，促使沙漠蝗由散居开始聚集在一起，形成群居型；之后随着生境的持续恶化，群居型沙漠蝗开始迁飞，造成大范围危害。降雨对红火蚁（*Solenopsis invicta* Buren）的巢外活动具有明显的影响作用，小于 1 mm/h 的降雨对红火蚁无影响，当降雨强度达到 1 mm/h 以上时，红火蚁将不再外出活动；降雨还延迟了红火蚁搜寻食物和召集同伴的时间，且随着降雨强度增大延迟时间增加；同时，降雨也限制了红火蚁的活动范围，降雨导致的地面积水在一定程度上限制了红火蚁的觅食范围；此外，降雨诱导了红火蚁的迁巢和分巢等行为，导致红火蚁蚁巢数量迅速增加，但蚁丘的体积并无变化。

环境湿度和降雨是昆虫重要的行为诱导信号。环境湿度和降雨对昆虫行为影响的研究主要包括，对幼虫和成虫的取食为害、扩散转移及成虫的产卵行为等的影响；对昆虫季节性活动的影响；对季节性降雨环境下溪流昆虫行为（如土中垂直蠕动、寻找避难所、改变生活史和"多态性"等）的影响。天气干旱情况下，植物叶片的含水量下降，而黏虫幼虫通过主动迁移，选食嫩叶和多汁部分，以此来补偿因寄主植物蒸发或个体迁移活动而造成的水分损失，从而在干旱情况下也能大量发生为害。土蝽科害虫 *Cyrtomenus bergi* Froeschner 的成虫在干旱土壤中通过在土壤表面的爬行、飞行和在土壤表层的钻掘等行为扩散为害；干旱季节土壤表层 10 cm 之内的该种群数量减少了，但更深层土壤中该种群的数量却未受影响。*C. bergi* 对潮湿土壤有明显趋性，且土壤含水量对其运动有极明显的导向作用，这一行为特性可以引导其向作物丰富的地区转移为害；高的 RH 对该虫的飞行也有诱导作用。春季害虫 *C. bergi* 的飞行、爬行和浅层钻掘等行为对其种群扩散同等重要，干旱季节其钻掘行为受抑制，但在土表的爬行和飞行却十分显著。土壤含水量和降雨是影响土蝽科昆虫 *Pangaeus bilineatus*（Say）种群数量变动的主要因素。

（三）干旱对迁飞型昆虫的生境产生影响

干旱使得生境里适合昆虫取食的寄主植物死亡，而随着迁飞型昆虫种群密度增大，迫使一部分昆虫开始迁飞，以获得更丰富的食料。例如，在干旱季节来临和植物干枯时，大量沙漠蝗虫（*Schistocerca gregaria* Forsskål）开始迁出生境地。降雨主要在迁飞型昆虫迁飞过程中影响其迁飞和降落行为，如在迁飞路径上的降雨和下沉气流，对迁飞型昆虫有迫降作用，进而在降落地的寄主作物上暴发成害。迁飞层的空气相对湿度也会对昆虫迁飞产生影响，如空气相对湿度会对黏虫雌蛾的飞行产生影响，在迁飞过程中空气相对湿度过大或者过小，会使雌蛾比雄蛾消耗更多的能量。迁飞层的相对湿度下降，会使迁飞种群的飞行高度下降，直至降落和扩散到地面。

降雨和干旱还可通过影响寄主植物的生理代谢和组织形态等来影响昆虫。降雨和干旱最直接的表现指标——土壤湿度，通过影响寄主进而影响地上昆虫和地下昆虫的交互作用及其发生程度，持续的干旱可以改变这种交互作用。干旱条件下，食根昆虫诱导寄主作物产生"胁迫反应"，使得叶片中自由氨基酸和碳水化合物积累，从而提高了食叶昆虫的取食率和寄生率。一年生寄主作物受到干旱胁迫时，丽金龟（*Phyllopertha horticola* L.）的危害能提高黑豆蚜（*Aphis fabae* Scop.）的取食能力。但也有相反的结果，如干旱条件下细胸金针虫（*Agriotes subrittatus* Motschulsky）幼虫和潜蛾科的 *Stephensia brunnichella*（L.）幼虫间存在种间竞争，对彼此取食不利；一方面细胸金针虫幼虫取食诱导了叶片中萜类和酚类化合物浓度增加，降低了食叶昆虫甜菜夜蛾（*Spodoptera exigua* Hübner）的增长率；另一方面，*S. brunnichella* 取食叶片降低了寄主作物的光合作用，使得运往根部的有机化合物减少，进而影响细胸金针虫幼虫的发生。

（四）降雪对生物的影响

雪是降水的一种形态，降雪可改变大气与土壤的含水量，更为重要的是雪的覆盖（雪被，snow cover）对热有绝缘作用，这对某些生物（昆虫）的生存有重要的意义，尤其是保护土温的作用很大，使在深雪下的动物（昆虫）和植物不受冻害。在干旱地区，雪被成了天然蓄水库，对植物生长起了重要作用。雪被妨碍了动物行走，也妨碍了动物取食，雪被或迫使某些动物迁移，或改变视性，或与有蹄类形成一种互利共生的关系。

四、土壤的生态作用

1. 土壤质地对生物的影响

土壤的质地（砂土、壤土、黏土）影响到生物的分布和活动。沟金针虫适应于干旱地区，其土壤一般都是缺少有机质的粉沙壤土及粉沙黏土，细胸金针虫多发生在以细黏粒占优势的黏土中，蝼蛄喜在含砂质较多而湿润的土壤中，步行虫对颗粒大小亦有明显选择。

2. 土壤温度对生物的影响

土壤温度对植物根系的生长、呼吸及吸收能力的影响较大。一般来说，农作物在10～35℃范围内，随着土壤温度的增高，生长也加快；温带植物由于土壤温度太低，植物根系在冬季停止生长。若土温过高，则会使植物的根系或地下贮藏器官的生长减弱；土温影响根系的吸收作用，如棉花在土温 17～20℃时，即使土壤水分充足，吸水也减弱。

3．土壤水分对生物的影响

土壤水分和盐类组合为土壤溶液并积极参与土壤中物质的转化过程，促进有机物的分解与合成。有了土壤水分才可使矿质养分溶解、转化，进而被植物吸收利用。土壤水分影响土壤内无脊椎动物的数量及分布，如等翅目白蚁，需要土壤相对湿度不低于 50%，它们能钻到地下 12 m 处寻找水分。蚯蚓在土壤干旱时，常钻进较深的土层中夏蛰，随着雨水的来临，它们才又恢复活动。

4．土壤酸碱度对动物的影响

小麦吸浆虫幼虫最适宜于碱性土壤中生活，pH7～11 时生活正常，pH3～6 时，不能生存。pH 为 4～5.2 的土壤中，金针虫数量最多，而在 pH 为 8.1 的土壤中可找到 *Limonius* 的金针虫。软体动物，特别是有贝壳的种类，它们出于对石灰质的需要，绝大多数生活于 pH≥7.0 的土壤中。图 1-9 显示蝗虫分布与植被及土壤含盐量的关系。

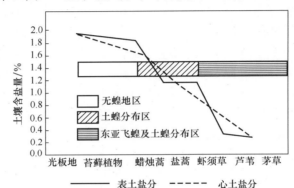

图 1-9　蝗虫分布与植被及土壤含盐量的关系（仿陈永林，2007）

5．施肥与土中生物的关系

有机肥料能刺激植物性微生物的活动，加速有机物分解，同时引入适生于粪肥内的特殊动物相（微植物区系、弹尾目、双翅目）。化肥会毒化环境，改变土壤原来的生物群落（表 1-1）。土居生物有地带性的不同，主要受土壤地带性的理化条件、农耕制度和气候三者的综合影响。

表 1-1　施肥区与不施肥区土居动物数的比较

动物种类	不施肥区（基数）	施肥区（倍数）
昆虫	1.00	3.12
大型线虫类及水栖寡毛类	1.00	4.52
多足类	1.00	2.13
陆栖寡毛类	1.00	2.20
蜘蛛类	1.00	2.40
甲壳类	1.00	2.40
软体动物	1.00	2.49

资料来源：Morris，录自英国路斯散姆农场

五、生物因子对生物（昆虫）的影响

生物因素中主要的是食物，食物是最重要的生态因素之一，直接影响动物（昆虫）的生长、发育、繁殖和寿命，也明显影响生物的数量，影响某一地区生物种群和群落的特点。生物因素包括动物、植物、微生物和人为因素。

（一）生物因素的作用特点

生物因素的作用特点为：①环境中生物因素之间的作用，主要是不同种之间食物方面的联系，即捕食者与被食者之间的关系，本质上，是营养的联系（trophic relationship）。生物因素主要有食物、捕食者、寄生物和各种病原微生物。②一般情况下，生物因素对某个物种的影响只涉及种群中某些个体，只在很少情况下，才会出现一个地区种群的全部个体被某种生物取食一空的现象。而非生物因素对于整个种群的作用是相同的，如一次寒流对每个有机体的作用都是相等的。③生物因素在相互作用、相互制约中产生了协同进化。例如，有些植物花的形态、色泽、香味和花蜜是植物对传粉昆虫的适应；而传粉昆虫的形态、口器、携粉足和全身密被的毛等，则是昆虫对花的适应，二者之间这种关系是经过千百万年历史协同进化的结果。④生物因素一般仅直接涉及两个物种或与其邻近密切相关物种之间的关系，而非生物因素则对该地区整个生物群落中的所有物种都发生作用，涉及的生物种类多、数量较大、范围较广。

（二）生物因素在生物防治中的作用

利用天敌来调节、控制有害生物种群，如利用捕食昆虫、寄生昆虫和微生物来杀死害虫和杂草。成功的例子包括利用澳洲瓢虫和拟寄生隐毛蝇防治吹棉蚧，利用智利小钝须螨和丽蚜小蜂防治红蜘蛛和白粉虱，利用苏云金杆菌、真菌、病毒防治害虫。

1. 昆虫病原物

1）病毒　　昆虫病毒（insect virus）种类繁多，至今发现的已超过 1000 种，涉及 11 目 43 科 900 多种昆虫，主要寄主是鳞翅目的害虫。1973 年，联合国推荐以杆状病毒作为大田防治害虫的生物杀虫剂，目前全球已有 30 多种昆虫病毒制剂在市场上销售，如棉铃虫核型多角体病毒杀虫剂、斜纹夜蛾核型多角体病毒杀虫剂。

2）细菌　　能感染昆虫而引起疾病的细菌称为昆虫病原菌（entomopathogenic bacteria）。细菌的种类很多，已发现的有 2000 多种，从昆虫体内分离出来并能使昆虫发病的细菌有 90 多个种或变种。苏云金杆菌、金龟子乳状芽孢杆菌和球形芽孢杆菌是使用较广的昆虫病原细菌。

3）真菌　　昆虫病原真菌（或虫生真菌）（entomophagous fungus）有腐生真菌、寄生真菌、菌根真菌和植物致病中的低致病菌系多种。世界上记载的虫生真菌约 100 属 800 多种。我国自 20 世纪 50 年代以来，开发应用的昆虫病原真菌 20 余种，使用最广的是白僵菌和绿僵菌。

4）原生动物　　原生动物是许多单细胞真核生物的总称，绝大多数的昆虫病原原生动物引起的疾病都是由微孢子虫造成的。国际上研究较多的昆虫微孢子虫有蝗虫微孢子虫、玉米螟微孢子虫及变形孢虫属的一些微孢子虫。

5）病原线虫　　昆虫病原线虫（entomopathogenic nematode）指以昆虫为寄主的致病性线虫。目前世界上已记载的与昆虫有关的线虫有 8 目 22 科 5000 多种，常用于防治害虫的线虫主要是斯氏线虫科斯氏线虫属和异小杆线虫科异小杆线虫属的线虫，目前已报道的斯氏线虫属有 17 种、异小杆线虫属有 16 种。

2．天敌昆虫

1）捕食性昆虫　　捕食性昆虫指专门以其他昆虫或动物为食物的昆虫，它直接蚕食虫体的一部分或全部，或刺入害虫体内吸食害虫体液使其死亡。害虫捕食性天敌在自然界中广泛存在，种类很多，分属于 18 目近 2000 科，主要包括昆虫类、蜘蛛类、捕食螨类和脊椎动物。

2）寄生性昆虫　　一些种类的昆虫，一个时期或终身附着在其他动物（寄主）的体内或体外，并以摄取寄主的营养物质来维持生存，这种具有寄生习性的昆虫称为寄生性昆虫（parasitoid）。属于膜翅目的称为寄生蜂，属于双翅目的称为寄生蝇，捻翅目昆虫、少数鳞翅目和鞘翅目昆虫也有寄生习性。

3）食虫动物　　①蛛形纲：蛛形纲中的蜘蛛目和蜱螨目是捕食昆虫的两个重要天敌类群。全世界已知蜘蛛有 106 科 3700 种，它们通过"网捕"或狩猎来捕捉害虫。②两栖纲：部分两栖动物的成体靠捕食昆虫为生，如青蛙捕食害虫占其食物总量的 90% 以上。这类两栖动物主要是箭毒蛙科、狭口蛙科、锄足蟾科和异舌蟾科的动物。③爬行纲：有些爬行动物的幼体常以昆虫为食，主要包括鬣蜥科、壁虎科、蜥蜴科、石龙子科、鞭尾蜥科、异盾盲蛇科、细盲蛇科和盲蛇科等动物。壁虎在夏天的夜晚常出现在有灯光照射的墙壁、檐下或电杆上捕食蚊、蝇和飞蛾等昆虫。④硬骨鱼纲：国内外有利用鱼类来防治害虫的成功例子。例如，用柳条鱼或叉尾斗鱼来捕食蚊子的幼虫；我国南方利用稻田养鱼来控制水稻害虫。⑤鸟纲：全世界有近半数的鸟类以昆虫为主要食物，常见的捕食昆虫的鸟类有鹡鸰科、鹃科、鸭科、鹏科、燕科、太平鸟科、伯劳科、黄鹂科、河乌科、林莺科、山雀科、旋木雀科和鹟科等。据报道，捕食松毛虫的鸟类达 124 种。⑥哺乳纲：该纲的蝙蝠科、猬科、鼹科、针鼹科、食蚁兽科、袋科、鲮鲤科等近 20 个科的哺乳动物捕食昆虫。除蝙蝠主要捕食鳞翅目和鞘翅目昆虫外，大多数种类以白蚁或蚂蚁为主食。

3．食虫植物

全世界已知有 550 种食虫植物，常见的有茅膏菜、猪笼草、瓶子草、钩叶瓶子草、捕蝇草和腺毛草等植物，它们借助特殊的捕虫器官来诱捕昆虫并将其消化吸收。

六、环境因子的综合影响——以豫北东亚飞蝗发生为例

1．地形、地质的影响

在地形高起植被稀疏的河堤、沟岸、高岗等处，排水良好，土温高且变化幅度大，蝗卵发育快、孵化早；低湿地区发育缓慢、孵化迟。成虫产卵对地形、土壤理化性、方位和植被都有明确的选择，有逐水退而产卵的习性。飞蝗最适产卵的土壤含水量为 10%～20%。但在不同质地的土壤中，飞蝗产卵最适含水量范围有所不同，如沙土为 10%～20%；壤土为 15%～18%；黏土则为 18%～20%。若土壤含水量低于 5% 或高于 25% 时，产卵显著受到影响。飞蝗产卵对土面的疏松与结实程度也有选择。容重较大的平实土面是飞蝗适宜产卵场所的表征，经过耕耙的土地极少有飞蝗产卵。深耕细耙，不仅可防止飞蝗产

卵，且可使原在土中的蝗卵暴露于地表，使其因干失水或被天敌取食，深耕而被埋于 15 cm 以下土层中的蝗卵，亦很难孵化出土。飞蝗自然选择产卵试验结果表明，平实土面上产的卵块数最多，占整个试验中总产卵块数的 81.9%，远高于疏松土面上产的卵块数所占的比例。原产在荒地或撂荒地的蝗卵，在冬季或春季进行翻耕后，有 35%～45% 蝗卵粒被翻露在土表，55%～65% 卵粒被埋于 15～20 cm 厚的土层下，春季耕地一次后，夏蝗孵化率仅有原密度的 5%～15%。

2. 雨水的影响

水淹或天气过于干旱，均对蝗卵的孵化有影响。蝗卵在水中可以孵化，但浸水对蝗卵生活力的影响，取决于蝗卵的发育期、水的温度、浸水时间的长短和水中气体的含量等因素。开始进入越冬的蝗卵大部分处于胚转期的前期，相当于 30℃ 恒温下发育到第 6 天。此阶段抵抗力强，到显节期次之，胚熟期最弱。后两个发育时期浸水常引起蝗卵破裂死亡。因为显节期的卵包膜初生保护机能比较脆弱，不能抵御水的过分穿透作用；胚熟期的卵包膜次生保护机能逐渐消失，同时胚胎呼吸量增大，水中氧气已不足以维持正常呼吸作用，以致死亡。胚转前期的蝗卵具有充分发达的次生保护机构，其耗氧量亦较后期为低，故能在较长时间内抵抗水中不良环境。另外，因冬季温度低，水中含氧量较高，卵的呼吸作用较弱，所以能在水中生活 7～8 个月。蝗卵短期浸水时仍能发育，但较慢。如果胚胎旋转已完成，可能在水中孵化，但孵出的蝻多数被淹死。在野外情况下，越冬蝗卵从 9 月开始浸水，到翌年 4 月，历时 7 个月，仍有 40% 左右的卵孵化；若浸水到翌年 6 月，历时 9 个月，则只有 1% 孵化。由于东亚飞蝗蝗卵无真正滞育现象，故夏季温度高时不能较长时间在水中生活。在 28～30℃ 的水中未能活过 30 d，温度越高，死亡越快。发育初期和后期的蝗卵在 26～30℃ 变动温度内，20 d 内即可全部死亡。水温变化和水的深度有直接关系。浅水温度变化幅度大，一般水深 30 cm 以上时需 26～30 d 方能全部死亡，水深 5～10 cm 的约 15 d 即可全部死亡。浸在流水中的蝗卵常较在静水中的生活时间稍长，这与水中氧气含量的多寡及水温高低有关系；但飞蝗卵产在较高的地方，如天气过于干旱，蝗卵失水超过吸水时，就不能孵化，进而被干死。

水对飞蝗虫口密度的影响是多方面的。首先是降雨量的多寡、水位的涨落，都对飞蝗的发生和繁殖有影响。干旱年份，水位低落，沿河及河滩的荒地大片暴露，对飞蝗的产卵、繁殖有利，尤其是涝年以后的旱年，更为有利。这一方面是由于飞蝗有逐水退而产卵的习性，另一方面大片荒地或临时性荒地的含水量有利于飞蝗产卵。另外，蝗蝻出土后，蝗区被水淹没，蝗蝻即可随水流迁至临近高地或在植株上栖息。据试验，3 龄蝗蝻能在水中持续游 7～12 h，5 龄蝗蝻可持续游水 13～18 h。待水退后，一部分逗留蝗区四周继续为害，一部分则又随水渐退，进入蝗区中间，造成蝗区的扩大。

3. 温度的影响

温度能影响昆虫的发生代数。越冬蝗卵所能忍耐的低温为 −20℃。在 −10℃ 下超过 30 d 时，蝗卵也不能孵化。这是东亚飞蝗向北分布的限制因素。但在南方有些地区由于全年有效积温不能满足飞蝗完成各代的需要，如 2 代区发生 3 代，因受寒流侵袭，3 代蝗蝻大部分来不及羽化为成虫，虽然增加了当年的发生代数和数量，但减少了第 2 代的虫口密度，或因早春过暖，越冬卵提早孵化，却遇早春寒流袭击而死亡。温度也是影响飞蝗迁飞的主要因素。当中午气温在 37℃ 以上，而入晚天气晴朗小风或无风的月夜，常是迁飞盛期。群居型飞蝗的成虫迁飞最适宜温度为 31.5～34℃，当温度降低到 19℃ 以下时不再迁飞。

4．植被的影响

飞蝗是草原害虫，森林内无蝗虫发生，植被生长繁茂和高大的草原亦不适合飞蝗孳生。所以，只有在森林破坏或草原发育不密闭的情况下方有飞蝗侵入。在一般情况下，飞蝗产卵场所，多选择在植被覆盖度 50% 以下的地面。在气候湿润时，植被覆盖度低的地方，所产的卵块最多。晚秋季节多产在向阳的裸高地上。在气候比较干燥的情况下，由于光裸地和植被稀疏的地方，土壤湿度小，产卵场所趋向于高植被下，但覆盖度 70% 以上的土层内卵块数依然很少。在一般苜蓿地内试验，植被覆盖度由 10% 到 100%，每隔 10% 作一处理，由飞蝗自然选择产卵，结果 90% 左右的卵块产于覆盖度 50% 以下的苜蓿地内，覆盖度 50% 以上的几个区内的卵块数，仅占总卵数的 10%。

植被覆盖度影响蝗卵孵化期与成活率的原因：一是植被改变了生境小气候。随着植被覆盖度的增加，土壤和植丛间的温湿度都有变化。湿度随覆盖度的增加而增加；温度则正相反，随覆盖度增加而降低。覆盖度在 75% 以上的 10 cm 土层含水量常在 28% 以上，雨后土壤维持饱和水分状态的时间较覆盖度在 50% 以下的长 3～11 d。覆盖度为 0 和 70% 的 5 cm 土温，同时可相差 2（低温时）～7℃（高温时）。在地面上 30 cm 处气温可相差 3.5（低温时）～8℃（高温时）。二是植被覆盖度增加后，对生境内蝗卵的天敌有利。在湿潮环境内，蛙类与线虫的作用特别显著，在同一地方，高植被覆盖度蛙类的数量可较低植被覆盖度的多 7～9 倍，线虫寄生率则常在 25% 以上。

第二节　昆虫抗冻耐寒能力的研究与应用

一、昆虫的抗寒性

根据越冬昆虫体内生理生化反应的不同，可以将昆虫的越冬策略分为耐冻（freezing tolerant）和避冻（即不耐结冰型，freezing intolerant）两种。前者主要通过提高过冷却点来诱导胞外结冰，从而避免了低温对胞内亚细胞结构的进一步伤害；后者主要通过降低过冷却点来增加抗寒力，以降低体液结冰的概率。大多数陆生昆虫是不能耐受结冰的，它们主要通过降低过冷却点来提高耐寒性。处在高纬度、高海拔地区的昆虫比低纬度、低海拔地区的昆虫有更强的抗寒能力。处于不同地理纬度的同一种昆虫，其抗寒能力也不相同。昆虫个体的不同发育阶段，其抗寒性存在差异。通常是越冬虫态的抗寒性最强，休眠或滞育期对低温的耐受能力较强，生长发育期的虫态抗寒性较弱。不同虫态抗寒性由弱至强分别是：卵、成虫、幼虫和蛹。

昆虫在长期的进化中对低温形成了一系列的适应性对策：一是行为对策或称为生态型对策，即通过某些行为活动寻找躲避场所；二是生理对策，即通过改变生理状态提高抗寒性。在自然条件下，昆虫越冬前都要经历一个体温渐变的过程，为渡过低温环境做些生理准备，这是昆虫种群受到自然界低温驯化的缘故。快速冷驯化（rapid cold hardening）则是经历短时间的低温驯化，这一过程可以使昆虫免于遭受过冷却点以上的低温带来的伤害。耐寒昆虫一般通过降低过冷却点、减少体内含水量、排除体内冰核物质和积累抗寒物质等方式来抵抗冻害。耐冻性昆虫在低温到来时，并不阻止体内结冰，却能忍受体液结冰。绝大多数耐冻性昆虫血淋巴中有高效的晶核物质，它不受小分子抗寒物质和抗冻蛋白的影响，温度稍低就能有效地激发体液结冰。美国白蛾（*Hyphantria cunea* Drury）雌、雄蛹的抗寒能力随着冬季低温的到来，其抗寒能力逐渐增强，冬季过后随气温的回升，其抗寒力逐渐减弱；雌、雄蛹的过冷却点和冰点均随气温的变化而变化；体内含水量随时间的推移而升高；体内总脂肪的含量却随气温的降低而升高。

　　研究昆虫的抗寒性不仅对于明确其生态机制及进化具有重要意义，而且对于准确进行害虫发生的预测预报和害虫的综合治理研究也非常重要。我国根据不同地理种群棉铃虫抗寒性的研究，提出我国棉铃虫越冬的北界是在 1 月－15℃等温线，长江流域的棉铃虫在华北地区难以越冬，华北棉区棉铃虫以滞育蛹越冬，东北棉区一代棉铃虫是由华北地区迁入的。

二、昆虫的过冷却现象及其测定

　　低温致死的一个重要原因是体液的结冰。纯水在 0℃时开始结冰，但是，昆虫和一些生物体液内含有大量的化学物质、糖和脂肪等，而体内原生质又形成一定的有机结构，从而使其体液能忍受 0℃以下的低温仍不结冰，称为过冷却。当环境温度再继续降到一定低温时，昆虫体液开始结冰，同时释放出热量，此时体温瞬间回升；当温度继续下降到一定限度时，虫体大量结冰，这个过程称为昆虫的"过冷却现象"。

　　1898 年，俄国物理学家 Бахметьев 通过对昆虫结冰点（freezing point，FP）的研究提出了过冷却现象。昆虫在低温下，体温迅速下降，当降到 0℃时，体液仍不结冰，开始进入过冷却过程（N_1）；当虫体温度随外界温度继续下降到一定温度（T_1）时，突然以跳跃式上升，此点 T_1 称为"过冷却点"，表示体液开始结冰，由于结冰时放出热量而使体温上升；当体温上升到某一温度，出现一个短暂的稳定时期，以后又慢慢降下来。此时开始下降的温度称为体液的"冻结点"（N_2），表示体液开始大量结冰。N_2 不会回升到 0℃，而总是在 0℃以下，此后，昆虫体温继续下降，直至和外界环境温度相等（为 T_2 时），此时可造成不可再恢复的状态，此点为"死亡点"（图 1-10）。

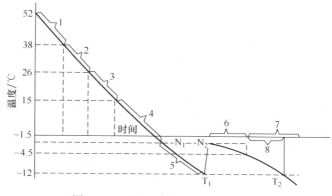

图 1-10　不同温度与昆虫状态的关系

1. 高温昏迷区；2. 高适宜温区；3. 低适宜温区；4. 低温昏迷区；5. 体液过冷却；6. 体液在冻结；
7. 体液结冰；8. 假死状态；N_1. 体液开始过冷却；N_2. 冻结点；T_1. 临界点（过冷却点）；T_2. 死亡点

　　昆虫的过冷却现象与其耐寒性的关系比较密切，即昆虫体液过冷却点越低，则耐寒性越强。一种昆虫的抗寒能力，通常可用它的过冷却点来表示。所以，过冷却现象的研究，对预报害虫越冬死亡率具有重要的意义。

　　通过对这种释放的潜热的测定，可以测出昆虫的过冷却点和结冰点。根据这一原理，利用热分析法，即温差热电偶法来测定过冷却点，该方法的装置主要由制冷器、记录仪、交流稳压器、热稳定器、热电偶、温度补偿器等零部件组成。其中热电偶有两端，一端称为热端，另一端称为自由端。测定时热端与虫体接触，虫体温度变化，热端温度也跟着变化。测定步骤为：首先将制冷装置预冷，然后将粘有虫体的热电偶一起放入制冷器中，设虫体的温度（热电偶热端的温度）为 T，自由端的温度为 T_0，则热电偶输出一个与温差（$T-T_0$）成正比的电动势 $E=K（T-T_0）$。虫体的体温变化可以由记录仪上记录的温差电动势变化曲线来反映。利用该方法测定时，必须合理控制好虫体的冷却速率。一般认为，1℃/min 的冷却速率对测定结果较佳。上述方法测定昆虫范围较窄，对虫体要求较为苛刻。因此，人们提出了利用热敏电阻和数字万用电表测定昆虫的过冷却点的方法，其原理十分简单，NTC 型热敏电阻的温度系数为负值，电阻值随温度的上升而下降，其温度与电阻值的关系曲线符合指数规律，其关系式为

$$R_T = R_0 e^{B(1/T - 1/T_0)}$$

式中，R_T 为热敏电阻在热力学温度下的电阻值；R_0 为热敏电阻在绝对温度 T_0 时的电阻值；T_0、T 为介质（环境）的起始温度和变化后的温度；B 为热敏电阻的材料常数。

　　测定前，先利用万用电表测出不同温度下热敏电阻对应的电阻值，作出温度-电阻值的对应曲线，再记录接触虫体在低温环境（一般用低温冰箱或碎冰加盐的方法制冷）下的电阻值变化情况。测定过程中，电阻值会持续上升，到达过冷却点时突然回跳，并在下降到一定阻值（冰点对应阻值）时，不再下降，重新回复上升。记录下两次跳跃时对应的电阻值，就可以直接从曲线中读出对应过冷却点和冰点（鞠瑞亭和杜予州，2002）。

三、昆虫抗冻耐寒能力

（一）昆虫抗冻策略与耐寒机制

　　抗冻耐寒性定义为生物个体在零下低温下的存活能力。昆虫的过冷却是指体液温度下降到冰点以下而不结冰的现象。在温带和寒带地区，冬季温度通常低于冰点，昆虫可以通过体液过冷却的方式来避免结冰造成的伤害。因而在许多昆虫耐寒性的研究中，都以过冷却点为一个重要指标来界定其耐寒性的强弱（欧阳芳和戈峰，2014）。

　　从生理生化角度来看，目前昆虫的抗冻策略或耐寒机制主要分为三大类：第 1 类是避免结冰（freeze avoidance）型，这类昆虫通过调节自身代谢作用能降低自身的过冷却点，从而避免体液结冰而保护细胞膜。第 2 类是耐结冰（freeze tolerance）型，此类昆虫一般有较高的零下结晶温度，能够抵抗结冰。通常促进细胞外液在较高的亚致死温度下结冰，从而阻止细胞内液的进一步结冰，避免其造成更大的损伤。第 3 类是防冷冻脱水（cryoprotective dehydration）型，此类昆虫的体表渗透能力较强，当外界环境温度降低时昆虫体内发生脱水，体内含水量下降，体内糖原减少而海藻糖增加，同时昆虫的过冷却点也下降。

根据不同的特征或标准，昆虫的抗冻耐寒性可根据昆虫死亡出现的时间划分为 5 类：耐结冰型（freeze-tolerance）、避免结冰型（freeze-avoidance）、耐受寒冷型（chill-tolerance）、寒冷敏感型（chill susceptible）和机会主义型（opportunistic survival）。

（二）低温对种群存活的胁迫作用

低温存活率实验，不仅能够定量明确低温对昆虫种群的危害作用，而且可以了解种群在低温胁迫下的抗冻耐寒能力（欧阳芳和戈峰，2014）。

1. 致死中温度或致死中时间

类似于分析化学农药对昆虫的杀伤作用中常用的半致死量（LD_{50}）一样，可以利用致死中温度或致死中时间来定量分析低温对昆虫的伤害作用，即在特定的时间下导致 50% 的个体死亡的温度（LT_{50}），或在特定的温度下导致 50% 的个体死亡的时间（Lt_{50}）来表示。设置一系列的温度和时间梯度组合，测试出不同组合下昆虫种群的死亡率，再绘制出死亡率与时间，以及死亡率与温度的散点图。利用数学模型方法，如逻辑斯谛（Logistic）回归方程拟合出死亡率（S）与时间（t），以及死亡率（S）与温度（T）的关系变化曲线，最后通过拟合的数学方程确定致死中温度（LT_{50}）或致死中时间（Lt_{50}）。拟合方程如下：

$$S(x) = e^{a-bx}/(1+e^{a-bx}) \tag{1-1}$$

式中，x 为时间 t 或温度 T；$S(x)$ 为昆虫种群在一定时间或低温下的死亡率（%）。当死亡率 $S(x)$ 为 50% 时，即 $a-bx=0$，$x=a/b$。根据低温存活实验数据，利用数学模拟方法求出 a 和 b。最后得出 x 值即致死中温度（LT_{50}）或致死中时间（Lt_{50}）。

2. 冷伤害上限温度和冷害低温总和

冷伤害上限温度（upper limit of chill injury zone，ULCIZ）是在持续的低温暴露中开始造成死亡的温度，只有当温度低于此温度点时，才可能引起有效的冷伤害。冷害低温总和（sum of injurious temperature，SIT）是导致有效冷伤害的时间和有效冷害低温共同作用的综合表达，即在一定时间内所获低温胁迫的累计量。在低温存活率的实验中，时间和温度存在着交互作用，因此可以利用双变量逻辑斯谛回归方程拟合存活率与时间-温度的关系。

$$S(t, T) = e^{a+bt(T-c)}/(1+e^{a+bt(T-c)}) \tag{1-2}$$

方程式（1-2）中，3 个变量中 t 表示时间；T 为温度；$S(t, T)$ 为昆虫种群在时间 t 和温度 T 条件下的死亡率（%）。a、b、c 为参数。利用双变量逻辑斯谛回归方程（1-2）拟合实验数据求出参数 a、b、c。因此，在 3 个变量（S、t、T）中，明确了 2 个变量可以得出第 3 个变量。当明确昆虫种群存活率 S 和低温 T，根据方程式（1-3）可以得出时间 t；当明确昆虫种群存活率 S 和时间 t，根据方程式（1-4）可以得出低温 T；为了简化，一般设定在低温条件下种群死亡率 $S=50\%$，方程式（1-3）和（1-4）分别简化为方程式（1-5）和方程式（1-6）。a/b 值则是描述冷伤害中时间和温度关系的重要常数，它的值等于种群死亡率 $S(t, T)$ 为 50% 时的有效冷害低温累积量，即 SIT（相当于半致死冷害积温），单位为日·度（degree·day）；而 c 的值则代表 ULCIZ 冷伤害上限温度，单位是℃。

$$t = \frac{\ln\left(\dfrac{S}{1-S}\right) - a}{b(T-c)} \tag{1-3}$$

$$T = c + \frac{\ln\left(\dfrac{S}{1-S}\right) - a}{bt} \tag{1-4}$$

$$t = -\frac{a}{b} \cdot \frac{1}{T-c} \tag{1-5}$$

$$T = c - \frac{a}{b} \cdot \frac{1}{t} \tag{1-6}$$

3. 低温冷伤害的死亡速率

昆虫的发育速率是重要的生物学参数。方程式（1-7）可用来表示昆虫的发育和温度的关系：

$$r = 1/t \tag{1-7}$$

式中，r 为发育速率；t 为发育时间。同样可以根据昆虫的发育起点温度（lower developmental threshold，LDT）和发育有效积温（sum of effective temperature，SET）得出发育速率 r：

$$r = (t-\text{LDT})/\text{SET} \tag{1-8}$$

相对于发育速率，昆虫在低温条件下半致死中时间的死亡速率 r'：

$$r' = 1/\text{LD}_{50} \tag{1-9}$$

基于 ULCIZ 和 SIT 2 个参数的概念，将方程式（1-8）应用到分析低温冷伤害中昆虫的死亡速率 r'：

$$r' = (\text{ULCIZ}-T)/\text{SIT} \tag{1-10}$$

因此，昆虫在低温条件下的种群死亡速率大小可以用来分析不同昆虫种群的抗冻耐寒能力。

（三）昆虫个体为适应低温的响应机制

1. 过冷却点

昆虫的过冷却点是指随体液温度逐步降低，昆虫体内自发的冰核出现，且冰晶开始增长的那一温度。过冷却能力是指液体的熔点与过冷却点之间的差异。通常用过冷却点来表示，当自发结冰时通过潜热的释放，能够准确地测定昆虫的过冷却点。测定方法：每实验处理组取若干头昆虫个体用于过冷却点的测定，将昆虫个体固定在热敏电阻探头上，另一端与多路昆虫过冷却点测试系统相连，将固定昆虫个体的探头放入低温冰箱中，并保证降温速率约 1℃/min，一般设定冰箱最低温度为 −30℃。昆虫过冷却点测试系统通过计算机软件开始记录虫体体表温度的变化。开始虫体的温度持续下降，直到虫体开始结冰，虫体释放潜热，温度陡然上升，释放潜能的起点处记录的温度即为过冷却点；虫体温度继续回升，直到再次下降，这个转折点记录的温度即为冰点（freezing point）。

2. 含水量和能量储备物质

体重和含水量的测定：耐寒昆虫在寒冷适应过程中，体内含水量大大下降，许多昆虫在越冬时体内含水量几乎下降到致死临界点。水分的排除增加了体内溶质的浓度，降低了体液的冰点和过冷却点。此外，由于含水量的降低，体内的整体水相可能被一些组织或某些高浓度的物质所分离，有利于昆虫体液的过冷却。取各实验处理组昆虫个体若干头，用电子天平（精度 0.01 mg）测定鲜重（wet weight，WW），然后将个体放入 60℃

的烤箱中 72 h，测定干重（dry weight，DW）。含水量根据鲜重和干重比例计算而得。

脂肪含量的测定：准备氯仿和甲醇的混合液（氯仿：甲醇＝100 mL：50 mL），测定步骤具体见表 1-2。

表 1-2 脂肪的测定步骤

步骤	具体操作
个体称重	0.01mg 鲜虫，干燥测完含水量后，加入 2 mL 氯仿和甲醇的混合液（氯仿：甲醇=2：1），研磨匀浆
匀浆	离心 10 min（2600 g），移去上层清液。残渣再加入 2 mL 氯仿和甲醇的混合液，重复离心一次
剩余物	在 60℃的烤箱中烘烤 72 h 至恒重（LDW）
脂肪重	DW−LDW
脂肪含量	[(DW−LDW)/DW]×100

糖原含量的测定：准备 70% 乙醇（70 mL 乙醇加 30 mL 蒸馏水定容到 100 mL 容量瓶）、10% 三氯乙酸溶液（10 mL 三氯乙酸加 90 mL 蒸馏水定容到 100 mL 容量瓶）、5% 苯酚（2.5 mL 苯酚加 47.5 mL 蒸馏水定容到 50 mL 容量瓶）；具体测定步骤见表 1-3。

表 1-3 糖原的测定步骤

步骤	具体操作
个体称重	称重
	加入 2 mL 70% 乙醇，研磨匀浆
匀浆	离心 10 min（2600 g），除去上层清液，重复离心一次
剩余物	加入 2 mL 10% 的三氯乙酸，此混合液在沸水中煮沸 15 min，冷却后离心 15 min（3000 g）。上层清液用于糖原测定
糖原测定	酚-硫酸方法（Dubois *et al.*，1956）
	Measuring glycogen 样本 0.5 mL
	苯酚（5%）0.5 mL
	浓硫酸 2.5 mL
	静止 10 min—摇匀—加热 20 min—冷却
	加入蒸馏水 3 mL，稀释至 14 mL
反应物测定	吸收峰在 DU650 紫外分光光度计 490 nm 处测定

3. 抗冻耐寒性物质

昆虫抗寒性物质包括抗冻小分子糖醇物质和抗冻蛋白两大类。

1）抗冻小分子糖醇物质 目前已知的抗冻小分子抗寒性物质有甘油、山梨醇、甘露醇、五碳多元醇、海藻糖、葡萄糖、果糖，以及个体昆虫体内的氨基酸和脂肪酸类物质。采用硅烷化衍生物改进的气象色谱测定方法分析个体体液中抗冻低分子物质的含量，测定步骤见表 1-4。

表 1-4 抗冻小分子糖醇物质的测定步骤

步骤	具体操作
取样	从每个个体取 10 μL 血淋巴加入到含有 0.4 mL 79%（V/V）乙醇（含 10 μg 赤藓糖作为内标）的离心管中匀浆；79%（V/V）乙醇（含 10 μg 赤藓糖作为内标）的配置：395 mL 无水乙醇＋105 mL 蒸馏水＋6.25 mg 赤藓糖
离心	离心 5 min（10 000 g），上层清液移出，重复离心一次。上层清液置于－20℃的冰箱
吹干	分析前，样液在 40℃的条件下用氮气吹干
水浴	在剩余物中分别加入 25 μL 二甲基酰胺和含羟胺的吡啶溶液，在 70℃的水浴中加热 15 min
反应	在反应混合物中加入 75 μL 的二甲基酰胺和 30 μL 的三甲基硅烷基咪唑，在 80℃的水浴中加热 15 min 完成硅烷化反应
萃取	然后用异辛烷萃取衍生物
分析	用微量注射器取 1 μL 萃取液注入气相色谱仪（Agilent 7890 GC）进行定量分析。气相色谱所用载气为氮气，检测器为氢离子焰，检测器温度为 300℃；进样室温度为 280℃；温度程序为 120℃停留 1 min，上升速率为 10℃/min，到 280℃停留 30 min

2）抗冻蛋白 一般认为抗冻蛋白（antifreeze protein）在脂肪体中合成，然后释放到血淋巴中，通过氢键与冰晶连接阻止冰晶的进一步增长，从而降低体液的结冰点，增大熔点与冰点之间的差异，这种现象被称为热滞现象。由抗冻蛋白所导致的冰点与熔点之差称为热滞温度或热滞活性（thermal hysteresis activity）。测定方法：首先对生物个体进行研磨、透析、离心等，进行抗冻蛋白的提取，然后双向电泳纯化、氨基酸末端序列分析、氨基酸组分分析、蛋白质点杂交等对抗冻蛋白进行分析。

四、快速冷驯化对昆虫耐寒性的影响

快速冷驯化（rapid cold hardening，RCH）是指将昆虫暴露于亚致死低温下几小时，甚至几十分钟便可显著提高其致死低温存活率的过程和现象。由于对耐寒性调节的高效性，快速冷驯化通常被认为是昆虫适应外界温度急剧变化、昼夜气温改变及短期低温暴露的一种重要策略。当前对于昆虫快速冷驯化机制的研究主要涉及：抗冻保护物质（多元醇、油脂、糖类及游离氨基酸等）在体液的积累、细胞膜成分和特性的改变（如膜脂不饱和度的增加、膜流动性的增加及磷脂头基成分的改变等）、膜内外离子梯度的调节、第二信使通路（丝裂原活化蛋白激酶信号、细胞凋亡信号和钙离子信号等）的诱导及热激蛋白的表达等。此外，有研究表明，氧化胁迫是冷伤害的重要原因之一，昆虫体内抗氧化保护酶[超氧化物歧化酶（superoxide dismutase，SOD）、过氧化物酶（peroxidase，POD）和过氧化氢酶（catalase，CAT）等]活性的提高可及时有效地清除活性氧自由基，保护细胞成分的结构和功能，从而在快速冷驯化低温耐受提高及冷伤害修复中发挥着重要作用。研究表明，快速冷驯化具有其临界诱导值，即在一定范围内，昆虫耐寒性随着快速冷驯化的强度（驯化温度或持续时间）的增强而迅速提高，但超过某种强度的冷驯化却可能造成昆虫耐寒能力的下降甚至死亡。这是因为过强的低温冷暴露会对昆虫造成冷胁迫伤害（cold injury），并在一定程度上抵消驯化对耐寒性提高的效果。进一步研究发现，冷驯化对昆虫耐寒性改善的效果具有其最佳的温度和时间组合，且因昆虫种类、种群来源乃至发育阶段不同而存在显著差异。

岳雷等（2014）进行了不同强度快速冷驯化对广聚萤叶甲耐寒性影响的研究，探讨处理温度高低和持续时间长短对其耐寒性提升效果（以过冷却点作为衡量指标）的差异，并对冷驯化前后体内自由水、甘油、油脂和总糖等生理物质含量及保护酶活性变化进行了定量测定。结果显示，快速冷驯化对广聚萤叶甲成虫过冷却点的影响随驯化强度而异。除 8℃/4 h、0℃/1 h 和 0℃/8 h 外，其他快速冷驯化处理均使得广聚萤叶甲成虫过冷却点明显降低。与对照相比、0℃/4 h 的快速冷驯化使成虫过冷却点降低了 24.3%，8℃/4 h 和 0℃/1 h 的驯化效果不显著，可能是由于该处理强度尚未达到快速冷驯化诱导的临界值。而−4℃/4 h 和 0℃/8 h 处理时的过冷却点则相对 0℃/4 h 有所上升，表明超出某种强度的冷驯化处理不利于广聚萤叶甲成虫耐寒性的提高。

所有的快速低温驯化处理均未显著改变广聚萤叶甲成虫体含水量。表明短时间的低温胁迫没有引起广聚萤叶甲成虫体内水分代谢发生明显变化。

经不同温度冷驯化处理的广聚萤叶甲成虫体内总糖含量与对照间无显著差异，而不同时间快速冷驯化处理间存在显著性差异。除 0℃/1 h 外，其他各冷驯化处理的油脂含量均明显低于对照，表明冷驯化处理加快了广聚萤叶甲成虫体内油脂的分解代谢。多数冷驯化处理的广聚萤叶甲成虫体内甘油含量较对照有所增高，其中最大增幅达 30% 以上。随着快速冷驯化强度的增加（处理温度降低及持续时间延长），成虫体内甘油的含量呈现曲线变化，并于 0℃/4 h 达到最高值。

随着冷驯化处理温度的降低以及持续时间的延长，广聚萤叶甲成虫体内 CAT 和 SOD 保护酶活性均呈先上升而后下降的趋势，且在 0℃/4 h 处理的活性达到最高值（分别比对照提高 46.6% 和 24.7%），而 POD 酶活性则表现出与之相反的变化。

五、过冷却能力研究实例——星豹蛛过冷却能力测定

星豹蛛（*Pardosa astrigera* Koch）属蛛形纲（Arachnida）狼蛛科（Lycosidae）豹蛛属（*Pardosa*），广泛分布于我国长江流域和黄河流域的农、果、菜、林区，是农林害虫的主要捕食性天敌。蜘蛛为变温动物，由于自身没有调节体温的机制，跟环境温度的关系更为密切，特别是冬季严寒成为其生存的关键制约因素之一，对低温的适应能力直接决定着其种群的生殖、分布与扩散。刘佳等（2014）采用热敏电阻和万用电表方法，测定了不同季节及高低温诱导后的星豹蛛过冷却点和体液结冰点的变化。将采集到的星豹蛛单头分装于指形管中待用，测定装置如图 1-11 所示。

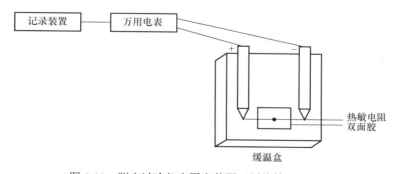

图 1-11　测定过冷却点固定装置（刘佳等，2014）

　　记录上升顶点的电阻值即过冷却点和下降凹点的电阻值即体液结冰点，计算各个热敏电阻值相对应的过冷却点与体液结冰点的温度：

$$B = t_1 t_2 \ln(R_{t_1}/R_{t_2})/(t_2 - t_1)$$

式中，B 为热敏电阻温度系数；t_1、t_2 为绝对温标（$t_i + 273.15$）；R_{t_1}、R_{t_2} 为热敏电阻在温度分别为 t_1、t_2 时的电阻值（$k\Omega$）。

$$T_i = t_2 B/[B + t_2 \ln(R_i/R_2)] - 273.15$$

式中，T_i 为测得的电阻值相对应的温度；t_2、R_2 分别为已知温度区间的上限温度与对应电阻值；R_i 为实际测得的过冷却点或者体液结冰点所对应的热敏电阻值。

　　结果显示，随着低温培养箱温度的降低，星豹蛛的体温也逐渐降低，体温降到零度时，星豹蛛体液并不结冰，当体温下降至 -10.46℃，即过冷却点 A 点时，其体温突然回升，发生过冷却现象，回升达到的最高温度体液结冰点 C 点为 -9.72℃，此时星豹蛛体内发生不可逆转的结冰现象，蛛体随着培养箱温度的降低而降低，星豹蛛死亡（图 1-12）。

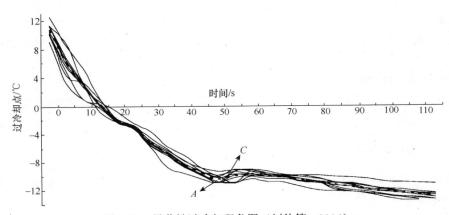

图 1-12　星豹蛛过冷却现象图（刘佳等，2014）

　　星豹蛛过冷却点和体液结冰点随不同月份的变化而不同。3 月过冷却点全年最低，平均为 -11.7℃，随着外界气温逐渐升高，SCP 也升高，到 7 月时达到最高，为 -9.92℃，随后开始逐渐下降，10 月时降到了 -11.32℃。雌蛛 SCP 全年平均为 -10.97℃，雄蛛为 -10.86℃，全年的变化范围为 $-11.70 \sim -9.94$℃，且雄蛛 SCP 在不同月份的变化中均略高于雌蛛。

　　星豹蛛 SCP 的规律为越冬后（3 月）＜越冬前（10 月）＜夏季（7 月）（图 1-13）。星豹蛛 FP 也随季节变化而变化，3 月平均为 -8.67℃，到 7 月时仅升高了 0.85℃，10 月为全年最低 -8.78℃。雌蛛的 FP 全年平均为 -8.25℃，雄蛛为 -8.49℃，全年的变化范围为 $-8.78 \sim -7.77$℃，且雌蛛 FP 在不同月份的变化中均略高于雄蛛。星豹蛛 FP 规律为越冬前（10 月）＜越冬后（3 月）＜夏季（7 月）。

　　综合以上结果可知，随着外界环境温度的升高，星豹蛛的过冷却能力减弱，反之亦然。表明星豹蛛的过冷却能力呈现季节性的变化趋势，且不同季节雌星豹蛛的过冷却能力高于雄蛛。

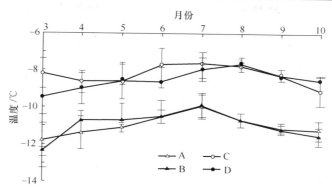

图 1-13　星豹蛛不同月份过冷却点和体液结冰点的变化动态（刘佳等，2014）

A. 雌蛛过冷却点；B. 雄蛛过冷却点；C. 雌蛛体液结冰点；D. 雄蛛体液结冰点

星豹蛛高温诱导后，SCP 诱导效果由低到高依次为 34℃、36℃、40℃、38℃、32℃，平均分别为 -8.1℃、-7.88℃、-7.79℃、-7.72℃、-7.66℃、-7.58℃；星豹蛛 FP 诱导效果由低到高依次为 34℃、36℃、40℃、32℃、38℃，平均分别为 -4.91℃、-4.68℃、-4.49℃、-4.08℃、-3.96℃。高温诱导处理的 SCP 和 FP 均高于对照温度（图 1-14），表明高温诱导并不能使蛛体 SCP 和 FP 下降，反而由于诱导效果使其在经历相同低温时，过冷却能力降低，对低温的耐受性变差。

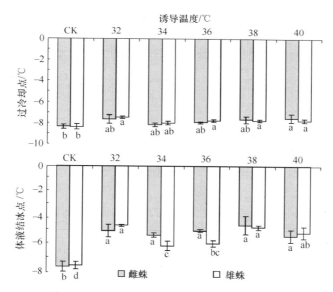

图 1-14　高温诱导对星豹蛛过冷却点和体液结冰点的影响（刘佳等，2014）

图中数据为平均数±标准误，不同小写字母表示经 Dancan 氏新复极差法检验差异显著（$P<0.05$）

随着低温诱导温度的升高，星豹蛛平均 SCP、FP 呈先下降后升高的趋势，诱导效果由低到高依次为 4℃、6℃、2℃、0℃、8℃，其 SCP 分别为 -9.03℃、-8.04℃、-8.02℃、-7.77℃、-7.65℃，其中 4℃诱导的 SCP 比 CK 降低了 0.63℃；星豹蛛 FP 诱导效果由低到高依次是 4℃、6℃、8℃、2℃、0℃，分别为 -6.10℃、-5.54℃、-5.21℃、-4.99℃、

−4.99℃，均高于对照，其中 4℃诱导的 FP 与 CK 差距最小，仅升高了 0.48℃（图 1-15）。表明经过适宜的低温（4℃）诱导可使蛛体的 SCP 和 FP 下降，使蛛体开始结冰发生放热的温度降低，放热升高的温度几乎不变，过冷却发生时间延长，使其对低温的抵抗能力增强。

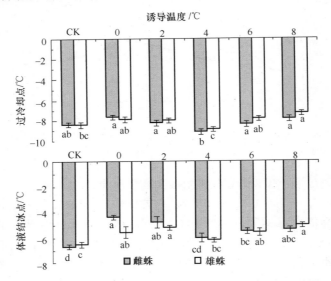

图 1-15　低温诱导对星豹蛛过冷却点和体液结冰点的影响（刘佳等，2014）

图中数据为平均数±标准误，不同小写字母表示经 Dancan 氏新复极差法检验差异显著（$P<0.05$）

第三节　昆虫趋光性的研究与应用

一、昆虫趋光性

（一）昆虫趋光性的概念

在趋光行为过程中，光作用于昆虫复眼的光感受器或者光感受器受到光波光强的作用，引起光感细胞对光子能量的接收或反应，从而引起光感细胞信息信号转导的产生和变化。生物体内的这种信息信号的产生和转导变化以生理电信号的形式反映出来，进而控制复眼的生理结构调节和对光的适应及趋向。

（二）昆虫趋光性的假说

1. 光定向行为假说

许多科学家认为，昆虫趋光是由于昆虫光罗盘定向的原因造成的，即许多夜间活动的昆虫会以某一天体作参照，以身体纵轴垂直于天体与昆虫躯体的连线进行活动，而夜间的灯光也会被昆虫当作定向参照物，但这个参照物要比天体近许多，结果使昆虫产生螺旋形向灯飞行轨迹，这种轨迹最终导致昆虫飞向光源。

2. 生物天线假说

Callahan 从逆仿生学的角度提出了生物天线假说，认为昆虫趋光是因为求偶行为所致，即昆虫的触角有各种各样的突起、凹陷及螺纹，这些结构类似现代使用的天线装置，使昆虫的触角可以感受信息素分子的振动而吸引昆虫，灯光中的远红外线光谱与信息素分子的振动谱线一致，昆虫的触角可以感受该信息导致趋光。

3. 光干扰假说

持这种观点的学者认为，夜行性昆虫适应暗区的环境，进入灯周亮区时，刺眼作用干扰了其正常行为，由于暗区的亮度低，昆虫无法返回暗区继续活动而导致扑灯。

（三）昆虫趋光性研究内容

1. 对单色光的行为反应

从行为学角度，研究昆虫对不同波长及光强度的单色光的反应，8 种夜蛾在 3～5 种波长的行为峰值出现在 365 nm、450 nm、525 nm；棉铃虫和烟青虫在紫外光谱内反应率较高的波长为 333 nm 和 383 nm，在可见光范围内对 405 nm 的单色光反应率较高。各单色光的不同光强度对烟青虫成虫的趋光作用关系为 S 形曲线。使用不同波长的光源对棉铃虫进行测试，结果显示，420 nm、365 nm、365 nm＋585 nm、580 nm 的荧光灯及 365 nm 的紫管灯对棉铃虫的诱杀效果较好。

2. 复眼反射光的研究

复眼反射光一般被认为是由眼底的气管反光组织反射形成的，在暗适应时，随着屏蔽色素的移动，反射光斑逐渐变大，并且反射力大大增加。昆虫复眼在夜间会形成反射光斑，反射光斑的大小及投射角和反射角的大小均会影响复眼对光的敏感度及角敏感度，从而影响昆虫的视野。在强光测验中，复眼转化越深，趋光性越弱；复眼转化越浅，则趋光性越强。

3. 复眼结构和生理研究

复眼是昆虫的感光器官。棉铃虫复眼大约包括 8900 个小眼，而最前和最后小眼与最上和最下小眼间的夹角分别约为 150° 和 180°。不同区域小眼长度不同，从大到小依次为复眼前区、腹区、后区、侧区和背区，而且背区视杆中段的横切面为矩形，其他区域则为放射形。复眼不同区域的灵敏度不同。蝗虫、蠢斯等昆虫的小眼角灵敏度从大到小分别是背区、侧区、前区，明适应状态的角敏感度小于暗适应状态。小眼角敏感度还有昼夜节律，上午最小，从下午开始增加，至晚上达到最大。玉米螟复眼除了感杆束的昼夜节律变化外，夜间暗适应和日间暗适应的小眼的小网膜细胞核也不同，夜暗组核多集中在晶锥末端，日暗组核则离末端较远。屏蔽色素的移动可以控制复眼进光量。烟青虫和黏虫无论从暗眼到亮眼还是从亮眼到暗眼，屏蔽色素的移动均是减速进行的。经过较长时间暗适应后，各部位色素颗粒做均匀分布，色素带近心端的位置不定而远心端位置比较一致，当突然受紫外线照射后色素颗粒则向近心端扩散。黏虫受紫外线照射时，不同部位的屏蔽色素细胞远心端变化不一致。以远距（色素带远心端至角膜之间的距离）为指标检查不同波长的单色光对烟青虫复眼的作用，发现 333 nm 的紫外线对屏蔽色素影响最大，而 365 nm 的影响最小。

4. 电生理方面的研究

复眼对不同波长及强度的光的敏感度不同，可以从一定程度上解释昆虫对光的选择机制。黏虫复眼完成暗适应时间为 30～45 min，完成暗适应后，其反应强度随闪光强度的增强而增强，两者呈线形相关。在暗适应中，美国棉铃虫复眼达到最高灵敏度的时间（即完成暗适应的时间）为 30～285 min。通过复眼的网膜电图（electroretinogram，ERG）分析，发现棉铃虫、玉米螟等蛾类均对 562 nm、400 nm、483 nm 波长的单色光较敏感，敏感度依次变小；在一定光强度范围内，昆虫对这 3 种敏感波长的反应随光强度的增强而增强，复眼状态及测试时间不同，则光敏感性不同，同种昆虫复眼夜间比白天敏感，暗眼比亮眼敏感，即复眼的敏感性有一定的昼夜节律。性别、日龄及暗适应时间对棉铃虫的光谱敏感性有影响，低日龄雄蛾比雌蛾敏感，高日龄则相反。

5. 田间行为学观察

昆虫夜间上灯有一定的节律，但因昆虫种类而异。例如，螟蛾类以上半夜出现次数多，而夜蛾类以下半夜为多；扑灯的棉铃虫一般始盛期雌多于雄，高峰期雌雄相当，盛末期雄多于雌。应用化学发光液对黏虫在灯区的飞行动向进行研究，认为复眼视力较差不能适应较暗的环境是引起向光飞行的主要原因，当经过充分暗适应后，黏虫则表现为避光飞行；室内行为学研究显示，强光照射时，复眼转化越深，趋光性越差；复眼转化越浅，则趋光性越强。

6. 光温耦合调控对昆虫趋光增益效应的研究

利用发光二极管（light emitting diode，LED）光源、温控加热装置和行为反应试验装置，采用对比试验法进行蝗虫趋光增益性热源温度的优选，探讨光温耦合效应与环境温度作用对蝗虫趋光增益行为影响的机制。结果表明，热源温度、光谱色光照、环境温度及蝗虫昼行夜伏性活动规律影响夜间蝗虫对光温耦合效应的选择，热源温度于蝗虫的趋光响应具有增益效应，其中以 65℃热源温度于蝗虫的趋光增益作用最佳；同一时间段内，蝗虫对紫光与 65℃热源温度耦合效应的选择最优；热源温度对蝗虫的光温诱导起增益群集作用，光谱色光照对蝗虫诱导起主要作用。

7. 光谱和性别对昆虫趋光行为的影响

采用不同波长的 LED 新型绿色光源对几种金龟子雌雄性的趋光行为进行研究，发现棕色鳃金龟（*Holotrichia titanis* Reitter）、铅灰鳃金龟（*H. plumbea* Hope）、铜绿丽金龟（*Anomala corpulenta* Motschulsky）的趋光反应率分别为 68%、84%、90%，显著高于暗黑鳃金龟（*H. parallela* Motschulsky）和大黑鳃金龟（*H. oblita* Hope）；棕色鳃金龟和铅灰鳃金龟趋光谱较广；主峰为 405 nm 和 465 nm 的单色光对所有试虫均有较强的诱集力。雌性大黑鳃金龟和暗黑鳃金龟的趋光性强于雄虫。

二、昆虫的生物光电效应与害虫治理

（一）昆虫趋光行为的生物光电效应本质

昆虫趋光行为是由其复眼的视觉生理反应而引起的,因此在不同光波或光强作用下，昆虫复眼发生明显的生理变异，产生对光波和光强作用的适应性反应。明适应下，昆虫复眼的主色素细胞颗粒离开晶锥而分布，感杆束膨大并且其远端部分向晶锥方向延伸；暗适应下则产生与此相反的结果。昆虫复眼中这种屏蔽色素的移动可以控制复眼的进光量，实现明暗的适应过程。复眼眼底的气管组织具有对光的反射能力，在暗适应时，由于屏蔽色素的移动，反射光斑会逐渐变大，反射能力大大加强，有效增加微光被感光色素吸收的机会，从而提高夜行昆虫复眼对光的敏感度。

昆虫复眼的这种视觉生理反应无不与光波光强引起的昆虫复眼内的生物光电效应有关。在趋光行为过程中，光作用于昆虫复眼的光感受器或者光感受器受到光波光强的作用，引起光感细胞对光子能量的接受或反应，从而引起光感细胞信息信号转导的产生和变化，与凝聚态物质的光电效应过程一样，生物体内的这种信息信号的产生和转导变化也将以生理电信号的形式反映出来，进而控制复眼的生理结构调节和对光的适应及趋向。昆虫复眼内的生物光电效应可用 ERG 及超极化后电位（hyperpolarizing after-potential，HAP）来表征。ERG 表征的往往是昆虫复眼电生理的综合反应结果，并不能代表单个网膜细胞对光刺激的真实反映；而 HAP 则是光刺激复眼的小网膜细胞而产生的感受器的去极化电位后出现的一种电生理反应。

在昆虫趋光行为中，不同暗适应会导致复眼的电感灵敏度的差异，因而产生昆虫趋光行为上的不同。对黏虫成虫复眼暗适应的电生理特性的研究，证实了这种差异的存在。对棉铃虫和烟青虫不同暗适应的电感测量比较，亦获得了类似的结果。对飞蝗（*Locusta migratoria* L.）复眼生理特性与结构节律的研究，以电生理测量表征了飞蝗小眼网膜细胞角敏感度及生理节律变化与结构节律变化的关系。

对棉铃虫虫蛾复眼光反应-视网膜电位研究认为，电生理学的 ERG 胞外电位是昆虫复眼受内外界刺激后光学能量转化为神经冲动电位的起点，认同了感受器电位的产生与神经末梢钠导的增加有关的理论假说，紫外和大部分可见光区的单色光刺激均能引发棉铃虫虫蛾复眼产生 ERG 反应，ERG 反应随单色光和白光刺激光强度的增强而增大，并且呈现出对光强度的自调节和适应机制。棉铃虫虫蛾复眼的 ERG 成分包括开光反应、正相反应、持续负电位和闭光反应 4 个组成部分，反映了趋光行为中复眼内生物光电效应的整个过程。

采用单电极胞内记录法研究了雄性棉铃虫小网膜细胞对光刺激的反应特征。在细胞视场内变换刺激光点的位置以引起插入电极的电位值的变化，获得棉铃虫复眼小网膜细胞的最佳敏感光谱为 562 nm，其次为 483 nm、400 nm，并且两者的位次随着暗适应时间的变长而发生互变；在弱光强作用下细胞对光刺激反应产生的 HAP 很小，超极化成分似乎与去极化成分作近乎同等幅度的变化；在强光刺激下并延长闪光刺激时间，超极化电位成分明显提高，即棉铃虫复眼感受器去极化后的超极化后电位 HAP 随闪光强度、闪光时间的增加，以及对刺激光敏感程度的增加而逐渐增大。这由"生电性钠泵"假说可以解释为：当刺激光强度超出使去极化的感受器反应达到饱和程度时，Na^+ 的内流产生重要意义，即生电性钠泵发挥作用使得泵出的钠量超过泵入的钠量，引起大的 HAP。这样的电生理过程——生物光电效应，实现了昆虫复眼中光波光强与生理电位的相互转化与作用，导致了复眼内色斑的移动和感束的变化，产生了昆虫趋光的行为特性。

采用单电极胞内记录法研究的蝇类、蝗虫小网膜细胞光刺激反应，并未发现其复眼明显的 HAP 存在。但是，蝗虫复眼光接收器网膜在昼间快速调节的实验表明，生电性 K^+ 泵、Na^+ 泵是由光的作用而引起的，夜间只能引起去活 K^+ 流、Na^+ 流的产生。可见，蝗虫复眼的生物光电效应并非主要由于 HAP 的作用，而是有着复杂的表现特征。对于变温性蝗虫，趋光行为的近红外光波增效作用表明，红外光子的孤立子能量对蛋白分子的生物效应是其主要原因。因此，昆虫的生物光电效应不仅表现为视觉神经的信号反应，还涉及昆虫生理需求的能量响应，这才是实现昆虫生物光电效应诱导增益的全面考虑。

（二）生物光电效应的应用

在夜蛾趋光飞行的过程中，至少包括两种不同的行为发生：一是夜蛾为寻找光明环境而由暗环境朝向光源的趋向飞行，这是由于夜蛾近旁环境的明亮程度低于复眼生理状况适合的明亮程度时，夜蛾产生的一种趋光行为；二是夜蛾的正常视觉受到光源刺激干扰后朝向光亮光源的扑向行为，这是由于夜蛾近旁环境的明亮程度低于复眼在灯光刺激下观察环境所需要的亮度时，所发生的朝向近光源的致晕扑打反应。

利用黑光（350 nm）与不同可见光谱（405 nm、436 nm、578 nm、625 nm、656 nm）组合成的双色光对烟青虫成虫的光诱效果试验显示，350 nm＋405/436 nm 光谱的趋光诱集有增效作用，而 350 nm＋578～656 nm 光谱的趋光干扰有驱避作用。烟青虫成虫对不同的光源强度也表现出趋光率反应的不同，随着光诱强度的持续增加，趋光率呈现出 S 形的变化趋势。昆虫扑灯与虫-灯距离不同引起的光适应有关，双色光复合诱导昆虫趋光-扑灯有良好的结果。敏感的复合光源的作用将能有效地增加昆虫对光的趋性效果。从紫外到可见光的不同光波对亚洲玉米螟雌雄蛾的趋光诱导结果表明，雌蛾对光的趋性范围较窄，只对紫外和紫光区的某些波长有强的光趋性，而雄蛾对光的趋性范围广，不但对短光波的紫外、紫光区的某些波长有敏感作用，对长光波的蓝光区乃至绿光区的某些波长也有较强的趋性。

不同棉铃虫蛾个体在相同的灯诱条件下，趋光反应的活动并不相同；标记的同一虫蛾在不同组别中的上灯取向亦不同，并非一定对某种诱虫灯光具有特别的趋向，但在总体上趋向于某一或某几个灯种的概率较大，表现出相应的选择性。但当某种诱导敏感性较差的光源存在时，由于不可选择性的存在，棉铃虫虫蛾也会表现出一定的上灯概率。因此，昆虫趋光行为表现出群体性，甚至是见光就趋的群体一贯性。

昆虫趋光行为过程中的生物光电效应作用本质，导致了光波光强对昆虫的趋性导向控制和刺激致晕扑灯，实现了趋光昆虫的捕集和灭杀。利用这一原理，人们已经提出并且实践了许多种农业害虫的趋光诱杀方法。其中最有代表性的就是河南汤阴佳多科工贸公司物理治虫研究所研发的佳多频振式杀虫灯。它采用 320～400 nm 波段范围内的多个光波复合的高效荧光灯管引诱害虫，不但提高了诱虫效果达到最佳状态，而且减少了对天敌的诱杀。同时，佳多频振式杀虫灯外壳设计为黄色，充分利用了昼光下或灯管发光后反射的黄光成分对喜黄光昆虫的诱导捕杀作用，提高了捕虫效果；进一步，佳多频振式杀虫灯诱集到集虫袋内的昆虫，不断散发着性信息气味素，并与光诱导作用一起引诱和促使着异性昆虫扑向灯源，实现捕杀效果的进一步提高。佳多频振式杀虫灯不但应用于棉田虫害的灭杀治理，还广泛应用于蔬菜园艺、公园果园、风景林区、茶园桑田等害虫的治理，在全国获得了数百万公顷的控害应用，甚至还应用于烟草、酒曲等生产原料的储备期间的虫害灭杀。

一种光电诱导蝗虫捕集技术也被提了出来，它基于变温性昆虫对红外光子辐射能量的趋性需求，设置了可见光源作为蝗虫趋光导向的控制因素，同时设置了红外光源作为蝗虫生物辐射能量需求的供应源，促使蝗虫趋性聚集活动行为的提高，达到了无害化有效捕集蝗虫的目的。另外，蝗虫的诱导捕集过程中，明显呈现出近灯区蝗虫的活动性提高、粪便量增加，蝗虫粪便中的聚集信息素及集蝗袋中蝗虫体散发的信息素有效地发挥了作用，促进着光电诱导捕集效率的进一步提高。光电诱导蝗虫捕集技术可以以移动的机械化方式捕集蝗虫，也可以以土木建筑的方式构筑而实施静态捕蝗，实现农田、草原、滩涂、丘陵、山林等地区蝗虫灾害的控制治理。

三、昆虫对色彩的趋性及其应用技术

（一）昆虫对色彩的趋性

昆虫对色彩的趋性是通过其视觉器官（复眼和单眼）中的感光细胞对光波产生感应而作出的趋向反应。光是一种电磁波，在电磁波的光谱中央附近有 3 个重要区域：人不能直接看到的红外线、人能直接看到的可见光谱（390～700 nm）、紫外光区。昆虫对光的感应多偏于电磁波光谱中央附近的短光波，波长为 253～700 nm，相当于光谱中的紫外光至红外光内线部分的区域，因此，昆虫既能识别色彩，也能看到人眼不能直接看到的短光波。

害虫对色彩的趋性分为正、负性，趋向色彩为正趋色彩性，避开色彩为负趋色彩性。各种害虫对色彩的趋性有特定的选择和爱好，萤火虫只对黄绿光色（520～560 nm）至深红光色（690 nm）的光波有较强的趋向反应；蚜虫对 550～600 nm 的黄色光波最敏感，对银灰等光色则有明显的忌避性。害虫对色彩的反应也因性别和发育阶段不同而存在差异。

近年来的研究表明，不同蔬菜害虫对同一色彩的敏感性不同；同一害虫对不同色彩的敏感性也不相同。黄曲条跳甲 [*Phyllotreta striolata*（Fabricius）] 对黄色和白色的趋性强，桃蚜 [*Myzus persicae*（Sulzer）] 和美洲斑潜蝇（*Liriomyza sativae* Blanchard）对黄色最敏感，小菜蛾 [*Plutella xylostella*（L.）] 成虫对绿色的敏感性最强。多数蓟马对蓝色特别敏感。在同一黄色光区域内，浅黄色和中黄色对美洲斑潜叶蝇成虫的诱集能力分别是橘黄色的 1.5 倍和 1.3 倍。深黄色对蚜虫的诱集能力比淡黄色大 1.71 倍。蓝色、黄色和白色对西花蓟马 [*Frankliniella occidentalis*（Pergande）]、棕榈蓟马（*Thrips palmi* Karny）有明显的诱集作用，而花蓟马 [*Frankliniella intonsa*（Trybom）] 则对红、黄、白 3 色的趋性较强。研究发现，害虫对色彩的趋性在动的条件下其应激性远大于相对静止的条件。例如，用手轻拍有烟粉虱 [*Bemisia tabaci*（Gennadius）] 的植株，烟粉虱成虫会成群地、强劲地扑（趋）向黄板，而未拍动的情况下，植株上的烟粉虱扑（趋）向黄板的速度、距离和数量就明显不及拍动时。性别对色彩的敏感性差异在一些害虫身上很突出，亚洲玉米螟的雌蛾只对紫外线和紫光区的某些波长的光趋性强，而雄蛾不但对这些波长的光敏感，而且对蓝光区乃至绿光区的某些波长的光色（色彩）也有较强的趋性。

（二）昆虫对色彩趋性的应用

利用昆虫对色彩的趋性（趋避性）来防控害虫一直是人们研究的热门。随着农产品无公害生产及害虫综合防治科学的发展，害虫对色彩的趋性及其应用技术研究取得了较大进展，并在实践中越来越被人们重视和看好。

1）色板诱集（杀）　　利用害虫的趋色彩性，研究各种色彩板诱集（杀）一些"好色"性害虫。例如，利用大多数蓟马对蓝色光波的嗜好制成蓝板诱集（杀）之。

2）利用害虫忌避的有色材料来防控害虫　　例如，根据蚜虫对银灰等色彩的负趋向性，设置银灰色塑料薄膜、铝箔、黑色塑料薄膜或向棉地喷洒碳酸钙溶液等避蚜，以减少蚜虫危害作物。

3）与其他技术复合诱集（杀）　　将色彩与灯光、频振波、性诱剂等技术复合制成器械，以扩大和提高诱集（杀）害虫的范围和效果。

（三）昆虫对色彩趋性的应用技术

1．粘虫色板制作

黄板板质材料一般采用一定厚度的废旧纸板、农药等包装箱的钙塑板、三合板、薄铁皮或直接从市场上购得。粘虫剂及辅料采用市售 10 号机油、凡士林、黄油、蜂蜜等。10 号机油、黄油、凡士林等多单独用作粘虫剂，也有用 10 号机油混合一定量的凡士林或黄油后作粘虫剂用。自制方法：在一定大小的板质材料正反面，用毛刷均匀涂上事先调配好的黄色油漆，待漆晾干后，将黄色板钉在 1～2 m 高的木棍或直接固定在田间棚或架上，再在黄色板正反面均匀涂上粘虫剂，每 10～15 d 更换一次黄板或清除虫子后重涂一次粘虫剂；也可在制好的黄色板上直接贴上粘蝇纸使用；或用两张同样大小的黄纸，黄色面向外，两纸粘牢，再用透明薄膜覆盖防雨，膜壁涂布粘虫剂后使用。现在粘虫色板的制作已逐步向商品化过渡，主要采用上述粘虫剂或粘虫胶涂布于特定颜色的塑料薄板上，再用薄膜包装后作商品用。温州市农业科学院研制的"绿珍"牌剥离式粘虫色胶板系列产品，采用特种纸和胶体材料及先进工艺制成，是一种类似于医用伤膏的环保型、便携式的工厂化生产产品，具有黏性强、保色和诱集性好、高温不流淌、耐老化、使用方便等优点，棚内、室内一般可保持黏性 60 d 以上。

2．黄板田间设置

在温室中黄板垂直放置对白粉虱成虫诱集（杀）的效果显著优于水平放置板，北向黄板上的诱集（杀）量明显少于东、南、西三个方向。在低矮的花菜田中东西向放置的黄板对烟粉虱的诱集（杀）效果优于南北向，而在搭棚架的菜豆田中顺行向设置黄板对烟粉虱的诱集（杀）能力是垂直行向的 1.21 倍。黄板放置方位对蚜虫的诱集（杀）效果还与当地当时刮风的方向有关。

3．黄板的悬挂高度

在低矮的花菜田和搭棚架的菜豆田中设置黄板诱集（杀）烟粉虱时，前者以黄板下端与菜叶顶部平或略高于菜叶顶部为宜，其诱集（杀）量分别是黄板上端与植株顶平、黄板下端在植株顶上 5 cm、黄板下端在植株顶上 10 cm 的 1.4～3.4 倍；后者则以架中部为宜，分别是架上部和架下部诱集（杀）量的 14.2～41.4 倍。对趋嫩性较强的白粉虱，冬春茬日光温室番茄上悬挂黄板的高度以下沿高出植株顶端 15 cm 效果最佳，分别是 0、30 cm 和 −15 cm 的 1.5～2.1 倍。在上海青、菜心上的试验中，黄板诱集（杀）蚜虫的适合高度为 32～40 cm，诱集（杀）黄曲条跳甲和斑潜蝇的适合高度为 4～20 cm。在温室或大棚内当黄瓜、番茄、彩椒等作物定植后一周以内挂上蓝板，直至收获，对控制蓟马有很好的效果。悬挂的蓝板要随植株的生长而相应升高，让它始终保持在植株顶部 10～20 cm 处。

4．黄板挂置时间

诱集烟粉虱的时间秋季以 11 时至 15 时为佳。9～10 月黄板对蚜虫的引诱量最大，诱集虫数占总虫数的 89.14%，其次为黄曲条跳甲，占诱集虫量的 4.58%；黄板对寄生蜂有一定的引诱作用，诱集虫数占总虫数的 5.05%。此外，天气也影响诱集效果，晴天的诱集效果明显优于阴天和雨天。

5. 田间悬挂黄板的密度

悬挂密度越小，单张捕虫量越大，但总捕虫量随单位面积挂板密度的增加而增加，其增量较小。黄板（规格 20 cm×30 cm）诱集（杀）美洲斑潜蝇时设置 600 块/hm² 与 900 块/hm² 的防效差别不大，生产中以 600 块/hm² 较为适宜。

（四）粘虫板的诱虫能力

一块 16 cm×8 cm 的黄板在花菜田中单板（双面）24 h 最多诱集（杀）烟粉虱成虫 2082 头，东西向放置的黄板 24 h 平均每块板可诱虫 757.2 头。"绿珍"牌剥离式粘虫色胶板每板（规格 27 cm×22 cm）日均最高诱集（杀）烟粉虱成虫可达 1378 头、蓟马成虫 2880 头、潜叶蝇成虫 1078 头。

（五）粘虫板测报技术

在对黄曲条跳甲种群动态监测中，黄板法和五点单位面积法所反映的田间种群动态基本一致，证明黄板法诱集能够有效监测黄曲条跳甲的田间种群发生动态。但黄板诱集量与烟粉虱田间发生量之间没有明显的相关性，即黄板对烟粉虱成虫的诱集存在较大的随机性，这与烟粉虱成虫的活动受多因素（光照、天气、温度）的影响有关。

（六）粘虫色板的防效与效益

在同一温室中分 5 次不同时间悬挂黄板，发现黄板的诱虫量随时间的推移而减少，第 1 次的诱虫量是第 5 次的 1.2～2.3 倍。这说明在相对封闭的温室环境下，采用黄板诱杀白粉虱虫口下降快，效果比较显著。黄板诱蚜能推迟田间蚜虫的发生高峰期，减少蚜虫的发生量，保护捕食性天敌瓢虫，种植的茄子推迟 20 d 才打第一次药防治红蜘蛛。在茄科、葫芦科等蔬菜作物生长期，每棚、室挂 15～20 块蓝色粘虫板，可以有效诱集（杀）蓟马成虫，推迟种群发生高峰期。江西省乐平市试验表明，每亩① 菜地插黄板 5～6 块，在蚜虫迁飞高峰期，1 块黄板每天可诱集（杀）有翅蚜 200～300 头，明显减少了病毒病的发生，每亩减少打药 2 次，节约工本费 17.25 元。在番茄整个生长期里，配合黄板诱集（杀）成虫（900 块/hm²）只需施药 2～3 次就达到了控制该虫的目的，而一般的常规防治法则要施药 4～5 次甚至更多。

四、昆虫扑灯节律——以灯诱稻田害虫为例

（一）诱虫灯的设置

研究昆虫扑灯节律对于合理设置亮灯时间，从而节约能源消耗、延长诱虫灯使用寿命、更好地保护害虫天敌、诱杀主要害虫，最终实现害虫的可持续控制具有重要意义。

---

① 1 亩≈666.7 m²

杨菁菁等（2012）研究了新型太阳能智能诱虫灯对昆虫的诱杀作用和昆虫的扑灯节律，计算出稻田主要害虫和天敌扑灯的黄金时间，获得较好的效果。选用多功能便携式太阳能智能诱虫灯，在水稻田旁隔 50 m 设灯 1 盏，共设 4 盏。灯泡下端距离地面 150 cm，采用高压电网击虫，诱虫灯下方安装集虫瓶。每隔 7 d 诱虫 1 次，共诱 3 次。每天傍晚 19:00 亮灯，翌日早晨 5:00 人工关灯。亮灯后每隔 1 h 收集 1 次虫源。第 2 天清晨将虫源带回实验室用显微镜进行鉴定。

（二）灯诱结果

1）诱杀的昆虫科目　　等翅目；直翅目的蝼蛄科；半翅目的飞虱科、蝉科、叶蝉科、黾蝽科、盲蝽科、花蝽科、红蝽科、缘蝽科；鞘翅目的豉甲科、步甲科、水龟甲科、隐翅甲科、叩甲科、瓢虫科、拟步甲科、天牛科、象甲科；双翅目的大蚊科、摇蚊科、蚊科、瘿蚊科、丽蝇科、食蚜蝇科、寄蝇科、蝇科、秆蝇科、果蝇科、潜蝇科；毛翅目；鳞翅目的夜蛾科、菜蛾科、透翅蛾科、螟蛾科；膜翅目的姬蜂科、茧蜂科、蚁科、胡蜂科。

2）诱杀的害虫　　黄翅大白蚁、东方蝼蛄、褐飞虱、白背飞虱、黑蚱蝉、大青叶蝉、电光叶蝉、白翅叶蝉、稻水象甲、稻瘿蚊、稻秆蝇、美洲斑潜蝇、斜纹夜蛾、甜菜夜蛾、黏虫、小菜蛾、三化螟、二化螟、稻纵卷叶螟、玉米螟、菜螟、瓜绢螟。

3）误杀的天敌　　黑肩绿盲蝽、黑足蚁形隐翅虫、大黑方胸隐翅、四斑长唇步甲、毛胸青步甲。

4）昆虫在夜间各时段的扑灯比率　　步甲、隐翅虫和黑肩绿盲蝽的扑灯类型均表现为双峰型（图1-16），每类昆虫在上半夜和下半夜均有一个扑灯高峰。二化螟扑灯类型表现为以午夜（23:00～1:00）和凌晨（3:00～5:00）为扑灯高峰的双峰型；稻纵卷叶螟表现为以傍晚（20:00～21:00）扑灯为主、午夜（1:00～3:00）扑灯稍弱的双峰型；稻飞虱表现为以傍晚（20:00～21:00）扑灯为主、午夜（21:00～4:00）扑灯稍弱的双峰型；玉米螟表现为以午夜（0:00～2:00）扑灯为主、傍晚（19:00～22:00）扑灯较弱的双峰型；小菜蛾表现为以午夜（0:00～3:00）扑灯为主、傍晚（20:00～21:00）扑灯较弱的双峰型；斜纹夜蛾表现为在午夜（0:00～3:00）扑灯的单峰型；黄翅大白蚁表现为在傍晚（19:00～21:00）时分扑灯的单峰型。

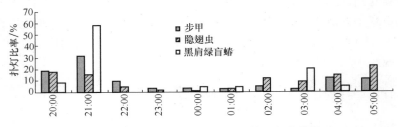

图 1-16　天敌昆虫在夜间各时段的扑灯节律（杨菁菁等，2012）

5）昆虫扑灯黄金时间（GTDL$_{0.618}$）　　黄金分割又称黄金律，是指将整体一分为二，较大部分与较小部分之比等于整体与较大部分之比，即长段为全段的 0.618。昆虫扑灯黄金时间可以描述为诱虫数量达到整个夜晚诱虫总量 61.80% 时的时间段落。诱虫灯诱杀的稻田主要害虫和天敌累计百分数见表 1-5。

表 1-5　诱虫灯诱杀的稻田主要害虫和天敌累计百分数

时段	主要害虫累计百分数/%	主要天敌累计百分数/%
19:00～20:00	4.35	17.71
19:00～21:00	34.78	41.40
19:00～22:00	39.13	47.13
19:00～23:00	43.48	49.13
19:00～00:00	56.52	51.12
19:00 至次日 1:00	65.22	54.11
19:00 至次日 2:00	78.26	62.84
19:00 至次日 3:00	95.65	70.07
19:00 至次日 4:00	100.00	83.04
19:00 至次日 5:00	100.00	100.00

资料来源：杨菁菁等，2012

对诱虫灯每个时间段诱杀主要害虫或天敌累计百分数（y）与时间段（x）进行回归分析时，将 19:00～20:00 记为时间段 1，19:00～21:00 记为时间段 2，…，19:00～5:00 记为时间段 10，建立害虫诱杀回归方程：$y=10.3820x+4.6377$，当 $y=61.8$ 时，$x=5.5059$，说明稻田主要害虫扑灯的黄金时间 $GTDL_{0.618}$ 为 00:30。天敌误杀回归方程：$y=7.2183x+17.955$，当 $y=61.8$ 时，$x=6.0742$，说明稻田天敌扑灯的黄金时间 $GTDL_{0.618}$ 为 1:05。

由此可以看出，稻田主要害虫扑灯的黄金时间与天敌扑灯的黄金时间有所不同，天敌扑灯的黄金时间要往后推迟一些。

五、昆虫对不同波段光谱的选择——以绿盲蝽为例

（一）研究背景

绿盲蝽（*Apolygus lucorum* Meyer-Dür）属半翅目盲蝽科，已成为我国北方棉区的主要害虫。李耀发等（2011）采用自行设计的昆虫波长选择器，初步测定了 9 种不同波段光谱对绿盲蝽的引诱效果。

（二）研究方法

在野外采集绿盲蝽越冬卵孵化后的第 1 代若虫，在实验室条件（温度 24～26℃，RH 60%～80%，14L：10D）下饲养。试验用虫选择羽化后 7～10 d，健康、一致的绿盲蝽成虫。仪器采用自行设计和组装的昆虫波长选择器。该波长选择器由 5 个能放射出不同波段光谱的"角"组成（图 1-17）。仪器内部封闭，避免外界光进

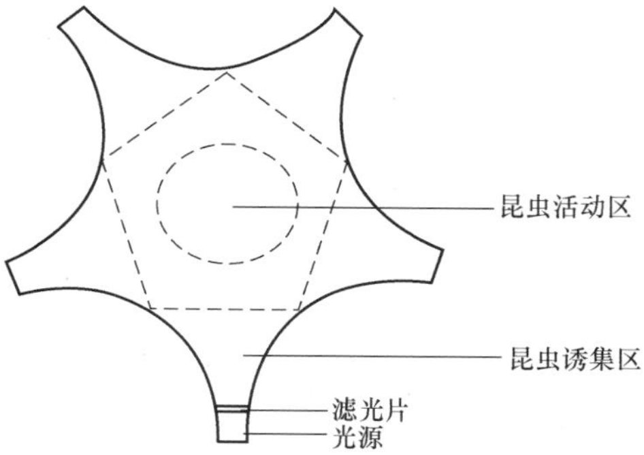

图 1-17　昆虫波长选择器

入内部，且内部涂成黑色，分为昆虫活动区、昆虫诱集区、光源等部分。该仪器可同时测定 5 种不同波长光谱（包括可见光及紫外光）对昆虫的驱避或诱集作用。光源分成 2 种，包括能产生紫外光（200~400 nm）的氙灯和产生可见光（400~800 nm）的溴钨灯；1 套 350~750 nm 的干涉滤光片（相邻 2 张滤光片相差 50 nm），滤光片的波谱宽度为10 nm。另外，在昆虫诱集区内放置 1 张涂满粘虫胶的黑色塑料薄板。其他用具包括毛笔、饲养盒、遮光布、托盘、粘虫胶、硬塑料板、照度计等。

先做以下预备试验测定：①不同波长光谱对绿盲蝽成虫的引诱效果。②不同暗适应时间对绿盲蝽成虫趋光性的影响。③不同光照时间对绿盲蝽趋性的影响。通过以上试验，可确定绿盲蝽最佳的暗适应时间和光照时间。

绿盲蝽引诱光波波长的选择：取绿盲蝽成虫 20 头置于波长选择器中，经暗适应 60 min，光照 15 min，分别测定 350 nm、400 nm、450 nm、500 nm、550 nm、600 nm、650 nm、700 nm 和 750 nm 共 9 种不同波长的光源对绿盲蝽的引诱效果。采用末位淘汰的方法，从中筛选出 5 个对绿盲蝽成虫引诱作用较强的光波。进一步验证上述筛选出的 5 个有较强引诱作用的光波对绿盲蝽成虫的引诱作用。

不同羽化时间的绿盲蝽成虫对不同波长光谱的趋性试验：设羽化时间分别为 1 d、3 d、5 d 和 7 d 共 4 个处理，每个处理选取健康活泼的绿盲蝽成虫 40 头，在波长分别为 350 nm、400 nm、450 nm、500 nm 和 550 nm 的光谱下，测定不同羽化时间的绿盲蝽成虫对光谱选择性的差异。操作测定方法同上。取出涂有粘虫胶的硬塑料板，统计绿盲蝽成虫数量，计算引诱率，重复 3 次。

（三）研究结果

预备试验结果显示：①400 nm 光谱诱集到的虫数量多（6.83 头/次），显著高于其他波段光谱诱集的虫数，表明 400 nm 光谱对绿盲蝽有较强的引诱作用。因此，选择 400 nm 波段光谱进行不同暗适应时间和不同光照时间的试验。②在 400 nm 波长下，暗适应 60 min 处理的引诱率最高（55.94%），虽然较暗适应时间 30 min 处理差异不显著，但显著高于10 min 处理，而 30 min 处理与 10 min 处理差异不显著，因此，选择暗适应时间为 60 min。③400 nm 光谱下，暗反应 60 min，光照 15 min 处理的引诱率最高（42.77%），显著高于光照时间 5 min 和 10 min 处理。表明光照 15 min 对绿盲蝽成虫的引诱作用最佳，因此，选择光照时间为 15 min。

不同波长光谱对绿盲蝽成虫的引诱试验结果表明，9 种波长的光谱中，波长为 350 nm、400 nm、450 nm、500 nm 和 550 nm 的 5 种光谱对绿盲蝽成虫的趋性较好。因而，选择这5 种光谱进行下一步的验证试验。

波长为 400 nm 和 450 nm 的光谱对绿盲蝽成虫诱集效果较好，引诱率分别为 28.99% 和 35.85%，二者差异不显著，但均显著高于其他 3 种波长处理。因此，选择 400 nm 和450 nm 波长的光谱为引诱绿盲蝽成虫的最佳光谱。不同羽化时间的成虫对相同波段的光谱趋性大致相同，没有显著性差异。

六、LED 光对昆虫的影响

蛾类复眼的视觉色素主要有两个：500~600 nm 的黄绿光色素和 320~430 nm 的紫

第一章　昆虫个体生态学研究与应用　　　　　　　　· 37 ·

外光色素。自 2000 年以来，日本开始用该波段的黄色荧光灯来防治蔬菜和花卉上斜纹夜蛾、甘蓝夜蛾等蛾类害虫，但是由于黄色荧光灯波长范围较宽（500～700 nm），可能会影响短日照植物的生长发育。因此，LED 作为一种新型的绿色光源，不仅对蛾类害虫有明显的干扰作用，同时也可以避免对作物产生不良的影响。科学家通过黑暗条件下分别施加 505 nm、540 nm 和 590 nm 3 个波长的 LED 光照，在室内条件下研究了不同波长 LED 光照对棉铃虫成虫明适应状态影响和交尾的干扰作用。

结果表明，505 nm、540 nm、590 nm 3 个波长的持续光照均可以有效地保持棉铃虫成虫的明适应状态，其明适应保持率均在 90% 以上。间歇光照时，光照与黑暗时间长短均会对棉铃虫的明适应状态产生影响，且 3 个波长的光照处理影响趋势相同。当黑暗时间一定（0.5 s），光照时间由 0.5 s 增加到 1.5 s 时，3 个波长光照处理的棉铃虫明适应保持率均显著增加，差异显著；但当光照时间由 1.5 s 增加到 2.5 s 时，各处理棉铃虫的明适应保持率基本无变化。当光照时间一定（2.5 s），黑暗间隔时间由 0.5 s 增加到 1.5 s 时，590 nm 和 505 nm 光照处理的棉铃虫明适应保持率基本无变化，均在 75% 以上，而 540 nm 光照处理的棉铃虫明适应保持率明显下降，差异显著；当黑暗间隔时间由 1.5 s 增加到 2.5 s 时，各处理棉铃虫的明适应保持率均显著降低，存在明显差异。结论认为，利用不同波长（500～600 nm）LED 光源的持续光照或间歇光照（黑暗时间不超过 0.5 s，光照时间大于 1.5 s），均可以有效地保持棉铃虫的明适应状态。

结果还显示，590 nm 的 LED 光照对棉铃虫成虫的交尾有明显的干扰作用，能够有效降低棉铃虫成虫的交尾率，减少交尾次数。590 nm LED 光照能够使棉铃虫的交尾率由对照组的 89.1% 下降到 52.5%，交尾率下降达 40% 以上。棉铃虫的交尾次数也发生明显的变化，对照组棉铃虫交尾 2 次以上的占 70% 以上，而经 590 nm LED 光照后，棉铃虫交尾 2 次以上的只有 25% 左右，不交尾或只交尾 1 次的占 75% 以上。

不同波长的 LED 光照显著影响棉铃虫成虫的产卵和卵孵化率。经 505 nm 和 590 nm 的 LED 光照后，棉铃虫的最长产卵期分别延长了 2 d 和 5 d，平均产卵期均延长 2 d 左右。505 nm 光照后，棉铃虫的产卵时间较为分散，产卵主要分布在 2～9 d，产卵高峰期不明显。505 nm 能够使棉铃虫的总产卵量增加近 20%，单雌平均产卵量增加 80 粒左右。经 505 nm 和 590 nm LED 光照处理后，卵孵化率与对照组相比显著下降了 45% 和 59%。

第四节　昆虫休眠滞育的研究与应用

一、昆虫的休眠与滞育

（一）休眠与滞育的概念

休眠（dormancy）指由于各种原因引起生物处于生长发育暂时停止、代谢水平明显降低、对外界刺激没有反应或只有微弱反应的状态。这个术语在生物学中应用得很广，如微生物孢子休眠、植物种子或整株越冬休眠、昆虫和某些高等动物在不利环境条件下的不活动状态等。休眠指生物的潜伏、蛰伏或不活动状态，是抵抗不利环境的一种有效的生理机制。进入休眠状态的动植物可以忍耐比其生态幅宽得多的环境条件。休眠可以分为冬眠（hibernation）和夏蛰（aestivation）两大类。冬眠指发生在冬季的休眠。当秋末冬初气温降低到一定程度时，很多生物都停止生长发育，进入越冬状态。生物在冬眠期间的代谢活性一般都降到很低程度，借此减少能量消耗，度过漫长的冬季。夏蛰特指因夏季炎热、干旱诱导的动物（主要是节肢动物）休眠。昆虫在炎热而潮湿情况下发生的休眠称为湿热休眠（pluviation）。

　　滞育（diapause）是生物在一定时期内和一定发育阶段上发生的，取决于发育停止前的一个时期，即前一个发育阶段条件的变化，导致某种生理过程的变化，控制后期发育的继续或停止。很多昆虫在不利气候条件下常进入滞育状态。变温动物在冬季滞育时，体内水分大大减少以利于防止结冰，而新陈代谢几乎降到零；在夏季滞育时，耐干旱的昆虫可使身体干透以忍受干旱，或者在体表分泌一层不透水的外膜以防止身体变干。滞育是系统发育过程中形成的一种内在较稳定的遗传适应性。休眠随不良条件的消除而解除；滞育不随不良条件的解除而消除，它必须经过一固定程序的作用，如低温作用、光照、化学药剂等才会解除。光周期是引起滞育发生的主导因子。引起昆虫种群50%左右个体进入滞育的光照时数叫临界光周期，如二化螟的临界光周期为13 h 42 min（江西），三化螟的临界光周期为13 h 45 min（南京），玉米螟的临界光周期为13 h 50 min（南京），家蚕的临界光周期为14 h。能对临界光周期产生反应的虫龄或虫态叫光周期敏感虫期。临界光周期和敏感虫期相吻合时，才发生滞育。滞育可以分为短日照型、长日照型和中间型三种类型。

（二）术语之间的关系

（1）休眠是一个广义词，它泛指包括滞育在内的昆虫发育中止的各种类型。100多年来，有关学者都将滞育看作是休眠的一种类型。科学界对休眠与滞育关系的一般理解，认为滞育是休眠的一种类型。

（2）既然休眠是泛指包括滞育在内的昆虫各种发育中止现象，在叙述滞育的特点时，就不应将它与休眠相比。即使将滞育看作是休眠的一种特殊类型，两者相比时，也应在休眠一词前加上诸如"一般"之类的形容词加以限定，以免误导。

（3）专性滞育（obligatory diapause）和兼性滞育（facultative diapause），前者指与环境因素无关的一化性昆虫的滞育，后者是指由外在条件（光周期、温度）决定的多化性昆虫的滞育。

（4）滞育的维持和滞育发育。滞育的维持是指昆虫一旦进入滞育后，不会对终止其滞育的外界刺激随时发生反应的一段时间。在此期间，昆虫体内可能仍然发生着程度不同的生理、生化变化，为滞育的终止准备条件。

二、昆虫滞育的调控

（一）滞育的光周期调控

昆虫通常根据日长来决定进入滞育的适当季节。在长日照下发育而在短日照下进入滞育的昆虫种类通常称为长日照型，反之称为短日照型。例如，大草蛉（*Chrysopa septempunctata* Wesmael）是短光照诱导滞育型，诱导预蛹滞育的临界光周期处于

（10.5L：13.5D）和（11L：13D）之间；有些昆虫的种群则同时存在长日照和短日照的关系，如黑纹粉蝶（*Pieris melete* Menetries）是以蛹滞育，夏滞育和冬滞育分别被较长日照（>13L：11D）和短日照（<11L：13D）诱导，而非滞育仅出现在一段较短的中性光周期范围（12L：12D）内。光周期暗期受到光冲击后也会影响有些昆虫的滞育。当给西非蛀茎夜蛾（*Sesamia nonagrioides* Léfèvbre）幼虫诱导滞育的光周期（10L：14D）暗期的前一部分 1 h 或 2 h 的光脉冲时，会大大减少滞育；光脉冲应用在暗期的后一部分时，不能阻止滞育的诱导。同一种昆虫的不同地理种群对光周期的反应也不尽相同，并具遗传特性。最常见的是短日照被用来决定是否进入滞育，人为地延长日照长度使其超过昆虫临界光周期是阻止滞育的有效方法。在暗期特定的时期，昆虫对光特别敏感，在这段时间使其暴露在光照下能避免滞育的发生。在一些鳞翅目昆虫种类的防治中，已经有通过人造光期延长自然日长。在田间，通过人为地延长日照长度获得了很多无法进入滞育的欧洲玉米螟 [*Ostrinia nubilalis*（Hübner）] 和苹果蠹蛾 [*Cydia pomonella*（L.）] 个体，并且有些种类在暗期给予光脉冲也能达到这种效果，而对有些种类没有作用。在恰当的时间给予短短 2 min 的光脉冲就足够阻止网纹卷叶蛾（*Adoxophyes reticulana* Hübner）进入滞育。

（二）滞育的环境调控

温度是影响昆虫滞育的另一重要因素。例如，家蝇（*Musca domestica* L.）幼虫在低于 15℃的环境中发育时，蛹进入滞育；南非的褐飞蝗 [*Locustana pardalina*（Walk.）] 卵滞育与环境中高温持续的时间相关。温度常与光周期相互作用起着诱导昆虫滞育的作用。大多数的昆虫种群，光周期与温度之间的关系表现为随着温度的改变，昆虫的临界光周期发生变化。例如，美凤蝶（*Papilio memnon* L.），在 20℃条件下，临界光照时间为 13 h 11 min；而 25℃条件下，临界光照时间为 12 h 49 min，要比 20℃时短 22 min。夏滞育的诱导、维持和解除在长日照和高温时发生，在短日照和中等温度下终止，冬滞育则相反。例如，日本柞蚕 [*Antheraea yamamai*（Guérin-Méneville）] 的夏滞育是由光周期控制，敏感虫态是幼虫期和蛹期；烟芽夜蛾 [*Heliothis virescens*（Fabricius）] 的夏滞育完全由高温（≥32℃）诱导，变温下滞育率更高，且滞育个体绝大多数为雄性；大猿叶甲的夏季滞育由低温诱导，当温度≤20℃时，成虫全部进入滞育，独立于光周期。

取食不同的寄主植物，昆虫的滞育反应可能不同。马铃薯甲虫（*Leptinotarsa decemineata* Say）成虫和幼虫取食欧白英（*Solanum dulcamara* L.）和马铃薯（*Solanum tuberosum* L.），其滞育发生具有很大差异。食料可能是某些依赖季节性植物才能生存的植食性昆虫或一些仅依赖寄主才能够生存的捕食性和寄生性昆虫滞育诱导的主要因子。一些温带和热带地区食植物种子的蝽象，如红蝽和长蝽种类，食料缺乏是夏滞育诱导的关键因子，种子的质量和缺乏会诱导其进入滞育。食料除数量或丰富度外，质量也能影响昆虫滞育，如绿圆跳虫 [*Sminthurus viridis*（L.）] 和红足土螨 [*Halotydeus destructor*（Tucker）] 取食衰老的植物时，夏季滞育被诱导。

湿度常不能作为滞育诱导的主要因子，但通过改变光周期和温度的刺激反应而影响滞育的诱导，如烟草粉螟 [*Ephestia elutella*（Hübner）]，湿度能够改变光周期的滞育诱导效应。一些以卵滞育的昆虫对湿度较为敏感，如澳洲疫蝗 [*Chortoicetes terminifera*

（Walker）]，虽然成虫期的光周期和温度对卵的滞育有决定作用，但低湿条件明显降低了滞育的诱导。

简单的物理操作也能阻止滞育的发生。例如，在一个每分钟振动 160 次的晃动平台上饲养果蝇的幼虫，能明显地减少蛹的滞育率。

（三）调控滞育的激素和化合物

用遗传的方法、环境和物理的方法，以及激素和化学物质都能够阻止滞育的发生。通过选育或自发突变来获得非滞育变种相对来说比较容易，如舞毒蛾和果蝇。这表明，有些基因可以被用来获得非滞育的种群，如果将其混入一个野生种群中则可以阻止滞育的发生。

一些化学物质和激素药物被用来阻止滞育的发生。在大菜粉蝶[*Pieris brassicae*（L.）]中，在幼虫发育的光敏感期注射墨斯卡灵硫酸盐或麦角酸酰二乙氨（LSD）能抑制滞育的诱导。因为迷幻药的作用仅限于光敏感期，所以通过改变日长信号的转导机制也可能达到这种效果。奎巴因，是无机阳离子运输的抑制剂，能引起家蚕（*Bombyx mori* L.）的雌成虫产下非滞育卵，而不是滞育卵。在果蝇即将化蛹的三龄幼虫期注射霍乱毒素能阻止蛹的滞育。咪唑衍生物 KK-42 能避免舞毒蛾一龄幼虫进入滞育。

以幼虫和蛹滞育的昆虫大部分是由于大脑前胸腺轴的关闭引起的，而大多数以成虫滞育的都是由咽侧体无法产生保幼激素引起的，保幼激素的应用也常常能阻止成虫滞育的发生。通过注射抗滞育激素兔血清给家蚕的雌虫能抑制滞育。

家蚕的胚胎滞育能被一种激素的存在而不是缺失所诱导。注射一种神经肽即滞育激素给雌虫，能使它产下滞育卵。药物能阻碍蜕皮激素和保幼激素产生或发挥作用，使昆虫具有进入拟滞育状态的潜能。利用抗保幼激素，即色烯的派生物选择性地破坏咽侧体，能引起正在活跃取食土豆的非滞育马铃薯甲虫离开食物，钻入土中，进入一种类似滞育的状态。

很多激素能有效地打破滞育。蜕皮激素能打破幼虫和蛹的滞育，而保幼激素能打破大部分成虫的滞育。作为家蚕滞育诱导物的滞育激素，也能打破实夜蛾属（*Heliothis*）/棉铃虫属（*Helicoverpa*）复合体蛹的滞育。一种小型的合成缩氨酸或缩氨酸模拟物可有效地打破滞育。

许多化学药物对打破滞育很有效。中性酸或碱被用来作为打破家蚕胚胎滞育的工具。使用乙烷、乙醚和其他一些有机溶剂的滴定或者熏蒸可以终止麻蝇属（*Sarcophaga*）的蛹滞育，这些物质能通过激活胞外信号调节激酶（extracellular signal-regulated kinase，ERK）信号的转导路径来发挥它们的刺激作用。以幼虫滞育的草地螟（*Loxostege sticticalis* L.）和以卵滞育的蝗虫 *Melanoplus differentialis*（Thomas）也能被特定的有机溶剂打破滞育，注射丙酮或重金属离子能引起天蚕蛾滞育蛹的发育。

有些物质不能发挥迅速终止滞育的作用，但是能缩短滞育持续期［如麻蝇属（*Sarcophaga*）的保幼激素］或拖延滞育解除期（如黏虫和果蝇中的环状 AMP 和它的派生物）。磷酸二酯酶抑制物咖啡因、氨茶碱和其他的甲基黄嘌呤能阻止或延迟天蚕蛾滞育蛹启动成虫的发育。一种几丁质酶对叶甲成虫的滞育解除很重要，采用 RNA 干扰（RNAi）来抑制几丁质酶的合成会阻碍滞育的解除。

三、日周期变温对滞育幼虫生理指标的影响——以桃小食心虫为例

（一）研究背景

桃小食心虫（*Carposina sasakii* Matsumura）属鳞翅目果蛀蛾科，是多种果树上的主要害虫。已有研究认为，低温结合短光照是引起滞育的条件，而高温结合一定的长光照则抑制滞育的发生。研究也发现，温度对桃小食心虫的临界光周期有显著影响，随着温度升高，临界光周期缩短。为了探讨秋季温度升高对桃小食心虫滞育诱导期幼虫体内的生理特性及生化物质影响，预测秋季变暖对桃小食心虫越冬存活的影响，李锐等（2014）建立了 9 组不同日高温和夜低温组成的日周期变温模式，通过测定不同温度环境下滞育幼虫的过冷却点、结冰点，以及体内水、脂肪及小分子糖醇类物质含量，研究温度升高对滞育幼虫生化物质含量的影响。

（二）研究方法

供试的桃小食心虫采自野外含有高龄幼虫的虫果，在室内 25℃、相对湿度 70%～80%、光周期为 15L：9D、光照强度为 700～1000 lx 的条件下脱果，脱果的幼虫在预先高温消毒的沙土中结茧、化蛹，羽化的成虫用 10% 的蜂蜜水喂养，连续饲养 1 代。第 2 代黑头的卵接到富士苹果的萼洼处，然后放置在光周期 12L：12D，相对湿度 70%～80%，温周期 26～18℃（高温 10 h，低温 14 h；下同）、26～20℃、26～22℃、28～18℃、28～20℃、28～22℃、30～18℃、30～20℃ 和 30～22℃ 条件下诱导滞育，老熟幼虫脱果后入土结圆茧滞育。将入土后第 3 天的滞育老熟幼虫小心地从圆茧中剥出，随机挑选，不分大小，用于各生理生化指标的测定。

SCP 和 FP 的测定：将单头桃小食心虫幼虫腹部与热电偶传感器探头进行固定后置于塑料管内，移入降温速率为 0.1℃/min 的油浴锅中（Huber Ltd.，Ministat 230-cc-NR），经数据采集系统自动采集后，得到其过冷却点和结冰点。不同处理各测定幼虫 15 头。

含水量测定：单头幼虫经蒸馏水冲洗、吸干后精确称量记为湿质量（WM），60℃干燥 48 h 后称得干质量（DM），按照公式 [（WM−DM）/WM]×100% 计算其含水量。重复 15 次。

脂肪含量测定：按照前面测得单头桃小食心虫幼虫干质量（DM）后匀浆，经氯仿/甲醇（2：1，*V/V*）混合液萃取后 2600 g 离心 10 min，弃上清液重复萃取 2 次，60℃干燥沉淀 72 h 后称其干质量（LDM），按照公式 [（DM−LDM）/*M*]×100% 计算其脂肪含量，式中 *M* 为试验用幼虫的鲜重。重复 15 次。

小分子糖醇类物质的测定：小分子糖醇类物质的测定采用硅烷化衍生物改进的方法，利用气质联用仪进行测定。幼虫 15 头经蒸馏水冲洗、吸干并称重，加到含有 0.5 mL 70% 乙醇（含 10 μg 蔗糖作为内标）的离心管中匀浆，10 000 g 离心 5 min，上层清液移出，于 2 mL 冻存管保存。重复离心一次。上层清液置于−20℃的冰箱中保存待用（共 1 mL，含内标 20 μg）。分析前，样液在 40℃的条件下用氮气吹干。在剩余物中分别加入 25 μL 二甲基酰胺和含 *O*-甲基羟胺盐酸盐的吡啶溶液（200 mg/mL），在 70℃的水浴中加热 15 min；

在反应混合物中加入 75 μL 的二甲基酰胺和 30 μL 的三甲基硅烷基咪唑，在 80℃的水浴中加热 15 min 完成硅烷化反应；加热完成后，立刻放到冰里停止反应。然后用异辛烷（2×75 μL）萃取衍生物，用微量注射器取 1 μL 萃取液注入气质联用仪（Agilent：7890A-5975C）进行定性定量分析（DB-1）（30 m×0.25 mm）；温度程序：120℃ 3min，12℃/min 升高到 280℃，保留 40 min）。重复 3 次。

（三）研究结果

在适宜滞育的光照下变温不会影响桃小食心虫的滞育率，所有脱果的老熟幼虫全部进入滞育，但不同的变温对滞育后幼虫体内过冷却点和结冰点有显著的影响。日高温和夜低温均对桃小食心虫滞育后幼虫的过冷却点及结冰点有极显著影响，且交互作用极显著。

桃小食心虫滞育幼虫体内 SCP 的温度变化趋势如图 1-18A 所示。除日高温 28℃下 SCP 受夜温度影响不大外，其他日高温下的 SCP 均在夜低温 18℃下最高，夜低温 20℃ 和 22℃下较低；夜低温 18℃和 22℃下，均以日高温 30℃的 SCP 最高。夜低温 20℃时，则以 28℃日高温下的 SCP 较高。

桃小食心虫滞育幼虫体内 FP 的温度变化趋势与 SCP 类似（图 1-18B）。除日高温 26℃ 下 FP 受夜间温度影响不大外，其他日高温下的 FP 均在夜低温 18℃下最高，夜低温 20℃ 和 22℃下较低；夜低温 18℃和 22℃下，均以日高温 30℃的 FP 最高，夜低温 20℃时，则以 28℃日高温下的 FP 较高。

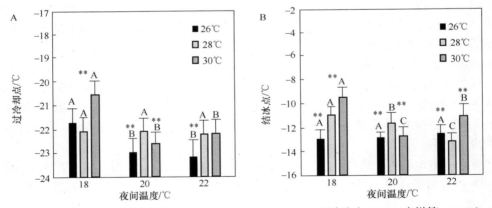

图 1-18　不同滞育诱导温度下的桃小食心虫过冷却点（A）和结冰点（B）（李锐等，2014）

日高温和夜低温对桃小食心虫滞育后幼虫的含水量和脂肪含量有极显著影响，且含水量的日间和夜间温度交互作用显著，但脂肪含量的温度互作效应不显著（图1-19）。除日高温 26℃下体内含水量随夜低温升高差异不显著外，日高温 28℃和 30℃下含水量均在夜低温 18℃时最低；除夜低温 18℃下体内含水量随日间温度升高差异不显著外，夜低温 20℃和 22℃下含水量均在日高温 26℃时最低（图 1-19A）。相同日高温下，桃小食心虫滞育幼虫脂肪含量均在夜低温 18℃时最高；但在相同夜低温下，脂肪含量均在日高温 26℃下时最低（图 1-19B）。

除合并日高温后的夜低温对山梨醇含量影响不显著外，夜低温、日高温及二者之间的互作，对桃小食心虫滞育幼虫体内所有被测的小分子糖醇类物质含量均产生了极显著

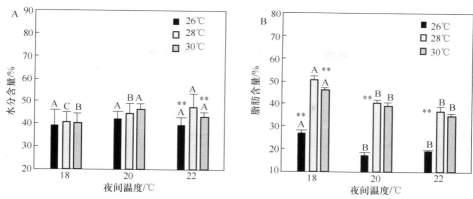

图 1-19　不同滞育诱导温度下桃小食心虫水分（A）和脂肪（B）含量（李锐等，2014）

影响（图 1-20）。日高温 30℃时，随着夜低温升高，桃小食心虫滞育幼虫体内山梨醇和甘油的含量逐渐降低，海藻糖和赤藓糖醇的含量逐渐升高，肌醇含量先降后升，而葡萄糖含量差异不显著；日高温 26℃下，随着夜低温升高，桃小食心虫滞育幼虫体内山梨醇和赤藓糖醇含量先降后升，海藻糖、甘油和葡萄糖含量逐渐降低，肌醇含量逐渐升高；日高温 28℃下，随着夜低温升高，桃小食心虫滞育幼虫体内山梨醇和肌醇含量先升后降；葡萄糖、海藻糖、甘油和赤藓糖醇的含量逐渐降低。

日高温影响桃小食心虫滞育幼虫体内小分子糖醇类物质含量（图 1-20）。当夜低温为 18℃时，随着日高温升高，桃小食心虫滞育幼虫体内山梨醇、肌醇和赤藓糖醇的含量先降后升，海藻糖和葡萄糖含量逐渐下降，甘油的含量逐渐上升；当夜低温为 20℃时，随着日高温升高，桃小食心虫滞育幼虫体内山梨醇、甘油和肌醇的含量先升后降，海藻糖、葡萄糖和赤藓糖醇的含量随日高温升高先降后升；当夜低温为 22℃时，随着日高温升高，桃小食心虫滞育幼虫体内山梨醇的含量逐渐降低，海藻糖、肌醇、葡萄糖和赤藓糖醇的含量先降后升，甘油含量先升后降。

四、昆虫滞育在害虫防治中的应用

滞育的昆虫在生理学方面与非滞育的昆虫不同，滞育昆虫有更多的脂肪储量，有更强的耐寒性，能更好地抵抗疾病，并且能有效地抵制水分的流失。这些属性在滞育后也能持续一段时间，并且有些特征能被用来提高害虫防控策略。苹果蠹蛾在短光照下以幼虫进入滞育，幼虫经历过滞育的雌蛾较没有经历过滞育的雌蛾能更好地跟随 γ 射线移动。利用经历过滞育的雌蛾经过辐射也不会失去移动的特性，能产生出一些能适用于不育工程的有竞争力的个体。

掌握滞育生物学特性的相关知识能提高害虫的治理水平，以成虫滞育的苹果花象鼻虫（*Anthonomus pomorum* L.），当越冬成虫在春天解除滞育的时候，在刚开始活动的几天里它们会被吸引到温暖的地方。因此，在一个苹果园里提供一个温暖的场所，能吸引很多刚解除滞育 2～4 d 的成虫。这种栖息地陷阱能为苹果园害虫种类种群监测提供帮助，因为这种热吸引在雌虫中 6 d 后就会消失，这些场所用来监测苹果园新成虫的出现特别有用。

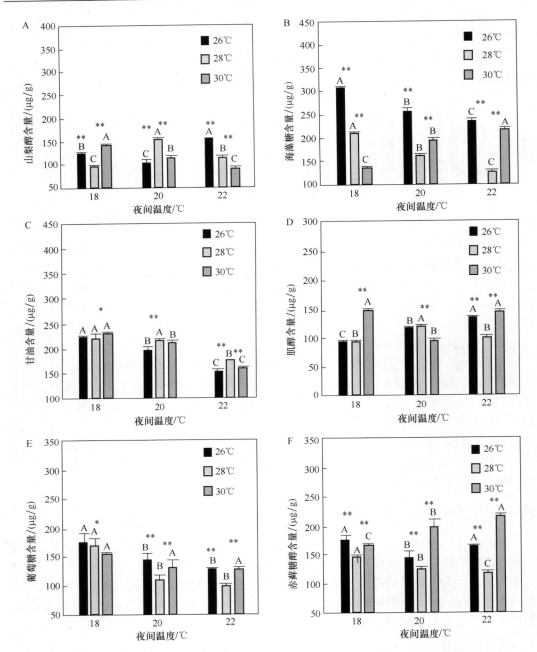

图 1-20　不同滞育诱导温度下桃小食心虫滞育幼虫小分子糖醇类物质的含量（李锐等，2014）

　　掌握滞育特性的知识对建立一套好的栽培技术有不可估量的价值。捷克苹果园早期的栽培技术是在冬季的修剪季节对苹果树剪枝，从害虫防治的角度来看，这会产生相反的效果，因为修剪的正是对生物防治尤为重要的捕食螨所在的部位，并且捕食螨滞育的发生就处于修剪的时间段内。

　　用生物标记法区分一个种中的滞育个体和非滞育个体对于管理昆虫种群有实践意

义，这样的生物指标对判断如授粉者苜蓿切叶蜂（*Megachile rotundata* Fabricius）的滞育状态是很有用的；了解蜜蜂是滞育还是正在发育，对于利用这种重要经济昆虫具有非常重要的意义。这种生物指标也能用于评估昆虫对杀虫剂的敏感性，当一个种类处于滞育状态，那么它们对杀虫剂更有抗性。为了更有效地应用杀虫剂防治某种害虫，确切掌握这种昆虫已经解除滞育非常重要，因为解除滞育的昆虫更易受杀虫剂的伤害；与此相反，当用于生物防治的天敌处于滞育而害虫已解除滞育的时候，就增加了化学物的选择性。

第五节　昆虫行为的研究与应用

一、昆虫的行为

行为（behavior）是昆虫适应其环境的一切活动方式。昆虫行为一词有双层含意：一层含意是指昆虫的爬行、飞翔、寻找寄主、追逐异性，以及筑巢育幼等各项简单的动作和整套的行动。另一层含意是指涉及上述现象的行为机制，包括昆虫对于来自体内的或体外的各种刺激，在行动上的反映。

行为模式（behavior pattern）是指行为活动发生、进行和完成的某种固有方式。昆虫的行为模式有些是昆虫本能的反应，有些是通过后天的学习而获得的，有的还通常表现出周期性和节律性。本能又称为先天行为，是遗传因子决定的固有行为，具体表现为反射、动态、趋性和定向活动。昆虫的迁飞扩散、食物选择、寻找配偶、交配产卵，以及逃避敌害等，都是昆虫生命活动的行为本能。当前动物行为学产生了许多新理论和新方法，如进化稳定对策理论（evolutionarily stable strategy，ESS），比较研究法，动物行为存活值和适合度的定量测定法，动物行为分析的经济观和行为分析的基因观，行为、生态、遗传、进化的综合分析方法等。可以预见，未来昆虫行为学的研究必将深入微观机制，在基因水平上探讨昆虫行为学机制，特别重视研究昆虫行为、生态和进化的关系。另一个发展趋势是经济学思想和方法日益渗透到行为生态学的研究之中，特别是"投资-收益分析"作为经济学的主要研究方法，已开始应用于研究昆虫行为的诸多方面。

（一）昆虫取食行为

昆虫的取食行为是指昆虫在食物上所进行的摄取食物及与此相关的一系列活动。昆虫的取食行为取决于从化学感受器感觉信号的输入。昆虫化学感受器是昆虫识别寄主植物的主要工具。昆虫借视觉、嗅觉、味觉等感觉通道对植物及环境所产生的刺激进行编码内导，最后通过神经中枢的综合和解码，并根据遗传所形成的模板和生理形态，对植物的取舍作出选择。昆虫的取食行为多样，但取食过程大致相似。例如，植食性昆虫取食一般要经过兴奋、试探与选择、进食、清洁等过程；而捕食性昆虫取食的过程一般为兴奋、接近、试探和猛扑、麻醉猎物、进食、抛开猎物、清洁等过程。昆虫取食前，往往对寄主进行试食。例如，刺吸式口器的蚜虫、叶蝉类昆虫先把唾腺分泌液注入植物体以分解植物细胞壁，保证取食过程中植物汁液的流通，如果试食后不适应，便会转移到其他植物上继续取食。一些咀嚼式口器的昆虫，如蝗蝻则通过感受器探测后再取食，这些感受器主要存在于触角和下颚，如果切除触角和下颚便不存在上述取食现象。

1. 昆虫取食行为的特征记录和描述

通过研究荔枝蝽［*Tessaratoma papillosa*（Dmry）］在越冬前和产卵期的取食行为，发现荔枝蝽成虫在越冬前不活跃，生殖系统发育缓慢，对食物要求不强烈，对取食位点要求也不高；产卵期成虫活动旺盛，生殖系统发育速度快，需要补充大量营养，尤其是蛋白质，因而选择在含氮量较高的嫩枝和花枝上取食，且在取食时较少转移。对美洲斑潜蝇（*Liriomyza sativae* Blanchard）和椰心叶甲［*Brontispa longissima*（Gestro）］也进行了类似研究。

2. 影响昆虫取食行为的因素

昆虫在对寄主定向及回避不适宜植物过程中，植物释放的挥发性次生物质起了主导作用。植食性昆虫对寄主植物的选择依赖于灵敏的感觉作用，对不同种类植物所含的次生代谢产物能准确识别，并借助这种信号刺激来完成其对寄主的选择。一种昆虫如对某种植物所形成的次生物质不能适应，便不能以这种植物为食，更不会产卵于这种植物上。应用四臂嗅觉仪测定了黄曲条跳甲［*Phyllotreta striolata*（Fabricius）］成虫对 5 种非寄主植物挥发油的嗅觉反应，探讨了 5 种植物挥发油对其取食和产卵行为的影响，为该虫的非化学防治提供了理论依据。应用时间系列分析方法来研究拒食剂对斜纹夜蛾［*Spodoptera litura*（Fabricius）］幼虫取食行为的影响，采用取食活动或取食间隔的次数和持续时间作为指标来评价拒食剂对昆虫的作用效果，为探索快速筛选拒食性化合物提供了理论基础。甜菜叶蛾（*Spodoptera exigua* Hübner）幼虫对苏云金杆菌［*Bacillus thuringiensis* Berliner］（Bt）Cry lC 毒素具有探测和拒食能力，这种能力的强弱与饲料中所含毒素浓度呈正比关系。

3. 昆虫取食行为产生的机制

昆虫的取食行为取决于从化学感受器而来的感觉信号的输入，只有阻断对取食刺激物有反应的感受器的信号输入或者刺激特异性的抑制型感觉细胞，才能使取食行为受到抑制。在大多数鳞翅目幼虫下颚的中间或侧边栓锥感觉器上，有的感受细胞对蔗糖有反应性，有的对印楝素和川楝素有反应性抑制型感受细胞。一些多食性的昆虫，如海灰翅夜蛾［*Spodoptera littoralis*（Boisduval）］、黏虫［*Mythimna separate*（Walker）］、棉铃虫（*Helicoverpa armigera* Hübner）、美洲烟夜蛾［*Helicoverpa assulta*（Guenee）］和沙漠蝗［*Schistocerca gregaria*（Forskl）］等，它们都存在一些对印楝素有反应性的感受器。应用电生理技术研究结果显示，川楝素对黏虫幼虫的拒食作用与杀虫脒类似，它作用于颚须栓锥感器。

（二）昆虫生殖行为

昆虫的生殖行为包括求偶行为、交配行为和交配后的雌虫产卵行为。昆虫的交配过程始于交配前两性间的信息联系，即固有的求偶行为。它指伴随着昆虫性活动和作为性活动前奏的全部行为。通过求偶行为可向异性传递信息，激发异性性兴奋的行为反应，为两性交配做好准备。

1. 昆虫生殖行为记录和描述

对条背萤［*Luciola substriata*（Gorh.）］求偶行为的研究，发现该种昆虫发出单脉冲周期性特异闪光信号进行求偶,雄萤闪光信号脉冲闪光持续时间为 0.52 s,间隔时间为 0.28 s,闪光信号的最大亮度为 0.6 lx;雄萤发出求偶信号 0.22 s 后,雌萤发出两个连续的回应信号,第一个回应信号为 0.49 s, 第二个为 0.41 s, 两个回应信号的间隔时间为 0.11 s。触角在啮小蜂求偶识别和接受中起重要的作用,雄蜂柄节具有一分泌小孔,求偶的雄蜂遇到雌蜂后柄节能分泌大量的膏状渗出物,雌蜂靠接触雄蜂触角来识别和接受雄蜂。六斑目瓢虫[*Cheilomenes sexmaculata*(Fabricius)]和狭臀瓢虫(*Coccinella transversalis* Fabricius)两种食蚜瓢虫雄虫的求偶行为表现出 5 个阶段,即靠近、观察、检查、伪装及交配尝试。性不成熟的、近期交配过且正在产卵的两种雌蛾会拒绝雄蛾的进一步行为。

2. 利用性信息素求偶

性信息素是由同种昆虫某一性别的特殊分泌器官分泌于体外,扩散于周围环境中的微量化学物质,经空气或其他媒介传递到同种异性的感受器,引起种群中个体一定的行为或生理效应。目前已知有 250 余种昆虫有性引诱现象,利用信息素求偶。多数种类昆虫是由雌虫释放,以引诱雄虫,如雌舞毒蛾分泌的信息素可把远在 400 m 以外的雄蛾吸引到自己身边来。有些种类是由雄虫释出以引诱雌虫,如斑蛾科(Zygaenidae)雄虫可分泌性信息素"召唤"雌蛾。雄蛾以定型的姿态,释放性激素,"召唤"雌蛾,特点是"静";雌蛾感受雄蛾的信息,以定型的行为程序,寻找雄蛾,其特点是"动"。

3. 在求偶场以聚合的方式求偶

自然界中存在着由多个雄性个体聚集在一起共求偶的现象。某种资源、食物、配对的异性个体、产卵场都可能促进集体求偶行为的发生。集体求偶行为经常发生在特定的物体上或特定的场所即求偶场。它是求偶个体(一般为雄性)繁殖期进行聚群求偶表演、交配的场所。求偶场可分为经典求偶场、开放型求偶场或分散型求偶、地标型求偶场、资源-基础型求偶场。地标型求偶场是具有某种特定地理位置或地形地貌标志的求偶场(如山顶、树梢等),资源-基础型求偶场指求偶场邻近或处于资源集中分布区内。求偶场内雌性对配偶有选择性,如蝉、蟋蟀、螽斯等昆虫的集体鸣叫求偶行为,以及蚊虫的群集飞舞求偶行为,雌性会从求偶群体中选择一个最优个体。

4. 跳舞求偶

许多蝶类雌雄相遇,都必先作一番"恋爱飞舞",雄蝶必须跳舞求偶才能得到与雌蝶交配的机会。一般情况下雄蝶追逐雌蝶,或者是 1～3 只雄蝶追逐雌蝶,追逐当中,雌蝶以体力最好的雄蝶为其首选。雄蝶求偶时舞姿各不相同,斑蝶科(Danaidae)某些种类雌雄相遇时,雄蝶在雌蝶周围作缓慢的半圆形飞舞,以求交配。飞舞几圈后雌蝶便以触角抚摸雄蝶翅缘,报以柔情,接受求爱。如果雌蝶在栖息时遇到求偶者,便欣然起舞以示有意;如雌蝶无意,便平展 4 翅,高跷腹部,以示拒绝。

5. 鸣曲行为

通过鸣曲定位,昆虫可准确而快速地确定异性个体的位置,并及时而迅速找到异性个体,进而实现交配。譬如蝉,当雄蝉振动翅翼鸣唱时,听觉器官非常灵敏的雌蝉往往就能从很远的地方顺着声响飞去找它。部分昆虫类群特别是直翅目的求偶鸣曲行为十分显著,因此,鸣叫成了这些雄性昆虫如蟋蟀、螽斯等所必需的本领。

6. 打鼓求偶

毛翅目昆虫石蛾(*Phryganea japonica* McLachlan)幼虫生活于水中,成虫则转到陆地上生活。该虫会用"敲锣打鼓"来求偶，雄虫的第 9 腹节腹面有一个匙状突起物，雄虫会弯曲腹部，利用它的突起物击打地板。雌虫腹部则没有匙状突起，但它能接收到隔壁雄虫的击打声，于是跟着雄虫的击打声上下移动腹部，击打地面。雄虫听到响声后，会一边循着声音寻找雌虫，同时一边用它的肉鼓击打地板。雌虫虽然断断续续地回应雄虫的击鼓声，但却并不移动位置。当雄虫用触角找到雌虫后，便立刻跳到雌虫的背上，把腹部弯曲成 S 形与雌虫交配。

7. 闪光求偶

萤科（Lampyridae）的萤火虫成虫则利用闪光进行种的辨认和求偶。雌萤闪光的持续时间和间隔时间都具有物种特异性，借以向异性提供信息。萤火虫有 2 种闪光通信系统：一是某性别个体（通常是雌性）固定或很少活动，发出种特异性信号吸引异性并趋向之；二是某性别个体（通常是飞行的雄性）发出特异性的闪光信号，异性个体回应特异性闪光信号，前者趋近后者。例如，北美黑萤火虫［*Photinus pyralis*（L.）］雄性飞行时，每 5.7 s 闪光 1 次，当它飞到距离地上的雌性同类只有 3 m 左右时，雌萤火虫便闪光回应，每次比雄萤火虫闪光晚 2.1 s。另一种萤火虫，雄性每隔 1.5 s 闪光 2 次，雌萤火虫每隔 1 s 发光回应。有些雄萤火虫飞行时发橙色光而雌萤火虫发绿光回应。

8. 以礼物求偶

在昆虫求偶过程中存在着求偶喂食行为，即求偶时，雄性个体向求偶对象递送一件礼物。例如，蝎蛉科（Panorpidae）昆虫求偶时会先用它的长腿将猎物牢牢抓住，之后将它献给雌性。当雌蝎蛉开始吃食物礼品时，雄蝎蛉便将腹部前伸并与雌蝎蛉腹部末端相接进行交尾。雌蝎蛉特别在意雄蝎蛉婚前奉献礼品的质量和大小。如果雄蝎蛉所提供的猎物比较小或者是雌蝎蛉不爱吃的猎物，雌蝎蛉就会将腹部卷曲起来拒绝交尾。如果雄蝎蛉奉献的猎物较大而且符合雌蝎蛉的胃口，雌蝎蛉就会连续吃食 20 多分钟。在此期间雄蝎蛉便会完成与雌蝎蛉的交配。在昆虫中还存在着一种更令人称奇的求偶喂食行为，即螳螂科（Mantidae）的"杀夫果腹"现象。雄螳螂在与雌螳螂交配时会被雌性咬掉头，但雄螳螂的交尾动作不但没有停止反而变得更加强烈，这可能是由于咽下神经节被切断，致使交尾的神经冲动变得更加强烈。就在雌螳螂专心致志地大吃求偶的雄螳螂时，雄螳螂将精荚送入其体内，完成交配。

9. 影响昆虫生殖行为的因素

昆虫在求偶交配和产卵过程中，需要接受来自多方面的刺激。这些刺激大都具有种的特异性，对于雌雄识别及是否接受交配起重要作用。光肩星天牛［*Anoplophora glabripennis*（Motschulsky）］的精子在羽化后 10～14 d 发育成熟并在精巢中开始活动。一个有核精子和一个无核精子联合在一起组成一个正常的成熟精子，其中无核精子的功能是帮助有核精子游动。辐射对精子传导没有影响，然而对精子活力影响很大。温度对甜菜夜蛾生殖行为、交配节律和生殖力等有显著影响，成虫交配高峰期随温度的升高而逐渐延迟，交配持续时间也逐渐缩短。在 40℃下交配行为明显受到抑制，在 25～30℃下，可以获得最大的生殖力；15℃处理主要抑制了卵的形成。鳞翅目雌虫延迟交配会降低雌虫的生殖力、卵的孵化率及与雄虫成功交配率，但可以延长雌虫寿命。雄虫延迟交配会降低雌虫的生殖力、卵的孵化率、产卵时间，雄虫的精子质量下降但寿命有所增加。

10．昆虫生殖行为机制

光肩星天牛成虫在配偶寻找过程中，非接触性的嗅觉识别判断不起主导作用，成虫的交配行为一般是在雌虫对雄虫的视觉刺激作用下启动的，雌性成虫的性信息素为接触性信息素，雄虫依靠触角、下唇须和下颚须上化感器的接触感应来接收这种信号的刺激。小菜蛾［*Plutella xylostella*（L.）］成虫附节上分布着大量化学感觉器，这些感觉器对小菜蛾成虫产卵行为的调节有重要作用。去除触角和附节上的感觉器对产卵选择有明显影响。

（三）昆虫通信行为

昆虫之间特别是同种个体之间的交往主要是通过个体间相互传递信息即通信手段而得以实现的。昆虫的通信包括视觉的、听觉的和化学的三种方式。

1．昆虫的视觉通信

昆虫的视觉通信是通过昆虫头部感觉器官单眼和复眼来完成的，昆虫能利用视觉识别太阳偏振光，并能利用偏振光来定位、导航和测量时间。蜜蜂以舞蹈的方式来传递消息，侦察蜂发现蜜源后回巢报告，当蜜源离巢 60 m 以内时，侦察蜂以"圆舞"向同伴报告，当蜜源距蜂房超过 84 m 时，侦察蜂则改跳"8"字舞，并以一定时间间隔内飞行"8"字的次数多少，表示蜜源的距离远近。蜜蜂之间的这种舞蹈行为是通过昆虫的视觉通信来完成的。

2．昆虫的听觉通信

昆虫的听觉通信十分普遍，而且可越过一定的障碍物。蝗虫、蟋蟀、蝉、蜂、蚊等都存在听觉通信系统。蟋蟀雄性个体利用鞘翅摩擦发出声音吸引雌性；伊蚊婚飞时常借一定频率的音调寻找配偶，即使两个体相隔 36 m 之遥也能被对方听到，且可同时探测几个目标。夜蛾科昆虫对超声波有感觉作用，在夜间飞行时能借助听觉来觉察并躲避正在捕食的蝙蝠，有的还更加巧妙地用自己的超声波发生器产生和蝙蝠的侦察波相同强度和频率的应答波来欺骗对方使自己能够逃脱。在发声昆虫如直翅目、鳞翅目、鞘翅目和半翅目等昆虫中，听觉行为对它们的生殖活动、防御天敌、地域性活动等方面的信息联系也起重要作用。

3．昆虫的化学通信

昆虫的化学通信是指昆虫利用化学物质信息素进行通信的行为。自然界中每年到一定季节蝴蝶会从四面八方飞到某一固定的地点来"聚会"配偶，蜜蜂受惊动时群体的"蜂反现象"，苍蝇、蚂蚁、蜜蜂的食物追踪，蚁王分泌物质抑制工蜂卵巢发育，甲虫召集其他个体共同取食，蜻蜓吸引其他雌虫到某固定地点产卵等现象都是利用各类信息素进行气味通信行为的结果。这些信息素包括性信息素、追踪信息素、报警信息素和社会性昆虫的行为调节素等。信息素主要通过昆虫的嗅觉器官（触角、口器的触须）来完成，并直接通过昆虫的神经系统和内分泌系统起作用，在同种昆虫间传递信息起着类似人类"语言"的交流作用。昆虫中还存在种间信息素如利他素和利己素等，在不同种昆虫之间可传递信息并引起各种行为反应。

（四）昆虫防御行为

防御行为是指任何一种能够减少来自其他动物伤害的行为，可分为初级防御和次级防御两大类。初级防御不管捕食动物是否出现均起作用，它可减少与捕食者相遇的可能性；而次级防御只有当捕食者出现之后才起作用，它可增加和捕食者相遇后的逃脱机会。初级防御和次级防御的概念只适用于种间防御而不适用于种内，但同种个体之间的防御与次级防御有很多相似之处。昆虫的防御行为分为十大类：穴居、隐蔽、警戒色、拟态、回缩、逃遁、威吓、假死、转移攻击部位和反击。蜜蜂蜂群在有外来入侵者入侵蜂群后会立刻结团而攻之，蜜蜂结团的中心温度迅速上升，不同种类的蜜蜂中心温度的变化有一定的差异。许多昆虫在受到刺激或遭到天敌攻击时会分泌防御性有毒或有刺激性物质。赤拟谷盗（*Tribolium castaneum* Herbst）成虫在受到刺激时，如把它从 28℃ 左右突然放到冰上，它就会分泌出一种具有特殊气味的黄褐色液体，主要成分有甲醛、1-15 碳烯、1,6-17 碳二烯和芍药醇等。

（五）昆虫的定向行为

蜜蜂（*Apis mellifera* L.）和沙漠蚁（*Cataglyphis fortis* Forel）可以在较远的觅食场所和巢穴之间找到捷径，取食后又可以准确定位巢穴方向而直接返巢；大斑蝶（*Danaus plexippus* L.）每年秋季都会定向飞行数千千米，从遥远的加拿大南部、美国东部向越冬地墨西哥中部迁飞；白点星天牛［*Anoplophora malasiaca*（Thomson）］雄性能够根据视觉和嗅觉的暗示辨别方位，找到异性。这表明昆虫具有定向的能力，能使它们找到家、食物或配偶。因此，昆虫的定向行为就是指昆虫借助内部和外部信号主动调整姿态及其空间位置的能力和行为。视觉、气味、声音、信息素和热源辐射等对昆虫近距离寻找食物、寄主和配偶等行为有着重要的作用。

昆虫的远距离迁移是一种十分壮观的行为现象，在蜻蜓目、直翅目和鳞翅目昆虫中，远距离主动迁移或迁飞十分普遍。昆虫迁飞利用的定向信号包括太阳（偏振光）、天体和地磁场，且不同定向信号间可相互整合，从而使昆虫飞行准确导航。例如，秋天棉铃虫和甜菜夜蛾的回迁都是由西北风、北风和东北风风载实现的。

（六）昆虫的寄主选择行为

雌虫产卵偏嗜行为和幼虫取食偏嗜行为是评价昆虫对某种寄主接受程度的两个指标。据此，可以将昆虫的寄主分为 3 类：自然寄主、可以接受的非自然寄主、不可接受的营养基质。取食或对自然寄主的产卵偏嗜行为的可遗传性会引起昆虫偏嗜在某种食物或植物上生长。另外，昆虫生活史某时期对某植物或食物的经历也会引起昆虫的偏嗜行为。因此，昆虫的寄主选择行为受到以下机制的调控：遗传调控，如昆虫对自然寄主的嗜食或产卵偏嗜；可传承的环境因素的调控，如亲代残留的食物气味物质的影响；自身先前经历（学习行为）的影响。后两者为条件作用性偏嗜。遗传和可传承的环境因素引起的昆虫寄主偏嗜行为都属于遗传性偏嗜，可传承的环境因素会影响昆虫的寄主选择行为，而且遗传因素控制的寄主偏嗜行为很不稳定，经常会被经历和条件作用重塑；对寄主经历可以改变昆虫的取食和产卵寄主偏嗜行为，很多种类的昆虫都能够学习寄主的特征信息，对寄主的学习行为主要发生在幼虫期、成虫期。

（七）昆虫的社会行为

社会性昆虫主要有 3 个特征：①在抚育幼年个体时，同一物种的个体相互协作；②存在繁殖上的分工，即或多或少的不育个体替繁殖能力旺盛的巢窝同伴劳动；③两个或更多世代重叠，子代在其生活周期的某一阶段能帮助亲代喂养同胞弟妹。社会性昆虫具有明显的等级分化和个体分工。蚂蚁与白蚁的社会组织和社会行为的复杂程度几乎一样，它们的社会等级分类极为相似，可区分为蚁后、雄蚁、工蚁和兵蚁。

社会昆虫的通信方式多种多样，包括：触碰、撞击、钩抓、触角接触、唧唧叫声、味觉传递，以及化学物质的释放和痕迹遗留等方式。这些通信方式能够激发起它们作出各种反应，有简单的察觉，也有报警和招引等。社会性昆虫接到威胁刺激信号时会作出各种各样的反应，这种反应分为严格的报警反应和在同一巢群成员中来回传递的一系列信号，这些反应和信号称为报警通信。化学报警信号的一个普遍特征是，如果没有持续地释放危险报警刺激物质，那么报警信号会迅速消失。

（八）昆虫行为与信息化合物的关系

信息化合物，是指在两个生物个体间传递信息的化合物，其结果是诱发接受信息的个体产生一种行为或生理的反应。信息化合物分为两大类：一类是信息素，指在两个同种生物个体相互作用时传递信息的化合物，包括性信息素、示踪信息素、报警信息素等生物种内通信的化合物；另一类是它感化合物，指在两个不同种生物个体相互作用时传递信息的化合物，包括利己素、利他素和互益素3类。植物释放的化学信息物质可分为两类：一类是植物本身在生长发育过程中所释放的挥发性气味物质；另一类是植物受到昆虫攻击后才产生和释放的物质。

植食性昆虫利用寄主植物所释放的化学信号来确定自己的飞行行为，从而准确地找到寄主植物。几乎所有种类的昆虫都利用寄主散发的化学物质来发现适合于自己的寄主。昆虫利用植物气味寻找寄主的典型例子是马铃薯甲虫[*Leptinotarsa decemlineata*（Say）]，只要有马铃薯叶片气味存在，马铃薯甲虫就会产生寄主定向行为。大豆蚜（*Aphis glycines* Matsumura）的有翅型和无翅型孤雌生殖蚜都对夏季寄主大豆植物气味产生正的趋向性，有翅孤雌生殖蚜也对其冬季寄主鼠李叶的气味产生正的趋向性，而对非寄主植物棉花和黄瓜的新鲜植物气味没有趋向性。棉铃虫飞抵气味源附近后，会来回飞行，增加与气味分子接触的机会，并根据气味分子的浓度梯度调整飞行方向，找到寄主植物或寄主植物生境。胡萝卜花的气味对1~2日龄棉铃虫成虫有取食引诱作用。

寄主植物在正常生长发育过程中产生的挥发性物质可以引诱昆虫的选择，而虫害诱导的植物挥发物会对同种的植食性昆虫个体产生排斥作用，防止过多的同种个体聚集，以保证充足的食源。受甜菜夜蛾危害后的玉米叶片散发的挥发物能排斥甜菜夜蛾的进一步危害。植物挥发性次生物质与昆虫之间的这种化学通信主要通过嗅觉感受器进行识别，而次生物质的各成分浓度比例至关重要，只有在浓度超过了昆虫的行为反应阈值时才能使昆虫产生行为反应。

在昆虫的性行为中，信息化合物主要起引诱和驱避的作用。一方面昆虫能够借助植物挥发性信息物或昆虫性信息素、聚集信息素的作用引诱到个体，顺利完成其生殖过程。另一方面，在这些性行为中，昆虫又能够借助信息素作为标记，引诱同种个体，驱避其他个体的介入。昆虫的相遇产生性行为有两个条件：第一个条件，雌虫要找到适宜的寄主植物，在找到之前，雌虫会推迟其交配期或减少其交配行为，如多音天蚕蛾[*Antheraea polyphemus*（Cramer）] 雌性求偶行为是受红橡树叶中挥发物的刺激而产生的。第二个条件，昆虫释放的性信息素要高于异性昆虫的行为阈值，只有满足了这两个条件，昆虫的雌雄个体才能相遇。

　　寄生性和捕食性天敌昆虫在寻找寄主的过程中，植物挥发性次生物质的刺激和昆虫所分泌的利他素起着重要的作用。玉米受到甜菜夜蛾攻击后会产生一些对寄生蜂具有引诱作用的气味物质，而人为损伤玉米叶却没有明显释放这些挥发性成分。3 种食叶性昆虫如番茄天蛾 [*Manduca quinquemaculata*（Haworth）]、烟草小盲蝽 [*Cyrtopeltis tenuis*（Reuter）] 和烟草跳甲 [*Epitrix hirtipennis*（Melsheimer）] 取食诱导的一种烟草挥发物能增加大眼长蝽 [*Geocoris pollidipennis*（Costa）] 对 3 种害虫卵的捕食率。

二、昆虫的行为节律

　　昼夜节律是生物界最普遍的生物钟节律。生物钟是指生物由于长期受地球自转和公转引起的昼夜及季节变化的影响，发展起来能适应这些环境周期变化的时间节律。目前，生物钟的研究主要聚集于生物钟基因水平的研究，多细胞生物的生物钟基因可以分为核心钟基因、钟控基因和钟相关基因。

　　周期性节律行为指昆虫生命活动表现出一定的时间节律的现象，包括由外界环境变化所产生的外生性节律（exogenous）和由昆虫体内存在的指示时间的节律的机制所表现的周期性行为变化。蜚蠊只在暗中活动，它们的活动是呈周期性的。如果把从脑到食管下神经结之间的围食管链索切断，蜚蠊的活动时间就没有明显的周期性。但如果切断前胸神经结与中胸神经结的联系，都不破坏活动节律。因此，前胸以前的中枢神经系统，对于保持正常的节律是很重要的。如果把两侧复眼与视叶之间的视神经切割，活动虽有周期性，但这种周期却与环境中的明暗周期不一致。若把视叶与前脑之间的联系切断，则即使生活在光暗循环的条件下，也会丧失活动节律。

　　生物的节律现象只是有机体对外界环境条件变化的反应，如果把这类生物放在恒定条件下（恒温或连续黑暗或连续光照），它们的节律就立即消失，称为外生性节律。另一类节律现象在恒定条件下不消失，并维持一定时间，如蜜蜂、果蝇、萤火虫等的运动、取食、羽化、发光节律，这类体内真正具有一种专门指示时间周期的节律称为内生性节律（endogenous）。虽然昆虫的行为节律是一种由生物钟控制的内源性节律，但它还是会受到外界环境条件的干扰，如光周期。昆虫的行为节律受光周期制约，而在这种制约机制中光周期所起的作用是给内源性行为节律提供所需的时间信号。在全暗条件下，由于光周期条件改变，内源性节律不再受其制约，表现出周期约为 24 h 的自由开放式节律（有些稍少于 24 h，有些则长于 24 h）。在自然条件下，除光周期外，温度、湿度、光照强度，以及昆虫自身的年龄、繁殖阶段也会对昆虫的行为产生很大影响。例如，蜻蜓（*Anax imperator* Mauricianus）的低龄成虫更趋向于在黎明破晓后的几小时内飞行，而老龄、繁殖期的成虫则在中午活动最旺盛。昆虫飞行、取食及产卵中体现出年龄差异的例子在双翅目及其他目的昆虫中都有报道。研究发现，雌蟑螂的行为节律因繁殖时期而异，在产卵后的繁殖低潮期，其活动节律受到极大的抑制。生理压力也会改变甚至逆转昆虫的行为模式，如步甲科的 *Feronia madida*（Fabricius）属于夜习性昆虫，但在饥饿状态下也会在白天活动。了解昆虫的行为节律，有助于掌握昆虫种群的活动规律，为有益昆虫的利用和有害昆虫的防治提供重要依据。

（一）成虫羽化节律（adult emergence rhythms）

果蝇 *Drosophila pseudoobscura* Frolova & Astaurov 的羽化节律周期约为 24 h，其羽化节律是内源性的（吴少会等，2006）。果蝇集中在黎明前后羽化，随着光周期的变化其羽化高峰会发生转移。例如，在短光照（光期短于 6～7 h）条件下，羽化事件集中在黎明前，而长光照条件下则发生在黎明后；在 12L∶12D 下羽化高峰出现在光期开始后的 2～3 h；当光照时数超过 18 h 时羽化时间发生变化，而在极长光照或全光处理时，节律则不明显。将果蝇从卵期起进行全暗、恒温处理，其羽化事件没有节律性，然而将其在幼虫期的任一阶段或蛹期转入光暗循环则会有节律显示。无论将果蝇从光暗循环转至全暗还是从全光转至全暗，只要有光信号参与，即使只给予 1/2000 s 的光照也会使其羽化表现出节律性。若将其从全暗转至全光条件，并在光期给予 0.3～3000 lx 强度的光照，则 3～4 个循环周期后其节律性将会降低。在全光条件下果蝇的节律周期少于 24 h。

早期实验表明，内源性昼夜节律的周期是温度补偿的。在 16℃、21℃、26℃ 条件下，将果蝇从 12L∶12D 转至全暗经历 4～5 个循环周期后，其节律周期并非完全温度补偿：在 26℃ 下周期为 24 h，而在 16℃ 下为 24.5 h。研究结果显示，果蝇在 10℃ 下的羽化周期为 24.7 h，20℃ 下为 24 h，而在 28℃ 下为 23.7 h。在全暗条件下，果蝇及其他蝇类能保持约 24 h 的周期，这样，地下的蛹经过蛹内发育仍能按时羽化出来。虽然温度几乎不能影响节律周期，但却影响节律的其他表现方面。例如，在样本数相同的情况下，26℃ 下羽化高峰的数量比 16℃ 下少，而峰的幅度比 16℃ 下大。此外，随着温度降低，羽化高峰也会从黎明往后推移，而将果蝇从光暗循环转入全暗后，温度的显著变化也会产生一定影响。温度升高会缩短羽化周期，而降低则会使周期延长，说明果蝇的羽化节律是温度依赖的。但也有研究证明只有第一个峰受温度变化的影响，其后又恢复 24 h 的周期，科学家将第一个因受温度影响提前或延迟出现的峰归因于温度敏感的"极端钟"，与一般意义上的控制羽化的温度补偿的钟区分开。

将果蝇从卵开始进行全暗处理，其羽化事件没有节律性，然而将其进行温度脉冲或光脉冲处理则会有节律显示。果蝇 *D. pseudoobscura*、*D. melanogaster* 的羽化节律可以通过光脉冲或在幼虫及蛹的任一阶段将其从全光转至全暗而表现出来。地中海斑螟 [*Ephestia kuehniella*（Zeller）] 和果蝇 *D. pseudoobscura*、*D. melanogaster* 一样，在幼虫期和蛹期敏感。而昆士兰大实蝇 [*Dacus tryoni*（Froggatt）]、麻蝇 [*Sarcophaga argyrostoma*（Robineau-Desvoidy）] 只在幼虫期可以通过改变条件来显示羽化节律性，而在蛹形成期对光的敏感性消失。

羽化节律在黄猩猩果蝇（*Drosophila melanogaster*）、*D. littoralis*、*D. subobscura* 及 *D. auraria* 也有过较详细的研究，它们都和 *D. pseudoobscura* 一样显示了较强的羽化节律，而另一属的果蝇 *Chymomyza costata* 仅表现出弱节律性。

在鳞翅目的昆虫中，金星樗叶槭大蚕蛾 [*Hyalophora cecropia*（L.）] 在黎明后 1～9 h 羽化，而柞蚕 [*Antheraea pernyi*（Guérin-Méneville）] 在下午羽化，和 *D. pseudoobscura* 一样，它们的羽化高峰也会随着光周期的变化而发生转移。以柞蚕为例，在 12L∶12D、17L∶7D 及 20L∶4D 条件下其羽化高峰出现在下午；在 8L∶16D、4L∶20D 下转移到暗期早期；在极长光照下羽化分散，不显示节律性；进行全光处理时没有周期性。若将其从 17L∶7D 转至全暗，其节律自由运转且表现出 22 h 的内源性周期。家蚕、美国白蛾 [*Hyphantria cunea*（Drury）] 和西南玉米杆草螟 [*Diatraea grandiosella*（Dyar）] 的羽化发生在黄昏前后，类似 *D. pseudoobscura*，它们在黑暗中的自由运转周期接近于 24 h。将家蚕转至全全光会使其周期缩短至 17.8 h，而降低光照强度则会使周期延长；在全光下西南玉米杆草螟仍显示节律性，但第三个周期会失去节律性。环带锦斑蛾（*Pseudopidorus fasciata* Walker）的羽化表现出以 24 h 为周期的自由运转式内源节律，其羽化高峰出现在上午 8 点左右。广赤眼蜂（*Trichogramma evanescens* Westwood）在光暗循环下饲养至接近羽化，然后转入全暗处理，表现出明显的昼夜性羽化节律；广赤眼蜂对温度信号很敏感，其羽化高峰出现在光照开始或温度上升后。

（二）产卵节律（oviposition rhythms）

在高温、12L∶12D，或光周期为 8L∶16D、12L∶12D、16L∶8D 的条件下，埃及伊蚊 [*Aedes aegypti*（L.）] 的产卵高峰都出现在光期结束时，而在 4L∶20D 条件下产卵高峰转移到暗期。饲养在黑暗中的埃及伊蚊表现出极弱的周期性，然而只要每天给予 5 min 的光照其节律性就会很明显。若对其进行全光处理，则产卵事件会变得完全没有节律性。

棉红铃虫 [*Pectinophora gossypiella*（Saunders）] 的产卵高峰期处于暗期早期并可持续 7 h。光周期对棉红铃虫的产卵高峰影响极小，科学家将此归因于光照对产卵的完全抑制作用。然而将棉红铃虫的成虫转至全暗条件会显示出周期为 22 h 40 min 的内源性节律。欧洲玉米螟 [*Ostrinia nubilalis*（Hübner）] 在全暗条件下的产卵节律为自由运转，平均周期为 22.8 h；在全光条件下节律受抑制，若将其从全光转至全暗则又会表现出节律性，在光暗循环中其产卵时间一般出现在黄昏和早夜。

在 12L∶12D 条件下，当光照强度超过 60 lx 时，黄猩猩果蝇（*D. melanogaster*）集中在光期结束后不久的时间里产卵；当光照强度低于 60 lx 时，出现两个产卵高峰。将雌蝇进行 24 h 系统解剖后发现，在 12L∶12D 条件下卵母细胞的发育呈周期性变化，且大多数卵正好在产卵高峰前完成母体内的发育阶段。对黄猩猩果蝇个体在光暗循环及全弱光条件下产卵的研究结果表明，在 12L∶12D 下产卵事件具有节律性，但转入全光后仅显示出第一个产卵高峰，之后节律性便消失。长红猎蝽（*Rhodnius prolixus* Stål）在光暗过渡的短时间内产卵，且全暗条件下的节律周期约为 24 h。其相关种类骚扰锥猎蝽 [*Triatoma infestans*（Kluy）]、叶状锥猎蝽 [*T. phyllosoma*（Burmeister）] 及大锥蝽 [*Panstrongylus megistus*（Burmeister）] 的产卵事件也具有节律性。它们的产卵高峰出现在光暗循环中的暗期。

（三）孵化节律（egg-hatching rhythms）

对棉红铃虫孵化节律的研究结果显示，在 20℃下卵的发育需要 9～10 d，产卵时间 4～52 h，在全光和全暗条件下，卵的孵化没有周期性，而在 12L∶12D 下表现出明显的节律性，且孵化出现在黎明后。无论是将其从 14L∶10D 转至全暗还是从全光转至全暗，或进行一次 15 min 的光脉冲或一个 28℃ 的温度脉冲处理，都可使孵化的节律性表现出来。在棉红铃虫的卵发育阶段每 5.5 h 将其从全光转至全暗，或从 12L∶12D 转至全暗，或给予 15 min 的光照处理，从胚胎形成中期（产卵后 132 h）开始具有孵化节律性。据此，科学家得出两种推测，一是控制卵孵化的节律机制在产卵后 132 h 才开始作用；另一种可能是它从胚胎开始发育就存在，而不是和光周期一起发挥作用。

西南玉米秆草螟、柞蚕的卵在黎明孵化，在黑暗中节律自由运转。沙漠蝗的孵化时间也在黎明，而双斑蟋（*Gryllus bimaculatus* De Geer）的卵在晚上孵化。斑腿双针蟋 [*Dianemobius fascipes*（Walker）] 和暗带双针蟋 [*D. nigrofasciatus*（Matsumura）] 在晚上孵化，而亮褐异针蟋 [*Pteromemobius nitidus*（Bolivar）]、迷卡异针蟋 [*D. mikado*（Shiraki）] 及斑翅灰针蟋 [*Polionemobius taprobanensis*（Walker）] 的孵化高峰出现在黎明，其发生时间随光周期变化而转移。双斑蟋、柞蚕和棉红铃虫一样，控制卵孵化节律的系统从胚胎形成中期开始作用。在柞蚕中，period 蛋白（PER）和 timeless 蛋白（TIM）出现在胚胎脑部的第八个细胞，表明了这些蛋白质在卵孵化节律中的重要性。

以上昆虫的孵化节律大多是内源性的，然而螽斯 *Metrioptera hime*（Furukawa）例外。该虫具有卵滞育的特性，当滞育解除后卵在光温循环条件下会显示孵化节律。然而，转入全光或全暗后孵化节律会立即消失。卵的孵化只会发生在光照开始或温度上升的时候，虽然它可能包含沙漏计时机制，但与昼夜节律系统不相关。该螽斯在非 24 h 的光周期（从 1L：1D 到 72L：72D）和非 24 h 的温周期条件下孵化没有昼夜节律性。稻螽（*Homorocoryphus jezoensis* Matsumura et Shiraki）在恒定条件下具有自由运转的昼夜节律且孵化高峰出现在光期结束时。

（四）化蛹节律（pupation rhythms）

伊蚊的羽化高峰不受生物钟控制，但它表现出化蛹节律，且蛹的发育进程受温度影响。从卵期开始进行全暗处理的伊蚊只有微弱的化蛹节律，在27℃、32℃条件下其周期约为21.5 h。在末龄幼虫初期给予单个 4 h 光脉冲后峰会变得更明显，且周期变为22.5 h，其节律被认为是内源性且温度补偿的。在27℃条件下单个 4 h 的温度脉冲处理也会出现相似的结果。该节律最显著的特征是不受24 h 光周期（12L：12 D）和温周期（27℃：32℃＝12：12）影响而保持22.5 h 的周期。只有当幼虫饲养在拥挤、高盐碱度的压力条件下其节律周期才会接近 24 h。伊蚊幼虫对光信号很敏感，对其进行全光处理后在 48 h 内没有化蛹节律，而且当环境中的光暗循环周期短于24 h 时其节律会明显受到影响，如在 11L：11D、10L：10 D、8L：8D 及 6L：6D 条件下，其节律周期分别为22 h、20 h、16 h、12 h。刚比亚按蚊（*Anopheles gambiae* Giles）也有明显的化蛹节律，而且和伊蚊一样在随后发生的羽化事件中也表现出节律性。

生物钟控制的化蛹节律在蚊类之外的昆虫中并不多见，较为典型的例子是果蝇 *Drosophila victoria* 化蛹节律的研究。对麻蝇而言，虽然幼虫在化蛹前活动（larval wandering）及成虫羽化都受生物钟控制，但其化蛹事件不在特定的时候出现，它可以在白天和晚上的任何时候化蛹。这种差异是因为幼虫在地下化蛹时计时变得不重要，而化蛹前的活动及之后的羽化都发生在一天中某特定的时候。

鞘翅目昆虫小圆皮蠹 [*Anthrenus verbasci*（L.）] 也表现出内源性化蛹节律，在短光照条件下其节律在 17.5～27.5℃是温度补偿的；早期（孵化后一周内）经历的长光照、高温不影响其化蛹节律；将其从短光照转至长光照会使化蛹提前，而若将幼虫于不同龄期从长光照转至短光照，则转后的幼虫历期取决于转的时期。然而在恒温、全暗条件下小圆皮蠹的化蛹事件没有节律性。

在鳞翅目的昆虫中，西南玉米杆草螟的化蛹高峰出现在黄昏，而且在全暗、全光条件下节律自由运转。但其高峰不如卵孵化及成虫羽化那样一致，且在全光条件下从第三个周期起不显示化蛹节律。对蓖麻蚕［*Samia cynthia ricina*（Drury）］和家蚕而言，虽然导致末龄幼虫蜕皮的内分泌系统受昼夜生物钟控制，但其化蛹事件不表现出节律性。

（五）活动节律（active rhythms）

美洲大蠊（*Periplaneta americana* L.）在暗期开始后的几小时内活动最为活跃，而在暗期的其余时间及光期则较为平静。在暗期开始前该虫的活动就有渐增的趋势，而不是暗期的启动直接促进其活动，该虫的活动时间决定于其前一天经受的光周期。果蝇*Drosophila robusta* Sturtevant 飞行活动集中在光期结束前的 3 h，一旦光期结束其飞行活动就会立即停止。在晨昏光渐变的自然条件下，该虫的飞行模式为典型的黄昏活动型。弓背蚁（*Camponotus clarithorax* Creighton）雄蚁的活动高峰在光期开始时，而在其他时间几乎不活动。其活动频率在光照开始前就有所增加，表明该虫的活动机制与其前一天经受的光周期有关。将美洲大蠊和弓背蚁置于全暗条件，而对果蝇进行弱光处理的实验表明，活动节律是一种内源性的昼夜节律。

上述昆虫的活动节律都只表现出一种模式（每 24 h 出现一个活动高峰），然而实际上昆虫的行为节律还有 2 种甚至 3 种模式（每 24 h 出现 2 个或 3 个活动高峰）。有关蛾类夜间飞行活动的研究表明，它们的飞行模式在不同种类及性别间都存在差异。地中海斑螟（*Ephestia kuehniella* Zeller）的雌虫在日落前后飞行最为活跃，而雄虫则 1 天出现 2 个飞行高峰（紧跟着日落后及日出前 2 h）。银星哈灯蛾（*Halisidota argentata* Pack.）的雌虫在日落后 2 h 及午夜飞行较为活跃，并在暗期其他时间陆续活动，而其雄虫则表现出 3 个飞行高峰（日落后、午夜及日出前）。

在观察昆虫的活动节律时发现 2 个或 2 个以上的峰，需要做进一步的实验来弄清该节律的实质，因为一个呈现两种模式的活动节律有可能由观察对象的个体间差异造成；也有可能是发生在不同时间的两种不同的行为节律（如觅食和寻找配偶）所引起的活动行为；当然，也有可能是真正的两种模式的行为节律。

蚊类的飞行节律体现出行为节律的很多重要特征。刚比亚按蚊的雌虫在暗期开始后不久就飞行。在光突然开关（即没有晨昏的光照强度变化）的实验室条件下，该虫表现出 2 个飞行高峰（光照开始和结束时）。若在实验室模拟日出、日落时渐变的光照强度，则光照结束时的飞行高峰仍然存在，但光照开始时的突发飞行活动会消失。同样，将蚊子进行全暗处理也只能观察到光照结束时的飞行高峰，其飞行活动依然表现出自由开放的内源性昼夜节律，而将其置于全光条件则无节律显示。已交配的雌蚊在暗期开始时不显示活动高峰，但在整个暗期的活动频数都较高。

埃及伊蚊在光期运动活跃（在光期后期出现活动最高峰），而且在全光及全暗条件下都表现出自由运转的内源性节律。尖音库蚊（*Culex pipiens fatigans* Wiedemann）具有夜间活动节律，且和刚比亚按蚊一样表现出发生在光期开始和结束时的两个活动高峰。该虫在全光和全暗条件下也表现出内源性节律。在全暗条件下，出现在光期开始和结束时的活动高峰仍然存在；在全光下没有突然的高峰出现，且每 24 h 达到一个活动高潮。淡色库蚊（*Culex pipiens pallens* Coquillett）的飞行、活动也具有节律性。伊蚊 *Aedes taeniorhynchus* Wiedemann 的活动高潮处于暗期开始和结束时，这种出现两个峰的活动节律也体现在全暗条件下。然而该虫在全光下表现出不稳定而无规律的飞行行为。葱地种蝇也具有活动节律，且随着温度升高其节律周期变长。

（六）取食节律（feeding rhythms）

晚上是蟑螂最活跃的时候，而它们也多选择在这个时候取食，如美洲大蠊在暗期的早期至中期取食，表现出内源性的昼夜节律。家蟋 [*Acheta domesticus*（L.）] 的成虫、若虫都具有取食节律。该虫在光期早期极少取食，但在 12 h 的光期中，8~10 h 后取食量剧增，之后减少取食直至暗期开始，家蟋在整个暗期都会取食。在自然光照、23℃的条件下银星哈灯蛾的 2 龄、3 龄幼虫在暗期开始后不久取食最多，在光期开始后也会偶尔取食。然而，在低温下其取食节律会发生改变：在 10℃条件下，取食活动主要在夜间进行；在 5℃条件下其行为节律则完全相反，幼虫在光期取食最多。老熟幼虫（8 龄幼虫）表现出不规则的行为节律，趋向于在夜间取食。在幼虫作茧化蛹前，取食节律会消失。银星哈灯蛾的低龄（2~3 龄）幼虫对温周期敏感，在温度转换时出现取食高峰。铁杉幽灵尺蠖（*Nepytia phantasmaria* Strecker）的幼虫在自然光照、10℃条件下的取食及其他行为节律都属于典型的夜间活动型。该虫与银星哈灯蛾不同的是，它的幼虫在 5℃条件下完全不活动，而在 23℃下丧失昼夜行为节律。黄杉合毒蛾 [*Orgyia pseudotsugata*（McDunnough）] 的幼虫在 23℃下也不显示行为节律，但在 10℃下的低龄幼虫具有昼夜行为节律，其低龄幼虫吐丝离开栖息树的行为高峰出现在光期早期和暗期开始前几小时。

埃及伊蚊取食最集中的时间是早晨及日落前。伊蚊 *Aedes ingrami* 的取食高峰在日落前，而非洲伊蚊 [*A. africanus*（Theoblad）]、曼蚊 *Mansonia fuscopennata*（Theoblad）和 *M. aurites*（Theoblad）则表现出明显的黄昏取食习性，这两种曼蚊在黎明前还有一个取食期。曼蚊有 2 个取食期，即黎明前和日落后，这并非由两个时期的温度变化造成。大多数行为节律都需要外界环境的调节，在蚊类的叮咬行为中，光照强度可能对其起到了这种调节作用。内源性周期和光照条件都可能影响它们的行为，但内源节律与外界环境之间的联系尚未得到证实。

（七）交尾节律（mating rhythms）

果蝇 *Drosophila mercatorum*（Paterson & Wheller）在 12L∶12D 下表现出交尾节律，该节律受生物钟基因调控，而且雌虫在其中起着主导性作用。昆虫的交尾行为在某种程度上也会受光周期影响。例如，墨西哥按实蝇 [*Anastrepha ludens*（Loew）] 在傍晚和早夜交尾，逆转光周期后其交尾时间会转移到光期后期；昆士兰大实蝇的交尾节律表现在暗期早期。

很多昆虫的求偶行为也与光周期有关。*Veromessor andrei*（Mayr）雄蚁在光期开始时飞行以示求偶，该行为在阿根廷虹臭蚁 [*Iridomyrmex humilis*（Mayr）]、阿根廷火蚁 [*Solenopsis saevissima*（Smith）] 及弓背蚁中分别出现在光期结束时（日落前）、光期后半期、光期前期（黎明）。上述蚁类在恒定条件下都表现出内源性飞行节律。

　　部分双翅目、蜉蝣目及毛翅目的昆虫以群飞的形式求偶。繁殖期到来后，雄虫成群地聚集在空中跳舞来吸引雌虫，配对后就会退出群体。这种群飞在晨昏出现，有两种方式，一种是在某特定的区域前后飞行与所处环境形成反差（群飞Ⅰ）；另一种则采取飞得更高的形式（群飞Ⅱ）。温度、时间及光照强度在群飞求偶行为中都起着重要作用。群飞的内源性节律可能受环境光周期制约。对按蚊（*Anopheles superpictus* Grassi）的雄虫进行 12L：12D、恒温处理，并且模拟晨昏光逐渐改变光暗交替时的光照强度，结果显示，群飞发生在模拟黄昏期。若将其置于连续的弱光条件下，群飞事件表现出周期约为 24 h 的内源性节律。按蚊、尖音库蚊、伊蚊的群飞事件不能在非自然发生时间通过人为模拟黄昏光照强度表现出来。昆虫的群飞行为在很大程度上受到光照强度的影响，对尖音库蚊的研究表明，群飞Ⅰ发生所需光照强度为 8～128 lx；群飞Ⅱ则只需 4～40 lx。以上两者只有在光暗交替时光照强度渐变的条件下才能发生。昆虫群飞事件发生时的温度因子也不容忽视。对群飞Ⅰ而言，在"黎明"发生的群飞事件中，温度在 20～23℃时所需有效光照强度比其他温度下更大；若群飞发生在光照强度逐渐下降的黄昏，则所需最适温度在 25℃以上。对于发生在黄昏的群飞Ⅱ，有效温度范围相对更广。虽然部分昆虫以群飞的方式求偶，然而更多昆虫的求偶信息则是通过性激素的释放来传达（通常是雌虫"鸣叫"）。这种鸣叫行为也表现出受光周期调控的内源性节律。冷杉梢斑螟 [*Dioryctria abietella* (Schiff.)] 的雌蛾在光、暗期都会产生性激素，且在暗期后期和光期初期产生最多。虽然雌蛾在整个暗期都会活动，但实际上它只会在暗期后半期将性激素释放出来（即"鸣叫"）。雄虫对雌虫鸣叫产生反应的时间范围相对更大，只要雌虫释放性激素，雄虫就会保持节律性，但在全光下节律就会消失。

　　黑斑皮蠹 [*Trogoderma glabrum* (Herbst)]、肾斑皮蠹 [*T. inclusum* (Leconte)]、花斑皮蠹（*T. variabile* Ballion）等日习性昆虫的交尾行为通常表现在光期。例如，黑斑皮蠹雌虫性激素的产生、释放及交尾高峰都处于光期中期，其性激素的释放（鸣叫）在全光下具有内源性昼夜节律，而在全暗下则不然。

（八）幼虫节律（larval rhythms）

　　实蝇的老熟幼虫在化蛹前会离开食物，此行为被称为幼虫跳跃（larval jumping），具有昼夜周期性。地中海实蝇幼虫跳跃高峰（持续 3～4 h）出现在黎明前后，在短光照（3 h、6 h、9 h 光照）下高峰处于黎明前，在长光照（18 h、21 h、23 h 光照）下处于黎明后。幼虫从光暗循环或全光条件转至全暗后表现出周期约为 24 h 的自由运转式节律；在全光下虽然仍保持上述特征，但是高峰持续时间更长，而且趋向于非节律性。在全暗条件下幼虫节律性不强，单个光脉冲干扰会使节律性更加明显，但是若光脉冲的时间少于 6 h，峰的幅度较小。

　　丽蝇、麻蝇、舌蝇（*Glossina* sp.）及黄猩猩果蝇的老熟幼虫在化蛹前离开栖息地时的徘徊行为（larval wandering behaviour）也具有节律性。铜绿蝇 [*Lucilia cuprina* (Wiedemann)] 和麻蝇的幼虫徘徊高峰出现在夜间，但在全暗条件下节律性很弱。黄猩猩果蝇在晚上出现离开食物时的徘徊行为，但在全光及群体密度过大的条件下其徘徊行为丧失节律性。

　　胎生繁殖的刺舌蝇（*Glossina morsitans* Westeood）在傍晚产下幼虫，将其转入全光后节律性能维持 2～3 个周期。刺舌蝇的母体和体内的幼虫对生产节律的形成起着重要作用。

一些种类的昆虫中幼虫蜕皮也具有节律性。例如，柞蚕和烟草天蛾 [*Manduca sexta* (L.)] 表现出明显的蜕皮高峰，但它们的蜕皮事件并不是直接由昼夜节律系统控制，而是由具有节律性的脑激素的释放引起。脑激素释放与蜕皮发生间隔的时间长短具有温度依赖性。此外，蓖麻蚕和家蚕幼虫在换龄及化蛹前诱导蜕皮发生的脑激素释放时表现出内源性节律。

三、昆虫取食行为的 EPG 分析——以柑橘三种蚜虫为例

（一）背景

刺探电位图谱（electrical penetration graph，EPG）技术是一种可将生物体内微弱的电信号放大并输出记录的技术。目前，绝大多数的 EPG 不仅仅局限于刺吸式口器昆虫的取食波形研究，而是涵盖基于波形基础上的寄主选择性、植物抗虫性和传播病毒机制等研究。近年来，已建立了 50 多种刺吸式口器昆虫的 EPG 取食波形，其中对蚜虫、粉虱和叶蝉的研究较多。何应琴等（2015）研究了褐色橘蚜 [*Toxoptera citricida*（Kirkaldy）]、棉蚜（*Aphis gossypii* Glover）和绣线橘蚜（*Aphis citricola* van derGoot）3 种蚜虫在寄主植物椪柑上的 EPG 波形差异，明确了 3 种蚜虫的取食行为。

（二）方法

供试植物椪柑为 3 年生实生苗。供试虫源：将野外采集的 3 种蚜虫饲养在白天 25℃/夜晚 20℃、16L：8D 光照、相对湿度（60±10）% 的培养室内。饲养超过 3 代后，取大小和日龄一致的无翅成蚜用于试验，并在试验前饥饿处理 1 h。EPG 记录仪为荷兰 Wageningen 大学昆虫实验室研制的 Giga-8 型直流信号放大器，使用的铜钉、铜丝、金丝（直径 18.5 μm）均为该仪器配备；DI-158U 电信号转换器（美国 DATAQ INSTRUMENTS 公司）。自制法拉第金属屏蔽罩（90 cm×60 cm×120 cm，网孔 60 目）。

EPG 测定方法：选择嫩梢刚展开的叶片作为蚜虫取食部位，1 头蚜虫和 1 株椪柑只用于 1 个记录。全部试验均在 25℃下进行，将无翅成蚜与 EPG 昆虫电极连接，昆虫电极是一段长 2～3 cm、直径 18.5 μm 的金丝，末端用水溶性导电银胶粘在蚜虫前胸背板上。EPG 植物电极直接插在椪柑苗根茎的土壤中。整个记录系统置于法拉第金属屏蔽罩内，以防止外源声波的干扰。受试蚜虫饥饿处理 1 h 后，于每天 10:00 开始 EPG 记录。每头蚜虫的测定时间为 6 h，取有效重复数 20 次进行统计。信号采集分析以时间为横坐标，测量电位为纵坐标，输出的波形图即为 EPG 记录波形。当蚜虫口针刺入椪柑组织时，回路接通，电流经转换器转换为数字信号，再由 Probe 3.4 软件转化成波形图谱输出。根据不同的取食行为记录 EPG 波形图，其中非刺探波（non-probing，np）表示蚜虫的爬行、休息等行为活动；路径波（A、B、C 波）表示蚜虫口针位于表皮与微管束之间，反映的是胞外电势水平；刺探波（potential drop，pd）反映了蚜虫口针刺破细胞膜时所测的膜内外电位差；韧皮部吸食波包括韧皮部分泌唾液波（E1 波）和韧皮部被动吸食波（E2 波）；木质部主动吸食波（G 波）与维持蚜虫体内水分平衡有关。

EPG 波形分析方法：蚜虫是植物韧皮部吸食的昆虫类型，其口针位于不同的组织内所对应的 EPG 波形特征不同。EPG 波形与其取食行为的对应关系采用闫凤鸣（2000）的分析方法，即将整个记录分为 3 个阶段：口针到达韧皮部前即刺探路径阶段；口针在韧皮部的刺探阶段；口针在木质部的刺探阶段，共选择 20 个指标进行分析。

（三）结果

3 种蚜虫均产生 8 种 EPG 波形，以褐色橘蚜为例分析（图 1-21）。路径波中 a 波发生在刺探初始阶段，其持续时间一般不超过 10 s，频率为 5～15 Hz，该波形表示蚜虫口针刚接触叶片表面，与水溶性唾液分泌有关；b 波紧随其后，1 个周期持续时间约 5 s，此时蚜虫口针刺破叶表皮，位于表皮与薄壁组织之间；c 波的主要特征是各个波的频率和振幅差异较大，此时蚜虫口针在细胞壁组织间穿刺以寻找取食位点，时间由几秒至 2 h 不等。pd 波分 3 个亚波段：pd- I 、pd- II 和 pd- III。E1 波表示蚜虫口针到达筛管后分泌水溶性唾液的相关波形，持续时间较短；E2 波持续时间在所有波形中最长。8 种波形中，G 波出现次数最少且持续时间短，说明蚜虫很少在木质部吸食。3 种蚜虫在刺吸过程中，np 波次数、c 波持续时间及 E2 波持续时间等存在差异。

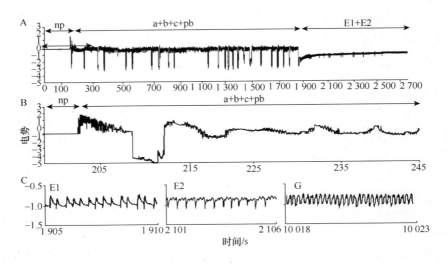

图 1-21　褐色橘蚜取食波形（何应琴等，2015）

A. 蚜虫刺探取食过程中的一个整体波形图；B. 蚜虫刺探过程中的路径波（a 波、b 波、c 波）；C. 蚜虫在韧皮部（E1 波、E2 波）和木质部（G 波）的吸食波形；np. 非刺探；pb. 刺探

绣线橘蚜的刺探次数为 12.80±2.37，显著高于褐色橘蚜的 6.10±1.50 和棉蚜的 6.40±1.11。3 种蚜虫非刺探总时间、开始至第 1 次刺探时间、第 1 次到达韧皮部前的刺探次数差异均不显著。6 h 的监测过程中，绣线橘蚜 c 波总持续时间最长，为（148.69±16.71）min，棉蚜次之，褐色橘蚜最短且与绣线橘蚜之间差异显著。3 种蚜虫短暂刺吸次数也存在差异，绣线橘蚜为 6.30±1.38，棉蚜为 2.11±0.53，二者差异显著。表明绣线橘蚜与褐色橘蚜和棉蚜相比需要花费更长的时间来寻找合适的取食位点。3 种蚜虫 pd 波平均持续时间和开始刺探至第 1 次 pd 波的时间无显著差异。褐色橘蚜 pd 波次数最少，棉蚜约为褐色橘蚜的

1.5 倍，绣线橘蚜约为褐色橘蚜的 2 倍。

3 种蚜虫在韧皮部刺探取食过程中，E1 波次数、E1 波总持续时间和 E1 占总 E 波比例均为绣线橘蚜＞棉蚜＞褐色橘蚜，表明绣线橘蚜在刺吸过程中需要多次、长时间分泌水溶性唾液。但褐色橘蚜第 1 次韧皮部持续取食时间（E 波）比棉蚜约长 24 min，比绣线橘蚜约长 59 min。褐色橘蚜 E2 波的总持续时间 [（217.01±27.56）min] 显著长于棉蚜 [（142.49±27.85）min] 和绣线橘蚜 [（116.64±20.05）min]，但 E2 波次数和持续次数（刺吸时间大于 10 min）在 3 种蚜虫之间差异不显著。褐色橘蚜从开始刺吸至韧皮部被动吸食的时间只需（62.96±18.64）min，棉蚜需要（80.75±22.26）min，而绣线橘蚜需要（114.23±19.48）min，说明绣线橘蚜需花费较多的时间才能达到韧皮部被动取食。

绣线橘蚜、棉蚜和褐色橘蚜在刺吸过程中有 G 波的个体比例分别为 35%、25% 和 10%。G 波次数和总持续时间按顺序依次为绣线橘蚜＞棉蚜＞褐色橘蚜，说明绣线橘蚜比其他 2 种蚜虫需要更多的水分和无机盐。

四、研究昆虫飞行的风洞技术

（一）风洞技术及实验过程

风洞技术（wind tunnel）是化学生态学中的常用方法，用于观察飞行昆虫在室内的行为反应，是信息素或植物挥发物等活性成分及其诱芯在应用于田间之前，进行模拟测试的一种有效方法。

风洞的大小、形状有许多种，最常见的是水平风洞。风洞一般包括 3 个部分：鼓气装置、观察昆虫行为的工作区和排气装置。可以将摄像镜头安装在风洞的侧面、顶端，与计算机相连，在实验时自动记录昆虫的行为和三维飞行轨迹，以方便实验后做进一步分析。

风洞可以应用到下列方面：①推测有效行为化合物组分及比例；②测定次生代谢物质的行为功能；③辅助诱芯的改进和诱捕器的设计；④研究昆虫的定向及化学感受机制；⑤研究杀虫剂的喷雾过程对昆虫行为的影响等。

1）风洞实验准备　①将照明设置到实验的状态。进行蛾类昆虫的实验时，在测试时间和昆虫饲养的暗期相一致的情况下，光照通常只有零点几到几个勒克斯。②通过前期观察和预实验，在昆虫对信息素或植物挥发性物质反应最灵敏的时间进行测试。③待测昆虫要在测试前 0.5～1 h 转移到风洞所在的房间，使之适应测试环境，最好将待测昆虫放入玻璃管内，两端用脱脂棉塞住。④秒表、记录纸、铅笔等要事先放在方便取用的位置。⑤如果使用摄像机和计算机，要提前开机，使之处于随时记录的状态。⑥保持风洞房间内温度、湿度、光照等条件的稳定。⑦整个实验环境要保持安静，避免人为干扰。

2）实验操作步骤　①实验开始时，首先将待测样品放在风洞的上风口。②等待 1～2 min，待气迹均匀后，将试虫放在下风口。在下风口正对气味源的位置，放一个支架，将试虫玻璃管水平放置在支架上，使试虫的位置正好与气味源处在一个水平上；通过观察氢氧化铵或氨水的烟迹是否为有规律的圆锥形，以及是否经过放有试虫的平台来进一步确定试虫的摆放位置；或在上风口燃烧一根香料棒观察气迹的走向，以确定气味源和试虫的相对位置。③去掉玻璃管两端的脱脂棉，让昆虫自由运动。④观察、记录昆虫的反应。

3）风洞实验观察指标　　　根据不同的昆虫种类和待测化学物质的性质，设计不同的观察指标，如对蛾类昆虫性信息素，可以观察昆虫是否有兴奋（表现为快速地交替摆动一对触角、来回爬动、振翅）、起飞（围绕气迹上下左右来回搜索）、定向（沿气流逆风之字形飞行，距离达风洞长度的 1/2 以上）、沿信息素气迹继续逆风飞行、近距离定位（在诱芯下风通常 20～30 cm 处盘旋进退数次选择降落点）、降落、搜寻信息素源（雄蛾边振翅边向诱芯爬行并不断摆动触角）、探测（用触角接触诱芯）、预交尾（雄蛾腹部伸长，抱握器伸出）和交尾（雄蛾将抱握器对向诱芯，伸出阳茎）等行为。

昆虫对植物源气味的定向行为反应则不同，一般只表现出起飞、定向、逆风飞行和降落到诱源等行为。与取食或产卵有关的行为，昆虫可以表现出伸喙、取食或腹部卷曲、伸出产卵器刺探等行为。

（二）风洞实验示例

1．苹果蠹蛾多成分性信息素研究

苹果蠹蛾的性信息素的主成分是 E8，E10-12 OH，即蠹蛾醇（codlemone）。在实验中发现，腺体抽提物比蠹蛾醇更能吸引雄蛾，推测还有其他成分在性吸引中起作用。本实验主要研究苹果蠹蛾是利用多成分信息素还是单成分信息素。

风洞实验过程：灯灭后 1 h 开始实验，持续 3～4 h。测试开始 15 min 前，将 2 日龄雄蛾单独放入玻璃管（15 cm×2.5 cm）内，两端用纱布封口。单头昆虫在风洞的下风口释放，允许有 2 min 的反应时间。对于单信息素气味，每天测试 15 头雄虫，连续测试 4 d，共实验 60 头昆虫；选择性测试中，分别比较雄蛾对求偶雌蛾、腺体抽提物和合成信息素的反应。两种气味源摆放在上风口，距离 11 cm。试虫释放位置距气味源约 2 m。每次测试重复 4 次，每次使用 20～30 头雄虫，使得 15 头雄虫降落在气味源之一上。两个气味源在测试重复时更换位置。

结果表明，求偶雌虫和腺体抽提物均比合成信息素更能吸引雄虫；在选择性测试中，雄蛾降落在求偶雌虫和腺体抽提物上的个体比例显著比降落在合成信息素上的高。说明除蠹蛾醇外，其他的成分也在性吸引中起作用。

2．葡萄藤蛾对葡萄主要挥发物的行为反应

寄主植物释放的挥发性气味物质吸引雌虫前来产卵。识别这些挥发物的组分对于正确理解昆虫与植物的相互关系，以及指导植物抗虫育种具有重要意义。研究发现，来自葡萄的 3 种萜类化合物如(E)-β-石竹烯、(E)-β-金合欢烯和(E)-4,8-dimethyl-1,3,7-nonatriene（DMNT）能引起葡萄藤蛾的产卵反应。这些化合物在植物界中普遍存在，但为什么会引起该虫的产卵行为呢？

风洞实验过程：在经活性炭过滤的空气流速为 25 cm/s、光照 10 lx、温度（23±2）℃、RH 40%～60%的风洞（63 cm×90 cm×200 cm）中进行。葡萄串（重 100～150 g，直径 5～10 mm）放在圆柱形的玻璃容器内，顶端用棉纱封口。葡萄顶空收集物及合成的化合物通过电子喷雾器释放，优点是保证植物挥发物以精确的数量和不变的速度释放。以上 3 种气味源均放在风洞的上风口。将单头交配过的葡萄藤雌蛾于风洞的下风口处释放。10 头雌虫为一

批，连续进行 4 d。对逆风上行至少 60 cm 的雌虫归为"逆风飞行组"（flying upwind）；对逆风上行 180 cm 以上降落在气味源位置的归为"降落组"（landing）。分别加以计数统计。

结果表明，交配雌蛾被来自葡萄源的气味所吸引，10%的试虫径直逆风上行 180 cm 以上，降落在葡萄上后产卵；葡萄顶空收集物经电子微型喷雾器喷洒后，也有效地吸引雌蛾逆风上行至气味源，且与葡萄本身吸引的雌虫数没有差别，这表明顶空收集物捕获了葡萄挥发物的关键成分。其中（E）-β-石竹烯的含量最丰富。而且雌虫飞向诱源的行为反应与雄虫定向飞向雌虫释放的性信息素的行为表现有相似之处。含有（E）-β-石竹烯、（E）-β-金合欢烯和 DMNT 3 种化合物的混合物是吸引雌虫逆风上行和降落产卵的关键成分。而且配比同样重要，在配比是 100：78：9 的情形下比 37：17：100 的配比吸引了更多雌虫降落，相反，后者不能诱发葡萄藤蛾的定向行为。

五、Y 形迷宫实验

通过设计 Y 形迷宫实验，对优雅蝈螽（*Gampsocleis gratiosa* Brunner von Wattenwyl）、暗褐蝈螽［*Gampsocleis sedakovii obscura*（Walker）］和鼓翅鸣螽［*Uvarovites inflatus*（Uvarov）］雌虫的性选择行为和交配行为进行了观察研究。结果表明，3 种螽斯的交配行为谱一致，但交配时间上有差异；3 种螽斯雌虫趋于选择体重较大的雄虫交配；体重和精包重之间呈现相关性，以三次函数的拟合度（R^2）最大；雄虫精包重占体重均在 10.0%以上，分别为优雅蝈螽 11.1%、暗褐蝈螽 12.5%、鼓翅鸣螽 14.9%。

交配时间因种类不同而存在差异，暗褐蝈螽一般在凌晨至上午时间段交配，优雅蝈螽和鼓翅鸣螽在白天和晚上都有交配发生，交配持续时间因种而异，为 10～25 min。

3 种螽斯的交配行为谱固定且相似，为 3 个阶段：①交配前期，雄虫鸣叫，雌虫趋声反应；②交配期，雌虫主动爬上雄虫背部，此时雄虫停止鸣叫并积极调整位置，以外生殖器贴近雌虫腹部末端，阳具复合体伸出与雌虫生殖器相贴合，继而腹部不断张缩带动生殖器反复摩擦，当雄虫排出乳白色精包后，雌虫便向前爬动，雄虫则向后行动而分离，精包则挂在雌虫的生殖器外；③交配后期，雄虫整理交配器官，不再鸣叫，雌虫咬食精包。

优雅蝈螽共有 15 组进行了成功交配，其中 12 组雌虫选择体重较大的雄虫交配；暗褐蝈螽共有 6 组成功交配，其中 4 组雌虫选择体重较大的雄虫；鼓翅鸣螽共 8 组成功交配，其中 6 组雌虫选择体重较大的雄虫。在性选择实验中，大部分雌虫直接爬向体重较重的正在鸣叫的雄虫，而对复鸣后的雄虫选择却不是根据体重。这说明雌虫是通过鸣叫的音频参数来确定雄虫的质量。

第六节　昆虫的生殖与变态发育

一、昆虫的生殖与性选择

（一）昆虫的生殖

1. 两性生殖

两性生殖（sexual reproduction）是昆虫繁殖后代最普遍的方式，通过两性交配后，精子与卵子结合，雌性产下受精卵，每粒卵发育成一个子代个体的生殖方式。

2．孤雌生殖

卵不经过受精就能发育成新个体的现象统称为孤雌生殖（parthenogenesis）或单性生殖。孤雌生殖依其产生的后代，可分为产雌孤雌生殖（thelyotoky）、产雄孤雌生殖（arrhenotoky）及产雌雄孤雌生殖（amphiterotoky）三类；依其细胞学基础，可分为无性孤雌生殖（apomictic 或 ameiotic parthenogenesis）、自发孤雌生殖（automictic 或 meiotic parthenogenesis）和有性孤雌生殖（generative 或 haploid parthenogenesis）三型；按其动力则有自然孤雌生殖（natual parthenogenesis）及人工孤雌生殖（autoparthenogenesis）两类；若借其发生的频率则又可分为兼性孤雌生殖（facultative parthenogenesis）和专性孤雌生殖（obligate parthenogenesis）两大类。

3．兼性孤雌生殖

兼性孤雌生殖即偶发性孤雌生殖（sporadic parthenogenesis），正常情况下行两性生殖，但偶尔可能出现不受精的卵发育成新个体的现象。多以产雄孤雌生殖出现，包括大多数膜翅目和某些缨翅目、同翅目昆虫。兼性产雌孤雌生殖比较少见，如一些广腰亚目的昆虫和某些竹节虫、介壳虫等。兼性产雌雄孤雌生殖只见于某些鳞翅目昆虫。

4．专性孤雌生殖

专性孤雌生殖即没有雄虫或只有少数无生殖能力的雄虫，所有的卵都不受精，至少在某些世代如此。又可分为 4 类：①经常性孤雌生殖（constant parthenogenesis），这些种类的生殖几乎完全是通过孤雌生殖，在一些膜翅目、同翅目、缨翅目、鳞翅目、鞘翅目、螨目、食毛目的昆虫中都有此类情况；②周期性孤雌生殖（cyclical parthenogenesis），即所谓的异态交替（heterogeny），此类生殖方式主要存在于蚜亚目和瘿蜂亚科的昆虫中；③幼体生殖（paedogenesis），即在幼虫期就已开始繁殖，某些瘿蚊科昆虫和复变甲（*Micromalthus* sp.）就是如此；④地理性孤雌生殖（geographical parthenogenesis），发现一个种类有两个变种，一个变种行两性生殖，另一个则行孤雌生殖。例如，一种蓑蛾*Cochliotheca crenulella* Brund 在中欧斯堪的纳维亚和西亚的变种能行孤雌生殖，而在意大利北部和法国南部的变种则行两性生殖。

5．影响孤雌生殖的因素

有一些昆虫具有特强的遗传机制，即使极端的环境条件也仅对其产生很小的影响，这种情况叫基因型性决定（genotypic sex determination）；而另一些昆虫，环境条件能强烈地影响性别，这种类型叫表现型性决定（phenotypic sex determination）。外界因子，如光周期、温度、气压、食料、种群密度、X 线、化学刺激、机械刺激及亲代的性比等都会影响孤雌生殖的发生及类型。在人工条件下可以获得昆虫的孤雌生殖类群，其作用的机制通常认为有两点：一是通过使性染色体产生异常的分离或通过对合子的选择而影响性别的决定；二是当分化时改变性别遗传的出现，结果导致性别的逆转或雌雄间体的产生。蚜虫的孤雌生殖受外界环境条件的影响很大，短日照加上低温，能促使雄蚜和卵生雌蚜的产生。然而，只有在干母经过几代孤雌生殖后才能诱使有性蚜的产生，这是由于需要经过一个无节律间隔期（interval timer）的调节。间隔期的长短取决于蚜虫的种类、光周期、温度，以及第一代后所经历的时间，而与代数无关。在膜翅目中外界因子对孤雌生殖的影响比较复杂。例如，蜜蜂可据外界条件，如卵室的大小、幼虫的条件及雄蜂的多少而确定是否产受精卵。在孤雌生殖的黄翅菜叶蜂 [*Attholiarosae japanensis* (Rhower)] 中子代与亲代的性比成反比。外界因子还能使经常产雌孤雌生殖的种类出现部分产雄孤雌生殖的类型，如小茧蜂、赤眼蜂和跳小蜂等。

6. 多胚生殖

多胚生殖是一个卵产生两个或更多个胚胎的生殖方式。常见于膜翅目的一些寄生性蜂类，在捻翅目中也有。多胚生殖的寄生蜂，将卵产在寄主的卵里，到寄主幼虫将成熟化蛹时，才变成成虫离开寄主。在一个寄主里可产 1~8 个卵（随种类而异）。一次产卵，既有受精卵也有非受精卵，前者发育成雌蜂，后者发育成雄蜂。这些多胚生殖的蜂卵在成熟分裂时极体均不消失，而是集中在卵的一端，继续分裂，逐渐发展成为包在胚胎外的滋养羊膜。胚胎通过滋养羊膜直接从寄主体内吸取它所需的营养物。经成熟分裂后的卵核位于卵的后端——与极体相对的一端。随着一次、再次的分裂，卵的后端就膨大起来。只分裂一次的，以后就发生 2 个胚胎，但分裂一次的是极少的，大多要经多次分裂，多者可产生 1600~1800 个子核，以后每个子核形成一个胚胎。发生胚胎的多少常取决于寄主的承受能力。

7. 胎生与幼体生殖

多数昆虫为卵生，但一些昆虫的胚胎发育是在母体内完成的，由母体所产出来的不是卵而是幼体，这种生殖方式称为胎生。根据幼体离开母体前获得营养方式的不同，可将昆虫的胎生分为 4 种类型。①卵胎生：胚胎发育所需的养分全部由卵供给，只是卵在母体内孵化为幼体后才被产出体外，如麻蝇科和寄蝇科的一些种类，即以 1 龄幼虫产出母体。②腺养胎生：胚胎发育的养分也由卵供给，但幼体在母体内孵化后并不马上产出，而是仍寄居于母体的阴道膨大而成的"子宫"内，由母体的附腺（子宫腺）供给养分，直至幼体接近化蛹时才被产出体外，刚产出的幼虫即在母体外化蛹，因而又被称为蛹生。这种生殖方式为舌蝇及虱蝇科、蛛蝇科和蜂蝇科所特有。③血腔胎生：一些昆虫没有输卵管，当卵发育成熟后，卵巢破裂，卵被释放到血腔内，胚胎发育在血腔中进行，胚胎直接利用母体内血淋巴中的营养物质而发育的一种胎生方式。胚胎发育完成后，孵化出的幼体从母体的抱室开口爬出（如捻翅目），或取食母体组织，最后破母体而出（如瘿蚊科等）。④伪胎盘生殖：一些昆虫的卵无卵黄和卵壳，胚胎发育所需的养分，完全依靠一种称为伪胎盘的构造直接从母体内吸取。构成伪胎盘的物质来自母体，或来自胚胎本身，或兼有上述两种成分。最常见的行伪胎盘生殖的昆虫是蚜虫，该类昆虫在行孤雌生殖时，同时还行伪胎盘生殖。

少数昆虫在幼虫期就能进行生殖，称为"幼体生殖"。这类昆虫因在幼虫期即已具备生殖能力，又行"腺养胎生"，所以幼体生殖又属孤雌生殖和胎生。其成熟卵无卵壳，胚胎发育在囊泡中进行，在母体内完成胚胎发育而孵化的幼体取食母体组织，继续生长发育，至母体组织消耗殆尽时，幼体即破母体外出行自由生活，这些幼体又以同样的方式产生下一代幼体。幼体生殖主要出现于瘿蚊科昆虫中。

（二）昆虫的性选择

性选择的概念包含两层意义或过程：同性间和异性间的性选择过程，同性间的性选择是同一性别的个体间相互竞争交配的机会，即达尔文传统的性选择定义；异性间的性选择是有限性别（the limiting sex）施加给异性的选择压力，有限性别指的是在交配过程中选择交配对象，甚至决定交配质量的那个性别。在多数情况下，往往是雌性昆虫选择与之交配的雄虫，雌性即是有限性别。有限性别的个体往往在交配过程中拥有一定的支配权，而非有限性别的个体往往要使其被有限性别的个体接受，这种异性间的性选择过程又称为引诱选择（the epigamic selection）。简单地说，异性间的性选择是有限性别的个体向非有限性别的个体施加的选择压力。

从遗传的角度来说，雌虫和雄虫各自为其后代贡献出一半的遗传材料。因此，在理论上，雌虫和雄虫都应该经历相等的同性间和异性间的性选择压力。然而，两性繁殖的昆虫几乎都是一种性别表现为性内竞争（intrasexual selection）；而另一种性别表现为性间竞争（intersexual selection），又称引诱选择。由于对交配和后代投入的差异而导致雌雄成虫进行性内或性间竞争，往往是雄虫进行性别内竞争，以获得与雌虫交配的机会，而雌虫则对雄虫施加性别间的选择压力，选择其中较好的个体进行交配。由于雌虫在交配过程中表现为有限资源，因而又被称为有限性别，而雄虫被称为非有限性别。

有限性别个体向异性个体施加了性别间的性选择压力，非有限性别的个体进行性别内竞争，表现出优于其他同性个体的某些特征，以获得有限性别个体的青睐。例如，黑色小毛蚊（*Plecia nearctica* Hardy）雄虫的优越性则通过其占据的优势位置来体现，雄虫羽化后盘旋在空中形成一个巨大的飞虫群（swarm），飞虫群中的雄虫们会不断地相互挤碰，体型较小的雄虫被挤到飞虫群的上部，体型较大的雄虫们因而占据着飞虫群下部，刚羽化就可交配的雌虫爬到草的上部，然后飞入雄虫形成的飞虫群中，雌虫往往只需向上飞行几个厘米就会被雄虫捕获，有时甚至在草的上部就被雄虫捕获。由于在任何一个飞虫群中，总是雄虫的数量远多于雌虫，而且雌虫总是在虫群的下部或草上被捕获，因而只有处于飞虫群下部的雄虫才能获得交配机会，因此，雄虫之间的竞争非常强烈，甚至有 8 个雄虫抓着同一个雌虫的现象。雄虫和被其捕获的雌虫滑行到地面上完成交配，未成功交尾的雄虫重新回到飞虫群中，寻找下一次交配机会。

1948 年，Bateman 发表了有关果蝇（*Drosophila melanogaster* Meigen）的交配次数与生殖力大小定量关系的研究论文，不仅给出了雌雄两性性选择压力不均等性的直接证据，更是将性选择的研究推进到定量化研究的新阶段。Bateman 利用果蝇不同形态学的标记来跟踪果蝇的后代与其亲代之间的遗传关系，并且可以确定每个亲代个体的交配次数及产生后代的个数。他将成虫的生殖力定义为某个个体对产生后代数量的实际贡献，因而可以分别计算雌雄亲代成虫生殖力的方差，方差反映了成虫生殖力变异的大小，变异大的表示选择强度大。结果表明，雄虫生殖力的方差要明显大于雌虫，因而雄虫的性选择压力要高于雌虫，他还发现雄虫的生殖力与其交配次数密切相关，而雌虫的生殖力与其交配次数没有雄虫那样明显的相关关系。最后形成了 Bateman 的 3 个原理：第一，雄虫生殖成功率的方差比雌虫高；第二，雄虫生殖力大小受限于其交配次数；第三，雌虫对雄虫施行交配选择，而雄虫之间竞争与雌虫交配的机会。

两性生殖投入可以分为交配投入（mating effort）和亲代抚育（parental care）两个部分。交配投入即某个个体与交配直接有关的投入，亲代抚育即某个个体为增加后代的生存率而投入的时间和精力。Bateman 原理因此可以表述为：无论哪一种性别，只要在生殖过程中投入了相对多的资源（时间、能量），就成为有限性别并对另一种性别施予性选择压力，同时非有限性别的个体间进行性别内竞争。

（三）雄性昆虫的多次交配策略与利益

大多数情况是雄虫之间竞争与雌虫的交配机会，长期的进化使得雄虫发展出丰富多样的交配策略以进行交配竞争。雄虫可以通过与交配过的雌虫保持身体接触，或者通过协助雌虫来防止它与其他雄虫交配。雄性花金龟（*Lethrus apterus*）协助雌虫建设藏身地道和收集幼虫食物，两头甲虫可以明显地加快修筑藏身地道和收集食物的速度，同时也可以更好地保证食物的质量，雄虫的协助也减少了雌虫暴露于天敌和不利环境的机会，它们后代的生存率因此得到提高，雄虫的这种策略称为交配协助（mating assistance）。而一个一生只交配 1 次的雄虫为保证其精子被雌虫真正用于受精，可能采用牺牲与其他雌虫交配的机会来守卫该雌虫（female defending）。蠓科蚊子则采用交配栓（mating plug）的形式来防止已交配过的雌蠓再次交配，雌蠓在交配后将雄蠓吃掉，雄蠓则将其生殖器留在雌蠓生殖道里以起到交配栓的作用，这样可以防止该雌蠓与其他雄蠓交配。蜜蜂、白蚁和某些蛾子的雄虫也采用交配栓机制，但不被雌虫吃掉。

雄虫多次交配策略有 4 种类型：一是雌虫守卫（female defending）。地花蜂科（Andrenidae）的漠蜂（*Centris pallida* Centris）雄虫往往需占据某个有漠蜂幼虫的领域，同时将该地域内所有雄虫杀死并赶走入侵者，该雄蜂便拥有了与其领地内羽化的多个处女雌蜂的交配机会。由于雌性漠蜂一生只交配 1 次，雄蜂因此可以保证其生殖的成功性，雄漠蜂的这种策略称为雌虫守卫。如果雄虫不能占据一个拥有处女雌蜂的领地，雄蜂将失去交配机会，因此雄蜂之间的交配竞争就变得十分激烈。二是资源守卫（resource defending）。该资源为雌虫所必备，如食物、产卵地点、筑巢地点等，因此守卫这些资源就可能遇到多个雌虫。例如，水生环境中稍高于水面的稀泥地是一种广布性的蜻蜓 [*Plathemis lydia*（Drury）] 雌虫的首要产卵地，雄蜻蜓赶走其他的雄虫并停息在稀泥地附近，那些来到此产卵地的雌虫就会被雄蜻蜓捕获并交配。交配后，雄蜻蜓就会领着这个刚交配过的雌蜻蜓到其守卫的产卵地产卵，在雌蜻蜓产卵的同时，雄蜻蜓还在其上方盘旋，以防止其他雄虫的干扰。如果没有别的雄虫将其打败，该雄蜻蜓将整天停留在同一个产卵地点，而且随后的几天也会回来，并与被该产卵地点吸引过来的雌虫交配。三是求偶集会（lekking behavior）。雄性个体在某个地点内群聚炫耀并相互竞争交配机会。萤火虫（*Pteroptyx* spp.）雄虫在夜晚的时候聚集在某棵显眼的大树上，并且同步闪烁其荧光，使它们的求偶信号传到更远的地方。大型的雄虫可以借着在该聚集群体占据的优势地位展示其优越性，生活在亚利桑那的塔兰图拉鹰蜂（Tarantula hawk wasp）雄虫聚集在某些山丘上，这些群聚求偶的地点常年保持不变，这些山丘上聚集的雄蜂借着占据这些标志性的地点以表示它们的生理优势性。四是争夺竞争（scramble competition）。当雌虫的分布范围太广时，直接搜寻可交配的雌虫可能要花掉太多的时间和精力才会得到一次交配机会；如果竞争对手太多，雄虫或许要花掉他所有的时间和精力，甚至生命去守卫其领地。采用争夺竞争策略的雄虫在一个具有较高交配可能性的地方搜寻具有交配接受性的雌性个体。例如，雄性澳洲蜾蠃 [*Abispa ephippium*（Fabricius）] 在筑巢雌性必须访问的溪流河段上巡逻，这个河段含有雌虫筑巢必需的水和黏性土，雄虫就有可能抓住来寻找筑巢材料的雌虫，获取交配机会。

二、昆虫的繁殖代价

种间关系中一物种为对方提供自身生长过程中的一部分物质和能量，此物种就为对方付出了代价。在中性的种间关系中，两个物种彼此不受影响，无所谓代价；在偏性的种间关系中，受害者付出无谓的代价，受益者得到无偿的利益（如寄主与寄生物、被捕食者与捕食者之间的关系）；在互利的种间关系中，两者都受益，都要求对方付出代价（如丝兰蛾与丝兰、真菌与切叶蚁、榕小蜂与榕树之间的关系）。

传粉昆虫的繁殖代价是指昆虫自身繁殖过程中为相关的虫媒传粉植物付出的物质和能量。传粉昆虫并非专一地依赖某一种植物提供蜜汁、花粉或生活的庇护所，传粉只是采食过程的附带结果，植物也并非专一性地依赖某一种昆虫传粉，它们之间是原始合作关系，这些传粉昆虫的繁殖代价是很少地、非专一性地支付的。榕小蜂科的榕小蜂亚科（Agaoninae）一方面专一性地依赖榕树（*Ficus* spp.）提供生活的庇护所、生长发育的营养，另一方面通过有效地传粉促进榕树的繁殖，从而确保自身的繁殖。

榕小蜂与榕树之间存在着典型的共生伙伴关系。每一种榕小蜂通常只在特定榕树花序内发育、繁殖，每一种榕树通常也只由特定的榕小蜂传粉，它们之间互惠共生关系是协同进化系统中最特化的类型。在这种共生体系中，榕小蜂为榕树付出的繁殖代价不同于一般传粉昆虫，不仅付出的代价高，而且是专一性地支付的，如薜荔榕小蜂 [*Wiebesia pumilae*（Hill）Wieb.] 是薜荔（*Ficus pumila* L.）的专一性传粉者。

三、昆虫的变态发育

昆虫变态发育使得昆虫成为地球陆地上种类最多、数量最大、分布最广、生活环境最多样化的一群生物。变态使昆虫在其生命周期中的不同发育时期表现出完全不同的形态、结构、功能和生活习性的变化，有利于昆虫迁飞转移，扩大其求偶交配、生活和生存环境空间。昆虫变态发育的变化是长期自然环境适应、协同进化的结果，受激素、营养和基因的精确调控。

所谓变态是指昆虫在其生命周期中不同发育时期表现出完全不同的形态、结构、功能和生活习性的变化。对于全变态昆虫来说，其一生中经历了卵、幼虫、蛹和成虫等发育阶段。许多昆虫常常有多个幼虫期，如家蚕有 5 个幼虫龄期。从前一个幼虫龄期向后一个幼虫龄期的转变过程称为蜕皮（ecdysis，molting）；而把末龄幼虫化蛹，以及蛹向成虫转变的过程称为变态（metamorphosis）。幼虫蜕皮过程通常不涉及新器官的形成，只是幼虫组织器官更新和个体的生长；变态过程中，幼虫组织器官会退化，成虫器官形成和性成熟。幼虫蜕皮发育直到化蛹前，其生理功能和生活环境并不会发生巨大的改变，性器官不成熟，不能进行繁殖；变态发育后其生理功能和生活环境往往发生巨大的改变，性器官成熟，可以进行繁殖。

（一）昆虫变态的类型

昆虫可分为完全变态昆虫和不完全变态昆虫。完全变态（holometabolism）是指虫体自卵孵化后，经历了幼虫、蛹和成虫等过程，期间形态结构、生活方式和生活环境完全不同，如蝴蝶、飞蛾、蜜蜂、家蚕、苍蝇等。不完全变态（hemimetabolism）是指虫体自卵孵化后，经历若虫阶段发育到成虫，而若虫在形态、结构和生活习性上与成虫十分相似，只是幼虫身体较小，如蝗虫、蜻蜓、螳螂、蟑螂、浮游等昆虫都属于不完全变态昆虫。不完全变态昆虫依若虫与成虫的形态特征和生活习性等差异程度的不同，还可以分为渐变态、半变态和过渐变态等类型。

（二）昆虫变态发育的激素调控

1. 促前胸腺激素的调控机制

昆虫变态受到多种昆虫激素的控制，主要是促前胸腺激素（prothoracicotropic hormone，PTTH）、蜕皮激素（ecdysone）和保幼激素（juvenile hormone，JH）。促前胸腺激素启动蜕皮与变态的发生；蜕皮激素启动和调控蜕皮与变态发育过程；而保幼激素调控变态发育的方向。PTTH 是一种小分子的昆虫神经肽，它在昆虫脑咽侧体（corpus allatum）内分泌腺细胞中合成后，分泌到前胸腺（prothoracic gland，PG），刺激蜕皮激素在前胸腺中的合成和分泌。

2. 蜕皮激素的调控机制

蜕皮激素是一类甾醇类化合物，在昆虫前胸腺中合成后分泌到昆虫血液中，并被氧化成具有生物活性的 20-羟基蜕皮酮（20-hydroxyecdysone，20E），然后随血液被运输到各个靶组织中，与靶组织细胞内蜕皮激素受体（ecdysone receptor，EcR）和超气门蛋白（ultraspiracle，USP）异源二聚体结合后，诱导了大量转录因子基因的表达，这些转录因子调控了与蜕皮或变态直接相关的靶基因的表达，最终导致变态的发生。

蜕皮激素受体于 1991 年首先从果蝇中克隆和鉴定得到。蜕皮激素受体是一个由非共价键连接起来的 EcR/USP 异源二聚体，这两个蛋白均是细胞核蛋白，具有非常相似的序列结构，但却是不同的两个蛋白，分别是哺乳类动物中的法尼醇 X 受体（farnesoid X receptor，FXR）和维生素 AX 受体（retinoid X receptor，RXR）蛋白同系物。它们均具有激素受体特征的几个关键结构域：A/B 结构域是一个反式激活（trans-activation）靶基因转录的区域；C 结构域是与其靶基因调控区 DNA 相互作用的区域，因此该区域通常具有典型的与 DNA 结合的锌指结构。这个区域也对两个异源受体蛋白的相互结合发挥着重要的作用；D 结构域是铰链域（或变构域），使到两个异源受体蛋白能够通过空间结构的变动更好地靠近和结合。这个区域还具有细胞核定位信号，引导受体蛋白进入细胞核中；E 结构域是与激素配体结合的区域。激素与该区域结合后，改变了受体蛋白的构型，使之能结合到靶基因调控区的 DNA 上，从而激活靶基因的转录；F 结构域，位于羧基端，是最不保守的区域，对于许多 USP 蛋白来说，没有 F 结构域，表明该结构域对于受体的功能可能没有很大的影响。

在不同种类或同一种昆虫中，常常存在不同形式的 EcR 和 USP 同源异构体，如 EcR-A 和 EcR-B，USP-A 和 USP-B。不同的受体异构体组合，会导致不同的调控功能。在果蝇中，EcR 有 3 种形式：EcRA、EcR-B1 和 EcR-B2，它们只是在 A/B 结构域上有所不同，其他结构域是完全相同的。另外，这些异构体的表达谱和功能也不同，EcR-A 在将要分化成成虫组织的细胞中表达，而 EcR-B1 和 EcR-B2 主要在幼虫组织中表达。

果蝇中的 USP 也存在两种形式：USP-A 和 USP-B，它们在氨基端的结构不同。在埃及伊蚊中，也存在 USP-A 和 USP-B 两种异构体，并在表达时期上完全不同。USP-A 主要在低水平的蜕皮激素存在时表达；而 USP-B 主要在高水平的蜕皮激素存在时表达。因此，推测在埃及伊蚊中 USP-2 可能是与 EcR 作用的主要形式。而在烟草天蛾中，起主要作用的却是 EcR-B1/USP-A 而不是 EcR-B1/USP-B；在家蚕中既存在 EcR-A 也含有 EcR-B1 和 EcR-B2，但这两种异构体存在的组织和时期均不同。在化蛹时，EcR-B1 在大多数组织中都有高水平的表达；而 EcR-A 则仅在前部丝腺高水平表达，且先于 EcR-B1 表达。不同昆虫中，不同的 EcR 和 USP 异构体的不同时期和组织的专一性表达，说明它们可能组合成不同的异源二聚体，发挥着不同的基因表达和发育事件的调控功能。另外，不同物种的 EcR 和 USP 可以相互作用组成不同的异源二聚体调控靶基因转录。

EcR 与 USP 结合后，与变态发育相关的初级（早期）应答转录因子基因如 βFTZ-$F1$、BR-C、$E75$、$E74$ 和 $E93$ 等的启动子反应元件结合，激活了它们的转录表达；而初级转录因子又调节了下游的次级（晚期）应答转录因子，如 HR3、HR4、HR39 和 E78 等表达；这些转录因子的表达又进一步启动了大量与蜕皮直接相关的基因的表达，如几丁质酶（chitinase）、几丁质合成酶（chitin synthase）、表皮几丁质结合蛋白（cuticle protein）等，通过这个基因级联放大表达过程，最终导致激素信号转变成生理和结构的变化，导致蜕皮和变态发育。

3. 保幼激素的调控机制

保幼激素（juvenile hormone，JH）是一种小分子的倍半萜类化合物，在昆虫脑部咽侧体中合成后，被运输到靶组织中发挥作用。当昆虫从一个龄期幼虫向下一个龄期幼虫发育时，往往同时有高水平的 JH 分泌，使得昆虫不会马上发育成蛹或成虫（蛾）。但在幼虫向蛹期发育时，体内 JH 水平下降，并在高水平蜕皮激素的作用下，幼虫向蛹变态发育。因此，JH 的生理作用主要是维持虫体的"年青"，只有当虫体内 JH 水平下降时，幼虫才能变态发育进入蛹期。另外，JH 也具有促进性器官成熟发育和成虫寿命的作用。

由于 JH 是倍半萜类化合物，可以很容易与细胞的各种组分结合。因此，要鉴定 JH 专一受体在技术方法上还具有一定的难度。另外，JH 是疏水性化合物，很容易通过细胞膜和细胞质进入细胞核内。因此，一直有人认为细胞膜和细胞质中均存在 JH 结合的蛋白（或受体）。

Jones 和 Sharp 认为，蜕皮激素异型二聚体受体中的 USP 蛋白也可能同时是 JH 受体。当 JH 与 USP 结合后，昆虫对 JH 响应，竞争性地抑制了蜕皮激素的作用；而当蜕皮激素与 USP 结合后，昆虫对蜕皮激素响应，竞争性地抑制了 JH 的作用。这个理论可以解释为什么蜕皮激素与保幼激素在许多生理现象中呈现出相互拮抗的作用。但这个模型的主要问题是实验所证实的 USP 蛋白与 JH 的结合亲和力远远低于作为一个激素受体在生理条件下应具备的结合能力。

越来越多的证据证明，另一个核转录因子 MET（methoprene-tolerant）可能是 JH 的受体，或者至少是一个非常关键的结合蛋白。MET 属于含有 helix-loop-helix（bHLH）-Per-Arnt-Sim（PAS）结构域的转录因子家族。MET 首先是从果蝇中鉴定出来的，这个核蛋白可以与 JH 结合，当编码这个蛋白的基因被突变后，果蝇就不能对 JH 响应，不能发育到成虫。后来的研究发现，另一个核蛋白甾醇受体共激活子（steroid receptor co-activator，SRC）对于 JH 作用也是非常重要的。SRC 的表达受蜕皮激素 20E 的抑制。MET 蛋白与 JH 结合后，与激素受体 EcR/USP 复合物的共激活子 p160/SRC（FISC）结合成复合物，然后与靶基因如 *Krüppel homolog 1*（*kr-h1*）的反应元件结合，从而发挥 JH 信号对靶基因的调控作用。研究还发现，在 JH 存在下，MET 可以竞争性地与蜕皮激素受体 USP 结合，形成 MET/USP 二聚体，再与受调控的靶基因反应元件结合。这些模型都能解释保幼激素与蜕皮激素的拮抗作用。还有研究表明，MET 还与另一个核蛋白 Cycle（CYC）结合，共同调控了 JH 信号转导途径中靶基因的表达。目前，MET 蛋白被认为是 JH 信号转导途径中与 JH 结合的核受体蛋白，但同时还有争论。例如，JH 信号是昆虫幼虫发育所必需的，*met* 基因突变必然导致 JH 信号转导途径的中断，幼虫不可能发育到蛹，但 *met* 突变的果蝇仍能发育到蛹，这难以解释。但是，研究又发现，在果蝇中还存在另一个可与 JH 结合的 MET 同源蛋白 GCE（germ cell-expressed），可以补偿 MET 蛋白的缺失，发挥 MET 蛋白的相同作用。不管 MET 蛋白是否真的是 JH 受体蛋白，但越来越多的证据证明，MET 蛋白在保幼激素信号转导途径中起着非常关键的作用。

作为一个激素受体，必须满足三个最基本的条件：一是高度专一性和特异性。受体蛋白与激素的结合必须是高度专一的和特异的，它不应该与体内的其他激素或化合物有明显的交叉结合作用，否则，不足以完成特定生理功能的精确调控作用。二是敏感性。受体蛋白与激素的结合必须在体内正常的生理浓度范围内，而体内的激素水平往往是很低的，激素信号通过信号转导过程才把信号逐步偶联放大，否则，不能起到精确调控作用。三是生理反应性。当受体蛋白与激素结合后，必须导致特异的细胞活动和生理反应，否则，只能被认为是激素的结合蛋白或运输蛋白。

（三）昆虫变态发育的营养调控

除了昆虫激素外，变态发育显然还受到营养和能量的调控。当昆虫幼虫的体积达到一定大小（或称阈值体重，critical weight）后，在昆虫激素的作用下就会发生蜕皮，从一个龄期发育到下一个龄期。在末龄幼虫期，幼虫不仅蜕皮，同时还发生变态。无论是在幼虫的蜕皮期或虫蛹和蛹蛾的变态期，昆虫均暂时停止进食，不能从外部获得营养。因此，昆虫必须动用体内的营养和能量以实现形态与结构的变化和重建。因此，营养和能量供应对于变态发育具有十分重要的作用。

蜕皮或变态是由蜕皮激素启动的，而蜕皮激素的合成是由促前胸（腺）激素（prothoracicotropic hormone，PTTH）的变化触发的，这个过程涉及 phosphoinositide 3-kinase/Akt（PI3K/Akt）信号途径。Akt 是蛋白激酶 B（protein kinase B）。PTTH 诱导了 Akt 的磷酸化后，启动了蜕皮激素的合成。研究发现，在昆虫中存在类胰岛素多肽（insulin-like peptide，如家蚕素 Bombyxin）。昆虫类胰岛素参与昆虫的变态发育，一方面，Bombyxin 可以促进 Akt 的磷酸化，并与 PI3K/Akt 信号途径相互作用调控蜕皮激素的合成；另一方面，Bombyxin 通过 Insulin 途径可以降低血液中主要的碳水化合物蔗糖和海藻糖的浓度，促进它们转化成葡萄糖并运输到中肠和肌肉等器官被利用。Bombyxin 还可以促进脂肪体中糖原的磷酸化来增加糖原的利用，从而降低脂肪体中的糖原含量。这样，昆虫的类胰岛素通过或调控蜕皮激素的合成和储存营养的动员这两方面的作用参与了昆虫的蜕皮和变态发育的调控。

研究发现，在家蚕中，当蜕皮和变态发生时，在蜕皮激素 20E 作用下，幼虫食物消耗减少导致饥饿，脂肪体大量裂解，脂肪甘油三酯脂肪酶（adipose triacylglycerol lipase）基因 *Brummer* 表达上调，释放出可用于各种代谢的脂类物质。但也有研究表明，20E 信号并不直接影响脂肪体的营养动员利用。在果蝇中，20E 信号在幼虫达到阈值体重后，通过释放受抑制基因的表达，从而启动了翅原基不依赖于营养的分化发育。保幼激素也通过类胰岛素途径参与了饥饿昆虫的脂肪和糖代谢。抑制 JH 合成与作用，JH 受体 MET 和类胰岛素 2（insulin-like peptide 2，ILP2）合成均降低脂肪和糖代谢，增加昆虫对饥饿的忍受力。JH 还通过调控海藻糖的运输和代谢来保持海藻糖动态平衡，维持变态时饥饿昆虫储存营养的均衡利用。

（四）昆虫变态发育的基因调控

蜕皮激素与其复合受体 EcR/USP 结合后，诱导了早期应答转录因子基因的表达，这些转录因子再调控与蜕皮与变态直接相关的靶基因的表达，如表皮几丁质蛋白、几丁质合成酶、多巴胺脱羧酶和多酚氧化酶等。通过这个基因级联表达过程，最终使激素信号转变成生理和结构的变化，导致蜕皮变态发育。变态时，旧的幼虫组织器官退化，新的成虫组织器官形成。对于变态时新器官的形成，目前认为，一些新的成虫器官原基（imaginal disc）在幼虫期其实已存在，但其发育被抑制住，幼虫阶段并不继续进一步生长与分化。当受到蜕皮激素等发育信号的刺激，抑制作用被解除，新器官的分化与生长发育得以继续进行，最终形成新的器官。例如，昆虫翅发育是一个典型的变态过程。幼虫时，翅以一团细胞的翅原基形式存在，并不发育成翅。当化蛹时，在蜕皮激素 20E 作用下，幼虫向蛹变态发育，同时翅发育相关基因如表皮几丁质蛋白基因表达，使翅原基再度生长向翅分化发育。在家蚕中，20E 首先与其受体复合体结合，启动了早期转录因子 BmBR-CZ4 和 BmβFTZ-F1 的表达，BmBR-CZ4 再激活了转录因子 BmPOUM2 的表达，然后 BmPOUM2-L 和 BmβFTZ-F1 分别结合到蛹期专一表达的表皮几丁质蛋白 BmWCP4 基因的相应调控元件上，启动了 BmWCP4 的表达，从而导致了蛹期表皮几丁质蛋白的表达，使得翅原基向翅发育，以及幼虫实现向蛹期的变态发育。这里，表皮几丁质蛋白与表皮几丁质结合，构成了蛹翅结构，因此，它是与翅变态发育直接相关的蛋白。

除了新器官（如成虫器官）形成外，变态时旧器官（如幼虫器官）是如何消亡的呢？对于旧器官的消亡，目前认为，主要通过细胞程序性死亡，如细胞凋亡和细胞自噬作用得以实现。细胞程序性死亡是生物发育过程中细胞按照预定的程序自主解体死亡的现象，是由发育程序自主控制或外界刺激信号诱导而发生的。当昆虫发生变态时，蜕皮激素水平上升后触发细胞程序性死亡相关的基因表达，从而导致相应的幼虫器官如神经、肠道、丝腺、脂肪体等死亡和解体。变态时，幼虫组织细胞的死亡显然是受 20E 启动的。在脂肪体中，20E 上调了细胞凋亡和细胞自噬相关基因的表达和启动了细胞死亡的发生；而通过 RNA 干扰技术抑制了蜕皮激素受体 USP，就抑制了细胞凋亡的发生。受 20E 诱导的组织蛋白酶 B 和 D（cathepsin B and D）也参与了变态时脂肪体细胞的裂解和死亡。在中肠中，20E 也诱导了细胞凋亡和细胞自噬相关基因的表达，并且细胞自噬的发生先于细胞凋亡的发生。

在不同变态类型的昆虫中，变态调控是如何实现的？促前胸腺激素、蜕皮激素和保幼激素在不同变态类型的昆虫中已有发现，但不同昆虫存在不同形式和不同活性的昆虫激素，同一昆虫在不同发育时期可能也存在不同的激素种类，如 JH 0、JH Ⅰ 和 JH Ⅱ 存在于鳞翅目昆虫中，JH Ⅲ 存在于大多数昆虫种类中，而 JH B3 主要存在于双翅目昆虫中。另外，蜕皮激素受体基因和蛋白在不同昆虫中的结构、表达、调控及活性也存在差异。蜕皮激素受体，以及许多与蜕皮变态相关的转录因子都有不同的异型蛋白，如前所述，蜕皮激素受体 EcR 和 USP 至少有 A 和 B 两种异型蛋白。同样，蜕皮激素信号途径中的转录因子也有不同的同源蛋白，如 HR3 和 HR4、E75A 和 E75B 及 BR-CZ1-Z4 等，这些异型蛋白往往具有完全不同的调节作用。另外，在受蜕皮激素调节的转录因子基因的调节区往往含有多个与受体复合物结合的激素响应元件，当这些响应元件与不同的激素受体结合后，调控基因不同的表达反应。也许这些差异使得昆虫对激素的反应性不同，从而产生不同的生理和生化响应，最终呈现不同的变态效应和结果。

复 习 题

一、名词解释

环境（environment）

生理时间（physiological time）

发育起点温度（developmental threshold temperature）

有效积温（sum of effective temperature）

冷胁迫伤害（cold injury）

快速冷驯化（rapid cold hardening）

过冷却点（super cooling point，SCP）

结冰点（freezing point，FP）

耐结冰型（freeze-tolerance）

避免结冰型（freeze-avoidance）

耐受寒冷型（chill-tolerance）

寒冷敏感型（chill susceptible）

机会主义型（opportunistic survival）

冷伤害上限温度（the upper limit of chill injury zone）

冷害低温总和（sum of injurious temperature）

视网膜电图（electroretinogram）

超极化后电位（hyperpolarizing after-potential）

滞育（diapause）

休眠（dormancy）

冬眠（hibernation）

夏蛰（aestivation）

专性滞育（obligatory diapause）

兼性滞育（facultative diapause）

行为（behavior）

行为模式（behavior pattern）

成虫羽化节律（adult emergence rhythms）

产卵节律（oviposition rhythms）

孵化节律（egg-hatching rhythms）

化蛹节律（pupation rhythms）

活动节律（active rhythms）

取食节律（feeding rhythms）

交尾节律（mating rhythms）

幼虫节律（larval rhythms）

取食节律（feeding rhythms）

刺探电位图谱（electrical penetration graph，EPG）

风洞技术（wind tunnel）

产雌孤雌生殖（thelyotoky）

产雄孤雌生殖（arrhenotoky）

产雌雄孤雌生殖（amphiterotoky）

无性孤雌生殖（apomictic 或 ameiotic parthenogenesis）

自发孤雌生殖（automictic 或 meiotic parthenogenesis）

有性孤雌生殖（generative 或 haploid parthenogenesis）

自然孤雌生殖（natual parthenogenesis）

人工孤雌生殖（autoparthenogenesis）

兼性孤雌生殖（facultative parthenogenesis）

专性孤雌生殖（obligate parthenogenesis）

蜕皮（ecdysis，molting）

变态（metamorphosis）

完全变态（holometabolism）

不完全变态（hemimetabolism）

二、问答题

1．试述土壤因素和生物因素对昆虫的影响。

2．试述温度对昆虫的影响。

3．试述湿度、降雨、干旱、降雪对昆虫的影响。

4．试述昆虫的过冷却现象及其测定方法。

5．试述昆虫个体为适应低温的响应机制。

6．试述昆虫趋光性的假说及目前对害虫趋光特性的探讨。

7．试述昆虫的扑灯节律。

8．试述昆虫滞育调控的方法。

9．试述日周期变温对滞育幼虫生理指标的影响。

10．试述昆虫的行为及行为节律。

11．试述昆虫取食行为的 EPG 分析方法。

12．试述昆虫变态的激素调控、营养调控和基因调控。

13．试述昆虫的生殖与性选择。

14．试述昆虫的变态发育。

第二章 昆虫种群生态学研究与应用

第一节 昆虫生活史及其对策

一、昆虫生活史及其记述

生物在其漫长的演化过程中，分化出形形色色的生物有机体，它们都具有出生、生长、分化、繁殖、衰老和死亡的过程。一个生物从出生到死亡所经历的全部过程称为生活史（life history）或生活周期（life cycle）。生活史的关键组分包括身体大小（body size）、生长率（growth rate）、繁殖（reproduction）和寿命（longevity）。

昆虫在一年中的发育史称为年生活史或生活年史（annual life history），昆虫在一个世代中的发育史称为代生活史或生活代史（generation life history）。生物在生存斗争中获得的生存对策称为生态对策（bionomic strategy）或生活史对策（life history strategy）。生活史对策包括生殖对策、取食对策、迁移对策、体型大小对策等。

昆虫生活史具有多样性，其生活史的多样性包括化性、世代重叠、局部世代、世代交替、静止和滞育。昆虫化性（voltinism）指昆虫在一年内发生的世代性；世代重叠（generation overlap）指二化性和多化性昆虫由于发生期和产卵期长而造成不同世代的虫态在同一时间出现的现象；局部世代（partial generation）指同种昆虫在同一地区出现不同化性的现象；世代交替（alternation of generations）指一些多化性昆虫在年生活史中出现两性生殖世代与孤雌生殖世代交替的现象。

完成生活史的时间为生活周期。在生活周期中，个体的形态学形状（morphological form）或世代（generation）不同，形态学变化叫变态，世代间变化包括有性与无性世代的交替。复杂的生活周期使生境利用最优化（optimization in habitat utilization）。图2-1是长镰管蚜的生活周期，它包括春夏季无性生殖和秋季有性生殖的变化。

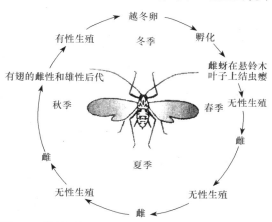

图 2-1 长镰管蚜的生活周期，表示春夏季无性生殖和秋季有性生殖（仿 Mackenzie et al.,1998）

生物的生活史为其遗传物质所决定，一般是不能改变的，但受外界条件的影响，在一定范围内某些性状具有可塑性（如植物的种子数量、种子大小、生长高低都可改变），但其生活史格局保持稳定。生活史的一些遗传特性（trait）常为另一些遗传特性所制约，如寿命长的生物其生殖期往往开始较迟，个体小的生物其寿命常常较短等，与其形成过程中的自然选择有关。生物在其生活史中的表征主要是个体大小、生长与发育速度、繁殖和扩散。生活史研究主要是比较不同生活史类群的生物学意义及其生态学解释，而不是研究其绝对现象。

生活史的记述方法：昆虫生活史的基本内容包括某种昆虫在某地1年内发生的代数，各世代中各虫态出现的始、盛、末期，越冬虫态及始、终时间，其发生与寄主植物或猎物等的协同进化关系等。昆虫生活史的记载可用文字描述、公式、表格、图示或图表结合等方法，即文字描述法、公式法、表格法和图示法（蒲天胜，2005；彩万志，2001）。

二、昆虫生活史的研究方法

昆虫生活史或发育速率研究多采用试验的方法，受试验的材料和方法影响较大。

（一）供试昆虫的选择

在同样的环境条件下不同种类的昆虫其发育速率不同；同种昆虫不同种型（或种群）、不同个体之间，其发育速率亦有所差异，有的甚至差异相当大。所以，供试昆虫的选择应考虑周详。例如，在桃蚜和萝卜蚜中，有翅型的发育历期显著地长于无翅蚜；在各种温度下角倍蚜越冬世代无翅型的发育速度均显著地快于有翅型。

在南宁室外百叶箱饲养桂林荸荠白螟螟卵啮小蜂（*Tetrastichus schoenobii* Ferriere）一年发生15代；玉林硕大莎草螟螟卵啮小蜂则发生17代。恒温试验证实螟卵啮小蜂2个种型在同一温度下发育速率有极显著差异；螟卵啮小蜂罗定种群在20℃、25℃恒温试验中，子蜂平均发育历期均较桂林种群、海南种群明显地长，尤在20℃下差异更大。

当然，并不是所有昆虫都已形成发育特性的地理种群分化，如稻纵卷叶螟（*Cnaphalocrocis medinalis* Guenee）。值得重视的是，昆虫个体之间普遍存在发育速率的差异，各虫态、各龄期历期变异报道相当多而广泛。在一个昆虫种群中存在部分发育特别迟缓的个体称为时滞个体。

昆虫成虫雌雄寿命、雌虫产卵前期和产卵历期的差异常见报道。但是在同等温度条件下，幼期两性发育速率的差别仅在赤眼蜂（*Trichogramma* spp.）、蚜茧蜂科（Aphidiidae）和角额壁蜂［*Osmia cornifrons*（Radoszkowski）］研究中提及雄蜂羽化略先（或明显先）于雌蜂。在螨类、蜱类中雌雄发育速率的差异也有报道。棉铃虫（*Helicoverpa armigera* Hübner）、烟青虫（*Heliothis assulta* Guenee）雌蛹的发育稍快于雄蛹；棉红铃虫［*Pectinophora gossypiella*（Saunders）］幼虫在3龄时化蛹与在4龄时化蛹，其预蛹期长短差异显著，但蛹历期则差异不明显。

昆虫个体发育速率的差别加上成虫寿命的长短和雌虫产卵历期长短，是造成昆虫世代重叠的主要原因。越冬期虫态虫龄的不同、越冬出蛰迟早和滞育期长短的个体差异，也是影响昆虫世代重叠的重要原因。

（二）继代饲养

由于发育速率的个体差异普遍和明显，在多世代昆虫生活史的研究中，多采用早、中、晚卵分组继代饲养，否则难以更准确、更直观地反映其世代重叠现象；或者在各虫态历期表中列出最短、最长和均值，或者列出均值和标准差。没有均值（或众数）的历期数据不能真正反映昆虫各虫态和幼虫各龄历期的代表性。

（三）温度试验

先分复因子试验和单因子试验两大类。复因子试验有温度-湿度试验、温度-光照试验等；单因子试验分恒温试验与变温试验两类。大多数试验表明，变温对昆虫的生长具有促进作用；也有一些昆虫种类，变温下的发育速率和恒温下没有明显差异；少数种类变温下的发育则比恒温下要慢。变温对昆虫发育速率影响的分析方法和有效积温计算方法已有报道。

变温试验又分室内试验和室外试验两类，温度数据来源则分为气象资料和实测温度2 种。在接近室外环境的养虫室内采用自记温湿度计记录温度，研究用蓖麻蚕（*Attacus cynthia ricini* Boisduval）卵繁殖松毛虫赤眼蜂（*Trichogramma dendrolimi* Matsumura），发育起点温度和有效积温常数分别为 10.43℃和 147.2 日度，理论年繁殖代数为 28.15 代，与实际观察 28 代相一致。

（四）食料选择

食料分人工饲料（全纯饲料和半纯饲料）和天然饲料两大类；饲养又分活体饲养和离体饲养 2 种方法。在研究芒果切叶象（*Deporaus marginatus* Pascoe）年生活史时，采用芒果叶或嫩梢离体饲养法；在研究家天牛 [*Stromatium longicorne*（Newman）] 生活史时也采用离体（锯材或边材）饲养法。这 2 种昆虫饲养方法均与自然状态类似。

离体的叶片其营养成分必然有所改变。所以，接近自然状态的食料和饲养方法，试验结果更具实际意义。

（五）数据统计

昆虫发育速率与温度关系有多种数学模型拟合；模型的参数及发育起点温度、有效积温常数也有多种方法进行测算，估测值常有差别。文献中多采用比较简单的直线回归法，并采用最小二乘法或加权法求昆虫发育起点温度和有效积温常数。但是，昆虫发育速率与温度的关系本质上属于 S 形曲线，只在适温区近似直线关系，且变温和恒温下发育进度基本一致。因此，试验温度的设置应在适温区范围内均匀取值。又由于回归方程须作误差估计、显著性测验、适合性测验和置信限计算，因此，试验温度梯度至少设 5 个，少于 5 个的试验结果令人存疑。

昆虫发育起点温度的测定，无论用实验方法、计算方法或图测方法所得的结果都有一定幅度的误差，或一定比例的变化数值。近年来，越来越多地采用直接最优法，此法测定结果误差最小、最接近实际情况。

三、生活史对策

（一）自然选择压力和适应对策

生物在生存斗争中获得的生存对策称为生态对策（bionomic strategy）或生活史对策（life history strategy）。生活史对策有生殖对策、取食对策、迁移对策、体型大小对策等。不同种类的生物，其生活史类型存在巨大变异，这是进化分化的结果。一切生物始终都处于自然选择压力之下（时时要同其他物种或本种的变种进行竞争，在捕食和寄生方面时时都与其他生物处于相互作用之中），这种压力会导致生物最有效地占有它们的生态位，或者至少能比任何其他竞争者更好地适应这一生态位。任何生物对其一特定的生态压力都可能采取许多不同的生态对策或行为对策。种群最重要的适应是在生殖对策选择上的适应，只有那些借助于随机突变和遗传重组而能较好地适应生存的生物才能留下更多的后代。

生物学上习惯用年表示生物在整个生活史所经历的时间，把植物划分为一年生植物、二年生植物和多年生植物。把动物按类群分别划分为短命型、中等寿命型和长寿型，用以表征各组存活时间的相对长短。有机体的生活年限（lifespan）或寿命（lifetime）既具有遗传性，也具有较大的生态可塑性，通常称前者为生理寿命，后者为实际寿命或生态寿命。

（二）繁殖对策

生物的繁殖问题一直是进化生态学的核心问题之一。Darwin（1859）在他的《物种起源》中描述了繁殖与死亡现象的相互作用，认为繁殖力是维持物种延续的一个重要因子。Wunder（1934）注意到不同类型生物的繁殖差异，提出了不同类群生物繁殖力的演化方向。Lack（1954）发现动物繁殖的生态趋势，提出动物总是面对两种对立的进化过程：一种是高生育力但无亲代抚育；一种是低生育力但有亲代抚育。这一理论被称为 Lack 法则。Cody（1966）通过测定鸟类在繁殖中，以及在种内、种间竞争中的能量消耗，提出了物种在竞争中取胜的最适能量分配。繁殖格局是自然选择的结果，不同生境条件下常常拥有不同繁殖格局类型的植物。不利于生物生长或生存的恶劣条件下，多以一次结实的草本植物占优势，而在有利于生长和生存的良好环境条件下，则是以多次结实的草本植物或木本植物占优势。

在生活史中，只繁殖一次即死亡的生物称为一次繁殖生物（semelparity），一生中能够繁殖多次的生物称为多次繁殖生物（iteroparity）。一次繁殖生物无论生活史长短，在个体发育中，每个阶段只循环出现一次，没有重复过程。所有一年生植物和二年生植物、绝大多数昆虫种类，以及多年生植物如竹类、某些具有顶生花序的棕榈科植物都属于一次繁殖类型。多次繁殖生物在性成熟以前的各个阶段只出现一次，但在繁殖阶段却要多次重复繁殖过程，个体发育的各个阶段，特别是衰老阶段也都较长。大多数多年生草本植物、全部乔木和灌木树种、高等动物（如哺乳类、鸟类、爬行类、两栖类），以及鱼类的绝大多数种类，都属于多次繁殖类型。

（三）植物的选择受精

选择受精（selective fertilization）是指具有特定遗传基础的精核与卵细胞优先受精的现象。选择受精主要表现为生理生化核遗传上的特征，包括自交不亲和性选择、远缘杂交不亲和性选择、多个花粉精核间竞争等现象。自交不亲和性植物首先是柱头要从落在其上的各种花粉粒中选择本种异株或异花的花粉，那些在遗传上和生理上与母株相适应的花粉才能在柱头上萌发，并且在花株中继续伸长。当多个花粉管进入胚囊以后，不可避免地会发生竞争现象，融合能力最强的精核优先得到与卵结合的机会。研究表明，自交不亲和性选择过程因植物而异，可以发生在性器官的各个部分，包括柱头、花柱、子房及胚珠组织、受精前或受精后的胚囊。自交不亲和性选择的例子有：十字花科植物的自交不亲和反应使花粉粒在柱头上即停止发育；向日葵的花粉管在花柱中因代谢物质的不亲和反应而停止生长；甜菜的花粉管要进入子房或子房组织后才因不亲和反应而停止生长发育；热带植物可可的自交不亲和性反应则发生在胚囊中，等等。

植物选择受精有着重要的生物学意义，一方面在同种中可以保证最适应的两性细胞的高度融合，从而增强其后代的存活能力；另一方面也限制了异种之间的自由交配，使种间生殖隔离，从而保证了各个种的相对稳定性。

（四）动物的性选择

动物的性选择（sexual selection）形式多种多样，主要以异性的外表和行为作为选择的依据。那些在婚配中适宜于表达给异性的特征，容易通过世代遗传而加强，所以在性选择的压力下，特别是在修饰（ornamentation）、色泽（coloration）、求偶行为（courtship behavior）等方面，形成明显的雌雄二形（sexual dimorphism）现象。动物在繁殖中，绝大多数物种是先由雄性作出求偶行为，再由雌性选择各自喜欢的个体作为配偶，这样一来，某些动物雄性的显著特性，就是通过雌性的优先选择而发展起来的。鸟类雌雄个体在颜色和修饰上的差异，总是雄性更美丽，而且雄性个体间的差异要比雌性大。大多数鸟类的雌性都具有敏锐的洞察力，对色彩和声音都有较高的鉴别力，而雄性大多数都非常好斗，往往装饰着各式各样的肉冠、垂肉、隆起物、鼓起的囊、顶结、裸羽轴、修长的尾羽及华丽的色彩。在繁殖季节，那些装饰最美丽、鸣唱最动听或表演最出色的雄鸟对雌鸟最具诱惑力，最容易优先被雌鸟选作配偶而留下大量的后代，并将它们的各种特征和体质也一并遗传给后代，尤其是形态及行为特征的优势基因型，仅在后代的雄性个体上表现。由于性选择一般只对雄性发生作用，结果就必然导致雌雄二形现象。

（五）r-对策与 K-对策

r-对策种群指生活在条件严酷和不可预测环境中的种群，其死亡率通常与种群密度无关，种群内的个体常把较多的能量用于生殖，而把较少的能量用于生长、代谢和增强自身的竞争能力。它的种群数量经常处于逻辑斯谛增长曲线的上升阶段，因此用 r（reproduction）表示这种对策，意为生殖力强。r-对策的生物通常是短命的，一般不足 1 年，生殖率很高，产生大量后代，但后代存活率低、发育快；种群的死亡率主要是由环境变化引起的（常常是灾难性的），而与种群密度无关；r-对策种群有较强的迁移和散布能力，容易在新的生境中定居。r-对策种群常常出现在群落演替的早期阶段。

K-对策种群指生活在条件优越和可预测环境中的种群，其死亡率大都由与密度相关的因素引起，生物之间存在着激烈竞争，因此种群内的个体常把更多的能量用于除生殖以外的其他各种活动。它的种群数量常常稳定在逻辑斯谛曲线渐近线 K 值的附近，故称 K-对策。K-对策的种群通常是长寿的，数量稳定，竞争能力强；生物个体大但生殖力弱，产生很少的种子、卵或幼仔；亲代对后代提供很好的照顾和保护。死亡率由与种群密度相关的因素引起，而不是由不可预测的环境条件变化引起。K-对策的种群对生境有极好的适应能力，能有效地利用生境中的各种资源，但它们的种群数量通常是稳定在环境负荷量的水平上或附近，并受着资源的限制。K-对策种群在新生境中定居的能力较弱，它们常常出现在群落演替的晚期阶段。表 2-1 列出了 r-对策种群与 K-对策种群的相关特征。

表 2-1　r-与 K-对策种群相关特征的比较

	r-对策种群	K-对策种群
气候	多变、难以预测、不确定	稳定、可预测、较确定
死亡	常是灾难性的、无规律、非密度制约	比较有规律、受密度制约
存活	存活曲线 C 型，幼体存活率低	存活曲线 A、B 型，幼体存活率高
种群大小	时间上变动大，不稳定，通常低于环境容纳量 K 值	时间上稳定，密度临近环境容纳量 K 值
种内、种间竞争	多变、通常不紧张	经常保持紧张
选择倾向	发育快；增长率高；提早生育；体型小；单次生殖	发育缓慢；竞争力高；延迟生育；体型大；多次生殖
寿命	短，通常小于 1 年	长，通常大于 1 年
最终结果	高繁殖力	高存活力

资料来源：Pianka，1970

（六）r-K 选择与物种适应性

MacArthur 和 Wilson（1967）从物种适应性出发，把 r-选择的物种称为 r-策略者（r-strategistis），K-选择的物种称为 K-策略者（K-strategistis）。他们认为，物种总是面临两个相互对立的进化途径，各自只能择其一才能在竞争中生存下来。MacArthur（1962）总结了前人对生物生活史的研究，认为热带雨林的气候条件稳定，自然灾害较为罕见，动物的繁衍有可能接近环境容纳量，即近似于逻辑斯谛方程中的饱和密度（K）。因此，在稳定的环境中，谁能更好地利用环境承载力，达到更高的 K，对谁就有利。相反，在环境不稳定和自然灾害经常发生的地方，只有较高的繁殖能力才能补偿灾害所造成的损失。因此，在不稳定的环境中，谁具有较高的繁殖能力将对谁更有利。这就是 r-K 选择理论。

在实际应用中，这一理论既用于较大类群之间的比较，也用于近似物种之间的比较，甚至于同一物种之内不同型或不同环境个体之间的比较。尽管物种内在 r-选择和 K-选择的特征差异不会那么明显，但它们对环境的反应体现在个体生态学特征上的差异总还存在着向 r-选择或 K-选择演化的趋势。鸟类中的鹭、鹰、信天翁等都是典型的 r-选择，它们体型小、生育力高，对幼鸟的抚育时间较短。许多蚜虫的成虫具有无翅型和有翅型两种，雌的无翅型繁殖很快，且一般取孤雌胎生的繁殖方式，属于 r-选择。而有翅型要迁飞且取两性繁殖，寿命相对较长，繁殖速度也相对较慢，可视为 K-选择。在植物中，一年生植物如农田杂草，原生和次生芜原的先锋草种属于 r-选择，大多数森林树种属于 K-选择。

应该说，r-K 选择只是有机体自然选择的两个基本类型。实际上，在同一地区，同一生态条件下都能找到许多不同的类型，大多数物种则是以一个、几个或大部分特征居于这两个类型之间。因此，将这两个类型看作是连续变化的两个极端更为恰当。英国生态学家 Southwood（1976）、Gadgil 和 Solbrig（1972）认为，生物界的种类存在着"r-K 策略连续统"（r-K continuum of strategies），这种思想也得到了大量认证。经过更大范围生物类群的分析，发现从细菌到鲸，个体大小与世代时间之间有明显的正相关性；在世代时间与繁殖关系上表现为世代时间减半，相关系数 r 值就加倍。若采取双对数直线回归分析，存在以斜率为−1 的规律性变化。同时，在 r 值与体重大小的关系上也有明显的规律性。同一物种分布在不同生态梯度上也可以形成一种 r-K 连续统特征。例如，云杉在低海拔属于偏 r-选择，中海拔为 K-选择，中高海拔为偏 K-选择，高海拔为 r-选择（江洪，1992）。

　　r-K 选择是生物多维进化的产物。在地球历史环境的变迁过程中，生物曾经在长期安定的古生态环境中进化，也曾经在高度不稳定的环境中进化，并且为适应新的环境而一直在进化着。所以，我们不仅可以在整个生物界，而且在各大小类群内、物种内都可以找到 r-K 连续统的例子。在生存竞争和自然选择中，上述各种策略者都有大量取得成功而在当今生物界中得以繁荣的代表。

（七）休眠与滞育

　　生物在不良季节、气候或食物缺乏情况下，停止活动呈静止状态，借以渡过不良环境，这种状态称休眠。休眠由某一时期外界条件的变化引起，如冬眠、夏眠、饥饿休眠。滞育是生物在一定时期内和一定发育阶段上发生的现象，取决于发育停止前的一个时期，即前一个发育阶段条件的变化，导致某种生理过程的变化，控制后期发育的继续或停止。

（八）迁移与扩散

　　生物通过迁移来躲避当地恶劣的环境，在空间上移到更适宜的地方。迁移（migration）是方向性运动，如家燕（*Hirundo rustica* L.）从欧洲到非洲的秋季飞行。扩散（disersal）是离开出生或繁殖地的非方向性运动，它是生物进化而来的一种用来躲避种内竞争及避免近亲繁殖的一种对策。

第二节　昆虫种群空间格局与取样调查

一、昆虫空间生态学

　　昆虫空间生态学研究可分为 2 个层面：空间格局与时空动态。前者反映了昆虫在寄主植物和非生物环境影响下，空间需求的内在生物学特性，包括种内种间关系、对环境的适应、行为特征、遗传特征等；时空动态则表现为以上特征在一定时间序列内的变化规律。

　　昆虫空间特征研究主要关注 3 个方面：①一定空间尺度上物种组成与分布格局；②环境因素对种群分布及种内、种间相互作用的影响；③种群分布随寄主植物、天敌、猎物等因素的空间特征变化的时空动态规律。

　　早期昆虫空间格局研究通过取样调查，计算不同的空间参数，确定概率形式下的空间结构。常用概率分布型有负二项分布、泊松分布、正态分布、均匀分布等。

　　昆虫空间格局研究方法归纳为 4 类：频次比较；以方差（V）与平均密度（M）描述聚集程度；以平均拥挤度为指标；以 2 个个体落入同一样方的概率与随机分布频率的比

值为指标。

地学统计学以空间相关为基础，利用分散的数据最大限度地挖掘其所蕴涵的空间信息，分析并预测空间相互影响、相互影响的时序变化及其可能导致的结果。

地学统计学研究一般包括 2 个步骤：①将空间相关性与半变异函数或协方差函数相结合；②建立空间插值模型。前期的地学统计学分析侧重于空间格局描述，研究涉及单一种群在同质和异质生境的分布，以及同一物种成虫、卵、蛹或不同世代在同质生境的分布及多种群的异质空间分布格局。近年的研究考虑了环境因子对种群分布的作用。

空间尺度是生态学的中心问题之一。大多昆虫为 r-选择的类群，在大的空间尺度受到气候、海拔、地貌等因素的制约，而在小的尺度受食物、植被、天敌等易变性因素的制约。在不同层次研究（个体、单一种群、多种群、生态系统等）昆虫的分布、迁移、扩散等特征需要选择适合的空间尺度。对于活动能力不强、分布于连续环境中的物种，可通过设计小范围的野外实验来研究，而对于移动能力很强、分布范围广、多寄主植物的昆虫，必须从大尺度来考虑。

昆虫空间生态研究可分为小局域尺度（small-local scale）、局域尺度（local scale）、区域或景观尺度（regional or landscape scale）。

随着信息资源的发展，特别是 3S（RS、GIS、GPS）技术的广泛应用，极大地推动了空间生态学的发展。遥感技术（remote sensing，RS）以其大范围、多波段、多时相、多平台的特征在昆虫空间生态研究中得到迅速的应用。

野外监测方法有性诱剂诱捕、食物诱捕、陷阱诱捕、黑光灯诱集、发声频率监测分析等方法。全球定位系统（global positioning system，GPS）的应用提高了定位的精度。利用遥感技术观测时，地物标识的选择需要野外的实际观测和实验。

地理信息系统（geographic information system，GIS）与遥感、地学统计学、专家系统等信息手段的结合大大地提高了空间数据获取、储存、更新、分析与共享能力。

计算生态学为空间问题的分析与解决提供辅助决策的作用，目前生态学计算较多的是在通用软件下运算，常见的数据处理软件有 SAS、SPSS、Statistics、Origin 等统计分析软件。

二、昆虫种群空间格局及其测定方法

（一）昆虫种群空间格局分类

昆虫种群空间格局的研究在 20 世纪五六十年代以前以少数离散型概率分布为主要模型，其后各种聚集度指标和一些回归公式被提出。这些研究将昆虫种群空间格局分为 3 类，即均匀（规则）分布、聚集分布、随机分布。Gleason（1920）和 Svedberg（1922）是最早依照随机期望原则来检验有机体分布的生态学家（随机期望原则是指假设种群中大部分个体都是随机分布的），前者使用了负二项分布（negative binomial），而后者则是泊松（Poisson）分布。1967 年，Lloyd 提出了平均拥挤度的概念，将种群密度与分布型的关系作为研究对象。Iwao 发展了他的理论，提出平均拥挤度 $m*$ 与均数 m 的回归方程。1984 年，Taylor 总结了多年来前人的研究，归结出方差与均数比值的一条规律，即

方差 S^2 与均数 m 的对数呈线性相关：$S^2 = am^b$（a、b 为回归系数）。

我国的空间分布理论研究起步较晚，60 年代初，研究了诸如昆虫、鸟类、树种及其他各种类型种群的空间分布状况。丁岩钦研究了棉花植株上昆虫的空间分布并分析其分布的影响因素，1980 年他提出了一个估计个体群大小的指数，当种群空间分布遵从于负二项分布时，种群中个体群的平均大小可以 L 指数来估计。徐汝梅研究了温室白粉虱成虫空间分布型，1984 年对 Iwao 回归模型进行了改进。马占山研究了油松毛虫幼虫和蛹在油松各轮枝层分布的空间格局及其变化规律，并对 Taylor 幂法则进行了重新解释。兰星平对贵州省龙星林场松毒蛾越冬蛹做全面调查，提出 $m*/V$ 指标，并验证该指标在判断昆虫种群空间分布型中的可行性。

（二）测定昆虫田间分布型的步骤

首先应用样方抽样估值法，在选定的作物田中取样，调查每个抽样单位的虫数，并将每个抽样单位的虫数逐一记载下来，然后将调查资料按照一定抽样单位形式（如每平方尺，每株，……）列成不同虫数的次数分配表，再按每个理论分布公式要求，结合调查资料求出该分布的理论频数，最后用卡方（χ^2）进行检验，确定是否理论频数与实际频数差异显著。

频次分布理论公式的计算：

（1）Poisson 分布（随机分布）：该分布的特征是种群中的个体占据空间任何一点的概率是相等的，并且任一个体的存在决不影响其他个体的分布。公式为

$$NPr = Ne^{-m}m^r/r! \tag{2-1}$$

式中，m 为总体均数；NPr 为第 r 项的理论频数；r 为任意项的项数；N 为样本数；! 为阶乘的符号，下同。

（2）负二项分布：昆虫种群的分布型适合于负二项分布时，则属于不随机分布或称聚集分布。该分布的特点是种群在田间的分布呈极不均匀的嵌纹状，即种群中的个体占据空间任一点的概率是不相同的。公式为

$$NPr = N(k+r-1)!p^r / [r!(k-1)!q^{k+r}] \tag{2-2}$$

式中，k、p、q 均为参数。

（三）昆虫种群空间分布型的调查方法

连片检查法：连片法属于整群抽样，即随机抽选单位的整群，在每一群内进行全部观察。由于连片法过于花费人力和时间，很多人采用分层随机抽样法或两级随机抽样法代替连片法进行昆虫分布型的研究。

分层随机抽样法：将总体（棉田、稻田或豆田）按其变异程度（品种、长势、生育期）选出若干同质田块为区组（区层），在此区组内进行随机抽样。也可以再将每个区组分成若干个面积大小一致的小区，再在小区内进行随机抽样。通过将总体划为区组，区组等分为小区，由各小区中抽样所组成的区组样本，能代表总体变异的面貌。在各小区内的样点是随机抽取，因而所得数据具有该区组的变异性。

两级随机抽样法：总体中随机选出若干块田，被选的每块田一次或连续数次进行随机抽样。

三、昆虫种群田间取样调查技术

（一）种群调查的抽样方法

常用的有随机抽样、分层抽样、多重抽样、选择抽样和顺序抽样等。调查时具体采用哪一种方法，要根据昆虫种群的种类和特征、寄主作物类型及环境条件等来确定。

空间分布不同的种群，需采用不同的抽样调查方法。随机分布的种群在抽样调查时，可遵循"样方数量少点、而样方面积大些"的原则，且各类抽样方法均可使用。聚集分布的种群宜遵循"样方数量多、样方面积相对可小点"的原则，且抽样方法不能随便选用，而需按具体的分布形式来确定。均匀分布的种群只需抽取少数几个样方就可得到较为准确的结果，各种抽样方法均可用。昆虫种类和发育阶段是决定空间分布的主导因子，因此，对某害虫的某虫态进行预测预报调查时，可以只根据其空间分布来确定抽样方法。

对于空间分布仍不清楚的害虫或其虫态，可采用随机抽样的方法，获取大量样方中的虫量，然后根据空间分布判断指数或平均数与方差比值的大小来大致确定其分布类型。抽样结果中方差大于平均数的种群（两者比值为 1.5～3.0），可认为呈聚集分布，聚集分布中又存在负二项分布（嵌纹分布）和奈曼分布（核心分布）两种类型；方差等于平均数（两者比值为 1.0～1.5），可认为呈随机分布；而方差小于平均数的种群，可认为呈均匀分布。

1）随机抽样　　　随机抽样是昆虫数量调查时采用最多的方法，随机抽样方法只对随机分布和均匀分布种群有效，而对聚集分布的种群则难以得到正确结果。随机抽样要注意"随机"与"随意"的差别。随机抽样前要对总体进行样方的划分和标号，或对样点位置进行规定。例如，调查区有 300 块稻田，如果只随机抽取其中的 6 块进行调查，那么先要对每块稻田进行编号，然后采用随机数字或摇号的方法，抽取 6 个数字确定要调查的田块。这样保证每块田被抽取的概率相等。代表性田块指作物品种是当地的主栽品种，作物的生育期、长势及农事操作和管理措施与当地大多数田块相同或相似的田块。随机抽样的重点是要真正做到研究区中的每个样本被抽到的概率是均等的，并且被抽取的概率不受调查者和天气等任何其他因素的影响。

2）分层抽样　　　在调查区域内，昆虫种群发生程度差异较大、作物品种或生育期不同、田间水肥管理等不一致时，需要采用分层抽样的方法对目标害虫进行调查。分层抽样之前，要将所辖区域内所有田块按作物品种、生育期、水肥条件、地理位置或者害虫常年发生程度等的不同，划分成不同亚区，然后在各亚区内按种群的空间分布选择适合的抽样方法进行抽样调查，每亚区必须都有抽样样本。亚区可在 GIS 系统中的地图上进行划分标记，所有亚区相加就是研究区域的总面积。对各亚区中调查所得的种群平均数，按不同的权重值，折合成辖区内的平均数。权重值可按常年各亚区调查种群的发生程度或面积大小来确定，所有亚区的权重值之和为 1。最后，种群的平均密度可用各亚区的平均密度与权重值乘积之和来表示。

3）多重抽样　　　在抽样过程中，如果样本较大，且无法再缩小时，可采用多重抽样方法。例如，对花蕾期棉花上棉蚜种群的调查，棉株已是最小的样本，而要想对一株棉花上全部棉蚜进行计数，却还是不容易做到，因此，可在所抽棉株样本上按上、中、下部各随机抽取枝条或叶片进行调查,并以枝条或叶片上的虫量来估计样本棉株上的蚜量。这种抽样方法中,棉株是样方,而枝条或叶片为亚样方。样方可以划分成不同大小级别的亚样方,从而称为多重(级)抽样。对一些发生量大的小型昆虫,如蚜虫、粉虱、介壳虫、蓟马等,一般采用多重抽样方法。调查时以"株"为样方,"枝或叶"为亚样方,从而实现虫量的调查。多重抽样调查后,先计算出每样方中各亚样方中的平均虫量,以亚样方平均虫量乘以样方所包含的亚样方数,得到每样方中的平均虫量,然后对各样方的虫量进行平均,得到调查区域内的平均虫量。

4)选择性抽样　　在对发生量较少的种群,特别是稀有种群或刚入侵种群的个体数量调查时,可采用选择性抽样方法。该方法先在研究区域内以样方为单位进行随机抽样,在随机抽取的样方中,再重点关注存在调查对象的样方,在其周围的样方中继续进行调查,每个样方查到直至遇到没有研究对象的样方为止。由此,形成了以随机抽取的含有研究对象的样方为中心的样方团。以样方团中的全部个体数计算出每样方团中的平均个体数,作为这一随机样方中的虫量。最后对全部随机样方的虫量进行平均,获得研究区中的平均虫量,其中随机样方中没有虫量的样方以 0 计入。

5)顺序抽样　　顺序抽样是最常用的抽样方法,包括五点抽样、对角线抽样、棋盘式抽样、平行跳跃式抽样和 Z 字形抽样。顺序抽样由于其样方位置较为固定,因此操作较为简单,但其调查结果的准确程度受种群的空间分布的严重影响。顺序抽样方法选择时必须明确种群属于何种空间分布。随机分布种群可采用五点抽样或对角线抽样。核心分布种群采用棋盘式抽样和平行跳跃式抽样。嵌纹分布种群采用 Z 字形抽样。大螟种群喜欢在田埂边的水稻上生活,属于明显的嵌纹分布,取样时需利用 Z 字形抽样方法,这样既重点考虑了田边区域,也兼顾了田内区域,因此,调查的结果能反映整个田块的情况。稻飞虱的调查,可采用平行跳跃式抽样。抽样时在田间有规律地相隔一定行数后抽取一个样方,而不能随意走到哪就查到哪。

(二)抽样数的确定方法

抽样方法确定后,在走入田间进行调查前还要确定一个参数,即抽取样方的数量。目前,大多数的调查者对抽样数的多少还不够重视,抽样数常按经验值来执行,如灰飞虱[*Laodelphax striatellus*(Fallén)]越冬虫量调查时每类型田查 3 块田,每田取 10 个样点,在水稻田采用平行跳跃式取样,每块田取 50 丛;稻纵卷叶螟幼虫调查采用平行跳跃式取样,每块田查 50~100 丛;棉铃虫第 1 代幼虫调查时随机抽取 100~200 株;棉叶螨普查时,每块田查 50 株,对有为害状的棉株取主茎上(最上主茎展开叶)、中、下(最下果枝位叶)各一片叶,记载螨害级别;玉米螟卵量调查时,采用棋盘式取样,共取 10 点,每点 10 株。调查样本量的经验值来源于多次实践,同时也有理论抽样数计算公式的指导。抽样数的多少与两个因子有关,一是调查要求的准确度水平,即误差大小;二是调查结果的变异系数或标准差。理论的抽样数 $n=(t_aS/d)^2$,其中,S 为调查值的标准差,d 为可接受的绝对误差,即可接受的 95% 的置信区间的宽度,t_a 为 95% 水平下的 t 值,一般取 2.0。如果知道调查结果的变异系数 CV,则可将能接受的准确度水平用相对误差 r 来表示,r 为绝对误差 d 与平均数的比值,这时,理论的抽样数可计算为 $n=(200\,CV/r)^2$。

理论抽样数中的绝对或相对误差是按调查目的人为确定的，因此，只要知道了调查种群数量的变异系数或标准差，即可计算出应抽取的最少样方数。变异系数或标准差可以通过查阅资料得到，也可通过调查一部分样方后计算出大致的值，再代入公式计算出理论抽样数，并在已抽取的样方数基础上补足抽样到理论抽样数即可。

（三）样本采集方法的选择

在抽样方法和抽样数量确定后，就可进行种群数量的调查。种群数量调查时常用的样本采集方法有直接目测法、扫网法、振落法、吸虫器法、诱集法等。除诱集法只能获得种群的相对数量外，其他方法均可得到种群的绝对数量。

1）直接目测法　　直接目测观察是最常用的一种采集样本的方法，它适合于种群所处的环境易于肉眼观察的情形，如对棉株上棉蚜的调查、稻株上飞虱的调查、玉米上玉米螟的调查。直接观察时不宜对植株进行过大的振动，计数时可按一定顺序，如植株从上到下进行，以防惊跑个体或漏数。

2）扫网法　　植株或叶片较为柔韧，不易折断，且无刺的作物，进行昆虫种群数量调查时可采用扫网法，如水稻秧苗期或冠层叶片上的灰飞虱、稻蓟马 [*Chloethrips oryzae*（Wil.）] 和稻纵卷叶螟等的调查；草坪上的各类昆虫；田间杂草上的昆虫；大豆叶上的蟓象等。扫网法一般以"扫过来再扫回去"为一次取样，记录所捕获的个体数。如果在短时间内计数较难，可以按样方将全部个体倒入一收集瓶或收集袋内，带回室内计数。扫网时可通过计算网扫过区域的面积来估计种群的密度。扫网法不宜在作物上有水珠的情况下使用，即在雨后或早晨有露水时不宜用该方法进行调查。捕虫网的网眼孔径大小要根据所调查昆虫体型大小而确定，一般用网袋较深和网眼较密的网。

3）振落法　　盘拍法是振落法中应用最多的一种方法，在稻飞虱调查中已广泛使用，它是把一个白瓷盘斜靠在被查植株的下部（与水面或地面平齐），倾斜角度不宜过大，然后用手以恒定力量拍打植株 2～3 次，从而把虫体振落于瓷盘中有利于计数。在计数过程中，需先对易动的成虫进行计数，然后再查其他个体。查完后将瓷盘内的虫体清扫干净，再进行下一次拍查取样。对于行与行之间空间较大的作物，如大豆，可以采用白布铺地的方法（ground cloth method）来调查大豆上的昆虫数量，其操作方法是将一白布（两端加一小棒，便于展开）铺在两行大豆中间，人站于行中间，用两手将两行大豆向布中间靠拢并拍打 2～3 次，然后记录布上的昆虫个体数。对于高大果树上的昆虫，还可以把布铺于地上，或将布的四个角用木杆支于地上，呈漏斗状，然后敲打树干或树枝，将昆虫振落于布上而计数。对于无法振落的昆虫种类，可以采用喷施农药的方法，将其击落计数。振落法最好不要在作物上有水珠时使用。

4）吸虫器法　　昆虫种群数量调查时，可用具有一定吸力的吸虫器将作物上的昆虫全部吸到一个袋中，带回室内进行计数。现已有专门的昆虫吸虫器供选用。吸虫器法存在吸力不足时抽样效果不好，而吸力太大时又易将虫体破碎，并且调查时调查者需背负一定重量进行等不足。

5）诱集法　　诱集法包括灯光诱集、性信息素诱集、植物把诱集等。害虫测报上常用的测报灯就是利用灯光诱集夜间有扑灯行为的昆虫，如稻飞虱和螟虫等。测报灯一般为普通的白炽灯，诱杀害虫时可利用黑光灯。现在也开发低能耗的 LED 诱虫灯。灯光诱虫所得到的种群数量只是相对的数量，不能完全反映田间的虫量多少，因此，还需要结合田间调查来判断虫情的实际数量。不过，灯光诱集法能较好地反映出成虫的发生期，如始见期、始盛期、高峰期和盛末期等，因此是害虫发生期预测中常采用的方法。对于稻飞虱而言，灯下虫量的多少，反映迁入虫量的高低，可作为发生程度趋势预报的指标。诱虫灯需设置在离地面 1 m 高处，并且要远离其他光源，开关灯的时间要统一。

性信息素诱集法能获得一种性别（多为雄性）的数量，从而大致反映成虫的发生期，在测报上可以使用。性信息素诱集法需要定期更换带有性诱剂的诱芯，带诱芯的诱集设备，如诱盆要摆放在下风口位置。

杨树把或草把诱蛾在棉铃虫和黏虫 [*Mythimna separate*（Walker）] 种群数量调查与诱杀上常常使用，其效果较好。使用时要注意每天收集和更换诱集把。利用黄板或黄盆诱集蚜虫、粉虱、叶蝉等昆虫的方法在有机农产品基地，如蔬菜大棚、茶园、果园内已有使用，这种方法能诱杀低空飞行的昆虫，从而获得田间种群的相对数量。

诱集法调查种群数量时，获得的是种群的相对数量，因此，使用时要注明诱集设备的个数、诱集时间的长短及其放置的位置等信息。一般诱集设备能诱集到昆虫的范围是很有限的。一盏 125 W 的汞蒸气灯诱虫的有效半径仅为 5 m。

对于常在低空飞行的昆虫，还可用飞行拦截诱捕法（flight intercept trap），即在研究区立一张长方形的大网，大网下方放置水盆，飞行的昆虫撞到网上后掉入水盆，从而被诱集到。该方法多用于森林昆虫的取样。

昆虫的田间观察样方的采集还有很多方法，如高空诱捕器法、地表诱饵或陷阱法、空中昆虫望远镜观察法、地下害虫的羽化诱集法（emergence trap method）等。

四、昆虫田间调查实例

（一）捕食性瓢虫采集与调查取样技术

瓢虫是瓢虫科昆虫的总称，全世界已知 6000 多种，中国有 822 种，其中 80%的种类为捕食性，主要捕食蚜虫、介壳虫、粉虱、叶螨等农业害虫。瓢虫种类采集方法主要利用瓢虫成虫的假死习性，采用扫网法和振落法采集；利用成虫和幼虫的取食习性采用观察法采集；利用部分瓢虫的趋光性进行灯诱法采集。

1. 扫网法

选择透气结实、网兜相对较深的昆虫网，尽可能地用从下向上或斜向上的手法扫，速度稍快，沿着枝条的主枝，将枝条和树叶上的瓢虫扫落网内；在低矮的草地上，以昆虫网边缘触地，网口面与地成 30°～60°角快速横刮，利用惯性把草地上的瓢虫扫到网兜里。

2. 振落法

主要针对较密的枝条、灌木丛和藤本植物。扫网法只能扫到小部分枝条和树叶，其他枝条和树叶因为扫网时产生震动，导致瓢虫惊跑和坠地横飞逃走。在此情况下，采用振落法效果相对较好，即把昆虫网或者白布置于植被下方，快速用力敲打枝条，将瓢虫击落到网内和白布上进行收集。瓢虫落到网兜内和白布上，要及时迅速收集，否则瓢虫会飞走。如果枝条不是特别大，也可以用手折弯枝条放进昆虫网内振落采集。

3．观察法

主要收集瓢虫的卵、幼虫和蛹，以及取食树干上的介壳虫等害虫的捕食性瓢虫成虫，如盔唇瓢虫（*Chilocorus* spp.）、寡节瓢虫（*Telsimia* spp.）、部分小艳瓢虫（*Sticholotis* spp.）等。通过观察和检查带有害虫的树干、枝条和树叶，直接采集幼虫、蛹和成虫。另外，采集带有卵的枝条和树叶，带回室内在体视镜下检查。

4．灯诱法

多数瓢虫不具有趋光性，但部分瓢虫，如异色瓢虫 [*Harmonia axyridis*（Pallas）]、六斑奇变瓢虫 [*Aiolocaria mirabilis*（Motschulsky）] 等和瓢虫属（*Harmonia*）的种类与粒眼瓢虫属（*Sumnius*）的种类具有趋光性，可以通过灯诱法采集。

对森林生态系统瓢虫生物多样性的调查方法则根据不同海拔和不同类型的森林生态系统具体实施。对不同类型的森林生态系统，选取同一地区海拔相同的不同类型林带，如原始林、原始次生林、人工次生林、人工林、竹林等，每个类型林带选择 20 m×20 m 的样方 3～5 个。每个月调查一次。

对农业生态系统瓢虫种群动态调查和取样技术，根据果园、经济作物、大田作物等不同生态系统实施。果园生态系统包括苹果园、梨园、柑橘园、枣园等。用五点法取样，在每个点选择 1～2 棵树，7～10 d 调查一次。主要采取目测法、扫网法和仔细检查法。

经济作物包括烟草、甘蔗、茶树、葡萄、棉花、枸杞等生态系统。用五点法取样，每个样点选取 10 株，茶叶、葡萄和枸杞等选取 1～2 m 行段进行调查。或用栅格法取样，每隔 2～3 行选取一行，共抽取 6 行。每行调查 5～10 株或者 5 段，每段长 1～2 m。用目测法和地膜承接法调查。

大田作物生态系统包括蔬菜、玉米和小麦等农田生态系统。主要采用五点法取样。采取目测法、固定面积固定时间法和仔细检查法调查，3～5 d 一次。

（二）土壤步甲和隐翅虫的采集与田间调查取样技术

1．陷阱法或巴氏罐诱法

陷阱法或巴氏罐诱法（pitfall trap 或 Barber trap）用于地表活动的节肢动物调查与监测。该方法利用地表昆虫的活动，捕获落入诱杯中的昆虫个体，尤其适用于地面植被低矮、稀疏的生境。

陷阱的设置是将容器放置到土壤中，容器上沿与地面平齐，地表活动的捕食性甲虫及其他无脊椎动物会掉落到容器内被捕获。任何大小和形状的容器只要表面光滑均可以使用，避免昆虫从陷阱内逃脱。通常在设计陷阱时需要充分考虑到使用材料的获得性、安装和取样是否容易等。陷阱一般采用两个容器：外杯和内杯，取标本时仅取出内杯倒出诱集标本并进行后处理，这样能避免在取样时破坏地表结构（图 2-2）。容器材质也有多种，塑料杯、PVC 杯和玻璃杯是优先选择。

陷阱内一般倒入保存液杀死落入陷阱内的无脊椎动物，避免昆虫相互残杀和腐烂，倒入的溶

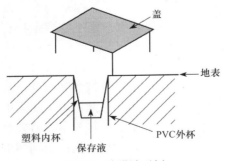

图 2-2　陷阱法示例

液量为内杯的 1/4～1/3（图 2-2）。保存液通常为无色无味溶液，目前最常使用的保存液是乙二醇、丙二醇和甲醛溶液等。这些溶液都有一定的防腐功能，所以标本可以在陷阱内保存较长时间，如果没有雨水稀释，溶液可以重复使用。但是蜘蛛类标本可能在这个过程中腐烂，所以建议最长取样时间短于两周。这些溶液具有一定的毒性，特别是乙二醇和甲醛溶液，在野外使用时注意安全和污染。混合溶剂（如糖、醋、乙醇及水等）、乙醇、水等也是常用的保存液。但是这些溶液保存标本的效果不是很好，乙醇的挥发性高，标本容易腐烂，野外取样时间必须大幅缩短，一般取样时间在 3～4 d。为了避免昆虫个体对陷阱采集的干扰，通常还要在陷阱内加入少量的洗涤灵。

由于雨水会冲刷陷阱、破坏陷阱、造成标本流失，干扰正常取样，所以陷阱上方通常安置盖来遮挡雨水。盖的材质同样可以采用多种材料，铁皮和塑料盖优先选择。野外陷阱安装的常用配套材料和挖掘工具有花铲、行军铲、镐及自制工具等。

田间样地的设置规范，要根据田间调查的目标，充分考虑到生态学研究中关于样地独立性、样地代表性、调查数据的可比性等要素。一般情况下，在总体调查农田面积大于 25 hm^2 地域内，选择 3 个样地，每个样地面积在 4 hm^2 以上，样地间的距离至少 500 m；面积不够大、约为 5 hm^2 的同质调查农田内选 1 个样地。每个样地内设 5 个样点，样点间距离 15 m，每个样点由 5 个陷阱组成，排列成十字形，每个陷阱的间距为 1 m。

1）陷阱内采用引诱物并杀死昆虫　　利用某些特殊类群对某种食物的趋向性，采用引诱物捕杀进入陷阱内昆虫有两种方式，一种是陷阱内没有使用单独的固体引诱物，直接采用具有引诱作用的溶液作为陷阱内液体，如用糖溶液引诱蚂蚁；另一种是陷阱内有单独引诱物悬挂在陷阱内，陷阱内杀死昆虫仍然使用乙烯基乙二醇、丙二醇、乙醇或甲醛等溶液。陷阱内的引诱物种类繁多，具有引诱效果的东西均可以使用，如用奶酪和酵母诱捕步甲类昆虫，尤其是大步甲属昆虫，用腐烂的食物（肉、海鲜、水果等）诱集捕食性的食腐类甲虫（如步甲、隐翅虫、埋葬甲、腐金龟、腐阎甲等）（图 2-3）。

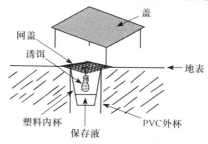

图 2-3　有引诱物的陷阱法示例

2）捕捉活的昆虫　　除了捕捉死的昆虫标本外，某些生物学研究需要捕捉活的昆虫。陷阱内可以不放引诱物，也可以在陷阱内放置引诱物，利用各种方式悬挂在陷阱内或放置在底部，引诱物与上面描述相同，陷阱里空置或放一些用来保湿的小块海绵、泡沫等。但是由于陷阱内昆虫如果不及时取走，昆虫可能会相互残杀，所以最好每天早晨检查陷阱内昆虫。

3）陷阱的特殊设计　　除了常规陷阱外，还可以根据田间调查的目的和要求，设计有其他变化的陷阱。如为了在野外操作简单，尤其是非重复取样时，可以采用单个诱杯作为一个陷阱点，不必 5 杯一组一点；也可在杯壁上打一小孔，防止雨水过多导致标本流失，以取代诱杯之上的遮盖。针对步甲和隐翅虫及某些蜘蛛类群，利用栅栏连接的陷阱效果会更加理想。

2. 草堆聚集法

草堆聚集法（haystack trap）主要适用于监测植物残体的分解者，以及以这些残体为主要栖息生境的昆虫类群，如地表甲虫（隐翅虫、步甲、阎甲等）。

1）装置设计、野外设置及样地设计　　普通棉布手套；用于砍草的柴刀；120 cm×

120 cm 普通塑料布；米尺或其他易携测量工具；用于盛放塑料布上的底物的塑料袋；用于盛放筛滤草堆后的底物的布袋；普通的养殖花草的小型短柄铁耙；70%乙醇；存放收集到的甲虫标本的标本瓶。

2）草堆制作规范　　草堆将底面堆成方形，边长为 100 cm，草堆的高度为 100 cm，鲜草割下之后直接抛在地面事先铺好的塑料布上，而不对草堆施用任何压力使草堆更紧，即让草堆只依靠自身重力自然形成一定的密度。

3）田间诱集草堆的设置及样地设计要求　　当同质农田大于 25 hm^2 时，在 25 hm^2 的范围内随机设置 3 个小样地，每个小样地 1 hm^2（100 m×100 m），小样地之间距离至少 300 m 以保证每个小样地的独立性；以每个小样地的两条中线为样带，每条 100 m，在每条样带上距小样地边缘 25 m 放置一个草堆，因此每条样带放置 2 个草堆，每个小样地放置 4 个草堆，每轮总共放置 12 个草堆；每月两轮，如 10 号放置草堆，14 号取样，20 号放置草堆，27 号取样，如果遇到恶劣天气（如大雨、大风等）可推后几天取样。

4）天敌甲虫的标本样品收集及后处理　　取样时，戴手套将草堆拿起，并稍抖动，使其中的昆虫掉落在塑料布上，迅速将其上的昆虫倒入塑料袋或布袋并扎口，然后用网筛将草堆过筛，并将底物装入布袋后扎口。返回住处后，如果所得底物很多，则可使用 Berlese 漏斗处理，如底物不多，则可以将底物一并浸入 70%乙醇或用其他毒剂将其中的昆虫毒杀，再进行分检，并按类群分别封装保存。

第三节　昆虫种群的监测与预测预报技术

一、害虫发生预测简述

我国在病虫害的调查监测体系、测报业务管理、测报激励与培训机制、测报调查方法、信息传递手段、预报发布方式及测报技术研究等方面做了大量工作，取得了举世瞩目的成就。20 世纪 60 年代以来，相继开展了病虫指标预测法、数理统计预测法和综合分析预测法等的研究。80 年代，害虫生命表、产量损失及防治指标和预测模型的研究取得了一定的进展。随着计算机技术的应用，系统模拟模型法和专家系统等比较多地应用于病虫预测预报中。对黏虫、稻飞虱、稻纵卷叶螟、麦蚜、草地螟和小麦条锈病、白粉病等主要病虫进行了研究。在摸清流行规律、迁飞路线的基础上，创造性地开展异地长期预测。90 年代，加强了棉铃虫发生规律等一系列研究，弄清了棉铃虫兼性迁飞的特点，提高了预测预报的准确性。在测报工具研发及数据自动化处理方面，由河南佳多科工贸有限公司、全国农业技术推广服务中心和有关省（自治区、直辖市）植保站合作开发的佳多虫情测报灯，不仅实现了害虫的自动诱测，而且对大部分的监测数据实现了自动处理。80 年代以后，各级病虫测报部门加强了对长期预报的研究和探索，并开始发布主要病虫全年的长期预报。自 90 年代后期以来，全国农业技术推广服务中心每年年底都组织专家对翌年重大病虫长期发生趋势进行会商，形成全国农作物灾害性病虫发生趋势（长期、超长期预测材料），提供给每年的全国农业工作会议参阅，为制订重大病虫防控预案和领导部门作出防控决策、指挥防治发挥了重要作用。

二、我国农作物害虫测报技术规范

目前我国农作物害虫测报技术规范包括正文和附录两部分，正文主要包含术语和定义、害虫发生期和发生量的调查方法、预测预报方法和测报资料的汇总与汇报等内容。附录分规范性附录和资料性附录，规范性附录包含了害虫调查资料记载表册、测报模式报表和发生为害年度统计表等，分别用于田间调查数据记载、信息汇报和发生情况统计，为测报资料的系统收集、完整保存、方便应用奠定了基础；资料性附录主要列出与害虫田间调查和预报相关的技术内容，如害虫形态特征和为害症状、害虫各虫态发育历期和有效积温等，可指导调查者更好地进行田间识别和预报者进行发生期的准确预报。而害虫田间调查和预报方法是规范的核心，害虫田间调查分为发生期调查和越冬虫源调查；预报主要是进行发生期、发生程度、发生区域和面积的预报，依生产需要可做长期、中期和短期预报。

（一）害虫发生为害期调查规范

1. 成虫调查

利用害虫对某种刺激源（如光波、气味）的趋性制作诱虫器具，如灯诱、性诱、诱蛾器、谷草把、捕虫网等，都已应用于害虫田间发生状况的监测。灯诱应用最为普遍的是 20 W 黑光灯（波长为 360 nm）；南方稻区部分省份还有用 200 W 白炽灯（波长 400～780 nm）。据试验，一盏 20 W 黑光灯使用 3000 h，其照度就会发生变化，而灯的照度需要超过自然环境照度 8 倍以上才能起到引诱作用，因此，在害虫测报规范中规定了灯管需每年更换一次，要求灯具周围 100 m 范围内无高大建筑物和树木遮挡，且远离路灯等大照明光源，以避免受到环境干扰而降低诱测效果。

随着化学合成和缓释技术的进步，越来越多的性诱剂应用于害虫监测，如玉米螟、小菜蛾、甜菜夜蛾、桃小食心虫（*Carposina sasakii* Matsumura）、梨小食心虫 [*Grapholitha molesta*（Busck）]、小地老虎 [*Agrotis ypsilon*（Rottemberg）] 等，性诱技术能够满足生产需要。同时，配备了毛细管、橡皮头两种诱芯类型，以及水盆、黏胶和蛾类通用型 3 种类型诱捕器。测报规范中规定，采用统一的诱芯进行诱集，对性诱剂主要组分和配比进行了规定；诱捕器在田间相互距离 50 m，设置 3 个呈三角形排列，且要求每 30 d 更换一次诱芯。由于性诱具有严格的种的特异性，适用于基层使用，且随着红外电子感应技术的研发，为实现害虫监测的自动计数和信息传输提供了有效手段。糖醋液诱器和糖醋谷草把是诱测黏虫的有用工具。扫网法主要用于体型小、活动性强的害虫，如麦吸浆虫（*Silodiplosis mosellana* Gehin）、*Contarinia tritici* Kirby、稻飞虱秧田成虫等的调查。

一些苗期为害或具假死性的害虫如稻飞虱、麦蜘蛛（*Petrobia lateens* Müller 和 *Penthaleus major* Duges）等多用拍打法，白瓷盘接虫计数；还有一些全株为害的害虫（如蚜虫）利用目测法（或称直接观察法）进行调查；稻纵卷叶螟和草地螟多采用调查者田间行走赶蛾或惊蛾进行目测计数，方法原始、不准确，但无更好的方法进行替代，生产上一直广泛沿用。

对于像黏虫、草地螟、稻纵卷叶螟等远距离迁飞性害虫，进行雌蛾卵巢解剖是必需的调查内容，通过解剖此类害虫雌蛾卵巢，确定其发育级别高低和交尾情况，如卵巢发育级别较低，则意味着此害虫有迁飞的可能，需继续监测；如级别较高，则害虫可宿留在当地繁殖后代，并由此做出当代发生为害的预报。因此，迁飞性害虫的测报技术规范中都有雌蛾卵巢发育级别的识别方法，如稻纵卷叶螟卵巢发育分 5 级，黏虫雌蛾卵巢发育也分 5 级，草地螟则划分为 4 个级别，各级别发育历期、卵巢管长度、发育特征、脂肪细胞特点和交尾产卵情况都有详细的特征描述，便于测报工作者掌握和使用。

2．卵和幼虫调查

根据害虫卵、幼虫等虫态的空间分布型确定田间取样方法和取样数量。生产上测报工作者易于接受使用的是五点取样法，如东亚飞蝗卵块、甜菜夜蛾卵和幼虫田间随机分布的害虫；对玉米螟、草地螟和黏虫等卵和幼虫田间为聚集分布的大多数害虫，以棋盘式 10 点取样调查；而类似水稻二化螟等幼虫为田间核心分布的害虫，采用平行跳跃式取样。实际调查多采用目测法调查全部或部分部位植株上的害虫数量，一些害虫幼虫需要剖开植株组织调查，如玉米螟和二化螟幼虫需剥秆、小麦吸浆虫需剥穗。黏虫的卵用草把诱测法。

除对卵和幼虫发生数量消长进行系统调查和普查外，系统调查其发育进度和历期也是一项必做事项。滞育或休眠状态度过冬季的各种害虫，首先需进行冬后发育进度的观测，如草地螟茧、小麦吸浆虫、玉米螟幼虫需观测冬后化蛹和羽化进度，蝗虫需观测卵孵化进度。为减少下田次数，不少规范规定人工模拟自然环境下观测其发育状态，以此指导大田调查。害虫发生为害期各代次则需进行卵和各龄幼虫的系统调查，当幼虫达 2～3 龄时组织进行大田普查，以指导害虫及时防治。为了更为准确调查和预报，技术规范多对卵、幼虫和蛹的发育特征进行了分级，如小麦吸浆虫蛹也定义为前蛹期、初蛹期、中蛹期和后蛹期，以此可推算其羽化期；东亚飞蝗卵胚胎划分为原头期、胚转期、显节期和胚熟期 4 个时期，各幼虫（或若虫）也都有龄期划分，可根据调查历期推算孵化和各龄期发育时间，这对害虫的适期防治非常重要。

3．为害状况调查

一般在害虫为害结束后、作物收获前进行普查，依害虫代表性强的特征进行调查，统计为害面积。例如，稻飞虱是在各类水稻黄熟期前进行，目测并记录调查区内有"冒穿"出现的田块数和面积，计算"冒穿"面积比率；稻纵卷叶螟调查卷叶株率；二化螟调查枯鞘、枯心、枯孕穗、白穗；梨小食心虫调查虫果率；小麦吸浆虫以调查穗中虫量计算损失率。

4．害虫越冬调查

害虫冬前虫量调查，掌握越冬虫源情况是做好害虫长期预测的重要依据，尤其对冬季停止发育和为害、以滞育或休眠状态度过冬季不良环境的害虫，都规定了冬前虫源基数的调查内容。依害虫滞育或休眠虫态、存在场所的不同而确定不同的调查方法，如蝗虫的卵块、棉铃虫的蛹、草地螟和小麦吸浆虫的茧需挖土和淘土调查；玉米螟和二化螟等螟虫的幼虫需剥植株秸秆进行调查；小菜蛾需在蔬菜寄主田残株落叶或杂草上调查幼虫和蛹的数量；棉红铃虫剥查枯铃内活虫数。为掌握更为真实的虫源情况，冬后需调查害虫越冬死亡数，计算其越冬死亡率，用冬前调查的虫量乘以存活率即为冬后有效虫源。要求冬前选择代表性强的场所，调查样本适当大，以获取实际情况的数据；冬后仍在以上地点调查，以避免因地点的变化导致获取的数据不具可比性，甚至有的出现冬后活虫量大于冬前的不合逻辑的情况。而像麦长管蚜（*Sitobion avenae* Fabricius）、禾谷缢管蚜（*Rhopalosiphum padi* L.）、麦二叉蚜（*Schizaphis graminum* Rondani）这样典型的 r 类种群生长型，繁殖力高，种群受环境干扰后恢复能力强，冬前基数与翌年春季发生程度相关性差，可不做冬前基数调查，但由于此类害虫在冬前即小麦秋苗期气候条件合适，虫口密度亦可达到防治指标，故技术规范一般做了调查秋苗期发生情况的规定。

（二）害虫预测预报技术规范

1. 害虫发生期预报

害虫发生期预报按预报时间的长短，可分为短期预报（由上一虫态预测下一虫态）、中期预报（由上代预测下代）、长期预报（隔一代以上的预测）。目前发生期预报常用方法有 3 种。

1）历期预测法　　如草地螟在每个世代成虫出现高峰前后，解剖雌蛾卵巢、观察发育情况，当 3～4 级雌蛾占 50% 以上时，根据卵和 1～3 龄历期（即卵期 3～5 d，1 龄期 2～5 d，2 龄期 2～3 d，3 龄期 2～3 d），由此时向后推迟 9～16 d，即可做出防治适期预报。

2）期距预测法　　如根据当地积累的多年棉盲蝽发生历史资料，总结出当地某种棉盲蝽两个世代之间或同一世代各虫态之间间隔期的经验值，即期距的平均值和标准差，再将田间害虫发育进度调查结果，加上一个虫态期距或世代期距，推算出下一个虫态或下一个世代发生期。

3）有效积温法　　蝗卵孵化盛期后，可根据地面上 30 cm 处的旬平均草丛温度（无草丛温度，可用气温＋1.6℃代替），如预测东亚飞蝗孵化盛期至 3 龄盛期所需天数，即可利用蝗蝻发育的有效积温、地面上 30 cm 处的旬平均草丛温度和蝗蝻发育起点温度进行计算。发生期的预测还有分龄分级预测法、卵巢分级预测法、物候预测法和统计分析法。

2. 害虫发生量预报

我国确定了农作物害虫发生量以 5 级发生程度来表示，即轻发生（1 级），指不需对其进行化学防治，作物无明显受害损失；偏轻发生（2 级），一般不需要化学防治，通过农艺和保护天敌等措施可控制为害，不防治可造成零星为害；中等发生（3 级），需要开展重点化学挑治，不防会造成局部明显为害；偏重发生（4 级），需要重点普防，不防可造成严重损失；大发生（5 级），需要大面积普防，不防可造成大面积严重减产或绝收。各害虫发生程度都有相应的 5 级具体指标，包括虫口数量和发生面积比率等规定。

随着对害虫发生规律和测报技术研究的深入，发生量（程度）预报技术日渐成熟，并在规范内进行了规定。依据的基础研究有：种群数量模型、种群生长型（r 型、K 型）、种群生命表（存活率、繁殖率）和种群影响关键因子等。标准中主要根据生物学预测方法做发生量（程度）的预报，常用方法有：有效虫口基数预测法、综合分析预测法、气候图预测法、经验指数预测法等。其中，有效虫口基数预测法在棉铃虫、草地螟、小麦吸浆虫、玉米螟和二化螟等害虫中得到较好的应用；综合分析预测即根据前一代为害的轻重、残虫量、寄主作物种植面积长势等因素，结合气象条件，预测下一代发生程度，此方法在目前的预报中应用最为普遍；气候图预测法和经验指数预测法在固定生态区域都有一些成功的实践。

三、现代信息技术在害虫种群密度监测中的应用

害虫自动化监测技术是建立在害虫生物、生态学的基础上，与传统监测技术有机结合，利用现代信息技术发展起来的。

（一）声特征检测法

害虫声测报技术目前是昆虫声学领域研究的热点，其原理是通过拾音器获取害虫的爬行声、飞翔声、打斗声、吃食声、鸣叫声等声音电信号，经过信号放大和滤波降噪处理后，把害虫的声频率与环境的声频率分开，得到害虫的声频谱，利用声频谱估计害虫的种类和数量级。早在 1924 年，Brain 检测出水果中害虫的吃食声；Adams 等检测出受损粮食中害虫的活动声。Shuman 等研制出"声探测昆虫特征检测器"（acoustic location "finger printing" insect detector），采用群算法思想，提高对多个害虫检测的准确率。Mankin 等对"声探测昆虫特征检测器"进行了改进，设计了一种操作简便的密封包层，能够把 1～10 kHz 的噪声降到 60～90 dB，该系统已被美国粮食检查部门用在对外出口的粮食评级中。我国耿森林和尚志远建立了粮食中害虫活动声的无规声源模型，对赤拟谷盗（*Tribolium castaneum* Herbst）、黑菌虫（*Alphitobius diaperinus* Panzer）和米象（*Sitophilus oryzae* Linnaeus）等成虫在小麦、大豆、玉米等多种粮食中的爬行声进行采集，研究了爬行声信号的功率谱特征，构建了仓储粮食中害虫爬行声的功率谱特征数据库。

目前声特征检测法研究大多用于水果、粮食等仓储害虫的检测，在田间害虫的检测应用中还处于实验室探索阶段。Ichikawa 和 Ishii 报道，褐飞虱［*Nilaparvata lugens*（Stål）］具有鸣叫习性，但由于其体型较小，信号微弱，主要依靠传播效率高的固体（稻株）来传播其信号。Claridge 等对不同地理种群的褐飞虱求偶鸣声的声脉冲重复频率进行了比较，找到了它们之间的差异，认为声脉冲重复频率是褐飞虱交配识别系统的一个重要信号参数。Butlin 通过模拟播放褐飞虱求偶发出的声信号，观察雌、雄虫对信号第一次作出应答的声脉冲重复频率值，实验中仅获得了雌虫对雄虫求偶鸣声的声脉冲重复频率敏感范围。张志涛等设计了昆虫振动信号的监听、记录和重放装置，采用接触稻株的拾音器对褐飞虱鸣声的特征参数进行了采集研究。何忠对田间东方蝼蛄（*Gryllotalpa orientalis* Burmeister）的诱集进行了研究，并设想把蝼蛄的鸣声信号制成一个电子鸣声器，应用于蝼蛄的数量检测。Mankin 和 Fisher 采用带保护罩的声传感器开展田间地下害虫的声信号检测研究，对受葡萄黑象甲［*Otiorhynchus sulcatus*（Fabricius）］侵害的 15 个载有 8 种植物的育苗容器的声信号进行采集观测，对中、低两个等级的虫害检出率分别为 63% 和 57%。Chesmore 和 Ohya 开发了基于计算机的田间声音信号采集系统，采用新的时域信号编码方法，结合人工神经网络算法，对田间获得的 25 种直翅目昆虫的高质量声音信号进行辨别，准确率达 99%。姚青等对褐飞虱的求偶鸣声进行了研究，并用人工神经网络进行鸣声识别，平均识别率达 90.6%。Raman 等采用噪声抑制拾音器构建了昆虫田间飞翔声检测装置，将该装置放在田间收集了 250 h 的田间声音信号，通过 Fourier 变换等方法对声音信号进行分割、过滤，提取了用于检测蚊子飞翔声的 9 个特征阈值，设计的相关算法用于蚊子计数，误报率最低为 6.5%。

（二）雷达观测法

昆虫雷达为迁飞性害虫的观测提供了强有力的工具。昆虫雷达的研究始于 20 世纪 40 年代，Gordon 发现昆虫能产生雷达回波。Rainey 应用气象雷达观测到了蝗虫群的活动，随后，英国、美国、澳大利亚等国先后研制了专用的昆虫雷达，用于观测昆虫的迁飞高度、方位、密度、飞向、速度及迁飞个体的相关参数等信息。Schaefer 建造了专用昆虫雷达，在尼日尔成功观测了沙漠蝗的迁飞。Riley 等研制出垂直波束雷达（vertical looking radar，VLR），可获取目标昆虫的翅频记录及迁飞种群的微观尺度细节，但不能提取迁飞个体的体型信息。Bent 提出了 ZLC（zenith pointing linearly polarized conical scan）制式的概念，使 VLR 可测取迁飞个体的速度、方向，以及与体型相关的部分参数，但其对观测技术和观测费用的要求高，难以实现长期观测。Riley 和 Reynolds 进一步改进了相关硬件系统及信号分析算法，研制出第二代 VLR 样机，对目标的分辨能力有所提高，观测费用大大降低，多年的试验表明该机器可进行迁飞害虫的长期自动监测。Drake 等开展了雷达观测和结果分析的定量化理论和方法的研究，并在澳大利亚进行了澳洲蝗虫、棉铃虫等的长期监测，在中小尺度环流对昆虫迁飞行为的影响方面取得了重要成果。目前国内外在昆虫雷达方面已有扫描雷达、机载雷达、谐波雷达、跟踪雷达、毫米波雷达等多种机型，并正逐渐从研究走向实用，观测的内容主要包括蝗虫、蛾类、黏虫、棉铃虫、蚜虫、稻飞虱、草地螟、稻纵卷叶螟、库蚊等害虫在迁飞过程中的行为特征。陈瑞鹿等通过改装导航雷达和气象雷达，在国内首次组建了公主岭昆虫雷达系统，于 1984 年正式投入使用，先后用于野外观测黏虫（*Mythimna separate* Walker）和草地螟 [*Loxostage sticticalis* (L.)] 的迁飞活动，该装置在 80～1000 m 距离内可获得较清晰的昆虫回波，可检测出昆虫迁飞的高度、方位、密度、飞向等，但未实现观测的自动控制记录功能。南京农业大学与英国国家资源研究所雷达昆虫学研究室（The Radar Entomology Unit of Britain's Natural Resources Institute，NRIRU）合作，于 1988～1991 年观测了我国水稻迁飞性害虫（稻飞虱、稻纵卷叶螟等）的迁飞特性。中国农业科学研究院植物保护研究所于 1998 年建成了我国第 2 台昆虫雷达系统，自主研发了配套的数据实时采集、分析系统，实现了昆虫雷达监测的自动化，并分别在河北廊坊、山东北隍城岛等地开展了害虫迁飞观测研究，取得了良好的效果。2007 年，南京农业大学、中国农业科学研究院植物保护研究所分别组建了多普勒昆虫雷达和毫米波昆虫雷达，实现了对微小昆虫的远距离迁飞观测。

（三）图像识别法

田间害虫图像识别法的原理是通过对图像传感器所获得的农作物害虫图像进行分析处理，有效地识别害虫的种类及数量，从而对害虫的活动情况进行实时监控和自动判别，结合专家知识，获得害虫危害程度等级，并决策出合理的防治方案。农作物害虫的图像识别法始于昆虫形态学的研究，对昆虫个体的形态特征进行描述和识别，包括昆虫图像数字化技术、昆虫图像处理与识别技术、虫图像的解释和理解、昆虫数学形态学数据库等。Atmar 等采用图像技术和模式识别方法对棉田中的几种害虫的个体进行了识别研究，识别率达 85%；Zhou 等和 Grace 等将图像技术分别用于蚊子、白蚁、蜜蜂的个体形态研究。赵汗青等通过数码相机获取昆虫标本的图像，用数学形态学方法对 40 种昆虫进行了鉴别研究，自动鉴别准确率达 97.5%。梁子安等获取了隶属于鳞翅目、鞘翅目的 2 目 5 总科的 23 种昆虫成虫标本的图像，分别提取了各种昆虫的 11 项数学形态特征，采用基于粗糙集的神经网络进行分类识别，取得了较理想的效果。

随着数字图像处理技术和模式识别技术的发展，图像识别法在储粮害虫的识别与检测中得到应用。Keagy 等获取了受象甲虫危害麦粒的 X 线图像，开发了相关的图像分割及识别算法，实现了象甲虫的机器识别，取得了较好的效果。Zayas 和 Flinn 采用数字图像处理技术识别散装小麦中的谷蠹［*Rhyzopertha dominica*（Fabricius）］及害虫残留的肢体等非麦粒杂物，从图像的红、绿、蓝 3 个通道进行组合处理，建立了模式识别算法，识别成功率达 90%以上。Christopher 等开发了一套基于机器视觉的储粮害虫高速检测系统，用于储粮害虫的自动检测。邱道尹等采用计算机图像处理技术开展了储粮害虫的机器检测研究，开发了基于机器视觉的储粮害虫智能检测系统，对粮仓中常见的 9 种害虫的识别率达 95%以上。于新文等对田间麦蚜（*Macrosiphum avenae* Fabricius）图像的边缘检测算法进行了比较研究，在图像分割过程中进行边缘检测时采用数学形态学算法取得了较好的效果。Gassoumi 等设计了基于计算机图像处理的棉田昆虫分类识别系统，根据提取的 8 个特征值，开发了模糊神经网络识别算法，利用该方法对棉田的 12 种常见昆虫进行分类识别，除 1 种昆虫识别的正确率为 72%外，其余 11 种识别的正确率均达到 90%以上。沈佐锐等采用普通相机获取田间温室白粉虱（*Trialeurodes vaporariorum* Westwood）寄生叶片的图像，对图像分割后的二值图像结合数学形态学算法处理，利用区域标记进行白粉虱个体的自动计数，累积准确率达 91%以上。于新文和沈佐锐用数码相机采集了棉铃虫（*Helicoverpa armigera* Hübner）的彩色图像，并对其图像分割处理算法进行了相关研究。陈佳娟等构建了棉花田间图像采集系统，根据棉花叶片的孔洞及叶片边缘的残缺，进行了棉花受虫害程度的自动测定研究，测定误差小于 0.05。Sena 等构建了玉米受害植株的数字图像检测系统，分别在 3 种不同光照条件下，对受草地贪夜蛾［*Spodoptera frugiperda*（J.E.Smith）］危害和未受危害的玉米植株进行识别研究，识别的正确率达 94.7%。Li 等构建了基于机器视觉的棉田害虫自动监测系统，用于棉田农药变量喷施决策。Watson 等采用诱集法采集了 237 种大鳞翅类昆虫的图像，开发了数字图像自动识别系统，选取了其中 35 种常见的鳞翅目昆虫的图像进行识别研究，在图像质量较差的情况下，识别的准确率仍能达到 83%。邱道尹等研制了田间害虫实时检测系统，该系统包括诱集传输机构、光照及图像采集系统两部分，诱集传输机构能将诱集到的害虫致昏，通过传输机构自动将虫体分散送入光照及图像采集区内，然后对获取的害虫图像进行相关的处理及分类识别，最后获得害虫的种类，并推算出害虫密度等信息，为综合防治提供决策依据。Murakami 等对蓟马（*Thrips tabaci* L.）等小型害虫的图像识别方法进行了研究，采集了受害的黄瓜叶片图像，采用灰度共生矩阵等多种方法对黄瓜叶片上的蓟马进行辨别，分类正确率达 98%以上。王剑和周国民采用数码相机在田间获取了水稻三化螟［*Tryporyza incertulas*（Walker）］的静态图像，开发了基于神经网络的识别系统，其分类器训练集的首次识别率达 90%。Shariff 等用数码相机获取了水稻田间 6 种常见害虫的图像，开发了基于模糊逻辑的分类识别及虫量计数算法，取得了较好的效果。

（四）光谱监测法

不同物质在不同的光谱区域有不同的吸收光谱，每种成分都有特定的吸收特征，这为光谱定量分析提供了基础。采用光谱技术进行害虫监测主要有两个途径：光谱直接检测和遥感估算。光谱直接检测是直接观察害虫本身，根据不同害虫自身内的化学成分的差异，经多光谱（如近红外等）扫描后，通过对比其反射光谱与吸收光谱，以识别不同种类的害虫及其特征。Baker 等采用近红外光谱分析技术检测和识别被金小蜂寄生米象 [*Sitophilus oryzae*（L.）]，对麦粒中被金小蜂寄生米象幼虫的识别准确率达到 90%，对被金小蜂寄生米象蛹的识别准确率则达到 100%。Perez Mendoza 等采用近红外光谱分析技术推断家蝇（*Musca domestica* L.）的日龄，实验表明，用近红外光谱分析技术作出的推断比蝶啶荧光分析法更准确。Maghirang 等采用近红外光谱分析技术检测麦粒内的害虫（包括死虫和活虫），结果表明，采用近红外光谱分析技术对害虫的活蛹、大型幼虫、中型幼虫、小型幼虫进行识别的准确率分别为 94%、93%、84% 和 63%。Dowell 等采用近红外光谱分辨舌蝇（*Glossina pallidipes* Austen）虫蛹的雌雄，分辨的准确率为 80%～100%。

遥感技术能在不直接接触目标物体的情况下，远距离接收目标物体的反射或辐射光谱以得到相关的光谱数据与图像，从而通过分析和反演获知目标地物的有关信息，因此，在大尺度上，遥感估算法在害虫检测上有着明显的优势。运用光谱进行田间害虫检测时，通常采用遥感估算实现害虫虫量和危害程度的间接检测，包括害虫的生境检测和害虫危害后作物的响应（通常为受害程度）检测两种方法。

（五）光谱遥感监测害虫的生境

通过遥感的方法获得害虫栖息、生长、繁殖的生境的归一化植被指数（normalized difference vegetation index，NDVI）、抗大气植被指数（atmospherically resistant vegetation index，ARVI）等参数，结合气象资料，根据害虫的发生与害虫生境之间的相关关系，从而估算出害虫发生的程度和趋势。牧草通常在降雨量和气温适宜的季节生长旺盛，同时也为草地蝗的大量繁殖提供了优越的条件，McCulloch 等通过卫星遥感图像对澳大利亚昆士兰地区蝗虫的发生趋势进行了测报。Rogers 等为了预测疟疾的发生趋势，采用卫星遥感的方式，通过获取地面适宜疟疾寄主疟蚊生存繁育的生存环境的遥感图像，并结合当地的气象信息，对疟蚊的分布情况及疟疾的可能发生趋势进行预报。张洪亮和倪绍祥以 Landsat 5 TM 为遥感信息源，结合草地蝗虫发生的野外样点数据，在青海湖周边地区开展草地蝗虫发生的遥感监测研究，通过对蝗虫生境的监测以实现对蝗虫可能发生地点的评估，提出了一种基于比值的草地蝗虫发生监测的遥感算法，即 RIG=（TM4＋TM7）/ TM6，通过对比实验，当草地蝗虫密度≥25 头/m^2 时，RIG 优于常用的标准植被指数算法。都瓦拉以近年来草原主要的成灾蝗虫种类亚洲小车蝗（*Oedaleus decorus asiaticus* B. Bienko）为研究对象，在内蒙古自治区草原地区对草原亚洲小车蝗赖以生存的环境条件（地表温度、土壤湿度、产草量）进行了实验测试，建立了栖境与草原蝗虫发生发育之间的关系模型，结合中分辨率成像光谱仪（moderate-resolution imaging spectroradiometer，MODIS）遥感数据，运用地理信息系统分析软件，对草原蝗灾遥感监测与灾害评估方法进行了初步研究。

检测害虫危害后作物的响应（通常为受害程度）是目前进行害虫田间遥感监测的有效方法之一。通常，作物遭受害虫危害后其反射光谱与正常作物有较明显的差异。通过遥感的方法获得作物单叶或冠层两个层面的光谱数据，根据作物受害虫侵害后本身生理参数的变化，建立其生物特征与反射光谱之间的相关关系，从而推算出害虫的类型、密度、空间分布及其对作物的危害程度等信息。

四、害虫抗药性监测

国内已有多家科研单位对飞虱、螟虫、甜菜夜蛾、蚜虫、棉铃虫、小菜蛾、马尾松毛虫等进行了抗药性监测。张晓婕等采集浙江省不同地区的灰飞虱，监测了其对吡虫啉、氟虫腈和毒死蜱的抗药性水平。施德等应用稻茎浸渍法测定了浙江地区褐飞虱对主要防治药剂的抗性水平。李文红等监测了 1996～2007 年我国 8 省（自治区）27 个褐飞虱种群对噻嗪酮的敏感性。陈长琨等对用于二化螟抗药性监测的虫态进行了探索，确定 4 龄幼虫较适合作为二化螟抗性监测虫态，并建立了 6 种药剂的相对敏感基线。曹明章等采用点滴法测定了 2001～2002 年浙、苏、皖、赣等 4 省水稻二化螟 4 龄幼虫对氟虫腈、阿维菌素、三唑磷及杀虫单等的抗性。吕亮等监测了湖北省 4 个稻区的二化螟和三化螟在 2005～2007 年对三唑磷、阿维菌素的抗药性。兰亦全等采用微量点滴法测定了福州建新、闽侯上街、南平建欧、厦门同安、莆田黄石和漳州龙海等地 6 个甜菜夜蛾田间种群 4 龄幼虫对 6 种代表性药剂的抗性，比较了 3 种新型药剂对 6 个田间种群的毒力。吴益东等用浸叶法建立了 11 种棉铃虫常用药剂的敏感毒力基线，确定其 LC_{50} 值和区分剂量，并用浸叶法监测了江苏、山东、河南、安徽 4 省棉田 2 代棉铃虫对氯氰菊酯、久效磷、灭多威和辛硫磷的抗性。龙丽萍等采用叶片浸渍法测定了广西小菜蛾在 2000～2003 年对定虫隆敏感性的动态变化。

对杀虫剂抗药性的标准生物测定方法有浸渍法、药膜残留法或表面接触法、点滴法和饲喂法 4 种，选择何种方法进行测定要根据药剂的作用特点及理化性质、害虫的为害特点及其他生物学特性等确定。吴益东等比较了点滴法和浸叶法监测棉铃虫的抗药性，指出对有机磷杀虫剂采用浸叶法作抗性监测更准确。曾晓芃等在比较德国小蠊抗性测定方法时指出点滴法较药膜法更为灵敏，能较为准确地反映德国小蠊的实际抗性水平。Watkinson 等研制了一种测定害虫对杀虫剂敏感度的浸渍试验箱，采用该方法一般可在 24 h 内得出结果。生物检测法是通过比较实验室种群（相对敏感种群）和田间种群（抗性种群）的 LD_{50} 或剂量-反应曲线（LD-P line）的斜率来描述的，因此也称为抗性倍数法。

区分剂量法是用抗性个体百分率来表示抗性水平高低，标定准确的区分剂量能监测到群体中初次出现的少数抗性个体，比用抗性倍数法更能及时准确地对抗性早期作出诊断，起到早期预警作用。区分剂量的适当与否直接关系到抗性检测的准确性，如区分剂量偏低，会夸大抗性的程度；区分剂量偏高，则会掩盖抗性的真实情况。Roush 等认为，较好的方法是用杀死大约 99%敏感个体的剂量作为区分剂量，这样允许很少敏感个体存活而几乎不杀死大多数在更高剂量下可能死亡的抗药性个体。沈晋良等报道，棉铃虫抗性个体存活率随抗性水平的上升而增加，当棉铃虫对拟除虫菊酯类农药处于敏感阶段、敏感性降低和低至中等水平抗性时，抗性个体的存活率分别为 0～6%、10%～11%和 18%～63%。

　　害虫抗药性通常与解毒酶对杀虫剂的解毒能力增强或靶标酶对杀虫剂的敏感性降低有关，这是害虫抗药性生物化学监测的理论基础。生物化学检测法是通过检测单个害虫的生化抗性机制来检测害虫抗药性。与传统生物测定方法相比，生物化学检测法具有快速、准确、可对单头昆虫进行多种分析等优点。目前，害虫抗药性的生物化学监测主要是酯酶、谷胱甘肽-S-转移酶（glutathione-S-transferase，GST）和多功能氧化酶系 3 种解毒酶，以及杀虫剂作用靶标乙酰胆碱酯酶敏感性下降相关的抗药性监测。

　　酯酶（esterase，E）在昆虫抗性机制中有两种解毒作用：一种是水解作用，催化酯键断裂；另一种是作为结合蛋白与杀虫剂结合，减少到达靶标的量。在许多情况下酯酶水平的提高，能有效降解杀虫剂。酯酶活力可用 α-乙酸萘酯或 β-乙酸萘酯作底物测出，二者分别被水解为 α-乙酸萘酚和 β-乙酸萘酚，再以坚固蓝 B 盐为显色剂，利用分光光度计分别在 600 nm 和 555 nm 波长下测定光密度值（A）。Delorme 等报道，甜菜夜蛾抗溴氰菊酯品系对溴氰菊酯的降解速率是敏感品系的 17 倍，抗性品系酯酶活性比敏感品系高得多。谭维嘉等指出，棉蚜对溴氰菊酯的不敏感性与水解酶（即酯酶）之间存在一定相关性，随着棉蚜对菊酯类杀虫剂不敏感性的增加，棉蚜体内水解酶的活力也有所增高。赵颖等比较了不同抗性品系棉蚜体内羧酸酯酶（carboxylesterase，CarE）对 α-乙酸萘酯和 β-乙酸萘酯的水解活性后指出，抗性品系的 CarE 比活性明显高于敏感品系。曾晓芃等研究了德国小蠊敏感品系和抗性品系 CarE 生化性质上的差异，发现德国小蠊抗性品系中的 CarE 活性高于敏感品系中的 CarE 活性，敏感品系 CarE 对 α-乙酸萘酯的亲和力大于抗性品系 CarE。吴兴富等发现，α-乙酸萘酯羧酸酯酶的酶活力及其抗性个体频率的增加是 40%氧化乐果和 2.5%功夫连用后烟蚜抗药性快速发展的主要原因。

　　谷胱甘肽-S-转移酶是能够将底物中的基团转移到内源性还原型谷胱甘肽（GSH）硫原子上的一类酶，这些酶的功能是使有毒的亲电试剂与内源性的 GSH 轭合而保护其他亲核中心，在对外源杀虫剂解毒代谢中起着重要作用。GST 活性的提高是许多昆虫对有机磷等杀虫剂产生抗性的重要机制之一。GST 活力测定可用谷胱甘肽和 1-氯-2,4-二硝基苯（1-chloro-2,4-dinitrobenzene，CDNB）或 1,2-二氯-4-硝基苯（1,4-dichloro-2-nitrobenzene，DCNB）作底物，反应后用分光光度计在 340 nm 波长下测光密度值（A）。Bull 等发现，烟蚜夜蛾对甲基对硫磷的抗性与谷胱甘肽-S-转移酶的活力升高有关。Ku 等在小菜蛾中分离到 4 种与抗性相关的谷胱甘肽-S-转移酶同工酶，其中 GST-4 和 DCNB 与几种有机磷药剂对氧磷有更高的底物亲和力。

　　多功能氧化酶系（mixed-functional oxidase，MFO）包括细胞色素 P450、NADPH-细胞色素 P450 还原酶、细胞色素 b-5、NADH-细胞色素 b-5 还原酶、芳烃羟化酶、环氧化物水化酶及磷脂等，细胞色素 P450 在混功能氧化酶系统（mixed-function oxidase system，MFO）中起中心作用。P450 具有底物广泛性和功能多样性的特点，在多种内源性及外源性化合物的氧化、环氧化及还原等代谢过程中发挥重要作用。在昆虫体内，MFO 主要分布于中肠、脂肪体和马氏管，其中以中肠的活力最高，这种分布使其最大限度地发挥作用，杀虫剂在有些昆虫中还未到达靶标就被酶解。MFO 活性升高是许多昆虫代谢杀虫剂产生抗药性的重要机制。在棉铃虫的抗氰戊菊酯品系、抗溴氰菊酯品系、抗辛硫磷品系，蓖蠊抗氰戊菊酯品系中都发现了增效剂胡椒基丁醚（piperonyl butoxide，PB 或 PBO）的明显增效作用或 MFO 活性的提高，这些研究结果证明了 MFO 在害虫对各种杀虫剂产生抗性中的重要作用。程罗根等采用室内选育的小菜蛾对杀螟丹的抗性品系和敏感品系进行研究，得出小菜蛾 MFO 环氧化活性的提高是小菜蛾对杀螟丹产生抗性的一个重要机制。梁沛等用叶片药膜法测定了 PB 对阿维菌素增效达 8.2 倍，可见小菜蛾对阿维菌素的抗性可能与 MFO 有密切关系。刘永杰等发现甜菜夜蛾抗性品系中肠、脂肪体及体壁细胞色素 P450 含量分别是敏感品系的 1.78 倍、1.54 倍和 1.37 倍。

乙酰胆碱酯酶（acetyl cholinesterase，AChE）是有机磷和氨基甲酸酯的共同靶标，AChE 发生变构会导致害虫的 AChE 对有机磷和氨基甲酸酯类杀虫剂抑制表现的不敏感而产生抗药性。由于有机磷类和氨基甲酸酯类杀虫剂能使 AChE 发生磷酰化或氨基甲酰化，从而抑制了 AChE 的活性，导致神经递质乙酰胆碱（acetylcholine，ACh）在突触处积累，过量的 ACh 造成去极化阻断，抑制了正常的神经传导，最终造成昆虫死亡。第一个被证明因 AChE 变构引起敏感性降低而成为抗性机制的是羊绿蝇抗性品系，之后又陆续在棉蚜、棉粉虱、小菜蛾、阿拉伯按蚊、家蝇、地中海实蝇、黄猩猩果蝇、尖音库蚊、马铃薯甲虫等 20 多种昆虫中陆续发现和证实。昆虫体内 AChE 的突变、AChE 量的增加可能与昆虫抗性成正比。杨帆等研究了桃蚜高效氯氰菊酯敏感品系与抗性品系体内的 AChE 活力，抗性品系 AChE 活性均显著高于敏感品系；酶动力学测定结果显示，抗性桃蚜酯酶对底物的 V_{max}、K_m 显著大于敏感品系。在果蝇中，AChE 的过量产生导致了对马拉硫磷的高水平抗性。有机磷抗性麦二叉蚜 AChE 活性显著高于敏感个体，通过 Southern blotting 和 Northern blotting 分析表明，抗性个体 AChE 活性不是由于基因突变造成的，而是由于基因表达量增加所致。

利用害虫的趋性来监测其抗药性有两种方法，分别为黄色诱卡和性外激素诱卡。两种方法的原理均是将不同剂量的杀虫剂与黏性材料混合，然后涂在有诱源的卡片上，检查诱集到的害虫死亡率和剂量的关系，求出 LC_{50} 值或其他参数值。利用害虫的趋性监测抗药性省去了对试虫的饲养。此外，随着生物化学和分子生物学的快速发展而产生了一系列新的抗药性监测技术，如免疫学检测法、神经电生理检测法、抗性基因检测法等。新的抗性监测技术与传统的生物检测法相比具有更多优点，其本身也正朝着程序化、自动化方向发展，但该类方法建立在对抗药性的生理生化机制、分子机制深刻认识基础之上，其开发周期长，花费较大，需要昂贵的仪器，且目前的方法仅针对由单一抗性机制所引起的抗性监测。因此，新的方法还无法直接应用于现场害虫抗药性检测，只能作为生物测定方法的辅助手段。

五、病虫害测报研究实例——利用吸虫塔对麦长管蚜迁飞的监测

吸虫塔（suction trap）被发明于英国洛桑试验站，首次运行于 1964 年。目前在欧洲的英国、荷兰、瑞士、丹麦、比利时、意大利、波兰和法国安装运行，各国共享数据，协同合作。一个用于研究和预警蚜虫迁飞动态及其他小型迁飞性昆虫覆盖东、西欧的吸虫塔网络系统已经建成。在美国中北部地区的 10 个主产大豆的州也于 20 世纪 80 年代建成了应用于大豆蚜和麦类蚜虫的吸虫塔网络系统。麦长管蚜[Sitobion avenae（Fabricius）]是我国各小麦产区蚜虫的优势种，迁飞为麦长管蚜选择更适宜的寄主植物和环境条件提供了保障，从而使麦长管蚜的危害范围进一步扩大。在我国的北方许多地区，麦长管蚜不能越冬，其种群发展依靠麦长管蚜的迁飞由南方迁入。吸虫塔为长期监测麦长管蚜的

迁飞提供了可能（李克斌等，2014；杜光青等，2014）。

（一）吸虫塔的布局取样及数据分析

我国在湖北武汉（114°38′E，30°29′N）、河南原阳（113°41′E，35°00′N）、河北赵县（114°47′E，37°46′N）和河北廊坊（116°69′E，39°52′N）设置吸虫塔，分别采集了湖北武汉 2009 年 4～7 月、2010 年 4～6 月，河南原阳 2009 年 3～6 月、2010 年 4～6 月、2011年 3～6 月、2012 年 4～6 月、2013 年 4～6 月，河北赵县 2009 年 4～6 月、2010 年 4～6月、2011 年 3～7 月、2013 年 4～10 月，河北廊坊 2009 年 4～6 月、2010 年 4～6 月、2011 年 4～6 月、2012 年 4～7 月麦长管蚜有翅成蚜的数据。其中，4 个吸虫塔的设置点多为 3 d（2～4 d）或 7 d 取样一次。利用 Excel 制图分别统计各地吸虫塔吸捕的麦长管蚜有翅成蚜的数量，并分析有翅成蚜的高峰日及南北地区之间的衔接关系。

1）日活动节律　　2009 年，在麦长管蚜吸捕量高峰期，利用赵县吸虫塔（5 月 7 日至 5 月 30 日），每天分 6 个时间段（06:00～08:00、09:00～11:00、12:00～14:00、15:00～17:00、18:00～20:00 和 20:30～05:30）来吸捕麦长管蚜有翅成蚜。2010 年，在小麦扬花到灌浆中期，利用廊坊吸虫塔，每天设置了 05:30～07:30、08:00～10:00、11:30～13:30、14:00～16:00、16:30～18:30、18:30～20:30、21:00～24:00 和 24:30～05:00 共 8 个时段来吸捕麦长管蚜有翅成蚜，分别统计各时间段的累计麦长管蚜有翅成蚜的吸捕量。

2）季节活动节律　　2009～2012 年，统计了廊坊吸虫塔在当地小麦的 5 个生育期（孕穗及孕穗前、抽穗期、扬花期、灌浆期和乳熟期）对麦长管蚜有翅成蚜的累计吸捕量。其中，2011 年，利用廊坊吸虫塔，从 3 月 5 日到 5 月 26 日，每天设置 07:30～18:00（白昼）和 18:30～07:00（夜晚）两个时间段来收集吸捕麦长管蚜有翅成蚜。

利用 2009～2010 年廊坊和原阳塔吸捕的麦长管蚜数据，结合由美国国家海洋和大气管理局（National Oceanic and Atmospheric Administration，NOAA）网站研发的拉格朗日混合单粒子轨道模型（Hybrid Single Particle Lagrangian Integrated Trajectory Model，HYSPLIT）平台（http://www.arl.noaa.gov/HYSPLIT_info.php）来进行麦长管蚜迁飞的轨迹分析。

（二）吸虫塔监测结果

2009 年的数据显示，武汉在 4 月 21 日之前有翅蚜量较少，4 月 21 日开始出现麦长管蚜有翅成蚜吸捕量的一个高峰，分别又在 5 月 1 日、8 日、26 日和 6 月 2 日出现多次高峰，其中 5 月 8 日左右出现最高峰，在 6 月 23 日之后几乎没有再吸捕到麦长管蚜的有翅成蚜。原阳在 3 月 26 日开始出现吸捕到麦长管蚜的有翅成蚜，但第一个吸捕高峰出现在 4 月 23 日左右，在首次吸捕到麦长管蚜有翅成蚜到出现第一个吸捕高峰之间也吸捕到少许麦长管蚜有翅成蚜；之后在 4 月 27 日和 5 月 1 日出现吸捕高峰，其中 5 月 1 日左右为最高峰，在 5 月 11 日左右又出现一个小高峰，在 6 月 4 日之后几乎没有吸捕到麦长管蚜有翅成蚜。赵县在 4 月 27 日出现第一次高峰，5 月 10 日左右出现最高峰，又在 5 月 24 日左右出现一个小高峰，在 6 月 11 日仍能吸捕到麦长管蚜有翅成蚜。廊坊早在 4 月 14 日开始能采集到极少数的麦长管蚜有翅成蚜，在 4 月 30 日开始能吸捕到大量麦长管蚜有翅成蚜（即第一次高峰），在 5 月 2 日、6 日、12 日和 24 日出现吸捕高峰，其中最高峰为 5 月 12 日、28 日之后，麦长管蚜有翅成蚜吸捕量骤减，6 月 3 日之后几乎吸捕不到麦长管蚜有翅成蚜。

2010 年，武汉早在 4 月 20 日左右就出现麦长管蚜有翅成蚜的吸捕小高峰，在 5 月 5 日出现了吸捕最高峰，在 5 月 20 日也出现一次较大的峰，在 5 月 26 日之后，吸捕量骤减，在 6 月 23 日之后就吸捕不到麦长管蚜有翅成蚜了；原阳在 5 月 1 日开始出现吸捕量增长，在 5 月 7 日出现吸捕量小高峰，在 5 月 19 日、23 日、29 日出现吸捕量高峰，其中 5 月 23 日为吸捕量最高峰，在 6 月 2 日吸捕量开始骤降；赵县在 5 月 10 日出现首次吸捕量小高峰，但是增长速度缓慢，一直到 5 月 16 日才开始迅速增长，在 5 月 22 日、26 日出现吸捕量高峰，但在 6 月 5 日出现最高峰，最高峰之后吸捕量骤降，6 月 15 日之后几乎吸捕不到麦长管蚜有翅成蚜；廊坊在 5 月 7 日开始出现吸捕量增长，5 月 11 日和 21 日出现两个小高峰，5 月 27 日和 6 月 2 日出现两个高峰，其中 6 月 2 日为最高峰。总体趋势与 2009 相似，但 4 个吸虫塔设置点的高峰日蚜量变化较大。

2011 年，原阳早在 3 月 25 日开始能吸捕到麦长管蚜有翅成蚜，在 4 月 14 日出现吸捕量增长，在 4 月 20 日、26 日、30 日出现 3 个小高峰，在 5 月 24 日出现最高峰，在 6 月 16 日之后几乎吸捕不到麦长管蚜有翅成蚜；赵县在 4 月 7 日左右开始能吸捕到麦长管蚜有翅成蚜，在 4 月 22 日开始出现明显增长，并在 4 月 29 日和 5 月 6 日、13 日和 20 日连续出现多次高峰，其中 4 月 29 日为最高峰；4 月 13 日在河北廊坊开始吸捕到麦长管蚜有翅成蚜，4 月 21 日开始出现吸捕量增长，在 4 月 29 日和 5 月 13 日、19 日和 27 日出现吸捕量高峰，其中 5 月 19 日出现吸捕量最高峰，6 月 2 日之后几乎吸捕不到麦长管蚜有翅成蚜。由此可见，2011 年 3 个吸虫塔在前期出现的有翅成蚜高峰日具有明显的由南到北的衔接现象，如河南原阳的 4 月 20 日、河北赵县的 4 月 29 日和河北廊坊 4 月 29 日的高峰日期。

2012 年，河南原阳和河北廊坊的吸捕量曲线相似，在河南原阳，吸捕量在 4 月 22 日开始出现增长（初次小高峰），5 月 7 日出现吸捕量最高峰，5 月 28 日再次出现一个小高峰，6 月 18 日之后几乎吸捕不到麦长管蚜有翅成蚜；在河北廊坊 5 月 2 日才开始出现吸捕量增长（初次小高峰），5 月 23 日出现吸捕量最高峰，6 月 20 日之后几乎吸捕不到麦长管蚜有翅成蚜。分析可见，南北两地的高峰日期也表现出衔接现象，其中初峰日相差 10 d，最高峰日则相差 7 d。

2013 年，在河南原阳，4 月 19 日开始出现吸捕量的小高峰，在 5 月 3 日出现吸捕的最高峰。在河北赵县，5 月 6 日开始出现麦长管蚜有翅成蚜的吸捕量增长，在 5 月 27 日出现最高峰；可见，在当年南北两地麦长管蚜出现高峰日期的衔接不够吻合。另外，延长吸捕观测时间，发现在小麦收获以后的 7 月 1 日和 7 月 29 日有翅麦长管蚜出现了两个小高峰，而且在 9 月 3 日至 10 月 8 日也可以吸捕到少量的麦长管蚜有翅成蚜。

麦长管蚜迁飞活动的时间节律。麦长管蚜的迁飞或飞翔活动存在明显的日（昼夜）活动节律，即主要集中在白昼进行迁飞活动。赵县吸虫塔吸捕量主要集中在 06:00～08:00、09:00～11:00 和 18:00～20:00 的 3 个时间段，而 12:00～14:00 和 20:30～05:30 两个时间段的吸捕量最少。通过将收集时间段再细化，得到了类似的结果。05:30～07:30、08:00～10:00 和 18:30～20:30 的 3 个时间段的吸捕量最多，中午前后采集的蚜量较少；而整个夜间的吸捕量也没有白天最少的 2 h（中午后 14:00～16:00）吸捕有翅蚜多；其中前半夜 21:00～24:00 几乎没有采集到蚜虫，后半夜 24:00～05:30 虽然比前半夜多一些，但主要集中在黎明（05:30）前。此外，麦长管蚜的迁飞活动规律还与小麦生育期相关。廊坊吸虫塔 4 年吸捕量数据显示，在小麦的各生育期中，灌浆期是麦长管蚜吸捕量的高峰，且明显高于其他 4 个生长期的吸捕量；乳熟期的吸捕量仅次于灌浆期，也显著高于剩余 3 个生育期；其余 3 个生育期吸捕量大体为扬花期＞孕穗期＞拔节期。灌浆期的麦长管蚜的采集量可以达到其之前生育期总和的 3 倍甚至更多。田间调查发现，灌浆中后期麦长管蚜种群中有翅若蚜从无到逐渐增多。所以，抽穗、扬花到灌浆期初期是麦长管蚜迁入的主要时期。乳熟生育期与灌浆后期的时间有所重叠，田间有大量有翅若蚜发育为有翅成蚜，可见乳熟期为麦长管蚜迁离麦田的主要时期。

通过利用 HYSPLIT 模型对 2009～2011 年河南原阳与河北廊坊两个吸虫塔的数据初步轨迹分析，表明麦长管蚜在两地间存在着虫源关系，即在 5 月中旬河南原阳的麦长管蚜向河北廊坊远距离迁飞。从回推轨迹中可以看出，廊坊的麦长管蚜主要来自于黄淮、江淮及长江下游地区。证实了麦长管蚜在我国东部地区存在由南向北的迁飞。

第四节 天敌昆虫控害作用定量评价方法

一、生命表方法——以豆柄瘤蚜茧蜂对豆蚜的控害潜能评价为例

（一）背景

通过人工繁育、释放天敌到害虫发生地，或人工助迁天敌以控制靶标害虫，是生物防治的终极目标。通过组建害虫生命表，计算害虫的种群增长指数，可以分析、评价自然天敌或所释放的天敌对作用对象的控制效果。同时，评价效果的反馈信息还为天敌释放数量、释放时间、天敌的扩繁等方面提供科学数据和方法。将天敌作为作用因子组建的昆虫种群生命表，可以用来评价自然条件下各种天敌发挥的控制作用（王秀梅等，2014）。

（二）方法

王秀梅等（2014）为评价豆柄瘤蚜茧蜂[*Lysiphlebus fabarum*（Marshall）]对豆蚜（*Aphis craccivora* Koch）的控害潜能，在实验室条件下，通过对豆蚜及其寄生蜂豆柄瘤蚜茧蜂的发育历期、繁殖力、寿命等生物学特性进行观察描述，组建其实验种群生命表，并对 2 种供试昆虫的生命表参数净生殖力 R_0、世代平均周期 T、内禀增长率 r_m 和周限增长率 λ 进行分析。供试昆虫豆蚜以蚕豆苗为寄主植物，待蚕豆苗长至 3～5 叶时，接蚜虫扩繁多代，备用。豆柄瘤蚜茧蜂采自试验田蚕豆苗，将已寄生的僵蚜带回室内发育，待其羽化后鉴定。用 2～3 龄期豆蚜繁殖 5 代以上备用。供试昆虫均在（25±1）℃、RH（65±5）%、L14：D10 条件下饲养繁殖。

1）豆蚜年龄特征生命表编制 取直径 5 cm、高 1 cm 的塑料培养皿作为蚜虫饲养盒，每皿倒入厚约 0.5 cm 的 15%琼脂沸液，冷却凝固，将新鲜蚕豆苗嫩叶黏贴在凝固的琼脂表面，每皿一片嫩叶。将单头成蚜接至皿中叶片上，待其产出若蚜，移走母蚜，每

皿叶片保留 1 头初生若蚜作为供试幼蚜，连续饲养，至全部蚜虫死亡为止。每日观察 4 次（8:00、12:00、16:00 和 20:00），记录蚜虫蜕皮时间、死亡及产仔情况。分龄计算豆蚜发育历期、各龄幼虫存活率、平均单虫产仔数，并计算种群内禀增长率、平均世代历期等生命表参数。试验共设 20 次重复。计算公式如下：

$$R_0 = \sum l_x m_x, \quad T = \sum x l_x m_x / \sum l_x m_x, \quad r_m = \ln R_0 T, \quad \lambda = e^{r_m}$$

式中，R_0 为净生殖力；T 为世代平均周期；r_m 为内禀增长率；λ 为周限增长率；x 为培养时间（d）；l_x 为第 x 天的存活率；m_x 为特定时间雌虫的繁殖力。

2）豆柄瘤蚜茧蜂的寄生特性及生殖力表编制　　将刚羽化的豆柄瘤蚜茧蜂雌雄配对，放入指形管中交配 4 h。单株蚕豆苗种植在小营养钵中（4 cm×5 cm），待 3～5 叶期接 2～3 龄蚜虫约 250 头，将营养钵移至接虫杯（9 cm×15 cm）中，接入已交配完成的 1 对茧蜂，记录接蜂时间，接蜂后 24 h 取出寄主，并重新更换 2～3 龄蚜虫约 250 头，直至母蜂死亡。将更换下的蚜虫放入相同试验条件下培养，试验共设 40 次重复。逐日观察并记录每头雌蜂的存活情况、蚜虫被寄生数量、僵蚜羽化率等，分析豆柄瘤蚜茧蜂的寄生特性，计算豆柄瘤蚜茧蜂种群内禀增长率、平均世代历期等生命表参数。采用上述公式计算生命表参数。

利用 Microsoft Excel 2003 及 DPS 14.10 软件进行数据分析，雌雄虫寿命进行方差分析，并采用 Turkey 法进行差异显著性检验。

（三）研究结果

豆蚜 2 龄若虫的存活率略低于其他龄期，但仍可达到 90.00%，整个若虫期累计存活率达到 85.00%。成虫发育历期为 16.934 d。

豆柄瘤蚜茧蜂对豆蚜的寄生特性：豆柄瘤蚜茧蜂雌雄成虫寿命分别为 6.84 d 和 5.69 d，雌雄性比为 1.69：1。平均单雌产卵历期和总产卵量分别为 3.08 d 和 234.48 粒，僵蚜羽化率为 96.97%。豆柄瘤蚜茧蜂在羽化当日就达到产卵高峰期，随着存活时间延长，产卵量呈明显下降趋势。羽化 4 d 平均单雌寄生僵蚜量为 204.11 粒，占总寄生量的 87.05%。雌蜂最高存活天数为 9 d，实验种群在第 3 天出现雌蜂死亡，至第 8 天死亡率超过 80%（图 2-4）。

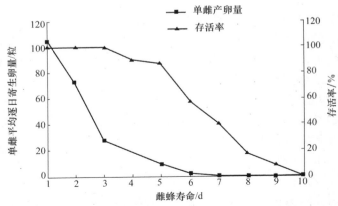

图 2-4　豆柄瘤蚜茧蜂在豆蚜上的逐日产卵量及存活曲线（王秀梅等，2014）

1）豆柄瘤蚜茧蜂实验种群生命表 豆柄瘤蚜茧蜂发育至第 10 天时羽化，且羽化当日就达到产卵高峰期，其产卵量占总产卵量的 53.59%，随着雌蜂日龄增加产卵量逐渐降低，羽化后第 2 天、第 3 天产卵量分别占总产卵量的 36.99% 和 4.86%，至羽化后第 7 天产卵全部结束。在羽化后第 4 天雌蜂开始出现死亡，至羽化后第 10 天，实验种群雌蜂全部死亡。

2）寄生蜂及其寄主实验种群生命表参数的比较 豆蚜的平均世代历期 T 为 23.370 d，内禀增长率 r_m 和周限增长率 λ 分别为 0.183 和 1.201，净生殖力 R_0 为 72.136，即每经过 1 个世代种群可增值 72.136 倍。豆柄瘤蚜茧蜂的平均世代历期为 10.607 d，周限增长率和内禀增长率 r_m 分别为 1.605 和 0.473；净生殖力 R_0 为 150.925，即每经过 1 个世代种群可增值约 150.25 倍。可见，豆柄瘤蚜茧蜂世代历期约为豆蚜一半的时间，即豆蚜完成 1 个世代，豆柄瘤蚜茧蜂可完成 2 个世代；豆柄瘤蚜茧蜂的 r_m 值和周限增长率均明显高于豆蚜，表明豆柄瘤蚜茧蜂具有较强的种群增长潜能。

因此，豆蚜和豆柄瘤蚜茧蜂的生命表参数 R_0、T、r_m 和 λ 分别为 72.136、23.370 d、0.183、1.201 和 150.925、10.607 d、0.473、1.605。其中豆柄瘤蚜茧蜂 r_m 和 R_0 值均明显大于豆蚜，且豆蚜繁殖 1 个世代豆柄瘤蚜茧蜂可以繁殖 2 个世代，表明豆柄瘤蚜茧蜂对豆蚜的寄生能力强、繁殖速率高，对豆蚜种群有较强的控制潜能。

二、罩笼接虫法——以麦田自然天敌对麦蚜的控害效果为例

（一）背景

罩笼接虫法就是通过人工接入相同数量的目标害虫一段时间后，比较罩笼处理和开放处理中害虫种群数量，评价天敌控害作用的方法。于汉龙等（2014）利用笼罩法定量评价了麦田自然天敌对麦蚜的控害作用。

（二）方法

实验所用罩笼框架由 PVC 管材焊接而成，笼架大小为 1 m×1 m×1.5 m（长×宽×高），网为 60 目。其中，封闭的笼子用网罩全部罩住；开放时，笼架顶部用 1 m×1 m×0.6 m 笼罩罩住，让自然天敌自由通过，同时减少封闭处理和开放处理的温度、湿度差异，以及罩笼对作物生长影响的差异。每个罩笼处理的小麦面积为 1 m²。罩笼试验田面积 667 m²，在小麦返青期开始罩笼接虫试验，试验田中随机选取 1 m² 的长势整齐小麦进行罩笼，罩笼后即清除笼内所有天敌和害虫，然后进行接虫，用毛笔将大小体型相似的成蚜均匀接到笼罩内小麦嫩叶上。每个笼罩接入 10 头蚜虫，控制初始蚜虫数量相同，保证在相同的初始条件下进行试验。试验共设 8 个处理，分别为一直罩笼、一直开放、罩笼 10 d 后开放、罩笼 20 d 后开放、罩笼 30 d 后开放、开放 10 d 后罩笼、开放 20 d 后罩笼、开放 30 d 后罩笼。每个处理 5 次重复。每 3 d 调查 1 次，记录各重复上的蚜虫的数量、天敌的种类及其数量。

（三）结果

（1）田间天敌种类的调查结果表明，麦蚜的天敌主要有龟纹瓢虫（*Propylaea japonica*

Thunberg）、异色瓢虫（*Harmonia axyridis* Pallas）、黑带食蚜蝇（*Episyrphus balteatus* De Geer）等。麦蚜发生的前中后三个时期优势天敌均为龟纹瓢虫，其优势度均在70%以上，5月中旬高达94%。

（2）麦蚜种群与龟纹瓢虫种群田间发生动态。麦蚜的数量总体呈现先上升后下降的趋势，整个发生过程可以分为平稳期、盛发期和消退期3个阶段。从4月28日开始调查麦蚜种群到5月10日麦蚜处于平稳期，种群变化不大；5月10日到5月17日麦蚜处于盛发期，5月10日到5月13日麦蚜种群急剧增加，5月13日达到最高峰（81.8头/m²），5月17日后麦蚜处于消退期，数量开始下降。5月31日蚜虫种群基本消失。龟纹瓢虫的田间发生动态显示，龟纹瓢虫种群数量有明显的跟随现象，前期麦蚜数量很少，龟纹瓢虫的数量也很少，麦蚜进入发生高峰期后龟纹瓢虫跟随麦蚜随后也进入发生高峰期，当麦蚜数量开始减少时龟纹瓢虫数量也开始减少，龟纹瓢虫发生高峰滞后于麦蚜的发生高峰约3 d。进一步分析龟纹瓢虫与麦蚜的益害比发现，在4月28日到5月13日益害比较平稳，数值较小，益害比均在1：100之下；在麦蚜盛发期益害比增加很快，在5月17日益害比达到最大值，约为8：100；在5月17日后益害比开始下降。

（3）罩笼试验。罩笼10 d后开放处理，蚜虫数量继续增加，但增加速度低于罩笼处理；5月13日和5月17日麦蚜数量低于罩笼处理。5月17日后蚜虫数量有所反弹，5月21日后数量开始下降，5月末蚜虫基本消失；罩笼20 d后开放处理，5月17日开启罩笼后，与罩笼相比蚜虫数量没有下降，且突然上升，高于罩笼处理，很快蚜虫数量下降；罩笼30 d开笼，与一直罩笼处理的基本相同。对于先开放再罩笼的处理分析得出，10 d（5月7日）罩笼后蚜虫数量上升而且整个发生过程数量基本比其他的处理要多。20 d（5月17日）和30 d罩笼后，麦蚜数量与一直开放处理的没有显著性差异。

（4）自然天敌控害作用。在初始蚜虫数量相同的条件下计算了平稳期（5月7日）、盛发期（5月17日）、消退期（5月28日）的控害指数和益害比。结果表明，在5月7日麦蚜增长较平缓的时期自然天敌的控害指数为0.35，自然天敌能控制将近35%的麦蚜，益害比为1：252；在5月17日麦蚜盛发期控害指数为0.42，自然天敌能控制42%左右的麦蚜，益害比为1：14；在5月24日麦蚜数量下降的时期，自然天敌的控害指数为0.32，自然天敌能控制32%的麦蚜，益害比为1：89。进一步对一直开放和一直罩笼两个处理进行比较发现，一直罩笼的蚜虫数量一直高于开放、罩笼处理，麦蚜种群增长迅速，在5月7日即达到防治指标，之后一直在防治指标以上，持续到5月21日，约有15 d的时间，而一直开放处理，种群数量一直处于比较低的水平，仅有两个调查时间点（5月13日和5月21日）高于防治指标。因此，采用笼罩接虫法可以定量评价天敌对害虫的控制作用。

三、稳定同位素方法——以龟纹瓢虫的捕食量为例

（一）背景

1980年以来，稳定同位素分析（stable isotope analysis）已成为一项重要的生态学研究手段。生物体取食来源不同的食物，经过积累而造成了体内同位素组成差异，以此为基础，可以分析动物食物资源、栖息地选择、迁徙、生理状态评估、营养物质体内分布、食物网及生态系统的结构与能量流动。

　　稳定同位素丰度表示为样品中两种含量最多同位素比率与国际标准中响应比率之间的比值，用符号（δ）表示。由于样品与标准参照物之间比率差异较小，所以稳定同位素丰度表示为样品与标准之间偏差的千分数。以碳为例：

$$\delta 13C\ 样品 = [(13C/12C\ 样品)/(13C/12C\ 标准)-1]\times 1000$$

　　标准物质的稳定同位素丰度被定义为 0‰。以碳为例，国际标准物质为 Pee Dee Belemnite，一种碳酸盐物质，其普遍公认的同位素绝对比率（13C/12C）为 0.011 237 2。

　　稳定同位素分析用于天敌昆虫的食物来源的前提：①不同寄主食源间存在稳定同位素组成差异并在食物链中传递；②天敌在不同食源间转移运动并取食；③可根据同位素转化率选取天敌不同组织以在时间上适当反映其食物记录。

　　定量评价天敌昆虫控害功能的稳定同位素方法主要包括：①在室内分别用不同的食物喂天敌，再测定取食不同食物后天敌的稳定同位素特征值；②在田间不同作物上取样，带回室内，测定不同作物上天敌的稳定同位素特征值；③样本准备与稳定同位素测定；④稳定同位素特征值分析。

　　利用稳定同位素碳标记手段，结合室内控制实验和野外田间试验（调查与取样）两种途径，识别在棉花和玉米组成的农田系统中龟纹瓢虫的食物是来源于棉花害虫还是玉米害虫，并估算其对两类作物害虫的捕食量（欧阳芳等，2014）。

（二）方法

　　1）食物配比实验（diet proportioning experiment）　　通过室内食物配比实验确定龟纹瓢虫同期取食两种蚜虫不同比例后龟纹瓢虫稳定同位素碳值（δ13C）变化。即利用两种蚜虫（棉蚜/玉米蚜）不同重量比例的组合作为食物，分别饲养龟纹瓢虫，分析龟纹瓢虫同期取食不同比例食物后龟纹瓢虫体内稳定同位素碳值（δ13C）及两者之间的差异。按棉蚜/玉米蚜不同比例设置 5 个梯度不同重量比例的组合作为食物：100/0，75%/25%，50%/50%，25%/75%，0/100%（棉蚜/玉米蚜）。每个梯度饲养 10 头龟纹瓢虫。龟纹瓢虫卵孵化后分别放置培养皿，用不同比例的食物组合饲养，至成虫 10 d 后，取样，标记，放入冰箱保存。

　　2）C3/C4 植物和蚜虫取样　　在试验基地对棉花和玉米种植区取样。其中，植物为棉花、玉米上层叶片，注意去除主叶脉部分。不同作物品种 5 组（5 个重复）。蚜虫为在叶片定殖的蚜虫，50 头为一组。

　　3）蚜虫和龟纹瓢虫的田间调查　　2010 年从 6 月上旬开始到 9 月底结束，每两周调查 1 次，共 8 次。采用网格式调查方式，对每个棉花-玉米构成的景观小区，行距方向间隔一行调查一行，株距方向间隔两株调查一株。系统地记录每次调查日期、景观小区编号、行号和株号，以及计数棉花或玉米植株上蚜虫和龟纹瓢虫的数量。

　　4）龟纹瓢虫成虫的取样　　基于前期的调查结果，在棉花和玉米农田景观系统中，龟纹瓢虫主要栖息在玉米斑块上。因此，2010 年在农田景观区域的玉米上对龟纹瓢虫成虫进行取样。每个景观小区取样至少 3 头成虫。

　　5）样本准备与稳定同位素测定　　室内控制试验和野外田间取样的龟纹瓢虫每头分别放置在离心管内。蚜虫每组 50 头放入一个离心管内，植物叶片经双蒸水洗涤之后，放入自封袋。按以下步骤测定它们的稳定同位素比率。将植物、蚜虫、龟纹瓢虫样本放入超冷冻干燥机中干燥 48 h。经过烘干的样品需要粉碎。植物叶片样本用研钵粉碎，并用 60 目筛过筛。磨好的样品放在离心管内，以数字和英文字母做标记区别样品。将整理好的样品送到稳定同位素比率质谱（combustion-gas chromatography-mass spectrometry）测定。为便于相互对比和测量，对物质的碳同位素组成多由 $\delta 13C$ 值表示。

（三）结果

1）龟纹瓢虫 $\delta 13C$ 值与取食不同蚜虫组合比例的定量关系　　龟纹瓢虫孵化后，从幼虫到羽化第 10 天期间，分别以棉蚜/玉米蚜不同重量比例（100/0，75%/25%，50%/50%，25%/75%，0/100%）取食的成虫 $\delta 13C$ 值，即龟纹瓢虫 $\delta 13C$ 与取食不同 C3/C4 食源比例的定量关系曲线。基于稳定同位素碳线性方程（carbon isotope ratio linear equation），估算出龟纹瓢虫短时期内同时取食等比例的两种蚜虫后 $\delta 13C$ 值，为−16.71‰，即龟纹瓢虫等比取食的 $\delta 13C$ 中值（middle value，MV）。当农田的龟纹瓢虫 $\delta 13C$ 值小于中值，认为其主要取食来源于棉花害虫，而当 $\delta 13C$ 值大于中值，认为其主要取食来源于玉米害虫。基于线性方程稳定同位素碳线性方程和野外田间龟纹瓢虫成虫 $\delta 13C$，可以计算出龟纹瓢虫取食棉花或玉米上害虫的比例。

2）基于龟纹瓢虫 $\delta 13C$ 中值判断食物主要来源　　基于龟纹瓢虫等比取食的 $\delta 13C$ 中值（MV=−16.71‰），2010 年 6 月 9 日、6 月 23 日、7 月 8 日、7 月 21 日、8 月 3 日和 8 月 29 日玉米斑块上取样的龟纹瓢虫成虫 $\delta 13C$ 值均低于 $\delta 13C$ 中值，说明龟纹瓢虫在这个时间段食物主要来源于棉花害虫；而 9 月 10 日和 9 月 27 日玉米斑块取样的龟纹瓢虫成虫 $\delta 13C$ 值分别高于 $\delta 13C$ 中值；说明龟纹瓢虫在这个时间段食物主要来源于玉米害虫。

3）基于稳定同位素碳线性方程估算龟纹瓢虫的取食比例　　结合等比取食的 $\delta 13C$ 中值和稳定同位素碳线性方程，可以定性判断和定量估计在野外田间 C3/C4 作物农田景观系统中龟纹瓢虫成虫的 C3/C4 食源和各占比例。2010 年 6 月 9 日、6 月 23 日、7 月 8 日、7 月 21 日和 8 月 3 日玉米斑块上取样的龟纹瓢虫成虫均有将近 100%的食物来自 C3 食源，8 月 29 日取样的龟纹瓢虫成虫 84.20%的食物来自 C3 食源；而 9 月 10 日和 9 月 27 日取样的龟纹瓢虫成虫分别有 65.16%和 80.11%的食物来自 C4 食源。

因此，在玉米斑块栖息的龟纹瓢虫在 6 月上旬到 8 月上旬对棉花上的害虫有一定的控制作用。通过稳定同位素碳的定量分析可以得出天敌瓢虫的不同时期主要控害对象（棉花害虫或玉米害虫）和控害比例。

四、单克隆抗体技术——以拟环纹豹蛛对褐飞虱的捕食作用为例

（一）背景

较早用来评价捕食者和猎物之间捕食关系的技术为蛋白电泳（protein electrophoresis），即提取捕食者或其肠道的蛋白进行聚丙烯酰胺凝胶电泳。但该方法不能进行物种特异性识别，而且如果捕食者同时捕食多种猎物时也不能进行分离。随着免疫酶、放射免疫、免疫荧光、免疫胶体金及亲和层析等免疫学检测技术的发展与成熟，免疫学检测方法成为目前研究捕食者与猎物相互关系的一种比较理想的方法。基于多克隆抗血清的免疫检

测（immunoassays using polyclonal antisera）被广泛应用于分析无脊椎动物的消化道内含物，但多克隆抗血清特异性差，容易产生交叉反应，不能准确地确定捕食者的种类。近年来，随着细胞工程技术和基因工程技术的发展，目前应用的具有高度专一、高度均质的单克隆抗体（monoclonal antibody，单抗）被作为生物探针广泛应用于特定抗原成分的检测，在植物学、动物学、微生物学、细胞生物学、遗传学和酶学等生命科学领域都得到了广泛应用。基于单抗的免疫学检测技术被迅速用于捕食者-猎物的定性和定量分析中，并展示了其独特的优势。

在捕食作用研究中，常用的免疫学检测方法为抗体夹心酶联免疫吸附试验（sandwich enzyme linked immunosorbent assay，Sandwich ELISA），其基本原理为：结合在固相载体（酶标板）表面的抗体仍保持其免疫学活性，酶标记的抗体既保留其免疫学活性，又增加酶的活性。在测定时，受检样品（猎物蛋白抗原）与固相载体表面的抗体起反应。用洗涤的方法去除未结合在固相载体上的抗体或抗原。再加入酶标记的抗体，也通过免疫反应与结合在固相载体上的抗原抗体复合物中的抗原蛋白相结合。此时固相上的酶量与标本中受检抗原的量呈正比。加入酶反应的底物后，底物被酶催化成为有色产物（或发荧光），颜色的深浅或荧光的强弱与样品中受检抗原的量呈正相关，故可根据呈色的深浅或荧光的强弱进行猎物蛋白的定性或定量分析；由于酶的催化效率很高，间接地放大了免疫反应的结果，使测定方法达到很高的灵敏度，且抗原抗体反应具有特异性，因而该方法也具有特异性。近年来单抗作为分子探针被应用于捕食作用的研究，已被国内外许多研究者采用。由于单抗具有高度特异性和均质性，同时结合了 ELISA 检测方法具有成本低、大批量样品快速检测等优点，在很大程度上改进了节肢动物捕食作用的研究方法。

利用褐飞虱 [Nilaparvata lugens（Stål）] 单克隆抗体，基于 ELISA 检测技术，评价稻田拟环纹豹蛛 [Pardosa pseudoannulata（Bösenberg et Strand）] 对褐飞虱的控制作用（原鑫等，2014）。

（二）方法

1）免疫原的制备　　将褐飞虱怀卵雌成虫匀浆，12 000 r/min 离心 5 min，取上清液定容至 0.05 g/mL 后作为抗原。

2）免疫动物　　选择体重 18～20 g BALB/C 雌性小鼠，用上述制备的抗原来免疫。50～100 μg 抗原与等体积弗氏完全佐剂混合，充分乳化后，经腹腔注射，0.2 mL/只，间隔 3 周，取与第 1 次免疫等量抗原和等体积弗氏不完全佐剂充分乳化后，第 2 次腹腔注射 0.2 mL/只，过 3 周后用加倍剂量的抗原进行腹腔注射，3 d 后取脾细胞进行融合。

3）细胞融合　　取上述免疫小鼠脾细胞与体外培养的小鼠骨髓瘤细胞（SP2/0）按（5～10）：1 的比例，在无血清的 RPMI-1640 培养基中混匀，1200 r/min 离心 2 min，去除培养基，在 37℃水浴下加入 0.7 mL 50% PEG（Sigma）作为融合剂，使其融合 2 min，用无血清的 RPMI-1640 培养基终止融合后，1200 r/min 离心 2 min，沉淀用 HAT 培养基悬浮，分装到含有饲养细胞的 96 孔细胞板中，37℃，5% CO_2 的细胞培养箱中培养。

4）杂交瘤细胞及阳性孔的筛选　　细胞培养 5 d 后，用 HAT 培养基换液一次，第 10 天用 HT 培养基换液，等到融合细胞覆盖孔底 10%～50%时，常规间接 ELISA 方法筛选阳性孔，共获 50 多个对上述抗原有反应的阳性孔。

5）阳性孔的特异性检测及特异性阳性孔的克隆　　阳性孔的特异性鉴定采用间接 ELISA 方法。取稻田常见节肢动物同免疫原制备的方法制备各物种的蛋白初提液，用包被液稀释成 1～10 μg/mL 的蛋白初提液 100 μL/孔包被 ELISA 板，4℃过夜，使其吸附于酶标板上；PBST 洗涤 3 次后用 1%～5% 的脱脂奶粉或 1%～3% BSA 封闭 30～60 min；加入阳性孔培养上清 100 μL/孔，37℃，1～2 h；PBST 洗涤 3 次后加入按说明书稀释 10 000 倍的辣根过氧化物酶标记兔抗鼠 IgG 二抗（Sigma 公司）100 μL/孔，37℃，1～2 h，PBST 洗涤 3 次后，用 OPD-H$_2$O$_2$ 底物显色，2 mol/L H$_2$SO$_4$ 终止反应后，用酶标仪读取 OD$_{492}$ 的值，以与阴性 OD 值比值大于 2.1 为阳性。获分别对褐飞虱抗原有特异性反应的阳性孔 4 个。筛选出的特异性阳性孔用常规的有限稀释法克隆，获对褐飞虱抗原有特异性反应的杂交瘤细胞株 2 株。细胞株进一步扩大培养，用于制备单抗腹水和液氮冻存。杂交瘤细胞通常用含有 8%～10% 的二甲亚砜和 20% 小牛血清的培养基冻存于液氮中，在液氮中细胞可以保存多年，在 -80℃中可以作 3～6 个月短期保存。冻存细胞需要缓慢降温，复苏细胞时需快速升温，这样可以确保细胞有较高的存活率。

6）单抗腹水制备及纯化　　取 8 周龄左右 BALB/C 小鼠，腹腔注射 0.3～0.5 mL 降植烷（Sigma），7～10 d 后腹腔注入（5～10）×10^5 个杂交瘤细胞，注射后 7～10 d 可见小鼠腹部明显膨大，取腹水，2000 r/min 离心 3 min，收集上清液，即为腹水型单抗。取 1 倍体积腹水加 2 倍体积 0.06 mol/L pH 4.8 乙酸缓冲液稀释，加辛酸（30 μL/mL 腹水），室温下边加边搅拌，4℃澄清 1 h，12 000 r/min 离心 20 min，收集上清，再用 50% 饱和硫酸铵沉淀免疫球蛋白，4℃放置 2 h，3000 r/min 离心 20 min，沉淀用 2 倍体积的 PBS 溶液溶解，在 4℃流动透析 24 h 后即获纯化的腹水型抗体，-70℃保存。

7）单抗的亚类鉴定和腹水效价测定　　将单抗腹水与 Sigma 公司的标准抗小鼠 IgG、IgG1、IgG2a、IgG2b、IgG3 和 IgM 抗体，作双向琼脂扩散试验，结果表明，二株单抗的亚类均为 IgG1。用常规间接 ELISA 方法检测腹水型单抗的效价，结果表明上述两种单抗的效价均为 10^6～10^8。

8）待测样品处理　　将田间采集到的褐飞虱的捕食性天敌拟环纹豹蛛 -20℃冻死，加入 100 μL 的 0.01 mol/L 的 PBS（pH 7.2）研磨，待样品成匀浆状后加入 900 μL PBS，定容至 1 mL/头，转移到离心管中，5000 r/min 离心 10 min，取上清，15 000 r/min 低温离心 15 min，取上清，-20℃保存待测，同时以供水饥饿 15 d 的拟环纹豹蛛作为阴性对照，处理方法同上。

9）ELISA 检测　　田间捕获的拟环纹豹蛛均单头检测。采用以上制作的单抗进行抗体夹心 ELISA 检测。酶标单抗采用改良的过碘酸钠法制备。检测过程中单抗稀释 1000 倍，辣根过氧化物酶标记单抗稀释 4000 倍，每头拟环纹豹蛛样品稀释 100 倍。用拟环纹豹蛛 100 倍稀释液将褐飞虱抗原进行倍比稀释（50～51 200 倍）做标准曲线。求出阴性对照 OD 值得平均值 N 和标准误 SD，样品 OD 值 $P \geq N+3SD$，视为阳性反应，否则为阴性反应。计算各样品对褐飞虱单抗的阳性反应率，并根据抗原标准曲线将检测的 OD 值转换为褐飞虱雌成虫数。

（三）结果

根据估计拟环纹豹蛛对褐飞虱捕食量的计算公式，将猎物残留生物量、田间调查前

3 d 的温度和捕食者密度代入方程：

$$tDp = 0.1526 + \exp(3.9716 - 0.1347T)$$

$$P = Q_0\, d/f\, tDp$$

式中，tDp 为猎物可测定时间；T 为田间温度；P 为捕食量；Q_0 为猎物残留量；d 为捕食者密度；f 为消化系数。

计算田间被拟环纹豹蛛捕食的褐飞虱的生物量，再根据被捕食褐飞虱的生物量及田间褐飞虱生物量，计算田间褐飞虱的被捕食率，从而分析拟环纹豹蛛对褐飞虱的捕食作用。

五、特异性检测和 TaqMan 实时荧光定量检测方法

基于种特异性 SS-PCR（sequence-specific polymerase chain reaction）标记技术和 TaqMan-MGB 实时荧光定量 PCR 技术，可以定量评价捕食性天敌的控害作用。

（一）特异性定性检测评价

1）DNA 模板提取　　将单头标本置于 1.5 mL 离心管中加液氮破碎研磨，以 50 μL 提取缓冲液（50 mmol/L Tris-HCl、1 mmol/L EDTA、1% SDS、20 mmol/L NaCl，pH 8.0）研磨匀浆，并以 50 μL 缓冲液清洗研棒 3 次，合并混匀；在匀浆液中滴加 5 μL 蛋白酶 K（20 mg/mL），充分混匀，60℃水浴 2 h（中途混匀 1 次）；100℃沸水浴 5 min 后加入 200 μL KAC（3 mol/L）抽提 2 次，每次冰浴 1 h，4℃12 000 r/min 离心 15 min，取上清液。2 倍体积预冷无水乙醇冰浴沉淀上清液 2 h 以上，离心，小心弃去上清液；2 倍体积预冷 75%乙醇洗涤、离心，小心弃去上清液；然后倒扣于洁净滤纸上自然干燥沉淀，以 30 μL 超纯水进行溶解，水溶液于−20℃保存备用。PCR 扩增时吸取 2 μL 水溶液作为 DNA 模板。

2）靶标种特异片段扩增引物设计及检验分析　　以靶标种猎物及其相关种（包括同域发生的其他种猎物及天敌昆虫）DNA 为模板，以昆虫 DNA 通用型引物（RAPD 引物或 CO I 引物）进行 PCR 扩增，筛选出靶标种特有的基因片段。根据电泳分离结果，对靶标种特异性条带进行切胶、回收与纯化、载体连接、感受态细胞转化、阳性克隆鉴定及质粒 DNA 提取，并通过 PCR 扩增及电泳检测克隆效果。取与阳性克隆相应的、在甘油中保存的菌液，穿刺冷冻后由公司协助完成碱基序列测定。根据测序结果，设计靶标种特异片段扩增引物，确定扩增片段的大小。以与靶标种同域同时发生的其他种类的猎物和天敌的 DNA 为模板，进行特异性检验。反应体系为 20 μL，其中模板 DNA 2 μL；PCR 扩增时的退火温度为 61℃ 60 s，72℃延伸 5 min。

3）田间定性检测与结果判定　　以田间捕食性天敌 DNA 为靶标，以靶标种猎物为阳性对照，饥饿 48 h 以上的捕食性天敌为阴性对照，以特异性引物进行 PCR 扩增。根据电泳检测结果进行判定，检测到靶标片段的记为阳性，反之为阴性。

（二）TagMan 实时荧光定量检测评价

1）标准样品的制备和标准曲线制作　　以抽提的质粒 DNA 作为标准样品，以紫外分光光度计测定质粒 DNA 的浓度，然后以 10 倍进行递减梯度稀释成 5 个浓度，折合成 DNA 拷贝数，根据 DNA 拷贝数和 Ct 值制作标准曲线及其相关关系式，要求 R^2 值在 0.98 以上。

2）TagMan 探针和引物的设计与合成　　　根据特异性片段的碱基序列，应用生物信息学分析软件设计靶标种猎物的 TaqMan-MGB 荧光探针和引物，探针和引物由公司协助合成。

3）反应体系与扩增条件　　　定量 PCR 扩增反应以 96 孔光学板在荧光定量 PCR 扩增仪上进行，反应体系为 25 μL，其中模板 DNA 为 2 μL。定量 PCR 扩增时的退火温度为 60℃ 30 s，95℃延伸 10 min。

4）荧光引物和探针的种特异性检验　　　以田间常见的与靶标种同域同期发生的其他种类的害虫和捕食性天敌 DNA 为靶标，质粒 DNA 为阳性对照，超纯水为阴性对照，以 TaqMan 实时荧光定量 PCR 引物和探针进行特异性检验，发出强烈荧光信号者为靶标种。

5）靶标种的定量检测　　　以不同虫态和性别的单头/粒靶标种猎物 DNA 为模板，超纯水为阴性对照，梯度稀释的质粒 DNA 为标准曲线，以实时荧光定量 PCR 引物和探针进行扩增检测，得出靶标种各虫态的 DNA 拷贝数。

6）消化时间对定量检测效果的影响　　　以初羽化或饥饿 48 h 以上取食同一数量靶标种猎物的捕食性天敌昆虫的成虫为检测对象，以 2 倍递增设置 5 个以上时间梯度，于适温条件下进行消化。进行实时荧光定量 PCR 检测以及消化时间与定量检测相关关系分析。

7）取食数量对定量检测效果的影响　　　以初羽化或饥饿 48 h 以上取食一定数量靶标种猎物的捕食性天敌昆虫的成虫为检测对象，以 2 倍递增设置 5 个以上取食数量梯度，于适温条件下消化 1 h。进行实时荧光定量 PCR 检测以及取食数量与定量检测相关关系分析。

8）田间定量检测　　　以田间捕食性天敌为检测靶标，以饥饿 48 h 以上的捕食性天敌为阴性对照，梯度稀释的质粒 DNA 为标准曲线，以实时荧光定量 PCR 引物和 MGB 探针进行检测，得出田间各种捕食性天敌昆虫取食靶标种猎物的数量。

六、生态能学方法

戈峰和欧阳芳（2014）介绍了定量评价天敌控害功能的生态能学方法。

（一）基本原理

由于昆虫的能量完全来自于寄主，因此昆虫摄入的能量相当于食物的被取食消耗量。生态能量学（ecological energetics）主要研究生物通过营养途径对能量的利用和转化效率，以及能量在不同营养层次生物类群之间的转移和转化规律。捕食性天敌完全依靠捕食猎物（害虫）而获取能量，捕食性天敌摄入的能量就相当于为猎物（害虫）的被捕食消耗量，也即是捕食性天敌摄入量等于猎物（害虫）的被捕食消耗量。

1）个体能量收支平衡理论　　　能量以食物的形式（I）被摄入昆虫个体，其中一部分以粪便能和排泄能（通常无法分开，合并为 FU）的形式排除到昆虫体外，另一部分被昆虫同化吸收（A）；在同化的能量中，一部分在代谢过程中以热能形式被消耗（R），剩余部分被储存于昆虫体内，构成昆虫的生产量（或称生产力，P）。昆虫的生产力（P）包括生长生产量（Pg）和生殖生产量（Pr）两个部分。生长生产量（Pg）由昆虫生长过程中体重（生物量）的增加量（ΔB）和生长过程中丝或蜕的皮（蜕）组成（E）；而生殖

生产量（Pr）主要是指昆虫的产卵量。能量收支方程计算的公式为

$$I = P + R + FU$$
$$P = Pg + Pr$$
$$Pg = \Delta B + E$$

2）摄入的能量与寄主（猎物）被取食（捕食）消耗量相等理论　　由于昆虫的能量完全来自于寄主，昆虫摄入的能量相当于食物的被取食消耗量，捕食性天敌摄入的能量就相当于猎物（害虫）的被捕食消耗量，即捕食性天敌摄入量＝猎物（害虫）的被捕食消耗量。由此，可通过研究捕食性天敌和害虫种群的能量动态，定量分析捕食性天敌对害虫的控制作用。计算方法为捕食性天敌摄入的能量相当于害虫被捕食消耗量；捕食性天敌的摄食利用效率＝捕食性天敌摄入的能量/害虫生产力。

（二）测定方法

1. 能流参数的测定

1）饲养和收集昆虫　　在实验室内一定的温度、湿度、光照和食物下饲养昆虫；然后每隔一定时间（通常在每个虫态刚刚蜕皮的时候）及时收集各龄昆虫的虫体、排泄物和蜕。

2）生物量测定　　将收集到昆虫的材料放置于 60℃ 的恒温箱中 72 h 或低温冷冻干燥至恒重；用十万分之一电子天平测定各个虫龄虫体、排泄物及蜕的鲜重和干重，以其干重作为生物量。

3）昆虫样品能值的测定　　可用 Phillipson 微量氧弹能量计测定各种昆虫的能（量）值。

4）摄食能（I）　　重量测定法：通过称取昆虫取食前后食物的变化，计算出昆虫的摄食量；再根据该食物的能值，将重量转换为能量，由此推算出昆虫的摄食能。粪尿量推算法：通过收集昆虫排出的粪尿量，再根据实验室测定的摄食量和粪尿量的关系，计算摄食量。同位素标志法：根据昆虫对放射性同位素的摄入、积累及排除之间的平衡，估算昆虫的摄食量。指示剂法：如果食物标以易于测定、使用的浓度对昆虫正常生理活动影响不大、肠不易吸收的指示剂，则可以通过测定指示剂在食物与粪便中的浓度，计算昆虫同化效率和摄食。

5）生产量（P）　　表现为生长发育过程中体重（生物现存量）的增加；此外，还包括昆虫发育过程中各龄期的蜕和丝、雌成虫产卵量。先用重量法测定实验前后昆虫虫体的生物量，以及实验期间蜕和丝等的生物量，根据各物质的能值换算成能量，然后计算生产量。

6）呼吸量（R）　　常用的是 Gilson 示差呼吸仪，能测定出昆虫的耗氧量，再根据氧卡系数（平均值为 14.12 kJ/g），计算出呼吸量。

7）粪尿量（FU）　　较大型昆虫的粪尿可直接收集，再根据其能值，计算粪尿排出损失的能量。对于小型昆虫，尤其是同翅目蚜虫分泌的蜜露，可用特制过滤纸收集，再滴定测定。

2. 昆虫种群能流分析

种群能量动态通常是在个体能量收支的实验室测定的基础上，结合实验室种群或野外自然种群的能量动态进行估测。

1）种群生命表及田间系统调查　　实验室种群生命表：在实验室内一定的温度、湿度、光照和食物下饲养一定密度的昆虫种群。每天观测记录各龄幼虫的发育历期和死亡

率；至成虫期，记录成虫发育历期、产卵量和死亡率。同时，每隔一定时间（通常在每个虫态刚刚蜕皮的时候），收集各龄昆虫的虫体、排泄物和蜕。田间种群调查：选择有代表意义的、不同处理的农田，至少重复 3 次。自春季开始，每 5～10 d 一次，5 点取样，每点 1 m²，详细调查记载各处理农田重要昆虫的卵、各龄幼虫、蛹和成虫的数量；同时收集它们的虫体，在室内测定它们的生物量和热值。

2）昆虫样品能值的测定　　用 Phillipson 微量氧弹能量计测定。室内个体生物量、虫体含能量、呼吸量、排泄量测定方法同上。

3）种群生产量的推算　　有 3 种估计方式。

（1）从种群平均数量和个体生物量来估计。根据每次调查期间的平均种群密度、生物量变化量及个体平均能值来推算。此方法多用于世代离散，个体发育基本一致的种群，如蝗虫种群生产力（P）就使用如下公式计算：

$$P = \sum n \Delta W C v$$

式中，ΔW 为调查期间的生物量变化量；Cv 为个体平均能值；n 为调查次数。

（2）从个体体重增长率或单位体重变化率来估计。多用于世代重叠，个体发育不一致的种群。

（3）从种群数量消亡率估计。主要有将各个时期死亡量相加的累加法，或将各调查时期平均个体数及其体重绘成曲线求其面积的图解法，或应用特定年龄生命表估计死亡率法计算种群生产力的生命表法。例如，在估计棉铃虫的种群生产力时，先根据田间调查结果，将棉铃虫种群年龄结构分为卵、1～2 龄、3～4 龄、5～6 龄 4 个年龄组，以改进的特定年龄生命表分析的图解法，计算出不同调查时期各年龄组数量消长曲线下的总面积（即"日·头总数"），再除以各年龄组在该时期平均温度下的历期，得出各年龄组龄中期的个体数（头）。由棉铃虫各代自然种群生命表可知年龄组之间死亡的比例，从而得出各龄期的蜕皮数及其虫蜕的能量损失值（E），以及各龄期的死亡数和死亡损失量（M）。种群生产力（P）为

$$P = \sum (E_i + M_i) P'$$

式中，i 为棉铃虫的卵及 1～6 龄幼虫；E_i 和 M_i 分别为第 i 阶段的蜕能量损失值和虫体能量损失值。由于棉铃虫化蛹后不再获取能量，因而蛹的现存量即为棉铃虫种群的最终生产量（P'）。

4）种群呼吸耗能量　　种群呼吸耗能量是估计种群生产力的一个重要途径，但也是非常难的一个方法。因为田间昆虫种群的呼吸受多种因素，如温度、湿度、光照、食物营养等的影响。它只能是一个近似值。呼吸耗能量可由每次调查时各龄的个体数与其室内测定值相结合进行推算；也可根据呼吸量与其体重的关系，由每次调查时的平均体重来推算。由于田间温度及田间昆虫的活动对其呼吸量影响较大，因此要将种群呼吸量乘以一个系数进行校正。

5）种群的摄入量　　种群的摄入量通常是在室内测定的基础上，结合田间数量进行估计。对于某些难以测定摄入量的昆虫，则利用公式 $I = P + R + FU$ 进行推算。

6）害虫与天敌作用的评价　　根据昆虫摄入的能量与寄主猎物被捕食消耗量相等理论，评价捕食性天敌作用。

3. 昆虫群落能流分析

针对田间研究的需要，根据每次调查收集的昆虫种类、数量、体重、室内的呼吸量等，可以分析昆虫群落的能量流动，包括昆虫群落呼吸量、昆虫群落生产量、昆虫群落

摄入量、昆虫群落同化量等。

第五节　昆虫种群生命表及其应用

一、年龄-龄期两性生命表——以 3 种女贞属植物上的猫眼尺蠖为例

（一）原理

生命表是研究昆虫种群动态变化的有效方法，能够为昆虫种群研究提供全面而精确的信息。传统的生命表以平均历期作为计算繁殖力及存活率依据，在数据分析上面临如何纳入未成熟期死亡个体的困难，从而影响到生命表以及种群动态参数的准确性。年龄-龄期两性生命表对传统生命表方法进行了补充和改进，综合考虑了性别及个体间发育速率差异，分别描述了雌雄两性生命过程，指出了净增殖率与雌虫繁殖力等之间的关系，能提供包括年龄-龄期存活率、生命期望、繁殖率贡献值、年龄组配等在内的更加全面的种群信息，这为研究不同寄主对昆虫生长发育特性的影响提供了重要的参考信息。

（二）方法

胡良雄等（2015）在室内温度（25±1）℃、RH（75±5）%、16L∶8D 条件下，组建了猫眼尺蠖（*Problepsis superans* Butler）在 3 种女贞属植物上的实验种群年龄-龄期两性生命表。基于生命表实验中可能出现的雄虫数量少于雌虫情况，在生命表实验开始时，每种植物上多取 10 粒卵，同样条件下孵化，幼虫孵出后同样方法饲养，成虫羽化后用于补充生命表实验中可能缺少的雄虫。

数据的处理及分析采用年龄-龄期两性生命表分析软件（age-stage, two-sex life table analysis）（Chi, 2014）。其中，l_x 指从卵发育达到年龄 x 的存活率，$l_x = \sum S_{xj}$（x 为猫眼尺蠖年龄，j 为龄期），S_{xj} 指个体从卵发育到年龄 x 龄期 j 的概率；m_x 指整个种群在年龄 x 平均产卵数，计算为

$$m_x = \frac{\sum\limits_{j=1}^{k} S_{xj} f_{xj}}{\sum\limits_{j=1}^{k} S_{xj}}$$

式中，f_{xj} 为猫眼尺蠖成虫在年龄 x 龄期 j 的产卵数，由于只有雌虫产卵，所以这里只有 f_{x8}（雌虫处于第 8 个龄期），指雌虫（不包括未发育至成虫死亡的个体）在年龄 x 的平均产卵数。

由 Euler-Lotka 公式 $\sum e^{-r(x+1)} l_x m_x = 1$（Goodman, 1982），按照二分迭代法估算内禀增长率（r）。净增殖率（R_0）指一个个体一生中所产的总后代数，计算为 $R_0 = \sum l_x m_x$。周限增长率 λ 为 e^λ。世代平均周期（T）指一个种群达到稳定年龄-龄期分布和稳定增长速率（即 r 和 λ）时，增加 R_0 时所需的时间，即 $e^{rT} = R_0$ 或者 $\lambda^T = R_0$，计算为 $T = (\ln R_0)/r$。总繁殖率（GRR）计算为 $GRR = \sum m_x$。产卵前期（adult preoviposition period，APOP）指雌虫羽化至开始产卵。使用 Bootstrap（Efron and Tibshirani, 1993）（其中 Bootstrap times 为 10 000 次）方法推断内禀增长率（r）、净增殖率（R_0）、世代平均周期（T）、周限增长率（λ）等种群参数的平均值和标准误，采用 Tukey-Kramer（Dunnett, 1980）多重比较法检测猫眼尺蠖取食 3 种植物的种群参数的差异显著性。

（三）结果

取食不同寄主植物的猫眼尺蠖雄成虫平均寿命差异不显著，取食金叶女贞、小叶女贞、女贞的雌虫总产卵量差异显著，它们分别为 529.1 粒/雌、442.5 粒/雌和 339.7 粒/雌（表 2-2）。

表 2-2　在金叶女贞、小叶女贞和女贞上猫眼尺蠖成虫寿命及雌虫生殖力

统计参数	性别	金叶女贞	小叶女贞	女贞
成虫寿命/d	雄	10.5±0.55	9.85±0.54	9.00±0.45
	雌	10.5±0.38	9.25±0.33	8.73±0.29
产卵前期/d	雌	1.62±0.09	1.82±0.09	1.81±0.10
产卵期/d	雌	7.52±0.29	6.25±0.23	5.42±0.24
总产卵量/粒	雌	529.1±23.3	442.5±18.9	339.7±25.2

资料来源：胡良雄等，2015

在金叶女贞、小叶女贞和女贞上，猫眼尺蠖年龄特征存活率（l_x）、年龄-龄期特征繁殖力（f_{x8}）、种群年龄特征繁殖力（m_x）和种群年龄特征净增殖率（$l_x m_x$）如图 2-5 所示。

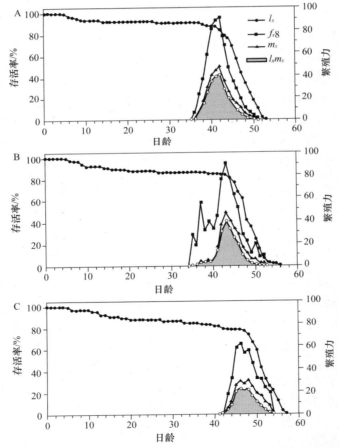

图 2-5　猫眼尺蠖在金叶女贞（A）、小叶女贞（B）和女贞（C）上的年龄特征存活率（l_x）、年龄-龄期特征繁殖力（f_{x8}）、种群年龄特征繁殖力（m_x）和种群年龄特征净增殖率（$l_x m_x$）（胡良雄等，2015）

猫眼尺蠖在 3 种植物上不同虫态的年龄-龄期存活率（S_{ij}）见图 2-6，在金叶女贞上猫眼尺蠖卵期、幼虫期、蛹期的存活率分别为 0.9、0.94 和 0.98，在小叶女贞上分别为 0.97、0.89 和 0.98，在女贞上分别为 0.97、0.86 和 0.94。

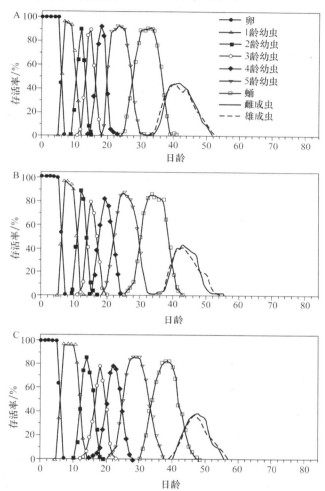

图 2-6　猫眼尺蠖在金叶女贞（A）、小叶女贞（B）和女贞（C）上的年龄-龄期存活曲线（S_{xj}）
（胡良雄等，2015）

年龄-龄期生命期望（e_{xj}）表示处于年龄 x 龄期 j 的个体在未来的期望存活寿命。猫眼尺蠖在金叶女贞上的生命期望小于在小叶女贞和女贞上，而在女贞上的生命期望最长（图 2-7）。年龄-龄期繁殖率贡献值（v_{xj}）用以描述处于年龄 x 龄期 j 的个体对未来种群增长的贡献。在金叶女贞、小叶女贞、女贞上，雌虫最大繁殖率贡献值分别出现在第 39 天（V39，8＝345.76）、第 38 天（V38，8＝342.70）和第 44 天（V44，8＝260.59）（图 2-8）。

二、实验种群生命表——以黑肩绿盲蝽为例

（一）背景

生命表的两种编制方法中都存在缺陷，特定时间生命表的编制与计算相对比较繁琐，

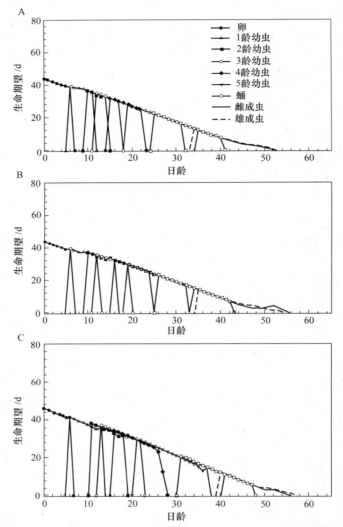

图 2-7　猫眼尺蠖在金叶女贞（A）、小叶女贞（B）和女贞（C）上的年龄-龄期特征生命期望（e_{xj}）
（胡良雄等，2015）

且由于不统计幼期存活率，只得到生殖力表，不是反映整个昆虫发育状态的完整意义上的生命表。特定年龄生命表在编制方法上虽较为简便，但不能计算最重要的生命表参数 r_m 值。如何完善两种生命表在编制方法上的缺陷，更合理的运用生命表来评价昆虫种群动态。黑肩绿盲蝽（*Cyrtorhinus lividipennis* Reuter）是水稻主要害虫稻飞虱卵期的重要天敌，对稻飞虱的发生具有重要的调控作用。刘家莉等（2009）以米蛾[*Corcyra cephalonica* (Stainton)] 卵为寄主，通过人工饲养，编制了黑肩绿盲蝽的实验种群生命表，对编制方法进行了改进，探讨利用特定年龄生命表参数计算昆虫内禀增长率 r_m 的可行性。

（二）生命表的构建

1. 黑肩绿盔盲蝽卵的孵化

采集的若虫在室内以米蛾卵饲养至成虫后，雌雄配对放入长 15 cm、直径为 1.5 cm

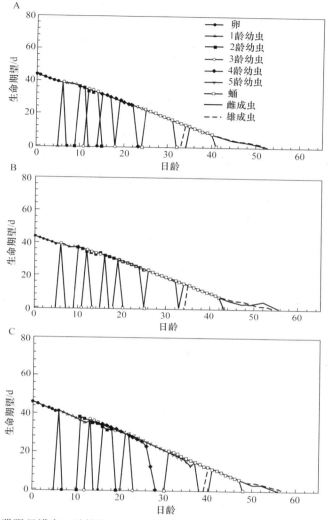

图 2-8　猫眼尺蠖在 3 种植物上的年龄-龄期繁殖率贡献值（胡良雄等，2015）

的玻璃管中，同时放入卵卡及水稻秆供其产卵，每天更换稻秆。将更换出的稻秆在显微镜下用解剖针将产在其上的卵挑出，放入培养皿中，培养皿底部放入两张滤纸，用蒸馏水打湿，再放入脱脂棉球保湿，用保鲜膜盖住培养皿，并在保鲜膜上扎上小孔，适时为棉花球加水保持湿度。5 d 后逐日观察卵的孵化情况，待到有卵孵化，则立即将刚孵化出的若虫移出转入指形管中单头饲养，直到连续 3 d 没有卵孵化为止。

2. 黑肩绿盲蝽的饲养方法

将刚孵化出的黑肩绿盲蝽若虫单头放入指形管（长 5.5 cm、直径 1 cm）中，管底放入棉花球用于保湿，管内放入卵卡，以脱脂棉塞住管口，置于室温 26℃。每 2 d 更换一次卵卡，以保证米蛾卵的新鲜。每日观察若虫发育状况，根据蜕皮情况记录其龄期，并及时将皮挑出以便观察。待到羽化为成虫后，雌雄配对放入长 15 cm、直径为 1.5 cm 的玻璃管中，同时放入卵卡及长度为 10 cm 左右的稻秆供其产卵，每日更换稻秆，并及时在解剖镜下计数产卵量。

3. 黑肩绿盲蝽各虫态历期的推导

在群体饲养时，在饲养容器中放入一定数量的卵，逐日观察昆虫的生长发育。根据昆虫的发育进度，统计每日不同龄期的数量变化得出一矩阵（表 2-3），根据以下公式推导出从卵期发育到某一龄期的历期。公式根据每日新增虫数与天数之间的关系推导计算，例如，T_3 为从卵期发育到 3 龄若虫的历期，即卵期到 2 龄若虫的历期，在公式中即反应为从 3 龄若虫出现开始，统计计算每日新增的 3 龄若虫数量与天数直至无新增虫数，累计求平均值即为 T_3。

$$T_x = \sum \left(\sum L_{j(i-1)} - \sum L_{ji} - \sum D_{ji} \right) \times (i-1) / \sum \left(\sum L_{j(i-1)} - \sum L_{ji} - \sum D_{ji} \right)$$

式中，T_x 为从卵期发育到 x 龄若虫的历期（即从卵期到 $x-1$ 龄），取值从一开始；L_{ji} 为第 i 天 j 龄若虫数；i 为发育天数，取值范围为出现 x 龄若虫开始到 $x-1$ 龄若虫为零为止；j 为龄期，从零开始，零表示卵期，取值范围为 0 到 $x-1$；D_{ji} 为第 i 天的死虫数，但只计算龄期小于或等于 x 龄的死亡虫数。由此得出某龄的历期 t_x，$t_x = T_x + 1 - T_x$，$t_E = T_1$（t_E 为卵期）；世代发育历期 $T = \sum t_x + t_A$（t_A 为成虫的平均寿命）。

表 2-3　黑肩绿盲蝽各龄期发育进度记录表

发育天数	卵/粒	1龄/头	2龄/头	3龄/头	4龄/头	5龄/头	成虫/头	死虫数
1	96							0
2	96							0
3	96							0
4	96							0
5	96							0
6	95	1						0
7	87	9						0
8	72	24						0
9	58	31	5					2（L_1）
10	49	39	6					0
11	44	28	17	4				1（L_2）
12	43	15	27	6				2（L_1）
13	43	9	21	15	3			0
14	43	3	13	25	6			1（L_1）
15	43	0	6	29	10			2（L_2）（L_3）
16	43		4	12	21	7		1（L_3）
17	43		1	6	28	9		0
18	43		0	5	15	20	2	2（L_4）
19	43			0	10	25	6	1（L_4）
20	43				7	24	9	1（L_4）
21	43				2	20	18	0
22	43				0	13	27	0
23	43					7	31	2（L_5）
24	43					1	33	2（L_5）
25	43					0	35	0
26	43					0	36	0

资料来源：刘家莉等，2009

三、使用生命表评价杀虫剂对天敌的影响——以烯啶虫胺为例

（一）背景

长期以来，评价农药对天敌昆虫的影响常用致死中浓度（LC$_{50}$）或致死中量（LD$_{50}$）来表示，但 LC$_{50}$ 或 LD$_{50}$ 只能表现出测试昆虫在某一发育阶段对药剂的反应，不能反映杀虫剂对测试昆虫种群的影响，而生命表技术可以从种群水平上较好地阐明杀虫剂对昆虫的影响。王秀梅等（2014）利用生命表评价了烯啶虫胺对异色瓢虫种群参数的变化。

（二）方法

1. 烯啶虫胺对异色瓢虫 F$_0$ 代的影响

以烯啶虫胺防治田间蚜虫的推荐剂量（25 mg/L）处理异色瓢虫。在培养皿（直径 9 cm、高 2 cm）的底部铺一层滤纸，然后吸取 1 mL 药剂均匀展布至滤纸上，风干 1 h，分别接入待试的异色瓢虫雌、雄成虫，处理 24 h 后，配对饲养于培养皿中，每皿 1 对（1♀：1♂）。每处理各 20 次重复，以清水处理为对照。

（1）对取食量的影响。将存活的一对个体分别移至放有一层滤纸的干净培养皿中，每皿 300 头蚜虫饲喂，每 24 h 更换 1 次蚜虫，连续饲喂 10 d，统计每对异色瓢虫的日取食量。

（2）对繁殖及寿命的影响。每皿挑取足量豆蚜饲喂异色瓢虫，每日观察 3 次（8:00、14:00、20:00），24 h 后更换蚜虫，记录每头异色瓢虫雌虫产卵前期、产卵历期、产卵量及雌雄虫寿命，直至成虫死亡。

2. 烯啶虫胺对异色瓢虫 F$_1$ 代的影响

挑取按上述药剂处理的 F$_0$ 代成虫初产卵 120 粒（卵日龄小于 12 h），转移至培养皿中发育，一旦发现有若虫孵化出来，立即单头接入放有蚕豆叶片的新培养皿中，同时放入豆蚜作为食物，每日添加蚜虫量分别为 15 头、20 头、100 头、170 头、240 头、280 头、200 头、100 头，直至化蛹，每个处理 60 头若虫，每日观察 4 次（8:00、12:00、16:00、20:00），记录卵期、幼虫龄期、蛹期及各龄期存活率（或孵化率、羽化率）；以清水处理的 F$_0$ 代成虫初产卵 120 粒（卵日龄小于 12 h）为对照。

3. 生命表参数计算方法

生命表中参数的计算公式为：净增殖率 $R_0=\sum l_x m_x$；平均世代周期 $T=\sum l_x m_x X/R_0$；内禀增长率 $r_m=\ln R_0/T$；周限增长率 $K=e^{r_m}$；种群加倍时间 $t=\ln 2/r_m$，式中 X 为按年龄划分的单位时间间距，l_x 表示任一个体在 x 期间的存活率，m_x 表示在 x 期间平均每雌产雌数。

（三）结果

1. 烯啶虫胺对异色瓢虫 F$_0$ 代取食能力的影响

烯啶虫胺处理后 10 d 内，处理组的取食量低于对照组，且调查期内两组处理异色瓢虫的取食量趋势相同，即取食量随饲喂天数逐渐增加至趋于稳定。其中 1～7 d，处理组

的取食量显著低于对照组，8～10 d 两者间无显著差异。最低取食量出现在实验开始后第1 天，处理组每对异色瓢虫取食 152 头蚜虫，对照组为 207 头，之后取食量逐渐增加，到第 7 天时对照组和处理组取食量分别为 241 头和 266 头。8～10 d 内两组处理异色瓢虫取食量趋于稳定。

2. 烯啶虫胺对异色瓢虫 F_0 代雌虫繁殖力的影响

经药剂处理后，当代成虫的产卵前期明显增长；而产卵历期、产卵总量及日均产卵量略低于对照组，但两组间没有显著差异。说明烯啶虫胺对当代成虫生殖力未见显著负面影响。

药剂处理对异色瓢虫雌雄虫寿命没有显著的负面影响。药剂处理组雌虫平均寿命为49.31 d，略低于对照组的 51.69 d，两者之间差异不显著；雄虫平均寿命为 46.54 d，略低于对照组平均寿命 49.77 d，两者之间差异不显著。

从反映种群动态较为敏感的 r_m 值来看，受药处理的异色瓢虫种群内禀增长率低于对照组；处理组净增值率低于对照组而种群加倍时间大于对照组，但各组种群参数间差异均不显著。表明药剂处理后的异色瓢虫种群生殖力没有明显降低，药剂未对异色瓢虫种群增长速率产生明显抑制作用。

烯啶虫胺处理对异色瓢虫次代各虫态发育历期与对照相比，均未见明显差异，表明药剂对异色瓢虫的发育速率没有抑制作用。

烯啶虫胺处理异色瓢虫所得的初产卵孵化率明显小于对照组，幼虫各龄期存活率处理组与对照组间没有显著差异，蛹羽化率处理组显著低于对照组。

3. 烯啶虫胺处理对异色瓢虫 F_1 代的影响

处理组与对照组幼虫各龄期取食量没有显著差异，幼虫取食量随龄期增加而增大，进入 4 龄第 2 天取食量达最大值，单头若虫日取食蚜虫量为 200 头左右。

第六节 集合种群的研究与应用

一、集群的概念

集群就是很多同种或异种的个体以一定的方式聚集在一起，这是动物利用空间的一种形式。集群的类型在不同种动物间存在着很大差异，即使同种动物在不同条件下采取的集群生活方式也不同。集群对于生存、种族繁衍具有重要的意义。

1）稳定而经常性的集群　这种类型的集群一般比较稳定，个体间的相互依赖性较强，通常情况下，集群中有"领导者"和"被领导者"之分，整个集群的行动都由"领导者"决定。更高级的集群中还有更具体的分工。例如，大多数灵长类的集群都是稳定的，群体内具有一定的等级序位关系，有统治者和被统治者之分。动物界中，最稳定的集群莫过于蜜蜂等社会性昆虫群体，这种社会性群体不同于蝗虫的集群，在蜜蜂的群体中，社会性分工已经比较明确，而蝗虫的集群却没有分工的现象。在蜜蜂的社会性生活中，机能高度专门化，家庭的成员分为几种类型，它们在形态和生理上都不相同，在群体中担负不同的职责，不能相互顶替。蜜蜂的家庭社会里通常只有一个蜂后，蜂后是蜂群中的首领，专司产卵，工蜂担任筑巢、采花粉、养育幼蜂等工作。

　　2）季节性的集群　　这类动物一年中在一些季节里过着集群生活，而在另一些季节则过着单体或家庭式的生活，不是常年都过着集群的生活。季节性的集群的例子很多。黄花鱼每年在春季都进行降河洄游，在洄游时集群游到我国东南沿海一带，到了目的地后则分散觅食，不再集群。很多迁徙鸟类只在迁徙季节时集群进行迁徙，而在繁殖地则是按家庭营巢、育雏的。生活在西藏地区的马麝、林麝，在平常不集群，过着单身生活，只有到了繁殖交配季节，雌雄才混合到一起集群生活，待交配期过后，仍恢复原来的单身生活。

　　3）暂时性的集群　　个体通常情况下都是为了获得同样的食物、水源、隐蔽所、休息地等而暂时集结在一起的，一旦外界因素消失，这种集群也就随之而解散。在电线上集中休息的燕子，垃圾堆上的苍蝇等，都是暂时性集群的例子。

　　4）被动、偶然性的集群　　这种集群常常是在一定的外界因素的强制作用下，使动物被迫集中到一起而产生的。例如，由于洪水泛滥，受大水的冲击，被迫集中到高岗地带的田鼠。

　　5）种间集群　　是两种或两种以上的不同种类个体的集群。在长白山山地针叶林带，7月末能见到由煤山雀、褐头山雀、银喉长尾山雀、普通䴓、红胁绣眼鸟、柳莺类、鹛类及鸣鸟类等组成的大型混合群。它们当中，有的在树冠枝叶上取食（山雀、莺、绣眼鸟），有的在树干、树枝上取食，有的在地面草、灌丛间取食，有的在空中取食。每到一块林地，不同种鸟分布在不同林层，迅速而仔细地搜寻，组成立体捕食网。生活在非洲的有蹄类种间集群的现象非常普遍。

　　6）集群给动物带来的利益　　①降低了被捕获率。集群生活可以共同防御天敌，大的集群在逃避敌人捕获时还可以迷惑捕食者的追击，使捕食者不知道选择哪一只更好。②集群有利于觅食和休息，能够增加个体对环境的适应性，大的集群中，个体用于警戒的时间减少从而赢得较多的觅食和休息时间。③集群有利于动物基因的交流和幼体的抚育，保证繁殖的成功。大的集群个体数量比较多，组成也比较复杂，有利于个体对配偶的选择，避免了近亲繁殖。④集群有利于改变动物生活的小环境，使其更能适应环境而生存。例如，社会性昆虫的集群能使周围环境的温度保持相对稳定。⑤集群有利于长距离迁移，许多平常独栖的鸟在迁徙时是集群的，如豆雁、斑嘴鹤鹏等。

　　集群的利益和代价是共存的，虽然集群能够给动物带来很大的利益，但这种集群也并不是越大越好，过大的集群反而会对动物的生存和种群延续带来不利的影响。随着集群的增大，对食物的竞争也会加剧。

二、集合种群

　　种群生态学有局域尺度、集合种群尺度和地理尺度3个空间尺度（表2-4）。局域种群（local population）指在一个斑块区域内同一个种的、并且以很高的概率相互作用的个体的集合。斑块（patch）指的是局域种群所占据的空间区域。集合种群（metapopulation）所描述的是生境斑块中局域种群的集合，这些局域种群在空间上存在隔离，彼此间通过个体扩散而相互联系，在一个区域内，所有局域种群构成一个集合种群。它是种群概念在一个更高层次上的抽象和概括。

表 2-4　种群生态学上研究的 3 个空间尺度

空间尺度	特征
局域尺度	个体在这一尺度内完成取食和繁殖等活动
集合种群尺度	扩散个体在不同的局域种群之间迁移
地理尺度	一个物种所占据的整个地理区域，一般个体不会扩散出该区域

资料来源：牛翠娟等，2007

　　种群与局域种群的概念是有区别的，种群定义为一定时间内占据特定空间的具有相互作用的同种个体的集合；集合种群定义为在一定时间内具有相互作用的局域种群的集合，集合种群动态特征表现为局域种群的连续周转、局域灭绝和再侵占。要判断一组局域种群是否为一个集合种群，必须要知道这些局域种群中的一些种群会在生态时间内灭绝，而某一局域种群灭绝后会有一些个体从临近种群中迁移过来，重新占领该斑块（图 2-9）。

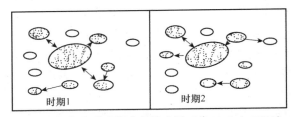

图 2-9　集合种群及其动态模式图（仿 Krebs，2000）

（一）经典集合种群理论

　　Levins（1969）提出集合种群的概念，并定义为"种群的种群"（a population of populations），即一个相对独立的区域内各局域种群（local population）的集合，各局域种群通过一定程度的个体迁移成为整体。集合种群研究的核心是将空间看成是由栖息地斑块（habitat patch）构成的网络，探讨这些斑块网络中的各局域种群间的灭绝与再定殖的动态变化。

　　Levins 经典集合种群模型假定所有局域种群有恒定的灭绝风险，局域种群建立的概率与斑块被局域种群占据的比例（p）及当前未被占据斑块比例（$1-p$）成正比，即

$$\mathrm{d}p/\mathrm{d}t=cp（1-p）-ep \tag{2-3}$$

式中，t 为时间；c、e 分别为定殖和灭绝参数；p 的平衡值（p^*）为

$$p^*=1-e/c$$

（二）现代集合种群理论

　　Hanski（1995）认为，典型的集合种群需要满足以下 4 个条件：①适宜的栖息地以离散斑块形式存在，这些离散斑块可以被局域繁育种群（local breeding population）占据；②即使是最大的局域种群也有灭绝风险；③栖息地斑块不可过于隔离而阻碍局域种群的重新建立；④各个局域种群的动态不能完全同步。

　　现代集合种群理论基于 Levins 模型，但放弃了 Levins 模型中的一些不符合实际的假设。主要包括以下几方面。

　　1）局域种群动态　　Levins 模型忽略了局域种群大小的分布，放弃该假设，建立了

基于个体层次过程的"结构"集合种群模型，或者将种群大小分为 3 种状态，或者考虑种群大小的分布。

　　2）灭绝-定殖的随机性　　Levins 模型假定栖息地斑块的数量无限多，因此采用确定性的微分方程模型。如果栖息地斑块的数量相对中等，如几十个，灭绝-定殖的随机性就可能对模型的预测产生深远的影响，这种随机性就不能再忽略。随机的 Levins 模型用来研究集合种群的灭绝时间如何依赖于栖息地斑块的数量，或者一个现实的集合种群的生存力问题。

　　3）斑块网络的空间结构　　真实的斑块网络在斑块的面积、质量和连接度等方面存在着很大的差异，要定量地认识集合种群的动态，考虑空间异质性是必要的。Hanski 提出的关联函数模型可以用实际的集合种群（具有变异的面积和连接度）的数据加以参数化，在保护生物学中具有重要意义。

　　4）结构模型假设　　Levins 模型假设空白斑块的定殖率随已定殖斑块的比率呈线性增加，而已占斑块的灭绝率与栖息地斑块网络无关。对一个实际的集合种群来说，这两个假设都存在问题。例如，许多有性繁殖的生物体在定殖上可能表现出阿里效应，到达某一空白斑块的个体数量如果低于某一阈值，定殖成功的概率非常低。同样，灭绝过程也受到拯救过程的影响。

　　5）灭绝率（及定殖率）的关联　　许多研究证实了很多物种的种群动态存在着区域同步（regional synchrony）现象。就经典集合种群来说，局域种群动态的空间同步导致灭绝率（及定殖率）的空间关联。区域同步可能归因于外界因子，如天气或气候条件。区域同步也可能源于集合种群动态本身。例如，一个已定殖的斑块更有助于增加其相邻斑块的定殖率，导致定殖过程的空间相关。

　　6）灭绝率和定殖率的时间变异　　绝大多数集合种群的理论研究都假定灭绝率和定殖率不随时间改变，但是，物种对环境条件随时间变异的反应显然对其种群动态有深远的影响。一个相对常见的物种的灭绝风险更可能由特别不利的环境条件的出现概率决定，而不是通常的"平均"动态决定。

　　集合种群研究的核心是将空间看成是由栖息地斑块（habitat patch）构成的网络，探讨这些斑块网络中的各局域种群间的灭绝与再定殖的动态变化。该理论主要用于昆虫生物多样性和保护的研究，考虑昆虫的迁徙、扩散、栖息地选择、灭绝风险等问题。Hanski 等在芬兰西南的 Aland 群岛，调查庆网蛱蝶 [*Melitaea cinxia* （L.）] 的斑块占有率、迁出率、灭绝概率，探寻斑块面积、隔离程度与局域种群灭绝及重建之间的内在规律。Levins 经典集合种群模型假定所有局域种群有恒定的灭绝风险，局域种群建立的概率与斑块被局域种群占据的比例（p）及当前未被占据斑块比例（$1-p$）成正比。

　　Levins 模型表明，集合种群若要持续存在，再定殖（recolonization）率必须高到足以补偿灭绝。由于种群灭绝的风险随岛屿（或斑块）面积的增大而减小，定殖的概率随岛屿（或斑块）隔离度的增加而减小。因此，依据 Levins 模型，被占领的岛屿（或斑块）的比例 p 随岛屿（或斑块）的平均大小及密度的下降而下降。如果岛屿（或斑块）"太"小或者彼此的距离"太"远，集合种群将会灭绝。

　　现代集合种群的研究涵盖了生态、遗传和进化等领域，主要的研究方向包括局域种群动态、灭绝-定殖的随机性、斑块网络的空间结构、结构模型假设、灭绝率（及定殖率）

的关联、灭绝率和定殖率的时间变异等。

现代集合种群研究的一个重要成果是现实空间的集合种群理论（spatially realistic metapopulation theory，SMT），它融合了岛屿生物地理学、经典集合种群理论、景观生态学、包含年龄或大小结构的矩阵种群模型的思想或方法。该理论的核心数学模型是随机斑块占据模型（stochastic patch occupancy model，SPOM）。集合种群理论关注的是基于局域种群灭绝和空斑块再定殖（或局域种群重建）间的随机平衡的集合种群的续存问题。

三、集合种群理论研究的数学模型

集合种群生态学把种群空间生境看作存在于不适宜生物生存背景基质中的适宜生境斑块集合，物种可以生活在这些适宜斑块上，每一个斑块上可能会形成局域种群，生境斑块之间通过生物个体的迁移联系在一起。集合种群生态学在研究大尺度、多斑块、高种群数量、高周转率的集合种群中充分显示其优越性，是理论应用于实际种群方面最为成功的典范，并在探讨破碎化生境中生物多样性的保育方面有巨大应用前景。

局域种群存在潜在的灭绝风险，主要由于统计随机性、环境随机性、小种群的建群者效应、Allee 效应及近交衰退的原因，局域种群灭绝后形成的空生境斑块又可以被迁移者重新占据，这导致了物种不能在局域范围内持续生存，而只可能在集合种群水平上或区域空间尺度上长期存在。集合种群的研究对象大体可以分为两类：一类是物种生境本身就是斑块环境。例如，位于芬兰西南 Aland 群岛上的庆网蛱蝶和一些昆虫，它们的生境或为一棵树木，或为一堆草垛，本身有明显的离散化特性。另一类是物种生境本身是连续化的，但由于生境的破坏与破碎化从而形成斑块镶嵌结构，物种被迫生存于其中，如北美斑点猫头鹰等。集合种群生态学研究主要集中在集合种群的动态行为、集合种群的续存条件、影响集合种群动态和续存的因素、集合种群的空间分布和模式形成、空间结构对种间关系的影响，以及生物多样性的模式和机制，宋卫平等（2009）对此进行了总结。

（一）Levins 模型

Levins 模型假设有无限多个适宜生存的生境斑块，斑块间有同等的关联程度，也就是迁移的生物体以相同的概率到达任何一个斑块，其中被局域种群占据的斑块数量占总斑块数量的比例为 p，空斑块受迁移个体的侵占成为被占据斑块，其侵占率为 c，每个局域种群都有潜在的灭绝危险，灭绝是相互独立的，灭绝率为 e，用常微分方程描述占据斑块比例 p 的动态过程见公式（2-3）。

（二）斑块模型

斑块模型考虑了由有限个斑块组成的生境，每个斑块被一个相对独立的种群占有，斑块内部表现为均匀场假设下的动态，斑块之间的联系体现为生物体在它们之间的迁移。假设生境由 n 个斑块构成，每个斑块迁移出的个体均匀地流向其他各斑块，那么对于世代连续的物种，斑块 i 上种群的动态模型可描述为

$$\frac{\mathrm{d}x}{\mathrm{d}t}=rx_i\left(1-\frac{x_i}{k_i}\right)-mx_i+\frac{m(1-\delta)}{n-1}\sum_{j\neq i}x_j \qquad (2\text{-}4)$$

式中，变量 x_i 为斑块 i 上种群的大小；参数 r 为种群的内禀增长率；k_i 为斑块 i 的最大承

载能力；参数 m 为个体的迁移率；δ 为迁移过程中的死亡率。而对于世代离散的个体，斑块 i 上种群的动态模型可描述为

$$x_i(t+1)=\hat{x}_i(t)-m\hat{x}_i(t)+\frac{m(1-\delta)}{n-1}\sum_{j\neq 1}\hat{x}_j(t) \tag{2-5}$$

式中，$\hat{x}_i(t)=\lambda x_i(t)[1-x_i(t)/k_i]$，参数 λ 为种群增长率。斑块模型只适合研究少量斑块组成的生境。

（三）元胞自动机模型

元胞自动机考虑了一维、二维，甚至于高维的空间网格，并为网格的每个细胞定义了有限个可能状态，每个细胞状态的演变发展由一组更替法则控制，特定时刻网格上的每个斑块都有一个确定的状态，更替法则根据每个细胞和相邻细胞的当前状态决定了它们的转换动态。可以区别 2 种系统的转换动态方式有 2 种，其一是同步更替，一个时间同步更替所有斑块的状态，被称为时间离散的演变系统；另一种是异步更替，每次只更替随机选择的一个斑块状态，被称为时间连续的演变系统。邻体结构和边界是元胞自动机模型中的 2 个重要概念，前者是指和每个细胞相邻的细胞，特别对于正方形网格，通常考虑 2 种类型的邻体结构，一种是冯诺曼邻体（von neumann neighborhood），它只定义邻于每个正方形细胞边的 4 个细胞为其邻体，另一种称为摩尔邻体（moore neighborhood），它只定义相邻于每个细胞边和顶点的 8 个细胞为其邻体（图 2-10A）。对于边界的处理通常采用周期边界，是指网格左边的细胞和右边的细胞相连，上边的细胞和下边的细胞相连（图 2-10B）。

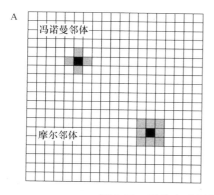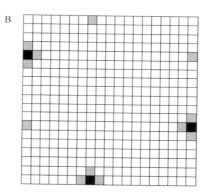

图 2-10　元胞自动机的邻体（A）和边界（B）

用元胞自动机研究集合种群时，把细胞看成斑块，每个斑块可能有 2 种潜在的状态：0 和 1，状态 0 表示空斑块，而 1 表示占据的斑块；局域种群的灭绝和再侵占定义了自动机的更替法则，占据斑块的灭绝率为 e，即状态 1 变为状态 0 的变化率为 e；占据斑块以侵占率为 c 随机地将迁移个体送到一个邻体斑块上去，如果该邻体斑块是占据斑块，不改变其状态，如果是空斑块，表示被侵占，状态改变为 1。这类模型近年来在生态学研究中被广泛采用，国际生态学界也称其为踏脚石模型（stepping-stone model）。图 2-11 是集合种群在一特定时刻的空间分布模式。

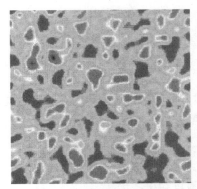

图 2-11　元胞自动机集合种群的　　　　　图 2-12　集合种群的局部种群大小的
　　　　　空间分布模式　　　　　　　　　　　　　　空间分布模式

（四）联合映射网格模型

在元胞自动机的基础上，可以在邻体之间通过限制扩散（即从每个斑块迁出的个体随机地送到邻体斑块上），将斑块模型进行修改，建立既包含局部扩散又包含局域种群动态的集合种群动态模型，称为联合映射网格模型（coupled map lattice model）。在这种假设下，根据模型（2-5）修改的集合种群模型为

$$\frac{\mathrm{d}x_i}{\mathrm{d}t}=rx_i\left(1-\frac{x_i}{k_i}\right)-mx_i+\frac{m(1-\delta)}{\#\Theta_i}\sum_{j\in\Theta_i}x_j \tag{2-6}$$

式中，Θ_i 为斑块 i 的邻体，即和它相邻斑块的集合；$\#\Theta_i$ 为邻体的大小；其他参数的含义和方程（2-3）的相应的参数含义相同。离散时间的斑块模型（2-6）可修改为

$$x_i(t+1)=\hat{x}_i(t)-m\hat{x}_i(t)+\frac{m(1-\delta)}{\#\Theta_i}\sum_{j\in\Theta_i}\hat{x}_i(t) \tag{2-7}$$

式中，Θ_i 为斑块 i 的邻体；$\#\Theta_i$ 为邻体的大小；其他参数所表示的含义见方程（2-5）。联合映射网格模型的研究往往要借助于大量的计算机模拟支持，图 2-12 给出了计算机模拟的一个例子，它反映了集合种群的空间分布格局。这类模型可以揭示种群动态的空间自组织混沌现象。

（五）概率转移模型

考虑不同大小的 n 个生境斑块任意地散布在空间的某个区域中，那么斑块 i 的占有概率 P_i 的变化可以由下面的微分方程描述：

$$\mathrm{d}P_i/\mathrm{d}t=C_i(t)(1-P_i)-E_iP_i \tag{2-8}$$

式中，$C_i(t)$ 和 E_i 分别是斑块 i 的侵占率和灭绝率。如果假设现存局域种群对斑块 i 的侵占率的贡献依赖于它们所在斑块的大小和到斑块 i 的距离，那么斑块 i 侵占率 $C_i(t)$ 可以表示为

$$C_i(t)=c\sum_{j\neq i}\exp(-\alpha d_{ij})P_j(t)A_j \tag{2-9}$$

式中，参数 c 为侵占参数；α 反映了物种的迁移范围；d_{ij} 为斑块 i 和 j 之间的距离；A_j 为斑块 j 的面积；P_j 为斑块 j 的占有概率。如果再假设面积大的斑块倾向于大种群，具有较

小的灭绝风险，可以简单地将局域种群 i 的灭绝率 E_i 描述为

$$E_i = e/A_i^x \qquad (2\text{-}10)$$

式中，e 和 x 是 2 个正参数。该模型抓住了每个斑块的占有概率的动态变化，称为概率转移模型，占有斑块的比例实际上是各斑块占有概率的总和。

（六）关联函数模型

关联函数模型（incidence function model）是另一类空间现实的集合种群模型，被广泛地应用在欧洲蝴蝶和北美某些昆虫的研究领域。这类模型关注了每个斑块的离散时间随机动态过程（markov chain）。假设斑块 i 处于空状态时，单位时间内以概率 C_i 被重新侵占，如果斑块事先被占有，单位时间内以概率 E_i 局域种群灭绝，每个单位时间内只有一次侵占或灭绝发生。在这种假设下，由 Markov Chain 理论可知斑块 i 被占有的平稳概率（stationary probability，J_i）称为物种在该斑块上的关联：

$$J_i = C_i / (C_i + E_i) \qquad (2\text{-}11)$$

该模型可操作性的关键就是在于对各个斑块上侵占与灭绝概率的估算。通常意义下，灭绝概率取决于斑块面积，而与斑块间的孤立程度和连通程度关系不大。灭绝率的最简单形式为

$$E_i = \min\left(\frac{e}{A_i^x}, 1\right) \qquad (2\text{-}12)$$

式中，A_i 为斑块 i 的面积；e 和 x 为 2 个正参数。侵占概率是单位时间内到达斑块 i 的迁入者数量的增函数。而迁入数量又与其他现存种群的斑块间的距离及隔离程度有关，所以，可假设单位时间内到达斑块 i 的迁入者数量（M_i）为

$$M_i = c\sum_{j \neq i} \exp(-\alpha d_{ij}) \, p_j A_j \qquad (2\text{-}13)$$

式中，p_j 为斑块 j 的状态，当该斑块被占有时，取其值为 1，当该斑块为空斑块时，取其值为 0；d_{ij} 为斑块 i 和 j 之间的距离；参数 c 为侵占参数；α 反映了物种的迁移范围。迁入空斑块的个体建立新的局域种群是个复杂的过程，但是基本规律是，初始迁入的个体越多，建群的概率越大，由此用 S 形曲线函数来描述斑块 i 的侵占率为

$$C_i = M_i^2 / (M_i^2 + y^2) \qquad (2\text{-}14)$$

式中，y 为一个额外的参数，把方程（2-11）代入方程（2-12），可以得到一个综合参数 y/c。关联在本质上是斑块面积和隔离的函数，这也是关联函数的关键思想，即使仅仅利用一些集合种群斑块占据的空间数据就能够把模型的参数确定，然后就可以用取得的参数估计模拟集合种群动态。

上述集合种群的各种数学模型，它们的模型假设和侧重点都有所不同。根据对空间处理的不同，可以将这些模型分为空间隐含模型（spatially implicit model）、空间显含模型（spatially explicit model）和空间现实模型（spatially realistic model）。空间隐含的集合种群模型只考虑了抽象的空间斑块，忽略了斑块的大小、位置以及斑块之间的距离等信息，这就决定了生物体在斑块之间的迁移是均匀的；空间显含模型关注的是斑块之间的相对位置，建模时往往把斑块组织成网格图或规则的网格，这种类型的模型把生物体的迁移限制在相邻斑块之间，很好地考虑了生物个体的局部迁移；空间现实的模型处理了实际的生境

斑块，这样在模型中不但要包括斑块的空间位置，而且斑块的大小也要体现出来，具体生境斑块空间位置的考虑必然要处理距离依赖的迁移，斑块大小自然影响了局域种群的大小及其灭绝率，所以每个斑块的面积和连通性复杂地影响了侵占和灭绝率。这些模型对局域种群的处理也各有不同，忽略局域种群动态的模型有 Levins 模型、元胞自动机模型、概率转移模型和关联函数模型，考虑到局域种群动态的模型有斑块模型和联合映射网格模型。

第七节　昆虫种群生存力的研究与应用

一、岛屿生物（昆虫）地理学

　　许多生物赖以生存的生境，无论是海洋中的群岛，还是林中的沼泽，甚至是溪流、山洞、植物的叶片，它们都有着明显边界的生态系统，因此都可看作是大小、形状和隔离程度不同的岛屿。从某种意义上来说，岛屿性是生物地理所具备的普遍特征。由于人类活动的影响，自然景观的片断化、破碎化日益严重，使得物种的空间隔离越来越多的产生，许多生物被隔离在由城市和工农业用地所包围的岛屿状生境中，致使生物多样性受到了严重的威胁而急剧下降。

　　MacArthur 和 Wilson（1967）的岛屿生物地理学的核心思想是物种动态平衡理论。对于生物地理学的 3 个基本过程：迁入、灭绝和进化，先不考虑进化过程，假定岛屿上的物种数量或丰度（richness）主要取决于两个过程：新物种的迁入和原来占据岛屿的物种的灭绝（图 2-13）。由于任何岛屿上的生态位或栖息地空间有限，已定殖（colonization）的物种越多，新迁入的物种成功定殖的可能性就越小，而已定殖的物种的灭绝的概率就越大。因此，对于某一岛屿而言，迁入率和灭绝率将随岛屿物种丰度的增加而分别呈下降和上升趋势。就不同的岛屿而言，迁入率随其与大陆种库的距离而下降，这种现象称为"距离效应"。另外，岛屿面积越小，种群数量也越小，随机因素引起的物种灭绝率将会增加，这种现象称为"面积效应"。当迁入率和灭绝率相等时，岛屿物种丰度达到动态的平衡状态，即物种的丰度相对稳定，但物种的组成却不断变化和更新。由于没有考虑

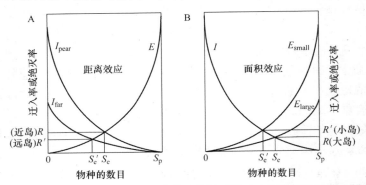

图 2-13　MacArthur 和 Wilson 岛屿生物地理学动态平衡理论的图示模型

岛屿上的物种数目由两个过程决定：物种迁入率和灭绝率；离大陆越远的岛屿的物种迁入率越小（距离效应，A）；岛屿的面积越小，灭绝率越大（面积效应，B）。因此，面积较大而距离较近的岛屿比面积较小而距离较远的岛屿的平衡态物种数目（S_e）要大，而面积较小和距离较近的岛屿分别比大而遥远的岛屿的平衡态物种周转率（R）要高。I，迁入率（下标 far、near 分别指岛屿离大陆的远近）；E，灭绝率（下标 large、small 分别指岛屿的大小）；R，平衡点物种周转率；S_e，平衡点的物种数目；S_p，定居库中的物种数目

进化的作用，这种平衡只能是一种半平衡态（quasi-equilibrium），物种数随时间缓慢上升，其上限由区域气候和地理条件决定，也即由群落演替的顶级决定。当物种丰度达到平衡时，迁入数＋新物种形成数＝灭绝数。MacArthur 和 Wilson 的岛屿生物地理学理论作了如下基本假设：①物种间具有独立性和等同性（identical），除了面积和空间隔离度外，岛屿也具有均一性；②灭绝仅由面积决定，迁入仅由隔离度决定；③最重要的是，迁入率和灭绝率非常高，物种多样性及其组成的瞬时格局取决于动态平衡。MacArthur 和 Wilson 提出的岛屿生物地理学研究范式深刻影响着生物地理学和生态学的研究。

岛屿的面积与物种数量之间存在着一种对应关系，其关系式通常表示为

$$S = CA^Z \tag{2-15}$$

式中，S 为物种丰富度；A 为岛屿面积；C 为与生物地理区域有关的拟合参数；Z 为与到达岛屿难易程度有关的拟合参数。这一理论揭示了种-面积关系，从动态方面定量阐述了岛屿上物种丰富度与面积、隔离程度之间的关系。

岛屿生物地理学理论研究的是物种数量变化的外在条件，也就是说研究的是在无干扰的自然条件下，系统边界比较清晰的生态系统中，制约物种丰富度及其稳定性的生态因素和机制。

二、种群生存力和最小可存活种群的概念

种群生存力分析（population viability analysis，PVA）是通过数据分析或模型模拟确定物种在未来某一人为限定时间段内的灭绝风险。PVA 多用于识别以物种为中心的重要生态学过程，预测灭绝概率，找出致危因素，为制定有效的保护管理措施提供科学的建议和支持。PVA 的概念有广义和狭义之分，从定性的不含数学模型的分析手段到定量的空间显式随机模拟模型，评估物种的灭绝风险和致危因子，以及物种可恢复概率等问题的一系列方法都属于广义 PVA 的范畴；而为更多科学家普遍接受的狭义概念则是采用数学模型和蒙特卡洛（Monte Carlo）方法模拟种群动态，评估随机因素的作用机制，预测种群未来的变化趋势（增长/下降），估算种群灭绝概率的定量模拟方法。

PVA 最早研究物种灭绝问题的目标是计算"最小可存活种群"（minimum viable population，MVP）。MVP 是指在多重随机干扰的情况下，一个种群能够长期存活的最小个体数。Shaffer 进一步指出，导致物种灭绝有多种随机因素，包括种群统计随机性、遗传随机性、环境随机性和自然灾害。在此基础上，他提出了物种水平上确保种群长期存活的定量标准，即"对于任何物种，在可预见的种群统计随机、遗传随机性、环境随机性和自然灾害的影响下有 99%的概率能够存活 1000 年的最小的独立种群的个体数量"。鉴于 MVP 在孤立种群动态研究方面的价值，其概念一经提出，就受到了生态学家的重视，并迅速应用到保护区的设计中。

Franklin 认为，使物种能够短期（100 年）存活的有效种群（effective population size）不得低于 50 个个体，确保长期存活的有效种群大小则为 500 个，这两个数字后来被称为"魔术数字"（magic number）。根据 MVP 的概念，作用于种群的各种随机性因素、保护计划的时限和种群存活的安全阈值 3 个因素可以决定 MVP 的大小。在应用过程中，后两个因素由人为限定。因此，MVP 是可变的，并不存在某个神秘的 0 种群大小，也不存在对所有种群都适用的 MVP。此外，后来的研究表明，由于计算 MVP 需要大量的种群统计学参数和环

境参数，而且在取样中往往存在较大误差，MVP 不宜作为 PVA 研究的唯一目标。

三、最小适生面积模型

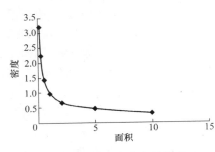

图 2-14　面积-密度变异模型

最小适生面积（minimum areas of suitable habitat, MASH）定义为特定时空范围内能够维持种群存活并繁殖的最小生境面积。由于自然生境的随机性与异质性、物种利用的随机性与不确定性，因此 MASH 的发展极其缓慢。下面介绍两种常用的最小适生面积模型。

（1）面积-密度变异模型。面积与种群密度存在反比例函数关系（图 2-14），生境面积越小，由于资源与环境的变异性，密度变异越大，随着生境面积的增大，种群密度会逐步趋于稳定。

（2）面积-种群变异模型。面积-种群变异模型理论由面积-密度变异模型而来。在小面积的生境内，种群性别比例、年龄结构、种群增长率变异系数较大，随着生境面积增大，种群各方面的变异指标随之下降并逐步趋于定值。

四、种群生存力分析方法

随着人们对资源的加速利用，生境丧失和破碎化导致物种濒危问题日益严重。以岛屿生物地理学为理论起源的种群生存力分析（population viability analysis，PVA），通过分析和模拟种群动态过程并建立灭绝概率与种群数量之间的关系，为濒危物种保护提供了重要的理论依据和研究途径。20 世纪 80 年代以前，种群生存力分析主要研究种群短期内的存活问题；80 年代以后，生态学家开始研究物种长期生存，以及影响物种长期生存的外界干扰、遗传漂变等生物学问题，且研究对象主要集中在脊椎动物，尤其是哺乳动物和鸟类；进入 90 年代，研究对象已扩展到无脊椎动物、昆虫和植物等各个领域，PVA 也成为研究濒危物种保护的主要手段。PVA 分析涉及自然生态系统、半自然生态系统、农牧交错带、农田与自然、人工生态过渡环境。

PVA 理论的起源可以追溯到岛屿生物地理学理论，该理论探讨了物种丰富度与生境面积以及隔离程度的静态和动态关系，揭示了物种灭绝与生境面积的依赖关系。Shaffer 等（1978）采用种群随机模型研究了黄石公园大灰熊的种群生存力，提出了最小可存活种群（minimum viability population，MVP）的概念，并回答了 PVA 理论的两个关键问题：①确保关键种能够长期维持的最小种群数量是多少；②如何前瞻性地评估种群大小与灭绝概率的关系。种群生存力分析（PVA）是通过数据分析或模型模拟确定物种在未来某一人为限定时间段内的灭绝风险。

（一）PVA 模型分类

PVA 的研究方法基本上基于随机性模拟模型。最早的 PVA 模型是一类描述和分析各种随机因素对小种群灭绝时间影响的模型（类似于 MacArthur 和 Wilson 的岛屿生物地理学和出生-死亡过程模型）。此类模型多应用于单个随机影响因子，而没有综合考虑多种随机因子，因而结论往往具有局限性，仅适用于描述性地分析物种的濒危状况、检验模型假设或解析模型的敏感性。模拟模型常常要采用蒙特卡洛的方法，结合多种随机因素来模拟种群灭绝风险。

目前应用广泛的 PVA 软件，如 RAMAS、VORTEX、ALEX 等多是在模拟模型的基础上开发的。由于该类模型是通过模拟物种在多随机因素作用下生存、繁殖和死亡过程来对未来种群进行预测，模拟结果更可信；然而，正是由于其模拟物种的生命过程，所以对数据要求较高，并要对物种的生态学特点十分熟悉才能达到准确预测的目的。

PVA 模型的输出结果通常包括以下几种：①期望种群增长速率（expected growth rate）或期望存活时间（expected persistence time）；②未来某一时间段的种群数量及其变化趋势；③灭绝概率或准灭绝概率，灭绝概率是指种群数量下降到零的概率；准灭绝概率是种群数量达到某一管理策略限定的阈值的概率，该阈值通常大于零，是根据管理政策或物种的生物学特点（包括阿利效应）定义的，当种群达到该阈值时，很难恢复；④敏感性分析，不仅用来评估种群灭绝风险等输出的准确性，还用于确定对种群的增长速率或灭绝风险影响最显著的参数，找出对模型敏感的年龄阶段或影响因子，为制定保护计划提供直接的科学依据。

（二）常见的 PVA 模型

常见的 PVA 模型包括出生-死亡过程模型（birth-death process model）、矩阵模型（matrix model）、单一种群随机模型（single population stochastic model）、复合种群随机模型（metapopulation stochastic model）、空间显式随机种群模型（spatially explicit model）以及基于个体模拟模型（individual based simulation model）。

1）出生-死亡过程模型　　出生-死亡过程模型是最简单的分析种群灭绝的方法。Richter-Dyn 和 Goel 建立的出生-死亡过程模型为

$$T_N = \sum_{x=1}^{N} \sum_{y=x}^{N_m} \frac{1}{yd_y} \prod_{z=x}^{y-1} \frac{b_z}{d_z} \tag{2-16}$$

式中，T_N 为具有 N 个个体种群的平均期望灭绝时间；N_m 为最大种群数量；b_z 和 d_z 分别为当个体数为 z 时的出生率和死亡率。

Goodman 在 Richter-Dyn 和 Goel 模型基础上发展了出生-死亡过程模型，描述了种群统计学参数与期望存活时间的关系，即物种的生活史、环境变量与种群生存力的关系，其公式为

$$T_N = \sum_{x=1}^{N} \sum_{y=x}^{N_m} \frac{2}{y(yV_y - r_z)} \prod_{z=x}^{y-1} \frac{V_z z + r_z}{V_z z - r_z} \tag{2-17}$$

式中，Goodman 将式（2-16）中无现实依据的出生率和死亡率替换为含有 r_z 和 V_z 的表达式，其中 r_z 和 V_z 分别为种群数量为 z 时的种群增长速率和变异。由此，出生-死亡过程模型对影响最大种群数量、种群增长速率及其方差的因子（如各种随机因素）最为敏感。但是，该类模型没有考虑种群的年龄结构，而年龄结构很可能对种群的动态趋势有所影响，进而影响种群灭绝概率。

2）矩阵模型　　依种群个体的生理特征，将其最大寿命年龄等距分成 m 个年龄组，然后讨论不同时间种群按年龄的分布，故时间也离散化为 $t=0, 1, 2, \cdots$其间隔与年龄组的间隔时间相同。$t=0$ 对应于初始时刻，设开始时（$t=0$）第 i 个年龄组内的个体数为

n_i（0），$i=1, 2, \cdots, m$，则

N～（0）＝$[n1（0），n2（0），\ldots，nm（0）]$；**L** 为初始年龄结构向量。

第 i 年龄组的生殖率为 f_i（≥0）$i=1, 2, \cdots, m$；生存率为 S_i（>0），$i=1, 2, \cdots, m-1$。则各年龄组的生存率矩阵模型为

$$L=\begin{bmatrix} f_1 & f_2 & \cdots & f_{m-1} & f_m \\ S_1 & & & & \\ & S_2 & & 0 & \\ 0 & & & & \\ & & & S_{m-1} & 0 \end{bmatrix} \quad (2\text{-}18)$$

Lefkovitch 矩阵模型是在 Leslie 模型的基础上发展起来的，可以看作是将几个具有相同繁殖率和存活率的生活史合并为一个龄级的更为复杂的矩阵模型。模型中，对于生活史长的物种，成年个体的存活率是一个非常关键的种群统计学参数；对于生活史较短的物种，繁殖率则起着决定性作用。矩阵模型是最基本的模拟种群生命过程的模型，也是现在广泛使用的许多复杂 PVA 模型的基础和核心。

3）单一种群随机模型　　Shaffer 应用单一种群随机模型（图 2-15）模拟了美国黄石公园大灰熊种群的灭绝过程，首次考虑了环境随机性。虽然研究中没有考虑阿利效应（Allee effect）和其他社会行为，而且种群统计随机性、遗传随机性、环境随机性和自然灾害 4 个随机性因素在种群灭绝过程中的作用机制也不得而知，但它仍在 PVA 研究方法中占据不容忽视的地位，不仅是随机模拟模型应用于实际问题的开端，更是 PVA 研究方法发展史上的里程碑。

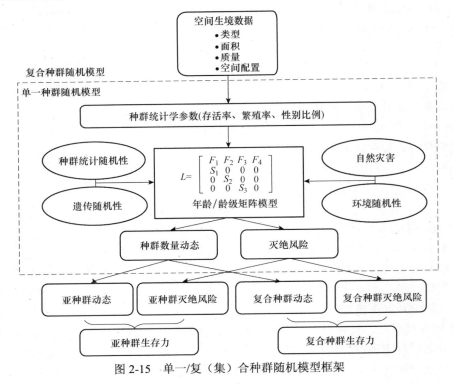

图 2-15　单一/复（集）合种群随机模型框架

4）复（集）合种群随机模型　　复（集）合种群模型是一类研究生境状况对复合种群灭绝概率影响的模型（图 2-15），可以看作是由多个单一种群构成的结构、功能网络。最简单的复（集）合种群模型是由 Levins 建立的斑块占有率（patch occupancy）模型，其公式为

$$dp/dt = cp(1-p) - ep \qquad (2-19)$$

式中，p 为斑块占有率，即被种群占据的生境斑块比例；c 和 e 分别为目标物种的定居系数和灭绝系数。

Levin 模型是确定性模型，不适于 PVA 研究。但在此基础上，有多种复（集）合种群随机模型应运而生。如关联函数模型（incidence function model）以生境适宜性评价为前提，通过调查分析不同格局下种群在斑块中存在的概率，模拟预测复（集）合种群在每个斑块的存在与否、迁移状况和灭绝的可能性。有些研究采用逻辑斯谛回归模型（logistic regression model），通过将物种在某一斑块中存在与否与栖息地变量建立多元回归，从而模拟、预测栖息地状况对种群的影响。复（集）合种群模拟模型通常要求局部种群在景观上有明确的生境界限，其优点是数据容易获取，缺点是忽略了局部种群动态，且不能模拟种群大小和结构的波动。

5）空间显式随机种群模型　　这是一类将种群时空动态模拟与景观格局在时间和空间上的变化相结合的模型，它多用于复（集）合种群，研究物种各生境斑块的空间结构和生态学过程对内在种群动态的影响，从而实现对生境破碎化的评估和种群影响因子的考察。空间显式随机种群模型可以评估生境的大小、质量、配置的影响，也可以进行种群结构的模拟，有助于为管理者提供选择保护优先级的决策支持；该模型的缺点是数据量较大，特别是环境、物种存活率和繁殖率等。

6）基于个体模拟模型　　基于个体的模拟模型是目前最为复杂的种群动态模型，它依据个体的群体结构，通过模拟每个个体的基本行为（包括生存、交配、繁殖、扩散等活动）预测整个种群的动态（如种群数量、空间分布和灭绝风险）。这些模拟依赖于现存的栖息地、个体年龄、种群大小和群居特征等。该类模型对所模拟的物种具有选择性，而且对数据要求高，研究者需要深入了解每个物种的生物学和生态学特征，并据此为每个物种建模。

许多 PVA 计算机软件，如 GAPPS、INMAT、ALEX、RAMAS 及 VORTEX 等已经广泛用于评价物种的灭绝风险，协助保护区设计和管理、森林资源管理，以及物种恢复和迁地保护等。通过对软件模拟结果和准确性的比较发现，GAPPS、ALEX、RAMAS 和 VORTEX 4 个软件的预测能力相似且模拟结果较准确。这 4 个软件模型的应用各有侧重。例如，ALEX 在预测遗传随机性方面较为突出，而 RAMAS/GIS 可与空间数据建立联系。VORTEX 模拟模型可以同时考虑统计随机性、环境随机性、遗传随机性和灾害等因素，但其不足之处是假设除灾害外的随机因子相对于存活率是独立的，而且没有考虑密度制约因子等。Brook 等建议在研究实例中需要综合考虑多方面因素，对模型和方法进行选择，若能将几种模型的输入、输出统一化，将为 PVA 研究方法的发展、濒危物种的保护提供更为有效的支持。另外，Mills 建议在 PVA 模拟中，至少设置一个不考虑密度制约的情景，以减少密度制约效应因模型差异对种群生存力的不同影响。

五、PVA 模型的应用

（一）PVA 模型在濒危物种保护中的应用

　　PVA 作为保护生物学最主要的理论和研究方法之一，为理解物种生存与生境之间的关系、寻求自然资源的合理配置提供了探索研究的平台。PVA 已经越来越广泛地用于解决保护生物学的实际问题，在物种、种群和生态系统等级上均有广泛的应用。PVA 既可以用于分析种群动态过程、评价影响因子的作用、评估物种灭绝风险，也可为保护生物学管理，特别是濒危物种的保护措施和恢复策略提供科学支持。

　　目前，PVA 的研究主要用于解决两大类问题，即种群生存力评估和管理决策。作为直接衡量物种濒危程度的标准，PVA 通过输入物种的生命特征参数（vital trait）以获得物种在未来某一时间段的灭绝概率或种群数量的变化趋势，这种方法既可用于单物种种群灭绝风险的评估，亦可用于多物种灭绝风险的比较，甚至可以扩展到生态系统脆弱性的研究，而目前更多研究着眼于破碎化生境中复（集）合种群的灭绝风险。同时，种群生存力分析可用来预测小种群变化过程，进而理解物种的濒危机制，或用来探讨导致某一特殊物种下降/灭绝的影响因子、各影响因子之间的相互关系及影响程度等问题。

　　PVA 对于物种管理十分有效，并已在实际中得到广泛应用。管理决策很重要的一方面是保护区问题，PVA 最早的研究目标是计算种群的 MVP，通过分析 MVP 所需面积以确定自然保护区的面积，使生态系统的关键种得以维持，从而实现整个生态系统长期维持的目标。PVA 可以通过预测物种的灭绝概率确定物种的濒危等级和保护的优先级。在减小或消灭入侵种方面，PVA 通过对物种生命过程和影响因子的多情景模拟，将某段特殊的生活史作为目标，或将某种影响因素作为防控策略，控制入侵种的影响。PVA 还可以用来确定引入种的最小个体数量，保证其在该数量的基础上能够长期维持健康的可持续种群。PVA 在资源利用管理方面的应用主要体现在确定最大物种捕获量，使其在为人类提供一定资源的同时不至灭绝。通过比较多种因素对物种灭绝概率的影响，PVA 可根据决策需要模拟多种情景，选择用于濒危物种管理的具体条件，帮助制定具体的保护措施和优先的管理方案。

（二）PVA 在大型食肉动物保护中的应用

　　1）种群濒危状况和影响因素研究　　美国黄石国家公园大灰熊的多情景模拟显示，其灭绝概率对种群统计随机性十分敏感，种群数量的降低与该因素有很大的关系。对种群统计学参数的敏感同时表现在模型的模拟结果容易受到取样误差的影响。越来越多的研究表明，种群的灭绝风险应该采用有效种群数量来衡量，而不是单纯地通过种群数量反映，因此遗传随机性逐渐成为 PVA 评估中不可缺少的重要一环。黄石公园大灰熊的研究案例证明，虽然种群数量在一个较高的水平，但其遗传多样性相对较低，种群实际的状况较为脆弱。由于大熊猫的濒危现状，国内很多 PVA 方面的研究案例是根据其生活习性和生态学特征，模拟其种群未来 100 年内在多种情景下的存活概率，从而指导保护、放归、管理等方案。侯万儒等根据黑熊种群的相关参数，采用旋涡模型软件对未来 100 年卧龙自然保护区、四川九顶山自然保护区和唐家河自然保护区的野生黑熊种群进行了多情景模拟，包括近亲繁殖、食物歉收和人类诱捕等，结果显示这些因素会对种群数量造成严重的影响，并提出了相应的保护性策略。在以狼为研究对象的 PVA 研究中，尽管狼的种类各异，采用的具体模型不尽相同，但以探讨影响因子对灭绝概率或种群动态影响的例子居多。其影响因子包括狼种群的社会结构、捕杀、生境变化、猎物生物量、猎物种群动态、类活动、疾病及自然灾害事件。遗传随机性方面的研究反映在基因多样性，特别是自交衰退的影响等。Kenney 等采用基于个体的空间模拟模型详细分析了盗猎对尼泊尔孟加拉虎的严重影响。Chapron 等比较分析了猎物匮乏和盗猎的影响，认为食物匮乏对种群的影响更大；同时，采用评估种群可持续性模型比较了几种大型猫科动物的脆弱性，认为虎的种群生存力对种群统计随机性更为敏感。

2）管理模式的模拟　　以熊为研究对象的 PVA 在选择管理策略方面的应用较为完善，设置多重情景，包括控制捕杀、在考虑野生动物生境选择的前提下规划采伐和建设人工设施，以及拟定合理的森林管理策略等，以此选择最佳的、能够缓解人-熊矛盾、达到保护目的的管理策略。另外，缓解人-熊矛盾的研究还包括迁移计划，评估各影响因子对引入黑熊的定居、存活、繁殖和空间利用等方面的影响，评价引入项目的成功率。结合其他的分析方法，如决策分析、专家意见、权衡分析、多维方法和管理策略模型，可以弥补取样误差、缺乏验证等不足，提供更高效的管理模式。Bull 等和 Chapron 以狼为研究对象采用个体模型和种群统计随机性模型评价了多种管理方式的有效性，并提出了保护区设计方案。Fritts 和 Carbyn、Kojola 等定量分析了种群通过合理的保护区管理方式，在确保一定的生境连接度状况下可以确保长期存活的种群数量。Carroll 等采用空间显式随机种群模型，在大尺度上确定了种群恢复优先级，提出了较小尺度的区域引入策略。Linkie 等模拟了亚种群在不同的管理模式情景下的生存力，揭示了控制捕杀、合理布局公路和建设生态廊道对种群维持的重要意义。

3）保护区的有效性　　PVA 在保护区研究领域的贡献不仅体现在最初将 MVP 理论应用于评估保护区面积的合理性上，还包括生境问题和生态系统脆弱性等问题。保护区生境质量是评价保护区有效性的重要指标，一方面可与非保护区生境做比较，另一方面可提供一个较为理想的环境，为种群的随机性研究提供条件。与此同时，保护区生态系统的脆弱性可以通过评价保护区面积和隔离程度得以实现，Gaines 等通过道路和砍伐对黑熊生境效率和容纳量的影响进一步证实了这一点。同样，无论在景观尺度或斑块尺度上，生境质量下降对灰熊种群灭绝率均有十分深远的影响，而生境的连接度比面积更为敏感，生态廊道可以很大程度上减小种群的灭绝率。

（三）PVA 在害虫生物防治中的应用

PVA 在昆虫中的应用不多，但在农田害虫防治中具有很大的应用前景。尤其是 MASH 的应用，随着农业生境破碎化的加剧，尤其是设施农业，每块大棚成为一个独立完整的生境单元，除了考虑建设成本外，每块大棚覆盖的生境面积对害虫发生有直接影响。根据面积-密度模型与面积-种群变异模型的计算结果，可预测农田害虫天敌的发生及持续程度，预测天敌对害虫的控制作用，从理论上揭示天敌对害虫的控制潜力。

1）MVP 的应用　　农田生境中害虫天敌的种群数量要在 MVP 以上，才能维持天敌正常的控制作用与持续繁殖。一般情况下，天敌需要的生境面积与时空范围比害虫更大，因此在农业及天然草地生境日益破碎化的情况下，甚至在城市园林小区的建设中，有些地区害虫频发，天敌几乎处于空白，就是由于破碎化的生境限制了天敌的生存和发展。种群长期处于 MVP 以下，加上人类的不断干扰，由此形成了恶性循环，害虫频繁暴发。因此在农田设计、天然草地的破碎化与城市小区的园林建设中，应该考虑 MVP 的利用，维持天敌的自然种群在 MVP 以上，以便于最大地发挥自然天敌的控制作用。

2）MASH 的应用　　MASH 的利用更为具体，同 MVP 一致，天敌需要的生境面积一般较害虫更大。因此，在农田设计、道路规划与城市小区建设的过程中，合理考虑 MASH，维持生境面积在天敌的最小适生面积以上，既可最大地发挥天敌的控制作用，又维持了农田生态系统的生物多样性，是农业可持续发展的重要思路。

复 习 题

一、名词解释

生活史（life history）

生活周期（life cycle）

年生活史或生活年史（annual life history）

代生活史或生活代史（generation life history）

生活史对策（life history strategy）

局部世代（partial generation）

世代交替（alternation of generations）

小局域尺度（small-local scale）

局域尺度（local scale）

区域（regional scale）

景观尺度（landscape scale）

陷阱法或巴氏罐诱法（pitfall traps 或 Barber traps）

草堆聚集法（haystack traps）

归一化植被指数（normalized difference vegetation index，NDVI）

抗大气植被指数（atmospherically resistant vegetation index，ARVI）

吸虫塔（suction trap）

生态能量学（ecological energetics）

稳定同位素分析（stable isotope analysis）

多克隆抗血清的免疫检测（immunoassays using polyclonal antisera）

单克隆抗体（monoclonal antibody）

抗体夹心酶联免疫吸附试验（sandwich enzyme linked immunosorbent assay，sandwich ELISA）

集合种群（metapopulation）

栖息地斑块（habitat patch）

定殖（colonization）

再定殖（recolonization）

局域繁育种群（local breeding population）

半平衡态（quasi-equilibrium）

种群生存力分析（population viable analysis，PVA）

最小可存活种群（minimum viable population，MVP）

最小适生面积（minimum areas o f suitable habitat，MASH）

二、问答题

1. 试述生物生活史的概念及其记述方法。

2. 试述生物的生活史对策。

3. 试述昆虫种群空间格局及其测定方法。

4. 试述昆虫种群田间取样调查技术。

5. 试述我国农作物害虫测报技术规范。

6. 试述现代信息技术在害虫种群密度监测中的应用。

7. 试述我国农业害虫抗药性监测技术。

8. 试述捕食天敌控制害虫的生态能学评价方法。

9. 试述定量评价天敌昆虫控害功能的主要方法。

10. 试述生命表在种群动态研究的应用。

11. 试述集合种群的概念。

12. 试述集合种群理论研究的数学模型。

13. 试述最小可存活种群和最小适生面积的概念。

14. 试述种群生存力分析的方法。

第三章　昆虫群落生态学研究与应用

第一节　昆虫物种多样性的研究与应用

物种多样性的概念有以下的含义：①特定地理区域的物种多样性；②特定群落及生态系统单元的物种多样性；③一定进化时段或进化支系的物种多样性。

物种多样性研究的主要内容，集中在物种多样性的现状（包括受威胁现状）和物种多样性的形成、演化及维持机制等。测度区域物种多样性的常用方法有以下几种：①物种丰富度，指一个区域内所有物种数目或某些特定类群的物种数目；②单位面积物种数目或物种密度，从物种-面积关系考虑把物种数目或区域面积取对数求比值；③特有物种比例，指在一定区域内特有物种与物种总数的比值；④物种多样性的区系成分分析，对研究地区的生物物种，分析其生态地理和生物地理成分，从发生地点与时间角度区分不同组成类别，用定量化的方法对物种多样性的组成进行分析。

昆虫的种类多、数量大、分布广泛，许多昆虫和人类生活密切相关，因此，昆虫多样性已成为昆虫生态学研究中的热点课题之一。生物多样性简称为多样性（diversity），是指在一定区域内生活的生物物种组成及其参与的生态过程的差异或变化。尽管如此，多样性在文献中却没有一个明确、统一的定义，它的具体定义依其计算公式而异。

一、昆虫多样性参数

（一）昆虫多样性参数的表达

昆虫多样性的测定基本上沿用了群落多样性的研究方法。为了定量比较不同群落多样性的大小，生态学家曾经提出许多指标来度量群落的这种属性，其中常见的有 3 个：物种数（S）、辛普森指数（λ）和香农指数（H'）。

1）物种数（species richness）　　衡量群落多样性程度的最初、最简单指标是群落中的生物种类数，即物种数，用 S 表示。这个指标的主要缺点是没有考虑到群落中各个物种个体数的差异。

2）辛普森指数（Simpson index）　　Simpson 提出的多样性指数的计算公式。

$$\lambda = \sum P_i^2 \ (i=1,\ 2,\ 3,\ \cdots,\ S) \tag{3-1}$$

式中，P_i 为群落中第 i 个物种的个体数（N_i）与所有物种个体总数（N）的比值。这个指标原本用来测定群落中物种的集中性（concentration）或优势度（dominance），表示从群落中随机抽取的 2 个个体属于同一物种的概率。由于集中性的反面意味着多样性，有些生态学家就借用它来衡量群落的多样性。需要指出的是，使用这个指标时，λ 值越大，表示群落的多样性程度越低，反之亦然。为了避免这种逻辑上的混乱，有学者建议用（$1-\lambda$）表示群落的多样性，这是辛普森指数的另一种表达方式。

　　辛普森指数同时考虑到物种数和各物种个体数量对群落多样性的贡献，在一定程度上弥补了仅用物种数来衡量群落多样性的不足，但辛普森指数也有其缺陷。

　　3）香农-维纳指数（Shannon-Wiener index）　　香农-维纳指数，简称香农指数，是生态学家目前普遍接受、广泛使用的多样性指数。

$$H' = -\sum P_i\log_2 P_i\ (i=1,\ 2,\ 3,\ \cdots,\ S) \tag{3-2}$$

式中，P_i 和 S 与辛普森指数中的对应符号同义。香农指数用 P_i 和 $\log_2 P_i$ 的乘积之和来度量群落的多样性，适当顾及到稀有种对群落多样性的贡献。

　　4）均匀度（evenness）　　即各物种个体数分布的均匀程度，是表述群落多样性的另一个基本参数。关于这个指标，文献中也有不同的计算公式和各自的英文代号，但目前普遍采纳的是

$$J = H'/H'_{\max} \tag{3-3}$$

式中，J 表示均匀度；$H'_{\max}$ 表示 H' 的理论最大值，即假设群落中所有物种个体数都相同时的 H' 值，实际计算时，一般用 $\log_2 S$ 替代 $H'_{\max}$。

　　综上所述，研究昆虫的多样性至少应涉及昆虫的种类数、各物种个体数、多样性指数和均匀度 4 项内容。

（二）昆虫多样性参数表达注意事项

　　国内在生物多样性研究中应用的一些基本概念和术语都译自英文，由于种种原因，有些概念和术语很难用中文确切表达，导致其含义不清，甚至被误解；用来表示有关术语的英文字母代号也比较混乱。

　　1）术语"richness"和"abundance"　　"species richness"和"species abundance"是多样性论文中常见的两个术语，中文都是"多"或"丰富"的意思，很难区分。其实，它们的英文原意差别很大，前者是指生物种类数，后者是指各物种个体数量的多寡，在这里分别将其译为"物种数"和"物种个体数"。

　　2）香农-维纳指数的英文表达　　国内论文对香农-维纳（Shannon-Wiener）指数中 Wiener 的拼写相当混乱，有 Wiener、Weaver、Winner、Weaner 和 Weiner 等多种形式。哪一种形式是正确的呢？据 Colinvaux 考证，公式（3-2）发表在 Shannon 和 Weaver 合著的 *The Mathematical Theory of Communication* 书中，Margalef 首先借用它来测度生物多样性，称为 Shannon-Weaver 指数，并在一段时间内被反复引用。实际上，这个指数是在该书内由 Shannon 单独执笔的一章中提出来的，严格地说，它与 Weaver 无关。但 Wiener 已稍先于 Shannon 发表了同一公式。因此，该指数的正确表述应该是 Shannon-Wiener 指数，国外早已废弃 Shannon-Weaver 的用法。

　　3）香农指数中对数的形式　　香农指数源于信息论，在信息论中使用二进制，香农指数用以 2 为底的对数表达：$H' = -\sum P_i\log_2 P_i$。但用 $\log_2$ 来计算数据很不方便，在生态学研究中，一般都 $\log_{10}$ 或 $\ln$（$=\log_e$）的形式，近年来更倾向于用后者。

　　4）表示香农指数和均匀度的符号　　国内论文对香农指数的代表字符用得也比较混乱，有的用 H'，有的用 H；对均匀度符号的运用也是如此，有的用 J，有的用 E。H'，H 虽然只有一撇之差，但它们的含义完全不同。Pielou 对此明确指出，对某些特殊小群落的多样性，可以通过对该群落中所有物种个体的普查结果获得，没有取样误差，是

群落结构的真实反映，应该按照 Brillouin 的公式计算，用 H 表示；对一般群落，只能通过取样调查来估测它们的多样性，应该用 H' 表示，抽样调查结果都有偏差，必须设有重复，计算误差幅度，这是 Shannon 指数的限定应用范围。表示均匀度的符号同样也有 J 和 J' 之分。Pielou 的这些观点已被生态学家普遍接受，广泛应用。在实际使用时，由于均匀度的符号 J 并无特定的计算公式，往往默认 J 和 J' 可以混用。E 虽然也是均匀度指数，但它与 J 的计算公式不同，两者不能混淆。从国内昆虫多样性论文的研究方法来看，都应该分别用 H' 和 J'（J）表示这两个参数。

二、农田边界对生物多样性的影响

农田边界（field margin）即农田过渡带，通常由草带、篱笆、树、沟渠、堤等景观要素组成。农田边界具有多种功能，如农业功能、环境功能及文化和历史功能等。农业功能有防风固沙、防止水土流失、控制杂草、降低虫害与病害等；环境功能主要表现在防止水体遭受除草剂和杀虫剂污染、防止水体富营养化等；文化和历史功能如墨西哥的农田边界可以反映它遭受的殖民统治。

根据对生物的保护功能和管理方法，可以把农田边界分成昆虫栖息地、保育边行、草本植物边界、休耕边界、无植被边界、开花植被边界及无栽培作物野生生物边界。

昆虫栖息地（beetle bank）是一条人工构建的农田间的杂草条带，主要为取食农田害虫的节肢动物提供栖息地。

保育边行（conservation headland）是位于作物外缘的 $6 \sim 12$ m 宽的条带，主要种植低密度的非禾本科作物或自然生长两年以上的植物，一般与作物一起收割。

草本边界（grass margin）是农田的一条宽 2 m，主要种植禾谷类、豆类和油料等植物的条带。

休耕边界（setaside margin）是一个 20 m 宽、植被自然生长的条带。休耕边界有两种类型：一种休耕边界的位置每年轮换；另一种休耕边界使用多年而位置不变。

无植被边界（sterile strip）位于作物或昆虫栖地与作物之间，主要对潜在的动植物入侵起屏障作用。

开花植物边界（flower margin）长有人工种植和自然生长的开花植物，主要为授粉昆虫和某些天敌提供花粉。

无栽培物的野生植物边界（uncropped wildlife strip）是农田边 6 m 宽的一条边界带，既未种植作物也不喷洒农药，但每年秋天进行翻耕。

农田边界既可为节肢动物如步甲、蜘蛛、隐翅虫等提供多样、稳定的栖息地和越冬场所，也能为寄生蜂、大黄蜂（*Polistes mandarinus* Sauss）等提供食物，还能为爬行动物、小型哺乳动物、鸟类提供食物和栖息地，增加农田的物种多样性。农田边界生物群落的建立受气候条件的影响，夏天和冬天农田边界中的植物群落不同，从而保持了节肢动物的多样性。

非作物生境主要是作物周围的杂草地、果园、菜园和茶园等。研究表明，杂草地中的节肢动物是稻田节肢动物群落的种库，在喷施农药时，杂草地为迁出稻田的捕食性节肢动物提供较好的临时庇护所。例如，蜘蛛在茭白和水稻两种生境之间的迁移活动，造成茭白田中蜘蛛的多样性指数和数量发生变化，使邻近的茭白田蜘蛛数量提高30%以上。

稻田周围的杂草地还可为缨小蜂（*Anagrus flaveolus* Waterhouse）和寡索赤眼蜂（*Oligosita naias* Girault）等提供庇护所及营养源。

三、昆虫物种多样性的研究现状

姜洋和皮兵（2004）对国内外昆虫物种多样性研究现状进行了总结，主要包括从昆虫类群、区域环境和生态学等 3 个角度进行研究。

（一）从昆虫类群的角度对昆虫物种多样性的研究

1）对濒危种类开展研究　　袁德成等在 1992～1996 年期间对易危物种中华虎凤蝶的研究指出，栖息地丧失和退化及寄生植物的过度人为利用是其持续生存的主要致危因素。对蝴蝶在不同生境类型的分布、种类和垂直分布、群落结构与多样性等都有研究。

2）对关键类群开展研究　　由于蚂蚁的丰度和生态多样性较高，以及具有高生物量、群落动态易被观测和在整个营养水平上的生态重要性，因而成为生态监测中很有吸引力的生物指标。蚂蚁对环境变化敏感，故在生物多样性对环境变化反应的研究中，常常被作为关键类群进行研究。

3）对资源昆虫开展研究

（1）具直接效益的昆虫。如果人为生境的改变，对传粉昆虫的物种多样性的影响极大，要保护或者恢复传粉昆虫的种群，首要任务是保护和恢复生态系统；同时，生境越小，受人为干扰越严重，物种多样性的损失越大。

（2）非效益性的昆虫。生物多样性是生物防治作用物的必要来源，而生物防治是保护生物多样性的重要措施。对于害虫，应侧重于治理和生物防治，如况荣平等通过调查思茅咖啡天牛种群，揭示了咖啡天牛种群的危害机制并制订了防治方案。对于天敌昆虫，侧重于保护和利用，如李天生等对马尾松天敌昆虫群落的调查，显示了天敌昆虫群落对松毛虫控制作用的途径；魏佳宁等则提出在生产中减少化学农药的施用，从而保护天敌的生存环境，发挥天敌的自然控制作用。

（3）文化昆虫。金杏宝对中国鸣虫及其保护现状研究后认为，应从以人类为中心的观念转变为以全部生物为出发点的观念，认识昆虫在人类环境中的作用并确保其生存，合理利用是保育昆虫多样性的有效途径。

（二）从区域环境的角度对昆虫物种多样性开展研究

加强对多样性的研究，可更好地揭示生境类型的自然条件与物种数量的制约关系，从而获得不同生境类型的功能情况和动态变化规律，有计划地减少人为干扰，对保护生态环境和利用资源是非常有益的。

1. 对关键地区和热点地区如自然保护区的昆虫多样性开展研究和保护

廉振民等研究秦巴山区蝗虫群落的多样性、均匀度和优势度后发现，不同地区、不同生境、不同海拔及不同月份，蝗虫群落的物种数目、多样性指数值、均匀度及优势度指数有明显差异。于晓东等的研究也指出：物种分布与海拔密切相关，常见种的分布范围比较宽；人为或自然干扰程度影响物种的种类组成和个体数量分布，在剧烈干扰和几乎没有干扰的情况下，物种的种类和数量呈下降趋势。在中等干扰下，物种种类较多，在轻度干扰的情况下，物种个体数量较多；生境类型影响物种的数量分布。因此要保护不同类型的特殊生境，尽量保持生境的多样化，尽力控制人为干扰，减缓自然干扰，从而丰富该地区的物种多样性。只有减少人为干扰，加强保护脆弱的原有植被，才能保护特有的种类。罗士宏等对阎甲（Histeridae）群落的研究表明，生境保护程度、干扰程度及空间距离等对阎甲群落的分布有重要影响，提出保护并提高森林植被环境的建议。贾凤龙等的研究证实了"一个群落中，科的单位越多，能流途径就越多，能流的干扰就越容易补偿，所以稳定性就越高"。

2. 对于山地昆虫多样性开展研究

山地垂直方向上气候带的压缩使得山地生物群成为生物丰富度研究的热点。由于高海拔地区生物多样性与土地面积比非常高，往往超过低海拔地区，山地昆虫多样性也是许多学者研究的方向。有研究表明，各山系的不同垂直带对蚤类多样性的影响非常明显，因此多样性反映了不同垂直带的特征和规律。例如，高黎贡山自然保护区东坡垂直带蚂蚁群落具有明显的规律性和垂直地带性特点，随海拔升高，蚂蚁群落优势种数目普遍递减，优势种所占比例递增，物种数目和个体密度递减；随海拔升高，优势度指数普遍递增，物种多样性指数和均匀度指数递减；随海拔由低到高，蝗虫群落多样性、均匀度均由高到低变化，优势度则刚好相反。

3. 对与人类物质生产密切相关生境地的昆虫开展研究

由于一些昆虫与人类的物质生产和生活息息相关，因此成为研究的热点。例如，蔬菜是高度集约栽培的作物，生产周期短，品种繁多，种植期与收获期不一致，因而使菜田的生态环境极不稳定，以 r-对策类型害虫占优势，害虫容易猖獗成灾。另外，由于蔬菜产品的商品属性强，产值较高，对产品的质量和食用安全均有其特定要求，菜田害虫的防治问题格外受人关注。尤民生经过研究后认为，菜园昆虫群落的研究有利于分析十字花科蔬菜害虫的种群动态，探讨自然天敌对害虫的控制潜能，制订优先采用生境调节和无公害技术害虫综合治理策略。师光禄等认为，昆虫群落生境的边界决定了该群落的边界，一定地区内栖息于多种植物上的各种昆虫组成了一个复合的群落，植物区系结构组织越复杂，昆虫群落的丰富度就越大，因为有一个大的物种生境和多样化的食物资源。昆虫群落生境的发展是决定该群落多样性与均匀度时序动态的关键因子，证明综合治理枣园不但可以控制害虫，而且保护了天敌，提高了自然调控能力。

（三）从生态学角度对昆虫多样性开展研究

节肢动物由于它们多样的生态特性和要求可以作为环境变化的有效指标，昆虫作为物种丰富的门类，其分布与环境有密切关系，可以用来检测环境的变化趋势。例如，水生昆虫对监测环境污染有重要意义，而一些蝴蝶对栖息地植被变化敏感，可以用作环境监测的指示物种。昆虫分布与环境的关系非常密切，尤其是相对低的分类阶元。环境对昆虫数量分布在纲及各个目为单元进行分析时，均没有表现出环境差异。但分析相对较低的分类阶元如科、属或种时就会发现，环境对特定昆虫类群的数量分布会产生显著影响。更多的物种将会占有环境内更多的生态位，充分利用有限空间内的资源；当空间内容纳足够多的物种时，最终在有限环境内物种的总体丰富度将趋于稳定。龚正达等指出，形成蚤类与宿主动物间多样性地理分布趋势上的差异的主要原因是对环境的适应性不同。对蚤类而言，水湿条件是很重要的因素之一，说明栖息地异质性对物种-面积关系起着重要作用。黄春梅等的研究也得出，随着雨林的垦伐和生境的变化，物种数量逐渐下降，而且东洋区物种成分减少，广布种成分增加，特有的物种也因生境的单调化而减少甚至消失。多样性指数和均匀度指数沿着生境梯度的变化呈显著下降的趋势。

四、昆虫群落多样性研究实例

（一）实例1——元阳梯田黑光灯诱集昆虫群落多样性及其评价方法

1．研究背景

张立敏等（2012）以云南元阳梯田黑光灯诱集的昆虫群落为研究对象，运用可识别分类单元（recognisable taxonomic unit，RTU）进行昆虫群落物种快速分类鉴定，采用Margalef丰富度指数、Simpson指数、Shannon指数、Fisher多样性参数 α 和中性理论基本多样性参数 θ 对比分析元阳梯田黑光灯诱集的鳞翅目、鞘翅目和膜翅目昆虫群落物种多样性特征。

2．研究方法

昆虫群落物种调查选取云南省元阳县箐口梯田区，地势较平缓且开阔、附近无树林、村庄或其他人为建筑物的稻田设置黑光灯1盏。于2007年和2008年4～12月，每7 d诱集1次，每次连续诱集两晚（每晚7:30开灯，次日早7:00关灯），诱集到的昆虫标本带回实验室进行种类鉴定和数量统计。昆虫种类采用常规形态学分类鉴定方法与可识别分类单元（RTU）法相结合鉴定。常见种均按常规形态学分类方法鉴定，记录种名；非常见种或疑难种类，采取RTU鉴定法快速分类。

传统物种多样性评价方法如下：

Margalef丰富度指数：$DMg=(S-1)/\ln N$，其中，S 表示样本物种多度；N 表示样本个体丰度。

Simpson指数：$D=1-\sum p_i^2$，其中，p_i 表示第 i 个物种全部个体所占的比例。

Shannon指数：$H=-\sum p_i \ln p_i$，其中，p_i 表示第 i 个物种全部个体所占的比例。

Fisher对数级数模型和多样性参数 α：假设含有 r 个个体的物种的频数为 $f_r=\alpha\dfrac{x^r}{r}$（$r=1, 2, \cdots$），其中，$\alpha>0$，$0<x<1$ 是常数。

群落中性理论物种多样性评价方法如下：

根据Hubbell零和多项式模型，采用极大似然估计法，构造似然函数进行参数估计，分别计算鳞翅目、鞘翅目和膜翅目昆虫群落的基本多样性参数 θ。令集合群落大小为JM，新物种形成速率为 μ，采用复合多项式概率描述"零和"生态漂移作用下集合群落物种多度的动态变化。含有 J 个个体的样本中，包含 S 个物种，各物种多度分别为 $n_1, n_2, \cdots, n_S$（$J=\sum n_i$）的概率为

$$P_r(S, n_1, n_2, \cdots, n_S)=(J!\,\theta^S)/[1^{\varphi_1}2^{\varphi_2}\cdots J^{\varphi_J}\varphi_1!\,\varphi_2!\cdots\varphi_J!\prod_{k=1}^{J}(\theta+k-1)],\quad \theta=2JM\mu$$

式中，φ^J 表示含有 J 个个体的物种。

极大似然估计量 $L = \theta^S \Big/ \prod\limits_{k=1}^{S}(\theta + k - 1)$，计算基本多样性参数 θ 估计值。

3．研究结果

1）物种丰富度　　2007 年 4～12 月，元阳梯田区设置的黑光灯共诱集到 14 目 539 种 12 460 头昆虫，分别是鳞翅目（Lepidoptera）323 种 6359 头、鞘翅目（Coleoptera）108 种 1790 头、膜翅目（Hymenoptera）28 种 556 头、双翅目（Diptera）17 种 1026 头、半翅目（Hemiptera）19 种 634 头、同翅目（Homoptera）13 种 177 头、直翅目（Orthoptera）12 种 23 头、蜻蜓目（Odonata）3 种 3 头、广翅目（Megaloptera）5 种 72 头、毛翅目（Trichoptera）4 种 1803 头、蜚蠊目（Blattaria）4 种 10 头、等翅目（Isoptera）1 种 4 头、螳螂目（Mantodea）1 种 1 头、脉翅目（Neuroptera）1 种 2 头。2008 年 4～12 月，黑光灯共诱集到昆虫 12 目 576 种 20 920 头，分别是鳞翅目（Lepidoptera）445 种 13 575 头、鞘翅目（Coleoptera）74 种 747 头、膜翅目（Hymenoptera）12 种 156 头、双翅目（Diptera）20 种 332 头、半翅目（Hemiptera）8 种 451 头、同翅目（Homoptera）2 种 210 头、直翅目（Orthoptera）3 种 9 头、蜻蜓目（Odonata）4 种 6 头、广翅目（Megaloptera）3 种 5180 头、毛翅目（Trichoptera）3 种 1 头、蜚蠊目（Blattaria）1 种 1 头、螳螂目（Mantodea）1 种 1 头。

2）物种多样性特征和多样性指标　　运用 R（Version 2.11.1，http://www.r-project.org/）软件分别计算 2007 年和 2008 年元阳梯田鳞翅目、鞘翅目和膜翅目昆虫群落个体丰度 N，物种多度 S，Margalef 丰富度指数 DMg，Simpson 指数 D，Shannon 指数 H，Fisher 多样性参数 α，群落中性理论零和多项式模型基本多样性参数 θ。

2007 年元阳梯田传统稻作系统黑光灯诱集的昆虫样本中，鳞翅目昆虫物种最丰富，其次为鞘翅目和膜翅目昆虫。其中，鳞翅目、鞘翅目和膜翅目昆虫群落 Margalef 丰富度指数差异较大，分别为 36.77、14.29、4.27；Simpson 指数间差异较小，分别为 0.98、0.88 和 0.81；Shannon 指数间差异也较小，分别为 4.48、3.18 和 2.08。Fisher 多样性参数 α 和群落中性理论基本多样性参数 θ 值非常接近，但不同昆虫类群间差异较大，鳞翅目、鞘翅目和膜翅目昆虫群落多样性参数 α 分别为 71.88、25.27 和 6.22；基本多样性参数 θ 分别为 71.73、25.12 和 6.07。

2008 年元阳梯田传统稻作系统黑光灯诱集的昆虫样本中，鳞翅目昆虫群落物种最丰富，其次为鞘翅目和膜翅目昆虫群落。其中，鳞翅目、鞘翅目和膜翅目昆虫群落 Margalef 丰富度指数差别也较大，分别为 46.59、11.03 和 2.18；Simpson 指数差别仍然较小，分别为 0.94、0.97 和 0.64；Shannon 指数差别也较小，分别为 4.22、3.73 和 1.32；多样性参数 α 间差别较大，分别为 87.97、20.40 和 3.03；基本多样性参数 θ 间差别也较大，分别为 87.85、20.22 和 2.86。

为了更直观地描述上述 5 种多样性指标间差异，分别将 5 个指标在坐标系中进行对比分析，结果发现：①5 种多样性评价指标中，多样性参数 α 和 θ 的区分度最大，其次为 Margalef 丰富度指数和 Shannon 指数，Simpson 指数区分度最低。②不同多样性评价方法对相同年份内相同昆虫类群的多样性评价结果并不一致。2007 年，5 种指标的多样性评价结果一致，均表明不同昆虫群落的物种多样性水平为鳞翅目＞鞘翅目＞膜翅目；2008 年，Margalef 丰富度指数、多样性参数 α 和 θ、Shannon 指数的多样性评价结果一致，不同昆虫群落的物种多样性水平为鳞翅目＞鞘翅目＞膜翅目，但 Simpson 指数的评价结果表明不同昆虫群落的物种多样性水平为鞘翅目＞鳞翅目＞膜翅目。③不同年份间，5种多样性评价方法对同一昆虫群落多样性评价结果也不全一致。鳞翅目昆虫群落的 Margalef 丰富度指数，多样性参数 α 和 θ 评价结果一致，表明物种多样性变化趋势为：2008 年＞2007 年；Simpson 指数和 Shannon 指数评价结果一致，但与丰富度指数和多样性参数的结果不一致，多样性变化趋势为：2007 年＞2008 年。鞘翅目昆虫群落的 Margalef 丰富度指数，多样性参数 α 和 θ 的多样性评价结果一致，表现为 2007 年＞2008 年，Simpson 指数和 Shannon 指数的多样性评价结果一致，但与丰富度指数和多样性参数的结果也不一致，表现为 2008 年＞2007 年。膜翅目昆虫群落的 5 种多样性指标的多样性评价结果一致，表现为 2007 年＞2008 年。

（二）实例 2——传粉昆虫物种多样性监测和评估

1. 传粉昆虫的重要性

传粉昆虫是生态系统的重要组成部分，维持生态系统的动态平衡和相对稳定。人为活动改变土地利用类型，破坏传粉昆虫筑巢地点，降低蜜粉源植物多样性，引起传粉昆虫多样性下降。传粉昆虫多样性减少可能影响植物授粉受精概率，降低作物产量，破坏生态系统传粉服务功能，影响生态系统稳定性，从而影响人类自身的福利和可持续发展。因此，传粉昆虫的现状、下降程度、影响因素及保护措施的相关研究受到广泛关注。

蜜蜂（*Apis* spp.）是最主要的传粉昆虫。除蜂蜜、花粉和其他蜂产品外，蜜蜂为生态系统提供丰富的传粉服务，美国蜜蜂一年产生的传粉服务价值约为 146 亿美元。从全球尺度来看，2005 年传粉昆虫产生的经济价值约 1530 亿欧元。全球 75%的作物需要昆虫传粉，粮食产量的 35%与昆虫传粉相关。如果传粉昆虫物种多样性严重下降，生态系统传粉服务功能可能受到影响，从而威胁到粮食产量和粮食安全。传粉昆虫多样性的减少很早就受到关注。然而，已有的研究工作主要关注少数几类具重要经济价值的社会性传粉蜂（如蜜蜂和熊蜂等）物种多样性变化情况。除部分野生传粉蜂因特定的生态学意义和经济价值而引起学者的兴趣外，其他传粉昆虫多样性较少受到重视，其物种多样性变化情况还不清楚。这些传粉昆虫是生态系统重要组成部分，认识它们多样性变化对维护生态系统稳定性，正常发挥生态系统功能至关重要。大量未被认知的传粉昆虫有待于进一步研究，以便能准确揭示人为干扰与传粉昆虫物种多样性间的关系。人工饲养蜜蜂，如中华蜜蜂（*Apis cerana* Fabricius）和西方蜜蜂（*A. mellifera* L.）等，由于其特殊的经济价值和授粉功能，种群数量的变化首先受到重视。从 1947 年开始，美国农业部国家农业服务统计处（United States Department of Agriculture-National Agriculture Statistics Service，USDA-NASS）开始统计各州蜂巢数量、产蜜量和市场价格等若干数据来监测美国饲养蜜蜂的变化动态；加拿大国家统计局长期对该国蜂蜜产量进行调查和统计，分析该国蜜蜂数量变化规律。其他一些经济传粉昆虫，如熊蜂（*Bombus* spp.）和壁蜂（*Osmia* spp.）等，以其突出的授粉优势和重要的经济价值被广泛运用于作物传粉，人工饲养数量有较准确的统计。然而，这些传粉昆虫野生种群数量研究却十分缺乏。野生传粉昆虫空间分布具有区域性，不同生境中传粉昆虫类群存在差异。同时，不同学者或研究项目所关注的类群和研究区域不一致，这种现状让不同研究结果难于比较，独立的数据和不同的调查方法阻碍了大尺度下探索传粉昆虫物种多样性变化的可行性。但开展大尺度下的科学调查往往在时间、人员和经费方面存在难于逾越的困难。因此，生态学家提出，能否结合不同学者和不同区域的研究结果，进行综合分析和评估，以便能在国家尺度或者更大的空间尺度下开展研究，从而揭示传粉昆虫物种多样性变化规律？这种基于大尺度下研究传粉昆虫物种多样性变化规律的思路，可以在一定程度上克服不同学者和不同区域中分散研究的缺点，能更加准确地认识传粉昆虫现状及其受到的威胁。因此，欧美等国家相继建立起各种传粉昆虫监测和评价体系，将不同学者和研究机构纳入同一研究平台，综合分析不同研究者的调查成果，来评估传粉昆虫的现状和下降情况。目前已建立监测传粉蜂物种多样性的项目。例如，涉及欧洲和以色列等若干国家的"大尺度生物多样性风险评估及评估方法检验"（Assessing Large Scale Risks for Biodiversity with Tested Methods，ALARM）项目以推动研究大尺度下生物多样性变化情况为主要目的，其中研究传粉昆虫物种多样性变化是该项目最重要内容之一。项目的建立为大尺度下分析传粉昆虫物种多样性提供便利，基于 ALARM 提供的数据，能够对英国和荷兰的传粉昆虫及其下降因素进行探讨。除传粉蜂外，蝴蝶和蜂鸟等传粉生物的监测和评估体系也已在部分区域建立，并运用于监测这些传粉生物多样性的变化。作为生态系统的重要组成部分，这些传粉生物多样性的变化对生态系统的传粉服务功能和稳定性具有重要的作用，监测和评估这些传粉生物物种多样性具重要的生态意义。

2. 传粉昆虫的保护

传粉昆虫生存和繁衍的空间需求不及高等哺乳动物严格，在人类活动干扰较强的区域，部分传粉昆虫仍大量存在。与其他高等动物的保护措施相比，传粉昆虫的保护具有自身的特点。例如，传粉昆虫搜索范围比高等动物狭窄，需要丰富的蜜粉源植物以供种群的物质和能量消耗，大部分物种对筑巢地点有特定的要求。蜜粉源植物多样性和筑巢地点的适应性是影响传粉昆虫物种多样性最主要的因素，因此，保护传粉昆虫多样性首先需要保护传粉昆虫筑巢地点和蜜粉源植物多样。

目前专一针对传粉昆虫多样性的保护政策和保护措施较少。除"国际传粉者行动"（International Pollinator Initiative，IPI）外，其他政策和保护措施均未将传粉昆虫作为特定的保护目标。此外，以保护和改善生物栖境，恢复生物多样性为目的保护政策和措施在一定程度上也能保护传粉昆虫蜜粉源植物和筑巢地点，因而这些措施对传粉昆虫物种多样性也能起到保护作用。传粉昆虫多样性的保护与其认知程度有极大的关系。当传粉昆虫的生物学和生态学特征未被完全认知时，相应的保护措施往往难于起到保护目的。目前对传粉昆虫多样性的保护还没有全面系统的研究，对绝大部分传粉昆虫的生物学和生态学特征还知之甚少，因此难于提供针对所有传粉昆虫行之有效的保护方法。为改善传粉昆虫的栖境，恢复传粉昆虫种群数量，有效缓减传粉昆虫物种消失的速度，有必要开展更多的研究工作为传粉昆虫的保护提供理论依据。

基于我国传粉昆虫多样性的研究和保护现状，有必要加大传粉昆虫多样性研究的力度，尤其需要在科研立项方面给予资助和重视。纵览 2000～2010 年国家自然科学基金资助的与昆虫传粉相关的约 100 项科研项目中，传粉昆虫多样性的研究项目不足 20 项，其中传粉昆虫多样性评估和传粉昆虫物种多样性变化的研究更少。根据已有的研究成果和进展，以下几方面的研究具有重要的生态和经济意义：①人工饲养蜂种群数量周期统计及影响因素研究。人工饲养蜂数量的变化对作物传粉和农林生态系统的安全极其重要，因此有必要开展相关的调查工作，为农林生态系统的传粉服务提供参考数据。②重要农林作物传粉昆虫资源调查。研究农林作物传粉昆虫多样性，探讨传粉昆虫多样性时空变化规律及其同环境因素的关系，分析传粉昆虫对作物产量和粮食安全的影响。③野生传粉蜂资源调查。了解野生传粉蜂多样性特征、空间分布规律和传粉服务功能将有利于评估我国传粉昆虫的现状及其在生态系统中的作用，也可为开展传粉昆虫多样性保护提供理论依据。④传粉昆虫资源保护。对于种群数量受到威胁和珍稀的传粉昆虫，有必要开展有效保护措施，以防这些物种消失。此外，需要探索并建立通用的调查方法和协议，以使不同学者或不同区域内的研究结果能够比较。同时，不同的研究区域多零星分散，调查结果难于在国家尺度上揭示传粉昆虫物种多样性变化情况。为掌握我国传粉昆虫现状和分布情况，不仅需要对我国传粉昆虫进行长期监测和评估，同时需要建立一个容纳多学科和多学者的数据共享和信息沟通平台。结合不同类群和不同区域中传粉昆虫多样性研究成果，综合分析我国传粉昆虫现状，提高我国传粉昆虫物种多样性的认识和科研能力。

第二节　昆虫生态位的研究与应用

一、生态位的概念

1910 年，Johnson 最早使用了生态位一词，指同一地区的不同物种可以占据环境中的不同生态位。美国学者 Grinnell 在研究加利福尼亚长尾鸣禽的生态位关系时，首先运用了微生境、非生物因子、资源和被捕食者等环境中的限制性因子来定义生态位，即"恰被一个物种或亚种所占据的最终的分布单元"，在这个最终的分布单元中，每个物种的生态位因其结构和功能上的界限而得以保持，即在同一动物区系中定居的 2 个物种不可能具有完全相同的生态位。这个定义强调的是物种的空间分布的意义，因此被称为空间生态位（spatial niche）。

Elton 把生态位定义为"一种动物的生态位表明它在生物环境中的地位及其与食物和天敌的关系"。他将动物的种群大小和取食习性视为其生态位的主要成分，同时还建议生态位的研究应聚集在一个物种在群落中的角色（role）或作用（function）上。由于他定义生态位的重点在于功能关系，故后人称其为功能生态位（functional niche）或营养生态位（trophic niche）。

Hutchinson 引入数学点集理论，把生态位描述为一个生物单位生存条件的总集合体，并且根据生物的忍受法则，用坐标表示影响物种的环境变量，建立了生态位的多维超体积（n-dimensional hypervolume niche）模式，它不仅包括了原来的物理分布空间，而且还包括温度、湿度、pH 等衡量其栖息地的其他一些指标，每个条件和资源都是一维或一轴，一系列这样的维就构成生物的 N-维生态位（图 3-1）。

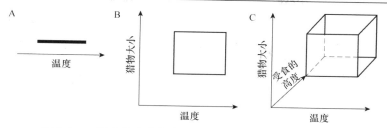

图 3-1 一种鸟的生态位维度（仿 Mackenzie *et al.*, 1998）
A. 一维的生态位，覆盖温度耐受度；B. 两维生态位，包括温度和猎物大小；
C. 三维生态位，包括温度、猎物大小和觅食的高度

图 3-2 表示灰蓝纳莺的觅食生态位，按其在加利福尼亚州橡树林中觅食的高度和猎物大小而定。在此基础上，Hutchinson 后来提出基础生态位（fundamental niche）和实际生态位（realized niche）概念。他指出，基础生态位即在生物群落中能够为某一物种所栖息的理论上的最大空间；实际生态位为一个物种实际占有的生态位空间，即将种间竞争作为生态位的特殊环境参数。他认为一种动物的潜在生态位在某一特定时刻是很难完全占有的。Hutchinson 强调的已不单单是生态

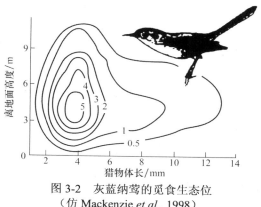

图 3-2 灰蓝纳莺的觅食生态位
（仿 Mackenzie *et al.*, 1998）

位的生境含义，而且包括了生物的适应性及生物与环境相互作用的各种方式。多维超体积生态位偏重的是生物对环境资源的需求，没有明确地把生物对环境的影响作为生态位的成分，但其比空间生态位、功能生态位更能反映生态位的本质含义，因此普遍被生态学界所接受。

后来，许多科学家又从不同的角度分别给生态位下了定义，并提出了扩展的生态位理论，但最具代表性的当推 Grinnell、Elton 和 Hutchinson 三人，人们分别称他们所给的定义为空间生态位、功能生态位和多维超体积生态位。

二、生态位测度

生态位的概念给人们具体了解的是一些刻画它的数量指标，即所谓的生态位测度（niche metrics），如生态位宽度（niche breadth）、生态位重叠（niche overlap）、生态位体积（niche volume）及生态位维数（niche dimension）等。其中生态位宽度和生态位重叠是描述一个物种的生态位与物种生态位间关系的重要数量指标，目前主要集中在这两个指标的估算与分析上。生态位宽度又称生态位广度（niche width）、生态位大小（niche size）。Slobodkin、Levins、MacArthur 所给的定义是，在生态位空间中，沿着某一具体路线通过生态位的一段距离。Hurlbert 则将其定义为物种利用或趋于利用所有可利用资源状态而减少种内个体相遇的程度；而生态位重叠是两个物种在同一资源位上的相遇频率。1965 年，van Valen 定义生态位宽度为在有限资源的多维空间中被一物种或一群落片段所利用的比例。王刚认为，生态位宽度是指物种 y 和 n 个生态因子的适应（或利用）范围。Levins 将生态位宽度确定为任何生态

位轴上包含该变量的所有确定为可见值的点组成部分的长度。

探讨昆虫生态位，比较其生态位宽度和重叠指数异同，可以了解群落中各物种对时间、空间及营养资源的利用程度及其相互关系，探索昆虫种间竞争共存机制、天敌对猎物的空间跟随和控制作用、传媒昆虫的生态位差异、分化和进化上的适应对策，从而有效地利用自然天敌控制有害生物，保护和管理传媒昆虫，切实有效地制定有害生物综合治理策略。生态位概念比较抽象，需要用特定测度来定性和定量描述，使得其具体而易理解。生态位宽度和生态位重叠则是描述生态位关系最重要的 2 个指标。Hurlbert 认为，生态位宽度是物种利用或趋于利用所有可利用资源状态而减少种内个体相遇的程度；而生态位重叠是 2 个物种在同一资源位上的相遇频率。在这 2 个测度计算上，国内昆虫生态研究中较常用的公式有以下几个。

（1）Levins 生态位宽度公式。

$$B_i = 1/\left(n\sum P_{ik}^{\,2}\right) \tag{3-4}$$

式中，B_i 为第 i 物种的生态位宽度；n 为生态位资源等级数；P_{ik} 为第 i 个物种利用资源状态 k 的个体占总资源中该种个体总数的比例。运用该公式，张飞萍等对毛竹 5 种害螨及其捕食螨、上官小霞等对棉田 7 种蜘蛛、丁伟等对春玉米 3 种蚜虫、师光禄等对不同类型枣园中害虫及其天敌、吴伟坚对蔬菜上 4 种重要害虫、缪勇等对棉蚜及其捕食性天敌、王智等对稻田主要蜘蛛和飞虱及叶蝉之间的资源利用情况进行了分析。

（2）Hurlbert 改进生态位宽度公式。

$$B_i = \sum P_k/P_{ik}^{\,2} \tag{3-5}$$

式中，P_k 为第 k 个资源单位在资源序列中所占的比例，即 $P_k = 1/n$。朱克响等运用此公式研究了淮北棉区内棉蚜、棉叶螨、棉铃虫及其主要天敌的时间、空间生态位宽度。

（3）对称 A 法，即 Pianka 生态位重叠指数公式。

$$Q_{ij} = \sum\left(P_{ik}P_{jk}\right)\bigg/\sqrt{\left(\sum P_{ik}^{\,2}\sum P_{jk}^{\,2}\right)} \tag{3-6}$$

式中，$Q_{ij} = Q_{ji}$，Q_{ij}、Q_{ji} 分别为物种 i 和物种 j 的生态位重叠值；P_{ik}、P_{jk} 分别为物种 i 和物种 j 种利用第 k 个资源单位的个体占总资源中对应物种总数的比例。运用该公式，吴伟坚对蔬菜上 4 种重要害虫的营养、时间、空间的生态位重叠关系进行了研究；师光禄等研究了 5 种不同类型枣园中主要害虫及其天敌的种间竞争关系。

（4）不对称 A 法，即 Levins 生态位重叠指数公式。

$$L_{ij} = \sum\left(P_{ik}P_{jk}\right)\bigg/\sum P_{ik}^{\,2} \tag{3-7}$$

$$L_{ji} = \sum\left(P_{ik}P_{jk}\right)\bigg/\sum P_{ik}^{\,2} \tag{3-8}$$

式中，L_{ij} 为 i 物种与 j 物种的重叠指数；L_{ji} 为 j 物种与 i 物种的重叠指数。吕仲贤等采用该公式研究了玉米螟和桃蛀螟在玉米田的营养、时间、空间生态位重叠关系。

（5）Hurlbert 改进生态位重叠指数公式。

$$L_{ij} = \sum\left(P_{ik}P_{jk}\right)/P_k \tag{3-9}$$

式中，L_{ij} 为物种 i 和物种 j 的生态位重叠值。运用该公式，丁伟等研究了春玉米上 3 种蚜虫的时间、空间生态位重叠关系；缪勇等研究了棉蚜及其捕食性天敌的时间、空间生态位重叠关系。

（6）Cowell-Futuyma 生态位重叠指数公式。

$$Q_{ij}=1-\sum|P_{ik}-P_{jk}|/2 \tag{3-10}$$

式中，Q_{ij}为物种i和物种j的生态位重叠值，或物种i和物种j的比例相似性。运用该公式，姜永厚等对稻田生态系统中飞虱和8种蜘蛛、师光禄等对5种不同类型枣园中主要害虫及其天敌、上官小霞等对棉田7种蜘蛛、王智等对稻田主要蜘蛛和飞虱及叶蝉之间生态位重叠情况进行了探索。

三、生态位在昆虫生态学与害虫防治中的应用

生态位可反映生境群落中害虫与害虫、害虫与天敌、天敌与天敌之间的种间竞争关系及病虫害对其生存环境的影响，因而研究作物病虫害和天敌的生态位有重要的意义。

1. 引进外部生态位因子

当现存的或潜在的生态位因子不能满足引进物种对生态位的需求时，就需要在引进物种的同时引进一些不属于该生态小环境的生态因子，使得引进的物种在引进后种群能得以存活和发展。例如，棉田以瓢治蚜，为了在棉蚜发生时获取一定瓢虫量，必须先在棉垄间种一定量的油菜，以菜蚜招引并繁殖瓢虫，等棉蚜发生量达到一定程度时，瓢虫转食棉蚜，这时可以拔除油菜。这个例子中的瓢虫即为引进的物种，油菜是为了满足瓢虫的引进而引进的外部生态位因子，它满足了瓢虫引进早期的栖息地和饲料来源。例如，棉田套种玉米，使玉米吐絮期与棉铃虫成虫期吻合，可引诱棉铃虫成虫白天隐藏和产卵，然后加以消灭。这2个例子说明合理利用生态位理论可大大减少农药的使用量，进而减少对环境的污染，降低农药的残留，减少对人类的危害，保持生态平衡。

2. 去除有害生态元

对人类或人类所需产品造成危害的生态元，称为有害生态元，如对农作物或其他园林及森林植物生长不利的害虫、杂草等。对有害生态元的去除方法形式多样，其中常被采用的措施包括选用选择性农药直接杀死害虫或杂草而保护有益生态元的存在，或者用生态系统中已存在的其他生态元抑制有害生态元。例如，在稻田中放养鱼类，能取食大量田间杂草、水面或水中的害虫及蚊子幼虫，利用园林、森林中的鸟类及其他天敌来捕食害虫，从而去除有害生态元，发挥生态环境更大的生产潜能，创造更高的生态位效能。

3. 定向改变基础生态位

生态位是生态元与其所处环境长期适应的结果，但可以通过采用一些措施改变一生态元的生态位，从而使原本不能被该生态元适应、利用或占据的部分变成该生态元可适应、利用或占有的部分，而原来占有该生态环境的另一生态元的生态位宽度减小。例如，农作物、园林植物合理施用氮、磷、钾肥，增施硼、锰、锌等微量元素，可以促进植物的新陈代谢，充分利用环境资源，增强抗逆性，减少害虫的危害。

4. 预测预报及防治

病虫害的时间生态位宽度反映的是病虫害在时间维上的利用状况和变化规律。如果病虫害的时间生态位宽度指数大，则对研究的对象来说，其病虫害在测定的每个时段上都发生，各阶段都要注意防治；时间生态位宽度指数小，表现为在种群数量上波动较大，在时间维上分布不均匀，时间节律很强，防治时在不同的时间段以不同的目标为主，并建立防病虫害工作日历。例如，有的病虫害主要在花期为害，则在花期做好预测预报工

作；有的病虫害主要在果期危害严重，则须在果期重点防治。

空间生态位宽度反映的是病虫害在空间维上的利用状况和变化规律。病虫害的空间生态位宽度指数小，则说明病虫害对空间部位有选择性或有转移为害的特点，防治时结合空间分布对症治疗；空间生态位宽度指数大，病虫害对各方位选择性小，空间分布较均匀，病虫害能随机扩散，在喷洒药剂时如果药很难均匀喷洒，就要使用内吸式，具有双向传导的真菌药剂，能自行均匀于树上，才能达到防治的效果。以不同品种为营养的营养生态位宽度指数大，病虫害则可侵染各个品种，指数小则说明病虫害对品种有一定的选择性。

生态位重叠反映了两种病虫害同时对某一资源位利用的相似程度。病虫害的时间和空间生态位重叠指数大，表现了病虫害在时间和空间上的同域性，对资源占据形成激烈竞争，是产生危害的重要时期，此时可同时防治两种或多种病虫害。此外，对于混品种栽培的作物，利用病虫害的时间-空间-营养三维生态位防治病虫害比二维生态位更具指导意义，单品种则利用时间-空间二维生态位重叠比一维生态位更具指导意义。

5. 协调解决化学防治与生物防治的矛盾

天敌有效控制害虫的条件是时间同步、空间同域、数量优势、能量有效，而时间同步、空间同域是天敌控制害虫的必要条件。通过研究害虫-天敌的时空生态位，可以了解它们的时空分布状况，确定优势天敌和施药方法。如果天敌生态位宽度指数、害虫和天敌时空生态位重叠指数都大，就可说明天敌对害虫跟随作用相遇的概率较大，这时就要保护和利用天敌，避开天敌发生高峰期用药，在害虫暴发时才辅以高效低毒的化学农药，达到少用或不用化学农药而控制害虫的目的；同时还可结合天敌空间生态位的季节、日变化规律来进行生态施药，尽量减少对天敌的影响。例如，在水稻田中，上午和下午用杀虫双的效果相比，上午用杀虫双对天敌即蜘蛛集团捕食功能的减退率影响较小；而上午和下午用甲胺磷的效果相比，下午用甲胺磷则对蜘蛛集团捕食功能的减退率影响较小。不同施药方法对病虫害生态位的影响也是不一样的，水稻在孕穗期施药＋齐穗期施药和孕穗期施药＋灌浆期施药对纹枯病空间生态位的影响最大，通过这种方法施药可以最大程度地压缩病害的空间生态位，减少病害的影响。

害虫与天敌的生态位重叠指数不大，说明捕食天敌对害虫的控制作用不明显，单纯利用天敌的自然控制作用，难以达到控制的目的，必须结合其他防治措施，进行综合治理。

两种天敌的生态位重叠值可反应它们共同的控虫作用，生态位重叠指数大，共享资源竞争相对激烈，控虫能力也相对增强；生态位重叠指数小，控虫能力相对减弱。

在人工驯养或饲养天敌时，要选择时间生态位宽度指数大的对象。天敌时间生态位宽度指数大则表明天敌发生的时间长，种群分布均匀，而且分布广，适应性强，是天敌中的优势种群。例如，驯养莴笋地天敌-蜘蛛时，应选择环纹豹蛛和黑色蝇虎等指数大的对象。

6. 指导选择果园地被物或间作物

通过一些措施可以改变病虫害生态系统的生态位状况，减少病虫害的危害。例如，改变果园植被，套种或间作不同作物等措施。在不同的植被或间作物中，其害虫和天敌的生态位是不同的，这样病虫害对作物的危害程度也不一样。例如，苹果园内种植杂草与裸地、间作豌豆、间作小麦相比，前者害虫的生态位宽度较小，天敌的生态位宽度却是较大，所以苹果园种杂草更有利于害虫的生态防治。同样，在枣园中种草也能达到同样的效果。

通过套种作物可间接消灭害虫，如棉田套种玉米，使玉米吐絮期与棉铃虫成虫期吻合，可引诱棉铃虫成虫白天隐藏和产卵，然后加以消灭，达到除害的目的。

7. 划分竞争种群

以多维生态位重叠值作为物种间相似性指标，进行最短距离聚类分析或模糊聚类分析和极点排序分析，可以对昆虫或天敌群落进行分类。处于统一竞争种群的物种，竞争的可能性较大，强度较高，处于不同竞争种群的物种竞争小，强度亦较弱。通过群落的聚类分析，不仅可以使复杂的数据简单化，而且最终可以通过图解的形式来判别群落间的相互关系，从而揭示出一些不易发现的有意义的规律，有助于理解群落内物种对环境资源的利用，为进一步研究昆虫群落和制定害虫生态治理的策略提供理论依据。

8. 选择抗病虫害的作物品种

一般抗病虫害较强的品种，其天敌和害虫的生态位重叠指数、天敌的生态位宽度指数、害虫的生态位宽度指数都要高于抗病虫害较弱的品种。例如，抗虫棉田中天敌和害虫生态位指数与常规棉田中天敌和害虫生态位指数相比较，前者害虫和天敌生态位宽度指数较大，原因是抗虫棉田中药剂使用较少，品种不但起到明显的抗虫效果，而且由于大大减少化学用药，优化了生态系统，提高了自身的自我调控能力，害虫和天敌在资源序列上分布都较均匀。常规棉田中由于使用化学药剂多，导致种群数量变化大，种群分布不均匀，天敌和害虫的生态位宽度指数都偏小。又如，福建某地的龙眼果园，龙眼亥麦蛾（*Hypitima longanae* Yang et Chen）、荔枝蒂蛀虫（*Conopomorpha sinensis* Bradley）、荔枝蝽［*Tessaratoma papillosa*（Dmry）］3 种害虫在 4 个品种（立本东、苗翘、闽焦、乌龙领）龙眼树上的数量分布都较均匀，营养生态位宽度指数都较大，而荔枝尖细蛾只在苗翘上的数量分布较多，在其他 3 种树上的数量分布都较少，营养生态位宽度指数偏小，这与不同品种龙眼树对不同害虫的抗性强弱有关。

四、昆虫生态位测度——以毛竹叶螨及捕食螨为例度

1. 调查方法

张飞萍等（2001）1997 年 3 月在福建南平西芹毛竹叶螨危害的毛竹林内根据受害轻、中、重分别设立了 3 块标准地，每块面积 0.67 hm²。每月 5 日、15 日、25 日按 5 点取样法对 3 块标准地进行抽样调查，每标准地取 5 株，每株按东、西、南、北、中，另分上、中、下 15 个方位随机各取 2 叶，用胶卷盒封装后带回实验室于双目解剖镜下统计各样地、各样株、各方位叶背各种螨及螨态数，胶卷盒一并检查。

2. 处理方法

分时间和空间 2 种资源序列。时间维指 3～11 月，以旬为单位。空间维指毛竹树冠 15 个方位。生态位宽度利用 Levin 提出的公式测定，生态位重叠系数利用 Moristas 提出的公式测定，生态位相似性比例利用 Colwell 的公式测定。

3. 结果

栖居于毛竹叶背的害螨种类主要有竹缺爪螨（*Aponychus corpuzae* Rimando）、南京

裂爪螨（*Schizotetranychus nanjingensis* Ma et Yuan）、竹小爪螨（*Oligonychus urama* Ehara）、竹裂爪螨（*S. celarius* Reck）、苔螨（*Bryobia* sp.），以及捕食性天敌益螨种类有竹盲走螨（*Typhlodromus bambusae* Ehara）、颈盲走螨（*T. cervix* Wu *et* Li）、锯胸盲走螨（*T. serrulatus* Ehara）及中国植绥螨（*Phytoseius chinensis* Wu *et* Li），其中以前 3 种为优势害螨种群，捕食螨中以竹盲走螨为主。根据调查记录利用上述公式计算出毛竹叶背螨类时间、空间、时-空二维生态宽度及重叠系数和时-空二维生态位相似性比例如表 3-1～表 3-4。

表 3-1　毛竹叶螨及其天敌时间生态位宽度（B_i）及生态位重叠（C_{ij}）*

	南京裂爪螨 （*S. nanjingensis*）	竹缺爪螨 （*A. corpuzae*）	竹小爪螨 （*O. urama*）	捕食螨 （predatory mite）	竹裂爪螨 （*S. celarius*）	苔螨 （*Bryobia* sp.）
S. nanjingensis	0.3422	0.6717	0.2710	0.6092	0.1717	0.1859
A. corpuzae		0.3622	0.3191	0.4550	0.2151	0.3722
O. urama			0.4514	0.4977	0.2681	0.4710
predatory mite				0.6057	0.2384	0.5701
S. celarius					0.2624	0.4704
Bryobia sp.						0.3282

*对角线为生态位宽度（B_i），其余为生态位重叠（C_{ij}）

资料来源：张飞萍等，2001

表 3-2　毛竹叶螨及其天敌空间生态位宽度（B_i）及生态位重叠（C_{ij}）

	南京裂爪螨 （*S. nanjingensis*）	竹缺爪螨 （*A. corpuzae*）	竹小爪螨 （*O. urama*）	捕食螨 （predatory mite）	竹裂爪螨 （*S. celarius*）	苔螨 （*Bryobia* sp.）
S. nanjingensis	0.9953	0.9355	0.9985	0.9870	0.9336	0.8649
A. corpuzae		0.8770	0.9337	0.9751	0.9998	0.9135
O. urama			1	0.9889	0.9308	0.8854
predatory mite				0.9792	0.9727	0.9215
S. celarius					0.8715	0.9062
Bryobia sp.						0.8028

资料来源：张飞萍等，2001

表 3-3　毛竹叶螨及其天敌时空二维生态位宽度（B_i）及生态位重叠（C_{ij}）

	南京裂爪螨 （*S. nanjingensis*）	竹缺爪螨 （*A. corpuzae*）	竹小爪螨 （*O. urama*）	捕食螨 （predatory mite）	竹裂爪螨 （*S. celarius*）	苔螨 （*Bryobia* sp.）
S. nanjingensis	0.3097	0.6076	0.2536	0.5743	0.1081	0.0924
A. corpuzae		0.2875	0.2851	0.4371	0.1691	0.1992
O. urama			0.4467	0.4830	0.2034	0.2513
predatory mite				0.5550	0.1611	0.2967
S. celarius					0.1674	0.2534
Bryobia sp.						0.1417

资料来源：张飞萍等，2001

表 3-4　毛竹叶螨及其天敌时空二维生态位相似性比例

	南京裂爪螨 （*S. nanjingensis*）	竹缺爪螨 （*A. corpuzae*）	竹小爪螨 （*O. urama*）	捕食螨 （predatory mite）	竹裂爪螨 （*S. celarius*）	苔螨 （*Bryobia* sp.）
S. nanjingensis	—	0.4075	0.3151	0.5154	0.1305	0.1459
A. corpuzae			0.3694	0.4138	0.2264	0.2728
O. urama				0.4807	0.2658	0.3096
predatory mite					0.1870	0.3204
Bryobia sp.						0.2923

资料来源：张飞萍等，2001

第三节　昆虫群落边缘效应的研究与应用

一、群落交错区、生态交错带和生态过渡带

一个湖泊群落及其周围的陆地群落之间具有很明确的分界线；在高山地带，森林群落和高山草甸群落之间的分界线也很明显；但是，在沙漠群落和草原群落之间，在草原群落和森林群落之间，在针叶林群落和阔叶林群落之间，边界就难以截然划分了。两个群落之间往往存在一个宽达几公里的过渡地带，在此地带内，一个群落的成分逐渐减少，而另一个群落的成分逐渐增加。这个过渡带称为群落交错区（ecotone），它是两个或多个群落之间的过渡区域，是一个交叉地带或物种竞争的紧张地带。在群落交错区中，种的数目及一些种群密度比相邻的群落大，这种现象称为边缘效应（edge effect）。

生态交错带最早由 Clements 提出，指由气候决定的植物群丛交叠的应力区，主要包括 3 个类型：边缘（local edges 或 margins）、树线（tree line）和群落交错带（biome ecotone）。后来文献所阐释的概念多是基于两个群落之间的交错带，目前普遍认可的定义是"相邻生态系统之间的交错带，其特征由相邻生态系统相互作用的空间、时间及强度所决定。"

生态过渡带指在生态系统中，处于两种或两种以上的物质体系、能量体系、结构体系、功能体系之间所形成的界面，以及围绕该界面向外延伸的过渡带。生态过渡带是多种要素的联合作用和转换区，各要素相互作用强烈，是非线性现象显示区和突变发生区，是生物多样性的较高区。生态过渡带的生态环境抗干扰能力弱，对外力的阻抗较低，遭破坏后恢复原状的可能性很小。生态过渡带的生态环境的变化速度快，空间迁移能力强，造成生态环境恢复困难。

二、生态交错带的特征

1. 生态交错带的基本属性

生态交错带有 7 个基本属性，即高的物种多样性、丰富的特有种、大量的外来种、频繁的物质流动、敏感的时空动态性、结构的异质性和脆弱性。生态交错带受到人们

的关注，源于其表现了比相邻系统更高的物种多样性。随着生物多样性丧失的加剧及环保意识的增强，生态交错带的生物多样性特征愈发受到重视。生态交错带存在丰富的特有种，但并不是每个交错带都会出现特有种。另外，生态交错带具有较高的外来种比例。

2. 生态交错带的特征

生态交错带的重要特征之一就是控制或调节横穿景观格局的生态流，即物质、能量和有机体的流动。它可作为生态流的通道（conduit）、过滤器（filter）、障碍（barrier）、源（source）和库（pool）。生态交错带的物质流动的特性集中体现在河岸生态交错带和湿地交错带，以及主要生源要素 C、N、P 和 S 在生态交错带的运移、转化和输入输出过程。生态交错带时空变化表现为植被组成、结构、优势种、生活史或者土壤的营养条件变化等，包括区域和面积变化，还可能受气候、人类干扰等的影响。生态交错带的异质性，即群落镶嵌性明显，来自相邻生态系统或者群落的物种因为边缘效应，或生境斑块化，形成多种群落并存的景观。生态交错带的脆弱性指对干扰或环境变化的敏感性及生态系统的难以恢复性，因此有学者认为交错带即脆弱带。生态交错带脆弱性集中反映在农牧交错带、绿洲荒漠交错带等人地关系紧张区。生态交错带还有一些新的特征。例如，在生态交错带中，同一个种对同一个环境因子的响应可以表现出完全不同的几个特征，生态交错带不仅是一个植被分布非连续带，而且是环境因素梯度带，是一个诸如花粉传播特征、叶长、固氮能力、种子寿命等特征谱的非连续带。

3. 生态交错区的物种更替

阔叶林群落和针叶林群落之间的过渡地带往往会伴随着土壤酸度的突然变化。在草原群落和灌丛群落之间，以及在草原群落和森林群落之间，表面温度、土壤温度和光照强度的急剧变化往往会引起很多物种的更替。草原和灌丛之间明确的边界还具有边缘竞争效应。例如，草原植被由于降低了土壤表层的水分含量而阻止了灌木实生苗的生长，而灌木植被则由于有较强的遮荫作用而不利于草类萌发。

4. 生态交错区物种多样性的基本原理或假说

1）质量效应原理　　交错带物种多样性的现象用空间质量效应（spatial mass effect）原理来解释，指在一个区域不能建群的物种的某些个体在该区域能生存下来，也就是说一个种的某些个体从它自身能够成功建群的区域转移到一个不适其生存的区域。质量效应原理的存在，使得交错带相邻生态系统的物种能够在交错带共存，表现出比相邻系统更多的物种多样性。

2）中等差异假说　　当两个相邻斑块之间的差异处于中等程度时，质量效应最强，而当差异过大或者过小时，质量效应较弱。很多的交错带表现出物种减少的特点，即相邻系统物种不能跨越系统边界而在交错区域成活，这可能是两种相邻系统的差异较大，物理流加强，而生物流降低的结果。

3）繁殖体密度假说　　繁殖体密度假说主要从相邻斑块种及种群特性影响质量效应的强度来解释交错区域景观特征受到的影响。一个植物种能够成功入侵相邻斑块的可能性在某种程度上取决于入侵的繁殖体的数量，因此，种子生产力大的品种将比弱的品种具有更强的在不适合生存的目的斑块的生存能力。种子扩散能力的种间差异也是一个重要因素，扩散更远的品种更容易跨越环境边界。

　　4）基因杂交区假说　　生态交错带是一个基因杂交带，通过基因重组和突变，可能产生新种，即所谓的交错带特有种。特有种可能适宜这种镶嵌的生境并能被保持下来，交错带形成其特有的生境，这有利于提高交错带的生物多样性。

　　5）生境压力假说　　生态交错带具有不同的环境因素，对相邻系统的物种构成了选择压力，有些物种可以跨越边界而在交错带存活。跨入生态交错带的物种和相邻系统的物种可能形成生殖隔离，随着选择压力和选择方向的不同，可能产生新种。而很多相邻系统的物种也许并不能穿越系统边界在交错带存活，形成交错带物种多样性降低，具有很高的不稳定性和脆弱性。

　　6）热力学第二定律　　生态交错带相邻系统生产力不同，导致能量流动将从高生产力斑块流向低生产力斑块，符合热力学第二定律原理。生态交错带具有高的边缘/面积比率，这种特性导致具有高的边缘周转和通透性，物质能量流动加强。

　　7）系统演替假说　　生态交错带构成了一个独立的生态系统，其在时间轴上处于动态连续的演替之中，生态交错带的识别以及特征都依赖于时间轴上的点，不同时间点上生态交错带的大小及性质都会发生变化。在不同时间点上观察，生态交错带的植被或者群落特征都会表现不同的特点，因此生态交错带处于不断演替的状态。

三、边缘效应

　　边缘效应作为一种普遍存在的自然现象，是生态交错带的显著特征之一，也是生态学和保护生物学中非常重要的概念。自从 Leopold 提出边缘效应的概念以来，绝大部分的研究是关于高等植物和脊椎动物方面。随着生物多样性和景观生态学研究的不断深入，昆虫的边缘效应及其对边缘效应的应用研究也日益见多。20 世纪 80 年代以来，我国在边缘效应研究领域迅速发展，王如松、马世骏将边缘效应的定义从单纯的地域性概念拓展为：在两个或多个不同性质的生态系统的交互作用处，由于某些生态因子或系统属性的差异和协合作用而引起系统某些组分及行为的较大变化。王伯荪、彭少麟组建了植物群落的边缘效应强度的测度模式，并将其定义为：在植物群落的交错区，由于不同群落的相互渗透、相互联系和相互作用，引起交错区的种类组成、配置及结构和功能具有不同于相邻的群落的特性。窦为民等对四川缙云山亚热带常绿阔叶林林窗边缘效应也进行了研究。在解释边缘效应机制的研究方面，王如松等提出了解释边缘效应的 3 种理论：加成效应、协合效应和集肤效应理论。王伯荪、彭少麟在实例研究的基础上，指出边缘效应是多方面的综合过程，提出了边缘效应的生态位分化理论。目前，比较集中的意见认为，在两个或多个不同性质的生态系统（或其他系统）交互作用处，由于某些生态因子（可能是物质、能量、信息、时机或地域）或系统属性的差异和协合作用而引起系统某些组分及行为（如种群密度、生产力、多样性等）的较大变化，称为边缘效应。

　　根据空间尺度的不同及边缘效应形成和维持因素，边缘效应分为大、中、小 3 个尺度类型，即大尺度的生物群区交错带、中尺度的景观类型之间的生态交错带和小尺度的斑块（生态系统）之间的群落交错区的边缘效应。大尺度的边缘效应主要是以植被气候带为标志的生物群区间的边缘效应，这种地带性的交错区主要受大气环境条件的影响。中尺度类型的边缘效应主要包括城乡交错带、林草交错带、农牧交错带等类型，是不同生态系统要素的空间交接地带，在物质能量等相互流动的作用下变得更为复杂。小尺度水平上的边缘效应是指斑块之间的交错所形成的边缘效应，受小地形等微环境条件及生物非生物等因子的制约，研究主要集中在群落边缘、林窗边缘和林线交错带等方面。

1）大尺度水平边缘效应　在全球的大尺度水平上，能够清晰区分对象单元的要素就是气候。在这个尺度上，植被的区域划分是以气候为指导原则的，并形成生物群区的植被区划，与各个气候带相对应产生植被的地带性分布，主要包括纬向性、经向性的植被地带性分布，而由于海拔上升也会造成相应的植被分异，称为海拔性植被分布。生物群区之间的交错区体现了大尺度水平上的边缘效应。

2）中尺度水平边缘效应　生态交错区是指不同景观类型之间的过渡区，属于中尺度类型。生态交错区并不是两个生态实体的机械叠加和混合，它是两个相对均质的生态系统相互过渡耦合而构成的有别于该两种生态系统的转换区域，其显著特征为生境的异质化，界面上的突变性和对比度。交错区是生态系统要素间的过渡带，具有过滤膜的作用，影响能流等生态流及生物有机体的流动，因而它通常是生物多样性出现较高的场所。在过渡带中，由于景观要素间的相互作用直接影响景观的功能与结构，过渡带又直接反映出某些物种的独特生境，所以易导致种群遗传型的统一或特化。目前对生态交错带的研究主要集中在与人类关系较为密切的几种类型，以及对环境变化较为敏感的生态脆弱区，包括城乡交错带、林草交错带、农牧交错带、林农交错带、水陆交错带和森林沼泽交错带。

3）小尺度水平边缘效应　相对均质的生态系统内部存在着不同的斑块，如森林生态景观中的针叶林和阔叶林，草地生态景观中的草地和裸地等类型斑块，由于不同群落的相互渗透，它们之间存在边缘效应，称为小尺度水平上边缘效应。群落的边缘区（带）是群落与外界交流的主要场地，尤其是种类渗透、物质流动及其他信息交流。自然群落所形成的边缘结构和边缘区的发展与变化动态，反映了在特定的生境下，群落间的相互作用过程中群落间的扩散特性，决定着景观斑块或景观元素的动态；而群落的边缘扩散，又常常是演替与发展的结果。

四、边缘效应研究实例

（一）实例1——北洛河蝗虫群落的边缘效应

1. 样地设置与取样方法

根据延安北洛河流域的生态特点，选取农田-草地、农田-灌草丛、农田-道路和草地-道路4种边缘类型进行调查与分析。调查时间为2006年和2007年6～9月，每月中旬到北洛河流域黄土高原段的吴旗、志丹、甘泉、富县、洛川、黄陵各县，根据其生态环境特征选取代表性的样地进行取样。在边缘方向设置4～10个与边缘垂直的样条地，样条地间隔为5～20 m，沿每一样条带每隔5 m设置样方，样方大小为2 m×3 m，取8个样方，以便使取样地至少深入栖息地内部50 m。其中边缘处样方应跨越边缘。具体方法见模式图3-3。

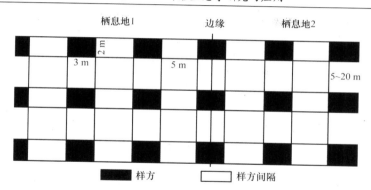

图 3-3　边缘效应研究的取样方法（李亚妮等，2011）

采用直接观察法统计样地中蝗虫的种类和数量，然后用网径 30 cm 的昆虫网进行随机网捕。将捕捉到的蝗虫迅速投入氰化钾毒瓶中毒死，毒死后放入事先准备好的纸包，详细记录采集样方的环境、海拔和采集时间等信息，并将采集到的标本放入干燥阴凉处自然晾干。鉴定前，把标本进行还软、针插，鉴定后置于装有防霉防虫药品的标准盒内，统计出不同地区不同边缘类型中蝗虫的种类及个体数。

2. 结果

草地-道路边缘利于蝗虫孳生，其物种数（25 种）和多样性指数 H'（2.5745）都高于其他 3 种边缘；边缘效应强度除农田-灌草丛（0.9160＜1）边缘外，其余类型均呈边缘正效应（＞1）。

所调查的 4 种边缘及其相邻的生态系统中蝗虫群落的多样性指数见表 3-5。在农田-草地边缘、农田-道路边缘、草地-道路边缘中，蝗虫群落的多样性指数都比各自相邻的生态系统中为高，而在农田-灌草丛边缘中却相反。由农田-草地边缘、农田-道路边缘、草地-道路边缘的多样性指数说明边缘处物种丰富，并且各物种的生产能力比相邻的生态系统高。针对大部分蝗虫种群来说，它们适应边缘处的环境，能够在边缘很好地生存和繁殖，因此边缘效应呈正效应，也就是说边缘环境有利于蝗虫的孳生。对于农田-灌草丛边缘而言，它们的边缘效应则呈负效应。其原因可能是这种边缘的植被茂盛，盖度太大，照度较小，不利于蝗虫的孳生。

表 3-5　蝗虫群落边缘及其相邻生态系统中蝗虫群落的多样性指数

边缘类型	多样性指数（H'）	均匀度指数（J）	优势度指数（C）	物种数
农田	2.1398	0.7718	0.1474	16
农田-草地	2.3316	0.7783	0.1361	20
草地	2.2653	0.7529	0.1059	18
农田	2.3485	0.7676	0.1234	19
农田-道路	2.3599	0.7751	0.1254	21
道路				
农田	2.3595	0.8149	0.1161	19
农田-草灌丛	2.3224	0.8197	0.1243	17
草灌丛	2.3137	0.8166	0.1344	17
草地	2.6216	0.8361	0.0984	23
草地-道路	2.5745	0.7998	0.1073	25
道路				

资料来源：李亚妮等，2011

　　4 种边缘类型中蝗虫种类从 16 种到 25 种不等,4 种类型边缘地带中的优势种也有不同。农田-草地边缘地带中蝗虫群落的优势种为轮纹异痂蝗［*Bryodemella tuberculatum* (Stoll)］、黄胫小车蝗（*Oedaleus infernalis* Sauss）和宽翅曲背蝗［*Pararcyptera microptera* (Ikonnikov)］,农田-灌草丛边缘地带中的优势种为黄胫小车蝗、宽翅曲背蝗和短星翅蝗（*Calliptamus abbreviatus* Ikormikov）,农田-道路边缘地带中蝗虫群落的优势种为短额负蝗（*Atractomorpha sinensis* Bolvar）、黄胫小车蝗和短星翅蝗,草地-道路边缘中蝗虫群落的优势种为宽翅曲背蝗、黄胫小车蝗、短星翅蝗和轮纹异痂蝗。就蝗虫群落的物种多样性而言,草地-道路边缘地带中的多样性指数 H' 值最高,而农田-灌草丛边缘地带中的 H' 值最低;相反,草地-道路边缘地带中的 Pielou 均匀度指数 J 值最低,而农田-灌草丛边缘地带中的 J 值最高。就蝗虫群落均匀性而言,农田-草地边缘地带中蝗虫群落的均匀性最高,而草地-道路边缘地带中蝗虫群落的均匀性最低。

　　草地-道路边缘地带中蝗虫的物种数和多样性指数 H' 都明显高于其他 3 种类型边缘地带中的相应指标。这与草地-道路边缘地带中的特殊生境有关。草地内植物种类丰富,植被覆盖度较大,可供蝗虫的食物较多,所以适合植食性蝗虫种类的生存,而且随着气温越来越高,草地-道路边缘就成为一些耐旱、喜光的蝗虫种类生存和栖息的理想场所。

　　农田-草地边缘、农田-道路边缘及草地-道路边缘的 $E_{H'}$ 值都大于 1,说明这 3 种边缘类型呈正的边缘效应作用（表 3-6）。草地-道路边缘地带阳光比较充沛,而且植被盖度不是很大,蝗虫活动范围也比较开阔,所以草地-道路边缘是蝗虫理想的栖息场所,从而蝗虫多样性比较丰富,反映在边缘效应强度 $E_{H'}$ 值上,其值最高达 1.0567。农田-灌草丛边缘的 $E_{H'}=0.9160<1$,这种边缘类型呈负的边缘效应作用,边缘对灌草丛和农田斑块中蝗虫群落的影响是最弱的,说明这类边缘的蝗虫防治应放在农田内部,而非边缘处。

表 3-6　边缘效应强度分析

边缘效应强度	农田-杂草边缘	农田-道路边缘	农田-灌丛边缘	草地-道路边缘	平均
E_{if}	1.0023	1.0017	0.9160	1.0567	1.2881
E_c	0.9379	0.9996	1.1528	0.9097	1.0000

注: E_{if} 为 Shannon-Wiener 多样性指数强度, E_c 为优势度指数强度

资料来源:李亚妮等,2011

（二）实例 2——边缘效应对甲虫群落的影响

1. 方法

　　在卧龙国家自然保护区内,调查天然落叶阔叶林森林内部与森林边缘和周围草地之间地表甲虫群落多样性的差异,在科级水平上探讨边缘效应对地表甲虫群落的影响。调查共设 5 个重复样带（间距大于 500 m）;每个样带以距离梯度（25 m）的方式设置样点,分别由边缘深入到森林内部和草地中央 100 m,共设 45 个样点,通过巴氏罐诱法调查地表甲虫群落组成和季节变化。

2. 结果

　　甲虫的个体数量从森林内部、边缘到周围草地依次降低,而科多样性和均匀度则

依次增高，都达到了显著差异。主坐标分析排序表明，森林内部和周围草地间的地表甲虫群落组成差异较大；而森林边缘的群落组成与上述两者都有较高程度的相似性，反映了森林边缘的地表甲虫群落已经与森林内部的群落组成发生明显分化（表 3-7）。图 3-4 从甲虫科丰富度、个体数量、多样性及均匀度的季节变化显示森林和草地的边缘效应。

表 3-7　地表甲虫数量分布

科	功能群	森林	边缘	草地	总计	占个体总数的百分比/%
步甲科 Carabidae	PR	1508	642	193	2343	49.47
隐翅虫科 Staphylinidae	PR/FU	618	361	133	1112	23.48
叩甲科 Elateridae	PH	11	275	331	617	11.03
拟步甲科 Tenebrionidae	SC/PH	174	44	0	218	4.60
金龟科 Scarabaeidae	SC/PH	79	62	30	171	3.61
蚁甲科 Pselaphidae	PR	16	23	21	60	1.27
象甲科 Curculionidae	PH	22	11	16	49	1.03
叶甲科 Chrysomelidae	PH	8	19	18	45	0.95
埋葬甲科 Silphidae	SC	1	25	3	29	0.61
丸甲科 Byrrhidae	PH	0	6	13	19	0.40
球蕈甲科 Leiodidae	FU	10	6	3	19	0.40
花萤科 Cantharidae	PR	9	4	2	15	0.32
瓢虫科 Coccinellidae	PR	0	4	4	8	0.17
露尾甲科 Nitidulidae	FU	0	4	0	4	0.08
阎甲科 Histeridae	PR	1	2	0	3	0.06
朽木甲科 Alleculidae	SC	1	1	1	3	0.06
芫菁科 Meloidae	PH	0	3	0	3	0.06
小蠹科 Scolytidae	PH	1	0	2	3	0.06
红萤科 Lycidae	FU	1	1	0	2	0.04
豆象科 Bruchidae	PH	0	1	1	2	0.04
天牛科 Cerambycidae	PH	0	0	1	1	0.02
锹甲科 Lucanidae	PH	0	1	0	1	0.02
扁圆甲科 Sphaeritidae	PH	1	0	0	1	0.02
萤科 Lampyridae	PR	0	0	1	1	0.02
花蚤科 Mordellidae	PH	0	1	0	1	0.02
曲尾蕈甲科 Scaplidiidae	FU	1	0	0	1	0.02
隐食甲科 Cryptophagidae	FU	0	0	1	1	0.02
郭公虫科 Cleridae	PR	1	0	0	1	0.02
其他		0	3	0	3	0.06
总计		2463	1499	774	4736	

资料来源：于晓东等，2006

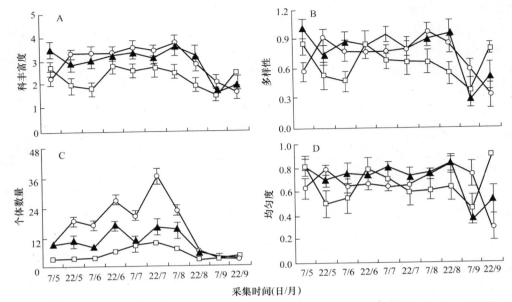

图 3-4　森林内部、边缘和草地间地表甲虫科丰富度（A）、多样性（B）、个体数量（C）及均匀度（D）
　　　　的季节变化（于晓东等，2006）
○森林内部；▲森林边缘；□草地

第四节　昆虫物种多度格局的研究与应用

一、昆虫物种多度格局

（一）多度

多度（abundance）指种的个体数目或种群密度，是物种优势度和均匀度的度量指标。在群落生态学中，多度的测度指标已从个体数量扩展到广义多度，包括生物量、生产力、盖度、频度、基面积等，还有以种数、频度、显著度、重要值等作为多度指标研究物种多度关系。多度的测度有绝对多度和相对多度之分，绝对多度是指上述指标的绝对值，相对多度是指物种对群落总多度的贡献大小或可称为相对重要性百分率。

群落中往往包含许多物种，但每个种的个体数量不同，在不同的季节常见种和稀有种混合出现，构成了物种的种-多度关系，它反映群落物种组成结构和物种利用生态位大小的状态，揭示种间关系和生态作用过程，产生有关群落稳定性、资源配置、种-面积关系和进化过程的理论。

（二）物种-多度分布

大多数群落中物种多度分布都服从对数正态分布，当每一个物种在取样中的个体数量是随机决定而不依赖于其他物种时，其物种多度常表现为对数正态分布。Fisher 等在 1943 年研究鳞翅目昆虫的物种多度分布时应用了对数级数分布（Log-series model），同年又提出了用对数正态分布模型来拟合所得数据，以克服对数级数的缺点并取得了良好的效果。

对数级数分布模型由物种在每一多度级以上物种数量，即物种频率（S_n）给出：

$$S_n = aX^n/n \tag{3-11}$$

式中，S_n为具有n个物种数量的多度；a和X为参数。参数X的计算式为

$$S/N = [(1-X)/X][-\ln(1-X)] \tag{3-12}$$

式中，S为群落物种总数；N为群落个体总数，参数a则由参数X求得$a=N(1-X)/X$

对数正态分布的形式为

$$S(R) = S_0 e^{-a^2 R^2} \tag{3-13}$$

式中，$S(R)$由众数开始第R个倍程上种的数目，S_0为对数正态分布的众数倍程的物种数，R为倍程序号，a为常数，是分布宽度的倒数。

May给出了估计总体物种数S^*的公式：

$$S^* = S_0(\pi/a)^{1/2} \tag{3-14}$$

式中，π为圆周率等于3.14159，其他各项相同。大多数情况下a约等于0.2。

Whittaker在研究植物群落演替的过程中提出了生态位优先占领假说，他认为群落中物种对资源的占有作如下分配：第1位优势种优先占领有限资源的一定部分；第2位的优势种又占领余下资源的一定部分，依此类推，直到剩下的资源不能再维持一个物种生存为止。同时假设每个物种的个体数量与它所占领资源的多少成比例，第1位优势种的个体数量或生物量盖度及重要值是第2位优势种的若干倍，而第2位物种的个体数量又是第3位物种的同样倍数，这样就形成了一个几何级数分布模型（geometric-series model）。

几何级数分布模型以物种多度值由大到小顺序给出，并由下式求得

$$A_r = E[P(1-P)^{r-1}] \tag{3-15}$$

式中，A_r为第r个物种的多度值；E为总资源量；P为最重要物种占有资源的比例，也就是说如果第1个物种利用总资源量的1/3，那么第2个物种所利用的资源量将是1/3（1−1/3）=2/9，第3个物种利用的资源量将是1/3（1−1/3−2/9）=4/27，依此类推。

分割线段模型（broken-stick model）有时称为随机生态位边界假说（random niche boundary hypothesis），即MacArthus在研究鸟类物种多度分布时提出的模型。他认为群体中生活在一起的物种必然分享生境资源，而且其中至少有一种资源是有限制的。假定全部物种的个体数加在一起是个常数，那么某个物种个体数多了，其他物种的个体数就会相应地减少，即生态位不能重叠。可以设想资源为一棒状物或一条线段，各个物种生态位的边界随机地标记在这根棒状物上，从而该棒状物被分割成若干段，每一段代表一个物种的生态位大小。

分割线段模型表达式如下：

$$N_j = N/S[1/(S+1-j)] \tag{3-16}$$

式中，N_j为第j个物种按优势程度从小到大顺序排列的个体数；N为各物种的个体数之和；S为调查到的物种总数。

（三）物种多度格局研究

主要在群落水平和物种水平两个层次上进行。群落水平多度格局，即群落的多度格局，是指群落的多度组成比例关系，通过考察物种从常见到稀有的多度关系来揭示群落

的组织结构。在多度格局分析中，最重要的是用数学方法结合生态学意义建立物种多度分布模型，模拟多度格局的时空变化。Motomura 最早提出关于物种相对多度关系的几何级数模型，用于湖泊底栖动物群落的研究。Fisher 等随后提出对数级数模型，描述群落物种数目对每个物种个体数目的对数频率分布规律。该模型适合由很多物种组成的群落，尤其是昆虫群落。Preston 在对昆虫和鸟类的研究中提出了对数正态模型。许多群落的多度格局均符合该模型，符合该模型的群落大多属于环境条件较好、物种丰富且分布较均匀的群落，如热带雨林或海湾森林群落和昆虫群落。

物种水平多度格局研究多集中于物种多度的区域分布规律及其形成机制。物种分布区的大小、不同地点之间物种多度格局的差异程度以及不同环境梯度下两者的相互关系，是理解物种多度格局形成机制的关键。物种分布-多度关系有正相关、负相关和无相关 3 种形式。物种分布-多度关系一般以正相关为主，当参考生境与整体研究区域的相似性逐步降低时，局部的物种分布-多度关系会从正相关、负相关到无相关转变。物种分布-多度关系的生态学机制主要从环境资源特性、物种生态位及物种本身的生物学特性等方面来探究。常用的假设有环境资源特有性、资源可获得性、生态位假设、异质种群假设、生境选择、物种在区域内的空间位置等，其中生态位假设和异质种群假设最为常用。

（四）昆虫群落多度格局研究

对处于原始状态环境的蝶类群落物种多度分布的研究，揭示了蝶类对微环境的敏感性及其表现出来的高度变化。在蝗虫群落多度格局研究中，由于蝗虫物种及个体数量受多种生态因子的影响，要进行多季节、多生境大面积调查，才能较好地反映实际状况。对团泊洼鸟类自然保护区、七里海湿地及北大港湿地的蛾类物种多度关系研究显示，团泊洼鸟类自然保护区和北大港湿地的蛾类群落均不稳定，有待于进一步保护和改善。三峡库区蝴蝶群落相对多度研究结果表明，三峡库区蝶类的分布反映了库区生境的破碎化。对吉林省左家自然保护区坡地不同坡位土壤动物的物种多度进行拟合，得出该区土壤动物群落物种多度分布符合对数级数分布模型，形成富集种少、稀有种多的格局。云南元谋干热河谷自然生态系统和人工生态系统节肢动物群落物种多度格局研究结果显示，其节肢动物群落物种多度分布接近对数级数分布模型，即群落物种多度分布符合生态位优先占领假说，体现出云南元谋干热河谷生境的恶劣。云南省绿春县紫胶林-农田生态系统蝗虫群落、蜻类群落、蚂蚁群落和蜘蛛群落的物种多度分布研究发现，紫胶林-农田生态系统蝗虫群落和灌草层蜘蛛群落物种多度分布符合对数正态分布，而蜻类昆虫群落、蚂蚁群落和地表层蜘蛛群落的物种多度分布符合对数级数分布，该系统为蝗虫和灌草层蜘蛛提供了良好的生存环境，但对于蜻类、蚂蚁和地表层蜘蛛而言，并不优越。紫胶林-农田生态系统鞘翅目甲虫群落的物种多度模型拟合结果显示，整个系统及稻田、天然紫胶林和人工紫胶林甲虫物种多度分布符合对数级数模型，体现出紫胶林-农田生态系统受到了干扰，环境比较恶劣；而旱地甲虫群落物种多度分布符合分割线段模型，体现出人为干扰致使旱地生境的生物多样性处于极端不饱和状态。运用 4 种常见模型对采取不同害虫控制措施果园的害虫和天敌物种多度分布格局进行拟合，结果发现对数级数模型和对数正态模型能较好地描述害虫与天敌的多样性。对云南省 21 县市小兽体表蚤类物种多度分布研究发现，其服从对数正态分布，得出了云南省蚤种类丰富，生物多样性相对较高的结论。

二、昆虫群落种-多度格局研究实例

（一）研究背景

应用对数级数分布模型、对数正态分布模型、几何级数分布模型和分割线段模型对生防美国杏李园、化防美国杏李园、混防美国杏李园、自生普通杏树园和自生普通李树园的害虫和天敌物种相对多度分布格局对比研究结果显示，对数级数分布模型、对数正态分布模型能较好地描述害虫与天敌的多样性，而几何级数分布模型和分割线段模型则不适于该果园害虫与天敌的多样性的拟合（刘军和和孙小茹，2008）。

（二）研究方法

设 3 个系统调查点，常规栽培美国杂交杏李单种人工干扰药剂防治园（化防美国杏李园）、美国杂交杏李单种生物防治区（生防美国杏李园）和美国杂交杏李和石榴间作栽培混合防治区（混防美国杏李园）。调查采用交叉对角线，点式取样法，根据树形特点，每个样点选 1 棵树，每棵树按照东、南、西、北、中 5 个方位，每个方位固定在 1 个较大果枝上选取 3 个新梢、3 个二年生枝条 10 片树叶及 10 个果实为调查点。采取目测和剖果法相结合的方法，观察和记录此范围内的昆虫种种类和数量，常见种直接记录，稀有种暂不定种名，做成标本带回实验室鉴定。

模拟分析模型采用上述的对数级数分布模型、对数正态分布模型、几何级数分布模型和分割线段模型。

以上各模型均采用 χ^2 检验，即 $\chi^2 = \sum$（观测值－预测值）^{2}/预测值，查 χ^2 表检验观测值与预测值间差异显著性。

（三）研究结果

把调查物种相关数据输入对数级数分布的遗传算法运行程序计算，求得化防美国杏李园、生防美国杏李园、混防美国杏李园、自生普通杏树园、自生普通李树园各群落节肢动物和蜡类的物种多度分布的对数级数分布模型参数 X 与 a 值分别为 0.9765，6.47；0.9979，24.36；0.9985，5.72；0.9851，22.95；0.9790，42.16。据此计算各个体数的预测物种数并进一步求得各多度级的物种数预测值及 χ^2 值（表 3-8）。

表 3-8　不同美国杂交杏李果园生物物种对数级数分布的拟合结果

群落	拟合模拟方程	a	X	自由度（df）	χ^2	吻合频率/%
化防美国杏李园	$S_n = 6.67 \times 0.9675^n/n$	6.47	0.9765	36	1145.62	
生防美国杏李园	$S_n = 24.36 \times 0.9919^n/n$	24.36	0.9979	33	6.36	71
混防美国杏李园	$S_n = 5.72 \times 0.9985^n/n$	5.72	0.9985	34	641.35	15
自生普通杏树园	$S_n = 22.95 \times 0.9851^n/n$	22.95	0.9851	30	13.66	73
自生普通李树园	$S_n = 42.16 \times 0.9790^n/n$	42.16	0.9790	34	1.24	95

资料来源：刘军和和孙小茹，2008

众数称为模数，是发生频率最多的密度值，该调查的众数分别为生防美国杏李园桃蚜 234.5、化防美国杏李园桃蚜 450.5、混防美国杏李园桃小食心虫 813.4、自生普通杏树园草履蚧 275.2、自生普通李树园大青叶蝉 186.2。常数 a 是分布宽度的倒数，生防美国杏李园、化防美国杏李园、混防美国杏李园、自生普通杏树园、自生普通李树园的 a 值分别为 0.026、0.029、0.028、0.031、0.028。

将 S_0 和 a 值代入模型计算各倍频程的预测物种数目并计算相应 χ^2 值（表 3-9），对生防美国杏李园、化防美国杏李园、混防美国杏李园、自生普通杏树园、自生普通李树园总体物种数的估计值分别为 21.32、43.77、76.73、27.34、17.90。吻合频度表明，除自生美国杏李园和自生普通李树园吻合度较低外，其余都较高，说明这 5 种群落物种相对多度分布均符合对数正态分布。

表 3-9　不同美国杂交杏李园生物物种对数正态分布的拟合结果

群落	拟合模型方程		a	S^b	自由度（df）	χ^2	吻合频率
	$S(R)$	S^b					
化防美国杏李园	$S(R)=450.5e^{-0.026^2 x^2}$	$S^b=450.5\,(\pi/0.029)^{-12}$	0.029	450.5	33	2.07	88.1%
生防美国杏李园	$S(R)=234.5e^{-0.029^2 x^2}$	$S^b=234.5\,(\pi/0.026)^{-12}$	0.026	234.5	36	3.26	70.2%
混防美国杏李园	$S(R)=813.4e^{-0.028^2 x^2}$	$S^b=813.4\,(\pi/0.028)^{-12}$	0.028	813.4	34	9.35	54.6%
自生普通杏树园	$S(R)=275.2e^{-0.031^2 x^2}$	$S^b=275.2\,(\pi/0.031)^{-12}$	0.031	275.2	30	2.66	96.2%
自生普通李树园	$S(R)=186.2e^{-0.028^2 x^2}$	$S^b=186.2\,(\pi/0.028)^{-12}$	0.028	186.2	34	10.24	51.4%

资料来源：刘军和和孙小茄，2008

计算得化防美国杏李园、生防美国杏李园、混防美国杏李园、自生普通杏树园和自生普通李树园各群落重要参数值分别为 0.126、0.213、0.187、0.058 和 0.146，根据几何级数分布模型计算求得不同物种多度预测值，并进而计算将自然保护区鸟类群落几何级数分布所对应的 χ^2 值（表 3-10）。经检验 6 个群落物种相对多度的几何级数分布的预测值与观测值间存在显著差异，吻合度最高为 40%，故几何级数分布模型不适于试验种群多度的描述。

表 3-10　不同美国杂交杏李果园生物物种几何级数分布模型的拟合结果

群落	拟合模型方程	P	df	χ^2	吻合频率
化防美国杏李园	$A_r=3576.9\left[0.126\,(1-0.126)^{-1}\right]$	0.126	36	645.62	
生防美国杏李园	$A_r=3084.7\left[0.146\,(1-0.146)^{-1}\right]$	0.146	33	36.36	10%
混防美国杏树园	$A_r=3812.6\left[0.213\,(1-0.213)^{-1}\right]$	0.213	34	12.35	40%
自生普通杏树园	$A_r=1473.9\left[0.187\,(1-0.187)^{-1}\right]$	0.187	30	23.66	10%
自生普通李树园	$A_r=1958.9\left[0.058\,(1-0.058)^{-1}\right]$	0.058	34	113.24	

资料来源：刘军和和孙小茄，2008

采用分割线段模型对调查数据进行模拟（表 3-11），经 χ^2 检验 5 个群落物种相对多度的预测值与观测值间差异不显著，与调查不吻合，同样说明分割线段模型不适合于试验种群多度的描述。

表 3-11 不同美国杂交杏李果园生物物种分割线段模型拟合结果

群落	拟合模型方程	N	S	df	χ^2
化防美国杏李园	$N_j=94.13\sum[1/(39-j)]$	3576.9	38	36	1421.05
生防美国杏李园	$N_j=81.16\sum[1/(36-j)]$	3084.7	35	33	769.16
混防美国杏李园	$N_j=108.91\sum[1/(37-j)]$	3812.6	36	34	211.03
自生普通杏树园	$N_j=46.03\sum[1/(33-j)]$	1473.9	32	30	45.24
自生普通李树园	$N_j=55.94\sum[1/(36-j)]$	1958.9	36	34	63.17

资料来源：刘军和和孙小茹，2008

第五节 昆虫群落演替的研究与应用

一、群落的演替及顶极群落

（一）群落的演替

演替（succession）是一个群落被另一个群落取代的过程，它是群落动态的一个最重要的特征。自 19 世纪法国学者 Dureau dela Malle 首先将演替一词应用于植物生态学研究中以来，直到 20 世纪 20 年代，Clements 系统地提出演替学说以后，演替的理论和方法才得到了迅速的发展，从传统的经典基础理论转向为对演替内在原因和机制的探讨。Clements 完成了植物演替近代概念的形成，提出了演替系、演替期，以及顶极群落（climax community）的概念和分类方法。到目前为止，国内外学者对植物群落演替的现象、规律、演替的机制和演替植物种类的生理生态特性及不同演替阶段起决定作用的优势种生理生态特性的变化等进行了大量研究。在国内，对植被演替的研究直到 20 世纪 20 年代才开始。著名生态学家李顺卿、刘慎锷的博士论文研究的主题均是植被演替。50 年代以后，曲仲湘、董厚德等对植被演替的趋势、规律等作了较为详尽的研究。80 年代以来，王伯荪、彭少麟对森林植被的演替、森林群落多个植物种的演变过程，以及群落的物种联结性、相似性与聚类分析、线性演替系列与预测、生态优势度、稳定性与动态测度等方面进行了大量研究，开创了中国常绿阔叶林动态过程的定量研究。钟章成、刘玉成提出缙云山常绿阔叶林次生演替序列群落结构、物种多样性和稳定性的关系，优势种群动态及时间演替系列上物种多样性的变化等。宋永昌等对浙江天童常绿阔叶林演替的特征、演替的机制做了大量的研究工作，从生理生态的角度探讨了常绿阔叶林演替的机制，推动了植物群落演替的研究由以前的定性描述和定量分析向探索群落演替的生理生态机制深入。

群落演替的概念也可以从一个农场弃耕休闲后出现的变化来说明。初期出现一年生和二年生的田间杂草，随后多年生植物入侵并定居，抑制杂草的生长和繁殖，多年生植物取得优势地位，一个具备特定结构和功能的植物群落逐渐形成，适应于该植物群落的动物区系和微生物区系也逐渐确定下来，当它达到与当地的环境条件（气候和土壤）比较适应的时候，即成为稳定的群落。这种有次序的、按部就班的物种替代过程，就是演替，也指某一地段一种生物群落被另一种生物群落所取代的过程。

　　演替的定义有广义和狭义之分，广义上的演替是指植物群落随时间变化的生态过程，狭义上的演替是指在一定地段上群落由一个类型变为另一类型的质变、且有顺序的演变过程。群落是一个动态系统，它是不断发生变化的，生物生生死死一代顶替一代，能量和营养物质也不停地在群落中流动和循环。如果群落一旦受到干扰和破坏（如森林遭砍伐、草原被烧荒和珊瑚礁遭台风破坏等），它还能慢慢重建。首先是先锋植物在遭到破坏的地方定居，后来又被其他种植物所取代，直到群落恢复它原来的外貌和物种成分为止。演替所达到的最终状态（物种组合达到稳定时）就叫顶极群落。

　　植物群落演替一般指"植物群落在干扰后的恢复过程或在裸地上植物群落的形成和发展过程"，指群落在发展过程中由低级到高级，由简单到复杂，一个阶段接着一个阶段，一个群落代替另一个群落的演变现象。植物群落的形成要有植物的传播、定居和竞争等3个方面，而裸地包括原生裸地（primary bare area）和次生裸地（secondary bare area），是群落形成的场所。

　　发生演替有以下几种因素：①植物繁殖体的迁移或入侵是群落形成的首要条件，是植物群落变化和演替的主要基础。②群落内部环境的变化，使原来的群落解体，为其他植物的生存提供了条件，从而引起演替。③种内和种间关系的改变，使竞争力弱的物种被排挤，种间数量关系不断调整。④外界条件的变化（气候、地貌、土壤、火）成为引起演替的重要的外部条件。⑤人类活动（炼山、砍伐森林、开垦土地、抚育森林、管理草原、治理沙漠）可使演替按照不同于自然发展的道路进行。

（二）演替的特征

1．演替的方向性

　　从低等生物逐渐发展到高等生物，从小型生物逐渐发展到大型生物，生活史从短到长，群落层次从少到多，营养阶层从低到高，从简单到复杂，竞争从无到有，再发展到激烈，最后趋于动态稳定，演替的方向不可逆。所谓进展演替（progressive succession）就体现了演替的方向性，它指随演替的进行，群落的结构和种类成分由简单到复杂，群落对环境的利用由不充分到充分，生产力由低到逐渐增高，群落逐渐发展为中生化，对外部环境的改造逐渐强烈。逆行演替（regressive succession）与进展演替相反，导致结构简单化，不能充分利用环境，生产力逐渐下降，不能充分利用地面，群落旱生化，对外部环境的改造轻微。

2．演替的速度

　　先驱物种要在荒原上形成种群，再发展为初级群落，这是一个艰难长期的自然选择过程，速度极为缓慢。初级群落建立后，物种之间开始激烈竞争，物种组成不稳定，经常在数年或数十年就更换一系列物种。当强有力的优势种获得主导地位，演替速度就缓慢下来，最后群落在稳定平衡中只存在某种相对的波动。演替的时间进程与生态系统内主要生物的生活史有关。从新沉降的火山灰演替到森林的陆生演替过程通常要经历数十年甚至数百年的时间；水生生物群落的演替和浮游生物之间的物种取代过程大多是季节性和周年期的；而分解者在腐败有机物质内的演替过程在生态系统内是反复进行的，演替的速度变化是很大的，一个动物尸体可以在几天内被完全分解，而一根倒木却可以分解好几百年。

3．演替的阶段

群落演替的过程由侵入定居阶段、竞争平衡阶段和顶极平衡阶段组成。入侵定居阶段指群落演替是从定居（colonization）开始的，在定居期间，一个尚未被占有的生境将会陆续被生物所占有。定居的首要条件是生物必须到达定居点，其次是要在那里立足。生物到达定居点的能力取决于生物的散布能力，最早的定居者一定是来自离定居点不太远的生态系统，而且要具备一定的在新生境定居的能力。在竞争平衡阶段，群落在发展，种群数量在增加，生境逐渐得到改造，资源利用逐渐由不完善发展到尽可能利用，种内竞争和种间竞争渐渐趋向平衡。稳定阶段就是演替的终点，称为顶极群落。演替可从千差万别的生境开始，但会逐渐缩小，逐渐趋向一致，发展成为一个相对稳定的气候顶极。除了气候顶极以外，还有土壤顶极、地形顶极、动物顶极、复合型顶极。在顶极平衡阶段，优势种的特征相对稳定下来，整个群落与环境之间保持一种动态平衡，群落结构复杂稳定。

4．演替的效应

群落中的物种在自身的发展过程中，经常对环境产生一些不利于自己生存而有利于其他物种生存的因素，因而在演替中创造了物种替代的环境条件。例如，拟谷盗在种群发展中产生大量的代谢废物和一些对自身存活很不利的有毒物质，成为抑制种群增长的重要因素。但同时却使一些微生物物种的数量繁盛起来，最后排斥取代了拟谷盗。

（三）演替中的物种取代和群落更新

很多陆地植物群落演替的趋势是逐渐占有优势的树种越长越高，从而增加树冠层的高度，使被遮盖在下面的下木层植物不得不在低光照的条件下生长。早期演替物种通常比顶极群落物种所生产的种子要多得多和小得多，这些种子萌发产生的幼苗在阳光充分照耀下具有很大的生长潜力。在弃耕农田所发生的次生演替过程往往是一个迅速的物种取代过程，在演替的前1～2年，通常是一年生植物占有优势，但很快它们就会被更长寿的植物所取代。表3-11是弃耕农田的演替系列，说明随着弃耕时间的延长，田中的优势植物不断变化，最初是马唐草，后来被飞蓬草取代，5年后短叶松为优势植物，50年后变为硬木林（表3-12）。

表 3-12　弃耕农田的演替系列

弃耕年数	优势植物	其他常见植物
0～1	马唐草	
1	飞蓬草	豚草
2	紫菀	豚草
3	须芒草	
5～10	短叶松	火炬松
50～150	硬木林	山核桃

（四）顶极群落

顶极群落（climax community）是个受到诸多争议的概念，但在植被动态的研究中，顶极群落至今仍广为使用。地带性的群落是在一个大区域内气候决定的群落类型，亦即所谓的气候顶极群落。Odum 认为，演替系列中最后的稳定的群落就是顶极群落，它始于物理环境取得平衡的自我维持系列。Clements 认为顶极群落是一个有机整体，能够自我繁殖，忠实地重复其发育阶段。现在广为接受的定义是：相对稳定的（相对于其他阶段有较长的持续时间）可进行自我更替系列阶段。

关于顶极群落目前主要有 3 种理论：Clements 的单元顶极学说（monoclimax theory）、Tansley 的多元顶极学说（polyclimax theory）和 Whittaker 的顶极群落格局假说（climax pattern hypothesis）。这 3 种学说都承认，在一个地区会出现一些相对稳定的演替终点或顶极群落。

Odum 曾归纳出演替系列中的群落和成熟群落之间存在的 24 种特征变化；Whittaker 提出了判断顶极群落的 10 个标准；宋永昌也概括了群落演替的一般趋势，列出了群落演替趋势的 20 个特征作为判断顶极群落的参考。

二、黑麦草草坪昆虫群落动态研究

（一）研究背景

黑麦草（*Lolium perenne* L.）是冷季型草坪草种，属早熟禾科黑麦草属。近年来随着黑麦草草坪面积的不断增加，害虫危害日趋严重，不仅害虫种类增多，而且危害面积也逐步增大，严重影响黑麦草草坪的生长。多年来人们对黑麦草草坪昆虫的研究仅限于单个种群，不能为草坪害虫的综合治理提供全面系统的理论依据。2012 年 3～12 月科学家对黑麦草草坪昆虫群落进行系统调查，探讨黑麦草草坪昆虫群落结构和群落动态（肖林云等，2014）。

（二）调查方法

调查选取河南科技学院内有代表性的 2 块黑麦草草坪作为调查田，每块田约 500 m^2。草坪定植 6 年，长势较好。调查时间为 2012 年 3～12 月，每 10 d 调查一次，每块田随机选 2 点，每点 33 cm×33 cm，直接调查或采用拍盘的方法调查活动性不强的昆虫。对于飞翔、跳跃的昆虫，分 2 点网捕调查，每点随机网捕 10 次。每次调查后进行鉴定，记载昆虫种类和数量。

对群落组分分析分别采用自然系统分类法和生态功能分类法，对群落演替规律用样本总量（S）、丰富度（N）、多样性指数（H'）和均匀度（J）等群落指标的变化来分析。计算公式如下：

$$H' = -\sum P_i \ln P_i, \quad J = H'/\ln S$$

式中，P_i 表示第 i 个样本个体在样本总数中所占比例（$i=1$，2，3，…），$P_i = N_i/S$。

（三）调查结果

黑麦草草坪昆虫群落主要由 51 种昆虫组成，分别属于 13 个目。各目所占比例大小依次为：鞘翅目＞半翅目＞鳞翅目＞直翅目、同翅目＞双翅目＞膜翅目、蜘蛛目＞脉翅目、蜱螨目＞螳螂目、革翅目、缨翅目。其中，鞘翅目、半翅目、鳞翅目、直翅目、同翅目等 5 个目的昆虫种类占昆虫群落种类的 66.6%，它们是整个昆虫群落的主体，在黑麦草草坪的昆虫群落中起主要作用。

根据昆虫的营养水平与行为特点不同，将调查结果按不同的功能组分划分。黑麦草草坪主要害虫数量占昆虫群落总数量的 72.9%，而种类却仅占总物种的 7.8%，即主要害虫种类少、数量大。说明蚜虫、螨类是黑麦草草坪昆虫群落的主要优势种，对黑麦草草坪的危害最大。次要害虫数量占昆虫群落数量的 13.0%，其种类占总物种的 47.1%，表现出数量少、种类多的特点，可作为兼治对象。天敌昆虫数量占昆虫群落总数量的 10.9%，其种类占总物种的 35.3%，其中蜘蛛类、瓢虫类是保护利用的主要对象。

黑麦草草坪昆虫群落指标 N、S、H'、J 的计算结果见表 3-13。根据昆虫群落随时间的变化及在田间的实际发生情况，将黑麦草草坪昆虫群落的演替分为建群、发展、鼎盛、衰退 4 个阶段。

表 3-13　黑麦草草坪不同时期昆虫群落演替情况

项目	3 月	4 月	5 月	6 月	7 月	8 月	9 月	10 月	11 月	12 月
N	10	16	24	28	30	32	39	28	8	3
S	581	1263	1539	232	305	614	876	523	152	18
H'	0.6670	0.7537	0.8152	2.7145	2.6671	2.5614	2.8950	3.6327	0.9024	0.9198
J	0.0796	0.0900	0.9730	0.3242	0.3184	0.3059	0.3341	0.4338	0.1103	0.1098

资料来源：肖林云等，2014

1）建群阶段　　3 月初到 4 月底黑麦草草坪处于复苏期。这一时期草坪昆虫群落受到气候条件的影响，大部分昆虫刚度过越冬期，少部分害虫开始危害，个别低温型昆虫数量较多。虽然群落的丰富度在上升，但多样性指数和均匀度均保持在低的水平，昆虫群落处于不稳定状态。

2）发展阶段　　5～7 月是黑麦草草坪生长较快的阶段。此时昆虫的生存环境稳定，食料充足，气温适宜，丰富度稳定上升，昆虫种类不断增加，出现了以蚜虫为主的群落数量高峰，其对草坪的危害大，是主要的治理对象。但 6～7 月天敌种类也增加，各物种间的种群数量比较平衡，昆虫群落处于较稳定的状态。

3）鼎盛阶段　　8～10 月是黑麦草草坪由旺盛生长转向健壮生长时期。由于昆虫有充足的食物来源，黑麦草草坪昆虫群落的丰富度在 9 月达到全年的最高峰，此期群落的多样性指数和均匀度达到最高水平，昆虫群落处于稳定状态，害虫和天敌的种类都达到了最高峰。

4）衰退阶段　　11～12 月黑麦草草坪生长逐渐进入休眠期。黑麦草草坪干枯食料不足，昆虫的丰富度、多样性指数、均匀度都在锐减，整个昆虫群落表现出衰退的低水平状态。

结论认为，研究区域内黑麦草草坪昆虫群落复杂，由 13 个目 51 种昆虫组成，种类多、数量大，其中螨类和蚜虫是全年昆虫群落中的害虫优势种群，蜘蛛类和瓢虫类是全年昆虫群落中的主要天敌。9 月昆虫种类最多，数量庞大，黑麦草草坪昆虫群落的丰富度达到全年的最高峰。5 月虽然样本总量最高，但是主要是优势种的数量，天敌很少，因此样本丰富度不高。而在鼎盛阶段由于其他次要害虫和主要天敌增多，导致样本总量下降。

第六节　群落谱系学在昆虫研究中的应用

一、群落谱系学方法的理论背景

　　生物群落是一个复杂的集合体，其组成和动态变化受到进化因素（如物种分化和生态位改变等）和环境因素（如生境过滤等）的共同影响。达尔文早于 1859 年就认为分类系统上的近缘种会具有相似的身体结构，并且会分布在相似的生境中，这样它们之间的竞争作用会很明显。这种思想成了后来一些群落研究的基础，这些研究主要利用种与属的比例去进行群落结构的分析。随着分子技术的进步和相应分析方法的改进，物种间谱系关系（phylogenetic relationship）的研究为生态学家提供了一个重要的新平台。Webb 以马来西亚的热带雨林植物群落为研究对象，结合进化因素和环境因素，最先尝试结合谱系关系来分析群落结构的可能性。Webb 等后来又对这个方法做了综合性的阐述，并结合随后的若干研究使得群落谱系结构研究的分析方法逐渐形成并趋于成熟。

　　群落谱系结构分析的理论基础是假定在物种特征进化保守的情况下，进化谱系树上的近缘种会具有相近的生态位。以这个理论为基础，可以分析得到 3 种形式的群落谱系结构：群落谱系聚集（phylogenetic clustering）、群落谱系发散（phylogenetic overdispersion）和没有明显的群落谱系信号。群落谱系聚集是指进化上的近缘种具有相近的生态位，它们的分布呈现出明显的正相关，可以认为生境过滤（environmental filtering）对这个群落中的物种起主要作用，这里所指的生境过滤是指除竞争之外生物能完成生活史的所有生物和非生物因素；群落谱系发散是指进化上相近的物种分布在不同的生态位上，呈现出明显的分布上的差异，可以认为竞争作用（competition）是影响群落的最主要因素，这里所指的竞争作用是一个能隐含很多复杂作用机制的简单术语，如密度依赖的制约机制等；而第 3 种情况没有明显的群落谱系信号，可以认为谱系学方法没能明显地检测出群落的谱系结构。

二、群落谱系学方法的主要内容

　　群落谱系学方法的主要内容包括谱系进化树的构建、谱系 α 多样性指数、谱系 β 多样性指数等 3 个方面，刘重凌等（2013）对此进行了综述。

（一）谱系进化树的构建

　　进行谱系结构分析的首要任务是建立群落谱系树，建立群落谱系树需要采用合适的物种库，既可以是调查所得到的所有物种，也可以是群落所在区域的物种名录。构建进化树最好的方法是对物种库中的每个物种进行测序分析，然后应用相应的软件（如 PhyML、PAUP 等）对物种间的进化关系进行分析，最后建立物种间的分子系统进化树；其次是首先根据一些公认的进化网站（如 Angiosperm Phylogeny Website，APGIII 等）（http://www.mobot.org/MOBOT/research/APweb/）或相应的文献来确定物种间的进化关系，进化关系不明确的物种间则用并系（polytomy）处理，然后用软件 Phylocom 的 BLADJ 模块进行进化节点的校正，最后应用 Pylocom 或 Picante 程序包进行相应的群落谱系值的计算分析。

（二）谱系 α 多样性指数

群落谱系结构分析主要是通过群落谱系多样性指数来反映。现在已经发展出了很多谱系多样性指数来描述群落的谱系结构，这些指数主要分成两种：第一种主要描述的是物种或者个体间的相似度，如种间平均谱系距离（mean phylogenetic distance，MPD）、最近种间平均谱系距离（mean nearest taxon distance，MNTD）、物种谱系变异性指数（phylogenetic species variability，PSV）和物种谱系均匀度指数（phylogenetic species evenness，PSE）等。前两个指数计算的是群落间的相似性，种间平均谱系距离是计算群落中不同物种在群落谱系树上的两两距离的平均值，最近种间平均谱系距离是指两两最近物种间距离的平均。与前面两个指数相反，物种谱系变异性指数和物种谱系均匀度指数描述的是谱系结构的差异性。第二种主要是计算谱系距离和物种，以及物种间共同出现的皮尔森相关性指数（Pearson's correlation coefficient between PD and co-occurrence）。这些指数可以用来比较不同群落谱系结构的差别。

谱系多样性指数最常用在与零模型（null model）的对比上，零模型是指对实验数据进行随机化迭代得到的一组群落，谱系群落结构的零模型主要有 9 种（图 3-5），可归为三大类。第一类方法是对谱系树上的物种进行随机化排列，使物种间的谱系关系随机化，基于不同物种进行选择；这类方法包括 3 种，即图 3-5 中的零模型 1p（物种库）、零模型 1s（群落中的物种）和零模型 1a（丰富度相近的物种）；第二类方法主要是对样点进

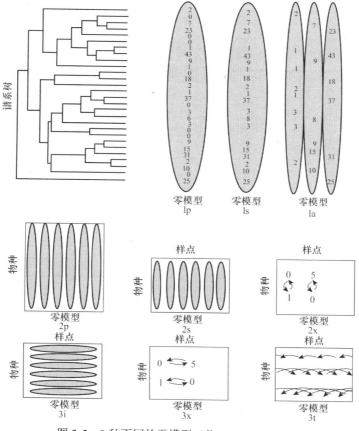

图 3-5 9 种不同的零模型（仿 Hardy，2008）

行随机排列，这类方法对应于图 3-5 中的零模型 2p、零模型 2s 和零模型 2x；第三类方法是对物种进行独立的随机化排列，这类方法对应于零模型 3i、零模型 3x 和零模型 3t。现在应用最多的主要有零模型 1p、零模型 1s、零模型 2x 和零模型 3x。

通过对取样得到的群落谱系结构和零模型的群落结构进行比对，可以得到相应的标准化的群落谱系多样性指数，即物种谱系变异性指数和物种谱系发散度指数等指数，其中绝大多数用的都是采用净谱系亲缘关系指数（net relatedness index，NRI）和最近种间亲缘关系指数（nearest taxon index，NTI）这两个指数。这两个指数的计算公式如下：

$$\text{NRI} = -1 \times [\text{MPDsample} - \text{Mean}(\text{MPD})] / \text{SD}(\text{MPD})\text{null} \tag{3-17}$$

$$\text{NTI} = -1 \times [\text{MNNDsample} - \text{Mean}(\text{MNND})\text{null}] / \text{SD}(\text{MNND})\text{null} \tag{3-18}$$

式中，MPDsample 和 MNNDsample 代表观察值，Mean（MPD）null 和 Mean（MNND）null 代表零模型得到的值的平均数，SD（MPD）null 和 SD（MNND）null 代表零模型得到的值的标准差。

根据上面这两个指数，可以推断出群落的谱系结构。如果 NRI > 1.96，可以说这个群落是明显聚集的，推断影响这个群落结构的主要因素是生境过滤；如果 NRI < -1.96，可以说这个群落是谱系发散的，影响这个群落结构的主要因素是物种间的竞争作用。此外，也有研究以零作为一个参考标准，如果 NRI 和 NTI 大于零，则认为生境过滤的作用更大，如果这两个指数小于零，则认为竞争作用是主要影响因素。

（三）谱系 β 多样性指数

与谱系结构相对应，描述不同群落谱系结构差别的指数可以定义为谱系 β 多样性指数（phylobeta diversity）。相应的多样性指数很多，现在研究最多的是与物种多样性 Sorensen 指数相对应的谱系索伦森指数（PhyloSor）。谱系 β 多样性也可以通过和谱系 β 多样性的零模型对比进行分析，如果相应的谱系 β 多样性指数的 P 值小于 0.05，则说明这两个群落有显著性差异；此外，还可以把物种 β 多样性（β-diversity）和群落谱系 β 多样性结合起来进行分析，从而揭示影响群落结构的进化因素和（或）环境因素。Fine 和 Kembel 提出了结合谱系群落结构，物种 β 多样性和谱系 β 多样性的研究框架，通过结合 3 种指数的分析，得到影响群落组成和动态变化的一些生物学作用过程，如物种扩散，生境特化性和物种分化（表 3-14）。

表 3-14　不同生物学过程作用下，群落谱系值、物种 β 多样性和谱系 β 多样性的预测值
（以一个区域两种不同生境为例）

生物学作用过程	群落谱系值	物种 β 多样性	谱系 β 多样性
扩散限制		物种 β 多样性高	明显的谱系 β 多样性模式
无扩散限制	无明显群落谱系信号	物种 β 多样性低	谱系 β 多样性模式不明显
生境特化	两种生境内有明显的群落谱系结构信号	两种不同生境间的物种 β 多样性高	明显的谱系 β 多样性模式
生境泛化	生境内无明显群落谱系信号	两种不同生境间的物种 β 多样性低	谱系 β 多样性模式不明显
地理种分化	在一定的地理区域内呈现为群落谱系聚集	不同分化中心的物种多样性高	谱系 β 多样性低（分化中心在同一区域）或高（在不同生境）
无地理种分化	无明显群落谱系信号		谱系 β 多样性模式不明显

资料来源：Fine and Kembel, 2011

（四）群落谱系结构研究方法的进展

至今，重点研究群落谱系结构的文章已经发表了几十篇，其中约一半的群落呈现明显的聚集状态，还有一些群落在特定的环境条件下或者特定的尺度下呈现为谱系聚集，反映出谱系结构与特定的生态因素和尺度等因素有密切联系。

1. 影响群落谱系结构的生态因素

很多生态因素都能明显地改变植物群落的谱系结构。农业砍伐干扰能明显改变植物群落的谱系结构；热带雨林受到干扰后，不同演替阶段的植物群落谱系结构也有较大的差别；火灾干扰能使抗火灾的植物呈现为谱系聚集，而不能抗火灾的植物则表现为群落谱系发散；土壤的性质也能影响植物群落的谱系结构。各种生态因素对动物群落谱系结构的影响也很明显，海拔和山脉阻隔对阿尔卑斯山脉区域鸟类群落的谱系结构有明显的影响；Cardillo 等对全球的大部分岛屿上的哺乳动物群落进行分析，发现岛屿对哺乳动物群落谱系结构有较明显的影响；一些生物间的相互作用也会对群落谱系结构产生影响，如外来蚂蚁的入侵能明显地改变本地蚂蚁群落的谱系结构，而共生也能使群落中的近缘物种分布更加聚集。

2. 影响群落谱系结构的尺度因素

群落谱系结构与不同的尺度密切相关，主要包括空间尺度、时间尺度和系统分类单元尺度3种。

1）空间尺度　　植物群落谱系结构的研究结果表明，植物在邻域尺度上为谱系聚集，群落尺度为谱系发散，而区域尺度又表现为谱系聚集，揭示了不同的空间尺度对群落谱系结构的影响。此外，对物种库的选择对谱系结构的影响也很明显，Swenson等发现用局域尺度的物种库来分析局域尺度的群落结构时，可能会得到群落谱系发散的结果，当用地理尺度逐渐增大的物种库来分析局域尺度的群落结构时，群落便会逐渐变为谱系聚集。

2）时间尺度　　Raia 通过化石研究了从上新世-更新世到现在这段时间内欧亚大陆西部的大型哺乳动物群落组成和谱系结构，发现在更新世气候恶化的一段时间内，群落明显呈现为谱系聚集。群落的谱系结构本身就隐含着时间因素，在较长的时间里，很多长期作用的生物地理因素会明显地影响着群落的谱系结构，因为更长时间必定包括更多的物种进化、生态位分化、物种灭绝等过程。

3）物种分类单元尺度　　物种分类单元尺度对谱系结构的影响也很明显，原因可能是因为近缘物种之间的竞争关系会更激烈，使得它们的地理分布会更趋向于分散，而亲缘关系较远的物种间竞争作用会被冲淡，地理分布会相对更聚集。例如，同属物种间竞争关系肯定比不同属的物种间的竞争作用更大，分布也相对比较聚集。此外，包含更多的物种则意味着所研究的生态位将扩大，而不同物种之间的生态位又是可以变化的，所以随着生态位范围的扩大，不同物种分类单元的谱系结构也可能会受到影响。

三、群落谱系学方法在昆虫学上的应用

目前群落谱系结构的研究对象主要聚焦在植物群落上。主要原因有几个方面，首先，方法的提出和早期的应用主要都是由植物群落学家完成的，他们最先应用到自己的领域

并对方法的可行性进行验证；其次，植物多样性受到了很多分子系统学家的关注，进化关系比较明确，并且已经建立了相应的分子进化系统，应用起来很方便；最后，植物的取样尺度和取样范围容易确定，并且相对于活动的动物来说更易取样。相对而言，动物谱系群落的研究还比较滞后，最主要的原因是取样难度大，现在很多涉及动物群落谱系结构的研究主要是通过对其他文献的二次检索提取数据，这种方法很简便实用，但是却有很多局限性。例如，大部分地区和（或）物种的文献数据不全甚至完全缺乏，因而比较大地制约了这个研究的进展。

到目前为止，研究昆虫群落谱系结构研究相对较少，主要文献分别是关于龙虱和蚂蚁的研究。Vamosi 和 Vamosi 统计了保存在博物馆中的阿尔贝特省（Alberta）53个湖边的龙虱群落组成，发现龙虱在几乎所有湖边均有聚集现象，并且在一部分湖边呈现明显的聚集状态，而龙虱的体积也有明显的谱系信号，并且揭示了在相互隔离的微环境中捕食，可能是导致龙虱共存的重要因素。Lessard 等通过对已经发表的蚂蚁入侵种相关文献中的数据进行比较，发现有入侵蚂蚁的群落中本地蚂蚁群落的谱系多样性指数（NRI 和 NTI）会显著性地升高，证明入侵种会使本地的蚂蚁群落产生明显的聚集。Machac 等分别研究了 3 个区域的不同海拔梯度的蚂蚁群落谱系结构，结果表明在低海拔蚂蚁群落谱系结构倾向于群落谱系发散，而高海拔的蚂蚁群落谱系结构呈现为群落谱系聚集，且群落谱系结构与温度有明显的相关性。虽然昆虫方面的群落谱系结构研究非常少，但是上述这 3 个研究为我们展示了谱系群落学在昆虫研究领域的巨大潜力。

今后，把谱系群落值、物种多样性、谱系 α 及 β 多样性和物种特征结合起来进行分析，将是群落谱系结构研究的重点方向，可以借此从众多方面去开展群落谱系结构的研究。例如，研究同一区域不同环境梯度条件下（如不同森林演替阶段、不同的森林类型、不同的土地利用类型等）昆虫群落谱系结构的变化过程；研究不同昆虫类群（如步甲 vs 蜣螂，膜翅目 vs 鳞翅目等）对环境梯度的变化差异；研究昆虫群落和其他类群群落的谱系结构的差异（如昆虫 vs 植物等）；在大尺度下研究不同区域的昆虫的群落谱系结构的差异（温带 vs 亚热带）等。

四、松材线虫侵害马尾松林后群落谱系多样性和结构动态

（一）背景

松材线虫侵害马尾松林后，会使群落内松树感病死亡，影响群落内物种组成和演替方向。王玉玲等（2015）探讨了松材线虫侵害马尾松林后群落谱系多样性和结构的动态。

（二）方法

2003 年，王玉玲等在浙江省象山县内选择海拔、土壤、坡向、坡度、坡位等生境相似，经历 4 个不同发病时间的林地作为研究样地，分别为当年［记为 0 a（年）］发病的泗洲头镇、发病 4 a 的大徐镇、发病 8 a 的墙头镇、发病 12 a 的丹城镇，样地内的森林群落在感染松材线虫前均为马尾松林，林龄 20～30 a。在象山县附近的天童森林公园选择林龄

约 60 a 未被松材线虫侵害的常绿阔叶林中龄林作为对照林地。每个样地选取 16 个 10 m×10 m 的样方，样方之间至少间隔 20 m。每个样方划分为 4 个 5 m×5 m 的小样方，对小样方内乔木树种进行每木调查。树高大于 1.3 m 的记录其胸径、基径、树高、冠幅等，树高小于 1.3 m 的记录基径、树高、冠幅等；灌木和草本记录其高度、盖度和多度。

谱系树构建基于 Qian 和 Zhang（2014）已发表的谱系树，使用 Phylomatic V3 软件对样方内调查到的 148 种乔木、灌木及草本植物（不含蕨类植物和藤本植物）构建谱系树。其中，豆科的小槐花［*Ohwia caudata*（Thunberg）H. Ohashi］和宽卵叶山蚂蝗［*Podocarpium podocarpum*（DC.）Yang et Huang var. *fallax*（Schindl.）Yang et Huang］无法匹配，均出现在泗洲头样地，个体数均为 1，故没放入之后的谱系分析中。

利用净谱系亲缘关系指数（net relatedness index，NRI）和净最近种间亲缘关系指数（nearest taxon index，NTI）来分析群落的谱系结构。NRI 主要从整体上反映群落中物种形成的谱系结构，而 NTI 主要反映群落内亲缘关系较近物种的谱系结构。假定由已调查的物种组成局域物种库，首先计算出样方中所有物种两两间的平均谱系距离（mean phylogenetic distance，MPD）和最近间平均进化距离（mean nearest taxon distance，MNTD），保持物种数量及物种个体数不变，从物种库中随机抽取样方中物种的物种名 999 次，获得该样方中物种在随机零模型下 MPD 和 MNTD 的分布，之后利用随机分布结果将观察值标准化，从而获得不受物种数影响的 NRI 和 NTI 值。计算公式为

$$MPD = \sum\sum \delta_{ij}/n, \quad i \neq j \tag{3-19}$$

$$MNTD = \sum \min\delta_{ij}/n, \quad i \neq j \tag{3-20}$$

$$NRI = -1 \times (MPDs - MPDr)/SD(MPDr) \tag{3-21}$$

$$NTI = -1 \times (MNTDs - MNTDr)/SD(MNTDr) \tag{3-22}$$

式中，n 为群落内物种数；δ_{ij} 为物种 i 和物种 j 之间的谱系距离；$\min\delta_{ij}$ 为物种 i 与群落内其他物种间的最短谱系距离；MPDs 和 MNTDs 代表观察值；MPDr 和 MNTDr 代表物种在谱系树上通过随机后获得的平均值。若 NRI>0，NTI>0，样方中的物种在谱系结构上聚集；若 NRI<0，NTI<0，样方中的物种在谱系结构上发散；若 NRI=0，NTI=0，样方中的物种在谱系结构上是随机的。所有计算均采用 R 软件。利用 R 软件中的 Picante 包计算谱系多样性和 NRI、NTI 指数，Vegan 包计算群落间物种相似性指数（Sorensen 指数）。

（三）结果

对于物种多样性而言，松材线虫侵害 0 a 的泗洲头的物种 96 种，丰富度最高；所有样地乔木层物种数均高于灌木层和草本层物种数（表 3-13）。对于谱系多样性而言，松材线虫侵害 0 a 的群落具有最高的谱系多样性，随着侵害时间的增加，谱系多样性降低，且与对照常绿阔叶林接近（图 3-6）。对物种组成而言，松材线虫侵害 0 a 与侵害 4 a、8 a、12 a 群落内的物种和谱系相似性低于侵害 4 a、8 a、12 a

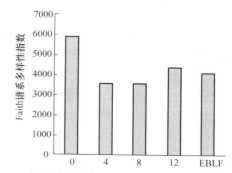

图 3-6　松材线虫侵害马尾松林和对照常绿阔叶林的群落 Faith 谱系多样性（王玉玲等，2015）

横坐标为松材线虫侵害马尾松林不同时间（年）和对照（EBLF）

之间的相似性。对照常绿阔叶林样地与侵害 4 a、8 a 群落内的物种和谱系相似性最高，与侵害 0 a 的相似性最低（表 3-15）。

表 3-15　不同样地间的物种（下三角）和谱系（上三角）相似性指数

样地	A	B	C	D	E
A	—	0.661	0.704	0.680	0.581
B	0.496	—	0.834	0.801	0.705
C	0.507	0.725	—	0.746	0.703
D	0.553	0.667	0.587	—	0.662
E	0.368	0.396	0.451	0.353	—

资料来源：王玉玲等，2015

对于群落谱系结构，松材线虫侵害马尾松林 0 a 和 12 a 群落内的 MPD 和 MNTD 值均低于 4 a 和 8 a 的，且受害 4 a 和 8 a 的 MPD 和 MNTD 值达到最大，受害 12 a 后群落内的 MPD 和 MNTD 值与常绿阔叶林接近（图 3-7）。松材线虫侵害马尾松林 0 a、4 a 群落 NRI、NTI 均小于 0，谱系结构发散，且随侵害时间增加，NRI 与 NTI 值越小；松材线虫侵害马尾松林 12 a 的与常绿阔叶林的群落 NRI、NTI 均大于 0，谱系结构聚集（图 3-8）。

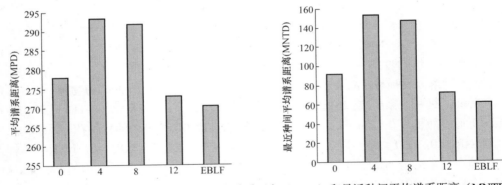

图 3-7　样地和对照地群落内所有物种的平均谱系距离（MPD）和最近种间平均谱系距离（MNTD）
（王玉玲等，2015）
横坐标为松材线虫侵害马尾松林不同时间（年）和对照（EBLF）

结论认为，松材线虫侵害马尾松林当年（0 a）的群落具有最高的物种和谱系多样性，随着松材线虫侵害时间的增加，会促使群落内主要优势种马尾松及喜阳物种死亡，造成群落内的物种多样性和谱系多样性均显著下降。但在侵害时间达 12 a 时，由于马尾松等先锋物种已全部消失，具有耐阴作用的常绿阔叶林物种开始占主要优势，使得物种和谱系多样性水平与常绿阔叶林相近。此外，松材线虫侵害后，马尾松死亡造成群落内环境条件改变，对物种进行筛选，使得群落的物种和谱系组成的相似性增加（如侵害 4 a 与 8 a 后的群落具有很高的相似性），且常绿阔叶林样地与松材线虫侵害 4 a、8 a 后的群落内物种和谱系相似性最高，与侵害 0 a 的相似性最低，说明松材线虫侵害后群落的物种组成逐渐向常绿阔叶林过渡。

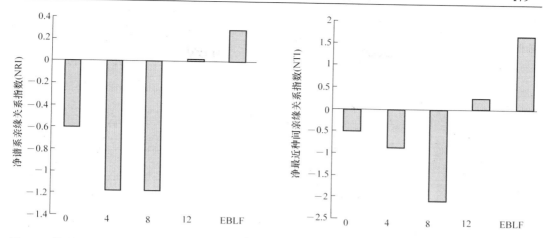

图 3-8　样地和对照地群落内所有物种的净谱系亲缘关系指数（NRI）和净最近种间亲缘关系指数（NTI）
（王玉玲等，2015）
横坐标为松材线虫侵害马尾松林不同时间（年）和对照（EBLF）

　　松材线虫侵害 12 a 后，群落内的谱系距离和谱系结构均与常绿阔叶林一致，是因为在松材线虫侵害前期，马尾松林尚处于演替前期的早期阶段，此时群落内生境同质性强，且幼苗的新增主要依靠种子传播，使得物种间竞争作用强烈，谱系结构发散；但松材线虫侵害后，导致马尾松死亡，而阔叶树并不受其害，随着马尾松死亡时间的延长，在群落内形成大量的林窗，释放出了大量的资源，为阔叶树种新个体的定植和生长提供更多的生态位，此时生境异质性增加，环境过滤作用加剧，形成与常绿阔叶林一致的谱系聚集结构。松材线虫侵害后，能够促使群落的谱系结构由谱系发散向谱系聚集转变，促使演替前期的马尾松林向常绿阔叶林转变。

第七节　短期农作物生境节肢动物群落调控技术

一、短期农作物生境中节肢动物群落重建的概念

（一）作物生境和非作物生境

　　农田生态系统包括两个组成部分——作物生境和周围的非作物生境。作物生境中对害虫及其天敌影响最大的是作物的品种。抗虫品种能降低害虫的存活率、雌雄比和产卵量，延长其世代历期，同时也影响自然天敌的效能。非作物生境对作物生境中的害虫及其天敌可产生正的或负的效应。对害虫而言，非作物生境中的植被能充当某些害虫（如叶蝉、蚜虫等）生长和发育的食物及避难场所。例如，黑尾叶蝉 [*Nephotettix cincticeps*（Uhler）] 能以 4 龄若虫在田埂及灌溉渠附近的杂草上越冬。另外，非作物生境在控制害虫上有很重要的作用。农田景观中的未耕网络能够增强对害虫的控制能力。而且，作物周围的某些植物可作为目标害虫的引诱植物，从而减少目标害虫的种群数量，减轻对作物的危害。芥菜 [*Brassica juncea*（L.）] 可作为小菜蛾 [*Plutella xylostella*（L.）] 的诱虫植物，从而减轻白菜的损失。一些研究者在研究天敌的生物学特性或种群动态时已经注意到非稻田生境对保

护天敌具有十分重要的意义。例如，稻田附近的田埂、沟渠、杂草地及附近果园和菜地，是稻田捕食性节肢动物的来源地。Kemp 等发现，大豆田附近的未耕地和大豆田间设置的"杂草走廊"比大豆田本身有较高的捕食者密度，它们在调节害虫方面具有重要意义。

（二）种库的概念

在非作物生境栖息的节肢动物集合与作物生境中的节肢动物群落有着不可分割的联系。例如，在水稻生态系统中，水稻移植后，稻田外的部分节肢动物迁入稻田形成稻田节肢动物群落；水稻收割后，稻田大部分节肢动物又重新迁出。Liss 等把作物生境中节肢动物群落的种库（species pool）定义为非作物生境中为作物生境节肢动物群落提供移居者的节肢动物集合。其他类型群落（如植物群落）也有种库。种库是一个动态的系统，其结构因栖息地季节性或长期的变化，以及一些自然因子和人类活动对栖息地的作用而不断变化。种库储存了一个栖息地可以移居的种类，同时也影响物种移居的时间和数量。在稻田生态系统中，未种植水稻期间所有的节肢动物，以及水稻生长期间稻田周围非稻田生境中的节肢动物就是稻田节肢动物群落的种库，它们为以后稻田节肢动物群落的重新形成和发展提供移居者。Buzas 等研究海洋古群落动态时指出：种库对维持物种多样性是必要的。Partel 等区分了两种类型的种库：区域性的种库和群落水平的种库，前者在很大程度上决定后者的大小。Brown 等认为，梨园中较小的种库是导致梨园和苹果园节肢动物群落结构不同的主要原因之一。在稻田生态系统中，优良的种库能促进稻田捕食性天敌亚群落的重建。邱道寿详细研究了稻田捕食性天敌亚群落的种库，他根据生境类型的不同，把种库分为许多不同的亚种库，如田埂亚种库、沟渠亚种库、菜地亚种库等。毛润乾认为，害虫防治史对种库的影响比植被覆盖度的影响大。影响节肢动物种库的因子主要包括：气候因子、害虫防治史、节肢动物的栖息地、节肢动物的生活习性和食物等。例如，稻田天敌的种库在冬季的种类和数量均较少。对天敌的种库进行适当的保护和调控，有利于作物生境天敌群落的重新形成和发展。例如，在冬季和夏季休耕期，杂草中的各种飞虱卵是缨小蜂的最主要寄主，采取留草保护蜂源有相当重要的意义。俞晓平建议在连片稻田中适当保留一些杂草，有利于稻飞虱和叶蝉的卵寄生蜂。在春插期和双抢期，抓好蜘蛛和蜘蛛卵块的转移工作对蜘蛛种库的保护非常重要。

（三）短期农作物生境节肢动物群落重建

短期农作物的主要特征是农作物的生长周期短，因而需要不断地种植和收割。这种周期性的种植和收割使得其中的节肢动物群落处在不断地变化之中。在短期农作物种植前或收割后，节肢动物赖以生存的农作物不复存在，这时节肢动物群落已遭到破坏，它们构成短期农作物生境内节肢动物群落的种库的一部分。当短期农作物种植后，非作物生境中的部分节肢动物迁入作物生境形成作物生境的节肢动物群落；当短期农作物收割后，作物生境中的部分节肢动物又重新迁出，进入非作物生境。这样，随着短期农作物周期性的种植和收割，作物生境内的节肢动物群落亦周期性地呈现出群落重新形成、群落发展和群落瓦解 3 个阶段。例如，在广东省四会市大沙镇，早稻移植后首先在田里出现的捕食性天敌是狼蛛科的拟水狼蛛（*Pirata subpiraticus* Bösenberg et Stran）和拟环纹豹蛛 [*Pardosa pseudoannulata*（Bösenberg et Stran）]。然后是食虫沟瘤蛛 [*Ummeliata insecticeps*（Bösenberg et Stran）]、斜纹猫蛛（*Oxyopes sertatus* L. Koch）、青翅蚁形隐翅虫（*Paederus fuscipes* Curtis）和肖蛸（*Tetragnatha* spp.）等。移植后 40 d 左右，捕食性天敌的种类和数量达到最高。这时，捕食性天敌亚群落的重新形成过程基本完成。然后，随着捕食性天敌物种的迁入和迁出，其种类和数量在一定范围内波动，亚群落在发展中。在移植后 9～100 d，种类和数量急剧下降，亚群落开始瓦解。

群落的发展是指群落在其结构和组织上随时间而发生的变化。这些变化包括种类、丰富度、种群分布及其他群落亚系统的一些变化。在自然界中的群落的发展就是群落演替，它是一种群落类型替代另一种群落类型的顺序过程。那么，对于那些受人工干预的群落，尤其是那些周期性地受到人工干预的短期农作物生境群落，它们的发展还能不能叫做群落演替呢？短期农作物生境内节肢动物群落的重新形成与裸地上群落的建立虽在表面上相似，但有本质的差别。从无到有是其相似之处，但裸地上群落的建立是一个长期的、不可逆的群落演替过程，而短期农作物生境内节肢动物群落的重新形成是一种季节性的、可重复的动态变化过程。因此，短期农作物生境内节肢动物群落的发展和自然群落的演替是两种不同的发展方式。为便于区别，将短期农作物生境内节肢动物群落的重新形成过程定义为群落的重建（community reestablishment）。自然界的群落演替以群落类型的替代为主要特征，而短期农作物生境内节肢动物群落的发展则以群落的周期性彻底瓦解和周期性重建为主要特征。

二、短期农作物生境中节肢动物群落重建的调控

（一）影响群落重建的因子

1. 种库

种库是一个动态的系统，其结构因栖息地季节性或长期的变化，以及一些自然因子和人类活动对栖息地的作用而不断变化。种库储存了一个栖息地可以移居的种类，同时也影响物种移居的时间和数量。在短期作物生境中，由于节肢动物群落周期性的重建和瓦解，种库对群落的重建有很明显的作用。例如，休耕期间稻飞虱卵寄生蜂亚群落在田埂和路边种库中的优势种，在水稻移植后最早进入稻田，并绝大多数成为稻田飞虱卵寄生蜂亚群落重建阶段（移植后 21 d 内）的优势种。优良的种库能促进稻田捕食性天敌亚群落的重建。

2. 农事活动

农事活动指作物种植、管理和收割过程中的所有耕作措施。在作物种植方面，包括品种的选择和布局、种植时间和种植方式（如直播或移栽）、间作和轮作等；在作物管理方面，包括害虫防治措施（如农药使用）、天敌保护措施、肥水管理和杂草管理等；在作物收割方面，包括收割时间和收割方式（如留长茬）等。这些措施或方式均不同程度地影响到农作物生境中节肢动物群落的重建。在上述措施中，有些是对自然天敌不利的。例如，夏季早稻田耙田后，田内总蜘蛛量损失 91%～99.5%，而田埂蜘蛛量却增加较多。这表明稻田生境被破坏后，大部分蜘蛛死亡，小部分迁往田埂等非稻田生境，为晚稻田蜘蛛亚群落的重建储备蛛源。又如，杀虫剂对稻田天敌亚群落有显著的抑制作用，特别是在水稻生长早期施药的影响更大，因为这时节肢动物（特别是自然天敌）正处在重建过程中，因此建议在水稻移植后 30～40 d 内不用化学农药。Settle 等指出：在较大的范围错开水稻的移植时间，有利于自然天敌并能提高天敌对褐飞虱 [*Nilaparvata lugens*（Stål）] 的控制作用。

3. 环境因子

节肢动物群落的重建，不仅受种库和农事活动的影响，而且与环境条件有密切关系。首先，地理位置、海拔、周围环境等均对群落的优势种有明显影响。除食虫沟瘤蛛是各稻区普遍的优势种外，草间小黑蛛[Hylyphantes graminicolum（Sundevall）]和驼背额角蛛（Gnathonarium gibberum Oil）多出现在海拔 30 m 左右的地区，齿螯额角蛛[G. dentatum（Wider）]，则为海拔千米以上地区的优势种。其次，不同的气候条件下，群落的丰富度和个体密度均不同。在热带地区（如菲律宾），稻田节肢动物个体数达 388 头/m²，田埂上高达 805 头/m²，高于温带和亚热带地区。再次，不同地域下节肢动物进入稻田的时间和速度不同。在印度尼西亚 Java 西北部地区稻田中，捕食性天敌进入稻田比进入 Java 中部地区稻田晚，其个体密度在移植 65 d 后才达到中部地区稻田移植 11 d 后的水平。Gut 等发现，与特定梨树园相联系的植物环境影响了广食性捕食者的种类、数量和到达的时间。

（二）群落重建的调控

节肢动物群落的功能是多方面的，因此对其重建进行调控时应根据制定的目标有所侧重。一般来说，可以从 3 个层次调控群落的重建。首先，通过调控整个生态系统，间接调控节肢动物群落；其次，通过调控群落的种库来调控群落的重建；最后，通过调控群落本身，直接调控群落的重建。影响群落重建的因子中，有些是可调控的（如种库和农事活动），有些是不可调控的（如环境因子）。有时，一个措施既能调控种库，又能调控群落本身，并影响到整个作物生态系统。对天敌而言，调控的目的是促进其重建和发展；对害虫而言，是抑制其重建和发展。

群落重建的主要调控措施：①作物多样性。作物多样性包括时间上的多样性，如作物的种植和收割时间等，以及空间上的多样性，如大范围的作物布局、品种布局、间作和轮作等。②杂草管理。杂草在自然天敌的保护利用中发挥着重要的作用，合理的杂草管理可调控害虫及天敌亚群落的重建。例如，稻田附近的田埂、沟渠、杂草地及附近果园和菜地，是稻田节肢类天敌的来源地。Kemp 等发现，大豆田附近的未耕地和大豆田间设置的"杂草走廊"比大豆田本身有较高的捕食者密度。Islam 等指出，稻田田埂上的植被有利于天敌的保护利用。在水稻移植后铲除杂草，能促使天敌进田。③天敌保护措施。通过间作或保留杂草等方法给天敌提供食物和避难所，可以增加天敌的种类和数量。在农田生境中创造人工岛能增加捕食性天敌的密度，并影响其扩散模式。④害虫防治措施。包括杀虫剂的合理使用和农业防治措施等。例如，提早沤田能减轻三化螟越冬后的虫口基数，水稻移植后 30～40 d 内不用化学农药，有利于天敌亚群落的重建。

三、短期农作物生境中节肢动物群落重建与天敌保护利用

（一）天敌亚群落重建阶段的重要性

常见的一种现象是害虫大发生时，天敌数量随后增加，并最终把害虫控制在一个较低的水平，这种现象称为"天敌的跟随现象"。这一现象说明天敌对害虫的控制作用是很大的。但也容易给人们一种错觉——似乎天敌是跟随害虫发生的。事实上，天敌常在害虫之前出现在作物田中。在我国广东省，捕食性天敌先于害虫进入早稻；在印度尼西亚

春季稻田中，捕食性天敌也早于害虫出现。在害虫发生以前，蜘蛛等捕食性天敌以摇蚊（*Chironomus* sp.）等中性昆虫为食物。

　　在害虫刚发生时，其数量通常较少，害虫的大发生和为害常在繁殖1~2代以后，因此，害虫繁殖后代的这段时间是防止害虫大发生和为害的关键时期。在这段时间，作物生境中的天敌亚群落正处在重建阶段。因此，重建阶段的天敌亚群落对害虫的控制作用大小十分关键。如果重建阶段天敌亚群落的种类和数量较多，能够成功控制害虫数量增加，害虫将不会造成明显危害。反之，害虫将可能大发生。Settle 等在印度尼西亚春季稻田的研究结果就是一个很好的例证。张古忍和张文庆等指出，天敌对刚迁入稻飞虱种群的捕食作用，能够减轻稻飞虱的发生程度，推迟其发生高峰。所以，应该强调害虫数量迅速增加之前天敌的控制作用，而不是在害虫大发生以后。也就是说，天敌亚群落的重建阶段非常重要。

（二）群落重建与保护利用天敌的关系

　　保护利用天敌就是通过提供有利于天敌的栖息生境，增强其效能。由于农作物的周期性种植和收割，天敌亚群落也周期性地栖息在作物生境和种库中。因此，不仅要保护作物生境中的天敌，而且要保护种库中的天敌。前者涉及保护利用天敌与其他措施（如杀虫剂和作物抗虫品种）的协调，如提倡利用天敌和中抗水稻品种控制稻飞虱。

　　保护利用种库中的天敌则是绝大多数保护措施的直接目标。期望通过增加种库中的天敌种类和数量，增强作物生境天敌的效能。但是，种库中的天敌如何影响作物生境中天敌亚群落的重建速度和结构，并最终影响到其功能？怎样使种库中的天敌尽快进入作物生境？在作物生长期间，怎样使天敌栖息在作物生境，而不是在种库中？在作物收割后，怎样使天敌安全地转移到种库中？要回答这样一些问题，就要研究天敌亚群落的重建与其种库的相互关系。例如，重建后的天敌亚群落拥有和种库相同的优势种；种库优良的稻田生境，天敌亚群落重建较快，控害能力较强。有时候，除掉种库中天敌喜好的植物或杂草，可以促进种库中的天敌进入作物生境。总之，阐明天敌亚群落的重建与其种库、群落本身和作物生态系统之间的相互作用关系，是群落水平上保护利用天敌的理论基础之一。

　　天敌对目标害虫的控制作用与它们之间的时间、空间和营养生态位相关。增加重要天敌种类的数量是提高天敌效能的主要途径之一。例如，在英格兰大麦田种植杂草可以增加隐翅虫的数量10倍以上，从而减少了蚜虫数量；在夏威夷甘蔗地周围的花粉植物能增加甘蔗象甲的寄蝇 *Lixophagas phenophori* 的数量和效能。一些措施影响到天敌亚群落的多样性。Altieri 比较了两种生境中的天敌种类，在芽甘蓝与豆科植物或野生芥菜共存的生境中，有6种捕食性天敌和8种寄生性天敌，但在只有芽甘蓝的田块，只有3种捕食性天敌和3种寄生性天敌。由于多种天敌的作用，降低了前者的蚜虫密度。在佛罗里达，如果玉米地周围有杂草地和松林，其捕食者密度和多样性较高。张古忍等指出，长期大面积以保护利用天敌为主的害虫防治史增加了捕食性天敌亚群落的多样性，并进而减轻害虫的发生程度，推迟害虫发生高峰的出现。加快天敌亚群落的重建速度，也能提高其效能。增加植被多样性，提高了捕食性天敌小暗色花蝽［*Orius tristicolor*（White）］种群的重建速度。在长期大面积以保护利用天敌为主的稻田，其捕食性天敌亚群落的重建速度比以化学防治为主的稻田中快15 d以上；这种早期的捕食作用，对于降低早期迁入的稻飞虱虫口基数有重要作用。

　　有时，调控天敌的食物，使之集中控制目标害虫，可提高天敌对目标害虫的控制功能。例如，烤田比不烤田使褐飞虱数量减少 90% 以上，烤田切断了捕食性天敌水体中的猎物，使得天敌集中捕食水稻植株上的稻飞虱。此外，优化天敌亚群落的结构，减小种群间和种间的相互竞争，亦能最大限度地发挥天敌的作用。

群落重建的测度指标包括群落重建速度、重建后群落的组成和多样性以及功能等方面。增强天敌亚群落重建后的功能是保护利用天敌最直接的目标。为实现这一目标，可以从种库、群落本身和作物生态系统 3 个层次上调控天敌亚群落的重建。从以上提高天敌效能的几种途径来看，不论是调控手段还是测度指标，都与群落重建密切相关。例如，在作物生境周围种植其他作物等，即是调控天敌亚群落的种库；增加天敌的数量就是增加天敌亚群落的组成。

复 习 题

一、名词解释

生物多样性（diversity）

物种数（species richness）

辛普森指数（Simpson index）

香农-维纳指数（Shannon-Wiener index）

均匀度（evenness）

农田边界（field margins）

昆虫栖息地（beetle bank）

保育边行（conservation headland）

草本边界（grass margin）

休耕边界（setaside margin）

无植被边界（sterile strip）

开花植物边界（flower margin）

无栽培物的野生植物边界（uncropped wildlife strip）

空间生态位（spatial niche）

功能生态位（functional niche）

营养生态位（trophic niche）

多维超体积生态位（n-dimensional hypervolume niche）

基础生态位（fundamental niche）

实际生态位（realized niche）

边缘效应（edge effect）

生态交错带（ecotone）

多度（abundance）

对数级数分布（Log-series model）

几何级数分布模型（geometric-series model）

分割线段模型（broken-stick model）

随机生态位边界假说（random niche boundary hypothesis）

演替（succession）

顶极群落（climax community）

谱系关系（phylogenetic relationship）

群落谱系聚集（phylogenetic clustering）

群落谱系发散（phylogenetic overdispersion）

生境过滤（environmental filtering）

群落重建（community reestablishment）

种库（species pool）

二、问答题

1. 试述昆虫多样性参数的表达及注意事项。
2. 试述昆虫多样性的研究现状。
3. 试述生态位理论的概念。
4. 试述生态位理论在昆虫生态学和害虫防治中的应用。
5. 试述生态交错带的特征。
6. 试述边缘效应的概念。
7. 试述物种多度格局的概念。
8. 试述昆虫群落种-多度格局研究实例。
9. 试述群落演替的概念和特征。
10. 试述群落谱系结构分析的理论基础。
11. 试述群落谱系学方法在昆虫的应用。
12. 试述短期农作物生境中节肢动物群落重建的分析方法和调控措施。

第四章　生态系统中昆虫的研究与治理

第一节　昆虫在生态系统中的生态功能

昆虫作为生态系统中重要的组成部分，无论个体数量、生物量、物种数或基因数，都在生物多样性中占有非常重要的地位，它在生态系统的营养循环、能量流动和信息传递中发挥着非常重要的作用。昆虫具有病虫害生物控制、传粉作用等独特的生态服务功能。基于昆虫类群在传粉、生物控制、物质分解与资源供给等方面发挥着重要作用，维系并保持着自然界的生态平衡，满足人类需求中的重要作用与地位，近年来国际上非常重视昆虫生态服务功能的研究（欧阳芳等，2013）。

一、昆虫生态服务功能

昆虫生态服务功能是指昆虫类群在生态系统过程中发挥的作用，以及为人类提供的各种收益，包括有形收益的产品和无形收益的服务。根据昆虫在生态系统中的作用及其为人类提供的福祉，可将昆虫生态服务功能分为供给服务、调节服务、文化服务和支持服务4种服务功能。

（一）昆虫的产品供给服务功能

昆虫的产品供给服务功能主要指人类从生态系统中获取的与昆虫相关的各种产品。食用和饲用昆虫的虫体富含优质的蛋白质、脂肪、必需的维生素及矿物质，其体内还含有多种对人体有良好保健作用的活性物质。据 Resh 和 Cardé 估计，世界范围内大约有70科260属500个昆虫物种被人类作为主要食物食用。在我国，仅云南省就发现可食用的昆虫分布于14目400多科2000多个种类。中国昆虫学家初步估计，中国昆虫种类约150万种。如此繁盛的种类资源值得人类去挖掘与开发，将为人类提供更多的食物来源。

蚂蚁、蜜蜂、冬虫夏草、蜂类、土鳖虫、蝉衣、蝼蛄、红娘子、蚕蛹、蜈蚣、蟋蟀、斑蝥、地鳖虫、蟑螂、蛴螬、胡蜂等可直接作为药用昆虫。此外，斑蝥属昆虫的激素斑蝥素（cancharidin）可用于原发性肝癌、胃癌的治疗。蜂蜜中的王浆酸能强烈抑制移植性白血病、淋巴癌、乳腺癌等癌细胞的生长。蚂蚁中含有的蚁醛、蚁酸具有抗炎镇痛作用。昆虫中存在的几丁质，具有促进伤口愈合、抗血栓等活性。

多种昆虫附属产物或者分泌物是纺织、医学、化工、机电、石油、航天、食品、军工等多种工业的重要原料。例如，家蚕、柞蚕、蓖麻蚕、天蚕产出的蚕丝用于丝绸工业和作为医用材料。白蜡虫雄虫的分泌物（白蜡），可作布匹、纸张、器皿的磨光之用。五倍子蚜虫在盐肤木上产生的虫瘿（五倍子），是制革和染料的重要原料。紫胶虫的产物（紫胶），可用于油漆、唱片的生产。蜂蜜、蜂胶、蜂毒、蜂花粉和蜂王浆用于医药工业等。

（二）昆虫的生态调节服务功能

昆虫的生态调节服务功能指人类从生态系统过程的调节作用中获取的与昆虫有关的各种收益。生物控害功能昆虫中大约 28% 的种类捕食其他昆虫，2.4% 寄生其他昆虫，它们在调控害虫种群上起着十分重要的作用。据 Pimentel 报道，在农田生态系统害虫的控制作用中，天敌的控害作用在 50% 以上。由于天敌昆虫的控害作用，北美洲已知的 8.5 万种昆虫中，需要防治的害虫只有 1425 种，占 1.7%。我国稻田植食性昆虫及其天敌种数有 1927 种，其中需要防治的重要害虫只有 10 多种，约占稻田节肢动物群落种类数的 1%。显然，自然界的昆虫种类虽然很多，但真正对人类有害的种类只是极少数，这主要归功于捕食性或寄生性天敌昆虫的自然控制作用。

在显花植物中，85% 属于虫媒植物，自花授粉和借风传粉的仅占 5% 和 10%；在热带雨林中，38% 的开花植物由蜜蜂传粉，41% 是其他昆虫传粉，仅有 2%～3% 才是风媒传粉。在不增加人工和投资的情况下，仅利用传粉昆虫就可使作物增产 10%～30%。因此，如果没有传粉昆虫，也就没有虫媒植物，其结果不但影响生态系统的稳定性，而且危及人类的生存。

在长期的演化过程中，昆虫与植物还形成了互惠共生关系，昆虫在取食植物的同时，也为植物传播其种子。据报道，依赖蚁类进行传播的植物，大约涉及 80 科 90 属 2800 种。这类植物的种子常附生有富含蛋白质、脂肪和油类等蚁类嗜食成分的种阜，它能作为诱饵吸引蚁类并借以完成自身的散播。

昆虫作为生态系统分解者，对系统中物质循环产生了重要的影响。据估计，17.3% 昆虫种类取食分解腐烂的生物有机体。其中，以鞘翅目昆虫为主，如腐食性的皮金龟科（Trogidae）、驼金龟科（Hybosoridae）和红金龟科（Ochodaeidae），粪食性的粪金龟科（Eotrupidae）、蜉金龟科［Aphodiinae（Scarabaeidae）］和蜣螂亚科［Scarabaeinae（Scarabaeidae）］成为地球上最大的"清洁工"。这类昆虫以生物的尸体为食，有的将尸体掩埋入土，同时加速了微生物对生物残骸的分解，促进了生态系统物质循环与能量流动。

（三）昆虫的文化服务功能

昆虫的文化服务功能指通过精神满足、认知发展、思考、消遣和美学体验等获得与昆虫相关的非物质收益。据报道，我国可以利用的工艺、观赏昆虫达 40 多种。螽斯、蟋蟀等鸣虫多达 30 余种。从古至今有无数歌词诗赋借昆虫来抒发感情，传递信息。争斗昆虫、发音昆虫、漂亮昆虫和趣味昆虫等为人类提供观赏价值，美化和丰富人类文化生活。

由于昆虫具有个体小、生命周期短，且易于培养和突变体筛选方便等特点，很多研究都以昆虫作为模式材料。其中，以果蝇为模式对象开创了遗传学研究的新纪元，至少 4 名以上科学家为此而获得诺贝尔奖。

在法医鉴定方面，通过对动物尸体内外及其附近采集到的昆虫标本检验、鉴定、分类，明确昆虫种类或确定某一昆虫生长发育状态，根据该昆虫在尸体上的生态群落演替，帮助法医推断死亡时间、死亡方式、死亡现场。

（四）昆虫的支持服务功能

昆虫的支持服务功能指昆虫类群为生产或支撑生态系统功能而发挥的作用。例如，作为生态系统能量流动传递的使者，大量的植食性昆虫作为初级消费者，同时也作为第二级营养级，为下一级或更高营养层级的动物提供营养食源。同时，昆虫也直接地或间接地影响着生态系统中的营养物质循环，是生态系统不可缺少的组分。

二、昆虫在生态系统中的生态功能——以微型土壤动物为例

微型土壤动物中数量最大的是原生动物和线虫，前者主要以细菌为食，后者分为植物寄生线虫（以根系为食源）和食微线虫（以微生物为食源）。微型土壤动物在根际中数量巨大，是土壤生物量、活性和多样性的重要部分，因此在土壤生态功能发挥中具有重要作用（陈小云等，2007）。

（一）植物根际土壤中微型土壤动物群落组成特点

Zwart 等综述了根际原生动物的数量，根际和周围空白土壤原生动物数量的比例在 1.3～35，主要取决于研究的植物种类。线虫在根际和空白土壤中的比例和原生动物相似，为 3～70，也取决于研究的植物种类。Trevors 的研究结果显示根际线虫是非根际的 13 倍；Christensen等的研究发现在种植小麦的土壤中，食细菌线虫在根际和空白土壤的平均比例是 4.2；而两种基因型小麦（扬麦 157 和皖麦 18）根际和非根际线虫的比例则随着小麦生育期的推进而逐步提高，在成熟期达到最高值时，两种小麦根际线虫和非根际线虫的比值分别是 4.7 和 4.8。

根际是由很多不同的微环境（microenvironment）组成的，碳源主要来源于根系不同生长阶段的分泌物及其细胞和根系死亡后的残体。在根际土壤中，从食细菌动物（食细菌线虫和原生动物）的数量上可以反映植物根上损失的可溶性碳及根际微生物的情况。在同一植物的不同生长期内，这种数量的变化有很大的差异。例如，食细菌动物在大麦老根的部分比在幼根的部分数量更多，并且在死的大麦根际的分解区域的食细菌线虫和原生动物的数量比活的植物根际的要多，说明植物在不同生长阶段对微生物及其食微动物提供数量不等的基质，从而影响了食微动物的数量结构。通过在田间马铃薯根际线虫的测定也说明，在生长的马铃薯的根际，线虫的平均数量为每克土 170 条线虫（根际和非根际的比例为 11），而当收获前将马铃薯的地上部破坏后，线虫数量增加到每克土 750 条（根际和非根际的比例为 47）。

（二）微型土壤动物对植物有效养分矿化的影响和机制

1）微型土壤动物对养分矿化的影响　　Woods 等发现，原生动物和线虫都能够促进氮素矿化，并且只有在原生动物存在的条件下微生物固定的氮才能够被植物吸收。Griffiths 通过比较不同生态系统的研究，发现大约有 30%的土壤净矿化氮来源于微型土壤动物的贡献。食真菌线虫和真菌相互作用可以促进氮素矿化。胡锋等发现，杀灭土壤线虫后土壤养分矿化减弱，导致小麦全生育期吸氮量和抽穗及成熟期吸磷量显著下降。微型土壤动物对氮磷矿化的影响因动物或微生物的种类而异，而且还取决于微型土壤动物的捕食强度和微生物的生理代谢情况，并与土壤理化性质密切相关，在某些特定条件下促进作用可能不明显。如在不添加外源基质条件下食细菌线虫原小杆线虫（*Protorhabditis* sp.）和细菌（*Pseudomonas* sp.）的相互作用对土壤磷矿化影响不明显。根际微生物（特别是细菌）受到强烈的自上而下的调控，微型土壤动物对于养分释放、植物吸收的影响对地上部植物群落结构等具有重要调控作用。

2）微型土壤动物对养分矿化的影响机制　　微型土壤动物生命代谢过程中不断向体

外分泌养分、低分子的活性有机质及参与氮磷循环的酶，微型土壤动物摄取细菌中的碳源大部分消耗于呼吸代谢，因此与碳源相联系的那部分氮磷及其他养分，除满足线虫自身需要外，若有多余就可能释放出来。微型土壤动物主要通过调节微生物数量、活性和群落结构而影响土壤养分矿化。所有微型土壤动物对微生物的取食都可能刺激微生物的生长，但有时增加的那部分微生物又被重新取食了。微型土壤动物对微生物活性的促进作用的原因是：首先，微型土壤动物取食过程中分泌或排泄出微生物能够利用的养分和其他刺激物质；其次，食细菌线虫能够取食老化的细菌，或者被取食细菌经过线虫肠道后部分仍保持活性；再次，微型土壤动物可以将细菌控制在相对较低但保持对数生长期的高活性水平；最后，微型土壤动物的物理扰动不仅可以改善通气条件，而且可将某些限制性营养物质带给微生物。提高微生物活性被认为是微型土壤动物影响养分转化的最重要机制。微型土壤动物还对根际微生物群落结构产生强烈影响。食根线虫直接影响根际淀积物数量和质量，从而影响微生物群落结构。根际食细菌线虫喜欢取食悬液中的细菌；而原生动物刺激硝化细菌增殖，并且喜欢个体较大、快速生长的细菌。微型土壤动物的取食尤其可以改变不同微生物类群的竞争优势，对细菌的取食为真菌提供了生长优势，如食细菌线虫与真菌生物量表现了更密切的联系，而细菌和真菌相对组成能够对矿质养分的释放和固持产生强烈影响。

（三）微型土壤动物对土壤有机碳积累和稳定性的影响

1）食根线虫对土壤有机碳的直接影响　　　食根线虫（地下草食者或植物寄生线虫）对土壤有机碳的直接作用表现在对宿主植物生产力的强大影响，对土壤有机碳的间接影响较为复杂。食根线虫一方面导致非寄主植物获得竞争优势，弥补寄主光合作用碳的下降，另一方面改变根际分泌物的数量和质量。例如，番茄根系被南方根结线虫 [*Meloidogyne incongnita*（Kofold & White）Chitwood] 侵染后，根系分泌物中含有更多的水溶性 ^{14}C；Bardgett 等将三叶草和另一种植物共同种植在一个容器内，然后接种三叶草为专性寄主的孢囊线虫，84 d 后寄主植物和毗邻植物的根系比未接种线虫处理分别增加了 141%和219%。食根线虫还能诱导植物合成某些含碳的次生化学防护物质，这些次生物质会对其他营养级生物产生影响。不同植物的相对生长优势及根系分泌物的变化还通过改变土壤微生物活性和群落结构而影响有机碳的稳定性。

2）微型土壤动物与微生物群落相互作用对有机碳的间接影响　　　根际细菌和真菌分别属于 r-和 K-对策者，代表着两条主要能流路线，在有机碳利用及稳定性贡献上存在巨大差异；土壤有机质分解有两个主要途径：细菌途径和真菌途径。前者能够快速利用活性有机质，而后者生长缓慢，需要分配更多的能量来利用有机质。植物生长初始阶段，根际分泌物对细菌数量和活性有强烈的刺激作用，同时吸引和促进食细菌线虫和原生动物的大量增殖，导致细菌能流占主导。这一能流路线的特点是有机碳保持快速周转；与细菌相反，真菌对根际难降解部分有机碳的利用能力较强，与之相关的食真菌土壤动物对其生物量和活性影响相对较小，有机碳周转缓慢而稳定性高。因此，根际细菌和真菌与各自对应的微型土壤动物驱动着有机碳的积累和稳定过程。

微型土壤动物不仅影响根系自身有机碳的命运，而且与土壤原有机碳的积累和稳定性密切相关。根际刺激微生物的生长和活性，引起根际土壤有机质分解速度变化，产生"根际激发效应"。根际可以使土壤有机质的分解速率提高 3～5 倍，或降低 10%～30%。

根际激发效应的主导机制尚不清楚，不过超过半数根际激发效应的影响因素与微型土壤动物相关，如提高微生物周转速率；根系与微生物的氮素竞争；基质选择利用和微生物活化。近来，Fontaine 等提出新的概念模型，认为土壤微生物 r-和 K-对策者对能量和养分的竞争控制着有机碳激发效应。由于微型土壤动物可以改变微生物群落结构，因此能够通过影响 r-和 K-对策者的平衡调控激发效应。

　　3）微型土壤动物对土壤有机碳稳定性影响的可能机制　　虽然微型土壤动物的选择取食直接影响有机碳利用效率，但对微生物群落结构的改变与土壤有机碳关系更密切。除了选择取食的直接影响外，迁移扩散的后果也不容忽视。食细菌线虫向根际的主动迁移带来了刺激微生物的活性基质，体表和排泄物往往对细菌活性的促进作用更强，可能导致真菌的竞争优势减弱；而食真菌线虫向根际的迁移同样有利于真菌在新生境的生长。微型土壤动物与菌根存在强烈的相互关系：①菌根真菌能够提高植物根系对食根或寄生线虫的抗性，影响植物生长并创造菌根际环境；②对菌根菌丝的取食减少菌丝数量，造成有机碳泄漏，导致菌根侵染率下降，使有机碳地上和地下分布格局改变；③菌根对团聚体形成和稳定有重要贡献，微型土壤动物通过菌根影响土壤团聚过程，而团聚体的物理保护作用是根系有机碳的最重要稳定机制。

　　（四）微型土壤动物对根系形态影响的激素效应

　　Jentschke 等发现，原生动物导致植物氮素吸收的增加是因为激素效应导致根系和植物生长的改善，根际细菌对植物根系形态的影响在很大程度上取决于原生动物的捕食作用。Bonkowski 等进一步认为，原生动物对植物生长的这种非养分作用或许是由于原生动物对激素类物质的直接代谢释放，或者是原生动物产生激素的先驱物质，而微生物的活动之后将其转化为激素类物质，激素类物质从而促进植物形成有更多分支的根系系统，而根系的表面积的增大则能够吸收更多的养分及水分，促进植物生长，即所谓微型土壤动物对根系的激素效应。

　　1）原生动物对根系影响的激素效应　　很多植物的共生或寄生物能够诱导根系形态发生变化，形成根瘤和孢囊等。根际细菌通过释放分子信号，如激素、毒素和其他代谢产物也影响根系的生长。原生动物导致根系生物量增加，细根和根尖数增加，呈更细长的多分支结构；并使水稻根系形成大量延长的 L 形侧根，这些侧根是建立发达须根系统的前提，对于根系吸收养分非常重要；根系形态的这种变化与有益根际细菌激素效应相似。Bonkowski 和 Brandt 发现，原生动物棘变形虫属（Acanthamoeba）增加了土壤中植物激素的含量 [如吲哚乙酸（IAA）]，并且激素的来源并非是原生动物，而是微生物群落组成及活性改变的结果；原生动物促进了根际植物促生菌的生长，而根际促生菌产生了激素类等物质进一步促进植物根系生长。

　　2）食细菌线虫对根系影响的激素效应　　食细菌线虫与原生动物有类似的取食行为，其选择性捕食也能够刺激细菌活性，改变根际的微生物群落组成。因此，食细菌线虫体现出与原生动物相似的激素效应。毛小芳等考察了食细菌线虫对植物（番茄和小麦）根系生长的促进作用，发现食细菌线虫促进了番茄和小麦根系的生长，根系有更大的表面积、更多的根尖数，但根平均直径变小；进一步利用高效液相色谱测定了根际土壤的激素含量，食细菌线虫富集处理与对照处理相比，IAA 和 GA3（赤霉素）都有显著的提高。

　　根系形态的变化除了激素效应的直接作用外，微型土壤动物对硝态氮的显著促进作用也会产生类激素效应。植物根系面临局部高养分微域时，局部增殖是觅取养分的重要策略。由于硝态氮既是氮源，也是诱导侧根伸长的信号物质，在研究激素效应时应注意区别。在野外异质性高的原状土壤内，原生动物和食细菌线虫对根系生长的促进作用受到土壤结构、硝态氮和激素及其他多种因素的共同作用。

（五）微型土壤动物对土壤微生物多样性的影响

　　根际土壤微生物多样性受到来自资源和消费者-环境的上行（bottom-up）和下行（top-down）控制。4个可能的控制因素包括土壤空间结构异质性、资源多样性、种间竞争关系和环境波动是影响生物多样性的主要因素，并且因素之间存在强烈交互作用。微型土壤动物通过非营养关系和直接营养关系影响空间、资源和竞争关系而发挥作用。

　　食性多样的微型土壤动物与微生物的直接营养关系是土壤微生物多样性的重要驱动者。食真菌线虫也表现出对某些腐生真菌、菌根真菌和植物寄生真菌中的种类和菌丝类型的偏好。来自淡水和陆地生态系统的报道都支持食细菌线虫或原生动物对细菌群落多样性的影响。如果食真菌线虫能够影响真菌群落结构，那么对其群落多样性的影响也是非常可能的。可能由于技术方法的制约，多年来对微型土壤动物能否影响微生物多样性及影响方向和程度了解甚少。

　　微型土壤动物对土壤微生物多样性的影响机制：①原生动物和食微线虫对微生物的选择取食是最直接的影响途径。②食根线虫影响根际淀积物数量和质量可能诱导植物产生难降解的次生防御物质，资源多样性的变化影响微生物多样性。③中度取食强度会提高微生物的多样性，与地上部中度草食作用对植物群落多样性的提高相仿。由于土壤空间结构高度异质性的保护作用，土壤动物对微生物的取食可以缓解种间竞争压力。④线虫具有明显的主动迁移行为，提高了新种微生物拓殖根际的成功性。⑤微型土壤动物能够提高土壤微生境的异质性，从而促进土壤微生物多样性。

（六）微型土壤动物对土壤生态功能稳定性的影响

　　土壤生态功能稳定性是指在各种干扰-胁迫条件下，土壤持续发挥原来功能的能力。根际土壤生物多样性与功能稳定性对干扰的响应尚不确定，但是由于：①个别关键物种在土壤功能发挥中具有决定作用；②生物多样性高的群落可以在环境条件变化时提供替代种以保证功能的持续性。根际微型土壤动物通过微生物群落结构和多样性很有可能对土壤功能稳定性产生影响。以线虫为例，首先，线虫群落结构变化与不同干扰-胁迫条件下土壤生态功能的损害密切相关；其次，线虫刺激微生物活性、改变微生物群落结构和传播微生物及对恶劣环境的适应策略有助于其在干扰后迅速恢复。虽然土壤动物对土壤稳定性影响的实验证据很少，不过研究者推测土壤动物群落可能会起到缓冲作用，由于土壤线虫群落具有类似生态功能，暗示它在土壤干扰后的功能恢复中可能有重要作用。近期的研究表明食微线虫对土壤生态功能的稳定性（抗性和回复力）有明显的促进作用。

（七）微型土壤动物对植物群落及地上部多营养级的影响

　　根际微型土壤动物与微生物群落的强烈交互作用在更高的营养级关系上也得以反

映，如植物群落结构和多样性，甚至草食动物更高的营养级，体现出营养级联（trophic cascade）作用。营养级联作用使得地上部和地下部食物网完全成为一体，不同物种相互作用共同对生态系统的结构和功能产生影响。

1）微型土壤动物对植物群落结构和多样性的影响　　　植物和土壤生物群落通过植物根系维持着深远的相互依赖关系。土壤生物从根系受益，反过来，植物的生长也受到土壤生物反馈的利害影响，植物地上部和地下部之间存在强烈的反馈作用。不同种类植物根际通常维持着特定的土壤微生物群落及微型土壤动物。由于不同种类植物对土壤生物群落的响应不同，即使土壤生物促进某一植物生长（正反馈），也可能导致与其有竞争关系的另一种植物的竞争力减弱（负反馈）；负反馈可以提高植物多样性。

土壤生物与植物多样性的反馈强度取决于土壤生物类群。与植物根系关系最密切的土壤生物类群对植物群落的影响较强，如菌根真菌、根系寄生物和食根土壤生物等。Bardgett 等发现食根线虫异皮胞囊线虫（*Heterodera*）的存在改变了土壤养分流动而导致植物之间的竞争关系改变，从而改变植物生产力和群落结构。土壤动物对根系的取食也有可能像地上部的草食动物一样诱导植物产生次生防御物质，从而对地上部植物群落会有深远影响。Bardgett 总结了地上部草食动物对分解者群落和生态过程影响的机制，由于地下部草食动物（食根者）与地上部草食动物反馈机理相似，根际微型土壤动物影响地上部植物群落的机制可能包括：①食根者对植物的取食影响植物的生产力、资源分配和根际淀积物的数量，而对根际的反馈影响可能导致植物群落的进一步响应；②食根者通过分泌物等直接作用和诱导植物产生次生防御物质的间接作用，影响宿主植物的生长状况和竞争力；③在植物群落变化的较长时间尺度上，食根者可以调控植物防御地上部草食者和非生物因素的能力。Moore 等探讨了根际微型动物捕食作用对养分有效性、植物生产力和群落动态的影响，认为根际土壤动物捕食微生物所代表的营养级关系可以看作是根际控制点，他们强调了根际微型土壤动物由于占据了土壤食物网的更高营养级，对于地上部和地下部联系和反馈作用的重要性。

2）微型土壤动物对地上部多营养级关系的影响　　　传统上对多营养级相互关系（营养级联）的研究集中在地上部，实际上植物和昆虫仅仅是紧密联系的地上部和地下部多级营养关系中的一部分。研究人员开始关注土壤生物对地上部更多营养级生物的影响，如草食动物的寄生物和捕食者等。地上部和地下部多营养级交互作用的基础是植物化学组成的变化，如养分和次生代谢物质，在草食动物及它们的拮抗体作用下的变化。虽然这一领域的研究现在多集中在地下草食动物，特别是食根昆虫的幼虫。不过，微型土壤动物已经逐步受到重视，如 Bonkowski 等报道了原生动物可以显著增加地上部蚜虫的数量和生物量，原生动物提高了植物氮素吸收量，植物体氮浓度增加反映出蚜虫食物质量的改善。Bezemer 等发现混合线虫群落总体上能够降低蚜虫的繁殖数量，但是增加了蚜虫拟寄生物的数量，验证了微型土壤动物能够影响地上部多营养级关系。

（八）微型土壤动物对污染土壤生物修复的影响

生物修复是指利用生物减少土壤环境中有毒有害物的浓度或使其完全无害化。

1）根际生物联合修复及其影响因素　　　超积累植物浸提是重金属污染土壤的重要修复途径，发达的植物根系有利于植物吸收。对于有机污染物，根系主要通过根际分泌物促进微生物的生长和代谢，间接提高微生物降解速率。对于修复困难的复合污染和有机物污染，单一修复技术往往难以奏效，利用植物与微生物相互作用的根际生物联合修复技术受到普遍欢迎。植物种类、土壤养分、根系生理、根际环境和土壤微生物群落及能够影响植物-微生物生长的因素都可能影响生物修复进程。虽然根际微型土壤动物与上述因素都有直接或间接的关系，但是有关微型土壤动物在根际生物联合修复中的作用却了解甚少。至今有关土壤动物的研究都集中在大型土壤动物如蚯蚓上，蚓圈（蚓际）或蚓粪对生物修复的贡献如同非营养级关系的"类根际"效应。微型土壤动物则不然，在生物修复中的作用可能更高，它们的取食与微生物和植物生长密切相关，其分泌物还能刺激根际分泌物。

　　2）微型土壤动物对有机污染生物修复的影响及可能机制　　微生物对有机污染物的修复能力不仅仅依赖于其降解能力本身，而且依赖于污染物的生物可利用性、降解菌（细菌）与土著微生物之间的竞争及捕食压力下的存活能力。由于原生动物是有机污染物降解菌的主要取食者，因此二者的交互作用将直接关系到细菌修复的结果。近来的研究显示，原生动物的取食对有机污染物的降解有明显的促进作用。在 BTEX 烃类饱和的池水底泥中，原生动物不仅可以大量存在，而且与细菌数量存在固定的比例关系，表明细菌和原生动物的营养级交互作用可能与烃类的生物降解有关。Mattison 等进一步构建模式食物链研究原生动物鞭毛虫 *Heteromita globosa* Stein 取食细菌对苯和甲苯生物降解的影响，发现在鞭毛虫种群对数生长期时，细菌对苯和甲苯的降解速率分别提高到原来的 7.5 倍。原生动物纤毛虫对环境异源物质如多环芳烃的生物降解也有明显的促进效应，如萘的降解率可以提高 4 倍。

　　原生动物对有机污染物生物降解促进作用的机制有多种假说，主要包括：①养分矿化作用，提高限制养分的周转；②细菌活化作用，控制数量，取食老化细胞或分泌活性物质；③选择取食作用，减少对资源和空间的竞争，有利于降解菌生长；④物理扰动作用，增加氧气含量和提高被降解物的表面积；⑤直接降解作用，分泌参与降解的特定酶；⑥共代谢作用，提供细菌降解所需要的能量和碳源。

第二节　生态系统稳定性与病虫害调控

　　20 世纪 50 年代初，先后由植物生态学家 MacArthur 和动物生态学家 Elton 提出生态系统稳定性理论。Elton 和 Pimentel 首次描绘了在简单的生态系统中，病虫害的发生比在复杂生态系统中严重。随后有许多观察数据支持了生物多样性是抑制和降低病虫害暴发的重要因素，因此，农田和森林的生物多样性能够减少病虫害暴发和降低病虫害的为害损失常常作为农业和林业可持续经营的一个经典的论据。科学工作者通过农田和天然林生态系统稳定性与病虫害干扰的关系研究，分别从农田和天然林调控病虫害暴发来维持系统稳定，阐述生态系统稳定性与病虫害控制的关系（梁军等，2010；王寒等，2007）。

一、生态系统稳定性的概念

（一）生态系统稳定性的类型

　　生态系统稳定性有抵抗稳定性（resistant stability）和恢复稳定性（resilient stability）两类。前者指一个生态系统抵抗直接干涉和保护自身的结构及功能不受损伤的能力，后者指一个生态系统被干扰、破坏后恢复的能力。

生态系统的稳定性是动态而不是静态的。系统的生物类群在不断变化，外界的环境条件也在不断变化。生态系统的稳定性有一定的作用范围，在此范围内，稳定性有可能保持，但如果超出范围，稳定性就会受到影响。在一定范围内，系统本身的调节作用能校正自然和人类所引起的直接干涉型和不稳定现象。系统本身的调节作用是有限度的，超出一定界限，系统的调控就受阻或不起作用，从而使整个系统遭到伤害和破坏（图4-1）。

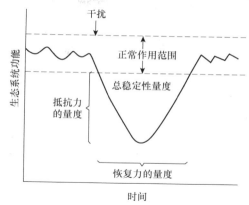

图 4-1　生态系统的抵抗稳定性和恢复稳定性
（仿 Odum，1983）

维护生态系统的相对平衡，要积极保护森林植被，保护生物多样性，植树种草；既要工业现代化更要环境优质化，加强环境污染的综合治理；要大力发展环境科学研究，加强病虫害的综合治理，发展绿色食品事业，保护人民的身体健康。

（二）天然林生态系统的静态稳定与动态演化

1. 天然林的稳定性

天然林按其退化程度可以分为原始林、次生林和疏林。原始林是森林演化的顶极群落，有丰富的物种，良好的森林结构和防护功能，有较强的自我恢复能力。这种恢复能力是系统稳定性的外在表现。天然林系统所具有的保持或恢复自身结构和功能的相对稳定的能力称为天然林系统的稳定性，是一个基于热力学原理的概念。Orians 对系统稳定性的概念和定义作了归纳，将稳定性的概念归纳在 6 个基本概念框架内，即恒常性、恢复力、持久性、抵抗力、弹性与振幅及循环能力。

稳定性内涵目前主要有两种界定：其一把抵抗力和恢复力定义为生态系统对外界干扰的响应，持久性和变异性（弹性）是两个描述性概念，没有涉及生态系统应付外界干扰的能力；其二把抵抗力、恢复力、持久性和变异性均描述为扰动后系统的响应。基于此，稳定性的 4 个内涵可以理解为：对于受非正常外力干扰（如受火烧、异常干旱、水灾、病虫害及人类活动等）的系统而言，抵抗力和恢复力是测度其稳定性的主要指标；对于受环境因子正常波动干扰的系统而言，持久性和变异性是衡量系统稳定性的指标。在描述天然林稳定性特征方面研究最多的是种类组成及种群密度，即根据研究对象的某一方面的特征来进行。在稳定性指标体系方面，可以用物种组成和结构作为群落稳定性的指标。

2. 天然林动态

天然林在时间及空间上表现出一系列的动态变化，其组成、结构和分布的变化不仅通过持续和缓慢的森林自身发展，还通过不连续的、偶然的或突发的自然干扰而实现。这种变化的生物过程（如演替、出生、死亡和传播）自始至终受到自然干扰（如火、病虫害等）和人为干扰（采伐、放牧），以及环境条件（如土壤条件、气候、地形）的影响。这些干扰会导致系统中树木个体的死亡，而树木的死亡为林分更新提供了生长空间，因而这些干扰被认为是系统延续的重要基础。Oliver 等将天然林演替的动态变化分为 4 个阶段，分别是林分萌生阶段（stand initiation stage）、茎干互斥阶段（stem exclusion stage）、林下再萌
生阶段（understory reinitiation stage）和老熟生长阶段（old growth stage）。从干扰的性质
出发，将森林演替类型划分为自发演替（autogenic）和异发演替（allogenic）。自发演替是
由生态系统内因引发的树木个体的死亡与更新过程。而异发演替是由系统外部干扰引起
的，如火、风暴、冰冻灾害、病虫害和采伐等自然与人为干扰等。通常对森林病害、虫害
及其他小尺度干扰的评估都建立在判断它们对木材生产影响的基础上。在森林发展的不同
时期，林分会受到不同病虫害的干扰。在林分萌生阶段，以杂食性的根部害虫［特别是金
龟子类（Scarabaeidae）］、广谱寄生的病原和嫩枝蛀干害虫为主。随着林地郁闭，昆虫种
类开始发生改变，以为害林木枝叶昆虫种类为主，如松毛虫（*Dendrolimus* spp.）、松毒蛾
（*Dasychira argentata* Bullaxutha）等。而成熟林中根部病害、蛀干害虫逐渐形成林分中的
主要病原及昆虫种群，这时的森林会在病害、食叶和蛀干害虫的共同为害下大片死亡。

二、生态系统稳定性与病虫害调控

　　天然林生态系统稳定性对病虫害发生有一定的调控作用，李巧等（2006）和梁军等
（2010）曾先后综述了二者间的关系。

（一）天然林调控病虫害发生的多样性-稳定性假说与联合抗性假说

1. 多样性-稳定性假说

　　多样性-稳定性假说原理是群体内多样性越丰富，其稳定性越高，亦即害虫及其天敌种
群数量在时间序列上表现较低的变化幅度，从而避免害虫或病害的大规模暴发。Jactel 和
Brockerhoff 对世界范围内有关纯林和天然林两种森林系统 119 个研究包含 47 种昆虫-树种相
互关系进行了 Meta 分析，结果表明，森林生物多样性的增加能有效地减少林间昆虫的数量。
在不同树种所组成的森林中，寡食性昆虫的数量明显较少，而杂食性昆虫数量存在一定的变
化。这个研究得出了一些重要结论：①树种多样性抑制害虫暴发的积极效果随着相关树木比
例增加而增加；②系统发生越远的树种组合越能表现对食叶害虫的抑制和调控的能力，如种
子植物与裸子植物的混交；③系统发生相近的树种混交增加了杂食性害虫为害的可能。在天
然林中，特定树种上寡食性昆虫数量的减少会导致相应的杂食性昆虫总体数量的增加。因此，
在一个特定的森林生态系统中，生产者的物种多样性可以减少消费者对生产者的巨大依赖。
　　Vehvilinen 对芬兰 6 个寒带针叶林样地和 1 个温带针叶林样地开展了长期监测，监
测的林分类型包括天然林、混交林及人工纯林，监测的主要内容是不同生物多样性条件
下昆虫的发生情况，同时比较不同树龄、不同采样季节及不同试验设计（样地大小、密
度）条件下昆虫种类、昆虫取食方式的差异及其对系统稳定性的影响。结果显示，昆虫
在取食方式和寄主的选择方面变化显著。取食方式上，不考虑寄主种类时，混交林和纯
林中只有潜叶蛾（*Phyllocnistis* spp.）种群数量保持低密度且在时间序列上变化不大，但
潜叶蛾在纯林中表现出更强的年度波动，验证了多样性-稳定性假说，即多样性丰富系统
内的波动比简单系统小。桦树（*Betulap latyphylla* Suk.）混交林内的昆虫种群密度比纯林
中的明显偏低，而栎树（*Quercus aliena* Biume）和赤杨［*Alnus glutinosa*（L.）Gaertn］
混交林内的植食性昆虫数量比单一品种林（如栎树纯林）更丰富。揭示生物多样性对昆
虫数量及其为害的影响高度依赖于昆虫取食方式和树种。

Karlman 通过对挪威 100 个林地调查，比较了不同多样性条件下森林病害的发生情况，指出针叶树某些真菌病害与阔叶树丰富度呈负相关，特别是桦木。移除阔叶树对美国黑松（*Pinus contorta* Douglas）溃疡无影响。云杉（*Picea asperata* Mast.）根腐病原 [*Heterobasidion annosum*（Fr.）Bref.] 通过根部接触和嫁接传播。Peri 等通过比较挪威、芬兰南部和瑞典南部 34 个云杉纯林和天然林中云杉根腐病的发生和为害程度，发现瑞典南部的云杉混交林根腐比纯林中的少。在另一项研究中发现，清除阔叶树后增加赤松雪疫病（*Phacidium infestans* Karst.）发病率，但降低黑松（*Pinus thunbergii* Parl.）苗木因感染雪疫病而引发的死亡率。

2. 联合抗性假说

Tahvanainen 等提出，在特定森林系统中除寄主树木本身的抗性外，寄主树木与临近的其他物种整体上会表现出"联合抗性"。支持联合抗性的主要假说，一是天敌假说，二是资源集中假说。天敌假说认为，天然林内丰富的、多样性的或有效的天敌群体控制昆虫密度从而抑制其暴发；而资源集中假说试图预测植食性昆虫搜寻寄主的模式，即发现和定居在寄主丰富的斑块的能力和趋向性。资源集中假说似乎更适合于解释寡食性昆虫（如小蠹虫、天牛等）搜寻寄主的行为模式。

天然林自主调控病虫害暴发机制研究的结论有不确定性。早期的一些结论以试验观察为依据，如在不同地理尺度上比较（如比较寒带、温带和热带森林），发现物种、结构越复杂的天然林中病虫害暴发的频率越低，因而被视为是生物多样性产生的效果。由于寒带、温带和热带森林生态系统在许多方面差异显著，因此，这类相互比较存在一个明显的缺点，即无法将暴发频率的差异仅仅归因于树种的多样性。多样性-稳定性假说得到部分验证，该假说成立的前提条件是以昆虫取食方式而决定的；有关树木多样性对害虫影响的定量分析总体上支持混交林比纯林遭受损失小并且虫口密度低，尤其是对寡食性昆虫的影响是显著的；但生物多样性对杂食性昆虫的影响不明显。另外，正如 Vehvilinen 所言，天然林比纯林更耐受昆虫为害的联合抗性假说的实验证据是模糊的；但同时指出，树种组成，特别是寄主树种在林间的比例，比树种多样性在本质上对害虫发生的影响更加持久和深远。并且，样地大小直接影响试验数据的说服力，如农业试验证实农作物多样性对植食性和捕食天敌的影响严重依赖于试验地大小，小范围试验生物多样性对植食昆虫的影响是显著的，而当样地面积扩大到一定水平时，这种影响是可以被忽略的。

最近有研究表明，某些地区的天然林受到的损失特别是受杂食性昆虫为害实际上比纯林内更为严重，这种现象被称为群体-联合易感性。特别是当系统中主要害虫和病原是杂食性或具有广谱寄主，并且在高感病寄主与次级感病寄主混交时较易发生。其原因是高感病寄主会因资源很快减少，导致害虫或病原"溢出"到次级寄主上。"联合易感性"普遍存在于森林中次级寄主上，尤其是当森林昆虫的食物来源具有等级性时（如同是阔叶树或同是针叶树），昆虫往往会呈现周期性的高密度暴发。

天然林抑制病害发生的作用是有限的，物种多样性不能决定林分感病性，而树种及环境条件决定特定树木病害的出现和为害程度。Peri 等虽然发现瑞典南部的云杉混交林中的云杉根腐病比纯林的少，但有几个因素可能导致寄主抗性降低并可能引发根腐病的发生，如纯林过熟、种群密度过高、立地的土壤贫瘠等，因而难以将根腐病发生的差异仅仅归因于是物种多样性的效果。类似的，生物多样性对由松星裂盘菌（*Phacidium infestans* Karsten）引起的针叶树雪疫病的影响结果也是不明确的。相较于目前的病虫害治理方法如杀虫剂的使用，通过森林生物多样性开展病虫害治理能起到预防和长效的效果，不产生对环境有害的影响，同时符合生物多样性保护和森林可持续管理的目标。

（二）天然林演替过程中病虫害的调控作用

1. 昆虫对天然林演替过程的影响

对北美寒带针叶天然林异发演替过程的研究发现，火是主要干扰因子，其时间间隔806～9000 年，影响范围 2～80 000 hm^2；病原及昆虫的干扰强度小，但频率高，其主要效果是创造小的林冠空隙（林窗），时间间隔 20～200 年、大小在 0.0004～0.1135 hm^2，但有些昆虫对天然林的演替起到关键作用。虽然在种群水平的研究上仍然需要更进一步的证据，但有关植食性动物对植物数量、分布及种群消长影响的研究表明，这种作用是显著的，尤其对草地物种的影响更加显著。天然林中，植食性昆虫不但分解和促进有机物降解、增强土壤肥力和树势，也是构成食物链的重要元素，同时植食性昆虫还是植物花粉、种子及各种病原的传播媒介。除此之外，植食性昆虫在维持天然林系统稳定性上还发挥着一些重要的功能。

1）疏伐及抚育功能　　天然林演替过程中，自疏是植物种群自发调整种群密度的内部驱动力；当林分过密，昆虫会淘汰群落内的弱势树木个体并降低竞争、控制拥挤、减少压力、减轻寄主对水分和营养的竞争。在许多情况下，昆虫的取食加速了种群的"自疏"，并通过取食致死寄主从而达到"间伐"的效果。对巴厘岛红树林（*Kandelia* spp.）系统的研究证实，枝干害虫通过取食、修剪、雕刻调节红树林的林分结构，如天牛为害能够致死 50%树冠、创造许多小的林窗。在这些地方，由于减轻了拥挤和竞争，红树枝条生长和开花量增加 50%。从改变森林生态系统结构和功能、调节植物种群数量和群体动态的角度来看，食叶害虫甚至被称为"超级营林专家"。

2）直接改变群落的演替进程　　在美国纽约州埃塔卡的废弃农地上开展的一项为期 10 年的研究中发现，一种寡食性叶甲 [*Microrhopala vittata*（Fabricius）] 种群会突然暴发并取食一枝黄花（*Solidago* spp.），这种暴发会持续数年。其结果是显著降低了寄主种群的生物量、密度、高度、存活率和再生。同时，昆虫为害间接导致入侵树种数量的增加，因此加快了当地群落的演替步法，使样地从草本为主迅速向树木为主发展。加拿大新伯伦瑞克省的云杉卷蛾 [*Choristoneura fumiferana*（Clemens）] 暴发周期为 30 年，造成当地主要存在两个林龄的云杉天然林，即 30 年生和 60 年生。30 年生的林分诞生于 30 年前云杉卷蛾的一次暴发，而60 年生的是上上次暴发留下的。当云杉卷蛾再次暴发，会使 60 年生林分大面积死亡，使林分重回到萌生阶段。而 30 年生的林分死亡主要发生在疏林，因而使云杉和桦树数量增加、香脂冷杉（*Abies balsamea* Balsam）比例下降。20 世纪 70 年代中期，我国山东昆嵛山赤松（*Pinus desiflora* Sieb.）天然林受到松毛虫（*Dendrolinmus spectabilis* Buter）、松干蚧 [*Matsucoccus matsumurae*（Kuwana）] 的严重危害而大量死亡，这种大面积致死的结果直接影响到了整个昆嵛山天然林的演替进程。20 世纪 80 年代初，随着虫害减轻，赤松林又逐渐得以恢复。目前，昆嵛山赤松天然林已有近 30 年未暴发严重的病虫害。

2. 病原对天然林演替过程的影响

与昆虫相比，树木病原对天然林的调控似乎更像是一个潜移默化的过程。如针叶林根部病害病原真菌，特别是根腐担子菌，是针叶林生态系统的关键驱动因子。在早期森林系统中，这些有机物对生态系统的稳定起到至关重要的功能作用。一项重要的功能是引起过熟树木死亡从而形成林窗,进而影响林分结构和组成。Hansen 和 Goheen 用针层孔菌(*Phellinusw eirii*)作为植病系统的一个模型,分析了根腐病原真菌对针叶林生态系统稳定性的影响。树木个体、生态系统与各种病原之间存在一种准平衡模式,但不包括入侵昆虫和外来病原,因为外来生物常常引起本地种的快速死亡并造成毁灭性的灾难。与寄主长期协同进化并与寄主处于平衡状态的根部病原常常会引发大量寄主死亡,对林分长期治理目标形成干扰。

　　病原经常表现出与其他干扰因子不同的规律和周期。病害能够与不同的干扰因子及不同环境特征互作,从而在时空变化中造成镶嵌型林隙和斑块的产生。以根部病原为例,它们通常可在很长周期内以寄主根部系统存活,最初呈斑块状缓慢生长,之后逐步扩大范围,并最终致死寄主。许多干部溃疡真菌、部分根腐病菌和大多数溃疡、烂皮及其他腐朽菌主要侵染群落中的衰弱木或受伤树木,同时它们通常能够选择性地淘汰侵染能力差的和与转主寄主侵染不匹配的个体。锈菌能够侵染并致死生长旺盛的健康优势寄主,其作用方式如同顶级捕食性天敌一样。树木病原通过淘汰衰弱个体,减轻了寄主种群对资源的竞争;通过改变树木间的空间关系,能够减缓资源流动、改变林分动态并维持种群的整体适应性和稳定性。这种病原与寄主的相互作用发挥着调整或定向整个群落演替途径的功能,而这种作用过程有可能降低或反过来提高生态系统稳定性。

(三)天然林与病虫害

　　长期以来,森林保护学强调的重点一直是"病虫害控制"。例如,病害管理就意味着降低病原体的发病程度并限制其流行扩散,而很少注意或研究有关病害对生态系统的结构、功能和演替的影响过程;如病原体作为影响生物多样性的主要因素,能够创造出大量可供动植物生存的栖息地。如果景观中的大部分都被所谓的"健康"林分所覆盖,使动植物失去上述栖息地,会导致这些栖息地中生物数量的大幅减少,甚至会导致一些生物无法生存。中度干扰假说认为:适量干扰能够促进多样性;而多样性在很多情况下是维持系统稳定性的基础。因此,树木病原体不仅是需要加以控制的"破坏"因子,它们还是影响栖息地增加的因子、影响生物多样性的因子,以及在几乎不需要成本投入的条件下创造和保持森林处于稳定和健康状态,并具有生态学和影响可持续生产的影响因子。生态系统状态的变化可以被定义为当系统营养水平或物质循环的突然变化导致的系统组成及结构在不同状态间的巨变。按照天然林动态变化阶段的划分,可以认为在其中的任何一个阶段,如林分萌生阶段、茎干互斥阶段、林下再萌生阶段和老熟生长阶段,天然林系统是分别处于相对静态稳定状态。因而可以认为在天然林系统静态稳定状态下暴发性的病虫害干扰对天然林的影响是负面的、有害的;而在由一个稳定态向另一个稳定态转变的关键时期,病虫害的干扰是有促进意义的,如加拿大新伯伦瑞克省的云杉天然林的演替和我国山东昆嵛山赤松天然林的演替。

　　与昆虫(病原)种群动态相比,森林演替的过程是缓慢的。害虫在较长时期内造成的为害和损失(如引起树木死亡),显然比短时间段内昆虫种群的变动在演替过程上显得重要。因此,在开展天然林稳定性与病虫害关系的研究时,有必要遵从奥克姆剃刀法则(Occam-Razor)所倡导的节俭原则,即命题"如无必要,勿增实体"意即用尽量少的几个原理或原则来说明事物的规律。例如,已经证实无论在寒带、温带或热带地区,天然林演替过程中的一个主要特征是种群自疏过程一直在群落中进行,随着演替的发展,初生植物越来越大，植株数量越来越少，整个群落形成大植株少，而小植株多的倒 J 形格局；群落中植物种群通过自疏自发控制种群密度，在演替不同阶段，群落对种群密度有着强烈的、内在的要求，这也是群落稳定性的需求。而大量的研究已经证实林分密度是影响病虫害暴发的很重要的因子；反过来，食叶害虫及病原又是控制林分拥挤、减轻压力并起到"抚育间伐"效果的重要因子。因此，在制定天然林病虫害治理的研究与决策时，既要考察当地天然林的演替规律，也要了解主要病虫害种类，以及这些病虫害种类在维持系统稳定性方面所发挥的生态功能作用。正如 Orians 所言，生物干扰会降低系统稳定性；但反过来，它们又是提高稳定性的决定性因素。

三、物种多样性与生态系统功能的关系

物种多样性是生物多样性在物种水平上的表现形式，可表征生物群落的结构复杂性，体现群落的结构类型、组织水平、发展阶段、稳定程度和生境差异，是生物多样性重要的有机组成部分。李禄军和曾德慧（2008）根据最新研究进展，介绍了物种多样性和生态系统功能关系中的焦点问题，以及去除实验在多样性与生态系统功能研究中的应用。

（一）物种多样性与生态系统功能的关系

1. 物种多样性与生产力的关系

生态系统生产力水平是生态系统功能的重要表现形式，因此，研究植物群落物种多样性与生产力的关系，对于阐明植物多样性对生态系统功能的作用具有重要意义。在生物多样性下降的诸多潜在后果中，物种的消失可对生态系统内太阳能的捕获量和物质循环速率产生重要的影响，进一步将影响生态系统的生产力。一些人工微宇宙实验和对半天然草地的研究认为，物种多样性的变化改变了生态系统特性，尤其是改变了生态系统生产力，而这些研究引来了大量的批评，批评主要针对他们的实验方法、分析过程及所得的结论。因而，物种多样性与生态系统生产力的关系仍然是不确定的。Naeem 等通过生态箱（ecotron）实验认为，物种多样性对系统生产力有正效应，并从植被结构角度给出解释，多样性高的系统中植物对空间的占有更有效，会吸收更多的光能，而物种多样性的丧失会使系统生产力受损。该实验是在受控条件下研究多样性对生态系统功能影响的一个实验研究范例。Huston 对该实验提出了批评，他指出，非随机性选取物种的处理方法，使得丰富度低的系统中仅有一些个体矮小的植物，而丰富度中等和高的系统中含有个体较大的植物，在丰富度最高的系统中个体大的植物最多，因此个体大小不同的植物，会有不同的生产力。因而上述实验结果，是由所选取植物个体的大小差异决定的，并不是物种多样性影响着系统生产力。Tilman 等在 Cedar Creek 草原上进行了多样性生产力实验，实验设在 147 块草地样地（3 m×3 m）上，使用播种的方法，建立含有 1、2、4、6、8、12、24 种植物的群落。群落建立后第 2 年，将不同群落的盖度作为生产力的指标。结果显示，物种丰富度高的群落，植物生产力高，支持多样性-生产力假说。在后来的研究中，Tilman 等将生物量作为生产力的指标，结果表明，物种多样性对生产力的影响比少数高产物种的作用大，物种多样性与生态位互补作用对于生态系统功能的影响随着时间推移逐渐增加。在同一实验地上，Fargione 等开展了一个历时 10 年的多样性实验，来进一步探讨多样性与生产力关系的潜在机制，随着时间的推移，影响多样性生产力正相关关系的机制由取样效应向互补效应转变。

以 Huston 和 Grime 为代表的科学家对 Tilman 等的实验的可靠性提出质疑，指出实验中存在严重缺陷，忽略了物种数目以外的其他变量在生产力提高中的作用，所得的结果完全是"取样效应"所造成的。含有更多物种的群落具有更大的包含高产物种的可能性。因此，从一个物种库随机抽取不同物种丰富度的群落，平均而言，物种丰富度越高其生产力就越高。Hector 发起的一项涉及 8 个欧洲国家的大型研究欧洲草地实验（BIODEPTH），试图进一步探讨物种多样性与不同的生态系统过程的关系。Hector 等的研究结果表明，地上生物量在不同样地之间差异显著，但总体而言，年均生物量随着物种的减少呈现对数下降，这与单个样地上的实验及理论的模型预测相似；物种数减半，生产力将降低 10%～20%；对于总物种数相同的群落，功能群数越少，其生产力越低。Huston 等认为，Hector 等的试验设计和统计分析均存在问题，而且未对关键的处理和响应变量进行量化，因此降低了实验结论的可信性。Wardle 等也指出，该实验没有把取样效应与生态位互补效应分开。

综合前人的研究结果发现，受控实验中多样性与生产力的关系多为正相关，也有部分人认为它们之间没有明显的相关关系，特别是最近大规模的野外受控实验得出，生态系统生产力随物种丰富度增加而升高。但野外观测的结果显示它们的关系有 5 种模式，而以钟形曲线为最常见。贺金生等通过分析生物多样性实验群落和自然发育的群落之间的异同认为，野外观测和受控实验结果不一致的原因可能是由于群落密度、均匀度及土壤营养状况决定并且使多样性与系统生产力的关系发生改变，这些因子在自然群落中是多变的，而在受控实验条件下则相对一致。因此，受控实验中得到的模式是否在自然群落中依然适合需要进一步验证。

2. 物种多样性与稳定性的关系

自 MacArthur 首次提出有关群落的物种多样性与稳定性之间的关系以来，物种多样性与稳定性的关系一直受到生态学家的关注。但由于种种原因，物种多样性与生态系统稳定性的关系，是一个长期争论而一直未能取得共识的问题。抵抗力（resistance）和恢复力（resilience）是生态系统稳定性的两个重要特征。目前，还没有直接的证据表明生物多样性的丧失影响到生态系统的抵抗力或恢复力。但是，一些理论、实验和间接实验证据主张多样性与稳定性是相关的。Tilman 和 Downing 实验结果表明，丰富度高的群落有着较高的抵抗力和恢复力，物种的多样性（丰富度）增强了稳定性。另外，Ecotron 实验与其他不同尺度和不同生态系统类型（陆生和水生）的微宇宙实验认为，多样性与稳定性呈正相关关系。然而，Givnish 认为，Tilman 和 Downing 的研究存在着多样性、群落生物量、土壤肥力和物种抗旱性的交互作用，实验中发现的物种丰富度对群落稳定性的作用可能是营养供给的差异造成的。因此，该实验无法得出"多样性增强群落稳定性"的结论。Tilman 等通过 10 年的人工草地实验来检验多样性稳定性假说，结果显示，物种数目越大，在时间尺度上的生态系统地上植物产量越稳定。特别地，生态系统稳定性不管以 2 年、5 年还是 10 年的时间间隔来计算，均随着物种多样性的增加而增加。Bezemer 和 van der Putten 的研究表明，群落建立初的物种多样性对时间稳定性以及群落组成的稳定性（低的物种丧失率和物种入侵率）作用强烈且持久，而在天然群落中，物种多样性与时间稳定性和群落组成的稳定性呈负相关。因此，他们认为，多样性高的生态系统不一定稳定。在给 Bezemer 和 van der Putten 的回复中，Tilman 等（2007）认为，野外实验中，多样性与物种组成均是决定时间稳定性的重要因素，而野外实验是通过试验设计人为控制物种的数目和组成。Bezemer 和 van der Putten 并未控制物种的组成，而是通过群落的天然集合决定物种组成，进而决定物种数目，这种做法混淆了多样性与物种的组成的作用。

3．物种多样性和外来种入侵性的关系

关于多样性和外来种入侵性关系的作用机制，存在不同的观点。有关物种多样性与生态系统过程关系的研究中，Elton 提出的假说认为，多样性较高的群落对入侵有较强的抵抗力，物种贫乏的群落比物种丰富的群落更容易遭到入侵。对这一假说的解释是，随着物种的增加，竞争加剧，群落能够更充分地利用有效资源，使群落中剩余的资源量相对较少，入侵种的可获得资源就越少，因而对其他种的入侵有较强的抵抗力。这一多样性-入侵性负相关理论得到了很多学者的支持。而持不同观点的学者认为，在多样性较丰富的群落中，每个物种对环境的影响是不同的，从而可导致小范围内的环境异质性，而这种环境异质性为其他种的入侵创造了可乘之机，使多样性较丰富的群落更易受其他种的入侵。

（二）去除实验在多样性与生态系统功能研究中的应用

很长一段时间以来，去除实验（removal experiment）一直被用在群落中物种竞争关系的研究中。近年来，它又被逐渐应用在多样性与生态系统功能关系的研究中，主要通过人为去除天然或半天然群落中的一种或几种物种或功能群，从而控制群落的多样性水平，主要被用来研究多样性的减少对生态系统功能造成的影响。Wardle 等在新西兰一个多年生天然草地上，通过人工去除不同的植物功能群（C4 植物、C3 植物、1 年生 C3 植物及双子叶植物），构建多样性梯度，研究植被动态、凋落物分解、土壤生物多样性与生态系统特性的关系。Symstad 和 Tilman 在一个弃耕 60 多年的草地上，将植物种分成 C3 禾草植物、C4 禾草植物和非禾草植物 3 种植物功能群，通过去除各种功能群组合来控制功能群多样性和功能群数量，研究多样性的丢失对于生态系统生产力和氮循环的影响。研究表明，在这个 5 年的去除试验中，草地上保留植物种对植物种去除所产生的空间补充能力不同，受此影响，生态系统功能受到很大的限制。

去除实验自身的特点决定了其特殊作用，这种作用在设计实验和解释实验结果时均应充分考虑。在去除实验的研究中，"去除"行为对生态系统功能的影响至少是以下三方面的综合作用：①去除生物体对生态系统的影响，即一定生物体缺失时生态系统的运行方式；②其他保留生物体或新的入侵生物体对以上生物体丧失的响应；③去除行为本身对生态系统的干扰，包括资源供应的变化或对剩余生物体生境的物理干扰等，如植被的机械或化学去除干扰会引起土壤的物理、化学或生物性质的改变。

在多样性与生态系统功能的研究中，应用较多的还有人工建群实验（synthetic-assemblage experiment），而对于人工建群实验与去除实验研究得出的多样性与生态系统功能关系及其潜在机制存在较大争议。Diaz 等认为，利用人工建群实验在多样性与生态系统功能关系的研究中得出的结论，如低多样性引起的资源高损耗、低生物量生产及高入侵性等说明生态位互补作用的结论，不能被直接应用在物种贫乏的天然系统中。

去除实验与人工建群实验之间不是矛盾的关系，而是相互补充，去除实验可以补充仅靠人工建群实验研究存在的不足。人工建群实验更适合于研究入侵种给生态系统带来的影响，一些去除实验的研究表明，在研究当地种的丧失对生态系统的影响、物种丰富度的变化及复杂的种间关系等方面时，去除实验又比人工建群实验更为适合。另外，有研究者强调，有必要在不同的空间尺度上研究多样性与生态系统功能的联系，而去除实验将是联系人工建群实验与野外观测研究的重要纽带。

四、生态系统多个物种共存对病虫草害的控制

生态系统中多个物种共存对病虫草害具有控制，王寒等（2007）对此进行了总结。

（一）稻田多个物种共存对病害的控制效果及机制

稻田物种多样性增加可明显控制纹枯病的发生。肖筱成等报道，稻田养鱼系统中，鱼类食用水田中的纹枯病菌核和菌丝，减少了病菌侵染来源；鱼类争食带有病斑的易腐烂叶鞘，可及时清除病源，延缓病情的扩展；鱼在田间窜行活动，不但可以改善田间通风透气状况，而且可增加水体的溶解氧，促进稻株的根茎生长，增加抗病能力，养鱼田纹枯病病情指数比未养鱼田平均少1.87。稻田养鸭系统对纹枯病的发生也具有较好的控制作用。鸭子可以啄食部分菌核，减少菌源；鸭子的跑动啄食可使大部分萌发的菌丝受到创伤，从而失去侵染能力；对已感病的植株，鸭子啄食禾苗下部入水的病叶，阻碍病情的蔓延。鸭子还具有除草、清理病残叶片及减少无效分蘖的功能，增加了田间的通风透光，降低了田间湿度，使纹枯病菌丝无法正常生长，从而减轻纹枯病的发生与危害。与非放鸭试验区相比，放鸭区的病株率分别降低了27.29%（中稻）和8.21%（晚稻）。稻田养鸭可延缓水稻纹枯病的发展，对病情有较好的控制作用，纹枯病的发病程度减轻了50.0%左右。禹盛苗等研究认为，稻田养鸭对纹枯病的控制只表现在水稻分蘖高峰期和齐穗期，此两个时期稻鸭试验区的纹枯病发病率比不养鸭区分别降低了67.1%和52.5%。从水稻的整个生育期看，稻田养鸭纹枯病平均丛发病率比不养鸭高，其原因可能是鸭子的活动损伤了植株的茎叶，使纹枯病菌丝更易侵染植株；另外，鸭子还可能成为菌丝的载体，将菌丝带到不同的地方，使稻丛发病率升高。稻田养蟹、养萍对纹枯病也有一定的控制作用。蟹可吞食纹枯病菌核。在养蟹田水稻栽插密度低、水质好等条件下，纹枯病的发生较轻。杨勇等对养蟹稻田的病害研究表明，除纹枯病外，稻瘟病和稻曲病［*Ustilaginoid eavirens*（Cooke）Takah.］等的发生率均低于常规稻田。红萍（*Azolla imbricata* Nakai）对水稻纹枯病菌核萌发有物理阻隔和化学抑制作用，稻-萍-鱼体系水稻纹枯病的发生率为一般田块的1/3左右。

（二）稻田多个物种共存对虫害的控制效果及机制

稻田多个物种共存对害虫的发生、发展有很好的控制效果。稻飞虱主要在水稻基部取食为害，鱼类活动可以使植株上的害虫落水，进而取食落水虫体，减少稻飞虱危害；同时，养鱼田中的水位一般较不养鱼田深，稻基部露出水面高度不多，缩减了稻飞虱的危害范围，从而减轻了稻飞虱的危害。例如，饲养彭泽鲫稻田稻飞虱虫口密度可降低34.56%～46.26%，但鱼类只能在一定程度上减轻稻飞虱为害。鱼的存在还使三代二化螟（*Chilo suppressalis* Walker）的产卵空间受到限制，降低四代二化螟的发生基数，对二化螟的危害有一定的抑制作用。鲤鱼（*Cyprinus carpio* L.）对稻田中的昆虫有明显的吞食能力，特别是对稻飞虱有控制作用。与水稻单种相比，养鱼稻田的稻飞虱种群数量降低，而且不同鱼种对稻飞虱种群的控制有明显差异。Hakan报道养鱼稻田杀虫剂的使用量比水稻单种田降低了40%。稻田养鸭对二化螟的控制主要是通过食物链及生态位竞争、驱

赶和捕杀二化螟等实现的。二化螟在稻田的活动场所主要是稻苗基部，而稻田鸭子的活动正好在这一生态位，使这一生态位引入了竞争性较强的生物因子，二化螟原有的生态位被挤占，被迫迁飞，始盛期推迟，产卵量减少，进而使后几代二化螟的发生率降低，减少了二化螟对水稻的危害；从食物链的角度来看，鸭子处于二化螟的下一个营养级，鸭子的捕食势必会减少二化螟的蛾、卵的数量，使二化螟的发生受到一定的控制。试验表明，鸭子的驱赶和捕杀使二代二化螟幼虫的发生量减少了 53.2%～76.8%，三代二化螟幼虫的发生量减少了 61.8%，中稻放鸭区二化螟为害株率降低了 13.4%～47.1%；晚稻二化螟为害株率降低了 62.2%。杨治平等研究表明，通过鸭子的捕食及其活动引起的稻田生态环境改变，对稻飞虱有稳定、持久的控制作用。在中稻田，放鸭区第四代、第五代稻飞虱百蔸虫量较非放鸭区分别下降 70.2% 和 72.4%；晚稻田分别下降 56.2% 和 64.7%。稻草还田免耕抛秧稻田中，鸭子在水稻生长的不同时期能有效地控制水稻三化螟、稻飞虱和稻纵卷叶螟的发生，控制率分别为 82.93%～91.50%、64.85%～94.97% 和 72.15%～86.60%。鸭子放入水田后，由于不断地用嘴、脚、身体触及水稻基部，促进了水稻分蘖的发生，而水稻分蘖后期发生的幼嫩的 2～3 次分蘖被鸭子采食，起到了控制无效分蘖发生的作用；鸭子的游动和觅食行为促进了水体和土壤与外界的气体交换，有效地增加了土壤和水的溶解氧含量，促进了土壤有效养分的分解，增强了水稻的抗性，从而使稻田虫害减轻。稻-鸭、稻-鱼共存的模式基本上能控制稻田的稻飞虱、叶蝉、蛾类及其幼虫。稻田养鸭还显著地提高了害虫天敌的数量。鸭子的存在使天敌蜘蛛类的数量比施药小区高 63.6%；稻鸭共育田的害虫天敌蜘蛛数量比常规稻田增加 1.66～2.61 倍；鸭子的存在使早稻和晚稻田中的蛛虱比分别提高了 2.3 倍和 2.1 倍。

（三）稻田多个物种共存对草害的控制效果及机制

增加稻田的生物多样性能明显控制杂草危害。Lin 等发现矮百合草［*Ophiopogon japonicas*（Linn. f.）Ker-Gawl.］对稻田稗草［*Echinochloa crusgalli*（L.）Beauv］和鸭舌草［*Monochoria vaginalis*（Burm.f.）C. Presl ex Kunth］有明显的抑制作用；稻田间种韭菜（*Allium tuberosum* Rottler ex Spreng）可抑制草害的发生；稻田放养浮萍、满江红可显著控制稗草的萌发并降低其生物量。稻-鸭-萍共作系统中，红萍的繁殖能抑制杂草的光合作用，从而抑制杂草的发生及其危害。与水稻单作相比，稻田养鱼系统杂草生物量明显降低。在水稻生长期，养鱼稻田阔叶杂草及稗草几乎绝迹；水稻生长前期，草鱼比较喜食稗草，对稗草防效较好，而对慈姑［*Sagittaria trifoliavar sinensis*（Sims）Makino］、眼子菜（*Potamogeton distinctus* Benn.）、水马齿（*Callitriche stagnalis* Scop.）及莎草科的防效较差，因为此时鱼的个体较小、食量有限，所以只取食稗草，不取食其他种类的杂草，水稻生长后期，鱼对稗草、慈姑、眼子菜、水马齿和莎草科杂草的防效均较好，因为此时鱼的体质量增加、食量加大，开始取食慈姑、眼子菜、水马齿和莎草科等杂草。稻田养鸭对稻田杂草有很好的控制效果，鸭取食杂草，其活动时嘴和脚还能起到拔草的作用，鸭子的浑水作用能有效抑制杂草种子的萌发。农田杂草一般在秧苗移栽后 3～5 d 萌发，禾苗封行时达到生长高峰，鸭子的存在使杂草萌生即被食用，根本无法生长，稻田中放鸭 450 只/hm²，对农田杂草的控制率为 98.8%，其效果优于施用化学除草剂。鸭子控制杂草的总体防效在水稻生长前期为 88.0%，后期为 96.4%，尤其对阔叶及莎草科杂草控制作用较好，对陌上菜［Lindernia procumbens（Krock.）Philcox］、三棱草（*Scirpus planiculmis* Fr. Schmidi）、牛毛毡［*Eleocharis yokoscensis*（Franch.et Sav.）Tang et Wang］、节节草（*Equisetum ramosissimum* Desf.）等的控制效果达 100%；对禾本科稗草的控制效果亦较理想，前期的防效为 96.3%，后期为 100%。除草剂对田间杂草的控制具有时效性，而用鸭子可控制水稻整个生育期的杂草危害。随着鸭子个体增大，其食量增加，单位时间内取食杂草数量增多，杂草生长量小于鸭子的取食量，生物种群之间的竞争加剧，使杂草被显著抑制；同时，由于鸭子自身质量上升，对杂草的踩踏作用增加。刘小燕等对稻鸭田杂草变化规律的研究表明，鸭子对杂草的控制效果为 98.5%～99.3%，比施用化学除草剂的效果高 6.9%～16.1%。

第三节　昆虫在生态系统退化诊断与恢复中的作用

一、生态系统退化与诊断

与健康生态系统（healthy ecosystem）相比，退化生态系统（degraded ecosystem）是一类病态的生态系统，是指由于各种干扰破坏了原生性生态系统，使之退化并形成处于不同演替阶段的生态系统。

（一）退化生态系统的类型

（1）裸地（barren）或称为光板地通常具有较为极端的环境条件，或较为潮湿、干旱、盐渍化程度较深、缺乏有机质甚至无有机质、基质移动性强等。

（2）森林采伐迹地（logging slash）是人为干扰形成的退化类型，其退化状态随采伐强度和频度而异。

（3）弃耕地（abandoned till，discard cultivated）是人为干扰形成的退化类型，其退化状态随弃耕的时间而异。

（4）沙漠（desert）可由自然干扰或人为干扰而形成。

（5）采矿废弃地（mine derelict）指为采矿活动所破坏的、非经治理而无法使用的土地。

（6）垃圾堆放场（wastes stack bank）或称堆埋场，是指人为干扰形成的家庭、城市、工业等堆积废物的地方。

除以上陆地退化生态系统外，还有由于水体富营养化、干涸等引起的水生退化生态系统及由于全球气候变化及大气污染引起的大气退化生态系统。

（二）生态系统退化的特征、规律与过程

以湿地退化生态系统为例，湿地是植物、水和土壤等要素在空间结构上的有机耦合系统。植物群落结构特征、功能群组成、物种多样性等是反映湿地生态系统时间和空间演替规律的重要指标。湿地植物的生长主要受环境条件控制，尤其是水环境、土壤条件对其影响显著。土壤是植物生长繁育的基础，其理化性质及养分状况与植物群落之间存在密切的关系。它不仅影响植物群落的发育、生物量和物种多样性，而且影响植物群落演替的方向和速度。水环境变化是湿地生态系统退化的敏感指标，水环境的变化规律预

示了湿地生态系统的演替方向。

（三）生态系统退化诊断

1）指示物种法　　对某一环境特征具有某种指示特性的生物，称之为这一环境特征的指示生物，可分为水污染指示生物、大气污染指示生物、土壤污染指示生物。如水中存在着襀翅目、蜉蝣目稚虫或毛翅目幼虫，水质一般比较清洁；而颤蚓类大量存在或食蚜蝇幼虫出现时，水体一般是受到严重的有机物污染；许多浮游生物、水生微型动物、大型底栖无脊椎动物、摇蚊幼虫、蚤和藻类对水体受到的有机物污染也具有指示作用；地衣、苔藓植物、紫花苜蓿等对二氧化硫敏感，唐菖蒲等对氟化氰敏感，烟草对臭氧敏感。指示物种法简便易行，但存在一些问题，如需选择组织水平不同的物种进行研究、要考虑不同的尺度等。

2）指标体系法　　对复杂的指标进行筛选分类。以上海崇明东滩海岸带生态系统评价（朱燕玲等，2011）为例，以压力-状态-响应模型（pressure-state-response，PSR）和生态承载力理论为基础，分别建立适用于近海、湿地和农田生态系统的 3 层评价指标体系。该指标体系的第 1 层次为目标层，用以诊断和评价崇明东滩海岸带生态系统退化状况及其空间结构特征；第 2 层次为项目层，包括压力（P）、状态（S）、响应（R）3个项目；第 3 层次为指标层，包含可直接测量或收集计算得到的指标。生态系统评价指标及各评价指标的量化方法见表 4-1 和表 4-2。

表 4-1　崇明东滩海岸带生态系统评价指标体系

目标层	项目层	权重	指标层	单位	权重
温地生态系统	压力	0.46	环境污染	mg/kg	0.20
			土地利用强度	—	0.16
			外来物种入侵	%	0.10
	状态	0.38	底栖生物量	g/m²	0.11
			景观多样性指数	—	0.11
			植被覆盖度	%	0.16
	响应	0.16	珍稀鸟类多样性指数	—	0.10
			经济产出	×10⁴ 元	0.06
农田生态系统	压力	0.48	环境污染	mg/kg	0.26
			土地利用强度	—	0.22
	状态	0.35	景观多样性指数	—	0.16
			植被覆盖度	%	0.19
	响应	0.17	珍稀鸟类多样性指数	—	0.08
			经济产出	×10⁴ 元	0.09
近海生态系统	压力	0.65	环境污染	mg/kg	0.65
	状态	0.09	底栖生物量	g/m²	0.09
	响应	0.26	珍稀鸟类多样性指数	—	0.26

资料来源：朱燕玲等，2011

表 4-2　崇明东滩海岸带生态系统评价指标的量化方法

指标	量化方法
环境污染/ （mg/kg）	用重金属含量（P）表示，计算公式为 $P=(Pb+Cr+Cu+Zn)/4$。式中，Pb、Cr、Cu 和 Zn 分别为铅、铬、铜和锌 4 种重金属含量。首先，通过实地采样得到 2005 年采样点的重金属值，然后在 ArcGIS 下的 Geostatistical Analyst 模块所提供的直方图工具和 QQPlot 工具对数据进行检验，数据分布为非正态分布，但从数据的均值与中值看，非常接近正态分布，因此可以运用克立格法进行插植（下面用到的克里格插植与该处理相同）
土地利用程度	用土地利用综合指数（Ld）表示，计算公式为 $Ld=100\times\sum_{i}^{n}A_i\times C_i$。式中，$A_i$ 为第 i 类土地利用程度的分级指数，根据土地利用类型，该指数分别取 1、2、3、4；C_i 为第 i 类土地利用程度分级面积百分比；n 为区域土地利用程度分级指数。首先，解译 2005 年 11 月的崇明东滩 TM 遥感影像，得到土地利用类型图，然后在 ArcGIS 软件下分别得到 A_i 和 C_i，最后得到整个研究区的 Ld
外来物种入侵/%	用互花米草（*Spartina alterniflora*）盖度表示。首先，解译 2005 年 11 月的崇明东滩 Landsat TM 遥感影像，然后进行图像分割得到每个斑块内互花米草占该斑块总面积的比例
植被覆盖/%	用植被覆盖率表示。在 ENVI 遥感处理软件下计算 2005 年 11 月的崇明东滩 Landsat TM 遥感影像的 NDVI 值，然后根据公式 $f=(NDVI-NDVI_{min})/(NDVI_{min}-NDVI)$，得到研究区植被覆盖率
底栖生物量/ （g/m²）	用底栖动物生物量表示。采用烘干法得到 2005 年各测定样点的各类底栖动物生物量，然后运用克立格插植法得到每个斑块上的底栖生物量值
景观多样性指数	$H=-\sum_{i=1}^{m}(P_i\ln P_i)$。式中，$H$ 为 Shannon 多样性指数；P_i 为第 i 类景观占景观总面积的比例；m 为景观类型数目；计算每个评价单元上的 Shannon 指数，再将数值赋予每一评价斑块
鸟类多样性指数	用珍稀鸟类的多样性表示。对 2005 年实测样点上得到的鸟多样性值运用克立格法得到整个研究区的值
经济产出/ （×10⁴元）	用芦苇以及蟹、河蚬、螺、缢蛏等底栖动物的经济产出表示，即计算实测样点上上述各物种的经济产出，再运用克立格法对实测样点数据进行插值

资料来源：朱燕玲等，2011

二、退化生态系统的修复——以湖滨带退化生态系统恢复为例

　　生态恢复与重建（rehabilitation and reconstruction）是指根据生态学原理，通过一定的生物、生态，以及工程的技术与方法，人为地改变和切断生态系统退化的主导因子或过程，调整、配置和优化系统内部及其与外界的物质、能量和信息的流动过程及其时空秩序，使生态系统的结构、功能和生态学潜力尽快地、成功地恢复到一定的或原有的乃至更高的水平。

　　湖滨带的生态恢复指湖滨带生境恢复、湖滨带生物恢复和湖滨带生态系统结构与功能恢复三部分。相应，湖滨带的生态恢复技术分为三大类：①湖滨带生境恢复与重建技术，包括湖滨带基底恢复、水文条件恢复、水质恢复和土壤恢复等。基底恢复技术包括物理基底改造技术、生态堤岸技术、水土流失控制技术、生态清淤技术等。②湖滨带生物恢复与重建技术，包括物种选育和栽培技术、物种引入技术、物种保护技术、种群扩增及动态调控技术、种群行为控制技术、群落演替控制与重建技术、群落结构优化配置与组建技术。③湖滨带生态系统结构与功能恢复技术，包括生态系统结构及功能的优化配置与调控技术、生态系统稳定化管理技术、景观设计技术等。

在上述生态系统恢复理论和技术的指导下，丁九敏和阮宏华（2009）选择洱海西岸小关邑村附近的湖滨滩地进行了约 3 年的湖滨带生态恢复与重建试验示范研究。结果显示，通过生物修复（去除人为干扰、物理基底修复）和植被重建，试验区湖滨湿地生态功能得到改善和强化，生态效益明显。湖滨带湿地生态系统的生物多样性和稳定性增加；水质净化作用显著，主要污染物总氮、总磷、化学耗氧量（高锰酸盐氧化-化学测量法，COD_{Mn}）、PO_4^{3-}、硫浓度都明显下降；湖滨带浅水区藻类受到抑制，浮游动物的种类构成和数量发生变化。

三、节肢动物作为生物指示物对生态恢复的评价

生态恢复应该以重建一个包括无脊椎动物区系在内的完整生态系统为目标，不仅要重建退化生态系统的结构、组成和外貌，还要重建生物学交互作用、过程及完整。由于节肢动物直接或间接以植物为食物，并以植物作为其栖息场所，因而对植物群落组成的扰动非常敏感。以其作为生物指示物对生态恢复项目进行评价具有以下优点：世代周期短，能够较好地反映样地的年际变化；微小的个体使其能有效地监测栖境微小的但又可能影响栖境质量的重要变化；占据了地球上微小生境和小生境的最大多样性，比其他动物类群具有更多的生态作用；巨大的种群数量和强大的生殖潜能，使其种群不受标本采集工作的影响。节肢动物群落多样性及复杂性的变化能够反映栖境的退化，因而能够用作较大尺度生态系统生物多样性的指示物。李巧等（2006）对节肢动物在生态恢复中的评价作了比较全面的介绍。

（一）生物指示物的遴选标准

理想的生物指示物必须满足以下要求：①已掌握其分类，研究者能够鉴定它并与其他物种区别开；②已明确其生物学特性和生活史，了解其栖境和活动周期；③种群易于观察和操纵；④占据较宽的生境及较广的地理范围，一个地区的研究对其他地区具有参考价值；⑤在狭窄生境中的种群出现特化；⑥在指示物分类单元中观察到的模式也能在其他有关和无关的分类单元中体现；⑦具有潜在的经济意义。

（二）评价生态恢复的生物指示物类群

1）等翅目　　　等翅目中的白蚁是节肢动物的优势分解者，取食和筑巢习性多样化，其物种组成对分解过程具有重大影响。作为生物指示物，白蚁物种组成对栖境的干扰有很强的反应，可能反映分解过程中量的变化。

2）鞘翅目　　　以鞘翅目的若干类群，如步甲、虎甲、蜣螂、象甲、隐翅虫等作为生物指示物的研究比较丰富。Allegro 等对不同树龄杨树林的步甲类群进行连续 10 年的跟踪调查研究，提出了评价杨树林生态复杂性的生态学指数 FAI。Niemela 等建立了以步甲作为生物指示物进行全球性景观变化评价的网络。虎甲科是判断地区生物多样性模式的适宜的指示物，某些濒危种类能够指示生境的健康；蜣螂是生态系统中重要的分解者，其分布受到植被盖度及土壤类型的强烈影响。由于蜣螂可以反映群落生境类型之间的结构差异，因而是一种有用的生物指示物，以其作为生物指示物来研究环境干扰对森林多样性和结构的影响较为多见。隐翅虫科是鞘翅目中最大的科之一，在几乎所有类型的生态系统中普遍分布。以隐翅虫作为生物指示物对环境质量进行监测的研究表明，与步甲相比，隐翅虫作为生物监测的指

示物更适合、更敏感。象甲直接以寄主植物为食，栖息在植物上，其群落组成强烈依赖于植被，同时，对植被的变化非常敏感，可以作为生物指示物来反映栖境的变化。

3）双翅目　　食蚜蝇科是双翅目最大的科之一，由于食蚜蝇分布广泛、种类鉴定相对容易及幼虫对环境要求不同等特征，其可能成为良好的生物指示物。研究表明，食蚜蝇科可能更适合于大尺度，如景观多样性上的环境评价。

4）膜翅目　　以膜翅目中的社会性昆虫蚂蚁作为生物指示物对生态恢复进行评价研究最为广泛。蚂蚁群落对栖境干扰的反应特性使其成为有效的生物指示物。研究表明，地表蚂蚁可以很好地指示生物多样性，通过监测蚂蚁物种丰富度组成及群落构成序列变化，为生态恢复提供量度标准。有关研究还建立了基于功能群基础上的与环境压力和干扰相关的蚂蚁群落动态模型，以此来反映蚂蚁群落对干扰的反应。功能群的研究不仅能够在生物地理尺度上分析蚂蚁群落，而且能用来分析蚂蚁群落对土地管理的反应，也被用于栖境恢复的研究。对于生态系统变化的监测，有研究倾向于运用种级分类阶元来分析，还有研究以直翅目蝗虫、鳞翅目蛾类及蝶类及蛛形纲蜘蛛等作为生物指示物来评价干扰对无脊椎动物的影响和退化生态系统的生态恢复。

（三）抽样方法

1）陷阱法　　陷阱法是采集地表节肢动物最常用的抽样方法，广泛用于步甲、虎甲、蜣螂、蚂蚁、蜘蛛等类群的采集。具体步骤如下：在调查样地内设置诱杯，诱杯内倒入 50 mL 左右的诱剂，如甲醛、乙二醇等，杯口与地面齐平，诱集时间为 1～2 周。样地内诱杯的数量因调查的频次不同而异。对于一次性调查，样地内诱杯数量较多，为 38～50 个；对于周期性调查，样地内诱杯数量较少，为 2～4 个。诱杯的间距为 10～20 m。有些类群的诱捕还需要特殊的诱饵，如用肉诱捕步甲及虎甲，用粪便诱集蜣螂等。也有将诱杯置于树冠对其上活动的节肢动物进行抽样调查。

2）吸虫器收集法　　吸虫器收集法适用于采集栖息于灌木上的节肢动物类群。用吸虫器对随机抽取的一定数量的植株进行抽吸，每株植株抽吸 1 min。

3）药物击落法　　药物击落法适用于采集栖息于乔木上的节肢动物类群。选用作用迅速的化学杀虫剂对抽样调查的植株进行喷雾，在树冠下方用幕布或网收集被毒杀的节肢动物。杀虫剂可选用以胡椒基增效醚作增效剂的除虫菊酯。

4）灯诱法　　灯诱法适用于采集具趋光性的节肢动物类群。常用诱虫灯包括紫外线诱虫灯和高压汞灯。诱虫灯设置在距地面 3～28 m 高的地方，通常根据树冠的高度调整诱虫灯距地面的距离。也有将灯诱法用于地表节肢动物的采集。

此外，还有网扫法、振落法、碰撞诱捕法等。值得注意的是，任何一种方法都不可能揭示调查区域内节肢动物的全貌。由于不同采集方法的作用对象存在差异，需要根据研究对象选用适宜的抽样方法。若要反映调查地区节肢动物群落多样性，则须将上述方法有机结合起来。

（四）鉴定和分析方法

1）RTU 和形态种　　在研究恢复或重建的生态系统的节肢动物群落时，种类鉴定常常是一个难以解决的问题，这也是多样性研究中存在的难题。研究表明，监测昆虫群落结构变化不需要完成种级水平的分类。1993 年，Oliver 和 Beattie 建立了一种快速估计多样性的方法，即利用可识别的分类单元（recognizable taxonomic unit，RTU）进行估计。此后，形态种作为种的替代物也被用于节肢动物的研究中。形态种（morphospecies）是指形态上不同的可识别的表示为假定种的有机体。

2）共位群　　共位群（guild）是以相似方式利用同样环境资源的多种昆虫集合体。在考察节肢动物群落特征时，常在共位群水平上进行分析。通常分为以下几类：植食类、捕食类、腐食类、寄生类及蚂蚁，也有将寄生类及拟寄生类都放入捕食类共位群中。

3）多样性分析　　以节肢动物作为生物指示物对退化生态系统的生态恢复进行评价，是通过考察节肢动物物种多样性和群落多样性来实现的，即通过不同恢复状况生态系统间节肢动物群落多样性的对比，根据某些类群多样性的差异，筛选出具有指示意义的生物指示物，对调查样地的生态恢复状况作出恰当的评价。多样性分析主要测度 α 多样性和 β 多样性。

第四节　农业面源污染与有毒有害物质循环

一、农业面源污染

农业面源污染主要来自农业生产中广泛使用的化肥、农药、农膜等工业产品，以及农作物秸秆、畜禽尿粪、农村生活污水、生活垃圾等农业或农村废弃物。中国统计年鉴数据显示，2009 年我国平均每公顷化肥施用量达 444 kg，远远超过国际上为防止水体污染而设置的 225 kg/hm² 的安全上限。农药、薄膜使用量和生猪饲养量也呈不断上升趋势。我国水体污染形势严峻，水环境与土壤深受农业面源污染的危害。2008 年全国七大水系中，劣 V 类水质的断面超过 1/5。农业面源污染已经成为我国水体污染中氮、磷的主要来源，对自然资源特别是土壤产生严重影响，化肥、农药和农膜等使用的超量和不合理，致使我国 1300 万～1600 万 hm² 耕地受到严重污染。土壤酸化、有机质降低、缺素面积比例增加、土壤养分失衡，使土地肥力降低、退化严重，造成耕地资源隐形流失。农业面源污染的危害还包括农产品质量安全、大气污染等，直接危害人类健康。因此，对农业面源污染要实施面源污染的"源头减量（reduce）-前置阻断（retain）-循环利用（reuse）-生态修复（restore）"的"4R"技术体系，达到全类型、全过程、全流域（区域）的控制。面源污染中主要污染物是 N、P 等，实现 N、P 的循环利用，不仅可以减少其对水环境的污染，也可补充农作物生产所需的养分，实现污染治理与养分利用的双赢。必须建立农村面源污染管理体系，包括制订农村污染物的堆放与收集条例、污染物的处理规定、污染物治理技术规范、污染治理工程长效运行与维护条例等。

二、有毒有害物质循环

有毒有害物质的循环是指那些对有机体有害的物质进入生态系统，通过食物链富集或被分解的过程。滴滴涕（二氯二苯三氯乙烷，dichlorodiphenyltrichloroethane，DDT）是一种人工合成有机氯杀虫剂，它的问世，对农业的发展起了很大作用，但它是有机毒物。生态系统通过两个途径吸入人类喷洒的 DDT 并通过食物链加以富集：①通过植物茎叶、根系进入植物体→草食动物→肉食动物→逐级浓缩；②喷洒的 DDT 落入地面经土壤动物食用富集→陆上动物→逐级浓缩（图4-2）。营养级越高，富集能力越强，积累量越大。其危害主要是影响生殖，导致人类、动物产生怪胎（图4-3）。

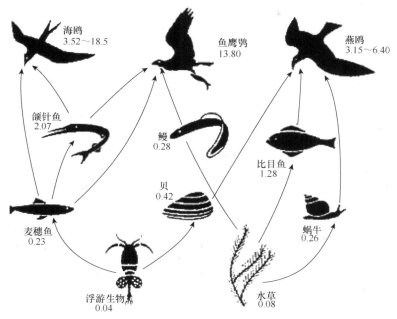

图4-2　从浮游生物到水鸟的食物链中滴滴涕（DDT）质量分数（$\times 10^{-6}$）的增加（Ahlheim，1989）

　　有毒有害物质循环的特点：①在食物链营养级上进行循环流动并逐级浓缩富集；②在生物体代谢过程中不能被排泄而被生物体同化，长期停留于生物体内；③有些有毒有害物质不能分解而且经生态系统循环后使毒性增加。

三、镉在土壤-蔬菜-昆虫食物链的传递

（一）背景

　　镉（cadmium，Cd）是农作物生长的非必需元素，其化合物毒性强，易于被植物富集，过量积累能导致农产品安全问题，并通过食物链危及动物和人体健康。食物链是 Cd 进入动物及人体的重要途径，Cd 在食物链中的迁移特征受到土壤 Cd 浓度、动植物种类、营养级水平等多方面影响。有研究表明，随着土壤重金属浓度的升高，

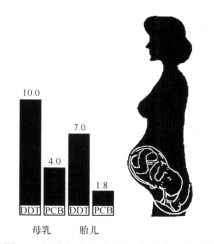

图4-3　母乳与未出生婴儿身体中的滴滴涕（DDT）和多氯联苯（polychlorinated biphenyls，PCB）的含量（Ahlheim，1989）（单位：mg/kg）

桑（*Morus alba* L.）的富集系数呈下降趋势；而对 Cd 在大蜗牛（*Helix aspersa* Muller）-甲虫（*Chrysocarabus splendens*）传递过程的研究表明，即使在高 Cd 浓度污染时，甲虫的幼虫也能调控体内 Cd 浓度，并且在从幼虫向成虫发育过程中通过代谢排出 Cd。生物放大作用（biomagnification）指的是某种元素或难分解的化合物在生物体内的浓度随着

食物链营养级的提高而逐步增大的现象。一种重金属在食物链中是否被生物放大与食物链种类及营养级浓度相关。在土壤-荨麻（*Urtica dioica* L.）-蜗牛（*Cepaea nemoralis* L.）食物链研究中发现，蜗牛 Cd 含量明显高于荨麻叶，而对土壤-植物-虫-鸡食物链研究表明，Cd 浓度随营养级的升高而降低。

植物体中重金属的化学形态能反映其对自身的毒性及向下一营养级迁移的难易程度。Cd 敏感植物中的 Cd 更多地以无机态及水溶态 Cd 形式存在，而 Cd 抗性植物中的Cd 则更多地储存于果胶及蛋白结合态中，Cd 抗性植物可能诱导了更多的金属结合蛋白，金属结合蛋白能结合 Cd 从而降低其对植物体的毒害。有研究表明，植物根中较高的乙醇提取态和地上部较高的氯化钠提取态有利于美洲商陆（*Phytolacca ameriacana* L.）适应高 Cd 环境。丁平等（2012）通过人工致污土壤设置 Cd 浓度，利用两种不同蔬菜研究Cd 在土壤-蔬菜-昆虫食物链的传递过程，揭示重金属 Cd 在土壤-蔬菜-昆虫食物链的传递特征并探究迁移过程中植物体各部分 Cd 化学形态特征。

（二）方法

供试土壤试验用土采自华南植物园耕作土壤（0～20 cm），经风干后过 1 cm 筛，混匀备用，其基本理化性质：pH 为 5.3，有机质含量为 35.2 mg/kg，全 N 为 1.47 mg/kg，全 P 为 0.34 mg/kg，Cd 全量为 0.22 mg/kg，DTPA 提取态 Cd 为 0.07 mg/kg 。

供试蔬菜品种为正泰圆叶苋菜（*Amaranthus mangostanus* L.）及甜脆小白菜（*Brassica rapa* L.），均购于广东省农业科学院。有研究表明，苋菜对 Cd 具有抗性强、高富集的特点，而小白菜抗性较弱、富集量也较低，但不同品种间差异较大。供试昆虫斜纹夜蛾[*Spodoptera litura*（Fabricius）] 幼虫购于华南农业大学。斜纹夜蛾是昆虫纲鳞翅目（Lepidoptera）夜蛾科（Noctuidae）世界性分布的一种作物害虫。

采用盆栽试验，在华南植物园科研温室中进行，设置一个不添加 Cd 的对照及添加Cd 浓度为 5 mg/kg 和 10 mg/kg 的两个土壤处理（分别标记为 Cd0、Cd5 和 Cd10），并分别种植小白菜和苋菜，共 6 个处理组，每组 3 个重复，共 54 盆。用 30 cm（直径）×15 cm（高）的圆形塑料盆，每盆装供试土壤 5 kg，按试验设计加入以分析纯 $CdCl_2 \cdot 2.5H_2O$ 配好的 Cd 溶液，4 次干湿交替，平衡 1 个月后同时施入 N、P、K 底肥：$(NH_4)_2SO_4$（0.2 g N/kg 土）、$Ca(HPO_4)_2H_2CaSO_4$（0.15 g P_2O_5/kg 土）、K_2SO_4（0.2 g K_2O/kg 土），并将同一重复的 3 盆土壤混匀后再装盆。平衡 7 d 后播种，播种 15 d 后间苗，每盆保留长势相近的 5 株，间苗 30 d 后收获，种植期间每天浇水以保持土壤 70%～85%含水量。

样品采集及处理同一重复的 3 盆蔬菜合并为一个样品，并采集土壤和植物样品。土壤样品自然风干、磨碎，过 2 mm 筛，再取一部分过 100 目筛备用。植物样品分成 3 组，第 1 组分为根、茎、叶，洗净后于液氮中带回实验室，储存于−80℃冰箱；第 2 组分为根、茎、叶，先用自来水清洗，再用去离子水冲洗后称鲜质量，于 75℃烘箱烘干，称干质量；第 3 组只取叶，洗净后储存于 4℃冰箱，以饲养斜纹夜蛾。

饲养斜纹夜蛾 3 龄左右（约 1 cm）幼虫于塑料培养盒中饲养，放置于人工气候箱中，培养箱的条件为（26±1）℃、RH50%、12L：12D。按照试验处理及重复，共饲养 18 盒（每盒 25 条）斜纹夜蛾幼虫。根据幼虫食用量每天添加蔬菜叶片，隔日收集残叶及虫粪便。6 d后停止饲养，第 2 天将虫子用液氮致死，并冷冻干燥。收集的粪便于 75℃烘箱烘干。

　　土壤 Cd 有效性采用 DTPA 提取法。土壤 Cd 全量的测定：过 100 目筛的待测土壤先用 HNO_3：HF：$HClO_4$（4：2：1，$V/V/V$）消煮完全，然后定容至 25 mL 待测。植物及虫粪中 Cd 含量的测定：过 100 目筛的样品，加入 HNO_3：$HClO_4$（3：1，V/V）消煮完全后定容至 25 mL 待测。斜纹夜蛾幼虫 Cd 含量的测定：过 100 目筛的样品，先用 HNO_3 消煮完全，然后定容至 25 mL 待测。

　　Cd 在植物体内的化学形态分析选用化学试剂逐步提取法。称取约 2 g 冷冻蔬菜样品于 50 mL 离心管中，加入 37.5 mL 提取剂，用玻璃匀浆机匀浆后 30℃恒温振荡 18 h，5000 g 离心 10 min，将上清液倒于 150 mL 烧杯中；再向离心管中加入 37.5 mL 相同提取剂，30℃恒温振荡 2 h，5000 g 离心 10 min，倒出上清液；加入提取剂重复上次操作 2 次；收集 4 次离心上清液约 150 mL，沉淀进行下一提取剂的提取。重复上述操作，直至以下 5 种提取剂全部提取为止。提取剂依次为：①80%乙醇，提取硝酸盐、氯化物为主的无机盐及氨基酸盐结合态；②去离子水，提取水溶性有机酸盐及重金属一代磷酸盐结合态；③1 mol/L 氯化钠，提取果胶盐及蛋白质结合态；④2%乙酸，提取包括二代磷酸盐在内的难溶性重金属磷酸盐；⑤0.6 mol/L 盐酸，提取草酸盐。最后沉淀为残渣态。所有上清液于电热板上 70℃蒸干，加入 HNO_3：$HClO_4$（3：1，V/V）消煮完全，定容待测。所有土壤、蔬菜、昆虫及虫粪样品的 Cd 含量均用火焰原子吸收分光光度计（FAAS，Cd 0.008 mg/L）测定。

　　质量控制化学形态提取试验设 3 个空白、3 个重复，每批消煮设 2 个空白、2 个重复、2 个标准样品，土壤所用的标准物质为 GBW08303，植物及虫粪所用标准物质为 GBW07604，斜纹夜蛾幼虫所用标准物质为 GBW（E）080193。标准物质回收率为 96%～114%。

　　所有数据用 Microsoft excel 2003 及 SPSS 18.0 进行统计分析，用 LSD 方法进行多重比较（$\alpha=0.05$）。Cd 的传递过程分为 5 个阶段：①土-根，②根-茎，③茎-叶，④叶-虫，⑤虫-虫粪。分别计算 5 个阶段的移动指数（mobility index，MI），并计算生物富集系数（bioconcentration factor，BCF）。移动指数 MI_{A-B}＝B 的浓度（mg/kg）/A 的浓度（mg/kg）；富集系数（BCF）＝植物地上部（茎＋叶）Cd 平均浓度（mg/kg）/土壤中 Cd 浓度（mg/kg）；植物地上部 Cd 平均浓度（mg/kg）＝（茎浓度×茎生物量＋叶浓度×叶生物量）/（茎生物量＋叶生物量）；植物提取量（mg/plant）＝根浓度×根生物量＋茎浓度×茎生物量＋叶浓度×叶生物量。

（三）结果

　　人工致污的土壤中 DTPA 提取态 Cd 比例较高（77%～82%），因此易被植物吸收富集。

　　两种蔬菜各部分生物量随着土壤 Cd 处理浓度的升高而下降。对照组和 Cd5 组苋菜各部分生物量大于小白菜，但 Cd10 处理时，苋菜各部分生物量小于小白菜。除小白菜茎外，两种蔬菜其他器官的生物量均随着土壤中 Cd 浓度的增加而显著下降；小白菜茎处理组干质量显著低于对照，但处理间无显著差异。土壤 Cd 为 10 mg/kg 时，小白菜根、茎、叶生物量比对照分别下降了 60.7%、70.9%和 61.8%，苋菜组分别下降了 84.0%、93.3%和 85.5%。

　　不同处理蔬菜、幼虫和虫粪中 Cd 含量随着土壤中 Cd 浓度的升高，小白菜和苋菜根、茎、叶、斜纹夜蛾幼虫和虫粪中 Cd 含量均显著上升。小白菜组中，各器官 Cd 含量大小顺序为：虫＜根＜叶＜茎＜虫粪，茎和叶中的 Cd 含量显著高于根部，虫粪中的 Cd 含量为幼虫体内含量的 3.6～5.7 倍。苋菜组中，各器官 Cd 含量大小顺序为：虫＜叶＜虫粪＜根＜茎，虫粪含量为幼虫体内含量的 4.0～5.4 倍。

小白菜和苋菜均表现出富集 Cd 的特征。两种蔬菜 BCF 均远大于 1，且苋菜高于小白菜，表明苋菜 Cd 提取量高于小白菜，前者最高 Cd 提取量达 129.7 mg/kg，而后者最高仅为 37.9 mg/kg。小白菜提取量在处理间无显著差异，但苋菜 Cd 提取量在处理间差异显著。两种蔬菜均将更多的 Cd 储存于地上部分，其中小白菜表现得更加明显，所吸收的 Cd 大部分都转移到了地上部分。

Cd 沿食物链的移动指数（MI）因土壤处理浓度、植物种类及营养级水平不同而不同。随着土壤 Cd 浓度的升高，小白菜 MI 土-根逐渐增大，而苋菜 MI 土-根先升高后降低，且苋菜 MI 土-根显著大于小白菜（$P<0.05$）。小白菜组的 MI 根-茎和 MI 茎-叶均略高于苋菜组，且随着土壤 Cd 浓度的升高，两种蔬菜 MI 根-茎均表现出先增高后降低的特征。两种蔬菜 MI 叶-虫相近，均小于 1，而相应的 MI 虫-虫粪均明显大于 MI 叶-虫。

蔬菜中 Cd 化学形态分布于小白菜和苋菜根、茎、叶中，Cd 各化学形态含量随土壤Cd 处理浓度的升高而升高。

第五节　农田景观格局对昆虫的生态效应

农田生态系统是人类赖以生存的种植人工栽培作物的生态系统。当前，随着我国农村土地自由流转制度和农村城镇化进一步发展，"一家一户"的生产模式发生改变，大面积的农田将形成前所未有的生产经营集约化。而农业集约化，如农业耕地的扩张、农田面积的扩大和非作物栖息地的消除，将会导致农田景观格局的单一化，引起农田景观中生物多样性迅速下降，改变农田景观格局中害虫的发生与危害。

所谓景观格局（landscape pattern）一般指景观的空间格局（spatial pattern），是景观大小、形状、属性等不同的景观空间单元（斑块）在空间上的分布与组合规律。而农田景观格局是耕地、草地、林地、树篱等不同斑块的镶嵌体，表现为生物物种生存于其中的各类缀化栖地的空间网格。农田景观格局的特征可以归纳为"质、量、形、度"4 个方面。"质"表示农田景观中不同的景观组成，即斑块性质或类型，包括种植的作物类型，非作物种类等。"量"反映不同类型斑块的大小，面积比例等。"形"表示不同斑块类型的形状，排列方式等。"度"表示尺度，包括时间尺度和空间尺度，反映农田景观格局变化在时间和空间上所涉及的范围和发生的频率。

一、农田景观格局对昆虫的影响

（一）农田生态系统为昆虫提供食物和栖息地

在广大的农业区域，耕地是主要景观组成要素。不同的耕地包含不同的作物和非作物种类，从而形成了由不同植物缀块组成的农田景观（包括农田缀块中不同类型作物的组合种植和农田缀块周围或者之间的不同类型非作物的种植），反映了农田景观格局"质"的特征。农田景观中的非作物栖息地通常由木本植物（如丛林和灌木篱墙）和草本植物

（田埂、路旁草坪、休耕地和草地）组成。非作物栖息地如农田边缘、休耕地（免耕地）、灌木篱墙和小块林地是相对少受干扰的和短期内稳定的区域，在农业景观中具有一定部分的生物多样性。这些栖息地是植物、昆虫、鸟类和哺乳类等生物多样性的储备库。作物栖息地对于很多物种来说是不良环境，更多物种集中在较稳定的非作物栖息地和农田边缘。对很多昆虫尤其植食性害虫的天敌更是如此。因此，在集约化管理的作物系统中很多昆虫在特定时期能够在非作物和农田间来回转移扩散，通过生长季节前期将天敌从非作物生境助迁到农田是一项有效控制农田害虫的方式。很多农业害虫，如蚜虫、鳞翅目昆虫和甲虫类与这些栖息地密切相关。这些非作物栖息地也维持了天敌的多样性，如越橘（*Vaccinium* spp.）、山茱萸（*Cornus* spp.）、冬青（*Ilex* spp.）、白蜡树（*Fraxinus* spp.）、山楂（*Crataegus* spp.）和荨麻（*Urtica* spp.）等木本和草本栖息地可为寄生性和捕食性天敌提供备选寄主和猎物（欧阳芳和戈峰，2011）。

　　木本和草本植物还为多种昆虫提供花粉和花蜜，作为它们必要的食物来源。例如，草蛉、瓢虫、食蚜蝇和寄生性天敌能够扩散到周围的作物上，利用田间作物上的蜜源生长发育，同时转移到作物上控制害虫。非作物栖息地也为天敌和害虫的安全越冬提供了条件。例如，蔷薇、卫矛（*Euonymus* spp.）和稠李 [*Prunus padus*（L.）] 等木本植物可以作为麦无网长管蚜 [*Metopolophium dirhodum*（Walker）]、黑豆蚜 [*Aphis fabae*（L.）]、禾谷缢管蚜 [*Rhopalosiphum padi*（L.）] 等蚜虫的越冬寄主，有利于它们的越冬。作物和非作物生境组成的农田景观中形成了复杂多样的植物-害虫-天敌的食物网，非作物栖息地能够增加农田景观中天敌的数量和物种多样性，但也促进了某些多食性害虫的潜在危害。在农田景观格局中不同类型作物的组合种植也是调节天敌生物控制方式之一。例如，棉花和小麦邻作，可以将小麦成熟期的瓢虫等天敌转移到相邻的棉田中，控制棉田边缘早期发生的苗蚜。又如，欧阳芳和戈峰（2011）通过以棉花-玉米农田景观生态系统为研究系统，利用稳定同位素碳标记技术，发现龟纹瓢虫成虫在大尺度以蚜虫为导向产卵方式，选择玉米作为栖息地，而转向棉花上取食害虫。这意味着通过合理的配置 C3 和 C4 作物的组合可以达到提高生物控制服务功能，以应对转基因 Bt 棉花非靶标害虫种群增加的挑战。

（二）农田景观破碎化对昆虫的影响

　　景观破碎化指由于自然或人为因素的干扰，使原本连续的景观要素在外力作用下变为许多彼此隔离的、不连续的斑块镶嵌体或缀块。主要表现出缀块数量增加而面积缩小、缀块形状趋于不规则、内部生境面积缩小、廊道被截断及斑块彼此隔离等特征。它是农田景观格局中"量"和"形"特征变化的体现，一般景观破碎度和非作物生境面积比例呈正相关。Bianchi 等通过以高比例非作物生境的景观，如森林、灌木篱墙、林木线、农田边缘、草地、休耕地、道路和塘地，视为"复杂"景观，而包括少量此类生境的景观，视为"简单"景观，定量评价了非作物生境面积比例对天敌数量和害虫危害的正向、负向和中性 3 个方面的作用，发现复杂景观加重害虫危害的正向作用占 1/3，中性作用（无显著影响）占 2/3；复杂景观增加天敌种群数量的比例占 74.0%，对天敌中性作用（无显著影响）占 20.8%，复杂景观天敌活动低于简单景观的比例占 5.1%；相对于简单景观，复杂景观的害虫胁迫作用下降比例占研究案例中 45.0%，不影响害虫胁迫的比例占 40.0%。15%的研究案例中，随着景观复杂性的增加，害虫胁迫也增加。田间观测、室内研究以及数学模拟也证实生境破碎化（habitat patchiness 或 fragmentation）极大地影响物种之间的关系。Kareiva 研究了景观破碎度对秋麒麟草属植物（goldenrod）上瓢虫和蚜虫的相互作用的影响，发现景观破碎度的增加导致蚜虫种群局部的频繁暴发，种群动态稳定性下降，这主要是因为生境破碎化影响天敌瓢虫的搜寻行为和聚集行为，从而影响天敌瓢虫对害虫蚜虫的捕获能力和控制作用。景观破碎化对昆虫的影响作用，还与昆虫物种的扩散迁飞能力密切相关。作物和非作物栖息地的缀块相邻长度影响着天敌种群的扩散行为。两种类型的缀块相邻长度或者交界面越长，聚集在非作物栖息地的天敌有利于更多更早在农田作物上繁殖。

作物和非作物栖息地的缀块空间分布还影响农田区域的天敌对害虫的自然控制作用。赵紫华等分析了设施农业景观破碎化下麦田麦蚜及寄生蜂种群与生境缀块面积的关系，发现密度-面积、增长速度-面积关系模型间存在反比例函数关系。作物与非作物缀块之间的距离也影响天敌的控害作用。距离非作物栖息地缀块越远，寄生性天敌群落的数量和多样性逐渐降低，从而减少了害虫的寄生率。

（三）农田景观尺度大小对害虫和天敌的生态效应

尺度反映了农田景观格局变化在时间和空间上所涉及的范围和发生的频率。在农田景观系统中，害虫和天敌种群在不同的空间尺度和时间尺度下具有不同的响应过程。如不同的天敌种类具有不同的转移扩散能力，这就影响了它们对农田景观中非作物栖息地空间分布的响应。迁移性昆虫在不同尺度范围内能够对非作物栖息地组分作出不一样的响应。例如，迁移性蜘蛛的种群数量在数千米范围作出变化反应，寄生性天敌能够在 200～2000 m 的范围作出反应。研究表明，景观复杂性对害虫的抑制作用在大尺度范围内作用更为明显。Van Alebeek 等报道了在 10 hm^2 包含网状农田边缘的作物种植系统中，小麦和马铃薯上蚜虫密度比没有网状农田边缘的对照作物种植系统中的分别减少 2 倍和 3 倍。小尺度分析显示，多种非作物生境能够增加生态系统害虫控制功能，这是由于在草本生境和木本生境与天敌种群的增加有关。数学模型研究进一步表明，非作物生境的空间布局和形状能够显著地影响天敌对害虫的抑制作用。栖息地利用和天敌转移扩散能力的不同可能会影响景观尺度水平上物种的组成、物种之间的相互作用，以及害虫的控制作用。

二、不同农业景观结构对昆虫的影响——以麦蚜为例

（一）背景

近 10 年来，世界范围内的土地覆盖类型的巨大改变减少了自然生境的比例，甚至有些农业用地也逐步呈现出斑块化的格局。研究这种不同的景观格局与生物的相互作用，对于探索生物多样性的维持、生物群落结构与生态系统的功能非常重要。昆虫是农业生态系统的重要组成部分，尤其重大害虫是危害农作物的隐患。因此在农业景观格局中，研究害虫与景观结构间的相互关系对于指导农作物的害虫防治非常重要。景观结构如景观复杂性、多样性、斑块面积与破碎化等，直接影响到昆虫的扩散能力和死亡率。因此农田周围的景观对于维持作物田间害虫及天敌的分布非常重要，甚至决定了害虫与天敌在田间的定殖与存活。探索农业景观变化对害虫种群的影响是害虫综合管理（integrated pest management，IPM）的重要方向。

近年来，随着我国农村城镇化、农业设施化及种植业多元化的发展，北方城郊农业设

施化和非农田化的面积越来越大,特别是在冬春季,设施化和麦田镶嵌排列,形成破碎化的麦田格局。这种格局是否影响麦蚜的迁飞着陆?是否影响蚜虫寄生蜂的扩散?是否影响捕食性天敌的寻找效率?麦田破碎程度与麦蚜与天敌发生的相关性的程度究竟多大?赵紫华等(2010)以银川平原春麦区最常见麦长管蚜[*Macrosiphum avenae*(Fabricius)]、麦二叉蚜[*Schizaphis graminum*(Rond)]、禾缢管蚜[*Rhopalosiphum padi*(L.)]与蚜虫寄生蜂为研究对象,探讨银川平原简单农业景观与复杂农业景观下麦田蚜虫与景观结构复杂性之间的关系:①景观结构的复杂性是否影响麦蚜的迁入时间与数量?②景观结构的复杂性是否影响麦蚜的种群动态?③不同农业景观结构是否影响麦蚜寄生蜂多样性与寄生率?

(二)方法

研究区域设为宁夏银川市西夏区军马场(复杂的景观结构或高度异质化的农业景观格局)、兴庆区掌政五度桥(复杂的景观结构或高度异质化的农业景观格局)与兴庆区掌政乡(简单的景观结构或高度同质化的农业景观格局)。西夏区军马场试验地为温棚设施农业集中区域,有着大片的设施温棚,土地面积较少,居民区较多,农田、道路、林地、杂粮与荒地交错纵横,为复杂的农业景观格局,主要种植小麦、玉米和蔬菜,小麦斑块面积较小;兴庆区掌政五度桥也是温棚设施农业示范园区,有着近 0.1 万 hm² 的设施温棚,形成典型的城镇居民区、设施温棚区和零散麦田的农业景观镶嵌体,土地面积广,条田林网纵横,小麦、玉米、水稻、杂粮与枸杞形成特有的生态农业景观;兴庆区掌政镇,这里为小麦主产区,小麦种植广泛,作物品种单一,仅有部分水稻种植,调查区为春麦区。

采用棋盘式五点取样法,根据田块特点分为东、南、西、北、中 5 个方位,每个方位随机选择 100 株小麦,采取目测和计数相结合的方法,每 100 株小麦观察并记录 15～20 min,分别记录 100 株小麦上的麦长管蚜、麦二叉蚜、禾溢管蚜有翅蚜与无翅蚜的数量;在每种农业景观下的农田边缘选择 3 块 10 m×10 m 的样方,进行样带调查。调查时 5 m×5 m 为调查单位,记录木本植物胸高(以离地 130 cm 为胸高标准)的周长,测量出以划红线作为标记;鉴定每株树木的种类并记录数量,投影法并估算每株树木的高度,草本植物没有列入调查范围。根据麦蚜种群变化,把种群动态划分为麦蚜迁入期(5 月 2 日至 5 月 15 日)、麦蚜增长期(5 月 16 日至 5 月 30 日)、麦蚜稳定期(5 月 30 日至 6 月 20 日)。

(三)结果

1. 不同农业景观对麦蚜发生早期的迁入时间与迁入量的影响

麦长管蚜在复杂农业景观结构下的种群发生有所延迟,最早发现时间为 4 月 22 日,晚于简单农业景观结构下 8 d。迁飞进入不同景观结构的春麦区数量差异显著,复杂农业景观结构下麦长管蚜有翅蚜迁入量为(9.76±3.43)头/百株,远远低于简单农业景观结构下有翅蚜迁飞量(30.91±6.76)头/百株。麦二叉蚜在复杂农业景观结构下的种群发生同样有所延迟,最早发现时间为 5 月 8 日,晚于简单农业景观结构下 6 d。迁飞进入不同景观结构的春麦区数量差异显著,复杂农业景观结构下麦二叉蚜有翅蚜迁入量为(6.46±1.23)头/百株,远远低于简单农业景观结构下有翅蚜迁飞量(13.35±2.54)头/百株。禾缢管蚜在复杂农业景观结构下的种群发生有所延迟,最早发现时间为 5 月 3 日,晚于简单农业景观结构下 5 d。迁飞进入不同景观结构的春麦区数量差异显著,复杂农业景观结构下禾缢管蚜有翅蚜迁入量为（6.19±1.43）头/百株，低于简单农业景观结构下有翅蚜迁飞量（9.32±3.14）头/百株。麦蚜在复杂农业景观结构下的种群发生也有所延迟，最早发现时间为 4 月 14 日，晚于简单农业景观结构下 8 d，与麦长管蚜一致，麦长管蚜是首先迁飞入田，麦二叉蚜与禾缢管蚜迟 20 d 左右。迁飞进入不同景观结构的春麦区有翅蚜数量差异显著，复杂农业景观结构下麦有翅蚜迁入量为（21.08±4.43）头/百株，远远低于简单农业景观结构下有翅蚜迁飞量（51.32±5.98）头/百株。

2. 不同景观结构对麦蚜增长速率与最大种群密度的影响

复杂农业景观下麦长管蚜的种群增长率为 29.13±4.76，远远超过简单农业景观下的增长率（4.845±0.95）。复杂农业景观与简单农业景观下麦长管蚜的最大种群密度分别为（286.42±49.32）头/百株与（144.82±31.33）头/百株，差异显著。复杂农业景观下麦二叉蚜的种群增长率为 53.25±15.32，超过简单农业景观下的增长率（30.21±16.42），但差异不显著。复杂农业景观与简单农业景观下麦二叉蚜的最大种群密度分别为（319.32±57.32）头/百株与（396.54±63.91）头/百株，差异不显著。复杂农业景观下禾缢管蚜的种群增长率为 43.43±25.32，远远超过简单农业景观下的增长率（25.62±9.35）。复杂农业景观与简单农业景观下禾缢管蚜的最大种群密度差异显著，分别为（252.83±45.32）头/百株与（136.56±34.32）头/百株。总麦蚜种群增长速率差异显著，复杂农业景观下麦蚜的种群增长率为 39.43±11.84，远远超过简单农业景观下的增长率（13.73±7.49）。复杂农业景观与简单农业景观下麦蚜的最大种群密度差异显著，分别为（821.65±66.56）头/百株与（677.81±32.98）头/百株。

3. 不同农业景观结构对麦蚜种群动态的影响

复杂农业景观结构下麦长管蚜在迁入期种群数量一直低于简单农业景观结构下有翅蚜的迁飞量，增长期前期也是如此，相对于简单农业景观结构下的麦长管蚜无翅蚜的数量，复杂农业景观结构下的无翅蚜相对较少。但种群增长速度较快，到了增长期后期，复杂农业景观下麦长管蚜无翅蚜的数量超过简单农业景观下麦长管蚜无翅蚜的种群数量，并一致维持到麦长管蚜种群迁飞出田。复杂农业景观结构下麦二叉蚜在迁入期种群数量一直低于简单农业景观结构下有翅蚜的迁入量，迁入时间晚 5 d，但在增长期前期种群数量增长很快，超过简单农业景观结构下麦二叉蚜种群数量，到了增长期中期，简单农业景观结构下的麦二叉蚜无翅蚜的数量超过了复杂农业景观结构下的无翅蚜的种群数量，到了增长期后期，简单农业景观下麦二叉无翅蚜的数量超过简单农业景观下麦二叉蚜无翅蚜的种群数量，并一直维持到麦二叉蚜种群迁飞出田。

复杂农业景观结构下禾缢管蚜在迁入期种群数量一直低于简单农业景观结构下有翅蚜的迁飞量，与麦长管蚜的种群动态相似，复杂农业景观结构下禾缢管蚜在增长期前期种群数量增长很快，超过简单农业景观结构下禾缢管蚜种群数量，到了增长期中后期，简单农业景观结构下的禾缢管蚜无翅蚜的数量大大超过了复杂农业景观结构下的无翅蚜的种群数量，但到稳定期以后，复杂农业景观结构下禾缢管蚜种群数量下降迅速，低于简单农业景观下禾缢管蚜的中种群数量。

4. 不同农业景观结构下寄生性天敌的动态变化

复杂农业景观下寄生蜂多样性指数低于简单农业景观下的寄生蜂多样性，但差异不显著。5 月 28 日复杂农业景观下寄生蜂多样性指数为 2.65±0.58，简单农业景观下寄生蜂多样性指数为 3.24±0.37；6 月 15 日复杂农业景观下寄生蜂多样性指数为 2.94±0.65，简单农业景观下寄生蜂多样性指数为3.73±0.48。景观结构对总寄生蜂丰富度的影响不显著，复杂景观中总寄生蜂为21种，简单景观中仅为19种，但景观结构对总寄生蜂的多样性影响并不显著。

不同农业景观结构对寄生蜂寄生率的影响也不显著，但复杂农业景观结构下寄生蜂的寄生率低于简单农业景观下寄生蜂的寄生率。5月28日复杂农业景观下寄生蜂寄生率为（28.76±13.09）%，单农业景观下寄生蜂寄生率为（48.32±18.61）%；6月15日复杂农业景观下寄生蜂寄生率为（38.54±8.92）%，简单农业景观下寄生蜂寄生率为（61.29±12.43）%。

综上所述，景观结构对麦蚜入田时间及迁飞入田量影响显著，简单农业景观下各种有翅蚜的迁飞入田量大于复杂农业景观下有翅蚜的迁飞入田量，入田时间也早8 d；不同种类的麦蚜受景观结构的影响不同，麦长管蚜与禾缢管蚜一致，复杂农业景观下种群数量的最高点超过简单农业景观下的种群数量，麦二叉蚜恰恰相反，不同农业景观结构下麦蚜的种群增长速率不同，复杂农业景观下各种麦蚜的种群增长速率高于简单农业景观下麦蚜的种群增长速率；不同农业景观对寄生蜂的多样性及寄生率影响不显著。

三、不同景观斑块结构对昆虫的影响——以茶园节肢动物为例

（一）背景

农田作物间作不仅能防控病虫害，改善植物营养水平，而且能提高生态系统生产力。在茶园间作多样性方面，包括山地果-草-牧、橡胶-茶、果-茶、林-茶、草-茶模式等，国内均有较多的案例和研究调查报道。国外如日本、印度和斯里兰卡等产茶国的研究也表明，种植方式和植物组成影响着茶园害虫和天敌密度，植物多样化种植有利于害虫自然生态控制。在广东茶区，黎健龙等（2013）从茶园景观斑块管理角度来思考不施化学农药下害虫与天敌之间的相互关系，研究不同景观斑块组成的生态茶园对节肢动物群落结构与多样性的影响。

（二）方法

试验在广东省农业科学院茶叶研究所英德基地内及附近地区茶园进行，选择了4个不同景观斑块的茶园地块，即小乔木斑块茶园、稻田斑块茶园、相思树斑块茶园和人居生活区斑块茶园。采用随机样方方法在每类斑块茶园使用平行跳跃法选取10个调查点，即每隔4行取1行进行调查，每行调查2点，相隔10 m。每点详查1个1 m² 样方，随机从每样方的上、中、下层选择2枝梢，调查节肢动物的科、种和个体数，再调查地表。每月中旬与下旬各调查1次，共调查24次。用物种丰富度指数（R）、Shannon指数（H'）分析类群多样性；用均匀度指数（J'），优势度指数（C）来反映群落（类群）的稳定性。

（三）结果

1. 不同景观斑块茶园的节肢动物群落组成

4类斑块茶园的各类天敌、害虫和中性昆虫等节肢动物种类大致相同，分属于47科51种。其中，小乔木斑块茶园节肢动物41科45种；稻田斑块茶园节肢动物35科39种；相思树斑块茶园节肢动物39科43种；人居生活区斑块茶园节肢动物37科41种。天敌与害虫比最高的是小乔木斑块茶园（1：2.01）。天敌节肢动物分别有蜘蛛目、蜱螨目、膜翅目和半翅目等。天敌优势种以蜘蛛目数量最多，有3252头，占58.4%，主要种类有

狼蛛科的旋囊脉水狼蛛，跳蛛科的花腹金蝉蛛和猫蛛科的斜纹猫蛛等。其中，小乔木斑块茶园与相思树斑块茶园蜘蛛目数量最多，分别占62.3%和69.5%，并与稻田斑块茶园、人居生活区斑块茶园有显著差异；蜱螨目中主要是赤螨科的园果大赤螨，小乔木斑块茶园中数量较多，与人居生活区斑块茶园有显著差异；鞘翅目中，小乔木斑块茶园分别与稻田斑块茶园，相思树斑块茶园和人居生活区斑块茶园有显著差异。但膜翅目的茧蜂科、双翅目的寄蝇科、半翅目的猎蝽科、蜻蜓目的蜻蜓科和螳螂目的螳螂科的数量在不同斑块茶园的差异并不显著，说明不同景观斑块结构对茶园天敌群落具有一定的调控作用，茶园合理种植景观树有利于蜘蛛等天敌栖息繁衍。

茶园中主要害虫为刺吸式的半翅目和食叶性的鳞翅目、直翅目等。刺吸式害虫主要包括同翅目的叶蝉科、盾蚧科、粉虱科、蜡蝉科等，个体数量以茶梨蚧等蚧类最多；食叶性害虫主要包括鳞翅目的尺蠖科、直翅目的蝗科等，但个体数量不多，分布不匀。由于所调查的茶园均多年不施化学农药，主要害虫种类发生趋势已有所变化，从鳞翅目等体形较大害虫向半翅目等体形较小害虫发展。同翅目是茶区普遍发生的优势种，4类茶园共调查有15 049头，占94.0%；其中，小乔木斑块茶园中半翅目有2885头，占89.4%；稻田斑块茶园中半翅目有3335头，占95.1%；相思树斑块茶园中半翅目有44 42头，占92.6%；人居生活区斑块茶园中半翅目有4387头，占96.5%；半翅目、直翅目和等翅目的数量在不同斑块茶园间的差异并不显著。小乔木斑块茶园与相思树斑块茶园鳞翅目数量最多，并与稻田斑块茶园、人居生活区斑块茶园有显著差异；半翅目在小乔木斑块茶园中数量较多，与其他茶园有显著差异；鞘翅目在相思树斑块茶园中发生较多，与其他茶园有显著差异，说明复杂的茶园景观斑块结构对主要害虫发生数量具有自然调控作用。

2. 不同景观斑块茶园对节肢动物生物学性质的影响

主成分分析表明，天敌蜘蛛目、双翅目、鞘翅目和半翅目在第一主成分坐标轴（PC1）的投影大于坐标轴最大值的一半，表明上述变量对第一主成分的贡献率较高，为影响第一主成分的特征变量；第二主成分（PC2）主要与天敌螳螂目和蜱螨目紧密联系，各处理随第一主成分变量属性进行空间分布，小乔木斑块茶园与相思树斑块茶园的天敌蜘蛛目、鞘翅目和半翅目增强，与稻田斑块茶园和人居生活区斑块茶园有显著差异。由于第一主成分和第二主成分的累计贡献率达39.2%，说明这两个主成分可以反映不同斑块茶园天敌资源综合影响的大部分信息。各类斑块茶园空间分布差异主要在第一主成分方向上，说明人为过度干扰会对茶园蜘蛛等天敌的种类与数量产生较大影响。受干扰较少的小乔木斑块茶园与相思树斑块茶园天敌资源较为丰富，不同斑块茶园害虫有显著差异；第一主成分与害虫半翅目、鳞翅目和直翅目等密切相关；以受半翅目影响较大，并且这种偏移表现为相思树斑块茶园＞人居生活区斑块茶园＞稻田斑块茶园＞小乔木斑块茶园；其次是受鳞翅目影响，偏移表现为相思树斑块茶园＞小乔木斑块茶园＞人居生活区斑块茶园＞稻田斑块茶园；第二主成分主要受害虫半翅目、鞘翅目等变量影响。由于第一主成分和第二主成分的累计贡献率达40.5%，说明这两个主成分可以反映不同斑块茶园害虫综合影响发生的部分信息。各类斑块茶园空间分布差异主要在第一主成分方向上，表明茶园在景观斑块背景较好的生态环境下对半翅目、鳞翅目和直翅目等害虫有一定的控制作用。

3. 不同景观斑块茶园对节肢动物群落多样性的影响

斑块生境干扰较少的茶园能显著提高节肢动物多样性和丰富度指数。小乔木斑块茶园和相思树斑块茶园天敌资源较为丰富，多样性指数、均匀度指数和丰富度指数的大小顺序为：小乔木斑块茶园＞相思树斑块茶园＞稻田斑块茶园＞人居生活区斑块茶园。小乔木斑块茶园多样性指数较人居生活区斑块茶园高 25.0%，丰富度指数较人居生活区斑块茶园和稻田斑块茶园分别增加 29.8% 和 23.3%，但均匀度指数在不同斑块茶园中没有显著差异。人居生活区斑块茶园优势度指数最高，不同斑块茶园差异也不显著，说明景观斑块的结构对茶园生物群落多样性、物种丰富度有较大影响，特别是人类活动干扰频繁、道路廊道多、景观树少等能显著降低茶园生物群落的多样性，不利于提升茶园对害虫的生态调控能力。在多样性和丰富度指数上，3 月上旬至 4 月下旬不同斑块茶园节肢动物的多样性和丰富度指数增加；6～10月多样性和丰富度指数较高，群落处于较稳定状态；1 月下旬至次年 2 月大多数节肢动物进入冬眠，多样性和丰富度指数降低。斑块生境干扰较少、生物群落交流障碍少的斑块茶园能显著提高节肢动物多样性和丰富度指数。小乔木斑块茶园与相思树斑块茶园节肢动物多样性和丰富度指数相对较高，在时间序列上变化幅度较少，6～11 月多样性有逐渐增加趋势，群落处于较稳定状态。稻田斑块茶园周年相对较低，在时间序列上波动较大，4～6 月多样性和丰富度指数有相对下滑趋势。人居生活区斑块茶园多样性和丰富度指数相对较低，波动较大，特别是进入 6～10 月，一直维持在较低状态。在均匀度指数上，小乔木斑块茶园时间序列上较为稳定，指数介于 0.36～0.80，人居生活区斑块茶园时间序列上波动较大，指数介于 0.13～0.81，6 月后有逐渐下降趋势。在优势度指数方面，稻田斑块茶园与人居生活区斑块茶园节肢动物优势度相对较高，平均值分别为 0.36 和 0.38。

　　茶园的物种多样性与其稳定性紧密相关，一般表现为多样性越高，稳定性越好。多样性指数变化，揭示了 4 种不同斑块茶园节肢动物群落的动态差异。小乔木斑块茶园接近自然环境生长，周围边界结构景观植物丰富，生态环境较好，人为干扰少，节肢动物种类多，天敌种类多于害虫，多样性和丰富度指数较大，自然控制能力强。相思树斑块茶园，虽然是生产茶园，但由于茶园斑块周边生态环境较好，四周分别种植台湾相思树、楹树、阴香树等景观树种，而且西面设有隔离带，隔离外界人为干扰影响，茶园生态管理得到加强，节肢动物多样性、丰富度和均匀度指数大，其群落参数与小乔木斑块茶园相似。而稻田斑块茶园四周边界景观植物相对少，茶园自身生态环境较差，抗干扰能力弱，而水稻田施肥、防虫、收割等农事活动都会对茶园造成一定影响，导致某些害虫容易发生。人居生活区斑块茶园，四周边界景观植物相对贫乏，斑块与生活住宅区只有几米距离，人为干扰较大，还受到放养家畜家禽的干扰，天敌缺少栖息缓冲带，茶园节肢动物多样性、丰富度和均匀度指数最小，优势度指数最大，茶园稳定性和自然控制能力差，天敌种类和数量少，容易引起叶蝉科等同翅目小型刺吸式害虫暴发。

第六节　区域生态系统的害虫治理

　　区域生态学（regional ecology，macroecology）概念援引了地理学中"区域"和生态学中"生态"的基本概念，并参照了生态学、地理学和经济学的相关理论和方法。区域生态学的核心思想是树立区域观念，不仅统筹考虑区域生态单元在结构、过程和功能上的匹配性，而且综合考虑区域间的相互影响、相互联系和相互依存。区域生态系统（regional ecological system）由若干单体区域组成，区域间除了具有一定强度的生态环境相互作用外，还存在一定强度的经济相互作用。区域生态系统具有极其明显的复合生态系统结构特征，包含相应的社会生态子系统、经济生态子系统和自然生态子系统。自然子系统包括绿色植物、动物、微生物、人工设施等，其中，绿色植物、动物、微生物与环境系统建立的营养关系，构成了自然子系统的营养元素。区域生态系统的害虫治理是基于区域生态系统理念的害虫治理。

纵观我国害虫防治策略的发展，已由原始防治、化学防治发展到综合防治（IPM）和害虫生态调控（ecological regulation and management of pest，ERMP），研究的对象也由单一病虫防治、单一作物多种病虫防治发展到景观区域内多种作物多种病虫防治。

一、害虫区域性生态调控的原理和方法

农田生态系统中，作物-害虫-天敌相互作用、相互制约而形成一个有机整体。系统内作物种类与数量的变化，势必影响着其内的害虫、天敌种群动态，乃至系统的整体结构与功能。随着农业耕作制度和栽培措施的改革，农区的生态系统发生了极大的变化。例如，在华北地区一个以四周防护林为边界的范围，通过连作、套作、间作等方式，由过去单一的农田生态系统，发展成为以麦田、棉田、玉米田为主所组成的农田景观。一些多食性害虫，如棉铃虫可取食 60 种作物和 67 种野生植物，在华北这种由不同作物布局的农田景观中多种作物（小麦、玉米、棉花和蔬菜）上辗转发生与为害；而景观区域内的多种天敌又辗转于作物之间，控制着它们的发生与危害。显然，过去依单一作物田（如棉田）开展研究，是难以了解当前这种由多种作物田所组成的景观区域内的害虫及其天敌发生的动态。因此必须从景观生态学的角度，从空间上注重害虫及其天敌在不同作物上的转移扩散动态，从时间上强调各代害虫及其天敌在主要寄主作物不同发育阶段上发生的全过程，从技术上着重发挥以生物因素为主的综合措施，在研究方法上突出使用生态能量学的手段，定量分析景观区域内中"作物-害虫-天敌"相互作用关系及其生态调控措施的作用，找出不同时空条件下控害保益的关键措施，设计和组装出控害保益的害虫区域性生态调控技术体系，有效地开展害虫（如棉铃虫）的生态调控，提高害虫管理的水平。

（一）害虫区域性生态调控的指导思想

（1）系统观。从区域性农田生态系统整体功能出发，从作物-害虫-天敌相互作用系统来考虑，把有利于抑制害虫发生的各个因素（如作物、天敌）调节至最适状态，将害虫危害控制在经济允许水平之下，使整个农田生态系统获得最大的功能效益。

（2）综合观。综合使用系统内外一切可以利用的能量，如作物的耐害补偿与抗性功能、天敌的控制能力等，变对抗为利用，变控制为调节，化害为利，为系统的整体功能服务。

（3）区域观。从单一农田生态系统扩展到区域性农田景观生态系统，充分考虑农田景观结构的异质性，从整体上研究害虫及其天敌发生和治理的过程，提高害虫防治整体性水平。

（4）可持续观。针对当前害虫抗药性增加、化学农药杀伤天敌和污染环境等问题，从农业可持续发展的战略出发，尽可能少用化学农药，将害虫持续调控在低平衡密度，减少环境的生态风险性，造福于子孙后代。

（二）害虫区域性生态调控的方法

1）景观生态学方法　　自 20 世纪 80 年代以来，研究景观结构、功能及其动态的景

观生态学已成为生态学的一个重要分支。它可将景观尺度中各相对独立的生态系统（如棉田、麦田、玉米田）作为"斑块"（patch），应用图论、地统计学、地理信息系统（GIS）和景观个体行为模型，来研究景观区域内景观要素（如作物、害虫、天敌、生态系统）及其功能（能流、物流）在各斑块之间的转移变化规律，探明物种在景观范围内的时空动态。应用景观生态学已在分析灰蝶［*Glaucopsyche lygdamus*（Edward Doubleday）］和云杉卷叶蛾［*Choristoneura fumiferana*（Clemens）］等害虫发生动态中取得了很好的结果，也为在大尺度和空间异质上分析害虫发生规律及其进行区域性生态设计提供了一种重要手段。

　　2）以生态能学为基础的系统分析方法　　有效地开展害虫生态调控，必须要了解农田生态系统的结构和功能特性，掌握作物-害虫-天敌的相互作用关系。过去的研究多从数量角度出发，研究的也是某一局部的、离散的系统结构，无法将作物-害虫-天敌关系"串"起来，也无法反映外界因子（如天敌、化学防治、作物）对作物-害虫-天敌整体的影响。由于能量具有统一单位，能流把所有生态系统内在的、共有的相互作用有机地联系起来，它们可将外界作用（如农药、天敌转化为能量）对系统的影响进行定量分析，因而可根据各调控因子对作物-害虫-天敌作用的灵敏度分析，综合分析各个调控因子的作用；根据系统结构与功能关系，模拟分析各调控因子对害虫的调节与控制能力，为害虫的优化管理与决策提供重要工具。

　　3）以生态设计为主的害虫区域性生态调控的技术体系　　根据上述生态能量学为基础的系统分析方法，应用系统工程的方法，通过对区域性作物布局、轮作、套间作、高产抗性品种的栽培、害虫防治的生物技术等多个害虫调控因子的综合分析和评价，优化和设计区域性害虫生态调控手段，同时将监测、设计与实施寓为一体，建立害虫区域性生态调控的技术体系或全程防治，并不断地完善这一技术体系，从整体上对害虫进行生态调控（图4-4）。

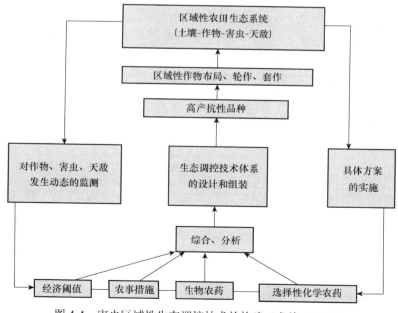

图4-4　害虫区域性生态调控技术的构建（戈峰，2001）

二、区域农田生态系统病虫害绿色防控技术

农作物病虫害绿色防控的内涵就是按照绿色植保理念，采用农业防治、物理防治、生物防治、生态调控，以及科学、合理、安全使用农药的技术，达到有效控制农作物病虫害，确保农作物生产安全、农产品质量安全和农业生态环境安全，促进农业增产、增收的目的。

（一）理化诱控技术及其应用

理化诱控技术指利用害虫的趋光、趋化性，通过布设灯光、色板、昆虫信息素、气味剂等诱集并消灭害虫的控害技术。

1）物理诱控技术及其应用　　物理诱控技术以杀虫灯诱杀、色板诱虫和防虫网控虫应用最为广泛。杀虫灯有交流电式和太阳能两种，主要用于防治稻田的稻飞虱、稻纵卷叶螟等害虫；豆田的草地螟、卷叶蛾、地老虎、食心虫等害虫；棉田的棉铃虫等害虫；果园的吸果夜蛾、刺蛾、毒蛾、椿象、梨小食心虫、桃蛀螟等害虫；蔬菜上的斜纹夜蛾、小地老虎、甜菜夜蛾、银纹夜蛾等多种害虫；茶园的茶细蛾、茶毛虫、斜纹夜蛾等主要害虫和地下害虫铜绿丽金龟、大黑鳃金龟、苹毛丽金龟等。

色板诱虫是利用害虫对颜色的趋向性，通过板上涂粘虫胶防治虫害，应用广泛的为黄板、蓝板及信息素板，对蚜虫、斑潜蝇、白粉虱、烟粉虱、蓟马等害虫有很好的防治效果。黄板应用面积最大，占色板诱虫总面积的 98.89%，作用范围广泛，涉及玉米、水稻、蔬菜、果树、花生、马铃薯、棉花、茶叶等主要粮食和经济作物。蔬菜、棉花上应用面积最大。蓝板主要用于蔬菜和茶叶害虫防治；信息素板主要用于蔬菜和棉花害虫防治。

防虫网控虫技术在水稻、果树、蔬菜上均有应用，但在蔬菜上应用最为广泛。

2）昆虫信息素诱控技术及其应用　　昆虫信息素诱控技术应用广泛的是性信息素、报警信息素、空间分布信息素、产卵信息素、取食信息素等，用于防治粮食作物和经济作物上水稻螟虫、玉米螟、小麦吸浆虫、大豆食心虫、甜菜夜蛾、斜纹夜蛾、瓜实蝇、棉铃虫、小菜蛾、柑橘实蝇、柑橘潜叶蛾、梨小食心虫等 20 余种害虫，其中诱控果树、蔬菜、水稻害虫面积较大。

3）其他诱控技术及其应用　　糖醋液诱杀害虫广泛应用于玉米、蔬菜、果树、棉花等作物，主要用于防治苹果小卷蛾、桃小食心虫、梨小食心虫、甜菜夜蛾、斜纹夜蛾、小地老虎、棉铃虫、烟青虫、黏虫等害虫。

（二）生物防治技术及其应用

生物防治以捕食螨、赤眼蜂、丽蚜小蜂、瓢虫等天敌应用最为广泛。主要作用于小麦、玉米、水稻、蔬菜、果树、茶叶、棉花、花生等作物，其中小麦、玉米、水稻等粮食作物和蔬菜、果树、茶叶、棉花、花生等经济作物生物防治面积分别占生物防治应用总面积的 88.04% 和 11.17%。

1. 寄生性天敌生防技术及其应用

寄生性天敌昆虫中常见的有姬蜂、茧蜂、蚜茧蜂、大腿小蜂、蚜小蜂、金小蜂、赤眼蜂、缨小蜂、缘腹细蜂（黑卵蜂）、螯蜂、头蝇、寄蝇、麻蝇、捻翅虫等，在生产上起着较大作用的是赤眼蜂、丽蚜小蜂、平腹小蜂等，分别作用于玉米、水稻、蔬菜、果树、

棉花等作物，应用面积达 232 万 hm²，占全国生物防治应用面积的 28.05%。

赤眼蜂又以螟黄赤眼蜂（*Trichogramma chilonis* Ishii）、松毛虫赤眼蜂（*Trichogramma dendrolimi* Matsumura）、玉米螟赤眼蜂（*Trichogramma ostriniae* Pang et Chen）应用最为广泛，应用面积占寄生性天敌应用面积的 82.53%。赤眼蜂主要分布于华南、华东、西南和东北地区，可寄生于稻纵卷叶螟、二化螟、米蛾、稻褐边螟、棉铃虫、亚洲玉米螟、稻负泥虫等多种农业害虫。

丽蚜小蜂 [*Encarsia formosa*（Gahan）] 在玉米上防治面积最大，占丽蚜小蜂应用面积的 98.79%，在蔬菜、果树和水稻上也有小面积应用。可寄生于 8 属 15 种粉虱，尤其对温室白粉虱、烟粉虱和银叶粉虱的控制作用强。

平腹小蜂（*Anastatus japonicus* Ashmead）在广东、广西等地用于防治荔枝蝽象，取得较好的防效。侧沟茧蜂（*Microplitis* sp.）寄生于鳞翅目昆虫幼虫，主要用于棉铃虫、甜菜夜蛾等重要害虫的防治，不但能控制害虫的当代危害，而且具有持续的生态效应，被人们称为导弹蜂。

2. 捕食性天敌生防技术及其应用

捕食性天敌中用于生物防治效果较好且常见的昆虫种类有瓢虫、捕食螨、小花蝽、草蛉、食蚜蝇、食虫虻、蚂蚁、食虫蝽、胡蜂、步甲等。目前，瓢虫、捕食螨、小花蝽等主要用于防治小麦、玉米、蔬菜、果树、棉花、茶叶等作物上的害虫，应用面积 84.22 万 hm²，占全国生物防治面积的 10.18%。

瓢虫是我国目前应用面积最大的一种捕食性天敌，主要种类为异色瓢虫 [*Harmonia axyridis*（Pallas）]、七星瓢虫（*Coccinella septempunctata* L.）、龟纹瓢虫 [*Propylea japonica*（Thunberg）] 等，可捕食麦蚜、棉蚜、槐蚜、桃蚜、介壳虫、壁虱等害虫，可减轻树木、瓜果及各种农作物遭受害虫的损害。应用面积 82.62 万 hm²，占全国生物防治应用面积的 9.99%。

捕食螨在我国应用较多的种类有胡瓜钝绥螨（*Neoseiulus cucumeris* Oudermans）、智利小植绥螨（*Phytoseiulus persimilis* Athinas-Henriot）、巴氏钝绥螨（*Neoseiulus barkeri* Hughes）、拟长毛钝绥螨（*Amblyseius pseudolongis pinosus* Xin，Liang et Ke）等，用于防治蔬菜、果树、茶叶、棉花等作物上的各类害螨，应用面积占生物防治应用面积的 0.19%。

（三）生态控制技术及其应用

农业害虫生态控制技术主要采用人工调节环境、食物链加环增效等方法，协调农田内作物与有害生物之间、有益生物与有害生物之间、环境与生物之间的相互关系，达到保益灭害、提高效益、保护环境的目的。主要应用于蝗虫、小麦条锈病、水稻病虫、棉花病虫和果树病虫的生态控制。

1）**蝗虫生态控制技术及其应用**　　生态治蝗是指在飞蝗常年发生的沿海蝗区、河滩蝗区、滨湖蝗区、高原河谷蝗区及草原蝗虫发生区，种植苜蓿、棉花、冬枣等蝗虫非喜食植物，使大批撂荒土地得以复耕，压缩宜蝗面积，形成不利于蝗虫生产、产卵的环境，进而控制东亚飞蝗、西藏飞蝗，亚洲飞蝗，以及竹蝗，稻蝗、亚洲小车蝗等非迁移性蝗虫。我国天津、河北、山西、内蒙古、安徽、山东、河南、陕西、新疆等省（自治区、直辖市）生态治蝗应用面积 41.96 万 hm²，占农业生态控制的 14.41%。

2）小麦条锈病生态控制技术及其应用　　小麦条锈病生态控制的关键环节是改造小麦条锈菌越夏基地。根据不同地区，不同海拔越夏区具体情况，减少高海拔区域小麦种植面积。在新小种策源地（陇南海拔 1400～1600 m 麦区，川西北 1600～1800 m 麦区），因地制宜发展油菜、豆类、薯类、中药材、蔬菜、青稞等作物，逐年替代小麦，减少越夏菌源。自 2005 年以来，我国甘肃、四川、陕西、湖北、云南、贵州等越夏（冬）繁菌源地采取生态控制技术试验示范累计面积 40 万 hm²，占农业生态控制的 13.74%。

3）棉花生态控制技术及其应用　　棉花生态控制指在棉花种植区内及周边种植驱避、诱集作物，增加棉田生态多样性，保护和利用天敌，同时结合秋翻冬灌、铲埂除蛹、性诱剂诱捕或迷向、赤眼蜂防治、HaNPV 防治、化学农药等单项技术有效控制棉田病虫害为害。2009 年在新疆、河北、河南、江西等棉花主产区应用生态控制技术 76.9 万 hm²，占农业生态控制应用面积的 26.42%。

4）水稻生态控制技术及其应用　　在我国水稻种植区利用作物高低不同，通过间套作形成物理屏障，阻断病害传播，从而起到控害目的，同时推广稻鸭、稻鱼共育技术，既可保护农田生态系统的多样性，又可改善土壤肥力、增加农业的总体产值。

（四）生物农药防治技术及其应用

生物农药种类涉及植物源类农药、微生物源农药、生物化学农药等三大类 50 多个品种。主要包括微生物农药、植物源农药、天敌、生物化学农药（信息素、激素、天然的昆虫或植物生长调节剂、驱避剂及酶类物质）和转基因植物。全国应用生物农药防治病虫害面积 3465.60 万 hm²，主要用于水稻、玉米、小麦、马铃薯等粮食作物和蔬菜、果树、茶叶、棉花、大豆等经济作物上病虫害的防治，以及蝗虫和草地螟等重大害虫的防控。

1）杀菌剂类防治技术及其应用　　杀菌剂类生物农药应用面积占生物农药防治面积的 64.19%。常用的品种有 19 种，井冈霉素应用面积最大，主要用于防治水稻、玉米、小麦、蔬菜、果树等作物病害；井蜡芽应用面积次之，用于防治水稻、小麦等作物病害。

2）杀虫剂类防治技术及其应用　　杀虫剂类生物农药应用面积占生物农药防治面积的 20.06%。常用杀虫剂类农药品种有 25 种，阿维菌素及其衍生物应用面积最大，用于防治蔬菜、马铃薯、果树、水稻、小麦、茶叶、玉米、棉花等作物害虫；苏云金杆菌（Bt）应用面积次之，用于防治玉米、花生、蔬菜、果树、水稻、棉花、茶叶等作物害虫。

三、基于区域景观生物多样性保育的害虫治理

生物多样性的保护经历了从传统的、以物种为中心的自然保护途径向强调对景观、甚至是整个生态系统的保护的景观规划途径的转变。与自然生态系统不同，农业景观是以频繁的人类活动和干扰为特征的，频繁的人类活动过程本身不仅对生物多样性有直接影响，改变了物种间的相互作用与关系，还极大地改变了景观的组成与格局。因此，单纯的强调格局的保护或者过程的保护，都不足以实现农业景观生物多样性的保护，需要格局与过程并重。

生物多样性包括生境多样性、物种多样性和遗传多样性。在农业生态系统中，物种分为生产性生物种，如农作物、林木、饲养动物等，其多样性对系统的生产力、稳定性起重要作用；资源性生物种，如传粉昆虫、害虫天敌、微生物等，其多样性对系统内的

传粉作用、害虫生物控制、资源分解、促进养分循环有重要的作用，间接影响系统的稳定性和生产力；破坏性生物种，如杂草、害虫、病原生物等，这些生物种影响系统生产力，是被控制的对象。

1. 功能多样性的概念

生物功能团包括植食性功能团、捕食功能团、寄生功能团、中性功能团。生物功能团的作用指生物多样性在遗传基因水平上或物种水平上所形成的生物多样性功能团，在稳定的农业生态系统中，生物功能团发挥了抑制和平衡的作用，使潜在的有害生物种群不能成为真正的有害生物。但在一个失去生物多样性许多成分的生态系统中，由于功能团的生物关系不平衡，使得生态系统变得脆弱，作物病虫害容易暴发成灾。

功能生物多样性包括功能丰富度（functional richness，FR）、功能多样性（functional diversity，FD）、功能均匀度（functional evenness，FE）和功能结构（functional structure，FS）等。功能丰富度是指功能取食组与生境特征组结合形成的功能组的数量；功能均匀度是指功能组内的个体分级数量；而功能结构则是指每一生态系统的各个功能组的成分和多度；功能多样性具体指一个生态系统里物种间的功能差异的范围，是指功能组的数量及各功能组内的个体分级数量，它是生态系统过程的一个重要的决定因素。图 4-5 显示了稻田生态系统节肢动物的功能多样性。

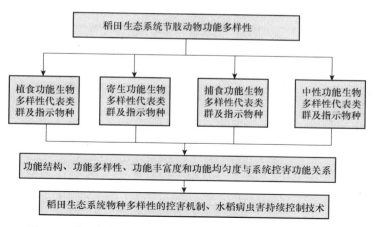

图 4-5　稻田生态系统节肢动物功能多样性（袁凤辉，2012）

功能多样性的测量方法就是测量一个系统内由物种所代表的功能团的数量。首先把物种划分为功能团，然后检查各个功能团的物种类群及其个体数量。把一个物种划入某一功能团，主要决定于该物种的功能特性。Jani Heino 提出功能系统树的方法（functional dendrogram）来量化功能多样性，它与种系发生多样性（phylogenetic diversity，PD）的测量方法相类似。功能多样性就是功能系统树各分支长度的总和，它是功能组中划分物种的多元方法（multivariate approach）。

2. 功能生物多样性的研究

Owen 对物种丰富度和群落成分与功能多样性的关系进行了研究，提出了一个量化功能多样性的方法——功能系统树，使得功能多样性的测量更容易实施。结果显示，物种丰富度和群落成分对功能多样性的影响与物种特征空间的维数有密切关系，维数越多，物种丰富度对功能多样性的影响越大，维数越少，群落成分对功能多样性的影响越大。Jani Heino 研究了大型节肢动物沿溪流生态梯度变化的功能生物多样性，回归分析和多余分析（redundancy analysis）结果显示，功能生物多样性的变化不仅与局部环境因子有关系，而且与环境变量的空间型（spatial patterning of environmental variables）和空间梯度有关系。Scherer-Lorenzen 研究了功能多样性对实验草地的分解过程的影响，结果指出，废弃物的分解随物种功能组的增加而增加，而物种丰富度却对分解没有影响，固氮的豆科植物能增加分解的速率。John 等使用功能多样性预测物种组合（species combination）对第一生产力的超产效应。利用农业生物多样性来减少在农业生态系统中使用化学杀虫剂，首先在瑞士的葡萄园规划和实施。后来生物防治国际组织（International Organization for Biological Control，IOBC）成立了"功能生物多样性"工作组，把生物多样性列入农业实践中去。"功能农业生物多样性"主要关注生物多样性的保育和利用，主要从微生物到小型动物中挖掘筛选。陈欣报道了农业生态系统的生物多样性的成分及其功能，为挖掘功能生物多样性提供了基础。在荷兰，FAB 项目的焦点放在"利用保育生物防治"去增强天敌的控害功能，最终减少化学杀虫剂的使用。在日本，2008 年在全国的大学和研究单位实施了 FAB 研究项目，当前的重点是筛选功能生物多样性的指示物种。Wyss 研究报道，苹果园内果树行间保留 1 m 宽的人工杂草带，蚜虫的天敌数量明显增加，在保留杂草带的试验区（未使用任何杀虫剂），蚜虫的数量与对照区（无杂草带，使用杀虫剂 6～8 次）有显著差异。俞晓平等的研究发现，非稻田生境中一些植物的花穗以及禾本科杂草对保护天敌有重要作用，如稻飞虱的重要寄生性天敌缨小蜂、寡索赤眼蜂同时存在于稻田及周围的非稻田生境中。禾本科杂草尤其是稗草、千金子和马唐等由于适合于稻飞虱的产卵而寄生有大量的寄生蜂，盛花期的莎草则吸引了许多成蜂。朱有勇的研究发现，将基因型不同的水稻品种 Glutinous 和 Hybrid 混合种植于同一生产区域，由于遗传多样性增加，稻瘟病的发生比单品种种植明显减少。许多研究证明，多样化的种植系统和保持野生植物的多样性可明显减少害虫种群数量和保护天敌。Altieri 的研究表明，与蚕豆或田芥菜混合种植的球芽甘蓝比纯作的球芽甘蓝支持更多种类的害虫天敌，前者有 6 种捕食性天敌和 3 种寄生性天敌，后者仅有 3 种；Lagerlof 和 Wallin 研究农田边缘植物多样性时发现，田埂的植物多样性增加，害虫天敌的种类和数量也大大增加。

3. 基于区域农业景观生物多样性保育的害虫治理

在农业景观生物多样性保护中，有必要首先对农业景观的组成和特征进行系统分析，区分和确定生物多样性的热点地区和保护的优先性，是区域景观格局的保护原则。对于农业景观而言，这些区域包括：①农业景观中残存的自然生境，如森林、湿地和草地；②农业景观中残存的、一些重要生物的原生境，如野生稻的原生境；③保护区附近区域；④处于关键位置的生物廊道；⑤具有森林和高植被覆盖，但正被集约农业和城市化所侵占的区域。

4. 增加农田景观中非农作性的自然、半自然生境的面积

除了保存现有的非农作生境，通过人工种植或者自然演替的方式增加农田景观中自然、半自然生境的比例也是重要的途径，具体概括为如下 4 类：①由自然重建的植被或者是多年生的草场、野生开花植被构成的固定边界，这一方法主要用于保护在景观中不易扩散的物种。②甲虫堤（beetle bank），在田间种植草带或多年生植物带，以培养天敌昆虫并为其提供生存所需的植被覆盖，也可为鸟类和啮齿动物提供生境，这也是充分利

用生物控制害虫、减少或者替代杀虫剂使用、减少生产活动对生物威胁的途径。③临时性边界，包括不耕种的植物带（非种植的野生植被带），不施用化学农药的作物边界（保护性畦头），为鸟类提供遮蔽而种植的作物带或者是为保护传粉昆虫和其他有益昆虫种植的多花植物带。④通过重新造林、自然再生和密集化种植恢复退化的、非生产性或者低生产力的土地。

5. 在农业景观范围内构建多样化的非农作自然、半自然植被覆盖

农业景观内的非农作的自然、半自然植被覆盖，如农田边界、河滨植被带、生物树篱、防护林等可作为生物的栖息地、避难所及生殖和繁衍后代的场所，具有特别高的保护价值，即使是小的非农作植被斑块也可为物种生存提供额外的资源和景观连接点。这些生境的维持对重要的生态服务如自然天敌管理、碳储备和水土保持等具有重要的贡献。结构复杂的生境可以为生物提供更多的生态位和食物来源。

6. 通过连接残存的自然、半自然生境或新建生态廊道，增加农田景观的连接度

在农业景观中，通过生态廊道建设，连接残存的自然、半自然生境，有利于增加景观连接度，可以在更大的农业景观范围内实现生物多样性的保护，也可以实现自然保护区之间的连接，避免由于自然保护区相互隔绝带来的负面影响。

7. 注意农业用地及种植作物类型的多样化

现代农业景观的高风险主要源自单一的种植作物和高度均质的景观结构，传统的多样化种植模式，如间作、套作、轮作均有利于农田景观较高生物多样性的维持。同时，不同的种植类型下生物群落的结构和多样性有所不同，多样化的种植模式有利于农业景观生物多样性总体水平的提高。

8. 提高集约化程度较低的土地利用形式在景观中的面积比例

一些集约化程度较低的农业用地仍然能够维持较高的生物多样性。在景观中维持这一类用地较高的面积比例也将有利于生物多样性的维持。

9. 针对过程的保护原则——使区域农业景观中农业生产过程的威胁最小化

尽可能采取生物友好型的生产方式，农业生产中的诸多人类干扰过程，如耕作、灌溉、化学农药的使用均对生物多样性产生威胁。根据生产和系统的实际情况，尽可能减少上述措施的威胁具有重要意义。

10. 保护关键物种并维持物种间的相互联系

关键物种的变化对于生态系统过程的影响有时是超乎预计的。例如，如果蜜蜂在地球上消失，人类将面临灭绝的威胁。同时，物种间的相互联系，包括竞争、捕食及相互依存，可能因农业生产活动对景观的改造而发生改变，进而影响到系统的稳定性和生态功能。很多热带森林的蝙蝠对当地果树种子的传播起到重要作用，如果这些蝙蝠灭绝，则通过蝙蝠传播种子的果树也许不能再生；海狸（*Castor* spp.）的活动为许多本地物种创建了适宜其生存的物理环境。因此，对由于物种间相互作用与联系而引发连锁生态风险的景观需要采取针对性的管理措施。

11. 控制侵略性的、数量过多的入侵物种

在农业生产过程中，景观变化或者不适当引种均可能导致本地和外来物种的侵略性扩散。例如，在澳大利亚东南部，为了农业生产而快速地开垦土地曾经导致其东部和南部1种常见鸟类蜜雀（*Manorina melanocephala* Latham）种群的扩张。当地的蜜雀具有高度入侵性，在竞争中占据优势，从而导致一些食虫鸟类种群数量下降，并且进一步引起许多害虫的暴发且影响树木健康。不适当引种也是导致物种灭绝的重要因素，控制入侵物种对保持生产性景观的生物多样性具有重要作用。

12. 保育性生物防治目标和措施

以广东省惠州市和清远市的研究为例，调查稻田生态系统、蔬菜生态系统和果园生态系统的节肢动物功能生物多样性，了解植食功能、寄生功能、捕食功能和中性功能生物多样性的代表类群及其指示物种，分析群落成分和物种丰富度及耕作方式对功能生物多样性的影响，提高功能生物多样性对作物病虫害的自然控制能力。

保育性生物防治的措施包括：①预防保育措施，包括非稻田生态系统植被多样性、田埂植被和健康土壤（肥力、水分）等；②保育耕作，包括调整种植和收获日期和使用抗性品种；③调控措施，包括养鸭除虫、灯光诱杀、性引诱剂干扰害虫交配和驱避剂等；④治理措施，包括释放天敌、喷施植物提取物和经批准的高效低毒生物农药。

四、害虫区域性生态调控——以棉铃虫为例

采用科学的防治策略，指导害虫全程防治在各类型棉田棉铃虫种群能量动态系统研究的基础上，将棉铃虫发生的全过程看成一个系统，形成相互关联的1~4代的防治策略和措施，即1代棉铃虫主要危害小麦，但不足以超过小麦的经济损失允许水平，因此麦田可以不使用化学农药防治棉铃虫；2代棉铃虫期间，春季播种的棉田和与小麦套作棉田的棉铃虫种群生产力最高，危害系数最大，被害损失量最多，是重点保护对象，且着重于保护棉株生长点；3代期间，以夏季播种的棉田和与小麦套作棉田棉铃虫种群生产力最高，被害最多，对棉花产量影响很大，应特别注意加强防治，着重于提高防治棉铃虫效果；4代期间，夏季播种的棉田和与小麦套作棉田棉铃虫种群生产力高，而此时棉株繁殖器官（如蕾、铃）生产力低，棉株耐害补偿力弱，因而棉铃虫种群的危害系数大，对棉花产量造成一定的影响，应加强对第4代棉铃虫管理。

棉蚜在苗期（苗蚜），以春播棉田棉蚜量密度较大，种群生产力较高，但其摄食效率很低，且棉株有很强的补偿能力，基本不用防治；伏蚜期间，棉蚜的生产力和摄入量很高，吮吸大量的棉株汁液，对棉株产量造成很大影响，套作棉田和播种期推后的棉田受害严重，应加强对这些田块棉蚜的控制，并特别注意提高防治的效果；秋蚜期间，棉蚜的种群生产力很低，棉株本身也在衰退，一般不需要防治。

调节景观区域内作物布局，控制害虫能量的获得进行麦棉连作，种植夏套棉，切断害虫的食物来源，避减苗蚜和2代棉铃虫种群能量生产。例如，河北省饶阳县麦后（6月15日）种植特早熟棉花品种'矮早一号'的结果表明，该棉花在7月15日才现蕾，因而避免了常规棉田6月发生苗蚜和6月下旬到7月中旬发生的2代棉铃虫危害，且第3、4代棉铃虫的发生也减轻。通过棉豆间作和棉麦套作的棉田，既有利于天敌种群生产，也有利于害虫种群生产，相互作用的结果表现为：多样化的棉田生态系统（间套作棉田）的保益（保护天敌）功能较好，而控害（即控制害虫）作用较差的重要结论，因此要保护和利用间套作棉田的天敌资源，重视区域性农田生态系统中间作棉田、套作棉田害虫的管理。通过对3代棉铃虫在玉米田和棉田的发生动态及自然种群生命表分析，发现玉米田是3代棉铃虫的主要发生地，但由于棉铃虫在玉米田的幼虫死亡率很高，对玉米田

不易造成危害，因此可以通过合理玉米、棉田布局，分流 3 代棉铃虫，减轻 3 代棉铃虫对棉田的危害作用。

　　　优先使用无公害控害措施，通过追施化肥、喷施植物生长调节剂、整枝等，改善棉株的能量分配。例如，合理地追施化肥，可以明显地提高棉株的耐害补偿功能，棉株的产量增加；喷施缩节胺等生长调节剂，可促使棉株的生殖生长，还可抑制棉铃虫的发生。

　　　使用昆虫信息素，诱杀或干扰害虫的正常行为，抑制害虫种群的能量生产。例如，应用棉铃虫性信息素诱捕法防治技术，可使棉铃虫区域性自然种群交配率下降40%以上，交配次数减少 35%～45%，田间累计卵量减少 35%～70%，卵的孵化率下降 20%～45%，在大发生年减少用药 1～2 次。同时，使用其他与技术配套的 NPV、Bt 等生物农药，增加调控害虫的能力。

　　　科学合理地进行化学防治，麦田不施药。根据 1 代棉铃虫在小麦上每公顷 15 万头 4～6 龄幼虫，仅引起小麦产量损失为 3.96%的研究结果，因此在麦田不需要使用化学农药防治棉铃虫，这样既可以减少化学农药的投入，又可以有效地保护和利用天敌资源。

　　　根据各代棉铃虫在景观区域内主要寄主作物（玉米、春播棉、夏播棉）田的自然种群生命表、为害特征及为害损失研究，制定出棉铃虫总体的科学防治指标，仅有当害虫种群密度超过经济阈值时，才使用植源性杀虫剂等选择性农药，以保护和利用天敌。

　　　组建棉铃虫区域性生态调控技术体系。棉铃虫区域性生态调控采用 1 代麦田棉铃虫不防治，保护利用天敌；2 代重点防治春播棉田棉铃虫，着重保护棉株生长点；3 代重点防治迟播棉田棉铃虫，着重提高防治效果；4 代重点防治迟熟棉田棉铃虫，保护青铃的全程调控策略指导，在各代棉铃虫准确监测和预报基础上，通过麦棉套作和麦棉连作等区域性作物布局，种植抗虫品种，在麦田不使用化学农药，在棉田使用性信息引诱剂防治 2、3 代棉铃虫，结合使用病毒、Bt 等生物农药，以及缩节胺等植物生长调节剂，适当地使用选择性农药如植源性杀虫剂等措施，通过综合、优化、设计与实施，使它们相互协调，有机地构成一个整体，形成全程的、各代相联系的棉铃虫区域性生态调控技术体系。

复　习　题

一、名词解释

可识别的分类单元（recognizable taxonomic unit, RTU）

形态种（morphospecies）

共位群（guild）

抵抗稳定性（resistant stability）

恢复稳定性（resilient stability）

微环境（microenvironment）

营养级联（trophic cascades）

自资源和消费者-环境的上行（bottom-up）和下行（top-down）

功能丰富度（functional richness，FR）

功能多样性（functional diversity，FD）

功能均匀度（functional evenness，FE）

功能结构（functional structure，FS）

景观格局（landscape pattern）

生境破碎化（habitat patchiness or fragmentation）

生物放大作用（biomagnification）

移动指数（mobility index，MI）

生物富集系数（bioconcentration factor，BCF）

害虫生态调控（ecological regulation and management of pest，ERMP）

二、问答题

1. 试述昆虫在生态系统中的生态功能。

2. 试述生态系统稳定性的概念与维护措施。

3. 从病虫害调控研究数据阐述多样性-稳定性假说。

4. 试述节肢动物作为生物指示物对生态恢复进行评价的方法。

5. 试述生态系统退化和恢复的概念。

6. 试述区域生态系统害虫治理的原理和方法。

7. 试述绿色防控技术种类及其应用。

8. 试述农田景观格局对昆虫的生态效应。

9. 试述镉在土壤-蔬菜-昆虫食物链的传递特征。

第五章　全球气候变化条件下的昆虫研究与控制 »»»

第一节　昆虫对温度升高胁迫的响应与适应

政府间气候变化专门委员会（Intergovernmental Panel on Climate Change，IPCC）关于气候变化的第四次评估报告认为，"从 20 世纪中期开始大量的观测表明，全球平均气温的上升，很可能是由于人为温室气体浓度上升造成的"。从第四次评估报告到 2010 年年底，CO_2 浓度达到了 390 μL/L，比工业革命前高 39%；全球平均气温增加了 0.76℃（0.57～0.95℃），2001～2005 年的气候变暖趋势显著高于 1850～1899 年。由此，"全球变暖"已成为气候变化趋势的舆情主调。我国气温存在逐渐上升的趋势，与世界近百年的气温升高趋势一致。

一、温度升高胁迫下昆虫的响应与适应

（一）昆虫越冬存活率对温度升高胁迫的响应与适应

昆虫能否安全越冬主要受到温度的制约。非滞育的、对寒冷敏感的昆虫如果以活动态越冬，那么温暖的冬季会增加它们的越冬存活率，降低死亡率。例如，稻绿蝽 [*Nezara viridula*（L.）] 和茶翅蝽（*Halyomorpha halys* Stål）的成虫越冬死亡率在温度升高 1℃时将下降 15%。气候变暖使稻绿蝽越冬存活率增加及滞育后繁殖增强，从而导致更多的成虫安全越冬，促进了该种群的增长并向新地区扩建。原本在冬季低温不能越冬存活的甘蓝角果象甲 [*Ceutorhynchus obstrictus*（Marsham）]，由于气候变暖该虫可在加拿大北部建立种群并为害油料作物。越冬存活率的增加将导致害虫暴发的可能，如山松大小蠹（*Dendroctonus ponderosae* Hopkins）在加拿大的英属哥伦比亚省暴发，严重危害当地松树林，主要是冬季变暖所致。

（二）昆虫发生世代对温度升高胁迫的响应与适应

根据有效积温法则，气候变暖将增加昆虫发生季的有效积温，导致昆虫发生世代数增加。模型显示，英国的甘蓝根蝇 [*Delia radicum*（L.）] 在日均温增加 3℃时比现在提前 1 个月出土活动，增加 5℃或 10℃导致该虫每年多完成 1 个世代。小菜蛾 [*Plutella xylostella*（L.）] 在温度升高 2℃后将增加发生 2 个世代。气候变暖还使昆虫生长季持续时间延长，导致更多世代的蚜虫和玉米螟发生。气候变暖使芬兰南部鳞翅目昆虫世代数增加，北部鳞翅目昆虫世代数也有增加的趋势。

（三）昆虫迁移扩散对温度升高胁迫的响应与适应

昆虫飞行的临界温度随种类、季节和地区而异。气候变暖将使昆虫飞行临界温度首次出现的时间提前，从而使蚜虫、夜蛾等昆虫提早迁飞。昆虫飞行活动存在着最适宜温度和临界温度。当温度低于最适宜温度时，气候变暖增强昆虫移动；反之，则不利于昆虫移动。低温还会阻碍昆虫向取食地点的转移，导致昆虫因饥饿而死亡。这是温和的冬

季引起昆虫更高存活率的一个重要原因。由于温暖的环境能使蚜虫种群迅速建立导致更快的产生有翅蚜，因此温度变化对蚜虫的作用更为强烈。综合气候数据显示，害虫的暴发与日均温有很明显的正相关。气候变暖能够影响到茶色缘蝽 [*Arocatus melanocephalus* (Fabricius)] 的行为甚至其种群动态，出现该虫频繁侵入城市住宅的现象。

（四）昆虫发生分布对温度升高胁迫的响应与适应

许多昆虫的分布受到温度的限制。一些寒冷地区虽然有寄主植物，但昆虫无法完成整个生活史，这些地区在气候变暖条件下会增加昆虫定居的机会。受气候变暖的影响，昆虫倾向于向高纬度（两极方向）或高海拔分布扩散。夏季高温也是限制昆虫分布的因素之一。当温度接近耐受范围上限，昆虫在低海拔、温暖地区的分布会适当收缩。研究表明，气候变暖影响植食性昆虫尤其是鳞翅目昆虫的分布。Parmesan 等（1999）调查了欧洲蝴蝶中 35 个非迁移种类的分布情况，发现其中 63% 的蝴蝶种类已经向北扩展分布范围 35～240 km。松异舟蛾 [*Thaumetopoea pityocampa* (Den. & Schiff.)] 从 1972 年到 2004 年在法国中北部的分布界线向北移动了 87 km，在意大利北部的分布海拔升高了 110～230 m。102 种热带尺蛾的平均海拔在 42 年时间内上升了 67 m，说明热带物种和温度物种一样也对气候变暖敏感。Logan 等（2003）认为，气候变暖将会导致害虫重新分布及向新生境或森林入侵。从美国西南部到加拿大和阿拉斯加州森林害虫暴发的增加是由于反常的炎热和干燥气候导致。在亚北极地区一种新暴发性害虫尺蠖 *Agriopis aurantiaria* (Hübner) 迅速向北扩张，对于其扩张的机制解释为，最近温暖的春季使尺蠖发生与寄主桦树物候期一致。一些农业生产上重要的害虫也会扩展分布范围，从而加重了害虫防治的压力。例如，日本主要害虫稻绿蝽在 20 世纪 60 年代初的分布北界被限制在 1 月份 5℃ 等温线以南，但 2006～2007 年新的研究显示，这个界限向北延伸了 85 km，扩张速度为每 10 年 19 km，这种变化很可能是由温暖的冬季所致。

模型或软件预测气候变暖将会对昆虫的分布产生深刻影响。在气候变暖的情景下，欧洲玉米螟和马铃薯甲虫将会在欧洲中部地区增加为害面积。同样处于欧洲中部的 2 种森林害虫舞毒蛾和模毒蛾（*Lymantria monacha* L.），在气候变暖情景下，分布北界均向北扩展，而南界则向北收缩。橘小实蝇由于冬季低温限制，目前主要分布在非洲南部、中美洲等热带和亚热带地区，但受气候变暖影响，将会向美国南部、欧洲地中海南部等温带地区扩展。气候变暖还将扩大玉米上 4 种主要害虫的分布范围，增加防治的压力。

随着分布的扩张，昆虫的进化适应也在发生。例如，黄钩蛱蝶（*Polygonia c-aureum* L.）在过去的 60 年在英国的北部分布边界扩展了 200 km。这种变化伴随着幼虫取食偏好的改变，新的寄主植物在英国更为广布，这种蛱蝶在新寄主植物上的生长存活率更高，成虫体型更大。这些种内变化也反映了生境分布广泛的物种及寄主谱系更宽的物种，它们分布范围的扩张总是比专一种要快。

（五）昆虫发生物候对温度升高胁迫的响应与适应

不同种类的昆虫和植物对温度升高的响应不同。因此，全球气候变暖必将影响植物-植食者-天敌三级营养关系。对于寄主专一性昆虫来说，完成整个生活史必须在物候上与寄主植物同步，植物可能在整个生长期中仅有较短的时间供昆虫完成发育，当气候变得对昆虫不适宜时，同步性就成为至关重要的种间关系特性。受气候变暖的影响，植物的生长期缩短，昆虫必须尽量利用有限的时间完成发育，这会影响昆虫食性以扩大对寄主植物资源的利用。例如，气候变暖改变了柳木虱（*Cacopsylla groenlandica*）若虫孵化期与寄主植物柳树发芽期的同步性，导致木虱沿纬度梯度方向扩展了寄主范围，其食性由一种柳树扩增到 4 种柳树。Parmesan 综合分析了北半球 203 种动植物的物候反应，认为在北半球春季到来时间每 10 年提前了 2.8 d。Westgarth-Smith 等通过分析英国过去 41 年的历史资料，证实气候变暖使云杉蚜虫［*Elatobium abietinum*（Walker）］的发生提前，而且为害时间更长、数量更多。但 Satake 等对日本茶细蛾［*Caloptilia theivora*（Walsingham）］研究表明，增加温度导致茶细蛾出现时间提前，而其寄主茶树的发育变化不大，茶树叶片受害水平随着成虫出现高峰和茶叶采摘的时间间隔增加而下降，说明植物物候与害虫出现的不同步减少了害虫为害水平，因此，在气候变暖条件下，一些害虫的为害也可能降低。

　　气候变化还通过植物影响植物的开花时间和传粉昆虫活动时间，改变它们之间的相互作用关系。据模型预测，物候变动将减少传粉者 17%～50% 的花源，导致传粉昆虫活动时间比原先减少近一半，而且对以专一取食某种花蜜的昆虫影响更为严重。在气候变暖下，食物限制使传粉昆虫的繁殖力和寿命减少，种群密度和增长率下降，增加了传粉昆虫灭绝的风险；植物与传粉昆虫的生长期重叠减少，也缩小了传粉昆虫的食谱范围，也是植物、传粉昆虫灭绝的一个重要原因。在这个过程中，植物-传粉昆虫关系也有部分发生进化适应，如植物开花后原有的专一传粉者减少，但其他传粉者将会负担起传粉的功能；一些原本以某种植物进行传粉的昆虫有可能开发其他植物进行传粉，同样的，传粉者发生进化也可能赶上寄主植物的物候期变化。气候变暖还将通过食物链扰乱害虫-天敌的种间关系，一些次要的害虫由于失去天敌的控制而可能成为新的主要害虫。如果寄生蜂对气候变暖的反应更敏感，发育速度加快，比寄主提前出现，将会导致寄生蜂由于缺少寄主而死亡；反之，如果寄生蜂发育缓慢，使寄主逃脱了寄生蜂的控制，害虫危害更严重，寄生蜂也有可能灭绝。显然，寄生蜂和寄主的同步性会因气候变化而变化。例如，一种潜叶虫的寄生蜂越冬后由于没有寄主而死亡，导致第一代潜叶虫寄生率非常低。但 Kiritani 认为，气候变暖也可能增加天敌发生的世代数而有利于天敌种群繁衍，促使天敌的生物防治作用增加。较高温度的条件下，蚜虫对报警信息素变得不敏感，从而增加被捕食的风险。

（六）昆虫种间关系对温度升高胁迫的响应与适应

　　Guo 等利用红外线加热的野外增温模拟实验，研究了增温 1.5℃ 条件下不同季节发生的 3 种草原蝗虫的反应，发现由于 3 种草原蝗虫的发生时间对温度的适应区间及滞育特点不同，它们对野外增温响应程度表现出差异。其中，蝗卵的滞育过程使得蝗虫的发生物候对增温的响应不敏感，显示卵的滞育可以消除环境增温对昆虫种群发生的不利影响。未来环境气候的变暖，可能使得发生于不同季节蝗虫的发生物候期更加集中，从而在短时间内集合较高的密度，加重危害。气候变暖使得蝗虫的发生时间延长，增加种群适合度，扩大某些种类的分布北限。

（七）昆虫与寄主植物同步性对温度升高胁迫的响应与适应

　　气候变暖对植物、昆虫和其他物种均产生重要影响，但由于不同种类的昆虫和寄主植物对温度升高的适应性反应不同，导致昆虫与寄主植物及周围其他昆虫的原有关系发生改变，从而对害虫种群消长、为害程度及相应的防治策略产生实质性影响。

二、温度升高胁迫对昆虫影响的研究对策

目前气候变暖对昆虫发生发展影响的研究，通常通过对几十年乃至上千年来昆虫的发生情况与相应时期的历史气候数据进行直观的关联分析或统计分析，分析气候变暖对昆虫的影响。这种长期的历史观测数据对于阐明全球气候变化下害虫种群动态机制非常重要。例如，Zhang 等利用我国过去 1000 年东亚飞蝗［*Locusta migratoria manilensis*（Meyen）］发生的资料，结合基于树轮、石笋、花粉等代用数据重建的气温数据，分析了 1000 年来我国蝗虫发生与气候变化之间的关系，发现中国古代气温波动具有显著的 160～170 年的周期，温度驱动的旱灾、涝灾事件分别通过在当年和次年扩大飞蝗的湖滩、河滩等繁殖地和栖息地，从而引发蝗灾的大发生。这些资料分析显示，温度引起的栖息地变化对蝗灾的间接作用比温度对蝗虫生长发育的直接效应更重要；温度对飞蝗暴发的生态学效应是周期或频率依赖的作用。而且，气候周期性变化在影响蝗灾发生的同时，加剧了旱灾和涝灾，导致粮食短缺，从而显著增加了我国人为灾害的发生频次。

通过构建温度驱动的模型、温度驱动的模型与气候变暖情景模型结合、有效积温模型等模型来预测气候变化对昆虫的影响，也是当前研究气候变化对昆虫影响的一个重要方法。这些模型大多基于昆虫生活史特征，如活动性、内禀增长率、化性、取食行为及抗逆性等特性，将昆虫分为不同的功能团组，分析气候变化对昆虫的影响。最近，不少科学家利用软件来预测气候变暖对昆虫的影响。其中 CLIMEX 是用来预测气候变暖条件下昆虫分布的常用软件，它反映适用于昆虫地理分布和相对丰盛度主要取决于气候因子。至今该软件已预测了舞毒蛾、模毒蛾、欧洲玉米螟和马铃薯甲虫的发生分布。但预测结果仅考虑适生区（即理论分布），而实际上昆虫的分布还受到其他因素如寄主植物、天敌和人类活动等影响。GIS 等软件也是研究气候变暖对害虫影响的重要工具，它适用于气候变暖条件下害虫的风险评估、显示害虫空间分布动态和害虫发生趋势预测等方面的研究。例如，Ponti 等曾利用 GIS 软件预测了橄榄随着温度的升高向高海拔地区扩张，橄榄实蝇［*Bactrocera oleae*（Rossi）］也将向原来寒冷的不适宜生存的地方扩张，而缩小在温暖的内陆低地的分布，这些地区的温度已接近适生温度上限，橄榄实蝇在这些地区的发生风险降低。

野外自然条件下的生态系统增温实验是研究全球变暖与陆地生态系统关系的重要方法，其研究结果为陆地生态系统结构与功能的中长期动态模型预测和验证提供关键的参数估计。目前，广泛用于各种生态系统类型的温度控制装置包括温室（greenhouse）和开顶箱（open-top chamber，OTC）、土壤加热管道和电缆（soil heating pipes and cables）、红外线反射器（infrared reflector）和红外线辐射器（infrared radiator）四大类。这些增温装置在设计、技术和增温机制上各有特点，其中，红外线辐射器在昆虫增温试验中应用较为广泛。该装置是通过悬挂在样地上方、可以散发红外线辐射的灯管来实现的，其增强了向下的红外线辐射及缩短昼夜温差，能够较好地模拟气候变暖。国内外科学家采用红外线辐射器已在多个生态系统上取得大量研究成果。

三、温度胁迫对昆虫影响的研究——以花角蚜小蜂为例

（一）背景

温度是影响昆虫生命活动的重要因素。当外界环境温度超过一定限度时，昆虫的生长发育、生殖及存活等生命活动会受到严重影响。花角蚜小蜂（*Coccobius azumai* Tachikaw）是松突圆蚧（*Hemiberlesia pitysophila* Takagi）的专一性寄生蜂，其寄生和摄食寄主的能力强，是我国控制松突圆蚧最有效和应用面积最大的天敌。为了探讨花角蚜小蜂能否保持种的繁衍，钟景辉（2011）选择花角蚜小蜂雌成虫作为研究对象，通过系列梯度温度胁迫试验，比较分析其产卵和存活情况。

（二）方法

1）试验用蜂　　从福建省泉州市洛江区马甲仙公山马尾松林花角蚜小蜂放蜂区中随机剪取受松突圆蚧危害的带枝松针，置于专用收蜂室内，收集当天 12：00 前羽化的花角蚜小蜂，并按雌雄比为 6：1 的比例进行配对，保持每试管 7 或 14 头，在显微镜下雌、雄数量与性别比例核对无误后，立即放入 2 条浸有 20%蜂蜜的 3～4 cm 长的滤纸细条供其补充营养，管口用松散棉花塞封口。在室温下饲养、交配 2～3 h 后，去除雄蜂和含有蜂蜜水的滤纸，进行各项温度胁迫试验。花角蚜小蜂寄生用的松突圆蚧采自非放蜂区。

2）温度胁迫试验　　以 25℃为对照，选择 30℃以上和 15℃以下（含 15℃）作为胁迫温度，分别设 5℃、10℃、15℃、33℃、36℃、38℃共 6 种胁迫温度，并模拟自然变温（渐变）过程。具体处理为：①38℃胁迫，33℃ 6 h，恢复 1 h→36℃ 4 h，恢复 1 h→38℃ 4 h→25℃（RH 70%，L16：8 D，下同）；②36℃胁迫，33℃ 6 h，恢复 1 h→36℃ 4 h→25℃；③33℃胁迫，33℃ 6 h→25℃；④15℃胁迫，15℃ 6 h→25℃；⑤10℃胁迫，15℃ 6 h，恢复 1 h→10℃ 4 h→25℃；⑥5℃胁迫，15℃ 6 h，恢复 1 h→10℃ 4 h，恢复 1 h→5℃ 4 h→25℃。上述恢复措施为置于 25℃环境条件下以使花角蚜小蜂尽可能恢复活性。各处理雌蜂 12 头或 18 头，重复 3 次。各处理结束（放置于 25℃环境条件下 30 min）后，挑取活动协调的雌虫，进行产卵与存活实验。

3）产卵与存活统计　　在解剖镜下挑开供花角蚜小蜂寄生用的松突圆蚧松针叶鞘，每针挑选 1 头松突圆蚧活雌蚧（孕卵期，未脱离松针，剔除其他虫态）放入底部铺上滤纸的直径 5 cm 的培养皿内，每培养皿 10 头（针）。后小心接引入 1 头温度胁迫处理过的花角蚜小蜂雌蜂，让其寄生。寄生 1 d 后，将各培养皿的花角蚜小蜂引出，再供给 10 头蚧虫，如此重复，直到小蜂死亡，并记录死亡时间。供寄生后的雌蚧及时解剖镜检，记录每只花角蚜小蜂逐日产卵数量。各处理接 10 头，重复 3 次共 30 头，试验环境温度 25℃。以放置于 25℃环境条件下未经温度胁迫的花角蚜小蜂的存活和逐日产卵量数据作为对照。

（三）结果

1）温度胁迫对花角蚜小蜂产卵量的影响　　在 5℃、10℃、15℃、33℃、36℃、38℃温度梯度内，花角蚜小蜂产卵量在 15℃时最大（平均 2.93 粒），33℃时次之（平均 2.17

粒），10℃时第三（平均 1.97 粒）；在 38℃时不能产卵，36℃时仅在第 1 天产卵，5℃时第 1~2 天产卵，但总量比 10℃、15℃、33℃时少。而对照（25℃）花角蚜小蜂平均产卵量达到 5.23 粒，表明温度过高或过低都不利于产卵。从产卵历期上看，产卵主要分布在胁迫处理后第 1~2 天内，5℃、10℃、15℃、33℃时第 3 天均有少量产卵，15℃时第 4 天也有少量产卵，各种温度胁迫下第 5 天均不再产卵，总体上产卵随着时间的推移逐日减少，与对照基本相同。对不同温度胁迫下的逐日产卵量进行方差分析，结果表明，不同温度、不同历期（时间）、温度与历期的交互作用均对花角蚜小蜂的产卵量产生显著影响。经 Tukey's 法多重比较结果表明，温度胁迫后第 1 天，产卵量在 25℃、36℃时与其他各温度有显著差异，10℃、15℃、33℃两两之间和 5℃、38℃之间没有显著差异；第 2 天，产卵量在 15℃、25℃之间，15℃、33℃之间，5℃、10℃、33℃两两之间，36℃、38℃之间没有显著差异，其他温度之间有显著差异；第 3 天，产卵量在 25℃时与其他各温度间有显著差异，15℃时除与 10℃时无显著差异外，与其他各温度间均有显著差异；第 4 天，产卵量在 25℃时与其他各温度间有显著差异，其他各温度间无显著差异；第 5 天，产卵量各温度之间均无差异（均不产卵）。

2）温度胁迫对花角蚜小蜂存活的影响　　在 5℃、10℃、15℃、33℃、36℃、38℃温度梯度内，花角蚜小蜂在 38℃高温时不能存活；36℃时仅在第 1 天存活，第 2 天全部死亡；5℃、10℃、33℃下存活 3 d，第 4 天全部死亡；15℃时和对照均存活 4 d，第 5 天全部死亡。总体上，在 25℃以上（33℃、36℃、38℃），温度越高，花角蚜小蜂死亡越快；而在 25℃以下（5℃、10℃、15℃），温度越低，花角蚜小蜂死亡越快。对不同温度胁迫下花角蚜小蜂雌成虫累计死亡情况进行方差分析表明，不同温度、不同历期（时间）、温度与历期的交互作用对花角蚜小蜂死亡率均有显著影响。经 Tukey's 法多重比较，结果表明，温度胁迫后第 1 天，花角蚜小蜂的死亡率在 5℃、10℃、33℃两两之间，10℃、15℃、25℃、33℃两两之间，36℃与 38℃之间没有显著差异，其他各温度之间有显著差异；第 2 天，5℃、10℃、33℃两两之间，10℃、15℃、25℃两两之间，36℃与 38℃之间没有显著差异，其他各温度之间有显著差异；第 3 天，15℃与 25℃之间，5℃与 10℃之间，33℃、36℃、38℃两两之间无显著差异，其他各温度之间有显著差异；第 4 天，25℃与其他温度之间有显著差异，其余两两之间无显著差异；第 5 天各温度之间均无显著差异（均全部死亡）。

第二节　大气 CO_2 浓度增加对昆虫的影响及其作用机制

CO_2 是主要的温室气体，其引起的全球变暖效应占全部温室气体 50%~60%。工业革命以来，煤、石油、天然气等化石能源的广泛应用，以及人类砍伐森林等对自然环境的破坏，导致全球大气 CO_2 浓度不断上升。工业革命前，大气中 CO_2 浓度为 280 μL/L，到 2005 年约为 379 μL/L，预计 21 世纪末将达到 700 μL/L 左右。相反，植食性昆虫危害绿色植物，除消化利用的过程直接排放 CO_2 外，其为害使绿色植物的光合作用能力降低，固定 CO_2 和释放 O_2 的能力下降。CO_2 是植物光合作用的重要原料，直接影响植物生长发育，并通过改变植物组织内化学物质成分及含量，间接影响植食性昆虫，甚至通过食物链影响到以昆虫为食的天敌昆虫。解海翠等（2013）介绍了大气 CO_2 浓度升高对农业生态系统内植物、植食性昆虫及天敌影响。

一、大气 CO_2 浓度增加对昆虫的影响

（一）大气 CO_2 浓度升高对植物的影响

1）对植物中营养物质的影响　　CO_2 是植物光合作用的重要原料，大气 CO_2 浓度升高对植物有"施肥效应"，尤其有利于 C3 植物的光合作用和生产力的提高，但同时也会引起植物组织内的化学组分和营养价值的改变，如大气 CO_2 浓度升高导致植物组织内 C/N 发生变化。多数学者认为，植物组织内 C/N 增加主要表现为碳水化合物含量提高，N 含量降低。也有研究认为，大气 CO_2 浓度升高对植物组织中 C/N 含量无显著影响，如 C3 植物中的豆科植物红车轴草（*Trifolium pretense* L.）和草木樨［*Melilotus alba*（L）Pall.］在高 CO_2 浓度条件下生长，它们的 C、N 含量及 C/N 并没有受到影响。在高 CO_2 浓度条件下生长的小麦（*Triticum aestivum* L.）组织中葡萄糖、二糖和总糖含量显著增加，而果糖和三糖含量下降；棉花（*Gossypium* spp.）组织中游离脂肪酸、游离氨基酸和次生代谢物质含量增加，可溶性蛋白含量显著降低。高 CO_2 浓度条件下生长的玉米籽粒中 N、蛋白质及总氨基酸含量分别降低了 13.8%、18.0% 和 55.5%。

2）对植物中抗虫物质的影响　　在一些植物组织中次生抗虫物质酚类、黄酮类及 Bt 毒素等含量随 CO_2 浓度升高而改变。OTC 中种植转基因棉的研究结果显示，与对照相比，750 μL/L CO_2 处理的转 Bt 棉（GK-12）与亲本棉铃（Simian-3）中缩合单宁含量分别提高 21.7% 与 24.3%，棉酚含量提高 25.2% 与 23.1%，Bt 棉花棉铃内 Bt 毒素含量显著降低 18.6%，并且降低幅度与棉花中 N 含量有关。高 CO_2 浓度条件下苜蓿（*Medicago sativa* L.）组织中皂苷含量增加，但黄酮类化合物含量变化不大；油菜（*Brassica rapa* L.）中总酚含量降低，而甘蓝（*Brassica oleracea* L.）中总酚含量没有变化。十字花科植物中芥子油含量变化差异显著，即芥菜［*Brassica juncea*（L.）］叶片内芥子油含量明显降低，而萝卜（*Raphanus sativus* L.）叶片中含量变化不大。

大气 CO_2 浓度升高导致植物组织内与抗虫物质有关的基因调控改变，从而影响植物的抗虫性。如开放式气室（free-air CO_2 enrichment，FACE）中 550 μL/L CO_2 处理的大豆［*Glycine max*（L.）Merr.］中抗虫物质茉莉酸和乙烯相关基因表达下降，使半胱氨酸蛋白酶抑制子活性降低，从而使植物对昆虫的抗性降低。在高 CO_2 浓度条件下被小菜蛾取食的拟南芥［*Arabidopsis thaliana*（L.）Heynh.］中硫配糖体含量增加 28%～62%，这种可诱导的基因调控反应与基因特异性及拟南芥不同植株个体中的硫配糖体有关。

（二）大气 CO_2 浓度升高对植食性昆虫的影响

1）对昆虫体内化学物质的影响　　大气 CO_2 浓度升高使昆虫体内营养物质含量下降，可能对其生长发育不利。同时，其体内酶类活性与含量也发生变化。例如，高 CO_2 浓度条件下，用人工饲料饲养的棉铃虫［*Helicoverpa armigera*（Hübner）］体内蛋白质和总氨基酸含量降低，游离脂肪酸含量不变，淀粉酶、超氧化物歧化酶和乙酰胆碱酯酶活性增加，而谷胱甘肽转移酶活性降低。高 CO_2 浓度条件下饲养的麦长管蚜［*Sitobion avenae*（Fabricius）］体内乙酰胆碱酯酶活性与蚜虫对报警信息素的响应呈显著负相关，同时超氧化物歧化酶和乙酰胆碱酯酶活性提高。用高 CO_2 浓度条件下生长的常规棉和转基因棉饲喂棉蚜（*Aphis gossypii* Glover）和

棉铃虫时, 两者体内过氧化氢酶、超氧化物歧化酶和乙酰胆碱酯酶含量均增加。

　　2）对昆虫个体生长发育和繁殖的影响　　大气 CO_2 浓度升高对咀嚼式口器昆虫生长发育不利。高 CO_2 浓度条件下取食转基因棉的棉铃虫体质量、繁殖力和相对生长率均降低, 蛹历期延长, 个体食物转化率和消化率也降低。在人工饲料饲养条件下, 随 CO_2 浓度增加, 棉铃虫幼虫发育历期也有延缓趋势。高 CO_2 浓度条件下, 用人工饲料饲养 3 代棉铃虫对其个体影响不大, 而用玉米（Zea mays L.）粒饲养对后代影响较大, 表现为幼虫历期延长, 繁殖力和内禀增长率降低。用灌浆期麦粒连续饲养 3 代棉铃虫发现每代平均蛹质量降低, 第三代幼虫历期也明显延长。高 CO_2 浓度条件下异黑蝗 [Melanoplus differentialis（Thomas）] 与迁飞黑蝗 [Melanoplus sanguinipes（Fabricius）] 取食须芒草（Andropogon gerardii Vitman）后两种成虫产卵量降低。高 CO_2 浓度对咀嚼式口器昆虫生长有利。如高 CO_2 浓度条件下, 甜菜上甜菜夜蛾（Spodoptera exigua Hünber）幼虫数量和存活率均有所增加。高 CO_2 浓度条件下对刺吸式口器昆虫生长发育影响的结论不尽一致, 如甘蓝蚜 [Brevicoryne brassicae（L.）] 内禀增长率（r_m）、繁殖速率（R_0）和周限增长率（λ）均显著增加, 而平均世代历期（T）与倍增时间（D_t）降低。用高 CO_2 浓度条件下生长的棉花饲喂棉蚜, 其发育历期缩短, 繁殖力增加; 在甘蓝上生长的桃蚜 [Myzus persicae（Sulzer）] 生殖力增强, 在欧洲千里光（Senecio vulgaris L.）上则无变化。高 CO_2 浓度条件下不同寄主植物上生长的茄沟无网蚜（Aulacorthum solani Kalt.）的生长发育情况不同, 在蚕豆（Vicia faba L.）上生长, 日产仔量增加 16%, 对其发育历期无影响; 而在艾菊（Tanacetum vulgare L.）上生长, 日产仔量则无影响, 发育历期降低 10%。

　　近来有较多文献报道增加 CO_2 浓度与温度或 O_3 等双重作用因子对昆虫个体生长的影响。例如, 700 μL/L CO_2 浓度与温度上升 3℃ 条件下, 潜叶蛾 [Dialectica scalariella（Zeller）] 发育速度减慢, 成虫质量下降。舞毒蛾幼虫在大气 CO_2 浓度升高 150～300 μL/L 和温度上升 3.5℃ 时, 取食寄主叶片后, 其生长量降低。750 μL/L CO_2 浓度和不同温度（20/15℃、23/18℃ 和 26/21℃）组合条件下, 苦茄上大戟长管蚜（Macrosiphum euphorbiae Thomas）平均体质量随温度升高而降低。桃蚜在高温条件下的发育历期和若虫体质量降低, 而甘蓝蚜则对温度变化无响应。这两种蚜虫对高 CO_2 浓度条件下不同温度及转基因和非转基因油菜处理则没有响应。

　　3）对昆虫种群动态的影响　　大气 CO_2 浓度升高对不同种类昆虫的种群数量影响不同。高 CO_2 浓度条件下, 大豆田中玉米根萤叶甲（Diabrotica virgifera LeConte）和大豆蚜（Aphis glycines Matsumura）种群数量均增加。与对照相比, 大豆田中玉米根萤叶甲的产卵量增加约 2 倍。在长达 9 年观测 CO_2 浓度升高对昆虫种群数量影响的试验中发现, 生长在 3 种寄主植物上的 6 种潜叶蝇（Stigmella sp.、Cameraria sp.、Buccalatrix sp.、Stilbosis sp., 另外两种未鉴定）种群密度下降。在高 CO_2 浓度条件下, 棉花上生长的烟粉虱 [Bemisia tabaci（Gennadius）] 种群数量没有发生明显变化。高 CO_2 浓度条件下, 不同蚜虫的种群数量反应各异。Holopainen 对高 CO_2 浓度条件下 26 项有关蚜虫与寄主植物组合的研究结果显示, 对蚜虫种群有利的有 6 项, 没影响的有 14 项, 不利的有 6 项。禾谷缢管蚜种群数量随 CO_2 浓度升高而增加, 并且随土壤水分含量对寄主植物的影响而变化。Newman 等认为, 未来 CO_2 浓度升高条件下, 蚜虫种群数量变化与蚜虫对氮的需求程度及土壤含氮量有关。大气 CO_2 浓度升高可使具有相似生态位的昆虫竞争方式改变, 导致生态位分离。高

CO_2 浓度条件下禾谷缢管蚜分别与麦长管蚜或麦二叉蚜同时存在时，种群间竞争压力降低，生态位重叠减少，增加了种群暴发的可能性。高 CO_2 浓度条件下，原来的优势种桃蚜种群数量减少，而甘蓝蚜种群数量明显增加，使两种蚜虫所占据的实际生态位发生改变。当烟粉虱和棉蚜种群同时存在时，在苗期与花期的非转基因棉上，高 CO_2 浓度处理的烟粉虱种群数量显著增加，而棉蚜种群数量降低，即前者占有更宽的生态位。

4）对昆虫行为的影响　　大气 CO_2 浓度升高对昆虫行为的影响可分为直接影响和间接影响。直接影响表现为昆虫可通过嗅觉感受细胞直接感受环境中高 CO_2 浓度而影响其行为，如曼陀罗（*Datura stramonium* L.）花开放时释放出的大量 CO_2 能够吸引烟草天蛾 [*Manduca Sexta*（L.）] 取食其花蜜，增加 CO_2 浓度也能影响烟草天蛾和仙人掌螟蛾 [*Cactoblastis cactorum*（Berg）] 的产卵行为。由于它们的 CO_2 感受细胞不同，与仙人掌螟蛾相比，CO_2 浓度对烟草天蛾产卵的抑制作用较小。间接影响表现为高 CO_2 浓度使寄主植物释放更多的绿叶气味，吸引昆虫的取食与产卵。例如，Y 形嗅觉仪测定结果显示，与对照植株相比，日本丽金龟（*Popillia japonica* Newman）更喜欢高 CO_2 浓度条件下生长的寄主，这可能由于高 CO_2 浓度使被昆虫取食的寄主叶片中绿叶气味增加所致。利用 Y 形嗅觉仪测定麦长管蚜的寄主选择行为，发现其趋向于选择高 CO_2 浓度条件下生长的小麦。以高 CO_2 浓度条件下生长的小麦与对照小麦作为微景观时，麦长管蚜趋向选择高 CO_2 浓度条件下生长的小麦产卵。

（三）大气 CO_2 浓度升高对天敌的影响

天敌昆虫其对大气 CO_2 浓度升高的响应主要表现在两个方面：一方面是在个体生物学行为习性，包括生长发育、繁殖和行为等的改变；另一方面则反映在大气 CO_2 浓度升高通过寄主植物对植食性昆虫（即天敌的寄主）的影响而间接作用于天敌，尤其是寄主昆虫的量（种群数量）和质（化学物质）会直接影响到天敌个体、群体及行为的适应性发生变异。

在大气 CO_2 浓度升高的"植物-植食性昆虫-天敌"系统中，寄主昆虫量变导致天敌的种群数量改变，而寄主昆虫质变导致天敌的生长发育及天敌对寄主昆虫的控制作用改变。例如，在"小麦-麦长管蚜-蚜茧蜂 [*Aphidius gifuensis*（Ashmead）]"系统中，高 CO_2 浓度条件下麦长管蚜种群数量增加，导致天敌蚜茧蜂种群数量上升。在"棉花-棉蚜-异色瓢虫（*Leis axyridis* Pallas）"系统中，高 CO_2 浓度条件下棉蚜体内的干物质和脂肪含量发生变化，使异色瓢虫的平均相对生长率显著提高，幼虫和蛹历期缩短，对棉蚜的捕食量增加，大气 CO_2 浓度增加将增强异色瓢虫对棉蚜的控制作用。高 CO_2 浓度条件下的"棉花-棉蚜-龟纹瓢虫 [*Propylea japonica*（Thunberg）]"系统中，棉蚜取食高棉酚含量的棉花时体内游离脂肪酸含量增加，存活率上升，取食蚜虫的龟纹瓢虫幼虫历期明显延长，龟纹瓢虫对棉蚜的控制作用可能减弱。但也有研究结果指出，在"植物-植食性昆虫-天敌"系统中，大气 CO_2 浓度升高对天敌没有影响。例如，大气 CO_2 浓度升高使寄主甘蓝组织中化学物质含量变化并没有影响猎物甘蓝蚜和桃蚜的质量，天敌锚斑长足瓢虫（*Hippodamia convergens* Guérin-Méneville）捕食量与寄生蜂 *Diaeretiella rapae*（M' Intosh）寄生率也没有变化。在"小麦-棉铃虫-中红侧沟茧蜂（*Microplitis mediator* Haliday）"系统中，高 CO_2 浓度对连续饲养两代的棉铃虫生长发育影响不大，中红侧沟茧蜂对棉铃虫的寄生率也没发生变化。在"棉花-B 型烟粉虱（*Bemisia tabaci*）-丽蚜小蜂（*Encarsia formosa*）"系统中，高 CO_2 浓度对 B 型烟粉虱繁殖没有影响，天敌丽蚜小蜂的发育历期、寄生率和出蜂率也无显著变化。

二、大气 CO_2 浓度升高对昆虫的作用机制

大气 CO_2 浓度升高将会增强植物的光合作用，加速植物的生长与发育，增加作物的产量；同时还会增加植物体内的碳氮比，改变植物对初生和次生代谢产物的资源分配，进而对叶片的营养物质及次生抗性物质含量产生影响，这些变化将最终通过食物链作用于以之为食的植食性昆虫。下面着重以 CO_2 浓度升高为作用因子，以植物和植食性昆虫的相互关系为对象，比较咀嚼式口器昆虫与刺吸式口器昆虫对大气 CO_2 浓度升高的行为响应和危害特征，分析不同取食类型昆虫-植物对大气 CO_2 浓度升高的响应机制（孙玉诚等，2011）。

（一）昆虫种群对大气 CO_2 浓度升高响应的特征

大气 CO_2 浓度升高不利于咀嚼式口器昆虫的生长发育和种群增长。例如，在高 CO_2 浓度下，棉铃虫在小麦、玉米和棉花上的发育历期延长，虫重减轻，适合度下降。取食植物 *Populus pseudo-simonii* Kitag 和 *Betula platyphylla* Suk.的舞毒蛾幼虫的体重下降，生长发育明显放缓。相对于咀嚼式昆虫在 CO_2 浓度升高条件下适应力下降的趋势，以蚜虫为代表的刺吸式口器昆虫对 CO_2 浓度升高的响应存在种间特异性（species-specific），即使是同一蚜虫取食不同寄主植物对 CO_2 浓度升高的响应也明显不同。例如，Awmack 等研究发现，随着大气 CO_2 浓度升高，取食冬小麦的麦长管蚜产卵期提前，繁殖力提高；而 Diaz 等的研究却表明在禾本科的 4 种草本植物上，麦长管蚜的繁殖力并没有发生改变。陈法军等和 Chen 等发现高 CO_2 浓度下处理的棉蚜发育历期缩短，繁殖力增加，棉蚜的发生量增加。但这种作用对生长在转 Bt 棉 GK-12 和常规棉 Simian-3 上的棉蚜影响不同，转 Bt 棉 GK-12 上的棉蚜发生量明显高于常规棉 Simian-3 上的蚜虫发生量。刺吸式口器蚜虫类是目前观测到对 CO_2 升高有积极响应的唯一一类昆虫，预计在未来大气 CO_2 浓度持续升高的情况下蚜虫种群有暴发的可能性。

（二） CO_2 浓度升高下昆虫对寄主植物的行为响应

咀嚼性昆虫的取食喜好及寄主选择行为对 CO_2 浓度升高的响应因物种不同而异。例如，Marcel 和 Andreas 利用 4 种草本科植物 *Agrostis stolonifera* L.、*Anthoxanthum odoratum* L.、*Festuca rubra* L.和 *Poa pratensis* L.研究了不同 CO_2 浓度下的眼蝶（*Coenonympha pamphilusc* L.）幼虫行为表现，发现在对照 CO_2 浓度下，幼虫偏向取食 *A. stolonifera* 与 *F. rubra*，而在高 CO_2 浓度下，幼虫偏向取食 *A. odoratum* 与 *P. pratensis*。Abrell 等发现， CO_2 浓度升高降低了仙人掌螟蛾 [*Cactoblastis cactorum*（Berg）] 的产卵行为及烟草天蛾搜寻食物的能力。而 Arnone 等却认为， CO_2 浓度升高对昆虫的寄主选择行为没有影响。

CO_2 浓度升高对刺吸式口器昆虫的取食行为也产生影响。在高 CO_2 环境中，由于光合作用的增强，更多的碳源物质被分配到叶片，植物叶片的多种组织如叶片表面的蜡质角质层、表皮组织和细胞壁的显微结构等都会不同程度增厚。

CO_2 浓度升高改变了植物叶片的物理结构，导致蚜虫的口针到达韧皮部筛管前的刺吸变得更加困难；另外，CO_2 浓度升高导致植物 C/N 值增加，改变韧皮部液汁的营养物质含量，这将对蚜虫的取食特征产生影响。张广珠等利用刺吸电位仪（electronic penetration graph，EPG）技术研究了麦长管蚜在不同浓度 CO_2 环境下的取食行为特征，结果显示，在 CO_2 浓度升高环境中蚜虫的首次吸食汁液的时间延迟，且取食持续时间延

长，显示 CO_2 浓度升高导致蚜虫花费更多的时间在寄主植物上取食。

CO_2 浓度升高还会影响植物的挥发物，改变化学信号物质的含量及释放速率，进而影响天敌昆虫搜寻植食性昆虫的能力。例如，CO_2 浓度升高减少了甘蓝受植食性昆虫小菜蛾危害以后所诱导的挥发物（Z）-3-hexenyl acetate、DMNT 及单萜类含量，导致其捕食性天敌 *Podisus maculiventris*（Say）及寄生性天敌 *Cotesia plutellae*（Kurdjumov）搜索寄主昆虫的效率降低。

大气 CO_2 浓度的升高还将通过寄主植物的介导作用改变昆虫的种间关系。Sun 等研究了 CO_2 浓度升高对 3 种麦蚜（麦二叉蚜、禾谷缢管蚜和麦长管蚜）种间关系的作用，发现在高 CO_2 浓度下，禾谷缢管蚜单一种群上升，而麦二叉蚜与麦长管蚜种群数量却同时下降，这可能是由于禾谷缢管蚜对于竞争及植物液汁的营养变化更加敏感所致；同时发现，高 CO_2 浓度下同一植株上 3 种麦蚜种群的生态位重叠指数减少，3 种麦蚜之间的竞争作用下降。高 CO_2 浓度下植物的体积增大，以及 3 种麦蚜在同一植株上取食位点的分化可能是产生上述现象的主要原因。Li 等研究表明，在未来 CO_2 浓度升高条件下烟粉虱相对棉蚜更能够适应环境的改变，烟粉虱可能会在未来竞争环境中更具有优势。

（三）CO_2 浓度升高下昆虫对寄主植物的为害能力

CO_2 浓度升高还将改变昆虫与植物关系，影响昆虫对寄主植物的为害能力。Wu 等利用高 CO_2 浓度处理生长的麦穗喂饲棉铃虫幼虫，发现比对照 CO_2 浓度下第 2 代和第 3 代种群数量分别下降了 8.81% 和 23.87%。Knepp 等发现，在高 CO_2 浓度降低了咀嚼食叶害虫对 12 种阔叶树的危害。尽管 CO_2 浓度升高降低了咀嚼式口器的种群适合度，但单头幼虫由于补偿取食，取食量却上升。从整个种群的危害程度来看，CO_2 浓度升高加重了棉铃虫种群对棉花和玉米的为害，却减轻了对小麦的为害作用。取食韧皮部液汁的蚜虫种群对于 CO_2 浓度升高的危害作用存在很大的寄主植物品种的特异性，而且蚜虫个体对大气 CO_2 浓度升高的响应不一定最终决定蚜虫种群危害作用能量的变化。Holopainen 曾分析了 26 项有关蚜虫对大气 CO_2 浓度升高响应的研究，发现其中 6 项研究是 CO_2 浓度升高对蚜虫种群有利，6 项研究对蚜虫种群不利，其余 14 项表现为无影响。Hughes 等对 5 种蚜虫种群的研究显示，不同的蚜虫种群数量对大气 CO_2 浓度升高反应各异，1 种蚜虫数量增加，1 种减少，另外 3 种没有改变。

（四）咀嚼口器昆虫对 CO_2 浓度升高的响应机制

在解释大气 CO_2 浓度升高不利于咀嚼式口器昆虫的生长发育和种群增长的机制上，通常认为大气中的 CO_2 浓度升高直接导致了植物的含 N 量的降低及 C/N 值的升高，从而降低了植物的营养含量，不利于昆虫的生长发育和种群增长。植食性昆虫为适应大气 CO_2 浓度的增加下植物营养的降低主要采用两种对策：一是通过增加个体的取食以获得更多的植物营养物资来补偿其对含氮物质的需要；二是减缓生长发育进程。大量研究表明，昆虫主要通过延长发育历期、降低生长速率和食物转化率及氮的利用来响应大气 CO_2 浓度的增加下植物营养的变化。例如，在加倍的大气 CO_2 环境（750 μL/L）中，所生长的转 Bt 基因棉花 GK12 和常规棉花 Simian-3 的棉铃中可溶性糖、淀粉、总糖量和总糖均显著增加，而水分含量和氮含量显著降低。利用这些棉铃分别饲喂棉铃虫，则表现出大气 CO_2 浓度升高使棉铃虫生长发育减慢、体重和单雌产卵量减少、营养利用效率减少，其种群数量和适合度下降等特征。

　　大气 CO_2 浓度升高还可通过改变植物的次生代谢物质影响咀嚼式昆虫的生长发育。其中，碳氮营养平衡（carbon nutrient balance，CNB）假说被用来解释这个机制，该假说认为植物化学防御物质的产生受组织内可利用的碳氮等营养物质的限制。例如，当大气 CO_2 浓度升高时，植物（棉花）光合作用的提高和组织内含氮量的降低，会导致棉花体内含碳的化学防御物质（如酚类物质和单宁等）增加，含氮的化学防御物质（如生物碱类物质）降低。因此，当棉铃虫取食高 C/N 值的寄主植物时，由于这类植物中含碳化学防御物质的增加和组织中氮含量的降低，导致昆虫的发育延缓，死亡率增加。

　　Zavala 等利用分子生物学手段研究了昆虫个体生理的消化代谢相关通路对 CO_2 浓度升高的适应性机制。研究发现，高 CO_2 浓度下咀嚼式昆虫可以触发植物的防御信号物质——茉莉酸（jasmonic acid，JA）途径的表达，高 CO_2 浓度使大豆植物体内编码与 JA 途径相关的信号物质的基因转录活性下调，使日本甲虫（*Popillia japonica* Newman）体内的中肠蛋白酶活性上调，使得大豆对日本甲虫变得更加敏感。

（五）刺吸式口器昆虫对 CO_2 浓度升高的响应机制

　　取食韧皮部的蚜虫类是唯一一类与 CO_2 浓度成正相关的昆虫，针对这种响应特征，国际上提出两种解释的可能性，植物介导的上行效应（bottom-up effect）和天敌介导的下行效应（top-down effect）。上行效应模型认为，蚜虫种群对寄主组织内氮营养的需求和对种群密度大小的反应敏感程度决定其对大气 CO_2 浓度增加的反应，假如一种蚜虫对于氮素营养需求低且其对自身种群密度的敏感程度低，则该种蚜虫种群更有可能在大气 CO_2 浓度升高的情况下上升，反之则下降，该模型解释了不同种蚜虫对于 CO_2 浓度升高所表现出来的种群上升、不变及下降的机制；下行效应模型则认为，在 CO_2 浓度升高的情况下，寄主植物只是决定蚜虫种群的一个方面，天敌对于蚜虫种群的控制同样非常有效，但天敌并不会改变蚜虫对于 CO_2 浓度升高的响应。无论是"上行效应"和"下行效应"都认为不同的寄主植物-蚜虫系统的特异性是导致蚜虫种群差异变化的重要原因。

　　此外，O'Neill 等提出，CO_2 浓度升高可能通过改变蚜虫周围的微环境来影响昆虫的生长及种群。CO_2 浓度升高降低植物的气孔导度，随着气孔导度的降低，导致叶片表面的温度升高 $1\sim2℃$，这种微环境的温度升高可能是导致大豆蚜取食大豆后种群增加的原因之一。

　　Sun 等分析了在高 CO_2 浓度环境中取食棉花的棉蚜中 16 种常见氨基酸的供需平衡，发现大气 CO_2 浓度升高降低了棉叶液汁氨基酸含量，而棉蚜体内的游离氨基酸含量却随着 CO_2 浓度升高而升高。尽管棉蚜蜜露中游离氨基酸的含量没有发生变化，但在高 CO_2 浓度环境中取食棉花的棉蚜却分泌出更多量的蜜露。张广珠等进一步分析了棉蚜取食高 CO_2 浓度环境中棉花的刺吸电位图（EPG），发现棉蚜取食高 CO_2 浓度环境中棉花的刺探时间和有效取食时间均增加，表明在高 CO_2 浓度环境中，棉蚜通过取食更多的棉花韧皮部液汁维持自身的生长发育。

　　不仅如此，CO_2 浓度升高还可能通过改变植物激素水平，调节植物对昆虫的抗性，影响植食性昆虫的种群适合度。刘勇等以模式植物拟南芥和刺吸式口器昆虫桃蚜〔*Myzus persicae*（Sulzer）〕为研究对象，利用多种拟南芥防御途径缺失的突变体为材料，通过转录组测序和分子生物学等手段，研究大气 CO_2 浓度升高对植物诱导抗性及桃蚜种群适合度的影响。结果表明，CO_2 浓度升高将增强植物对蚜虫的无效抗性——水杨酸信号途径，削弱植物对蚜虫的有效抗性——茉莉酸信号途径，从而增加桃蚜在拟南芥上的种群数量。

三、CO₂浓度升高对植物和昆虫影响的研究方法

研究大气 CO_2 浓度升高对植物、昆虫的影响需要一个稳定的 CO_2 浓度空间。气室被认为是较好的试验装置。国内外有关气室的研究经历了从密闭式静态气室（closed-static chamber，CSC）、密闭式动态气室（closed-dynamic chamber，CDC）到 OTC 3 个阶段。近年来，FACE 的研究也在逐渐开展。CSC 与 CDC 均为密闭式室内气室，CSC 是在密闭环境中人工调控 CO_2 通入量，但 CO_2 浓度控制精确性低、随机性大。与 CSC 相比，CDC 能够自动调控环境中 CO_2 浓度，并且稳定性高，但植物生长空间和昆虫活动范围受到限制，气室内光照不足也是密闭式气室的固有缺点。OTC 为气室顶部开放的室外气室，自动控制系统调控气室内 CO_2 浓度。相对于密闭式气室，开放式室外气室内植物生长环境更接近自然条件。FACE 是在田间自然条件下，调控植物周围 CO_2 浓度的"室外气室"，真实地模拟未来气候变暖下的植物生长环境。但由于其控制系统设计复杂及 CO_2 消耗更多，试验成本大幅度增加。OTC 可以有效地增加植物周围 CO_2 浓度，使植物更好地与外界接触而不影响其生长，成本相对较低，目前被各国科学家广泛采用，20 世纪 70 年代就有科学家将 OTC 用于田间试验。其轮廓是由铝合金框架和聚氯乙烯隔板围成的正八边形圆柱体，上部为截型锥体，底部有风机向内通气，CO_2 与空气混合后进入气室，将气体从顶部排除。根据试验要求和植株大小不同，OTC 的空间尺寸也随之而变化，大多数直径 3 m、高 2.4 m 左右。国内多数试验借助既经济又能很好模拟外界环境变化的 OTC 来开展，所建 OTC 尺寸与上述基本相同，利用铝合金和玻璃做框架与室壁，换气动力为换气扇。同时，玻璃具有透光性好、结实耐用等优点，换气扇也能达到每分钟 2～3 次的换气要求。

第三节　昆虫对大气臭氧浓度升高的响应与适应

由于在工业上大量使用化石燃料、在农业上大量使用含氮（N）化肥及汽车数量的急剧增加，大气中氮氧化物（NO）和有机挥发物（volatile organic compound，VOC）的含量剧增，导致近地层大气臭氧（O_3）浓度日益升高。据报道，工业化革命前大气臭氧浓度为 10 μL/L，而今已上升到 30～40 μL/L，预计到 21 世纪中叶，大气臭氧浓度将在现有的基础上增加到 68 μL/L 左右。

臭氧（O_3）是最具危害性的空气污染。臭氧浓度升高降低了植物的光合作用和核酮糖二磷酸羧化酶的活性，影响植物的生理作用，通过改变植物的初级产物及其分配，从而引起营养物质和次生物质含量的变化。臭氧对植物"质量"的影响，通过食物链引起以植物为食的昆虫的变化，进而影响更高营养层的天敌昆虫。由于昆虫生活史短、体形小、种类繁多，且对环境变化较为敏感，因此臭氧浓度升高对不同植物上生长的昆虫影响不同。

一、昆虫对大气臭氧浓度升高的响应和适应

（一）大气臭氧浓度升高对昆虫生长发育的影响

Trumble 等报道，取食受臭氧危害的番茄植株的番茄蠹蛾［*Keiferia lycopersicella*

(Walshingham)] 发育更快,但产卵量和寿命不受影响。在高浓度臭氧条件下,烟天蛾产卵率增加,幼虫体重明显增加,存活率和生长率都提高。取食芜菁(*Brassica rapa* L.)敏感品种的大菜粉蝶 [*Pieris brassicae*(L.)] 幼虫,化蛹更快,体重更重。取食臭氧污染菜豆叶的墨西哥豆瓢虫(*Epilachna varivestis* Mulsant)的蛹重明显大于取食未受臭氧污染的菜豆叶的瓢虫蛹重。取食低浓度臭氧处理的欧洲赤松(*Pinus sylvestris* L.)幼苗,盲蝽(*Lygus rugulipennis* Poppius)若虫的平均相对生长率降低,但产卵量不受影响。叶蜂(*Gilpinia pallida* Kl.)幼虫取食低浓度臭氧处理的幼苗比取食常规空气处理的幼苗生长得好。Fortin 等发现,森林天幕毛虫(*Malacosoma disstria* Hübner)喜欢取食 3 倍于空气中臭氧浓度的臭氧处理的北美枫香(*Acer saccharum* Marsh.),而且发育加快。森林天幕毛虫取食臭氧处理的颤杨(*Populus tremuloides* Michx.),发育变快,个体增大,雌虫蛹重增加 31%。高浓度臭氧条件下,细蛾 [*Phyllonorycter tremuloidiella*(Braun)] 雄虫在颤杨上发育时间增加 8%,幼虫取食量增加 28%,臭氧还能减少雌蛾产卵量。0.1 mL/m³ 的臭氧对家蝇(*Musca domestica* L.)的长期作用是致命的,并可使雌蝇的产卵量减少。

臭氧浓度的升高对欧洲赤松和以它为食的新松针叶蜂(*Neodiprion sertifer* Geoffroy)没有明显影响。臭氧对生长在纸皮桦(*Betula papyritera* Marshall)上的毒蛾 [*Orgyia leucostigma*(J.E. Smith)] 的生长发育没有影响。Costa 等在温室和田间测定了臭氧对马铃薯(*Solanum tuberosum* L.)的胁迫效应和对马铃薯甲虫的生长、产卵和存活率的影响,他们认为,目前对流层臭氧的浓度,能够显著影响马铃薯敏感品系的产量,但对马铃薯上的甲虫种群没有影响。低水平臭氧处理并不影响松黄叶蜂(*Neodiprion sertifer* Geoffroy)幼虫的平均相对生长率和成虫产卵量。高浓度臭氧对大豆上玉米根叶甲(*Diabrotica virgifera virgifera* LeConte)的雌成虫的密度和产卵没有影响。田间试验表明,臭氧浓度增加对其他害虫对大豆的危害没有影响。

蚜虫对臭氧的反应取决于蚜虫和寄主植物的种类、植物的物候学、土壤营养的可利用性和用臭氧处理时间的长短。Kainulainen 等发现在高浓度臭氧环境中,蚜虫的生长发育与氨基酸的可利用性成正相关。一些蚜虫在高浓度臭氧条件下生长发育更好,含高浓度臭氧的空气能够提高在挪威云杉上生长的云杉长足大蚜 [*Cinara pilicornis*(Hartig)] 若虫的相对生长率,并且蚜虫后代的累积数量也增加;臭氧浓度增加会刺激欧洲榉(*Fagus sylvatica* L.)幼苗上山毛榉叶蚜 [*Phyllaphis fagi*(L.)] 的生长速度;臭氧处理豌豆(*Pisum sativum* L.),会使豌豆蚜(*Acyrthosiphon pisum* Harris)相对生长率增加 24%;Percy 等发现,臭氧不影响蚜虫的物种丰富度,但有利于白杨树上蚜虫种群扩大。高浓度臭氧对部分蚜虫具有抑制作用,氧浓度增加的空气会抑制四季豆(*Phaseolus vulgaris* L.)上豆卫矛蚜(*Aphis fabae* Scopoli)的生长;臭氧处理钝叶酸模(*Rumex obtusifolius* L.),酸模蚜(*Aphis rumicis* L.)的相对生长率降低 6%;Dohmen 发现,臭氧与二氧化氮的复合污染能促进大多数蚜虫的生长,但其中的臭氧可能起副作用。高浓度臭氧不仅影响蚕豆上豌豆蚜的种群大小,而且会影响其基因型和表现型的频度(genotypic and phenotypic frequency)。另外一些蚜虫则不受臭氧水平的影响,欧洲赤松上的松大蚜(*Cinara pinitabulaeformis* Zhang et Zhang),间断性暴露于臭氧浓度为 48 μL/m³ 的空气中 4~96 h,种群取食量和数量与对照相比没有显著差异。用北美云杉上的云杉长足大蚜 [*Cinara pilicornis*(Hartig)]、云杉高蚜 [*Elatobium abietinum*(Walker)]、欧洲赤松上的松大蚜做同样的实验,不管是连续暴露还是间断暴露,种群取食量和数量与对照都无明显差异。低水平臭氧处理欧洲赤松幼苗，蚜虫［*Schizolachnus pineti* （Fabricius）］、松大蚜若虫的平均相对生长率不受影响。

（二）大气臭氧浓度升高对昆虫趋性和取食偏嗜性的影响

舞毒蛾 3 龄幼虫偏嗜高浓度臭氧（15 mL/m³）处理的白橡树，用中等浓度臭氧（9 mL/m³）处理的植物没有在常规空气中生长的植株吸引力强，从偏嗜到不偏嗜的变化出现在 6～9 mL/m³ 臭氧浓度之间，而在 9～12 mL/m³ 发生逆转。在马利筋（*Asclepias curassavica* L.）上，帝王斑蝶（*Danaus plexippus* L.）3 龄幼虫偏嗜臭氧处理的叶片，而 4 龄幼虫却不表现任何偏嗜性；在叙利亚马利筋（*A. syriaca* L.）上，3 幼虫表现出偏嗜性，4 龄幼虫偏嗜未处理的叶片。用 0.2 mL/m³ 的臭氧对美洲黑杨进行 5 h 处理后，柳蓝叶甲［*Plagiodera versicolora*（Laicharting）］幼虫和成虫趋向于取食该植株，并且取食更多的叶片，雌成虫也更喜欢在臭氧处理过的植株上产卵。墨西哥豆瓢虫对用臭氧处理的大豆叶片的趋性随着臭氧浓度的增加而增加。随着臭氧浓度的升高，天幕毛虫对颤杨的趋性减弱，对纸桦的趋性增强。高浓度臭氧条件下，细蛾对颤杨的定居率降低 49%。

（三）大气臭氧浓度升高对寄生性天敌适合度的影响

第一，臭氧可以通过改变其寻找寄主的效率而影响寄生性天敌。在高浓度臭氧条件下，膜翅目寄生性天敌的搜索效率下降，对寄主的寄生率也降低。Gate 等在室内测试了 100 μL/m³ 的臭氧对寄生蜂搜寻效率的影响，实验材料是一种群集性的果蝇（*Drosophila subobscura*）幼虫与反颚茧蜂［*Asobara tabida*（Nees）］，发现臭氧浓度升高显著降低了茧蜂的搜寻效率，果蝇的寄生率下降了 10%（以过滤空气为对照）。这主要是臭氧干扰了寄生蜂对寄主的嗅觉识别能量，从而增加了搜索路线，降低了搜寻效率。第二，通过影响寄主发育，从而影响天敌的生长发育与存活。臭氧处理有利于森林天幕毛虫（*Malacosoma disstria* Hübner）的生长和发育，其天敌康刺腹寄蝇［*Compsilura concinnata*（Meigen）］幼虫存活率显著下降。第三，臭氧通过改变植物的营养成分，从而影响到寄生性天敌的丰富度及适合度。例如，臭氧处理 Bt 及非 Bt 甘蓝型油菜，导致寄生在小菜蛾（取食 Bt 甘蓝型油菜）上的菜蛾盘绒茧蜂的丰富度降低。第四，臭氧影响植物次生代谢，导致次生代谢包括挥发物、酚类化合物和氮素等浓度的变化，从而影响寄生性天敌的存活率、发育、个体大小、性比、繁殖力以及寄生的成功率。例如，暴露在 100 nL/L 臭氧浓度下的芸薹，其总挥发物的释放量降低，从而阻断了取食其的小菜蛾的寄生性天敌的吸引。第五，寄主取食的植物营养下降，导致寄主的生理防御功能减弱［如包囊作用（encapsulation）］，寄生性天敌的适合度则提高。

臭氧对捕食性天敌也有一定的影响。例如，暴露在 60 nL/L 臭氧浓度的纸皮桦上的蚜虫，其捕食性天敌如草蛉蛉、瓢虫等种群数量没有影响，但其发生高峰的时间发生了改变（董文霞和陈宗懋，2006；崔洪莹等，2011）。

（四）昆虫行为对大气臭氧浓度升高的响应和适应

颤杨上生长的毛蚜（*Chaitophorus stevensis* Sanborn）在高浓度臭氧条件下，对报警信息素的反应加强，表现为逃逸行为增强，成蚜比若蚜受臭氧浓度影响明显。用性信息素诱捕云杉八齿小蠹（*Ips typographus* L.），在臭氧浓度高的地方日平均诱捕量较高。高浓度臭氧可能会使挥发性有机化合物（volatile organic compound，VOC）的总释放量增加，激发植物释放虫害诱导化合物，但并不干扰利马豆（*Phaseolus lunatus* L.）与第三营养阶层之间的信号传递。例如，臭氧处理会诱导利马豆植株释放与二点叶螨（*Tetranychus urticae* Koch）危害相同的化合物，但其捕食性天敌智利小植绥螨（*Phytoseiulus persimilis* Athias-Henriot）对臭氧处理的利马豆植株释放的挥发物不发生反应。

二、作物-害虫-天敌三级营养系统对臭氧增加的响应

（一）臭氧增加对植物的影响

臭氧的增加严重影响到植物的形态、光合系统的功能和植物体内酶的表达及其活性。

1．臭氧对植物形态的影响

臭氧增加对植物细胞产生胁迫作用，导致植物细胞液渗漏进入细胞间隙，引起植物产生色斑、褪绿、失水、干枯老化、叶脉畸形等症状。慢性臭氧伤害可降低植物的叶面积，加速叶片衰老。在高浓度臭氧胁迫初期，蔬菜出现不同类型的气候斑，生长后期叶片或植株气候斑加重，甚至萎蔫状枯死。臭氧对植物叶面伤害严重，0.2 mg/L 和 0.1 mg/L 高浓度臭氧处理下的菠菜，熏气 5 d 后，其叶面积分别下降 92% 和 53%，随着熏气时间的延长，最大可分别降低 98% 和 83%。

臭氧对植物株高也有明显的影响。臭氧浓度升高能使白杨株高下降 28%；也可以抑制水稻和小麦植株的高度，且浓度越高、通气时间越长，影响越大。臭氧还能够对植物根系产生负效应，King 等的研究证明，臭氧可增加细根周转率，缩短根长，降低生物量。Kelting 等的研究表明，臭氧暴露下的植物根系生物量降低。臭氧对植物根系的影响主要是通过植物的自我修复机制来实现的，臭氧直接作用于植物叶片，使叶片损伤，破坏其光合作用，而植物本身的自我修复机制会利用更多的碳来修补叶片和维持光合作用，导致用于植物根系生长的碳减少。

2．臭氧对植物光合系统的影响

臭氧浓度增加，对植物产生胁迫，导致叶片气孔关闭，使进入叶片的 CO_2 减少，从而引起植物光合作用降低。Didier 等发现，臭氧胁迫下的松树幼苗气孔先打开，随后关闭，光合作用降低。郭建平发现，大豆、菠菜和青菜的气孔阻力均随臭氧的浓度升高而增加。臭氧还能破坏光合组织、减少光合色素含量，以及改变叶绿素 a/b 值，导致植物光合作用下降、光合效率降低。赵天宏在研究大豆叶绿体超微结构时发现，臭氧浓度的增加导致叶绿体被膜出现不同程度破损，同时基粒片层结构出现相应的膨散、解体，使得叶绿体功能的减弱与丧失。Susana 等研究发现，经臭氧熏蒸 53 d 后，松树叶绿素含量减少 16%，且随着处理时间的延长而减少，83 d 后叶绿素含量减少 21%。Robinson 等报道，在臭氧胁迫下，挪威云杉的叶绿素 a/b 值下降。臭氧浓度增加使水稻叶片叶绿素 a/b 值逐渐下降，随着生育期进程而减少，两者在各生育期都呈负相关关系。

3．臭氧对植物叶片膜透性的影响

蒋高明等认为，臭氧对植物的毒害是由于其强氧化性，通过氧化硫氢链和类脂肪的水解，破坏膜结构的完整性，增加膜透性，降低原初代谢产物的合成，增强酶和基质的反应，提高次生代谢产物的数量，导致细胞代谢活动失调。而 Kangasjaervi 等认为，臭

氧通过气孔进入植物细胞后，可在植物组织内解离成气态氧气和过氧化物，植物组织内较高的氧气分子在还原成水时产生许多自由基，干扰植物细胞中活性氧的产生与清除之间的平衡，引起活性氧的积累。

4. 臭氧对植物体内酶的影响

臭氧对植物进行胁迫的同时，植物为适应环境其体内酶的活性也相应地发生改变。保护酶作为植物抗逆性的重要酶类，其活性也随之改变，其中 CAT、POD、SOD 等抗氧化酶由于底物浓度增加而加速合成，它们是植物在遭受臭氧危害后植物的抗逆性反应。Wustman 等以白杨叶片为材料，经臭氧处理后发现，白杨叶片中的 APX、CAT 与 GR 活性随臭氧浓度升高而增加。Robinson 等通过对冬小麦、水稻、大豆等研究发现，SOD、CAT 活性开始均随臭氧体积分数的增加而迅速增强，但到达一个峰值后又急剧或逐渐下降。杜秀敏等研究发现，臭氧可诱导转基因烟草细胞质 APX 基因的表达，提高 APX 的活性，增强植物对臭氧的耐受力。王勋陵等用倒挂金钟研究臭氧对植物落叶及植物防护效应时发现，将倒挂金钟用臭氧熏气处理 8 h 后，离体纤维素酶的活性显著上升，且可以延续数天。

臭氧对酶活性的影响并不是绝对的，杨铁钊的研究表明，低温下烟草叶片遭遇臭氧伤害后，POD 活性急剧下降，这可能是与 POD 作用的双重性有关，即在逆境或衰老初期，POD 可清除 H_2O，表现为保护效应，是细胞活性氧保护酶系统的成员之一；另外，POD 也可在逆境或衰老后期参与活性氧的生成、叶绿素的降解，并引发膜脂过氧化作用，表现为伤害效应，是植物体衰老到一定阶段的产物。王勋陵等用贴梗海棠和倒挂金钟经臭氧熏气后，坏血酸氧化酶活性先下降后上升，并不是单纯的上升或下降。

（二）害虫对臭氧增加的响应

1. 臭氧对害虫作用途径

臭氧对家蝇卵有致死作用；对蛹有一定的杀伤作用，使羽化受到明显抑制，羽化时间相对延长；对成蝇有一定致死作用，存活的家蝇进行传代，子代 F_1、F_2、F_3 均出现短翅和翅脉变异，但对子代性别无明显影响。因此，寇宇等认为，臭氧对某些昆虫具有诱变作用。用臭氧对黑腹果蝇（*Drosophila melanogaster*）进行短时间熏蒸后，其聚集信息素粗提物的总量和信息素的生物活性都降低，气谱分析结果证明活性物质减少。危害欧洲赤松的欧松针蚜，连续暴露于臭氧浓度为 0.048 mg/L 的空气中 4～96 h 与对照相比，种群取食明显减少；而用同浓度的臭氧，同样的试虫和植物，如果间断性地暴露同等时间，其种群取食与对照相比没有明显差异。

2. 臭氧对植物-害虫系统作用途径

臭氧对昆虫的影响主要通过植物-害虫途径来实现，臭氧污染改变寄主植物品质、信息素的质量和数量等，使昆虫行为与生理发生改变。与二氧化硫、氮氧化物和酸雨相比，昆虫对臭氧的反应更加复杂多变。Dohmen 发现，臭氧与二氧化氮的复合污染能促进大多数蚜虫的生长，但其中的臭氧有可能是起相反作用的。墨西哥豆瓢虫（*Epilachna varivestis* Mulsant）对不同浓度臭氧熏蒸的菜豆叶的喜好次序为：（0.114±0.03）mg/L 臭氧处理＞（0.078±0.018）mg/L 臭氧处理＞（0.05±0.016）mg/L 臭氧处理。舞毒蛾幼虫对不同臭氧浓度处理的白桦树叶有不同的嗜好倾向，（0.15±0.009）mg/L 臭氧处理＞（0.034±0.006）mg/L

臭氧处理＞（0.088±0.006）mg/L 臭氧处理。吴亚等的研究表明，取食受臭氧污染菜豆叶的墨西哥豆瓢虫的蛹重明显高于取食未受臭氧污染菜豆叶的蛹重。Lyytikainen 等通过分析以欧洲赤松针叶为食的新松叶蜂和吉松叶蜂种群在模拟臭氧环境与对照环境的变化，表明对流层臭氧浓度的升高对欧洲赤松和以它为食的新松叶蜂没有明显影响。

（三）天敌对臭氧增加的响应

1．臭氧对天敌直接作用途径

臭氧对天敌的直接影响主要是臭氧通过干扰寄生性天敌寄生蜂对寄主的嗅觉反应，从而增加了其搜索路线，降低了其对寄主的搜索效率，导致天敌对害虫的控害作用减小。Gate 和 MeNeill 等以一种群集性的果蝇（*Drosophila suboscura*）幼虫及其寄生性天敌缩基反颚茧蜂为试验材料，用二氧化硫、臭氧、二氧化氮（三者均为 0.1 mg/L）在室内分别观测了它们对寄生蜂搜寻效率的影响，结果表明，臭氧显著降低了茧蜂的搜寻效率，使果蝇的寄生率与过滤空气为对照相比，明显下降，而二氧化硫和二氧化氮对茧蜂搜寻效率的影响不显著。

2．臭氧对害虫-天敌系统的作用途径

Holton 等研究发现，臭氧处理有利于森林天幕毛虫的生长发育，但其体内的营养养分含量下降，导致其天敌康刺腹寄蝇幼虫存活率显著下降，表明臭氧能直接通过影响害虫而影响到其天敌。

3．臭氧对植物-害虫-天敌系统作用途径

植物处于一种强氧化环境中，导致植物叶片受损、叶片细胞漏液，同时引起叶片气孔关闭，阻碍植物光合作用，影响植物中酚类化合物和氮素的浓度，此类植物被昆虫取食后，使昆虫体内营养成分和数量发生改变，引起天敌取食此类昆虫后，由于营养成分和数量的原因，影响到天敌寄生性天敌的存活率、发育、个体大小、性比、繁殖力及寄生的成功率。Warren 等认为，臭氧可以通过植物营养成分的改变，降低寄主的质量并间接影响到寄生性天敌。

第四节　紫外辐射增强对昆虫的影响——以麦长管蚜为例

一、背景

紫外辐射（ultraviolet-B radiation，UV-B）会影响昆虫的定位、飞行、取食及两性间的交互作用，而紫外强度的变化会刺激昆虫体内的识别器官，从而影响其日常的觅食行为、地理分布和活动范围。紫外辐射还可以通过调节植物的光合作用，扰乱植株器官的碳库分配平衡，破坏植物细胞内的脱氧核糖核酸（DNA），改变植物形态等来影响植物的生理代谢和生长发育，从而对植食性昆虫的生长发育、行为及种群动态等产生间接作用。研究表明，紫外线胁迫可提高麦长管蚜体内的活性氧含量，改变其体内的保护酶活性，对红色型蚜虫和绿色型蚜虫生长有显著延缓作用，可导致部分蛋白质生理功能改变、引起遗传物质 DNA 的损伤，从而导致遗传变异。

通过不同 UV-B 辐射处理，并分析麦长管蚜种群生命表参数及相对日均体重增长率的变化，探讨了高、低强度紫外处理不同时间对对麦长管蚜的影响（杜一民等，2014；张丽等，2013）。

二、研究方法

1. 供试材料

供试小麦品种为矮抗58，根据实验需要挑选颗粒大小一致的小麦种子种植于同样大小规格的穴盘中，栽培小麦用土为纯育苗基质，按需等量浇水，麦苗长至二叶期时（14日龄）待用。供试麦长管蚜为实验室饲养的单克隆品系，在人工智能控制温室内饲养［光照时温度为（20±1）℃，黑暗时温度为（18±1）℃，RH（60±10）%，16L：8D）］。

2. 紫外辐射处理

用普通日光灯管及紫外灯管（YZ10-58W 313 nm，中国上海荣波有限公司）作为试验处理的光源，其中紫外灯管均匀分布在普通日光灯管中间，普通日光灯管用滤光器UVILEXTM 390 Z（SCHOTT Inc.，中国上海）去除灯光中的紫外线，且对紫外灯使用Schott N-WG280 滤光膜罩上，使其所发光线中只有 UV-B 波段的光可以透过。对照组采用普通日光灯管作为光源，低强度辐射组（0.20 mW/cm^2）则采用 2 支紫外灯管和普通日光灯，高强度辐射组（0.75 mW/cm^2）采用 4 支同样规格的紫外灯管及普通日光灯，其中紫外灯管均匀分布在普通灯管中间，各处理白光强度均为 75 μmol 光量子/（m^2·s）（光合有效辐射 photosyntheticallyactive radiation，PAR），UV-B 辐照强度采用 UV-B 测量仪（VLX-3W，Vilber Lourmat Inc.，法国托尔西）测量。试验麦长管蚜置于培养皿中，培养皿置于灯管下方 30 cm 处，每天分别在低强度和高强度紫外光下连续辐照 3 h、9 h 和 15 h，将每个紫外处理的对照组罩上不透紫外的滤光膜，做完紫外处理后，再将培养皿转移到普通日光灯对照组下，每个处理组做 30 个重复。

3. 生命表研究

放置一层沾湿滤纸于培养皿（直径 60 mm，NEST 生物技术有限公司）中，挑取新鲜小麦叶片置于滤纸上，挑取供试麦长管蚜当天所产的 1 龄若蚜于小麦叶片上进行单头饲养，每天定时记录其蜕皮、生长及产仔情况，待麦蚜发育至成虫产仔时，将每天所产仔蚜移出培养皿，定时更换新鲜的小麦叶片。

4. 相对日均体重增长率 MRGR 研究

取上述生命表研究的 1 龄若蚜于天平上称量，记录其体重 W_1，待麦长管蚜最后一次蜕皮发育至成虫时，称重并记录体重 W_2，记录从 1 龄若蚜到成蚜的发育时间，计为发育历期（developmental time，DT），相对日均体重增长率 MRGR＝（lnW_2－lnW_1）/DT。

5. 数据分析

采用两性生命表来分析所记录的麦长管蚜蜕皮、生长及产仔情况，分析方法如 Chi（1985，1988，2005）所述，生命表原始记录数据采用软件 TWOSEX-MSChart（Chi，2012）进行分析，最后所得生命表数据及 MRGR 数据采用 SPSS 20.0 进行统计检验，各处理间的显著性差异均设为 $P \leq 0.05$ 水平，用 Origin 9.0 作图。

三、研究结果

1. UV-B 辐射强度对麦长管蚜种群生命表参数的影响

经不同强度和不同持续时间 UV-B 处理后，麦长管蚜种群生命表参数受到不同程度影响。对于 r_m，不同强度紫外处理（$F=96.783$，$df=2$，$P<0.001$）和不同持续时间紫外处

理（$F=64.989$，$df=2$，$P<0.001$）均对 r_m 的变化有极显著影响，并且强度和持续时间两个因素存在极显著的交互作用（$F=19.121$，$df=4$，$P<0.001$）；对于 R_0，不同强度紫外辐射（$F=168.577$，$df=2$，$P<0.001$）和不同持续时间紫外辐射（$F=99.199$，$df=2$，$P<0.001$）均对 R_0 的变化有显著影响，并且强度和持续时间两个因素间存在显著的交互作用（$F=30.492$，$df=4$，$P<0.001$）。同一持续时间、不同紫外强度辐射下 r_m 和 R_0 的比较如图 5-1 和图 5-2 所示，在 9 h 和 15 h 处理组中，r_m 和 R_0 均随紫外强度增加而降低，且显著低于对照组（无紫外辐射），而在 3 h 处理组中，高强度紫外辐射下 r_m 和 R_0 显著低于对照组，但低强度紫外辐射下 r_m 和 R_0 却高于对照组，但无显著性差异（$P>0.05$）。表明紫外强度的变化会影响麦长管蚜种群的生长发育和繁殖，且随着强度加强而增加其负面作用。

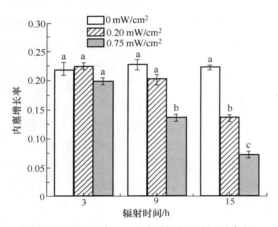
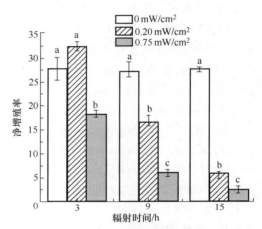

图 5-1　不同强度 UV-B 辐射不同时间后麦长　　　图 5-2　不同强度 UV-B 辐射不同时间后麦长
管蚜内禀增长率 r_m 变化（杜一民等，2014）　　　管蚜净增殖率 R_0 变化（杜一民等，2014）

2. UV-B 辐射对麦长管蚜种群 MRGR 和繁殖参数的变化

在不同处理中，与对照相比较，相对日均体重增长率变化不大，只有在高强度和长时间紫外处理中 MRGR 才产生了显著性差异，且低于对照组。同一持续时间处理下，繁殖力 F 随着紫外强度增加而显著减少，同一强度作用下，长时间的紫外辐射也显著降低了麦长管蚜种群的繁殖能力，但在 3 h 处理中，繁殖力却略高于对照组。成虫产仔天数和寿命也受到紫外辐射的影响，随辐射强度、辐射持续时间增加，成虫寿命缩短，相应地减少了产仔天数，高强度和长时间辐射处理表现更为显著。有翅蚜在紫外处理中的比例高于对照组，且随辐射持续时间和辐射强度增加有升高趋势。

3. UV-B 辐射对麦长管蚜种群的存活繁殖曲线的影响

麦长管蚜寿命（图 5-3）随紫外辐射强度、持续时间增加而缩短（如 15 h 无紫外对照组为 45 d，15 h 低强度处理组为 31 d，15 h 高强度处理组为 27 d），在高强度紫外处理中，辐射 3 h 时成虫产仔时期在第 9～35 天，且较分散于产仔过程中，辐射 9 h 产仔时期集中在第 12～19 天，其繁殖率均低于辐射 3 h 时，辐射 15 h 时繁殖率最低，仅集中在第 10～15 天。在同一强度、不同时间辐射处理中，以辐射持续时间 15 h 为例，繁殖率随强度增加有明显降低，存活率下降速度加快，对其拟合结果符合逻辑斯谛曲线：15 h 对照：$y=1.181/(1+0.140e^{0.106x})$，（18.55，0.59）；15 h 低强度：$y=1.068/(1+0.025e^{0.244x})$，（15.12，0.53）；15 h

高强度：$y=1.011/（1+0.041e^{0.250x}）$，（12.78，0.51）；其中$y$表示存活率；$x$表示存活天数；括号表示存活率下降最快时的日期和存活率大小；表明对照组麦蚜种群在第18天时存活率下降最快，而低强度组和高强度组分别为第15天和第12天时，存活率下降最快时间提前。

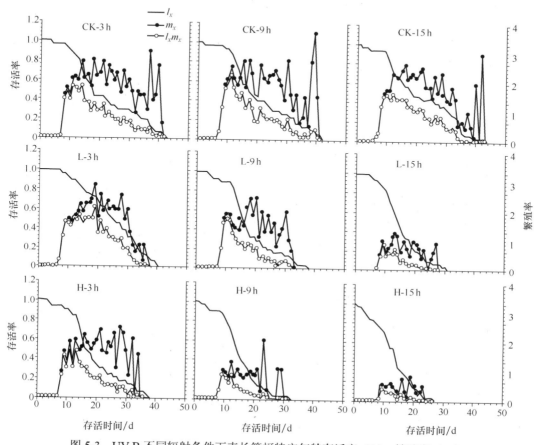

图5-3 UV-B不同辐射条件下麦长管蚜特定年龄存活率（l_x）、繁殖率（m_x）及生育率（l_xm_x）曲线（杜一民等，2014）

四、结论

紫外线照射可使麦长管蚜种群生长发育发生变化，降低了麦蚜种群生长发育与繁殖参数，且随着紫外强度增加、辐射持续时间变长而加剧，且这两因素具有显著性交互作用，但在短时间（3 h）、低强度紫外辐射处理中，麦蚜种群的内禀增长率和净增殖率均高于无紫外处理的对照组，这可能类似于"毒物兴奋效应"，在低剂量条件下表现为适当的刺激（兴奋）反应，而在高剂量条件下表现为抑制作用。紫外作为一种胁迫处理，在低剂量水平处理时可能会引起麦蚜的一些反应，而这些反应或许提高了麦蚜的环境适应能力，从而表现在麦蚜种群的生长发育和繁殖上。高强度、长时间的辐射增加了有翅蚜的数量，有翅蚜率是若蚜发育成成虫时有翅蚜占总蚜虫的比例，当蚜虫遭受不良环境时，会增加种群有翅蚜的比例，以利于移动至较适宜的环境中生存。

第五节　SO₂ 浓度升高对昆虫的影响——以异色瓢虫为例

SO₂ 作为一个环境胁迫因素的介入，势必会引起长期协同进化形成的植物-昆虫-天敌之间动态平衡的变更或破坏，进而导致害虫及其天敌种群的变动。20 世纪 80 年代以来，许多学者相继研究了 SO₂ 胁迫对植食性墨西哥豆瓢虫、黏虫、靖远松叶蜂、蚜虫、蚧虫等的影响，结果表明，SO₂ 能促进这些害虫的生长发育，增加取食量和蛹重，提高食物转化率和成虫生殖力等，从而增加了害虫种群的数量，而且对不同的昆虫种类，不同 SO₂ 浓度作用不同。随着食物链的增加，SO₂ 浓度升高对天敌的影响变得越来越复杂。

一、背景

异色瓢虫 [*Harmonia axyridis*（Pallas）] 是农业、林业上一种重要的捕食性天敌，能捕食各类蚜虫，对松干蚧、粉蚧、绵蚧、木虱、螨类等重要害虫也有良好的控制作用。SO₂ 浓度逐渐升高的情况下，异色瓢虫作为一种重要的捕食性天敌，能否充分发挥捕食作用，对其未来控害作用的发挥有着重要意义。赵俊红等（2011）和刘军侠等（2008）以异色瓢虫为研究对象，分别研究了 SO₂ 对异色瓢虫生长发育和保护酶及其 3 龄幼虫、成虫捕食桃粉大尾蚜 [*Hyaloptera amygdale*（Blanchard）] 的功能反应及自身密度干扰作用的影响。

二、方法

（一）SO₂ 胁迫对异色瓢虫生长发育及保护酶活性的影响

1）熏气处理　　采用简易静态熏气系统进行熏气处理，熏气装置是简易的自制木架，长×宽×高为 70 cm×50 cm×120 cm，外罩聚乙烯塑料布。试验室温度在 20～28℃，湿度为 70%～85%。气源为国家级标准 SO₂ 气体，气体浓度为 1%，N₂ 为平衡气。气体从钢瓶经减压阀、流量计等装置进入熏气室，试验设 5 个处理 [处理 1，0 mg/m³（CK）；处理 2，85.5 mg/m³；处理 3，199.5 mg/m³；处理 4，399.0 mg/m³；处理 5，570.0 mg/m³]，SO₂ 充气按熏气室体积计算气体流量控制浓度，每个熏气室为一浓度处理，每天按时充气直到试验结束，同时设置对照于相同条件，但不进行熏气处理。

2）瓢虫饲养　　采用单体饲养和群体饲养方法。单体饲养选取瓢虫初孵幼虫分别放入不同浓度的 SO₂ 处理，每饲养瓶 1 头，10 个重复，放入足够的桃蚜喂养，观察瓢虫的生长发育情况，依次记录并计算瓢虫发育历期、体重增长率等。群体饲养选取瓢虫初孵幼虫分别放入不同处理，每瓶 10 头，3 个重复，每天观察瓢虫蜕皮、发育进度、死亡率等的情况。

3）保护酶测定提取与测定　　取上述不同处理饲养的刚羽化成虫 4 头，冷冻称重后转入磨砂匀浆皿中，按每 0.1 g 材料加入 0.05 mol/L pH 7.0 的磷酸缓冲液 10 mL 比例制样。冰浴下匀浆，4℃ 10 000 r/min 离心 30 min，取上清液作为酶源。酶活性测定：超氧化物歧化酶采用氮蓝四唑光还原法进行测定，过氧化氢酶采用紫外吸收法测定，过氧化物酶用愈创木酚和 H₂O₂ 比色（pH 7.0）法测定。

（二）SO₂ 胁迫对异色瓢虫捕食功能的影响

1）熏气处理　　气室长×宽×高为 3.16 m×2.10 m×1.15 m，由钢筋焊接而成，外罩聚乙烯塑料薄膜，熏气室上罩透光率为 50%遮荫网，室内的温度为 25～28℃，湿度为 80%，另一个相同规格的气室作为对照。气源为国家级标准 SO_2 气体，气体组成为 1% （V/V） SO_2 和 N_2（平衡气）。气体从钢瓶经减压稳流装置进入熏气系统，入口处用风扇搅匀。熏气浓度设为 17 mg/m^3，对照棚（CK）不做任何处理。异色瓢虫幼虫、成虫的捕食反应是在封闭大棚内进行的。放虫之后在处理棚内充高压缩的 SO_2 达到设定浓度立即停止熏气。

2）功能反应　　在饲养瓶内分别放入 30、50、80、120、200 头大小一致的桃粉大尾蚜和 1 片桃叶，叶柄缠绕湿润的脱脂棉签以保湿，再各放入 1 头异色瓢虫，用双层的医用脱脂棉纱封口，将其分别放入 SO_2 处理棚和对照棚内，24 h 后打开气室观察记载各瓶内剩余的蚜虫的数量，试验设 3 次重复，分别测定了异色瓢虫的成虫、3 龄幼虫捕食桃粉大尾蚜的功能反应。

3）种内干扰竞争　　在饲养瓶内分别放入 1、2、3、4、5 头异色瓢虫及供捕食的桃粉大尾蚜 200 头和 1 片桃叶（叶柄缠绕湿润的脱脂棉签以保湿），用双层的医用脱脂棉纱封口，将其分别放入 SO_2 处理棚和对照棚内，24 h 后打开气室观察记载各瓶内剩余的蚜虫的数量。试验设 3 次重复，分别测定异色瓢虫的成虫、3 龄幼虫自身密度干扰作用。

三、结果

（一）SO_2 胁迫对异色瓢虫生长发育及保护酶的影响

SO_2 胁迫对群体饲养异色瓢虫幼虫的发育进度有显著影响。处理 2 d，异色瓢虫幼虫 70%以上进入 2 龄，与对照相比，SO_2 浓度处理下的异色瓢虫幼虫发育进度依次加快了 1.23%、1.22%、1.28%、1.22%。处理 4 d，异色瓢虫幼虫 70%以上进入 3 龄，处理 3、处理 4 和处理 5 已没有 2 龄幼虫。处理 8 d，对照与处理 3 和处理 5 的幼虫全部处于 4 龄，而处理 2 和处理 4 的幼虫分别有 7.1 %和 3.4 %进入蛹期。

SO_2 胁迫对异色瓢虫 1 龄、2 龄、3 龄幼虫的历期均没有显著的影响。异色瓢虫幼虫进入 4 龄时，与对照相比，处理 2、处理 3、处理 4 的幼虫发育历期分别有不同程度的缩短，说明这几个浓度处理对异色瓢虫幼虫发育有一定的促进作用，处理 5 延长了幼虫的发育历期，对幼虫的生长发育有一定的抑制作用。蛹期，与对照相比不同 SO_2 处理能缩短蛹的发育历期，促进其生长发育。从总的发育天数看，除了处理 5 对异色瓢虫幼虫发育起到一定的抑制作用，其余处理都有一定程度的促进作用，但不是很明显。

不同处理的异色瓢虫 2 龄幼虫的体重平均增长率明显低于对照，但是进入 3 龄以后，经过 SO_2 胁迫的异色瓢虫幼虫的体重平均增长率都明显高于对照，表明随着处理时间的延长和浓度的增加，SO_2 处理对异色瓢虫幼虫体重增长的促进作用明显加剧。4 龄时，除了处理 5 对异色瓢虫幼虫体重增长显示抑制作用，其余处理都有显著的促进作用。

SO_2 不同浓度处理的幼虫同一龄期死亡率不同。试验初期，由于实验室温度偏高、幼虫数量又较多，导致 1 龄幼虫死亡率均较高。但与对照相比，SO_2 处理下的 1 龄幼虫死亡率明显低于对照，尤其是处理 2 和处理 4，其死亡率分别是对照的 28.57%和 14.29%，说明这 2 个处理对异色瓢虫幼虫成活率有一定的促进作用，提高了异色瓢虫幼虫的存活率，处理 4 尤其显著。2 龄时，处理 4 的异色瓢虫幼虫的死亡率明显高于对照，3 龄时，只有处理 5 出现死亡现象。从累计死亡率看，除了处理 5 外，其余处理死亡率均明显低于对照，

说明 SO_2 处理对异色瓢虫幼虫成活率有一定的促进作用，提高了异色瓢虫幼虫的存活率。

处理 2、处理 4 和处理 5 的异色瓢虫成虫体内超氧化物歧化酶（superoxide dismutase，SOD）的活性差异极显著。处理 2 和处理 4 的酶活性明显增强，处理 5 的酶活性显著降低，可能是由于 SO_2 浓度太高，SOD 酶的合成受到影响，因而 SOD 酶活性下降。

SO_2 处理下的异色瓢虫成虫体内过氧化物酶（peroxidase，POD）活性均有显著差异。处理 3 尤其显著，是对照的 6 倍，处理 4 和处理 2 分别是对照的 4 倍和 2.4 倍，说明随着 SO_2 浓度的增加，异色瓢虫体内产生有毒的氧化物质，启动免疫系统合成 POD 酶，以维持正常的生理功能。

处理 2、处理 4 和处理 5 异色瓢虫成虫体内过氧化氢酶（catalase，CAT）活性变化显著。处理 2 的酶活性显著增强，而处理 4 和处理 5 的酶活性则显著降低，处理 3 没有明显差异。表明 SO_2 胁迫能迅速提高 CAT 酶的活力，以适应外界毒害的影响，但随着 SO_2 浓度的升高，CAT 活性逐渐下降。

（二）SO_2 胁迫对异色瓢虫捕食功能的影响

1. 功能反应

经 SO_2 胁迫的异色瓢虫 3 龄幼虫对桃粉大尾蚜的捕食量高于对照，且其捕食量随着桃粉大尾蚜密度的增大，捕食量逐渐增加，但当猎物密度增加到一定程度时，其捕食增加的速度变慢。用 Holling-II 型圆盘方程式 $N_a=\alpha N_t T/(1+\alpha/T_h N_t)$ 来拟合，式中，N_a 为猎物被捕食量；α 为捕食者对猎物的瞬时攻击率即功能系数；N_t 为猎物密度；T_h 为捕食一头猎物所需要的时间；T 为猎物暴露给捕食者的总时间，即观察时间。该方程线性化得 $1/N_a=(1/\alpha)\times(1/N_t)+T_h$，求得异色瓢虫 3 龄幼虫捕食桃大尾蚜功能反应的直线回归方程为

处理：$1/N_a=0.8120\times(1/N_t)+0.0112$

对照：$1/N_a=0.6842\times(1/N_t)+0.0153$

2. 猎物密度效应

异色瓢虫成虫对桃粉大尾蚜的捕食量随着猎物密度的增大，捕食量逐渐增加，但当猎物密度增加到一定程度时，其捕食增加的速度变慢，用 Holling 型圆盘方程拟合求得 SO_2 胁迫异色瓢虫成虫捕食桃大尾蚜功能反应的直线回归方程为

处理：$1/N_a=0.8644\times(1/N_t)+0.0062$

对照：$1/N_a=1.0033\times(1/N_t)+0.8792$

3. 寻找效应

SO_2 胁迫能提高异色瓢虫 3 龄幼虫和成虫对桃粉大尾蚜的寻找效应，且随着桃粉大尾蚜密度的增加，但当蚜虫密度高于 120 头时又减弱；而 SO_2 胁迫对异色瓢虫成虫寻找效应的增强趋势，则随着桃粉大尾蚜密度的增加逐渐减弱。SO_2 对成虫寻找效应的促进作用明显高于 3 龄幼虫，但随着桃粉大尾蚜密度的增加，差异逐渐变小。说明当桃粉大尾蚜密度低时，浓度为 17 mg/m³ 的 SO_2 对异色瓢虫成虫的影响明显大于 3 龄幼虫，但随着桃粉大尾蚜密度的增大，SO_2 对它们寻找效应的影响差异逐渐变小。

4. 瓢虫自身密度干扰作用

随着自身密度的增加，3 龄幼虫个体间相互干扰增加，对桃粉大尾蚜的捕食作用下降，即自身密度对捕食者存在明显的影响。经 SO_2 处理的 3 龄幼虫的平均捕食量、捕食作用率

明显高于对照（表 5-1）。可见，随着异色瓢虫成虫自身密度的增加，自身干扰作用加强，SO_2 促进了异色瓢虫成虫对桃粉大尾蚜的捕食，减缓了异色瓢虫自身密度干扰作用。

表 5-1 SO_2 胁迫下异色瓢虫 3 龄幼虫不同密度与捕食作用率的关系

瓢虫密度	平均捕食量 N_a		捕食作用率 E		捕食作用理论值 E'	
	对照	SO_2 胁迫	对照	SO_2 胁迫	对照	SO_2 胁迫
1	73	75	0.365	0.375	0.378	0.378
2	86	136	0.215	0.340	0.241	0.286
3	110	141	0.183	0.235	0.185	0.243
4	123	177	0.154	0.221	0.153	0.216
5	140	184	0.140	0.184	0.133	0.198

资料来源：刘军侠等，2008

捕食者的捕食作用率为 $E=N_a/N \times P$，式中，E 为捕食作用率；N_a 为捕食量；N 为猎物密度；P 为捕食者密度。所得数据可以用 Hassell 和 Varley（1969）提出的捕食作用率（E）和捕食者密度（P）之间的关系式 $E=Q \times P^{-m}$ 进行拟合。式中，Q 为寻找系数；m 为干扰系数。用幂函数回归法求得异色瓢虫 3 龄幼虫的干扰反应数学模型为

处理：$E=0.378P-0.4027$，（$r=-0.9237$）

对照：$E=0.3784P-0.6511$，（$r=-0.9853$）

四、结论

SO_2 胁迫对异色瓢虫生长发育及保护酶具有显著影响，表现为低浓度胁迫具有促进作用，而高浓度则为抑制作用；SO_2 还可以促进 3 龄幼虫、成虫对桃粉大尾蚜捕食，增强对害虫的控制能力，但对成虫捕食功能的促进作用更为明显；SO_2 胁迫可以提高 3 龄幼虫、成虫对桃粉大尾蚜的寻找效应，但蚜虫密度增加会减弱其寻找效应；随着异色瓢虫自身密度的增加，由于增加了个体间的相互干扰，导致每头瓢虫的平均捕食量下降，捕食作用率降低，对桃粉大尾蚜的控制能力减弱。但 SO_2 胁迫能增加异色瓢虫的捕食量，其中对 3 龄幼虫的促进作用更为明显，同时减缓了异色瓢虫自身密度干扰作用。

第六节 有害生物入侵及其风险评估

一、生物入侵的基本概念

生物入侵（biological invasion）是指生物由原生存地经由自然的或人为的途径侵入到另一个新环境中的过程。随着国际国内贸易、旅游业等全球化的蓬勃发展，交通工具越来越先进，生物入侵成功也变得更加容易。以美国为例，已有 4500 多种生物入侵成功，其中包括 1500 多种昆虫。仅夏威夷州，已有 2000 多种外来生物定居，而且每年仍有 20~30 种不断侵入。

（一）生物入侵的途径

1. 有意引入

某些部门或个人，为提高经济效益、观赏和进行生物防治等，从异地引入了大量物种。在我国目前已知的外来有害植物中，超过 50% 的种类是人为引种的结果，这些植物

引入后的主要用途有牧草、饲料、观赏、入药、环境保护等。例如，杂草水葫芦 [*Eichhornia crassipes*（Mart.）Solms] 最早作为花卉引入我国，后又作为猪的青饲料推广。

2．随人类活动无意传入

人员流动和物资交流可以充当外来种的引入媒介，无意间将外来种从原生地带到别的地区。相当一部分入侵种是由这种方式带入的。侵入我国的蔗扁蛾 [*Opogona sacchari*（Bojer）]、褐家鼠（*Rattas norvegicus* L.）、豚草（*Ambrosia artemisiifolia* L.）、美国白蛾 [*Hyphantria cunea*（Drury）] 等都是随人员或商品贸易带入的。从日本入侵到我国及欧美的光肩星天牛 [*Anoplophorag labripennis*（Motsch）] 是由货物的木质包装物传入的。有些入侵植物是混杂在作物种子或其他货物中偶然引入的，如银胶菊（*Parthenium hysterophorus* L.）、筒轴茅 [*Rottboellia cochinchinensis*（Loureiro）Clayton]。有些害虫是随作物的引入而入侵的，如墨西哥棉铃虫和棉红铃虫。

3．自然传入

植物种子或繁殖体借风或动物的力量实现自然扩散。例如，飞机草 [*Chromolaena odorata*（L.）King & H.E. Robins]、紫茎泽兰 [*Eupatorium adenophorum*（Spreng.）King & H.Rob] 等，这两种植物大约于 20 世纪 50 年代末从中缅、中越边境传入我国。紫茎泽兰和飞机草在其发生区域总是以密集成片的单优群落出现，大肆排挤当地植物，侵占宜林荒山，影响林木生长和更新；并侵入经济林地，影响栽培植物的生长。此外，还堵塞水渠、阻碍交通。目前，这两种植物正严重威胁着西双版纳自然保护区内许多物种的生存和发展，并以每年 160 km 的速度向东、北推进。

（二）生物入侵的过程

Qarey 把生物入侵过程分为 4 个阶段：侵入、定居、适应和扩散。侵入是指生物离开原生存地到达一个新环境；定居是指生物到达入侵地后已进行了繁殖，且至少完成了一个世代；适应是指该种生物已繁殖了几代，虽然种群增长较慢，但每一代都对新环境的适应能力有所增强；扩散是指入侵生物已基本适应了新环境，种群已具备有利的年龄结构和两性比例，以及快速增长和扩散能力。

对于入侵的几个阶段，Kaneshiror 试图以果蝇为例，分析一种外来生物在侵入新环境后如何定居下来，以及在适应新环境的过程中性选择所起的重要作用。他认为夏威夷果蝇的奠基者可能只是单个受精的雌虫，越过大海的阻隔，从一个岛屿到另一个岛屿。当这个雌虫找到合适的寄主产下卵后，子一代就形成了一个很小的种群。这个种群若要继续增长，至少需要 3 个条件：①子一代的雌雄个体必须有在一起的机会；②雌虫不能太挑剔，否则会失去交配机会，在通常的种群中，几乎 30% 的雌虫没有机会交配；③交配后的雌虫必须找到合适的寄主产卵。具备这 3 个条件的小种群在新环境下通过性选择作用，产生了较大比例的不挑剔雌虫后代。同时，与种群相应的基因频率分布也发生改变，种群中基因系统得到重组，对新环境适应性强的组合受到较强选择，并在种群中逐步处于优势地位。最后，待种群的规模增长到一定程度时，不同交配表现型发生的频率分布回复到原来的状态。

（三）生物成功入侵的机制

1．内因

Baker 针对杂草性的植物物种，总结出了一些生活史特征：具有既可以有性繁殖，也有进行无性繁殖的能力；从种子发育到成熟的时间短；对环境的异质性有很强的耐受力，尤其是具有对环境胁迫的适应性。对新西兰 496 次引种试验（共涉及 79 种物种）的分析表明，能够显著影响引入鸟居留的唯一生活史特征是其是否存在迁徙特性。在相似的引种条件下，在原分布区迁徙的物种较不迁徙的物种更不易居留。应用现代的系统发育比较方法，分析英国众多小岛上的本地种和外来种的植物区系，结果表明，产生大量的种子、较高的树高、种子冬眠期长等生活史特征是导致外来种入侵成功的主要因子。外来的滩栖螺（*Batillaria attramentaria*）于 20 世纪初引入北美的西海岸后，取代了当地沼泽中的拟蟹守螺 [*Cerithidea california* (Haldeman)]。研究发现，*B. attramentaria* 的死亡率低是其入侵成功的主要原因。

2. 外因

生物成功入侵不仅依赖于植物本身的生活史特征，也与被侵生态系统的特征和群落对入侵种的易感性有关。关于生物入侵与被入侵的生物群落的关系，有多种理论与假说。①多样性阻抗假说（diversity resistance hypothesis）认为，结构简单的群落更容易被入侵。这是因为，相对比较简单的植物和动物群落，其所达成的平衡更容易被打破。Elton 提出，小的岛屿易于被入侵是因为本地种甚少。农田是被简化了的群落，也是入侵和暴发最容易发生的地方。②天敌缺乏假说（absence of predators hypothesis）。在外来种入侵地区，由于多年的协同进化，各物种之间形成了相对固定的食物链关系。新进的外来种没有相应的天敌，这样就使外来种的入侵和生存空间较大。③环境发生化学变化假说（chemical change hypothesis）。环境的化学性质发生变化后导致植物入侵，如富营养化。这种假说能够较好地解释水生植物的入侵，如水葫芦由于水体污染而导致疯长。④生态位空缺假说（empty niche hypothesis）。生态位的空余有可能导致外来种的入侵。⑤干扰产生空隙假说（disturbance produced gaps hypothesis）。干扰通常是指植物生物量的移出，从广义的角度上来讲，土壤营养和水分条件等的变化可看作干扰。干扰对外来种入侵较为重要，这主要是因为干扰使群落中的生物大量减少，外来种的竞争压力减小。

二、生物入侵风险评估技术

广义的外来有害生物入侵风险评估（pest risk assessment，PRA）是预测有害生物传入一个国家（地区）及定殖后造成经济损失的可能性。狭义的风险评估是评价其传入（包括进入、定殖）和扩散的可能性、潜在的经济和环境影响等各项指标的风险大小，对传入过程中的不确定事件进行识别、预测、处理，使各种风险减小到最低程度的评价措施。就风险评估内容而言，一是研究潜在外来物种的引入、载体和定居之前的传播途径，使决策者作出特定条件下的准入、禁入决定；二是控制外来物种定居在新地区后在稀有物种中的分布，包括暴露在新环境下的状况、对突发事件的应急反应，以及预测对环境、经济造成的损失。目前，各国植物检疫机构普遍采用世界贸易组织（World Trade Organization，WTO）签订的《实施动植物卫生检疫措施的协议》，该协议规范了动植物检疫规范和有害生物风险分析的准则，将定性与定量评估相结合，建立各种较为科学的、系统的、操作性强的风险评估手段，预测入侵物种的风险大小。

（一）多指标综合评估法

多指标综合评估法是根据 PRA 分析准则，应用系统科学、生物学理论和专家决策系统的基本理论和方法，对有害生物各项风险指标进行等级划分、计算风险指数并建立数学模型的定量评估方法。

早在 20 世纪 80 年代，美国、澳大利亚就开始采用给有害生物打分的方法确定其危害性大小。蒋青等建立了以生物因子为起点的综合指标评估体系，包括国内有否分布、潜在的危害程度、受害作物的经济重要性、移植的可能性、降低危险性的难易程度等。之后，又在确定上述各项指标的评判标准、权重以及风险指数基础上，建立了风险评估模型。随着《实施动植物卫生检疫措施的协议》的生效，各种植物保护条例和公约相继出台。各成员国也在总原则下建立了各自的具体风险评估方法。90 年代至今，美国、加拿大、澳大利亚、新西兰、中国等在外来有害生物风险评估方面取得较大进展。多指标综合评估方法是专家根据经验确定有害生物指标体系再予以分级、量化的方法，指标体系中包含许多不确定因素，如生物在不同品种间和变种间、不同年份之间、不同经济密集度的地域之间存在许多差异，这为准确进行风险评估带来不确定因素，因此，外来有害生物风险评估指标体系的建立还有待于进一步完善。

（二）农业气候相似距分析

农业气候相似距是魏淑秋建立的有害生物适生区分析方法，即在分析适生区气候指标的基础上（包括各地与疫区的气候相似程度、生物的生态气候相似指标以及二者的相互结合等因素）确定有害生物的适生区。该方法是根据 Mayer 的"气候相似性"原理，将某一地点 m 种气候因素作为 m 维空间，计算地球上任意 2 点间多维空间相似距离 d_{ij}，定量表示不同地点间的气候相似程度，预测有害生物潜在的适生区分布。金瑞华等率先利用该系统对美国白蛾在我国的适生地分布进行了研究。通过气候相似比较并结合生态气候下限指标，蒋青分析了假高粱［Sorghum halepense（L.）］在世界的可能分布区及在我国的适宜分布区和不适宜分布区。橘小实蝇在云南除滇西北 8 县为非适生区外，其余均为适生区。周卫川等建立了褐云玛瑙螺［Achatina fulica（Férussac）］在我国的高度适生区、适生区、轻度适生区和非适生区系模型；之后又运用数学模型和气候数据库研究了高风险等级物种硬雀麦（Bromus rigidus Roth）在中国定植的可能性。有研究者利用此方法对甜菜锈病菌［Uromyces betae（Pers）Lev.］和小麦矮腥黑穗病菌（Tilletia controversa Kuhn）在中国的适生性进行了分析。该方法仅从环境条件方面考虑有害生物的可能分布，忽略了生物对不利环境条件的适应能力、生物与生物之间的相互作用。

（三）地理信息系统

地理信息系统是 20 世纪 60 年代发展起来的一个地理学研究科学和技术，它既是描述、存储、分析和输出空间信息的理论和方法的交叉科学，又是以地理空间数据为基础，根据多种空间和动态的地理信息，建立的地理模型技术系统。Liebhold 率先将其应用于植物检疫研究。随后，该方法在有害生物风险性分析、疫情监测和检疫决策等方面发挥了重要作用。林伟和陈克在进行苹果蠹蛾［Cydia pomonella（L.）］风险评估时，建立了世界和中国约 3000 个点的气候和生物因子数据库，构建了地理信息系统数据库（即图形库），将苹果蠹蛾分布图与各种因子图层（气候和寄主等）进行叠加分析，预测其潜在的适生区分布。白章红等在收集世界主要小麦产区的地理、气候、生物资料的基础上，对小麦印度腥黑穗病菌（*Tilletia indica* Mitra）在中国的适生性进行了分析。中美专家根据 18 年的气象数据，建立的小麦矮腥黑穗病菌地理植物病理学模型绘制出 TCK 发生的风险区划图。周卫川研究福寿螺（*Ampullarium crosseana* Hidalgo）在中国的定殖风险的研究表明，福寿螺在我国危险区面积占 60%左右，对我国的水稻生产和生态安全构成严重威胁。赵友福和林伟研究了梨火疫病菌（*Erwinia amylovora*）可能的分布区及其与生态因子（环境与寄主）的关系，确定了梨火疫病的生态限制因子指标。对云杉树蜂（*Sirexnoctilio fabricius* Fabricius）、蔗扁蛾［*Opogona sacchari*（Bojer）］、稻水象甲（*Lissorhoptrus oryzophilus* Kuschel）的入侵风险及西花蓟马［*Frankliniella occidentalis*（Pergande）］最适宜分布区和潜在适宜分布区也进行了评估。彭正强等利用 ArcView GIS（3.3 版）对害虫椰心叶甲［*Brontispa longissima*（Gestro）］进行预测的结果表明，椰心叶甲在中国的高度适生范围在 16.53°N～25.73°N，97.85°E～118.91°E，5 个省（自治区）的 58 个点。地理信息系统从地理位置和气候分布的差异角度分析生物种群空间格局，使潜在外来有害生物的分布向图形和图像化发展。但该方法对气候、地理以外的因素未予考虑。

（四）生态气候模型评价

生态气候模型评价（CLIMEX）是从生物对环境条件（主要是气候条件）的反应角度出发，用种群在不同温度、湿度、光照条件下的增长指数和滞育指数，冷、热、干、湿等条件下的逆境指数和逆境交互作用指数来反映物种适生状况，最终用生态气候指数（ecoclimatic index，EI）（EI=GIA×SI×SX，GIA 为年增长指数，SI 为逆境指数，SX 逆境交互作用指数）模拟种群在已知地的参数，确定种群在未知分布地的生长模型。Sutherst 和 Maywald 建立了用于生态气候评价分析的 CLIMEX 模型，并预测了 2 种角蝇在澳大利亚的适宜流行区分布。该模型是一种通过已发生地的气候条件预测其在其他地理位置的分布和相对丰盛度的动态仿真模型，曾被用于亚洲长角天牛［*Anoplophorag labripennis*（Motsch.）］分析中。程俊峰等将 CLIMEX 和 GIS 分析方法相结合，利用 GIS 的插值和叠加功能，并采用 CLIMEX 预测所得的 EI 值进行插值替换，分析了寄主和湖泊等因素对西花蓟马分布的影响。马骏等利用 CLIMEX 提出了豚草卷蛾［*Epiblema strenuana*（Walker）］及其寄主豚草（*Ambrosia artemisiifolia* L.）、三裂叶豚草（*A. trifida* L.）与银胶菊（*Parthenium hysterophorus* L.）的生态气候风险分析法。宋红敏等经过对松材线虫［*Bursaphelenchus xylophilus*（Steiner & Buhrer）Nickle］的昆虫媒介松墨天牛（*Monochamus alternatus* Hope）的全球适生区研究，拟合出松材线虫在中国的潜在分布区域。梁宏斌等将 CLIMEX 软件中的参数值进行调试后，在模拟准确率达到 90%情况下预测了新疆麦双尾蚜［*Diuraphis noxia*（Kurdjumov）］在中国的适生区。应用 CLIMEX 系统的优点是能综合考虑气候和生物的相互关系，但也存在缺陷，如假设生态气候指标的大小与种群潜在生长能力呈线性关系，这种假设与实际情况有差距。此外，影响物种适生区除了气候因子外，还包括诸多非气候因子。

（五）模糊综合评判法

所谓模糊综合评判，就是借助模糊关系的原理，针对被评判事物各个相关因子的影响，对事物作出总的评价。设有 m 个评估地，选每一评估地的 n 个因素作为评判因子，根据每一评判指标的期望指标建立隶属函数，计算出各因子实际指标对期望指标的隶属度，每一评估地对各期望指标的隶属度就构成了一个 $n\times m$ 阶矩阵，由此计算出物种的适生值。范京安和赵学谦选择了四川 25 个站点，30 年的气象资料（1961～1990 年）的 7 项生态因子，用模糊综合评判法研究了橘小寡鬃实蝇［*Bactrocera dorsalis*（Hendel）］在四川省的适生分布范围，之后又采用层次分析法（AHP），研究了 7 项生态因子对橘小实蝇生长发育影响。张润杰和侯柏华采用模糊决策的基本理论和方法，建立橘小实蝇传入风险的模糊综合评估模型。吕全等应用模糊综合评判的数学方法，以 30 年全国 639 个台站的原始气象数据为依据，定义 5 个因子的隶属函数，建立模糊综合评判矩阵，得出松材线虫不同程度适生值。

（六）其他风险评估方法

美国农业部动植物检疫局应用基于蒙特卡洛（Monte Carlo）模型的@risk 软件系统，通过建模型、确定不确定性、模型仿真分析等过程进行有害生物风险评估。Nix 创建的 BIOCLIM 生物气候分析和预测系统对物种的过去、现在和未来的可能分布区进行了定量分析。Royer 建立了一个专门用于 PRA 的世界植物病原数据库，在此基础上又建立了归纳法推理和神经网络系统的计算机辅助决策系统。Peterson 和 Cohoon、Yamamura 和 Katsumata 采用预设预测规则的遗传算法（GARP），以墨西哥实蝇［*Anastrepha ludens*（Loew）］为例建立了预测检疫性有害生物进口传播概率的数学模型，分析了气候变化对物种分布的影响。王艳平和温俊宝将 GARP 生态位模型和风险性定量分析方法相结合，预测刺桐姬小蜂（*Quadrastichus erythrinae* Kim）在中国的潜在地理分布，认为中国东南部大部分地区是该虫的适生区。沈佐锐等建立了生态模拟现实 ESR（ecologically simulated reality）模型，提出了 ESR 有害生物风险分析技术。

三、应用于生物入侵的检验检疫技术

1. 计算机技术在检验检疫领域的应用

计算机系统的信息存储和快速分析计算能力为有害生物风险分析提供了有力手段。植物检验专家曾建立了一个可用于农业气候分析的数据库系统——农业气候相似距库，利用该系统先后对美国白蛾等有害生物在中国可能适生的潜在危险性进行分析，获得很好的结果，为检疫的宏观预测提供了依据。

2. 地理植物病理学模型的研究应用

农业气象学、植物病理学、数理统计学和计算机等方面的专家合作对小麦矮腥黑穗病菌（*Tilletia controversa* Kuhn，TCK）的地理植病模型进行了专题研究。专家设计了积年流行模型（TCK 孢子田间存活模型，单年流行模型）及 TCK 冬孢子萌发侵染模型、TCK 在小麦植株体内生长模型等，将积年流行模型与数据库系统及 GIS 结合形成 TCK 地理植病模型，得出 TCK 适生年（非适生年）概率与连续适生（非适生）年发生概率的关系，从而得出中国冬麦区 TCK 发病面积可达 19.3%（分别分布在 18 个省、直辖市、自治区），证明 TCK 对中国小麦生产具有很大威胁和风险。

3. 探索 GIS 和 GPS 在植物检疫中的应用

地理信息系统（GIS）作为空间信息手段，提供了生物和环境空间数据管理、分析和显示的方法，全球定位系统（GPS）是先进的定位技术，可以将诱捕器编号和其经度、纬度建立诱捕器空间数据库定位系统。GIS 与 GPS 技术在有害生物风险分析、疫情监测、检疫决策等方面应用前景广阔。

4. 生物芯片在植物检疫中的应用

尽管由于近几年基因诊断技术的发展，尤其是聚合酶链式反应（polymerase chain reaction，PCR）基础上的病原检测系统的应用，大大缩短了诊断时间，使那些不能培养或很难培养的微生物也得到快速诊断。但仍存在各种缺陷，如混合感染、耐药菌株等，用传统的基因诊断法较难解决，而生物芯片则解决了这些问题。基因芯片与检验医学的关系是密切的。生物芯片为检验工作提供了一种全新的技术，使一些检验工作中难解决的问题成为可能。

5. NASBA 在检测中的应用

核酸序列依赖的扩增（nucleic acid sequence-based amplification，NASBA）特别适用于扩增单链 RNA，并且已经成功应用于大量不同的 DNA 或 RNA 病毒，如 HIV、甲型、乙型、丙型肝炎病毒、狂犬病病毒、西尼罗病毒、圣路易斯脑炎病毒和鼻病毒等；也用于细菌检测，如李氏杆菌、弯曲杆菌；还用于衣原体、霉菌、寄生虫和细胞因子的检测工作。分支链 DNA 信号放大技术（branched DNA，bDNA）和 NASBA 检测 HIV 病毒载量具有高度一致性，但 NASBA 法在 HIV RNA 低浓度时敏感性更高。研究表明，NASBA 可检测血液中 HIV-1 的 RNA 含量达 100 拷贝/mL。而且与 PCR 相比只在一个温度下进行（42℃），无需热循环装置。其主要特点是可以一次扩增足量的 RNA 用于多次研究，而且可以直接使用肝素抗凝的血浆样品，适合对冻存血浆进行回顾性分析。

6. 荧光定量 PCR 技术在检验中的应用

荧光定量 PCR 技术具有简便、灵敏、准确等优点，目前已经在乙肝和性病的诊断及治疗中得到了广泛的应用，在肿瘤中的应用还处在研究和开发阶段。曹晓红等用荧光定量 PCR 法对艾滋病病毒的核酸进行检测。有人正在研究用荧光定量 PCR 来检测猪传染性胸膜肺炎，也有人研究用荧光 RT-PCR 快速检测猪瘟病毒，而且灵敏性比 RT-PCR 高 100 倍，温国元等用荧光定量 PCR 来检测猪瘟病毒。英国一家动物疾病研究机构研究通过实时定量 PCR 来检测公猪精液里的 5 种在经济上具有重要意义的病毒，即伪狂犬病毒（PRV）、猪瘟病毒（cSFV）、口蹄疫病毒（FMDV）、猪水泡病毒（SVDV）、猪繁殖与呼吸系统综合征病毒（PRRSV）。

7. 反向点印迹杂交和毛细管区带电泳技术

利用反向点印迹杂交法（reverse dot blot hybridization，RDBH）在加拿大检测高尔夫球场草地根部的疫菌，此法比传统方法准确、快，一般 2 d 便完成一次检测，而传统法要 14～21 d，并且一次可检出多种疫菌，检测结果不易受菌生长速度和繁殖体变异的影响。用毛细管区带电泳技术（capillary zone electrophoresis，CZE）检测兰花 2 种主要病毒——齿兰环斑病毒（ORSV）和建兰花叶病毒（CyMV）。利用病毒电泳迁移率不同，在毛细管中区分开，可以从病株粗制汁液或病毒提纯液中检出 10 fg 的病毒。此法特异性强、灵敏、快速。美国报道用组织印迹免疫法（TBIA）检测病株中的番茄斑萎病毒。

8. DNA 条形码技术

昆虫的种类鉴定主要依据成虫的形态学特征，在区分近似种方面，要求标本具有完整的形态结构，鉴定人员具有丰富的分类经验和技能。对于幼虫的种类鉴定就更困难，在口岸截获的多为昆虫的卵和幼虫，需要将幼虫饲养到成虫再进行种类鉴定，需要较长时间，影响口岸检疫的速度和效率。DNA 条形码（DNA barcoding）是依据 1 条 DNA 短片段的序列差异作为物种鉴定标准的分子鉴定方法。自 2003 年起提出利用线粒体细胞色素氧化酶 1 号基因（CO I）的特定区段作为 DNA 条形码以来，该基因片段已经在包括昆虫纲的多个动物类群中证明了其物种鉴定的有效性。尤其在昆虫种类的鉴定上，相对于传统的形态学方法，DNA 条形码具有对昆虫各生命阶段（非成虫态和成虫态）和形态结构保存不完整的昆虫标本进行准确的物种鉴定的明显优势，DNA 条形码技术在口岸有害生物鉴定中有很好的应用前景。

9. 射频识别技术在检验检疫监管中的应用

利用射频识别技术（radio frequency identification，RFID）实现的电子检索系统，是基于现有网络平台和通用分组无线服务技术（general packet radio service，GPRS）研发的融合主动式 RFID 技术和 GPS 技术的电子检索物流监管系统，目前成功应用于入境货物途中运输监管，实现了数据流、货物流和监管流的有效整合。该系统具有 3 个显著特点：一是应用技术先进、操作简单、系统运行稳定、设计富有人性化；二是系统的应用消除了保税物流中心和出口加工区 2 个特殊监管区域物理空间的隔离，实现了资源的有效整合，为监管部门和企业节约了查验场地、设备等硬件投资，节约了成本，提高了通关速度；三是电子检索具有可重复利用性和长效性，节约了物流监管成本，既可实现区内外货物监管又可实现直通放行货物监管，有效提高了检验检疫监管效率，应用推广前景十分广泛。

现代科技革命对检验检疫的发展带来了重大变革，应用克隆与基因表达、DNA 序列测定、基因探针、PCR、生物芯片等技术，对检疫性昆虫、真菌、细菌、病毒、线虫等全面开展研究应用，如对梨火疫病、玉米细菌性枯萎病、番茄环斑病毒、李属坏死环斑病毒、小麦印度腥黑穗病菌、黑麦草腥黑穗病菌、松材线虫、马铃薯金线虫、白线虫、光肩星天牛、果实蝇、红火蚁等研究建立了相应的分子生物学检测方法。

四、基于 Taq Man 实时荧光定量 PCR 技术——以西花蓟马的快速检测为例

（一）背景

西花蓟马［*Frankliniella occidentalis*（Pergande）］属缨翅目（Thysanoptera）蓟马科（Thripidae）花蓟马属，原产于北美，现已分布于欧洲、亚洲、非洲等地区。我国于 2003年在北京首次发现该虫为害，之后在云南、山东等地陆续发生。西花蓟马是一种杂食性害虫，寄主范围非常广范，主要通过直接取食和传播病毒危害包括蔬菜、花卉、大田作物和果树在内的 500 多种植物。西花蓟马体型微小，隐蔽性强，卵产在寄主植物组织中，幼期和成虫期在花及幼嫩部位取食，前蛹和蛹期在土壤中度过，因此常规的检疫处理措施难以收到理想的效果。此外，西花蓟马与其他种类的蓟马形态相似，传统的形态学识别法难以快速准确鉴定。显然，准确快速的鉴定技术是有效阻止西花蓟马进一步传播扩散的首要条件。

随着分子生物学技术的快速发展，国内外运用该技术检测蓟马的方法逐渐增多，例如，限制性片段长度多态性（restriction fragment length polymorphism，RFLP）标记技术可以区分西花蓟马与其他 9 种蓟马，基于 PCR 及线粒体 DNA 细胞色素氧化酶亚基 I（mitochondria cytochrome oxidase subunit I，mtDNA CO I）基因的直接测序技术，可以准确鉴定西花蓟马及其他 8 种常见蓟马种类。冯毅等利用 DNA 条形码信息研制虚拟基因芯片，建立了

快速高效鉴定 3 种花蓟马属害虫的方法。周力兵等和孟祥钦等分别根据 mtDNA CO I 基因和基因组 DNA 的部分序列构建了西花蓟马快速检测体系。然而，上述标记技术均需要对 PCR 产物进行后处理，如酶切（RFLP 技术）、测序（CO I 技术）或电泳检测 SCAR（sequence characterized amplified regions）特征序列扩增区域标记技术等，然后才能明确其检测结果。实时荧光定量 PCR 技术不仅实现了 PCR 从定性检测到定量检测的飞跃，具有特异性更强、自动化程度更高、能有效解决 PCR 的污染问题等特点。该技术通常使用 2 种荧光化学，即荧光探针和荧光染料，其中荧光探针比荧光染料特异性强，而 TaqMan-MGB 荧光探针又比常规 TaqMan 荧光探针更精确、分辨率更高，因此是近几年核酸实时定性定量检测的首选方法，已广泛用于转基因研究、线虫检测、细菌、真菌、病毒检测等。TaqMan-MGB 实时荧光 PCR 技术还可用于转基因大豆中 Bt 毒蛋白的定量检测研究，以及配方食品、饲料等加工产品中转基因成分含量的测定（吴霞等，2011）。

　　针对西花蓟马仅在局部区域发生，极易随蔬菜、花卉及苗木等的运输进一步传播扩散，但难以快速准确检测的问题，采用 TaqMan-MGB 探针法研究其快速检测鉴定技术，以田间常见的其他 8 种蓟马｛包括花蓟马 [F. intonsa（Trybom）]、禾花蓟马 [F. tenuicornis（Uzel）]、黄胸蓟马 [Thrips hawaiiensis（Morgan）]、亮蓟马 [T. flevas（Schrank）]、八节黄蓟马 [T. flavidulus（Bagnall）]、稻简管蓟马 [Haplothrips aculeatus（Fabricius）]、苏丹呆蓟马 [Anaphothrips sudanensis（Trybom）] 和菊花蓟马 [Microcephalothrips abdominalis（Crawford）]｝为靶标进行种特异性检验，并以西花蓟马不同虫态单一个体的 DNA 为模板进行灵敏性检验，以不同浓度及不同储存期的质粒 DNA 为模板进行重复性和稳定性检验。

（二）方法

　　1）供试虫源　　西花蓟马种群以市售扁豆饲养于中国农业科学院植物保护研究所南区养虫室，国内发生的其他种类的蓟马均采自田间。

　　2）基因组 DNA 提取　　将单头西花蓟马或其他种类蓟马置于滴有 20 μL 提取缓冲液（50 mmol/L Tris-HCl，1 mmol /L EDTA，1% SDS，20 mmol/L NaCl，pH8.0）的 Parafilm 膜上，以 PCR 管底部为匀浆器充分研磨，匀浆液移入 1.5 mL 离心管；然后以 200 μL 缓冲液分 4 次冲洗匀浆器，合并混匀；加入 5 μL 蛋白酶 K（20 mg/mL），充分混匀后于 65℃ 水浴 1 h（中途混匀 1 次）；加入 220 μL 氯仿/异戊醇（$V:V=24:1$），轻柔混匀后，冰浴 30 min；然后 4℃ 12 000 r/min 离心 20 min，吸取上清液，加入 440 μL 预冷无水乙醇，轻柔混匀后于−40℃放置 30 min；4℃ 12 000 r/min 离心 15 min，小心弃去上清液。加入 500 μL 预冷 75% 乙醇洗涤，4℃ 12 000 r/min 离心 15 min，小心弃去上清液；然后将离心管倒扣于洁净滤纸上，自然干燥。每管加入 20 μL 超纯水，充分溶解后于−30℃保存备用。

　　3）质粒标准品 DNA 的制备　　参照孟祥钦等（2010）的方法，获得基于 SCAR 标记的西花蓟马特异性扩增条带（约 300 bp），切胶回收后以 T 载体（pEGM-T easy Vector）进行连接转化（Top 10 大肠杆菌感受态细胞），克隆后送测序公司测序。碱基序列比对结果显示，该片段为 320 bp，与 GenBank 中已有的西花蓟马基因组 DNA 片段（569 bp，GenBank 登录号 GU045557）中 37～356 bp 的碱基序列完全吻合。同时，从菌液中提取质粒 DNA，以生物分光光度计（德国 Eppendorf，22331 Hamburg）测定其浓度为 220 μg/mL，根据公式：质粒 DNA 拷贝数/μL＝质粒 DNA 质量/μL÷平均相对分子质量×6.023×10²³，得出每微升质粒中靶标 DNA 片段的拷贝数为 1.217×10¹¹。然后以 10 倍进行递减梯度稀释成 5 个浓度，稀释样品保存于−70℃，作为标准质粒用于建立标准曲线。

4）西花蓟马特异性引物与探针的设计　　根据特异性片段的测序结果，设计西花蓟马 TaqMan-MGB 荧光引物 FOQWF /FOQWR 和探针 FOQWP，并由上海基康生物有限公司协助合成。

5）定量 PCR 检测的反应体系与扩增条件　　定量 PCR 扩增反应以 96 孔光学板在荧光定量 PCR 扩增仪（美国 ABI 7500）上进行，反应体系为 10 μL，其中 PCR Master Mixture（2×）5 μL（美国 Takara）、上游引物（20 μmol/L）0.4 μL、下游引物（20 μmol/L）0.4 μL（上海生工生物技术有限公司合成）、DNA 模板 2 μL、TaqMan 探针（10×10⁻¹² mol/L）0.1 μL（上海基康生物技术有限公司合成）、Rox 0.1 μL（美国 Takara）、ddH₂O 2.0 μL。PCR 反应中以水为阴性对照，质粒 DNA 为阳性对照。扩增程序为：初始步骤 95℃ 3 min，然后进入 95℃ 变性 15 s，60℃退火延伸 1 min（采集荧光信号），扩增 40 个循环，耗时约 80 min。

6）标准曲线的建立　　以西花蓟马质粒 DNA 为标准品，进行 10 倍递减梯度稀释为 1.217×10⁷、1.217×10⁶、1.217×10⁵、1.217×10⁴、1.217×10³（拷贝数/μL）5 个浓度，每一浓度取 2 μL 作为模板，以 FOQWF/FOQWR 和 FOQWP 作为实时荧光定量 PCR 扩增的引物和探针，进行定量 PCR 检测，重复 4 次。然后以质粒 DNA 浓度及其相应的临界循环次数（Ct 值）绘制标准曲线，并进行相关性分析。

7）荧光引物和探针的种特异性检验　　鉴于在扩增西花蓟马基因组 DNA（320 bp）片段的 SCAR 引物（FOMF/FOMR）的特异性检验中已涉及了 41 种蓟马，因此本研究仅选用其中 8 种田间常见的其他蓟马种类（包括 2 种花蓟马属昆虫）进行特异性检验。以单头蓟马成虫的 DNA 为模板，以 FOQWF/FOQWR 和 FOQWP 作为实时荧光定量 PCR 引物和探针，质粒 DNA 为阳性对照、超纯水为阴性对照，进行 TaqMan 实时荧光定量 PCR 检测，检测方法同上。

8）荧光引物和探针的灵敏性检测　　以不同虫态和性别（卵、1 龄若虫、2 龄若虫、前蛹、蛹、雄性成虫、雌性成虫）的单头/粒西花蓟马 DNA 为模板，以 FOQWF/FOQWR 和 FOQWP 作为实时荧光定量 PCR 引物和探针，质粒 DNA 为阳性对照、超纯水为阴性对照，进行 TaqMan 实时荧光定量 PCR 检测，检测方法同上。每一虫态或性别分别检测 3 头/粒。

9）重复性和稳定性测定　　以浓度分别为 1.217×10⁷、1.217×10⁵、1.217×10³（拷贝数/μL）的质粒 DNA 为模板，进行荧光定量 PCR 扩增，分别测定 3 次，然后以 3 次重复所得的各浓度 Ct 值计算其标准差及变异系数。将上述检测后的标准品于−20℃保存 30 d 后，再进行检测；比较前后 2 次的扩增结果，并进行统计分析。

10）数据统计与分析　　数据是从荧光定量 PCR 仪中直接导出的 DNA 拷贝数，然后用 EXCEL 求平均值和标准方差。

（三）结果

1）西花蓟马 TaqMan-MGB 定量 PCR 检测体系引物和探针的设计　　根据西花蓟马特异性片段的测序结果，设计一对特异性引物（FOQWF/FOQWR）和一条与模板互补的基因特异性探针（FOQWP），其中，探针的 5'端以 FAM 报告荧光基团标记，3'端以 MGB 淬灭基团标记，其扩增片段长度为 138 bp。

2）标准曲线的建立　　以 10 倍递减梯度稀释所获得的 5 个浓度的质粒 DNA 为模板，进行实时荧光定量 PCR 检测，然后以 Ct 值为纵坐标，以不同浓度靶标 DNA 片段拷贝数的对数值为横坐标，绘制标准曲线并进行相关性分析。结果显示，靶标 DNA 片段的拷贝数与 Ct 值间显著相关，其相关关系式为 $y=-3.014x+39.979$（$R^2=0.9965$）（图 5-4），完全可以用于西花蓟马的定量检测分析。

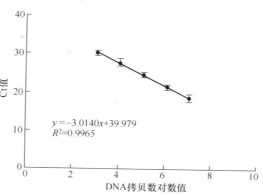

图 5-4　西花蓟马靶标 DNA 片段标准曲线
（吴霞等，2011）

3）荧光引物和探针的种特异性检验　　以西花蓟马以及田间常见的其他 8 种蓟马 DNA 为模板进行定量 PCR 检测，结果显示，只有西花蓟马发出强烈的荧光信号，其 Ct 值为 25.00，而其他田间常见的 8 种蓟马的荧光信号十分微弱，Ct 值为 36.63～38.32，均低于阴性对照（Ct 值为 36.45）（图 5-5）。因此，该检测体系可用于西花蓟马的检测鉴定分析。

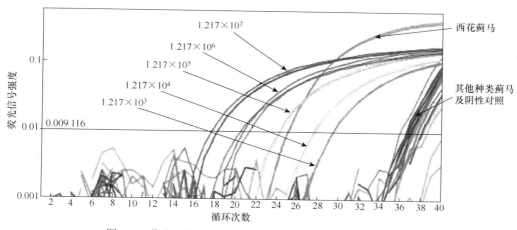

图 5-5　荧光引物和探针的种特异性检验（吴霞等，2011）

4）荧光引物和探针的灵敏性检测　　分别以不同虫态西花蓟马的单一个体 DNA 为模板进行实时荧光定量 PCR 检测，结果显示，该定量检测体系不仅能检测单头成虫、前蛹及蛹，而且还可检测二龄若虫及初孵若虫；同时，对单粒卵亦具有很好的检测效果，其靶标 DNA 片段的含量为 1729.00（拷贝数/μL）。

5）重复性和稳定性检测　　分别以高、中、低 3 个浓度的质粒 DNA 为模板进行重复性和稳定性检测，结果显示，3 种浓度 Ct 值的变异系数分别为 1.09%、1.44% 和 2.07%，均低于 5%；将储存 30 d 前后的不同浓度质粒 DNA 的检测结果进行比较分析，其 P 值分别为 0.41、0.75、0.67，均大于 0.05。结果表明，所建立的西花蓟马定量检测体系具有良好的重复性和稳定性。

第七节　全球气候变化条件下的有害生物控制

一、全球气候变化对农业有害生物的影响

农业有害生物包括植物病原微生物、害虫、杂草、鼠类等，受气候和天气的影响特别明显。温度、湿度、降雨、风速、风向和其他气候因素直接影响病害的侵染、发生、发展及流行，影响害虫、杂草，以及鼠的发育、繁殖、越冬、分布、迁移和适应等。此外，气候变暖还将通过影响作物结构和布局而间接影响有害生物。气候变暖将使温度带向极地移动，年平均温度每增加 1℃，北半球中纬度的作物带将在水平方向北移 150～200 km，垂直方向上移 150～200 m。在积温增加≥10℃时，我国喜温作物（水稻、玉米等）种植面积可增加 5%，平均生长期可延长 15 d 左右。因此，气候变暖必然对农业有害生物的发生和危害产生重要影响（金道超和高光澜，2012）。

（一）对农业有害生物地理分布的影响

年均温升高可能导致各种病虫草鼠的分布向高纬地区延伸，分布范围扩大，目前限于热带的有害生物将会蔓延到亚热带甚至温带地区，病虫害不严重的寒温带将深受其害，纬度较高的地区危害更大。例如，小麦条锈病菌（*Puccinia striiformis* West. f. sp. *tritici* Eriks et Henn）喜凉怕热，在气温较高的低海拔地区不能越夏，如果气温在 −7℃ 以上时，条锈菌就可以安全越冬，到 2～3℃ 时菌源开始复苏、显病，13～16℃ 是发病的最适温度，当气温高于 23℃ 时，病原菌不能越夏。所以，当北方变暖幅度大于南方时，原本在气温较低的北方发生的条锈病会南移，造成南方一些麦类作物受害。气温升高使一些作物逐渐向两极方向的某些地区延伸种植，相应的有害生物就可能扩展到这些新的种植区。1960～2000 年，由于温度升高，水稻害虫稻绿蝽 [*Nezara viridula*（L.）] 在日本的分布北界从和歌山北移到了大阪，约北移了 70 km（约 0.6°N）。黑腹果蝇（*Drosophila elanogaster* Meigen）耐热种群在澳大利亚东部沿海地区的分布提高了 4 个纬度梯度。但除温度、菌源量、越冬基数、食物等关键因子外，还有许多其他因子也影响有害生物的传播和分布。因此，气候变暖后有害生物的实际分布区域可能低于理论预测，且随地域的不同而有一定差异。冬季温度提高将使某些种的越冬界线北移。气候变暖可使我国 1 月 0℃ 等温线北移，黏虫的越冬北界将北移大约 1 个纬度，稻纵卷叶螟的越冬北界将北移 1～2 个纬度。1986～1987 年冬季，我国褐飞虱常年越冬地区（包括广东、广西南部、福建南部），气温为建国后同期的最高值或次高值，稻飞虱能在常年不能安全越冬的地区安全越冬，越冬区域扩大，越冬北界比常年北移了 1～2 个纬度。

（二）对农业有害生物发生规律的影响

1）利于作物病害发生与危害的影响　　气候变暖，尤其是冬季温度增高，有利于植物病原微生物越冬、发生和危害加重。例如，暖冬使小麦条锈菌菌源基数增大，如果春季气候条件适宜，将会促使小麦条锈病的发生、流行加重；若双季稻种植区的东部向北扩展到 35°N～36°N 的地区，将使早、晚稻孕穗末期至抽穗期遇低温多雨的概率加大，

而低温和寒露风对穗颈稻瘟病 [*Magnaporthe grisea*（T. T. Hebert）M. E. Barr] 的流行十分有利，因此，双季稻种植区北移后，易造成稻瘟病北上，有利于稻瘟病的发生和加重；水稻纹枯病属高温高湿型病害，当气温为 23～35℃，并在伴有降雨或湿度大的情况下，则有可能发展成为发病最广、危害最大的病害。

2）利于害虫发生与危害的影响　　气候变暖将增加昆虫发生季的有效积温，导致许多昆虫发生世代数增加及伴随的种群密度增大。一定温度范围内，昆虫新陈代谢率或发育速率和温度成正比，在致死高温限下，温度增高，害虫发育速率加快，各虫态发育时间缩短，发生世代数增加，迁飞性害虫的始见期、迁飞期及种群高峰期提前。例如，稻褐飞虱在气候变暖条件下发育速率加快，生活史缩短，在各气候带内均可多繁殖 1 代；北美的棉铃虫 [*Heliothis zea*（Boddie）]，芬兰的麦秆蝇（*Oscinella frit* L.）、麦叶蝉 [*Javasella pellucida*（Fabricius）]，新西兰的苹果全爪螨 [*Panonychus ulmi*（Koch）] 及苹果蠹蛾 [*Cydia pomonella*（L.）] 等害虫，温度升高使其世代数期望会增加；黏虫发生地区的有效积温年增总值超过 685.2℃/日时，黏虫可在这些地区多发生一代或几代；日本稻灰飞虱（*Laodelphax striatellus* Fallén）、荷兰和瑞士等国葡萄小卷叶蛾 [*Paralobesia viteana*（Clemens）]，巴西咖啡潜叶蛾 [*Leucoptera coffeella*（Guérin- Méneville）] 等昆虫都因气温升高而增加了发生世代数。气候变暖使高温适生昆虫的种群密度增加，例如，意大利北部 Modena 近 15 年冬季均温都超过了 5℃，茶色缘蝽 [*Arocatus melanocephalus*（Fabricius）] 的越冬存活率增加，且提高了越冬代成虫生殖力，促进了其种群密度的增加。

3）对有害生物发生危害的不利影响　　气候变化并非对所有农业有害生物都有利。气候变暖可导致一些低温适生种的种群逐渐萎缩，种群密度下降。例如，1968～1998 年英国春季温度逐年升高，英国豹灯蛾（*Arctia caja* L.）各监测站 7～8 月的累积诱捕量平均值在 1983 年前为 4.2 头，而 1984 年后仅为 3 头，下降了 28%，表明气候变暖使英国豹灯蛾种群密度逐渐降低。

气候变暖还可导致一些害虫在冬前进入滞育的时期延后，在低温到来时不能进入滞育虫态而死亡。例如，稻绿蝽成虫在日本大阪通常在 9 月中旬进入滞育，温度升高使部分雌虫在秋季继续产卵，孵化的后代不能完成发育进入成虫期而滞育越冬，亲代与子代全部死亡，次年发生程度将大大降低。

气候变暖还可通过影响昆虫共生微生物而削弱昆虫对环境的适应性，如中欧山松大小蠹（*Dendroctonus ponderosae* Hopkins）有 2 种共生真菌 *Grosmannia clavigera* 和 *Ophiostoma montium*（Rumbold），25℃下 *G. clavigera* 为优势种，32℃以上 *O. montium* 为优势种。适宜温度下这两种真菌与小蠹互惠共生，气候变暖将导致其中一种甚至两种真菌都灭绝，从而减弱了小蠹对环境变化的适应性。

（三）对寄主-有害生物-天敌三者关系的影响

寄主植物与有害生物、不同种有害生物之间、有害生物与天敌间的关系会因气候变暖发生变化。以害虫为例，可归纳为 5 个方面的影响。

1）因物种适应性不同而改变原有关系　　寄主植物为植食性昆虫提供其生长发育和繁殖所需的营养物质和栖息环境，周围其他物种以捕食、寄生、竞争和共生等方式对有害生物种群变化产生重要影响。由于不同种类的昆虫和寄主植物对温度升高的适应性反应不同，导致昆虫与寄主植物及周围其他昆虫的原有关系发生改变，从而对害虫种群消长、为害程度及相应的防治策略产生实质性影响。

2）昆虫和寄主植物的物候同步性发生变化　　温度升高直接影响昆虫的生长发育和生存繁殖外，也影响寄主植物的生长发育进度，由于昆虫和植物对温度升高的反应差异，常导致昆虫与寄主植物的物候同步性改变，从而影响昆虫的正常取食并进一步影响其种群发展。例如，气温升高导致冬尺蠖（*Operophtera brumata* L.）、云杉芽卷蛾（*Choristoneura occidentalis* Freeman）幼虫提前孵化无嫩芽取食，与寄主植物的同步性削弱而最终导致死亡。但有些昆虫对寄主植物同步性的变化有很强的适应能力，美国北部的云杉色卷蛾 [*Choristoneura fumiferana*（Clemens）]、新西兰的冬尺蠖通过延长幼虫越冬休眠时间和推迟卵的孵化期来保持与寄主植物的同步性。

3）植食性昆虫的寄主植物范围或取食器官发生变化　　气候变暖可使植食性昆虫向原分布区外的区域扩散，但寄主植物相对昆虫扩散速率较慢，扩散到新区域的昆虫转向取食新环境的植物。例如，奥地利的松异舟蛾（*Thaumetopoea pityocampa* Schiff.）由取食黑松（*Pinus nigra* Arnold）转向取食生长于更高海拔的欧洲赤松（*Pinus sylvestris* L.）；白钩蛱蝶（*Polygonia c-album* L.）在原寄主啤酒花（*Humulus lupulus* L.）上的存活率显著下降，而在新寄主榆树（*Ulmus glabra* Huds.）和荨麻（*Urtica dioica* L.）上的发育历期等生物学表现比原寄主植物更好，扩展了种群"新领地"；气候变暖导致木虱（*Cacopsylla groenlandica*）幼虫孵化期与寄主柳树发芽期的同步性减弱，寄主范围从1种柳树增加到了4种。

4）植物和害虫间的营养关系发生变化　　气候变暖除使昆虫的发育历期缩短而为害期缩短外，寄主植物的适应性变化亦可改变寄主-害虫营养关系。如气候变暖使寄主植物中的C/N值增大而营养质量下降，昆虫则通过增大取食量来满足生长发育的营养需求。

5）天敌与害虫的原有种间关系发生变化　　较高的营养级依赖于较低营养级对气候变化的适应能力，营养级别高的天敌更容易受到气候变化的影响，从而打破天敌和害虫之间固有的平衡关系。如害虫每年增加1代，其寄生蜂的世代每年可增加1~4代，害虫和寄生蜂之间的同步性很容易被气候变化所改变。因此，气候及其引起的农业其他方面的变化会打乱害虫-天敌的种间关系，扰乱天敌的自然控制作用，害虫种群不能受到控制而迅速繁殖而暴发危害，或者，次要害虫由于失去天敌的控制而可能成为新的主要害虫。

二、全球气候变化情景下农业有害生物控制面临的问题

1. 作物布局变化下有害生物的群落结构响应

气候变暖总体上增加了农业生产所需的热量资源，另外，气温升高也可能导致相关气候因素如湿度、降雨等的改变，国家或地方政府将可能根据气候条件变化趋势，趋利避害，调整农业生产布局和结构。作物（种植植物）的布局变化，必然影响有害生物群落结构和演替规律，这是我们面临的主要科学问题。

2. 有害生物对暖温及其相关条件的适应机制

目前人们已注重研究气候变暖对害虫地理分布和种群长期发生趋势的宏观影响，并已开始就气候变暖对害虫与寄主植物复合系统的影响开展探索，但若需阐明全球气候变化对整个农业生态系统功能产生的影响，则应深入开展有害生物对暖温及相关气候物候

条件的适应机制研究，这一领域包括有害生物对逐渐变化的气候条件的适应机制，与寄主作物的相互作用的变化，有害生物的种间竞争关系的变化，天敌-有害生物间以及与植物间相互关系等。

3. 有害生物向新适生区转移的扩散机制

气候变暖可在纬度和海拔两个方面扩大有害生物的适生区域，在适生区缺乏原寄主的情况下，其扩散并在新适生区成功定殖的机制是一重点的研究方向。除温度条件外，有害生物扩散的内在生理机制、行为机制、对新寄主植物（作物）的适应机制等是特定生物向新适生区扩散的基础。许多昆虫在夏季和冬季以滞育来适应不良环境对害虫的影响，有的昆虫则远距离迁飞来躲避不良环境的影响。有害生物如何通过生理和行为上的潜在适应性向适生区扩散并定殖以适应气候变暖，对阐明气候变暖下它们的发生趋势有重要意义。

4. 持续变暖趋势下有害生物的致灾预测

针对全球气候变化是持续变暖这一趋势而言，致灾预测应包括以下几个层次的命题：一是对特定区域有害生物物种构成变化趋势的预测；二是针对特定区域的特定种植业结构，对各类（各种）有害生物致害性变化趋势的预测；三是对特定区域当前主害种类预测预报，即做好普遍意义上的各类预测预报，这是解决当前生产实际的技术性问题，但许多预测预报方法以长期的历史监测数据为基础，可为前述两个方面提供客观的科学数据（金道超和高光澜，2012）。

三、应对全球气候变化的昆虫学研究对策

在长期的协同进化过程中，植物-害虫-天敌相互作用、相互制约，形成一个有机整体。近年来，由于 CO_2 浓度升高、温度上升、气候变暖、降雨分布不均等气候因子变化，引起植物、害虫、天敌 3 类生物对全球气候变化的响应不同，导致害虫、天敌发生的时间与空间格局变化，致使原有的植物-害虫-天敌之间的内在联系和各营养层间的固有平衡格局发生改变，作物的抗性和天敌控害作用难以得到发挥，最终增加了害虫暴发成灾的风险。以此同时，作为发育历期短、繁殖快、多化性的昆虫，将在遗传、生理、行为、种群等多个方面对全球气候变化产生不同的适应策略，以实现其在气候变化下种群的存活、繁衍和扩张，提高其群体适合度。

因此，未来需要针对全球气候变化下昆虫如何变化、如何适应、如何控制这个主线开展研究，即着重解决以下 3 个关键科学问题：①由于不同生物对全球气候变化的响应不同，在全球气候变化下我国主要害虫、天敌发生的时空格局有什么变化？②害虫、天敌如何适应不断变化的气候因子？③如何采用新的防治对策以应对全球气候变化下害虫发生危害与防治的新挑战？

未来的研究趋势主要体现在以下 5 个方面：①由于 CO_2 浓度和全球变暖是逐渐升高的，而不是突然增加的，昆虫对 CO_2 浓度和全球变暖的适应是长期的、多代的过程，因此未来应强调全球气候变化对昆虫多世代、长期响应的研究和监测。②多因子的综合研究全球气候变化是多个因子综合发生，如 CO_2 浓度变化的同时，伴随着温度升高等其他气候变化。因此需要综合分析多个气候变化因子对昆虫的影响，才能准确对未来全球气候变化下昆虫的发生提出预警。③目前有关气候变化对昆虫生长发育、适合

度及发生分布的影响研究报告较多，而对昆虫产生这些变化的机制研究较少，有关昆虫在遗传、生理、行为、种群等方面对全球气候变化产生的适应机制也不清楚，从而制约了对未来全球气候变化下昆虫的发生发展的认识，需要从基因、分子、个体、种群和生态系统等多个层次开展昆虫对气候变化响应和适应机制系统研究。④在研究方法上，可通过控制试验设置，如 CO_2、O_3 控制的开顶式同化箱（OTC）、田间开放式试验（FACE），以及红外线辐射器增温设施，模拟野外气候因子的变化，研究气候变化对昆虫的影响；同时，发展多因子模型预测未来全球气候变化下昆虫发生的趋势。⑤与国家减排需求紧密结合通过分析气候变化下害虫发生与危害与生态系统 CO_2 释放的定量关系，评估基于害虫防控技术对 CO_2 减排的贡献，提出气候变化下害虫防控的新技术和对策。

　　未来研究重点将以温度、降水、二氧化碳浓度等作为全球变化作用因子，从基因、分子、种群、生态系统和农田景观多个尺度，以农林重要害虫、气候变化敏感性害虫、区域性（迁飞）害虫、入侵性害虫为对象，围绕害虫对全球气候变化的响应特征、适应机制及其控制新方法等主线，通过长期监测、控制试验和模型预测结合，着重于开展以下方面的研究。

　　（1）害虫发生特点与灾变规律在高温、干旱、CO_2 浓度升高和灾害性天气频繁的全球气候变化大背景下，害虫及其天敌的发生与分布的时空格局发生了变化。需要通过历史虫情资料和气象数据资料梳理，结合大田野外调查和室内控制环境实验模拟气候变化影响，明确新环境下害虫发生新特点和灾变新规律，并阐明区域尺度下害虫暴发危害与气候变化关键因子的关联度，为构建应对全球气候变化的害虫灾变监测、预警和应急防控技术奠定基础。

　　（2）害虫及其天敌在遗传、生理、行为、种群等多个方面对温度升高、干旱和 CO_2 升高产生不同的适应策略，以实现其在气候变化下的存活、繁衍和扩张。研究这些适应的机制，可阐明气候变化下生物学的效应，增强生态系统的稳定性和自适应性，为构建有害生物风险预警和应急防控技术奠定理论基础。

　　（3）随着全球气候变化加剧及伴随的农林业产业结构调整及栽培管理制度变革等诸多因素影响，害虫发生危害及其对作物的影响表现出新的形式和规律。通过有害生物个体和种群层次的致害性（如取食行为、生活史变化、生态位测定、种群增长和种间竞争等）研究，结合区域性作物产量损失（如经济产量损失评估、耐害补偿能力评价、生长势测定等）和森林的固碳能力分析，制定气候变化新形势下重大农林害虫和入侵害虫的防治指标和经济阈值参数，为国家应对全球气候变化的植物保护防治策略提供基础数据、评价指标和评估模型参数。

　　（4）结合传统的有害生物种群预测模型（如有效积温模型、种群增长模型和相关专家系统等），利用分子检测、信息素监测、3S 技术和网络技术，通过整合遥感信息、地理信息及气候气象信息等，建立害虫危害预测模型和迁飞扩散的信息识别模型，以监测害虫区域性灾变规律。同时，整合气候变化下害虫应急防控和持久预防管理新体系，寻找基于气候变化影响下的生物防治、物候期变化、害虫生活史变化及作物耐害补偿能力变化的高效害虫防控新技术和新方法，建立国家应对气候变化影响的农林重大害虫可持续综合防御与控制体系（戈峰，2011）。

复　习　题

一、名词解释

温室（greenhouse）

开顶箱（open-top chamber）

红外线反射器（infrared reflector）

红外线辐射器（infrared radiator）

碳氮营养平衡（carbon nutrient balance，CNB）

上行效应（bottom-up effect）

下行效应（top-down effect）

生物入侵（biological invasion）

多样性阻抗假说（diversity resistance hypothesis）

天敌缺乏假说（absence of predators hypothesis）

环境发生化学变化假说（chemical change hypothesis）

生态位空缺假说（empty niche hypothesis）

干扰产生空隙假说（disturbance produced gaps hypothesis）

有害生物的风险评估（pest risk assessment，PRA）

二、问答题

1．试述昆虫对温度升高胁迫的响应和适应。

2．试述温度升高胁迫对昆虫影响的研究方法。

3．试述大气 CO_2 浓度增加对昆虫的影响及其作用机制。

4．试述昆虫对大气臭氧浓度升高的响应和适应。

5．以麦长管蚜实验为例，试述 UV-B 辐射增强对昆虫的影响。

6．试述 SO_2 胁迫对异色瓢虫的影响。

7．试述生物入侵风险评估技术和检验检疫技术。

8．试述全球气候变化对农业有害生物的影响。

9．试述全球气候变化情景下昆虫学研究的趋势和重点领域。

第六章 现代生物技术在昆虫学研究中的应用 >>>>

第一节 分子生物学技术

一、分子生物学技术在病虫害防治中的应用

分子生物学技术诞生于 20 世纪 70 年代，为生物学、农业、医学带来了革命性的变革，并已结出了累累硕果。病虫害防治也不例外，分子生物学已经成为其各个方面的重要技术支撑，正在开辟病虫害防治的新途径。

（一）害虫抗药性的研究

随着化学农药的大量长时间使用，昆虫对农药的抗性骤增，用药量不断加大，造成经济、环境、社会等方面的压力不断增加。研究昆虫抗药性机制，解决抗性问题已成为一个重要的课题。分子生物学技术的发展提供了一个极好的研究工具。通过近年来在分子水平对抗性基因的许多研究，目前对抗性机制的分子基础已逐渐有所了解，在一些方面取得了丰富的研究成果。例如，芮昌辉等利用随机扩增多态性 DNA（random amplification polymorphic DNA，RAPD）技术分析了棉铃虫对三氟氯氰菊酯抗性的遗传方式，通过筛选出的 3 个随机引物在 R 和 S 两亲本之间共扩增出 47 条 DNA 带，其中差异带达 27 条；初步筛选出与抗三氟氯氰菊酯有关的 RAPD 分子标记 3 个，即 OKG4-1300、OPG6-1450、OPG8-535，它们能同时出现于 R 亲本和正反交 F_1 代中，而在 S 亲本中不出现，与抗药性遗传方式的测定结果一致，证明了这种方法的可靠性。Raymond 用此技术研究了库蚊（*Culex pipiens* L.）对有效磷农药抗性产生和扩散的机制，证明导致库蚊抗性产生的酯酶 B2 基因的扩散具有单一起源，并通过迁飞扩散到不同地区。在许多情况下，抗性的产生是由于昆虫对杀虫剂的代谢能力提高。代谢杀虫剂的解毒酶一般使有毒的外来化合物经过氧化、还原或水解后，其产物的水溶性增高，使它们更容易从昆虫体内排出。解毒酶包括细胞色素 P450 氧化酶系、水解酶（酯酶）及谷胱甘肽-*S*-转移酶。目前对酯酶分子结构和基因结构已经弄清，对其酯酶基因的扩增机制已有了深入了解。不同类农药的靶标受体基因均已进行克隆，如钠离子通道基因，目前已利用高等动物钠离子通道基因作探针，分离到了昆虫中钠通道基因。另外还有 GABA 受体复合体、乙酰胆碱各型受体基因、乙酰胆碱酯酶基因、激素受体、Bt 受体等。P450 活性提高在许多杀虫剂抗性中具有重要作用，然而与 P450 相关的抗性分子基础了解尚少。

（二）利用分子生物学技术改良微生物杀虫剂

微生物农药具有对环境和生态安全的特点，因而对其的研究与应用受到世界各国的高度重视。分子生物学技术的出现为菌株的遗传改良提供了有效的手段，开发新的生物农药防治病虫害已步入一个崭新的阶段，新一代杀虫防病重组微生物的研究开发已取得

显著的进展。从新型生物农药的研制、应用技术到效能评价都已利用了分子生物学手段，最突出的是重组病毒和利用遗传工程技术修饰微生物杀虫剂的研究，以及利用基因工程技术提高生物农药固有活性和克服不利的环境因子、扩展寄主范围的研究等。1991 年以来，国外已有一些新型的微生物农药产品投入市场。其中以微生物杀虫剂居多，如采用质粒修饰与交换技术开发的新型 Bt 杀虫剂 Foil、Condor 和 Cutlass；利用基因体外重组技术开发的新型 Bt 杀虫剂 Raven OF 和 Crymax WDG；利用基因转移与生物微囊技术开发的杀虫荧光假单胞菌菌剂 MVP、M-Trak 和 M-Peril 等。美国环境保护署（Environmental Protection Agency，EPA）已经审查了 50 个新的工程菌。例如，对多种植物根癌病有效的放射土壤杆菌 K84 菌株经基因缺失重组后，防病效果更为稳定持久。

昆虫病毒作为生物杀虫剂具有特异和安全等优点，但由于作用缓慢和寄主太窄等弱点而在应用上受到一定限制。如果昆虫病毒在感染昆虫的同时表达具有杀虫活性的毒素、干扰昆虫正常代谢的激素或酶，这样可以发挥二者优势，因而重组病毒研究进展非常快，其中以苜蓿夜蛾的 AcNPV 和家蚕 BmNPV 使用最广泛。科学家已经用具有杀虫和干扰代谢作用的基因成功地构建了可以表达 δ-肉毒素、蝎毒（AaHIT）、抑制昆虫蜕皮的蜕皮甾醇糖化转移酶、利尿激素、JH 酯酶、几丁质酶等新的工程病毒。

（三）转基因抗虫作物

从 1983 年世界第一例转基因植物（genetically modified plant，GMP）——烟草问世以来，转基因植物的研究和应用得到了非常迅猛的发展。转基因抗虫植物是生物学技术在害虫防治中应用最成功的例子。具有杀虫或抗虫能力的转基因植物已在害虫防治中显示出应用前景，即把具有杀虫和影响昆虫生长发育的基因导入作物，培育具有抗虫能力的新品种。国内外已有很多实验室把 Bt 毒蛋白基因、豇豆胰蛋白酶抑制基因等分别导入烟草、番茄、马铃薯、玉米、芥菜、水稻等多种作物。1986 年，美国 Beachy 研究小组首次将烟草花叶病毒（tobacco mosaic virus，TMV）外壳蛋白基因（CP）导入烟草，培育出抗 TMV 的烟草植株，开创了抗病毒育种的新途径。比利时植物遗传公司的科学家于 1987 年首次将苏云金杆菌（Bt）毒蛋白基因导入烟草中得以表达，表现出对 1 龄烟草夜蛾幼虫的抗性。1994 年，首批转基因植物产品——延熟保鲜的番茄和抗除草剂棉花在美国获准进入市场销售。至 1998 年 6 月，国外批准商业化应用的各类转基因植物产品（品牌）已近 90 种，仅美国和加拿大就超过了 50 种。其中，大部分都与病虫草害防治有关，如抗虫（玉米螟）玉米、抗虫（棉铃虫、棉红铃虫）棉花、抗虫（甲虫）马铃薯、抗病毒西葫芦、抗病毒番木瓜等。我国转基因植物的研究也获得了很大的发展。一是植物重要功能基因克隆取得重要进展，已自主克隆重要功能基因 418 个。其中，抗虫相关基因 46 个、抗病相关基因 57 个、抗非生物逆境基因 162 个、生长发育相关基因 78 个、品质与高产相关基因 71 个、抗除草剂基因 4 个。在这些基因中，已有转化植株并将对植物优质、高产、抗逆及生长发育调控等具有重要应用前景的功能基因 46 个。二是转基因抗虫棉产业化取得巨大的经济效益，初步具备主要作物的转基因产业化能力，使棉农因防治棉铃虫而导致的中毒事件降低了 70%～80%，每年减少化学农药用量 2000 万～3000 万 kg，相当于我国化学杀虫剂年生产总量的 7.5%左右。获得了一批优质、高抗的转基因作物育种新材料，为转基因植物产业化提供了充分的品种储备。创制了优质、抗病、抗虫、抗旱、耐盐、抗除草剂转基因植物新品种、新品系和新材料 20 925 份，共有 473 份新品系和新材料获准进行生物安全性评价，其中，商业化生产 58 例、环境释放 114 例、中间试验 199 例、生产性试验 102 例。转基因 741 杨通过了商品化生产审批，已推广 266.67 hm²。

（四）在分子生态学研究中的应用

分子生态学从基因水平上研究生物之间关系及生物与环境之间的关系，对于掌握害虫的种群迁移和扩散规律，及时采取有效的防治对策提供了强大的理论依据。目前，在昆虫生态学研究中主要用于：进行个体遗传标记，以鉴别亲缘关系并研究生殖策略；研究种群间迁移扩散关系；研究种群内遗传变异程度和种群遗传分化程度；进行天敌昆虫品系标识和鉴定以及进行害虫生物型鉴别。Roehrdanz 等用 RAPD 技术标识了不同地理起源的北美瓢虫（蚜虫天敌），为正确引进天敌，控制蚜虫为害起到了决定性的作用，同时指出 RAPD 技术可用于区分关系近缘的天敌昆虫，在利用天敌控制害虫方面有着巨大的经济意义。

二、分子生物学技术在昆虫系统学中的应用

（一）研究方法

目前用于昆虫分子系统学研究的主要方法有核酸序列分析（DNA sequence analysis）、限制性片段长度多态性分析（restriction fragment length polymorphism，RFLP）、分子杂交技术（molecular hybridization）、RAPD、单链构象多态性（single-strand conformational polymorphism，SSCP）和双链构象多态性（double-strand conformational polymorphism，DSCP）分析等方法。

1）DNA 序列分析　　　DNA 序列分析是通过直接比较不同类群个体同源核酸的核苷酸排列顺序，构建分子系统发育树，并推断类群间的系统演化关系，此方法是目前进行分子进化及系统发育研究最有效、最可靠的方法。但序列分析耗资较大，也很费时，所以不适宜于大群体的遗传进化研究。但随着生物技术的不断提高，药品、试剂盒及酶制剂越来越廉价，此方法将会得到广泛应用。此方法与 RFLP 及 DSCP 等其他方法相结合，可快速而经济地测定大量个体，是今后发展的方向。目前已对许多昆虫核基因组中的核糖体 DNA（rDNA）及线粒体 DNA（mtDNA）进行了序列测定，并进行了相应的系统发育分析。

2）RFLP 分析　　　RFLP 是应用限制性内切核酸酶切割不同类群个体的基因组 DNA 或某一基因，产生不同长度的限制性片段，根据酶切图谱，计算类群之间的遗传距离，构建系统树。此方法的优点是快速、经济、简便，而且结果也比较可靠，因此特别适合大群体的遗传、进化研究。通常用于 RFLP 研究的是线粒体基因组 DNA（mtDNA），因为昆虫的 mtDNA 较小，基因结构较清楚，用限制性内切核酸酶切割后可直接进行分析。而昆虫核基因组 DNA 复杂，酶切后片段很多，很难确定其同源性，需进行分子杂交后才能分析，所以用 mtDNA 进行 RFLP 分析的研究较多。目前，也有采用 RFLP 与 PCR 相结合的方法，先选用特定引物将某一片段进行 PCR 扩增、纯化和克隆，然后再进行 RFLP 分析。但 RFLP 分析远不如核酸序列分析提供的信息量多，而且结果也不如后者可靠，所以，RFLP 通常只用于种类鉴定或种内种群间的遗传进化研究，很少用于种上阶元的系统发育分析。

3）分子杂交技术　　　分子杂交的基本原理是具有一定同源性的两条核酸单链，在

一定的条件下可按碱基互补原则退火形成双链，杂交过程是高度特异性的。用于杂交的双方是待测核酸序列和探针。用带有标记的已知核苷酸片段作为探针，来检测目的基因或 DNA 片段的存在及变异情况。此方法用于昆虫近缘种和复合种的鉴定效果较好，但要求对研究类群的遗传背景有一定的了解，而且探针的制备也较麻烦，因此，探针杂交技术应用并不广泛，只用于小型医学昆虫的种类鉴定。

　　4）RAPD　　RAPD 是在 PCR 基础上，采用单个人工合成的随机引物（一般为 10 bp）对基因组 DNA 进行扩增，所用引物 G+C 含量为 50%～70%。此方法的优点是：①快速、简便，整个实验能在 24 h 以内完成，而且只需具备分子生物学实验的基本条件就可进行，也无需昂贵的试剂及仪器设备；反应灵敏；②对遗传背景不清楚的材料也能进行。此方法的缺点是反应过于灵敏，极易受外源 DNA 污染，可重复性低。在昆虫中，最早由 Black 等将此方法应用于 4 种蚜虫的鉴定比较，根据电泳图谱能明确区别 4 个种。同时，还检测了种内不同生物型、同一生物型内不同个体，以及同一种群内不同个体之间扩增产物的多态性。此外，还用 RAPD 技术检测和鉴定了蚜虫体内的两种寄生蜂。Kambhampti 等采用 RAPD 技术对蚊虫的种和种群进行了鉴定和区分，并对 RAPD 的实验技术、统计分析及应用等进行了探讨。其后，RAPD 在按蚊、寄生蜂、舞毒蛾、粉虱、蚜虫、蝗虫、果蝇等昆虫中均有应用。在这些研究中，RAPD 大多用于近缘种、复合种和种内生物型的识别和鉴定，以及地理种群的遗传进化研究。RAPD 在系统发育分析上的应用，还有一定的争论。例如，Vanlerberghe-Mesutti 采用 RAPD 的方法成功地对膜翅目纹翅卵蜂科的种类进行了系统发育分析，但 Zande 将 RAPD 应用于果蝇种间的系统发育分析时，却得出相反的结论，认为 RAPD 无法得到可靠的遗传距离。也有人提出，增加引物数量，RAPD 可进行高级阶元的比较，但至今未见有关的研究报道。目前较新的方法是将 RAPD 与其他方法结合起来，将确定是遗传特性的 RAPD 标记进行纯化、克隆和测序，并以此片段作为特殊位点引物（locus-specific primer），再用于 PCR 扩增，这种标记类型称为特征序列扩增区（sequence-characterized amplified region，SCAR）。Garner 等将此方法成功地应用于亚洲和美洲舞毒蛾的鉴定上，并认为这种标记对鉴定诱捕的成虫标本及其他虫态标本是很有用的。

　　5）SSCP 和 DSCP　　SSCP 和 DSCP 是近年来发展的 DNA 检测技术，两种方法原理相同：由于突变，引起 DNA 分子双螺旋构象的改变，导致它们在聚丙酰胺凝胶中电泳速度发生改变。通过 SSCP 和 DSCP 分析，可检测 DNA 特定片段的分子变异情况。此方法的优点是快速、简便、经济，只需基本的分子生物学实验设备就能进行，但较 RAPD 稳定，由于使用保守引物进行 PCR 扩增，所以扩增的条带的稳定性和可重复性高，而且，较 RFLP 能得到更多的标记，因而此方法是得到分子标记的一条快捷的途径，把有变异的条带进行克隆测序，比全序列测定节约经费。此方法的缺点是：①有些突变不引起 DNA 弯曲，分子构象不改变，就不能被 SSCP 和 DSCP 检测出来，所以并非所有的 PCR 产物均能用于 SSCP 和 DSCP 分析；②虽然从已知序列可对 DNA 的弯曲作出合理的推断，但很多 DNA 序列可产生相同的电泳带型，所以，由于潜在序列的差异不能估计，SSCP 和 DSCP 不能用于系统发育分析。但 SSCP 和 DSCP 确实是一种快速有效的分子标记方法，主要用于昆虫种群遗传和进化生物学的研究。Hiss 等首次将 SSCP 用于昆虫，对 8 种叶蝉、5 种蚊子、2 种寄生蜂及 6 种螨的线粒体中核糖体 RNA（rRNA）进行 SSCP 分析，银染后结果表明：在所有的类群中都可观察到种的特异性电泳类型，而且种内单个核苷酸替代也可检测到，说明 SSCP 是一种很好的遗传分析手段。Boge 等也采用 SSCP 方法对步甲进行了种的鉴定。DSCP 是在 SSCP 的基础上发展起来的，DNA 分子不需变性，可直接进行电泳检测。Atkinson 等在白蚁种群研究中，采用 DSCP 技术对 mtDNA 控制区的 DNA 片段进行了分析，证明 DSCP 是一种进行昆虫种群生物学研究很有效的方法，同时还用双翅目果蝇及膜翅目蚂蚁进行了验证。

6）构建系统树　　利用 DNA 分子数据构建系统树的方法有三类：简约法（parsimony）、距离法（distance）和似然法（likelihood method），其中，每类中又有许多种方法。简约法的原则是生物以最少的步骤进化，其中以 Fitch 和 Wagner 简约法较为简单。距离法先要计算出分类单元间的遗传距离，遗传距离的算法以 Jukes 的单参数法和 Kimura 的双参数法较为常用。在获取距离矩阵后，按一定的规则，根据各距离值间的内在关系构建系统树。距离法构建树的方法有多种，影响最大的是 Saitou 的邻接法（neighbor joining，NJ）和 Sneath 的不加权对群分析法（unweighted pair group with mathematical average，UPGMA）。距离法适合于分析各种方法获得的分子数据如序列测定、RFLP、RAPD 等。似然法首先需要确定一个序列进化的模型，如 Kimura 的双参数模型等，然后寻找在该进化模型下最有可能产生所研究的 DNA 序列数据的系统树。在似然法中，影响最大的是最大似然法（maximum likelihood method）。以上三类方法都是在一定的前提条件下进行的，因而有一定的运用范围，建议最好同时合用多类方法构建系统树，若多种方法所获系统树的拓扑结构一致，将大大提高结果的可靠性。目前用于分子系统发育分析的主要常用软件有：MacClade、hylip、Mega 和 Paup。

（二）研究内容

1）种群遗传变异及进化的研究　　检测和描述种内各种群的遗传结构及变异状况，探讨物种的形成与分化的内在机制。内容包括自然地理种群及社会性昆虫的社会种群研究。通常采用的方法有 RAPD、RFLP、SSCP 和 DSCP，如 Chapco 等采用 RAPD 对蝗虫种群的研究；Kambhampti 等和 Ballinger-Grabtree 等采用 RAPD 检测按蚊的亚种及种群变异；陈燕茹等采用 RAPD 分析果蝇的地理种群变异；王文等和贾振宇等用 mtDNA 的 RFLP方法分析果蝇的自然种群；Martinez 等研究 mtDNA 在蚜虫地理种群内的变异；McLain 等分析按蚊地理种群中 rDNA NTS 片段的变异；Puterka 等采用 RAPD-PCR 分析蚜虫种群的遗传变异；Atkinson 等采用 mtDNA 的 DSCP 方法分析社会性昆虫种群的遗传变异。

2）种及种下阶元的分类鉴定　　主要是对近缘种和复合种、种下亚种与生物型的识别和鉴定。此研究最为可靠的方法是分子杂交技术，在医学昆虫的研究中应用较多，如用 DNA 探针鉴定按蚊复合种。采用 RAPD 和 RFLP 及 SSCP、DSCP 也能进行种类鉴定，Black 等采用 RAPD 技术成功地检测了蚜虫的种及种内不同的生物型，以及蚜虫体内的寄生蜂；Vanlerberghe-Mesutti 用 mtDNA 的 RFLP 和 RAPD 分子标记鉴定膜翅目寄生蜂种类；Boge 等采用 PCR-SSCP 对步甲种类进行了鉴定。

3）种上阶元的系统发育分析　　分子系统发育研究采用的数据通常是 DNA 序列，RFLP 数据也可用于低级阶元的系统发育分析。目前已有许多类群进行了分子系统发育分析，从种级至目级阶元都有研究。分子系统学研究结果与传统的分类系统及形态支序分析的结果有的相一致，但有的却很矛盾，如 Campbell 等和 Dohlen 等根据 18S rDNA

片段序列构建的分子系统树证明，同翅目并非为一个单系群，而是一个平行进化的类群。Chalwatzis 等和 Whiting 等根据 18 SrDNA 和 28S rDNA 的序列分析，证明捻翅目与双翅目亲缘关系较近，与鞘翅目关系却较远，而传统分类学一直认为捻翅目与鞘翅目关系较近，有的学者并把它作为鞘翅目中的一个总科。这样，分子数据与形态数据结果不统一，在现有研究水平下很难说哪种方法得出的结论更可靠，目前较为折中的办法是把分子性状和形态性状综合起来分析。

4）分子进化　　分子进化的研究目的是构建基因或 DNA 分子的进化树，并探索生物大分子的进化机制和特征。这类研究主要集中在亲缘关系比较明确的类群或高级阶元类群之间进行，研究对象以 rDNA 及 mtDNA 为主。

（三）研究对象

1）rDNA　　核糖体 DNA（ribosomal DNA，rDNA）是编码核糖体 RNA 的基因，是一类中度重复的 DNA 序列，以串联多拷贝形式存在于染色体 DNA 中，每个重复单位由非转录间隔区（non-transcribed spacer，NTS）、转录间隔区（internal transcribed spacer，ITS）和 3 种 RNA（18S rRNA、5.8S rRNA、28S rRNA）基因编码区组成。

rDNA 3 个区域的 DNA 进化速率各有不同，编码区进化速率很慢，非常保守，适合于构建生命系统树的基部分支，但编码区内，又可分为高度保守区、保守区、可变区和高变区，这些不同的区域，适合于不同阶元类群的系统发育研究；转录间隔区为中度保守，适合于推断 500 万年左右的进化事件；非转录间隔区则进化速度较快，适合于种间关系的研究。由于 rDNA 是生物界普遍存在的遗传结构，具有多拷贝性及上述种种优点，因而在个体及群体内有较好的均一性，少量样品能有效代表其来源群体的 rDNA 的变异情况。因此，rDNA 已成为生物系统进化研究中一个非常有用的分子标记。

自 Hillis 将 rDNA 用于系统发育分析之后，rDNA 在不少昆虫类群的系统进化和分类研究中已得到广泛的应用。其中，编码 18S rRNA 和 28S rRNA 的基因片段用于系统发育研究较多，常用于科级以上水平的系统发育分析，高可变区序列也可用于属级或种级水平的系统发育关系研究。编码 5.8S rRNA 的基因片段由于太短，一般很少单独使用。Wesson 等首先开始蚊子的 ITS 片段比较研究，其后 Campbell 等将 ITS 片段用于膜翅目金小蜂科复合种的系统发育分析，Porter 等及 Paskewitz 等分别将 ITS 片段用于双翅目按蚊科复合种的系统发育分析中，Kuperus 等用 ITS 进行蝗科蚱蜢亚科的系统发育关系分析。

2）mtDNA　　线粒体 DNA（mitochondrial DNA，mtDNA）为双链闭环分子，昆虫的线粒体 DNA 大小为 15.4～16.3 kb，其中含有编码 2 个核糖体 RNA（12S rRNA，16S rRNA）、22 个 tRNA、1 个细胞色素 b、3 个细胞色素氧化酶（CO I、CO II、CO III）、6 个 NADH 降解酶（ND1～6）和 2 个 ATP 酶（6 和 8）的基因。

mtDNA 的提取类似于质粒，相对于核基因的分离较为容易，基因组小，具高拷贝数目；基因组中不含间隔区和内含子，无重复序列，无不等交换，在遗传过程中不发生基因重组、倒位、易位等突变；遗传过程中遵守严格的母系遗传方式，从而避免了双亲遗传方式引起的随机性；而且，虽然线粒体基因组的基因排列顺序高度保守，结构稳定，但 mtDNA 序列的取代速率却比核 DNA 高 5～10 倍，因此，mtDNA 在分子进化研究中具有许多独特的优越性，已成为研究进化的重要材料。Liu 等最先用 mtDNA 的 CO II 基因对昆虫纲 10 个目进行了系统发育分析，其后不少学者采用 mtDNA 对昆虫不同阶元类群进行了系统发育分析，研究范围从种内种群之间至高级阶元之间的系统发育分析均有报道。通常用于系统发育分析的基因是 16S rRNA、COⅠ、COⅡ、ND1、ND5，其他基因也有应用，尤其是控制区（A-T 丰富区）已开始受到重视。

3）其他基因　　编码核蛋白的基因（nuclear protein-coding gene）具有易于排定、能明确确定迅速进化位点，而且在选择适当进化速率的适合某一系统学问题的基因上具有灵活性，因此，目前已经有一些编码核蛋白的基因被应用于昆虫的系统发育分析中。Soto-Adames 等用葡萄糖-6-磷酸脱氢酶基因（glucose-6-phosphate dehydrogenase gene，G6pdh）研究 12 种昆虫，结果表明 G6pdh 基因用于属或目级水平的系统发育研究是很有用的，但不能用于近缘种的系统发育分析。而 Begum 却用 G6pdh 研究果蝇的地理种群分化。Russo 等用乙醇脱氢酶基因（alcohol dehydrogenase gene，Adh）研究果蝇及其相关属的系统发育分析。Cho 等和 Mitchell 等用延长因子-1α基因（elongation factor-1α，EF-1α）分析鳞翅目夜蛾类的系统发育。Danforth 等研究蜜蜂 EF-1α，认为它是一个用于昆虫系统发育分析的很好的基因。Friedlander 等将磷酸烯醇丙酮酸羧激酶（phosphoenolpyruvate carboxykinase）基因用于鳞翅目高级阶元的系统发育分析。

第二节　　DNA 条形码技术

一、DNA 条形码技术的产生与发展

近 20 年来，分子生物学的飞速发展为包括分类学在内的许多学科提供了新的发展机遇，研究者们开始尝试利用 DNA 所携带的遗传信息进行生物分类研究。Tautz 等于 2002 年首先提出了 DNA 分类的概念，即以 DNA 序列为基础建立物种鉴定体系。随后在 2003 年，加拿大学者 Hebert 等提出建立以线粒体细胞色素氧化酶亚基Ⅰ（COⅠ）基因 5′端 648 bp 的序列多样性为基础的条形码鉴定系统，用 COⅠ基因的这段序列对全球所有动物进行编码，DNA 条形码（DNA barcoding）技术应运而生。

类似于零售业中的条形码技术，每个物种都有独一无二的 DNA 条形码，在这段序列上每个位点都有 A、T、C、G 4 个碱基选择。从理论上讲，15 个碱基位点就有 415 种编码方式，这个数目是现存物种的 100 倍。然而实际情况远比这复杂得多，如有些位点的碱基是受选择压力保持不变的，这些可以通过只考虑蛋白质编码基因来解决。在蛋白质编码基因中的第 3 位密码子碱基是可以自由变换的，因此只需一段 45 个碱基长度的序列便可编码近 10 亿的物种，何况分子生物学的发展使得获得一段几百个碱基的序列非常容易，所以理论上 DNA 条形码这段 648 bp 的序列完全可以鉴定所有物种。不仅如此，Hebert 等还发现这段序列在鳞翅目 200 个近缘种中鉴定的成功率为 100%。随后 Hebert 等对动物界 11 门 13 320 种的 COⅠ基因序列进行比较研究发现，超过 98% 的物种间的遗传距离大于 2%，而种内遗传距离多小于 1%，很少超过 2%。除刺细胞动物门的物种外，COⅠ基因的序列多样性足以区分所有动物中的近缘种。

能够作为 DNA 条形码的基因区域须具备以下特征，首先，既要在生物体间有一定的同源性又要有一定的进化速率保证能区分近缘种，还要有足够的保守区域设计一组

PCR 引物实现目标区域的扩增。CO I 基因没有内含子，是蛋白编码基因，所以便于比对，且可通过翻译检测错误，极少出现重组、插入和缺失，且具有理想的设计引物位点被选作动物界的条形码区域。DNA 条形码这种以序列为基础的鉴定方法有一个非常重要的优点，就是 DNA 序列的数字属性可以使研究者客观地获取和理解这些数据，而不像形态鉴定时会因鉴定者对不同特征的理解不同出现截然不同的鉴定结果。其次，DNA 条形码不受生物体发育阶段和鉴定目标状态的影响，即从生物体卵、幼年期、成年期，甚至尸体碎片中均可取得 DNA 条形码，并且得出相同的鉴定结果。再次，DNA 条形码不受雌雄二型现象等形态上的假象影响，从基因水平上提供一种分类证据。Janzen 等用条形码对关纳卡斯帝保护区的鳞翅目进行多样性调查发现，塞维颂弄蝶 [*Saliana severus* (Mabille)] 的两个性别在之前被记录为两个完全不同的种，直到条形码研究结果中雌性和雄性具有相同的 COI 序列，揭示出这是一个具有明显雌雄二型现象的种。DNA 条形码还有一个优点就是可以实现对证据标本鉴定结果的验证。每项 DNA 条形码记录都被鉴定者授权包含了证据标本的信息（种名、采集地、采集日期、馆藏地、标本照等）、条形码序列和所用引物这些数据，这就使验证公布出的鉴定结果和 DNA 条形码序列是否正确成为可能。2004 年，美国国立生物技术信息中心（The National Center for Biotechnology Information，NCBI）与生命条形码联盟（The Consortium for the Barcode of Life，CBOL）建立合作关系，将标准的条形码序列和相关信息都存档在 GenBank 中，推动了 DNA 条形码的标准化应用，也为这些验证提供了保证。

DNA 条形码的操作流程主要有以下几个步骤：①标本采集、整理、鉴定、描述；②基因组 DNA 提取；③DNA 条形码标准基因的 PCR 扩增；④PCR 产物纯化及 DNA 序列测定；⑤DNA 序列比对与分析。

DNA 条形码从提出以来一度受到传统分类学家质疑的一点就是，DNA 提取过程对证据标本造成的永久性损坏。最初的 DNA 提取都是要从标本上取一小块组织，在昆虫中通常是胸部肌肉或者足，这势必会造成证据标本形态信息的丢失，尤其对于形态特征细微的小型标本，是个致命的问题。为了解决这个难题，近年来发展出许多类昆虫与其他节肢动物无损坏的 DNA 提取方法，使得研究者实现了对重要的馆藏标本和小型标本的 DNA 条形码研究。目前这些方法仅应用在昆虫的某些目中，还需要普及到更多的类群。在 DNA 提取方面迄今为止仍没有解决的一个难题就是无法从甲醛溶液保存的标本中提取 DNA，事实上很多博物馆保存的动物标本都是在甲醛溶液中，所以找到合适的方法从甲醛溶液保存的标本中提取 DNA，获取条形码序列是亟待解决的难题。

DNA 条形码的主要目的是建立包含所有真核生物物种特异的条形码数据库，各大著名的博物馆是其最主要最快捷的标本来源，但在馆藏标本的条形码获取过程中，由于通常保存昆虫标本的方法都是针插，伴随着高温、氧气等不利条件，标本中的 DNA 降解严重，再加上其中的 DNA 还会断裂，因此条形码序列的扩增成为难题。为了解决这个问题，目前推行两种方法。一种是 Hajibabaei 等和 Meusnier 等提出的迷你条形码（mini-barcode），即用条形码区域 5′端 100～500 bp 长度的片段代替长为 650 bp 的条形码标准区域，进行条形码物种鉴定。通过设计一组通用引物并将其应用在所有主要真核生物中，包括馆藏标本，结果成功地证明了迷你条形码的鉴定能力。另一种是通过连接扩增出的短片段来获得条形码全长序列。因为馆藏标本中 DNA 降解严重且发生断裂，而 DNA 扩增成功率与扩增片段大小直接相关，故相比较而言扩增 200 个碱基长度左右的短片段要比扩增 650 bp 的条形码全长区域容易得多。因此，van Houdt 等提出了设计新的通用引物来扩增长为 269～363 bp 的几个短片段，然后再将其连接在一起得到条形码全长序列。这种方法虽然耗时耗力，但至少可以从馆藏标本甚至是正模中得到全长的条形码序列。

　　新的 DNA 测序技术如焦磷酸测序的产生，以及高通量测序平台（如 454、Solexa、SOLID）的建立也是不容忽视的技术进步，它们可以同时对大量样品进行测序，不但满足了大规模的生物多样性调查要求，也实现了对于混合样品（如肠道内容物）的快速分析。与高通量测序不同的另一个可以实现高通量检测的是微阵列技术，Yang 等基于 DNA 条形码的标准基因 COI 基因片段利用薄膜生物传感器芯片（可视芯片），实现了对采自中国 2 个自然保护区的夜蛾总科昆虫的准确鉴定。DNA 条形码分析的主要目标就是将一个不知物种名称的待查询序列分配到 BOLD 数据库已有分类标签的一组序列中。BOLD 目前采用的是将相似法和距离建树法结合，具体方法如下：首先，将待查询序列与数据库中的 COI 进行基于剖面隐马尔科夫模型的全局序列比对，随后在数据库序列中进行线性搜索，100 个最为匹配的序列则被选为一个"最为近缘的有分类标记的序列"的预置；其次，构建基于预置和待查询序列的 NJ 树来评价待查询序列与其邻近的数据库序列的关系；之后待查询序列就被分配到其最邻近的数据库序列所标记的物种名下。

　　此后，涌现出了许多取而代之的条形码数据分析方法。Frézal 和 Leblois 于 2008 年总结为 5 类：①相似法，仅依靠条形码全长或部分序列的相似性（如 BLASTsearch）；②经典的系统发育方法，基于遗传距离或者最大似然与贝叶斯法算法，以及假定不同的替代模型（如 neighbor-joining、phyML、MrBayes）；③以多特征为基础的分析方法；④不采用任何生物模型或假设，以分类算法为基础的统计学方法（如 character attribute organization system，CAOS）；⑤基于溯祖理论使用 demo-genetic 模型和最大似然及贝叶斯法算法的谱系学方法。由于贝叶斯法可以提供一个关于统计可靠性的评估，近几年许多研究试图用贝叶斯的统计框架来解决序列分配问题，总结起来有两种。一种是 Abdo 和 Golding 提出的，先要计算已知从一个特定物种起源的序列聚合的可能性，再计算当待查询序列作为这个物种中的一员时可能性的改变。因为这种聚合法必须把所有可能聚合的事件都抽查以产生足够多的聚合树，势必要耗费大量的运算时间，所以随后 Lou 和 Golding 对此方法进行了修订，将聚合为基础的马尔科夫链蒙特卡尔（Markov chain Monte Carlo，MCMC）算法改为利用一个物种序列中分离位点的数目，这个方法虽然快速，但由于其将完整的序列数据压缩成了一个单一的数字，造成了大量信息的丢失。另一种方法是 SAP（statistical assignment package）算法，包含来自美国国立生物技术信息中心（NCBI）的分类信息并利用这些信息对从 MCMC 算法抽查形成的树进行拓扑学上的限制。SAP 算法对于模拟数据和真实数据都有很好的统计能力，但是其不易被应用在大规模的数据处理中，因此，Munch 等提出用一种利用限制邻接法（constrained neighbour joining）和非参数自举法（non-parametric bootstraping）的方法来加快大规模数据的 DNA 序列分配。这两种贝叶斯法都具有很好的序列分配能力，即使在条形码间隙（barcoding gap）不存在的情况下也一样。此外还有一些其他新的方法，例如，Zhang 等提出的以人工智能为基础的方法和基于模糊理论结合最小距离（minimum distance，MD）的方法，其中后者在被研究物种取样不完全或者缺少生态学行为学等方面的生物学数据信息不全的情况下，仍能提供一个较为满意的分类结果，而且还可以有效地避免假阳性鉴定，并能与其他方法联合作为一个新的条形码分类方法使用。

二、DNA 条形码技术在昆虫分类学的研究与应用

（一）鉴定物种

DNA 条形码最初的目标就是对动物进行物种的鉴定与分类，其理论基础是每一个物种都具有独一无二的条形码序列，并且种间差异不小于种内差异的 10 倍，因此条形码可以从分子水平上快速地、直接地为基于形态的分类系统提供信息。至今，条形码在昆虫很多类群中都表现出了很好的物种鉴定和分类的能力。例如，Hajibabaei 等对哥斯达黎加西北部的关纳卡斯帝保护区（Area de Conservación Guanacaste，ACG）中鳞翅目 3 个科（弄蝶科、天蛾科和天蚕蛾科）的昆虫进行条形码研究，发现之前已鉴定的 521 个种中，97.9%都可通过条形码 CO I 序列区别开来。Park 等对半翅目异翅亚目 344 个种的条形码分析，发现其中 90%的种内差异都小于 2%，77%的同属种间差异均大于 3%，DNA 条形码的应用有助于对异翅亚目昆虫的鉴定。此外，在双翅目、膜翅目、鞘翅目、蜉蝣目、弹尾目、直翅目、蜻蜓目、缨翅目、襀翅目和毛翅目等中 DNA 条形码也被证实可以很好地区分物种。

DNA 条形码也能帮助我们排除昆虫的多态现象和同一性别间的多态性问题干扰，从而进行物种分类研究，如 Zhou 等通过 CO I 和 ITS2 序列对中国南部具有雌雄二型及雄性多态性的延腹小蜂属（*Philotrypesis*）种类进行研究，发现不仅可以准确地鉴定出其形态学种，还可以将性别与其一一对应；王剑峰等利用 CO I 676 bp 长的序列成功鉴定了 4 种具有性二型现象的尸食性蚤蝇，验证了 DNA 条形码在解决雌雄二型配对难题上的有效性。

（二）确定虫态关系

在物种鉴定中，DNA 条形码不受虫态的限制，可以对通常形态上无法鉴定的尤其是完全变态的幼虫、蛹、卵等虫态进行分类。Shufran 和 Puterka 利用 DNA 条形码对发生在小麦及其他禾本科植物上 8 种蚜虫的各个虫态进行了成功鉴定。Ekrem 等采用双翅目摇蚊科包括蛹及幼虫在内的样品检验 DNA 条形码的可用性，结果发现，在扩增条形码片段时并无差别，并指出一个覆盖全面的参考序列库对于 DNA 条形码鉴定的成功是至关重要的。DNA 条形码的出现，加快了幼虫鉴定这一领域的发展。如 Caterino 和 Tishechkin 利用细胞核核糖体基因 18 S 和线粒体基因 COI 两个标记首次完成了对鞘翅目阎甲科伴阎甲亚科幼虫的鉴定，并对幼虫进行详细正式的描述；Zhou 等根据形态特征以及由 28S rRNA 基因的 D2 区和条形码 COI 序列数据构建出的系统发育树对已鉴定的中国毛翅目纹石蛾科雄性成虫进行物种界定，将幼虫与成虫联系起来，并提出这种联系有助于像毛翅目这类完全变态类群的成虫鉴定。

（三）发现隐存种与合并异名种

除了准确鉴定已知物种，DNA 条形码还可以协助形态及其他生物学特征来确定新种和解决形态上难以区分的隐存种。最早结合条形码发表新种的是 Brown 等，他们将形态特征与来自正模的条形码信息结合，发表了巴布亚新几内亚鳞翅目卷蛾科的新种 *Xenothictis gnetivora* Brown *et al.*。此后，很多学者结合来自正模或副模的条形码发表了新种，如 Pauls

等结合 DNA 条形码，通过 2 种途径，即先进行形态鉴定，再由条形码数据确定鉴定结果，或先通过条形码发现疑似新种，随后再从形态上重新检查以发现可供鉴定的形态特征，确定了 2 个毛翅目新种 *Smicridea patinae* 和 *S. lourditae*，并进行了正式的描述。

DNA 条形码是鉴定隐存种的有效手段之一。最著名的利用条形码鉴定隐存种的研究要属 Hebert 等对新热带鳞翅目弄蝶科双带蓝闪弄蝶［*Astraptes fulgerator*（Walch）］复合体的研究，该蝶一直被认为是一个分布广泛的多态种，仅用生殖器的结构难以区别，Hebert 等在发现 DNA 条形码序列差异后结合幼虫色型、幼虫取食植物、生态分布、成虫头部等特征发现，双带蓝闪弄蝶其实是个由同域分布的至少 10 个种组成的复合体，这些结果不仅证明了在热带地区隐存种普遍存在，还显示了与传统分类方法相结合鉴定隐存种时 DNA 条形码的重要性。Pramual 等利用条形码鉴定双翅目蚋科中的隐存种，Stahls 和 Savolainen 用条形码基因证明了蜉蝣目中存在的隐存多样性，以及 Pauls 等应用 DNA 条形码序列在发表毛翅目新种的同时证实了隐存种的存在等。

同物异名种也是形态分类研究中一个难解决的问题，DNA 条形码是解决这一难题的利器。例如，溪流按蚊（*Anopheles fluviatilis* James）在印度依据染色体倒位被定为 3 个姊妹种（S，T，U）的复合体，然而，形态学、生物学等方面的研究结果使其分类地位问题一直饱受争议，Pradeep Kumar 等利用 DNA 条形码对采自印度的 60 个该复合体标本进行鉴定，结果将这 60 个样本全归为一个分类单元，它们之间的遗传距离仅为 0.8%，由此证明印度溪流按蚊其实是一个种，并很容易地将亲缘关系很近的微小按蚊（*Anopheles minimus* Theobald）区别开来。

（四）探讨系统发育关系

条形码所使用的 COI 基因包含着一定的系统发育信息，可以用来探讨一些低级阶元的系统发育关系。COI 基因多与其他分子标记联合来进行系统发育关系的探讨，如 Cho 等基于线粒体 COI 基因的条形码区域和 2 个核基因 EF1α、DDC 对鳞翅目夜蛾科实夜蛾亚科 71 个种的系统发育关系进行了探讨；Acs 等应用条形码基因 COI、*Cyt b* 和 1 个核基因标记 28S D2 对膜翅目瘿蜂科 Synergini 亚科 *Synergus* 属的复合体中的系统发育关系进行了讨论，结果支持了 *Synergus* 和 *Synophrus* 的单系性，反对 *Saphonecrus* 的单系性；Wang 和 Qiao 通过 COI 基因的部分序列探讨了半翅目蚜科声蚜属（*Toxoptera*）属内的系统发育关系，发现 16 个样品聚成 4 支，但是 *Toxoptera* 属的单系性没有得到支持，褐橘声蚜［*T. citricidus*（Kirkaldy）］和维多利亚声蚜（*T. victoriae* Martin）及橘声蚜［*T. aurantii*（Boyer de Fonscolombe）］内的两支分别组成姐妹群；张明和张东利用 COI 基因片段结合雄性成虫尾器形态特征对双翅目麻蝇属 54 个种 30 个亚属进行分类研究，探明了各亚属的分类地位及系统发育关系。Park 等在对半翅目异翅亚目的条形码研究中发现，条形码可以解释较高阶元的分类关系，NJ 树中 86% 的研究种的邻近序列都来自同属的物种。

（五）分析区系组成

Dincă 等利用 DNA 条形码技术对罗马尼亚的鳞翅目 1387 个标本的种类进行全面分析，最后得出 6 科 180 种的结果，并与利用包括翅和雄性生殖器以及线性和几何学形态测量学方法相比，发现 DNA 条形码技术是研究昆虫区系最有效的工具。de Waard 等应用 DNA 条形码技术对不列颠哥伦比亚及其周边地区的尺蠖科昆虫进行全面的种类分析，结果 DNA 条形码准确区分出超过 93%的种类;Woodcock 等利用 DNA 条形码对 Churchill 地区鞘翅目昆虫多样性、集团结构、生境分布及生物地理学进行了研究和调查;Jin 等基于传统形态学和 DNA 条形码对青藏高原夜蛾科昆虫不同环境梯度的物种多样性进行了调查。研究者们利用 DNA 条形码技术分析区系组成的同时,也构建出了针对各个地区的类群的 DNA 条形码参考数据库,随着研究的不断深入,研究者们发现一个全面完整的参考数据库对于 DNA 条形码技术的鉴定效力起着决定作用。因此,随着各地区各类群参考数据库的不断完善,DNA 条形码技术也会发挥更加理想的作用。

三、DNA 条形码技术在昆虫生态学的研究与应用

(一)确定寄生关系

Smith 等检验了条形码用于研究寄生蝇类的可行性,先用形态方法对哥斯达黎加西北部的关纳卡斯帝保护区中寄生于鳞翅目幼虫的寄生蝇类进行鉴定,得出 20 个形态种,然后再用 DNA 条形码的方法重新鉴定,结果不仅区分出了其中 17 个具有高度寄主专一性的形态种,还揭示出剩余的 3 个表面上杂食性的形态种其实都是由具寄主专一性的物种组成的隐存种。Smith 等和 Hrcek 等应用相似的方法揭开了寄生蝇类和寄生蜂类的多样性和其中大量的寄主专一性类群。Hulcr 等对发生在新几内亚和澳大利亚的一种常见的杂食性蛾类的寄主植物及 CO I 多样性进行了研究,发现来自不同寄主植物的蛾类个体之间的遗传距离远小于该种与该属其他种之间的遗传距离,来自新几内亚与来自澳大利亚各单倍型之间的遗传距离远小于种间的,从而确定了二斑长卷蛾(*Homona mermerodes* Meyrick)的杂食性。Rougerie 等通过对成年寄生蜂消化道内含物进行 DNA 条形码分析,阐明了这些寄生蜂在幼虫期的寄主,并证明了所摄取食物的 DNA 在完全变态昆虫变态后仍然存在。

(二)解析食物链

利用 DNA 条形码可以揭示生态系统中物种间的食物链关系,通过特异的引物检测食草动物或捕食者肠道内含物或排泄物中残存的寄主植物或被捕食者的 DNA 来确定食物链中的营养关系。Jurado-Rivera 等应用叶绿体 trnL 内含子序列作为条形码,从澳大利亚鞘翅目叶甲科叶甲亚科的昆虫 DNA 中扩增出这段序列,基于较为全面的植物序列数据库,通过序列相似性和系统发育分析将这些寄主植物精确地鉴定到族、属和种的水平,不仅鉴定出食物链中的成员,还揭示出它们之间较为稳定的寄生关系;Clare 等通过 PCR 从一种杂食性食虫蝙蝠(*Lasiurus borealis* Müller)粪便里的被捕食者碎片中扩增出 CO I 条形码序列,用以序列为基础的方法构建出这个杂食性顶级捕食者的捕食对象,并且对一些关于食物选择和反捕食策略的假说进行了评价;Kaartinen 等首次应用 DNA 条形码 CO I 和 ITS2 序列研究了发生在黑橡(*Quercus robor* L.)上的潜叶鳞翅目和造瘿膜翅目组成的食物网中的物种成员及相互的关系;Smith 等基于 DNA 条形码序列解析了云杉色卷蛾〔*Choristoneura fumiferana*(Clemens)〕的食物网的结构及相互关系。

(三)推断气候变化对昆虫的影响

气候改变会对物种的分布和种群的组成等产生深远的影响,Fernández-Triana 等通过

形态结合DNA条形码的方法调查了20世纪中期及其后的50～70年加拿大极地Churchill地区的一些寄生蜂的多样性，并比较这两个时期的物种多样性的改变，结果发现在这50～70年间，这些地区的物种组成确实随着温度的升高发生了显著的变化。

四、DNA条形码技术在应用昆虫学的研究与应用

1. 农业昆虫学

DNA条形码技术在昆虫分类与生态学研究中应用的很多方面均可用于农业昆虫学研究中。例如，Greenstone等利用DNA条形码对北美农业生态系统中的天敌昆虫瓢虫种类进行了分析，发现3种本地物种和2种入侵物种。Bertin等利用核基因片段ITS2，以及基于条形码COI基因的RFLP分析，结合形态特征，对经常发生在葡萄园农业生态系统中的菱蜡蝉科Cixiidae3个姐妹种进行了准确地区分，为葡萄病毒病的检测与控制提供了可靠的分类学依据。王哲等利用DNA条形码技术，对我国桃属植物上的8属12种蚜虫进行编码，将DNA条形码技术应用于我国重要果树的害虫管理中。

2. 植物检疫

DNA条形码被应用到入侵物种的鉴定中，如Armstrong和Ball应用DNA条形码对过去10年在新西兰边境截获的毒蛾和果蝇标本进行重新分析，并与之前采用基于核rDNA的PCR-RELP等分子检查的方法进行比较，发现许多DNA条形码可用来作为全球范围内快速准确鉴定外来入侵物种的通用方法。De Waard等通过一个包含36种518个体的较为全面的鳞翅目毒蛾科毒蛾属（*Lymantria*）参考数据库证明了DNA条形码对该属的物种有良好的鉴定效力。Porco等应用DNA条形码对北美洲2种主要的土壤无脊椎动物弹尾目和蚯蚓的发生及遗传结构进行了研究，结果发现弹尾目物种实际上已经无意地入侵，这项应用DNA条形码技术的入侵物种调查可以检测出具有不同入侵历史的隐存单元。国内学者魏书军等和张桂芬等分别报道了应用条形码对美洲棘蓟马（*Echinothrips americanus* Morgan）和西花蓟马［*Frankliniella occidentalis*（Pergande）］两种入侵害虫进行鉴定，展示了DNA条形码在鉴定外来入侵物种方面广阔的应用前景。

3. 城市昆虫学

Menke等利用DNA条形码研究了一种广泛分布的家酸臭蚁［*Tapinoma sessile*（Say）］城市化种群的起源及其城市化相关的特征。他们提出两种城市化起源的假说，一种是所有的城市化种群都有一个共同的起源，即仅存在一次周围自然环境中的蚂蚁向城市的入侵，随着人类的迁移活动从而形成现在各个城市的分布情况；另一种是每个城市的城市化种群都是由其周围自然环境中的蚂蚁入侵形成的。通过利用DNA条形码片段对美国47个地点家酸臭蚁样品进行生物地理学研究，结果支持了第二种假设。

4. 法医昆虫学

法医昆虫学主要是利用尸体上产生昆虫的种类、生长发育情况来推断死亡时间、地点等，对昆虫进行准确鉴定是开展法医昆虫学研究的前提。一般成虫易飞走而导致通常收集到的都是卵、幼虫、蛹或者是残肢碎片，这些因为缺乏形态上的鉴定特征，致使传统的形态鉴定难以实现，以往主要的解决办法就是将幼虫带回去饲养成成虫后再鉴定。DNA条形码的产生为法医昆虫学的发展带来了曙光，Boehme等应用DNA条形码分析了来自德国包含13个种的重要的双翅目法医昆虫，结果所有种都形成了明显的单系群，

从而提出 COI 条形码适合用于鉴定德国法医相关的双翅目；Schilthuizen 等利用 DNA 条形码成功鉴定了所采集的鞘翅目隐翅虫总科的 86 个标本共 20 个种，使得这个类群可以被应用于法医研究中；我国陈庆等对北京地区 7 种嗜尸性蚤蝇共 77 个样品的 COI 基因 1120 bp 序列进行测定，获得了理想的鉴定结果。

5. 保护生物学

近几年，人们利用 DNA 条形码技术为保护生物多样性做出了贡献。Lowenstein 等对在曼哈顿、丹佛、科罗拉多市面上购买的 68 个金枪鱼寿司进行 DNA 条形码鉴定，结果发现有的是濒临灭绝的受保护的鱼类，有的是与标签名称不符涉及欺骗的种类。DNA 条形码还可以及时地检查出非法交易中受保护的濒临灭绝昆虫，如由鸟翼凤蝶（*Ornithoptera* spp.）制作的装饰品和一些珍惜鞘翅目昆虫标本或宠物。在昆虫保护生物学方面的应用还包括保护经济类昆虫，如黄家兴等利用 COI 基因研究熊蜂（*Bombus* spp.）在河北省从南到北的生态分布，重建了该地区熊蜂的系统发育树，对了解我国熊蜂的遗传背景、保护特种蜜源具有重要意义。

6. 医学昆虫学

DNA 条形码为研究关于吸血性昆虫与其脊椎动物寄主的相互关系提供了一个快速通用的鉴定工具。Alcaide 等设计了一对包括真核细胞通用正向和脊椎动物特异反向的引物，特异性的扩增脊椎动物 COI 基因长为 758 bp 的一段序列，来实现对吸血性节肢动物中肠中的脊椎动物寄主 DNA 的有效鉴定。该研究选取蚊、库蠓、锥猎蝽吸食的血液，结果鉴定出将近 40 种脊椎动物寄主，包括 23 种鸟类、16 种哺乳动物及 1 种爬行动物，这些信息对于减少疟疾等由节肢动物媒介传播病原体的流行病有着关键作用。

第三节 昆虫化学生态学技术

在化学生态领域中，一些化学物质在植食性昆虫选择寄主、取食、产卵、天敌搜寻寄主（或猎物）等过程中，以及植物对昆虫的防御等方面起着重要的作用，这些化学物质来自寄主植物、昆虫及其产物、与寄主植物和植食性昆虫相关的其他有机体、天敌等。Law 和 Regnier 将这些化学物质用信息化合物（semiochemical）表示，泛指昆虫与昆虫、昆虫与植物，以及昆虫与环境之间具有生物活性、能够引起昆虫行为的化学物质。信息化合物的作用和功能分为两大类，即信息素（pheromone）和他感作用物质（allelochemical）。信息素是昆虫外激素，是由昆虫分泌并释放到体外引起同种昆虫的个体产生行为反应的化学物质，包括性信息素、聚集信息素、告警信息素、跟踪信息素、标记信息素、疏散信息素等。他感作用物质是作用于种间个体，是由一种生物分泌并释放到体外引起异种生物个体产生行为的化学物质，他感作用物质包括利己素、利他素、协同素、非气信息素、抗生素及副信息素等 6 类。

一、信息化合物（植物挥发性次生物质）对昆虫行为的影响

（一）植物挥发性次生物质对昆虫选择寄主的影响

1. 在昆虫寻找寄主中的作用

植食性昆虫利用寄主植物所释放的化学信号来确定自己的飞行行为，从而准确地找到寄主植物。如果没有植物气味的存在，多数植食性昆虫找到寄主植物的概率非常低，这将

直接影响这些种类昆虫的生存繁殖。只要有马铃薯叶片气味存在，马铃薯甲虫（*Leptinotarsa decemlineata* Say）就会产生寄主定向行为。大豆蚜（*Aphis glycines* Matsumura）的有翅型和无翅型孤雌生殖蚜对夏季寄主大豆植物气味产生正的趋向性，有翅孤雌生殖蚜也对其冬季寄主鼠李叶的气味产生正的趋向性，而对非寄主植物棉花和黄瓜的新鲜植物气味没有趋向性。棉铃虫（*Helicoverpa armigera* Hübner）飞抵气味源附近后，会来回飞行，增加与气味分子接触的机会，并根据气味分子的浓度梯度调整飞行方向，找到寄主植物或寄主植物生境。胡萝卜花的气味对 1～2 日龄棉铃虫成虫有取食引诱作用。

2. 在昆虫鉴别寄主中的作用

昆虫对寄主的鉴别发生在"着陆"之后，决定其去留的主要因素是植物的挥发性次生物质。昆虫到达寄主植物与寄主植物接触后，会出现本能的自卫反应以保证本身的安全。昆虫会通过嗅觉器感受植物挥发性次生物质和昆虫信息素，辨别有无天敌存在或所接触植物是否为寄主植物。昆虫往往会间歇地将少量食物送入口中，如果是为了产卵，则将产卵器伸入植物组织而不排卵，也就是对产卵行为的模拟。如果昆虫经过鉴别决定取食，就会以散发信息素的方式向同伴发出信号，使之形成一定的种群量。

（二）植物挥发性次生物质和性信息素对昆虫性行为的影响

多食性昆虫通常在寄主植物上相遇、求偶和交配，故寄主植物是较准确的引诱源。雌蛾可能在寄主植物存在时才产生生殖活性，在没有找到适宜寄主植物的情况下，可能有推迟引诱雄蛾前来与其交配的行为。在田间收集到的美洲棉铃虫在有寄主存在时，雌蛾释放的性信息素量是人工饲养的雌蛾释放的 20～30 倍。从暗期开始前将寄主植物移开，产生性信息素的量明显减少。粉纹夜蛾（*Trichoplusiani* spp.）在寄主植物上开始求偶的时期比不在寄主植物上有所提前，而且在整个黑暗期均可以引诱到比不在寄主植物上要多得多的雄蛾。说明求偶的刺激与高剂量性信息素的释放是对植物信号暗示的反应，生殖上成熟的雌蛾在没有适宜寄主植物时可能会出现生殖压抑。

昆虫性信息素与植物挥发性次生物质相结合可能为寻找配偶的昆虫提供更复杂或更完全的信息，不仅表示异性昆虫的存在，而且还说明适宜寄主的存在。从谷物和面粉中提取出的 3 种挥发性成分——戊醛、麦芽酚和香草酚对米象 [*Stiophilus oryzae*（L.）] 有明显的引诱作用，将这 3 种混合物与米象的性信息素联合使用时，对米象的引诱作用比单用 3 种混合物或者单用性信息素时要强得多。将 3 种甲虫 { 黄斑露尾甲（*Carpophilus hemiiperus* L.）、干果露尾甲 [*C. mutilates*（Erichson）]、厚胸露尾甲 [*C. humeralis*（Fabricius）] } 的聚集信息素和寄主植物气味混合使用时，诱到 3 种甲虫的成虫是单用寄主气味或聚集信息素时的 20～30 倍。从这 3 种甲虫寄主的花中提取的乙酸苯甲酯和性信息素 [成分（R）-3-羟基-2-己酮与（R）-3-羟基-2-辛酮] 混合后对雌蛾的引诱作用明显增强。

（三）昆虫产卵忌避信息化学物质对昆虫产卵的驱避作用

在昆虫与植物的相互作用及其演化过程中，许多植物对植食性昆虫均产生了 ODA（植物源昆虫产卵忌避异种化感物）。用接骨木的枝条轻轻拍击甘蓝植株以后，菜粉蝶 [*Pieris rapae*（L.）] 不去接触甘蓝；甘蓝附近种植番茄或烟草作为伴生植物，对菜粉蝶在甘蓝上产卵有一定的忌避作用，但与对照相比差异不显著；匀浆的甘蓝组织液、甘蓝的乙醚抽提物，以及其他寄主植物的己烷抽提物均有一定的产卵忌避作用，而它们的水提物却对产卵没有影响。某些昆虫在产卵的同时还能分泌出一种特殊化学物质，即昆虫产卵忌避信息素（ODP），阻止其他雌虫再来产卵。双翅目的苹果实蝇（*Drosophila* spp.），产卵时在苹果表面涂粘一种化学物质以阻止其他雌蝇再来产卵，争夺食源。

（四）植物挥发性次生物质及昆虫利他素对天敌的引诱作用

植食性昆虫诱导的植物挥发物，既可以引诱同种昆虫个体，又可作为利他素引诱植食性昆虫的天敌。植物受害后，可以产生一些挥发性萜类混合物，天敌昆虫就以此来区分受害和未受害植物。玉米受甜菜夜蛾攻击后会产生一些对白蛾周氏啮小蜂（*Chouioia cunea* Yang）具有引诱作用的气味物质，而人为损伤玉米叶却没有明显释放这些挥发性成分。3 种食叶性昆虫番茄天蛾 [*Manduca quinquemaculata*（Haworth）]、烟草盲蝽（*Cyrtopeltis tenuis* Reuter）和烟草跳甲 [*Epitrix hirtipennis*（Melsh.）] 取食诱导的一种烟草挥发物能增加大眼长蝽 [*Geocoris pollidipennis*（Costa）] 对 3 种害虫卵的捕食率。

影响寄生蜂寄主行为的信息化合物通常可分为三类：第一类是具有远距离引诱作用的化合物，它们一般是挥发性较大的物质，通常由寄主植物释放，能够把寄生蜂引诱到寄主的栖息场所。这些物质包括寄主植物挥发物质、寄主植物-植食性昆虫复合体挥发物、间（套）作植物的挥发性物质。第二类是诱导寄生蜂近距离搜索寄主的化合物，这类化合物挥发性较低，一般只能在几厘米到几十厘米的范围内发挥作用，能引诱寄生蜂接近寄主，与寄主定位有关，这类化合物来源于寄主释放的利他素或者被寄主昆虫损害的植物组织释放的互利素。燕麦蚜茧蜂（*Aphidius picipes* Nees）是利用麦蚜取食诱导的挥发性互利素作为其寄主生境定位及其寄主定位的利他素。第三类是接触化合物，寄生蜂通过某些感器接触才引起反应，其作用是使寄生蜂辨别是否进行产卵行为，这类化合物来源于寄主体表和体内的利他素或标识信息素。植食性昆虫的利他素多存在于寄主的卵毛、卵巢组织、幼虫表皮、蜕皮、虫粪、血淋巴、成虫鳞片、蛹和各种腺体的分泌物中。

二、昆虫信息素的应用

利用昆虫信息素在害虫综合治理中已成为无公害杀虫剂的一个重要组成部分。应用昆虫信息素进行防治具有灵敏度高、防治效果好、使用方便、对环境友好、不杀伤天敌及价格低廉等特点。

1. 昆虫信息素的定义及主要类别

昆虫信息素是同种昆虫个体之间在求偶、觅食、栖息、产卵、自卫等过程中起通信联络作用的化学信息物质，主要有性信息素、聚集信息素、示踪信息素、报警信息素、疏散信息素、蜂王信息素、那氏信息素等。在不同种昆虫之间和昆虫与其他生物之间也存在传递信息的化学媒介，即种间信息化学物质，简称种间素，主要有利己素、利他素和协同素等。

2. 昆虫信息素的应用

用昆虫信息素作为虫情监测和调查的工具已获得普遍承认。国外已有 60 多种商品信息素出售。据不完全统计，国内合成的有 30～40 种，其中应用较多的有 10 余种，如水稻二化螟、稻纵卷叶螟、棉铃虫、玉米螟、桃小食心虫、梨小食心虫、桃蛀螟、苹果小卷叶蛾、白杨透翅蛾、舞毒蛾等。目前昆虫信息素的应用主要体现在种群监测、大量诱捕、干扰交配、配合治虫、害虫检疫和区分近缘种等。特别是昆虫性信息素在各项实际应用中得到广泛的使用。

1）昆虫性信息素的应用

（1）种群监测。性信息素和性诱剂在害虫防治上的第一个用途是监测虫情，作虫情测报。由于它具有灵敏度高、准确性好、使用简便、费用低廉等优点，获得越来越广泛的应用。阎云花等的研究表明，用性信息素进行棉铃虫发生期测报准确可靠，比黑光灯诱蛾法灵敏、简便、省工、省钱，用其指导化学防治效果好、效益高。此外，性信息素还被应用在昆虫抗药性方面的种群监测。

（2）大量诱捕。昆虫信息素可诱集异性或两种昆虫而达到降低虫口，减少下一代危害的目的。人工合成美国白蛾性信息素已应用于其成虫的大量诱杀。利用性信息素防治苹果小卷蛾，取得了较好的防治效果。烟草甲信息素、印度谷螟信息素、谷蠹信息素和斑皮蠹信息素均能诱杀相应的储粮害虫。应用性诱剂对棉铃虫诱杀效果较好。用苹果蠹蛾性信息素来诱杀雄虫非常有效。甲基子丁香酚、诱蝇酮、甲基丁香油和地中海实蝇性信息素 4 种实蝇性信息素在田间能诱捕多种实蝇。

（3）干扰交配。许多害虫是通过性信息素相互联络求偶交配的。如果能干扰破坏雌雄间这种通信联络，害虫就不能交配和繁殖后代。干扰交配俗称"迷向法"，即在田里普遍设置性信息素散发器，使空气中到处都散发性信息素的气味，从而导致雄虫分不清真假，无法定向找到雌虫进行交配的一种治虫新技术。黎教良等用迷向法防治甘蔗条螟获得成功，面积达 3300 hm² 以上，每亩甘蔗田设 25～500 个中空塑料管或塑料丝性信息素散发器（含性信息素 3 g 以上）。雄蛾迷向率达 95% 以上，雌蛾交配率下降 80% 左右，甘蔗被害率减少 50% 以上。

（4）配合治虫。将性信息素与化学不育剂、病毒、细菌等配合使用很有应用前景。用性信息素把害虫诱来，使其与不育剂、病毒、细菌等接触后离开，再与其他昆虫接触、交配。这样，对其种群造成的损害要比当场死亡大得多。赵博光等以大袋蛾（*Clania vartegata* Snellen）为试验昆虫，用性信息素加核型多角病毒制成的橡皮头诱芯进行风洞和林间试验，结果显示雄虫多次交配，或雄虫性比明显高于雌虫的害虫。昆虫信息素与速效杀虫剂混用也有应用前景。张钟宁等的试验表明，将蚜虫报警信息素与农药速灭杀丁混用，能显著提高防治蚜虫的效果。

（5）区分近缘种。作为分类学的辅助手段，对于一些近缘种只用形态特征很难区别，而用性信息素则容易区别。以前，我国玉米螟一直沿用欧洲玉米螟的学名 *Ostrinia nubilalis* Hubner，20 世纪 70 年代初，用欧洲玉米螟性信息素在我国进行田间诱蛾试验，基本没有活性。后来经全国玉米螟协作组用不同种玉米螟性信息素在全国范围进行联合测试，鉴定了在我国大部分地区玉米螟的优势种为亚洲玉米螟［*Ostrinia furnacalis* (Guenee)]；在新疆分布的是欧洲玉米螟；而甘肃、宁夏和河北北部部分地区是两种玉米螟的混生地区。借助昆虫性信息素解决虫种鉴定与分类难题的还有日本松干蚧。

2）其他信息素的应用　聚集信息素是由昆虫分泌，能聚集同种两性成虫信息素的信号化合物，一般为混合物，在防治中用来诱杀害虫，尤其对钻蛀性害虫更有其实际应用价值。德国小蠊［*Blattella germanica* (L.)]后肠分泌的聚集素能引诱德国小蠊大量聚集，其粪便乙醇提取液诱集效果最好。F88 对家白蚁具有很强的跟踪活性，利用 F88 诱杀白蚁，防治效果显著。信息素"Sitophilate"对谷象雌雄两性成虫均有聚集反应。将报警信息素与一些农药混合可用于防治菜田与麦田的蚜虫，因为蚜虫报警信息素可使蚜虫活动量增加，增加其与农药接触的机会，提高防治效果；另外，报警信息素的使用使蚜虫产生有翅蚜比率下降，减少迁移蚜的数量。

三、信息素在害虫综合治理中的研究

1. 昆虫信息素

1）性信息素　　用昆虫性信息素防治害虫是近些年发展起来的一种治虫新技术。许多昆虫发育成熟以后能向体外释放具有特殊气味的微量化学物质，以引诱同种异性昆虫前去交配。这种微量化学物质在昆虫的交配过程中起联络通信作用，即性信息素。目前，全世界已经鉴定和合成的昆虫性信息素及其类似物达 2000 多种，美国、英国和德国已登记18 种昆虫性信息素产品。我国研制成功的农、林、果、蔬等重要害虫的性信息素也有几十种。中国科学院动物研究所已经登记了棉铃虫性信息素制剂，累计应用面积千万亩。

2）聚集信息素　　聚集信息素是由昆虫个体分泌，招引同种个体聚集在一起的信息素。目前国内已有利用聚集信息素防治害虫和进行害虫检疫的报道。

2. 植物信息素

1）利己素　　利己素是一种生物释放的对自己有利、对他种生物有害的信息物。了解植物气味与昆虫行为生态的关系，将指导我们合理混作农业作物，从而干扰害虫对寄主植物的定位，对害虫的取食建立一道化学掩蔽防线。这一研究成果为农业害虫防治提供了新思路，已应用于生态农业的建设中，番茄与甘蓝间作，番茄的气味驱避小菜蛾，可降低甘蓝的被害率；胡椒树叶挥发物对家蝇有驱避作用。甲虫通过土豆气味为害，但番茄和卷心菜与土豆混作，中和了土豆的气味，甲虫便不能识别土豆。

2）互利素　　植物具有直接对抗植食性昆虫攻击的防御机制。由虫害寄主植物释放互利素来引诱天敌的化学信号是植物防御功能之一。只有当植食性昆虫攻击植物时，植物才会释放互利素，而机械损伤却不能使植物产生这类化学物质。当甜菜夜蛾幼虫取食伤害玉米时，玉米立即系统地释放挥发性的萜类物质吸引夜蛾的天敌寄生蜂。从甜菜夜蛾唾液中分离出的 N-（17-羟基-亚麻酰基）-L-谷氨酰胺，当甜菜夜蛾咬食玉米时，玉米体内的信使茉莉酸衍生物被 Volicitin 激活，而决定释放引诱寄生蜂的萜类分子。

随着虫害诱导作物释放天敌的挥发物质的关系被揭示后，人们利用利他素物质在田间引诱天敌聚集，人工释放天敌的分散问题得到了解决。Kessler 和 Baldwin 报道了"植物-害虫-天敌"三者化学关系的最新研究成果，证明不仅在实验室人工控制条件下，而且在自然条件下，植物通过释放引诱天敌的挥发物质可以达到对相关害虫的有效控制，确证了植物通过释放引诱天敌的化学防御可以在自然条件下操作和应用。利用天敌防治害虫尤以寄生蜂较为突出，寄生蜂学习行为的发现，更促使人们通过行为调控来提高寄生蜂的利用效果。

人们已开始利用这一发现进行害虫防治，如在茶园中喷"人工蜜露"，或在茶园的周围栽种蜜源植物，使长角广腹细蜂对黑刺粉虱的寄生率提高 10%～20%。有学者提出利用基因工程技术来改造植物，将引诱天敌的植物基因转移到目标植物中，让目标植物释放招引天敌的互利素而间接地防御害虫。

四、信息物质的化学分析技术

化学生态学研究的基本程序包括田间观察、化学物质的提取和分析、生物测定和田间试验等步骤，其中化学分析是至为关键的一步。化学分析方法很多，既有定量分析方法，又有定性分析方法。用于定量的方法有气相色谱法、液相色谱法和分光光度法等；而应用于定性分析的方法除常规化学法外，还有紫外光谱法、红外光谱法、质谱法和核磁共振波谱法等。

（一）样品制备要点

化学分析前，化学物质的制备非常关键，否则很可能因为数量或纯度不够，无法达到检测的预期效果。因此，样品的准备需要满足三方面的要求：一是需要足够的量；二是在多数情况下需达到足够的纯度；三是样品在上机前作一定处理等。样品制备过程中非常有必要注意以下几点：第一是稳定性问题。天然化学物质稳定性各不相同，多数稳定性差，必须有一些减少降解的特殊方法，提取的化学物质一定要密封后冷冻保存。第二是数量问题。在一次提取或收集中，很难得到足够数量的目的化合物，也就是很难在分析中检测到，解决的办法是可以把几次收集到的化学物质合并或进行浓缩，如果是收集到的植物挥发性气味物质浓度太低，也可以通过延长收集时间来解决。通过反复比较探索，选出最佳制备方法，利用最少的材料得到最多（或全部）目的化合物。不过，现代分析技术检测灵敏度都很高，需要的样品量很少，如质谱的可达 10^{-9} mg，固体样品 1 mg 以内也可测定，液体样品几个微升即可。第三是污染问题。一定要防止对提取物质的污染，特别要注意玻璃器皿的清洁，用洗涤剂浸泡后再用蒸馏水、丙酮或乙醇淋洗，最后放入烘箱烘干（125℃以上，8～12 h）。

（二）GC-MS 和 HPLC 原理

1. 气相色谱-质谱联用分析（GC-MS）

气相色谱（gas chromatography，GC）是指用气体作为流动相的、自动化程度较高的柱色谱法，是先分离后测定，可同时给出多组分混合物中各组分的定性定量结果。气相色谱法具有分离效率高、灵敏高、选择性好、分析速率快及应用范围广等特点。在化学生态学研究中，特别适合于分析信息素、植物挥发性化学物质。质谱（mass spectrum，MS）是指样品分子或原子离子化为各种质-荷比的离子，经质量分析器分离后，被检测器记录而成的谱图。根据质谱图来分析样品所属化合物的类别及其结构，叫做质谱解析。在实际工作中，最常用的和最可靠的方法是和已知化合物的质谱进行比较对照，即检索质谱库。在有机结构鉴定的四大方法（核磁、紫外、红外和质谱）中，质谱法是唯一可以确定化合物分子结构的方法，并且具有灵敏度高的特点，用样量可以小至 10^{-14}～10^{-10} g。气相色谱-质谱联用分析（gas chromatography-mass spectrum，GC-MS），样品通过气相色谱分离、纯化后直接进入质谱系统，实现质谱分析，可大大提高分析的效率。可对样品中的全部或指定成分进行定性和定量分析，不仅可以确定化合物的元素组成，而且可以鉴定其分子结构。

2. 高压液相色谱

与气相色谱相比，高压液相色谱（high pressure liquid chromatography，HPLC）可以

分析的化学物质的范围更广，不受样品挥发度和对热稳定性的限制，非常适合于分析大分子、高沸点、强极性、离子性及热不稳定和具有生物活性的化学物质，而且可以在室温下操作，柱容量高，特别适用于样品的制备和分离。液相色谱法以液体作为流动相。分析前，选择适当的色谱柱和流动相，开泵，冲洗柱子，待柱子达到平衡而基线平直后，用微量注射器把样品注入进样口，流动相把试样带入色谱柱进行分离，分离后的各组分依次通过检测器，检测信号输入到记录仪，得到色谱图。

3. 气相色谱柱的选择

1）选择的原则　　根据"相似相溶"原理，首先要大致确定所分析化学物质的极性，再决定选择哪种类型的色谱柱。一般来说，只包含碳氢的化合物是非极性的，既包含碳氢又包含氧、氮或卤原子的化合物属于极性的（如醇、酮等），而包含不饱和键的化合物则属于可极性化的（如烯、炔、芳香族）。分析极性化合物选择极性柱，对象是非极性化合物选择非极性柱。如果不清楚所分析化合物的极性，就使用当前 GC 上的现有色谱柱，根据分离效果，再尝试其他色谱柱类型。例如，可以选择极性不同的 3 根柱子（如DB-5，DB-17，DB-wax）用待测样品进行试验，根据出峰是否对称、出峰多少等，判断样品所需要的色谱柱类型。

2）色谱柱主要类别　　对于大多数化学生态学的样品（如挥发性化学物质、昆虫信息素）的分析，一般使用 30 m 长、内径 0.25 mm 的非极性毛细柱。

（三）分析方法的选择

1. 根据分析对象进行选择

化学生态学所要研究的信息化学物质包括三类：第一类是蛋白质和多肽，第二类是昆虫信息素（性信息素、聚集信息素等），第三类是植物次生物质（包括挥发的和非挥发的）。三类物质所用的分析方法各有不同：对第一类（蛋白质和多肽），应用生物化学和分子生物学方法进行分析；对第二类物质（昆虫信息素）和第三类物质，应用气相色谱或者液相色谱进行分析。一般来说，挥发性的物质（如昆虫信息素和小分子的植物次生物质），用气相色谱；而非挥发性的植物次生物质（大分子）或者热不稳定的物质，选择使用液相色谱。

2. 根据对化合物的了解程度进行选择

如果所要分析的化学物质是非常熟悉的，如果是挥发性的，如昆虫性信息素（通常只包括几个化学组分）和某类植物次生物质（如乙烯类），使用 GC 就可以了；如果是非挥发性的大分子植物次生物质，如环氧肟酸类（单子叶中所含的丁布 DIBMOA 类），使用 HPLC 比较合适。这类分析一般有标准品进行对比，利用单独的色谱技术就可以定性和定量，没有必要使用质谱。如果所要分析的化学物质比较复杂而且有许多未知成分，如某类植物释放的挥发性的植物次生物质，其化学组分一般有几十个甚至上百个，这种情况必须使用 GC-MS 才能解决问题。

（四）化学分析过程

1. 昆虫信息素

通过查找文献，如果相近种类的信息素组分有过报道并有现成的信息素成分标准品，利用 GC 分析就可以了。首先把提取的信息素样品进样分析，再把标准品配成一定浓度的溶液用 GC 分析一次，对照二者出峰顺序和时间，确定信息素组分。

2．挥发性植物次生物质

由于这类物质种类较多，最好先进行气相色谱-触角电位联用仪（gas chromatography - electroantennographicdetection，GC-EAD）筛选，确定几种对昆虫有电生理活性的物质，再用 GC-EAD 中相同的 GC 分析条件和升温程序进行一次 GC-MS 分析，找出活性成分的 GC 峰，在对应的质谱图中查出质谱库给出的建议化合物的结构和名称，再购置相应的标准品，依相同 GC 条件进行分析，如果出峰顺序和质谱结果相同，就可以鉴定出活性物质。

但很多情况下，植物挥发性化学物质中的活性成分难以购置到标准品，这是活性化学物质鉴定中最常遇到的问题。这个问题可以通过分离和提纯自己解决，经四大谱鉴定后作为标准品；委托公司进行合成。如果在 MS 中找不到相应的图谱，就需要进行人工解析，只有化学分析的专业人员才能完成这项任务。

3．化合物的定量

待测化合物的含量或浓度，一般是通过标准样品的量进行换算。标准样品的进样分析分为内标和外标两种，内标是在待测样品中加入一定量的标准样品，外标是只单独利用相同色谱条件对标准样品进行分析，二者的标准品都要制成标准曲线，待测样品与之对照进行换算。还有一种相对峰面积百分率法，即以色谱中所得各种成分的峰面积的总和为 100，按各成分的峰面积总和之比，求出各成分的组成比率。

（五）应用实例

1．GC-MS 分析转 Bt 基因棉挥发性化学物质

经 GC-EAD 检测过的挥发性化学物质，用 GC-MS 做进一步分析。质谱仪为 Finnigan Mat TSQ700，气相色谱为 HP 5890，内置长 30 m，内径为 0.25 mm 的色谱柱（DB-Wax column，J&W Scientific，Folsom，CA 96830，USA）。温度程序为：50℃保持 5 min，然后以 8℃/min 上升到 220℃。进样温度为 200℃。样品化学成分通过与标准样品的滞留时间和质谱图谱来确定。

2．HPLC 分析芥菜中芥子油苷成分和含量

使用 30 mm 预置柱和 250 mm×4 mm C18RP 高压液相色谱分析柱（Nucleosil 120-5 C18，颗粒大小 5 μm）（Macherey and Nagel 公司），注样 20 μL，以 25%乙醇和 0.005 mol/L TAS（硫酸四丁铵）（tetrabutylammonium hydrogen sulfate）的均匀混合溶液作流动相，流速为 1 mL/min，运行 25 min。使用 Varian 2050 紫外记录仪和 HP-3395 综合仪在 227 nm 波长下检测样品，以纯芥子油苷溶液做对照，比较紫外光谱、滞留时间和峰面积，对样品中的芥子油苷进行定性和定量。

3．HPLC-MS 分析玉米中环氧肟酸类化合物的含量

制备好的样品用高效液相色谱质谱联用仪（Aglient 1100 series HPLC，DAD detector，Mass Spectrum）进行分析，具体分析条件如下：上样量 20 μL；色谱柱为 Sepax HP-C18 column（250 mm×4.6 mm，填料厚度 5 μm）；柱温 30℃，流速 1 mL/min；检测波长 263 nm，洗脱体系甲醇-水（0.027% TFA/ L H_2O）。

环氧肟酸类化合物的鉴定是通过紫外吸收全波长扫描图谱（扫描波长从 200 nm 到 400 nm）和质谱图来进行的。这些物质的含量是用外标法进行定量，样品中的 DIMBOA、

HMBOA 和 DIBOA 用 263 nm 波长的紫外扫描计算吸收峰面积，然后根据标准曲线算出含量。每个样品进样 3 次，取其平均值。

五、昆虫触角电位（EAG）及其与气谱联用（GC-EAD）技术

触角电位（electroantennography，EAG）是直接检测昆虫对化学信号物质反应的电生理技术。在信息素和挥发性植物次生物质的研究中，触角电位技术法可以鉴定昆虫对化学信号的感受通道，因而可以从一系列的化学物质中筛选出昆虫有生理反应的部分化合物，大大简化了后来的工作。EAG 可用于筛选生物活性物质、粗提物纯化、活性层析物鉴定、活性合成化合物选择、气味浓度野外监测，也可作为气谱的生物检测器。

（一）EAG 原理

昆虫触角是其嗅觉感受器官，每个嗅觉感受细胞可看作是一个电阻（R）和一个电源（V）的结合体。整根触角形成系列电源和电阻组成的串联电路。当一股气流吹到触角上时，就可以记录到触角端部和基部间电位的变化。如果触角感器被激活，其累加的电信号是一个 $1\sim20$ mV 的平缓的去极化（depolarization）的直流信号。所记录的并不是累加的活动电位，而是无数个感受神经元累积的电位变化。因此，EAG 电位是许多化学感受器被气体分子激活的一种相对量度。触角电位反应的振幅随刺激物浓度的增加而增加，直至达到饱和。触角与放大器输入终端连接形成一个闭合回路，由下列部分组成：①感受器细胞去极化产生的电压；②触角阻抗；③放大器输入阻抗。由欧姆定律知，触角两端电压和放大器电阻两端的电压大小取决于二者电阻之比。换言之，放大器输入阻抗越高则电压越高。

（二）EAG 操作步骤

1. 试验准备

1）制备电极　　采用电极拉制仪自动拉制玻璃毛细管（外径 $1\sim2.5$ mm），无条件的情况下也可采用酒精喷灯手工拉制，灌装标准生理盐水的金属电极氧-还电位较高，会带来噪声，最好不用。在体视显微镜下用镊子小心夹碎玻璃毛细管尖端，使其内径可容纳离体触角。灌装电极缓冲液：玻璃毛细管要灌装可导电的溶液，常用 0.1 mol/L 的 KCl 液，也常使用更复杂的 Ringer 生理盐水或 Kaissling 溶液。为避免玻璃毛细管端部水分挥发形成 KCl 晶体，氯化钾溶液中可加入 $1\%\sim5\%$ 体积比的聚乙烯吡咯烷酮（PVP），摇匀后静置直到溶液澄清，要现配现用。注意在触角切下后马上灌装，要从玻璃毛细管尖端灌入，离尖端 $10\sim15$ mm 即可，而不要灌满，否则不平整的操作台会导致电极缓冲液流入与 Ag-AgCl 金属丝相连的电路。更换触角时，微电极需清洗，如在电极缓冲液中加入了 PVP，建议每根触角均更换新制备的电极。

2）丝状触角接入电极的方法　　有许多方法将触角固定在 2 根玻璃毛细管尖端之间。丝状触角最适用的方法是把触角末端插入玻璃毛细管的尖端。步骤如下：①用解剖剪或剃须刀片切下触角，并放在体视显微镜下；②将微电极尖端接触触角；用小镊子夹碎玻璃电极尖端少许，使玻璃毛细管内径稍大于触角基部外径；③将离体触角放在载玻片上，使触角基部位于载玻片之外，然后手持载玻片小心将触角基部插入玻璃毛细管；④切下触角端部数节；⑤在体视显微镜下，在触角与玻璃毛细管尖端接合处滴一小滴电

极缓冲液；⑥用解剖针将触角尖端拨入生理盐水中润湿，将控制触角的电极插入电极控制器；⑦移动微动操作仪手柄使之相互靠近，使触角尖端接近记录微电极尖端开口，用解剖针小心将触角尖端插入，检查玻璃毛细管中有无气泡存在，如有气泡则重新操作；⑧观察记录设备：如果触角与电极接触良好，应能看到一条相对稳定的基线。

3）触角接入电极的其他方法　　根据触角形态的不同，触角接入电极的方法可以相应改进。小的棒状触角很难完整从头上取下，可切去昆虫头部而保留触角，搭在微电极尖端，触角尖端放在记录电极末端而不切下任何节。可以利用昆虫整体：在接触角之前需要麻醉昆虫，虫体可置于小平台上并用橡皮泥和细铜丝固定；还可以将昆虫固定在尖端切除一部分的移液器枪头内，下部用玻璃棉填充。使用导电胶：导电胶可用来代替KCl 生理盐水，也可在金属电极表面使用。可避免水性电极缓冲液排斥憎水性触角的问题，触角末端很容易推入与金属电极（银或不锈钢）相连的胶滴中。高质量的胶（如 Parker 公司的 Spectra 360 导电胶）不会干扰 EAG 反应，能保持 1 h 以上的时间不干燥。

4）刺激物制备　　①将滤纸剪成 1 cm×5 cm 细条，纵折成 V 字形，部分插入巴斯德进样管广口端；②将供试化合物用有机溶剂（性信息素用色谱纯正己烷，植物源气味用液体石蜡，溶解性很差的使用混合溶剂）配制成一定浓度（如 1∶10、1∶100、1∶1000 体积比），纯刺激物的量可表示成 pg 等（1 pg$=10^{-12}$ g，1 ng$=10^{-9}$ g，1 μg$=10^{-6}$ g）。事先计算配制浓度，使刺激物与溶剂组成的样品的量在每根滤纸条上加 10～100 μL（一般取 20 μL），采用梯度稀释法精确定量。然后，用移液器吸取滴在滤纸上；③室温下放置约 3 min 使溶剂挥发，非挥发性溶剂可免去该步骤；④将滤纸条完全推进巴斯德进样管，小心不要污染进样管内壁；⑤用打价纸写上样品信息贴在巴斯德进样管外壁上，不用时（如刺激间隔）需要用胶头滴管橡胶帽堵上进样管广口端。

5）对照设置　　可以设置 3 种对照方式：①洁净巴斯德进样管。检查是否有污染（用超声波批量清洗的进样管，可免去该步）；②仅含滤纸的进样管。检查滤纸污染，在性信息素测定中非常必要；③滤纸＋溶剂的进样管。检查溶剂是否污染，溶剂空白对照可用于扣除本底。

6）参照化合物　　EAG 记录中触角灵敏度逐渐下降。为监控这种衰减，需用参照化合物以恒定间隔进样，用于标准化数据。参照化合物可为任何能激发 EAG 信号的物质（植物源气味常选用绿叶气味的代表 E-2-己烯醛或顺-3-己烯醇）。

7）刺激气流控制器的调试　　连续气流常用线速度（cm/s）表示，刺激气流表示为单位时间的气流体积（mL/s）。最佳流速（10～50 cm/s，最常用 25～50 cm/s）取决于连接管的直径，最好用新鲜触角反复调试最佳流速。安装刺激进样管并把尖端插入混流管侧孔中，同时按压"START"按钮或踩下脚踏板开关，定时供应脉冲气流，液晶屏上显示；观察显示器上的 EAG 信号，在预实验中调好有关参数，记录期间不要改动。

2. EAG 试验过程

1）样品测试顺序　　除了参照化合物，供试样品（纯化合物或粗提物，包括溶剂空白）随机抽取进行测定，而且要尽量使各样品在每根触角上测试的机会均等，每种化合物至少在 6 根触角上重复测定以克服个体误差。先用参照刺激，相隔固定时间，或与供试样品交替使用参照化合物刺激（注意：参照的进样频次远高于其他样品，挥发损失较多，应及时更新参照化合物进样管）。为了避免触角的疲劳或适应现象，两次脉冲刺激间隔时间最低 30 s（屏幕上基线走过大约 6 个屏幕的距离）。

2）剂量反应 为探索某一化合物的活性浓度，需要制备梯度稀释的样品（一般是 10 的整数次方逐渐递减浓度）。从剂量反应曲线上可以获得某化合物的电生理感受阈值和饱和感受阈值信息。

3）EAG 反应值的标准化 为补偿记录中触角灵敏度下降，常将 EAG 绝对值换算为与参照化合物相比较的标准化值。在标准化换算中，参照被设为 100%。每个供试刺激测定前后应分别插入 1 次参照物测定，然后采用线性内插法矫正其他刺激的 EAG 值（Syntech EAG 软件可自动计算标准化值）。计算同一根触角上同一化合物若干次测定的均值，将不同触角上的测定看作重复，采用单因素方差分析判断样品之间 EAG 反应值之间的差异。

（三）EAG 的噪声控制

触角反应取决于许多因素，包括昆虫种类、性别或生理状态，刺激物理化性质和浓度，触角生理状态，离体触角寿命，已接受刺激的量和强度，放大器输入信号的质量，温湿度状况等。有时 EAG 记录系统容易受到内部或外部噪声的干扰，从而降低记录信号的质量。

EAG 记录系统的噪声来源主要有以下几个方面：①触角和放大器输入阻抗噪声；②触角"生物噪声"；③外部电路噪声；④漂移。第 1 种噪声现代放大器可以克服，触角阻抗噪声只能采用来自高质量的昆虫群体的新鲜制备的触角才能降低；"生物噪声"非常不规则，可能由触角肌肉活动引起，要针对不同类型的触角选择最适方法。外部电路噪声来自供电系统电磁辐射，可用法拉第屏蔽网或电子滤波器；漂移现象在未与 GC 联机时不常见（GC-EAD 设备中带有自动基线控制功能），需操作者随时重置基线。其他噪声还有气流（机械感器接受）、化纤静电、操作员走动、光强变化、湿度突变（如空调），应小心避免。此外，记录电极不能接地，和内置于探针（PROBE）中的前置放大器输出端连接形成保护电路，可有效地屏蔽噪声干扰，消除输入端口的泄漏电流效应。

（四）GC-EAD 原理

气相色谱使用毛细管柱，其优势在于能从复杂混合物中分离微量组分，但理化检测器对活性成分无选择性；触角则具有高度选择性。EAG 通常和气相色谱（GC）一起使用，称为触角电位-气谱联用仪（GC-EAD）。从气相色谱毛细柱末端分离的气体被三通阀分离器分成等比例的两股气流，一股进入气相色谱检测仪（常使用氢焰离子化检测器），另一股经加热到适当温度后（为防止柱流出物凝结，需将接口装置加热到 GC 柱终温），汇入持续供应的清洁气流中并吹向昆虫触角。这样，由于气流和两个支路长度相等，气相色谱的波峰就和 EAG 的波峰同时记录并可以对应起来。收集的化学混合物可以被迅速筛选，不必对每一部分化学成分都进行详细分析，那些没有 EAG 反应的成分就可以不予考虑。

（五）GC-EAD 操作要点

GC 与 EAG 的连接及调试：①柱流出物转接件的安装，包括卸下柱箱内壁的不锈钢预切割片、插入柱流出物转接件，安装三通阀，安装混流管、加热器、连续气流供应管等；②数据采集放大/控制器硬件和软件的安装；③调试。

GC-EAD 记录：①触角准备等步骤同 EAG；②启动气谱，充分预热；打开记录程序，设定升温程序等；③从 GC 进样口进样，记录开始。注意要点：①必须防止洗脱出的成分进入冷的毛细管内而凝结，因此吹到触角的化学物质出口必须加热；②气体出口到触角之间的距离必须很短（几个厘米），以减少样品的散失和出口管壁对样品的吸附；③测量气体出口处空气的温度，如果大于 25℃，有必要使气流冷却，以防止触角干燥；④GC-EAD 一般要连续运行 30～60 min，通常会出现基线漂移的问题，这可以通过使用高通量的过滤器配合软件的自动基线控制功能来解决。

第四节　昆虫遗传多样性技术

一、遗传多样性的概念及其形成机制

1．遗传多样性的概念

遗传多样性（genetic diversity）在广义上是指种内或种间表现在分子、细胞、个体 3 个水平的遗传变异程度，狭义上则主要是指种内不同群体或个体之间的遗传多态性程度。这里的群体是指种群或居群（population），多样性也就是多态性，遗传多样性也称基因多样性。

2．遗传多样性形成的机制

种内的多样性是物种以上各水平多样性的最重要来源。遗传变异、生活史特点、种群动态及其遗传结构等决定或影响着一个物种与其他物种及其环境相互作用的方式。种内的多样性是一个物种对人为干扰进行成功反应的决定因素；种内的遗传变异程度也决定其进化的潜势。所有的遗传多样性都发生在分子水平，并且与核酸的理化性质紧密相关。新的变异是突变的结果，自然界中存在的变异源于突变的积累，因此突变都经受过自然选择。一些中性突变通过随机过程整合到基因组中。上述过程形成了丰富的遗传多样性。

二、遗传多样性检测方法

遗传多样性的测度主要包括 3 个层次，即染色体多态性、蛋白质多态性和 DNA 多态性。此外，还可应用数量遗传学方法对某一物种的遗传多样性进行研究。

（一）染色体多态性检测

染色体多态性检测主要从染色体的核型（数目、形态）、组型、带型及其减数分裂时的行为等特征进行研究。20 世纪 90 年代发展起来的染色体涂片法（chromosome painting）又称荧光原位杂交法（fluoresce *in situ* hybridization，FISH），是检测方法上一个重要的突破。在带型方面，有多种分带技术。马恩波等对中华稻蝗、小稻蝗进行 C、R、N、A 带技术研究，认为 C 带带纹最丰富，较为稳定。

（二）蛋白质多态性检测

蛋白质多态性检测一般通过两种途径分析：一种是氨基酸序列分析，另一种是同工酶或等位酶电泳分析。后者检测方法简单易行，费用相对较低，所需设备简单，操作简便快速，主要应用电泳技术，不需要大型检测仪器，应用较为广泛。最早的蛋白质凝胶电泳技术是淀粉凝胶电泳（starch gel electrophoresis，SGE），用来分离人的血清蛋白，其原理是利用蛋白质中氨基酸顺序不同，蛋白质所带电离基团的净电荷不同，在电场中显示不同的泳动而相互分离，用染料对蛋白质染色可以显示出来。淀粉凝胶电泳方法虽然古老，但因淀粉无毒，操作简单易学，广泛应用于动植物和微生物的群体同工酶分析。它的缺点：一是比后来发明的聚丙烯酰胺凝胶电泳技术（polyacrylamide gel electrophoresis，PAGE）分辨率低和凝胶的机械性能差；二是因为淀粉是天然产物，不同牌号的产品性能不同，水解过程也会产生差别。

聚丙烯酰胺凝胶（polyacrylamide gel，PAG）在光学上是透明的，可以直接进行紫外扫描或染色后用可见光扫描，扫描的光密度计数据通过微机进行定性和定量分析。PAG由人工合成的丙烯酸胺聚合而成，质量可控制。改变单体和二体交联剂的浓度可随意改变胶的孔径，适合不同分子质量范围大分子的分离。通过制备高、低两种浓度的胶液，用搅拌器逐级混合，可以铺出浓度梯度的胶。蛋白质带被压紧，分子质量的分辨率提高，电荷的效应降低，通过与标准分子质量的蛋白质共同电泳，可以定出要分析的天然蛋白质的分子质量。如在电极缓冲液和胶液中加入十二烷基硫酸钠（sodium dodecyl sulfate，SDS），则为变性胶，可以进行蛋白质亚基的分离和分子质量测定。

PAG除进行电泳外，如用两性电解质代替缓冲液可进行等电点聚焦，分辨率极高并可测定各种蛋白质的等电点。

（三）DNA多态性检测

DNA多态性检测方法主要有DNA序列分析、DNA RFLP技术、DNA指纹技术、RAPD技术和PCR（聚合酶链式反应）等技术。

1. DNA序列分析

Sanger发明链终止法测定DNA一级序列，为研究DNA的结构创造了良好的手段。尤其是多聚合链式反应（polymerase chain reaction，PCR）技术的出现，给DNA测序带来了新的生机，使测序工作朝着花费更低、操作更简便、自动化程度更高的方向发展。分子生物学者开展了举世瞩目的人类基因组测序工作，包括果蝇在内的许多模式生物的基因组测序工作已经完成。测定DNA的序列会直接提供物种的遗传信息，对研究遗传多样性会带来更大的方便。

2. DNA限制性片段多态性分析（DNA RFLP）

DNA RFLP是20世纪80年代发展起来的一种DNA多态性分析技术，它是基于限制性内切核酸酶对特异性DNA序识、切割特性而产生的。通常一种限制性内切核酸酶可识别特定的4～6个核苷酸，特定的限制性内切核酸酶对特定的DNA进行消化后会得到一定数量和一定大小的DNA片段，通过电泳技术可以分辨出来。如果DNA发生突变，其数量和大小会发生变化。此方法用于mtDNA和rDNA基因组的研究。

3. DNA指纹图谱分析

DNA指纹图谱（finger printing）分析是以基因组中的较短重复序列（又称小卫星DNA，minisatellite）或微卫星DNA作为标记检测遗传变异的手段。小卫星DNA（minisatellite DNA）为标记的分析方法称多位点，而微卫星DNA标记的为单位点DNA指纹图谱分析方法，后者比前者更精确，在医学和法医鉴定中得到广泛应用。

4. 随机扩增多态 DNA 分析技术

随机扩增多态 DNA 分析（randomly amplified polymorphic DNA，RAPD）技术是随机选择扩增引物，利用 PCR 技术扩增 DNA 片段的方法，通过电泳技术去辨别扩增产物而确定物种的遗传多态性。RAPD 技术的优点：①技术简单，容易掌握；②对 DNA 纯度要求不严格；③不需要任何分子遗传背景的情况下对基因组进行 DNA 多态性分析；④可用引物多，可以对整个基因组进行全面分析；⑤绝大多数的 RAPD 标记为孟德尔式遗传等特点。RAPD 技术应用于遗传多样性检测，基因定位，品系鉴定，遗传图谱的构建和系统学等诸多领域。

三、国内昆虫遗传多样性的研究

（一）染色体的多样性

近十多年来，昆虫染色体的研究较少，昆虫各个目染色体的研究情况不同，主要集中几个目中，以膜翅目的蚂蚁和直翅目研究较多。彩万志综述了蚂蚁的染色体数目、核型进化，以及其核型在分类学上的应用。我国有 400 余种蚂蚁，有 51 种染色体报道过。染色体的数目变化较大，通常为 $2^n=16\sim40$，最多的可达 $434\sim446$。在直翅目方面，欧晓红等对 20 世纪 90 年代以前中国蝗虫的染色体研究概况进行了汇总，共有 222 种（亚种）蝗虫的染色体有过研究，占已知种数的 26.6%，并对各种的染色体数目、形态、行为及分带情况进行了统计。

（二）蛋白质多样性

蛋白质多样性研究主要以同工酶电泳分析为主，同工酶的多态性检测主要以酯酶同工酶为主，其他同工酶的检测极少。在 1986 年郑哲民等对 8 种蝗虫酯酶同工酶进行了研究，发现蝗虫的酯酶同工酶酶谱不仅种间具有多样性，而且性别之间、同一个体的不同组织之间也具有多态性。马春燕等对蝽科 4 种昆虫的酯酶同工酶进行了比较研究，发现种间具有多样性，而且性别之间、个体之间也具有多样性，如赤条蝽 [*Graphosoma rubrolineata* (Westeood)] 酯酶同工酶酶带雌性有 4~6 条，雄性有 3~7 条。雷朝亮等报道了两种小花蝽酯酶同工酶，发现成虫或幼虫其酯酶同工酶酶带数、位置、酶活性强弱及泳动率等均有较大差异。杨秀芳等对异色瓢虫鞘翅色斑型间的 4 种同工酶进行比较研究。4 种色斑型成虫间酯酶同工酶，苹果酸脱氢酶和过氧化物酶的同工酶带数、活性均有差异。不同色斑型的杂交后代，幼虫期不同发育阶段的个体，其酯酶同工酶带数，活性有较大差异。但同一发育阶段的个体其酯酶同工酶没有差异。随后几位学者对鞘翅目不同类群，利用等电聚焦和电泳技术对不同组织、不同性别和不同酶等方面进行了研究，发现同工酶电泳技术可以用于建立昆虫分类系统和探讨相互之间的亲缘关系。王戎疆等对 10 种蚜虫的生化鉴别（同翅目：蚜总科）进行了研究，发现月季长管蚜的酶活性很低，其余有自己特有的酶谱，彼此容易区分，桃蚜和柳蚜个体间的酯酶呈多态性。谭维嘉等发现寄生在不同植物上的棉铃虫体内的酯酶同工酶差异显著，酶带数和酶活性均有不同，寄主植物中存在的某种物质可能诱导棉铃虫体内代谢发生变化。沈文飚等用高分辨率的薄层等电聚焦电泳技术，发现各龄期幼虫均有 10 种相同的酯酶同工酶酶带，等电点（pI）集中在 pH3.5~5.5 范围内，但各龄期幼虫各有不同的酶带。李怀举等报道了意蜂苹果酸脱氢酶同工酶的电泳表型和基因型，MDH 有 3 个区带，MDH Ⅱ 由 3 个等位基因编码，雌性二倍体有 6 个表型，雄性单倍体有 3 个电泳表型。在医学昆虫中，曹丽萍等对 3 种蚤酯酶同工酶比较分析，发现 3 种蚤有 20～22 条迁移率不同的酶带，成虫和幼虫间略有差异。

（三）DNA 的多样性

RFLP 技术主要用于 mtDNA 和 rDNA 方面研究。戴灼华等对中国果蝇 mtDNAPFLP 的初步分析，在 mtDNA 水平上表现出丰富的多态性。邢连喜等对 4 种白蚁的线粒体 DNA 限制性片段多态性研究，用 6 种限制性内切酶分析 4 种白蚁的 mtDNA 分析，发现其长度有多态性现象。陈永久应用非损伤性技术测定中国 5 种珍稀绢蝶 mtDNA 序列分析了细胞色素 b 基因的部分序列，对珍稀物种的 DNA 多样性测试技术进行了有益的探索。

DNA 序列分析主要针对 rDNA 和 mtDNA 中部分基因的部分序列或全序列。例如，Cyt b、COⅠ、COⅡ 等基因，这些基因具有遗传的保守性，对于生物进化研究具有重要意义。利用基因序列多样性探讨生物系统发育方面，20 世纪 90 年代对于脊椎动物学方面研究较多，近年来对于昆虫方面也开始了研究。例如，赵惠燕等对 18S rDNA 序列与同翅目昆虫的分类系统研究，通过大量文献资料分析发现同翅目胸喙亚目昆虫的 18S rDNA 序列（2200～2500 bp）比头喙亚目及部分半翅目昆虫的 18S rDNA（1900～1925 bp）长，粉虱类 18S rDNA 序列最长。

RAPD 技术在 90 年代后期的研究比较多，杨效文等对不同寄主植物上烟蚜 DNA 多态性的 RAPD PCR 分析，OPX-06、OPX-04、OPX-19 扩增结果较好。根据扩增结果发现烟蚜可分为桃蚜，以及油菜和烟草上的蚜 2 个群。对于蚜虫不同分类阶元之间遗传距离的 RAPD-PCR 研究，发现不同的科、亚科、属、种、种群之间的遗传距离分别有差异。陈晓峰等利用 RAPD 对几个产棉区（辽宁朝阳、山东高唐、江苏）棉铃虫遗传变化进行研究，结果表明：实验种群比自然种群的遗传结构变化低，自然种群遗传差异不显著，同一地点不同年份种群间存在较大遗传差异。孙珊等用 RAPD 技术对亚洲玉米螟地理种群（北京、黑龙江北安、陕西杨陵、浙江杭州和云南丽江）分化进行了研究，选用引物 40 个，扩增结果是：OPF17 无扩增带，其余均有。5 个地理种群 14 个个体中，扩增数目不等（8～28 条）。聚类分析结果，1～5 个引物聚类图很乱，10 个引物基本稳定，10 个以上无差异。翁宏飚等采用 RAPD 技术对家蚕基因组 DNA 进行多态性研究，发现 RAPD 能反映各基因组之间丰富的多态性。华卫建等用 RAPD 技术检测家蚕四大地理系统的 9 个品种的 DNA 多样性，发现 OPX-14 等 5 个随机引物可用以区分这 9 个品种，结果能准确反映地理系统之间的遗传差异。刘忠湘等报道了中华按蚊不同地理株基因组 DNA 的多态性，应用 RAPD 技术，选用 20 种引物（OPE 01～20），对江苏、福建、贵州、陕西等省中华按蚊的基因组扩增，各个地理株均有独特的片段。扩增带在数量和片段长度上均有差别。陈永久等对云南小按蚊随机扩增多态 DNA 进行了研究，对云南 5 个地区的中华按蚊的基因组 DNA 选用 20 种随机引物扩增，2 个引物为单型，其余 18 个显示出多态型。

四、害虫遗传学控制策略

随着分子生物学和基因工程技术的发展，利用遗传学方法控制害虫种群成为人们研究的热点之一（陈敏等，2015）。害虫遗传学控制显现出很多其他防治方法无可比拟的优势：①环境友好，可以避免化学农药污染环境和农药残留带来的副作用；②效果持久，遗传因子能够在害虫子代中传播，持久有效地控制害虫种群；③可靠性强，遗传学控制依靠昆虫与昆虫之间的相互作用，不会产生抗性种群、害虫再猖獗和次生害虫暴发；④靶标专一性，遗传因子只会在特定的害虫种群中传播，不会影响其他生物种群；⑤安全性，避免了害虫防治对人类的危害。害虫遗传学控制就是利用物理、化学和遗传等手段处理害虫，改变其遗传物质，降低其生殖潜力或为害能力的害虫控制方法。传统的遗传学控制害虫的策略主要有种群抑制（population inhibition）和种群替代（population replacement）2 种。近年来，许多具有水溶性好、荧光强度高、细胞毒性低、基因转染效率高、运输速率快等优点的荧光纳米材料基因载体被设计合成，并且能够高效携带外源核酸或农药分子进入昆虫或植物细胞，干扰害虫的发育和行为。这种基于新型纳米材料载体的瞬时基因转染技术有望成为害虫遗传学控制的新策略。

（一）种群抑制

种群抑制是根据遗传学原理，向自然界中释放不育或携带有害基因的雄虫，与自然界的野生雌虫交配后使其不能产生后代，或有害基因在后代中表达导致后代死亡，从而使害虫种群在几个世代后迅速减少，甚至灭绝。其主要方法包括不育技术（化学不育、辐射不育和遗传不育）和转基因昆虫害虫防治，基本环节一般包括害虫的批量饲养生产、遗传操作、雄性筛选、安全运输与昆虫释放，以及遗传操作种群和自然种群的动态监测等。

1. 昆虫化学不育

昆虫不育技术（sterile insect technique，SIT）是首个将遗传学方法引入害虫种群控制的技术，它充分利用遗传因素导致两性生殖昆虫交配后不能繁殖后代的原理，通过释放大量不育雄虫到野生种群中，竞争性地与野生雌虫交配，产生不育卵，从而使害虫野生种群逐渐减少，重复释放不育雄虫最终可以消灭整个害虫种群。化学不育法控制害虫是通过某些化学物质使害虫不育。化学不育剂（chemosterilant）的作用有 3 种：造成雌虫不产卵或雄虫不产精子、造成成虫产生的卵为不育卵和诱导显性致死突变。例如，唑磷嗪（apholate）影响核酸的代谢和染色体的分裂，导致成虫不能产生正常的卵或精子。化学不育法控制害虫主要有 2 种策略，第 1 种是用化学不育剂处理人工饲养的害虫，然后将大量饲养的雄虫释放到自然界中与野生雌虫竞争交配导致不产生后代；第 2 种是在自然界中直接使用化学不育剂诱导害虫不育。

1972 年，美国使用化学不育法成功治理了白端按蚊（*Anopheles albimanus* Wiedemann）。美国农业部在萨尔多瓦释放了 430 万头化学不育的白端按蚊雄虫，5 个月后该地区的白端按蚊减少了 99%，证明了化学不育法控制蚊虫的可行性。在我国，马沛沛等报道使用噻替派、灭幼脲、喜树碱和 CS II 处理美国白蛾［*Hyphantria cunea*（Drury）］后，雌虫产卵量及卵孵化率均明显降低。戴明勋等报告了塞替派、氟尿嘧啶对斜纹夜蛾具有不育作用。

2. 昆虫辐射不育

辐射不育技术是利用辐射源照射诱导昆虫体内产生突变，当这种突变发生在性染色体时会导致卵细胞或精细胞产生显性致死突变，从而筛选并培育出不育且有交配竞争力的昆虫，释放到自然界中有效地实现害虫种群抑制。

　　20 世纪 50 年代初，昆虫辐射不育技术首先在新大陆螺旋蝇或螺旋蝇［*Cochliomyia hominivorax*（Coquerel）］的治理中获得成功，美国农业部在库拉可岛大量释放不育蝇成功消灭了这种重大畜牧业害虫。1967 年，美国在加利福尼亚州重要产棉区成功防治了棉红铃虫［*Pectinophora gossypiella*（Saunders）］。1994 年，美国亚利桑那州用昆虫不育技术控制棉红铃虫的规模进一步扩大，1998 年开始在其他产棉区应用，包括美国西南部地区及新墨西哥州、墨西哥北部地区等，并取得了良好的效果。日本 1978 年成功根除了瓜实蝇（*Bactrocera cucurbitae* Coquillett）。1977 年，墨西哥建立了能饲养 5 亿头不育蝇的工厂，于 1982 年成功阻止了地中海实蝇的传播。墨西哥又在 1978 年建立了每周能生产 6000 万头不育螺旋蝇的工厂，于 1991 年根治了当地螺旋蝇的为害。90 年代，加拿大利用 SIT 技术控制苹果蠹蛾［*Cydia pomonella*（L.）］，建立了每周能生产 1500 万头不育雄蛾的饲养设施，经过 4 年的控制，成功地在加拿大阻止了苹果蠹蛾对水果的为害。

3. 转基因昆虫

　　随着分子生物学和基因工程的发展，转基因技术逐渐成为害虫防治的新方法，也是目前研究的热点之一。在复合转座子（transposons with armed cassettes，TAC）的引导下，携带条件致死基因的 TAC 插入到昆虫基因组，形成转基因昆虫。转基因昆虫与野生昆虫交配后，TAC 在子代中扩散，经过多个世代，TAC 扩散到靶标昆虫的所有后代中，实现害虫灭绝，转基因害虫防治的效率比传统方法高 10～100 倍。

　　1）昆虫携带显性致死基因　　　Thomas 等首次提出释放携带显性致死基因昆虫（release of insects carrying a dominant lethal，RIDL）的方法。与 SIT 相比，RIDL 不再使用辐射处理昆虫，而是通过转基因技术将一个或几个纯合的显性致死因子转入昆虫，在人工饲养时，致死因子受到抑制，饲养昆虫释放到自然中与野生雌虫杂交后，致死因子在后代中表达，这个方法也被称为害虫自灭生物防治。RIDL 系统的中心在于四环素转录激活因子（tetracycline-repressible transcriptional activator，tTA）的激活。当四环素（tetracycline）存在时，tTA 与四环素响应元素 tetO 的结合受到抑制，致死因子不启动，携带致死因子的昆虫仍然正常生活；四环素不存在时，tTA 与 tetO 结合，启动致死因子，导致昆虫死亡（图 6-1）。

图 6-1　RIDL 系统示意图（仿 Alphey，2002）

　　RIDL 在蚊虫防治方面取得了一定的研究成果。OX513A 是一种可被抑制的显性致死因子，将蚊虫饲养在有四环素的条件下，OX513A 被抑制；在缺失四环素的条件下 OX513A 表达，蚊虫在幼虫晚期或蛹早期死亡。将人工饲养的 OX513A 纯合体雄虫释放到自然界中与野生雌蚊交配，后代携带 OX513A，因此会在发育为成虫之前死亡。通过不断释放 OX513A 转基因雄虫，就可以消灭靶标蚊虫；OX513A 转基因的雄蚊和野生蚊虫有非常相似的飞行能力、取食能力和交配能力。致死基因的致死效率受环境条件的影响，OX1124A、OX1124C、OX1124D 和 OX3402C 可以有效地抑制致死效应，但是综合的环境因素会增强致死效应，提供最合适释放率和释放面积，可以提高防治效率并且减少防治成本。tTA 系统已经在埃及伊蚊中构建成功，埃及伊蚊的延迟型 RIDL 品系也研发成功，且释放该品系雄性埃及伊蚊的现场试验也获得成功。RIDL 方法在其他昆虫的防治中也显现出作用。例如，在杆状病毒基因工程中，将蝎毒基因、苏云金杆菌晶体蛋白基因等插入杆状病毒基因组，在病毒启动子的调控下表达，提高了杆状病毒的杀虫效力。Morrison 等使用转基因防治棉红铃虫，携带转基因的棉红铃虫死亡率达到 100%。Martins 等使用转座子 piggyBac 实现了小菜蛾的生殖细胞转化。tTA 系统在地中海实蝇中也构建成功。

为了提高防治效率，科学家又发明了携带其他条件性显性致死因子的方法。通过构建携带雌虫致死因子（female-killing trait）的转基因雄虫，释放到自然界与野生雌虫交配，产下的子一代昆虫携带显性致死因子，性别调节器可以限制显性致死因子只在雌虫体内表达，从而导致雌虫死亡，若是多位点插入，致死因子可以在靶标害虫的后代中广泛传播，引起靶标害虫种群密度下降甚至灭绝。在释放时，不需要进行雌雄分离，显著提高了遗传学防治的效率。另外，昆虫携带温度敏感性致死因子（temperature-sensitive lethal，tsl）也是一种有效方法，在 34℃处 24 h 能够导致携带 tsl 的卵死亡，从而降低害虫的繁殖潜力。在对地中海实蝇的研究中发现这一方法能显著降低其种群密度。

2）转基因控制害虫性别分化　　用转基因方法控制后代的性别分化，也是一种潜在的遗传学控制方法。将人工饲养的昆虫进行性别决定基因的改造，释放到自然界中与野生害虫交配，干扰后代的性别分化，使得后代表现为一致的性别，从而达到控制害虫的目的。Schliekelman 等提出了 2 种通过释放性比改变（sex ratio alteration，SRA）昆虫防治害虫的模型。第 1 种模型：对雄虫（XY 型）多位点插入 SRA 等位基因，SRA 等位基因可以阻止雄虫减数分裂过程中 X 配子的形成，或是减弱 X 配子的受精能力，最终只有 Y 配子参与受精过程，形成的后代都为雄虫。携带 SRA 等位基因的子一代雄虫减数分裂过程中仍然只有 Y 配子参与受精，导致后代雌虫的比例不断下降，从而有效地控制害虫种群。第 2 种模型：SRA 等位基因控制后代特异性地表现雄虫性状，SRA 转基因雄虫与野生雌虫交配后，后代携带 SRA 等位基因而表现雄虫的性状，导致后代中雄虫比例显著升高，最终有效地抑制害虫种群的发展。

在昆虫中，性别决定是由一系列基因控制的，主要的性别决定基因有 transformer（tra）和 doublesex（dsx），尤其是后者在性别分化中起决定性作用。tra 和 dsx 最早在黑腹果蝇中发现，当 tra 或 dsx 发生丧失功能突变时，突变体的性别分化出现异常。tra 的同源基因已经在其他蝇类中发现，如油橄榄果实蝇［*Bactrocera oleae*（Rossi）］、铜绿蝇［*Lucilia cuprina*（Wiedemann）］和家蝇（*Musca domestica* L.），但是 tra 的主要基因序列还没有研究清楚。相反，dsx 的基因序列已经得到，在其他的昆虫中也找到了 dsx 的同源基因，像冈比亚按蚊（*Anopheles gambiae* Giles）、琥珀蚕（*Antheraea assama* Westwood）和家蚕等。在果蝇的性别分化中，Sex-lethal（Sxl）是控制性别分化的"总开关"，能够调控 tra，进而调控 dsx 的表达。其他昆虫中也发现了 Sxl 的同源蛋白，如鳞翅目、膜翅目和鞘翅目等昆虫。性别决定基因的高保守性使 RIDL 在蚊虫防治方面取得了一定的研究成果。

（二）种群替代

20 世纪 50 年代，世界卫生组织提出了利用遗传学改造蚊虫来防治疟疾传播的观点，就是使用具有良性基因的品系替代自然界中具有毒害作用的品系的防治策略，以达到防止疾病传播的目的，这种防治策略称为种群替代。60 年代正式确立了遗传学防治蚊虫的概念并对果蝇进行了遗传学改造，提出战略目标：于 2000 年实现对蚊虫的遗传学改造，2005 年实现遗传学改造蚊虫的工厂化人工饲养，2010 年进行田间释放试验。国际原子能机构（International Atomic Energy Agency，IAEA）也提出发展新的昆虫不育技术和工具，包括遗传学控制蚊虫。

　　种群替代的策略在冈比亚按蚊中最早实施。1992 年，Kidwell 和 Ribeiro 将抗疟基因转入冈比亚按蚊，通过释放转基因雄蚊到自然界中与野生雌蚊交配，使抗疟基因在靶标种群中逐渐传播，携带抗疟基因的蚊虫最终替代野生蚊虫，减弱了冈比亚按蚊种群传播疟疾的能力。此外，科学家利用沃尔巴赫氏菌 Wolbachia 在防治伊蚊上取得了成功。Wolbachia 能够降低蚊虫传播疾病的能力。人工对雌蚊进行多剂量的 Wolbachia 感染可以产生累加效应，被感染雌蚊比野生雌蚊有更强的生殖优势。通过释放雌蚊与自然界中的蚊虫交配，导致 Wolbachia 转基因在后代中迅速传播，并利用生殖优势逐渐实现种群替代。2011 年，Hoffmann 在澳大利亚农药和兽医药品局的支持下释放携带 wMel Wolbachia 的蚊虫，将 wMel Wolbachia 垂直遗传给子代，后代蚊虫对登革热产生抗性，成功阻止了登革热病的传播。目前，多种水平的转抗疟基因蚊虫已经在实验室中取得了成功。例如，人工肽 SM1 能够强烈地抑制伯氏鼠疟在利斯顿按蚊肠上皮细胞中的传播。Chen 等发现了母体效应显性胚胎发育停滞基因 Medea（maternal effect dominant embryonic arrest）能够在实验室中驱动果蝇的种群替代，为害虫种群替代的研究提供了有效的工具。未从母体遗传 Medea 基因的个体在胚胎或幼虫期死亡，因此该基因可作为抗虫基因在自然种群中传播。

　　Marshall 和 Hay 提出了一种新的基因启动系统——反 Medea 系统，以防止 Medea 转基因在不被允许的情况下传播到其他国家。这种系统由合子毒素（zygotic toxin）和母体解毒剂（maternal antidote）2 种基因组成，这些基因的表达使后代中杂合体的雌虫死亡，逐渐实现种群替代。另外，归巢内切酶基因（homing endonuclease gene，HEG）编码的蛋白质在杂合子中导致无该基因的同源染色体在精确的位置发生双链断裂。如果在 Y 染色上表达 HEG，将导致 X 染色体上发生一个或多个中断，从而破坏害虫性别比例。因此，将 HEG 运用到蚊虫和其他害虫的防治中，可以有效地进行种群替代。

　　利用转基因技术制造个体缺陷昆虫，降低其生活力，也是实现种群替代的一种方式。果蝇作为一种经典的模式昆虫为害虫防治提供了丰富的工具和理论基础，如果蝇翅发育机制的研究已经非常深入。因此，操作翅发育关键基因会使后代成虫翅产生缺陷，降低其飞行能力，导致成虫生活周期明显缩短。在埃及伊蚊中，OX3604C 基因能特异性地导致雌蚊在成虫期失去飞行能力，携带四环素抑制型 OX3604C 基因的雌蚊释放到自然界中与野生蚊虫杂交后，因为缺乏四环素，后代中 OX3604C 基因开始表达，导致成虫没有飞行能力，因此不具备交配和取食的能力，在成虫期逐渐死亡，能够有效地控制蚊虫。如果持续释放翅发育缺陷的雌虫到自然界中吸引野生雄虫与其交配，使缺陷基因在靶标昆虫种群中不断扩散，最终可以实现种群替代，减弱害虫为害能力。

（三）基于纳米材料载体的昆虫瞬时基因转染新技术

　　随着纳米材料技术的发展，许多种类的荧光纳米材料基因载体已经设计合成，用于携带外源核酸或农药分子进入昆虫细胞或植物细胞，高效干扰害虫的发育和行为。基于纳米材料载体的昆虫瞬时基因转染新技术，能够避免公众对稳定遗传的转基因动植物的担忧，为农作物害虫的遗传学绿色防控提供了新思路。

1）细胞水平　　北京化工大学尹梅贞教授课题组成功合成了水溶性苝酰亚胺类树枝状荧光大分子，经过生物测定、筛选，得到了具有水溶性好、荧光强度高、毒性低、基因转染效率高、运输速率快等优点的荧光纳米材料载体 G1、G2 和 G3；将 CXR 参比染料标记的单链 DNA 和荧光纳米材料在细胞培养液中混合，形成单链 DNA/荧光纳米材料复合物，再与果蝇的 S2 细胞一起孵育，在荧光显微镜下拍照观察，发现 3 种载体都能够高效携带 DNA 进入细胞，并且细胞毒性很低。这项工作为在害虫体内运用纳米材料载体对靶标基因进行 RNA 干扰提供了新技术基础。

2）昆虫应用　　He 等针对害虫肠细胞特异性表达的基因，创新应用了饲喂法干扰基因表达，即将一类非病毒体系的可荧光追踪的纳米材料核酸载体 FNP 和体外合成的几丁质酶基因 CHT10-dsRNA 混合后喂饲玉米螟 1 龄幼虫，结果发现，饲喂 FNP/CHT10-dsRNA 混合物的玉米螟幼虫体长变短，停留在 1 龄阶段，停止发育，最终死亡。通过简单的饲喂法，FNP 载体就可以携带 dsRNA 进入害虫肠细胞，抑制关键基因的表达，导致害虫发育停滞、生病，直至死亡。后续工作又进一步针对其他组织，如脂肪体和血淋巴等，同样用纳米材料基因载体饲喂法，系统性地干扰了 serpin-3 基因及其下游免疫相关基因的表达。这项工作将饲喂法由肠细胞干扰扩展到昆虫全身系统性基因干扰。随后，多种性能更好的荧光纳米基因载体分子被研发出来，并在昆虫细胞、组织、活体水平都得到了验证，可以作为高效的 DNA 载体携带外源核酸快速进入昆虫体细胞干扰害虫关键基因的表达，甚至能够携带外源 GFP 表达质粒进入昆虫细胞表达 GFP。

3）农药载体增效剂　　纳米材料载体还可以有效地携带农药分子进入昆虫细胞，从而大幅度增加农药的细胞毒性和防治谱。噻虫嗪（thiamethoxam）是一种疏水性农药，可以有效杀灭蚜虫、飞虱等同翅目昆虫，但不能毒杀棉铃虫。Liu 等将荧光纳米材料载体 G1、G2、G3 分别与噻虫嗪混合，然后与昆虫细胞孵育，检测农药毒性的变化，结果表明，3 种载体都能高效携带噻虫嗪进入昆虫细胞，显著增强噻虫嗪的毒性。用饲喂法将 G2/噻虫嗪复合体饲喂棉铃虫后，与单独饲喂噻虫嗪的棉铃虫相比死亡率显著升高。因此，这类纳米材料载体可以作为农药载体的增效剂使用，在降低农药用量和扩大农药防治谱方面具有重要的前景。

第五节　分子标记技术与入侵昆虫研究

生物入侵（biological invasion）是指一个非本地物种通过人为或者自然扩散传播到新的区域，并在新栖息地进行定殖、建群、扩展和蔓延，同时对传入地的经济和生态造成负面的影响。外来入侵生物的种类包括入侵植物、入侵动物和入侵微生物，其中入侵昆虫是外来入侵生物的重要组成部分。隐蔽入侵（cryptic invasion）是由于外来入侵种与本地种（或土著种）在形态上难以区分或不能区分，一般在人们未觉察的状态下成功入侵的过程。具体来说，包括外来姊妹种、生物型的相互取代，入侵种内不同遗传谱系（基因型）的相互取代，入侵种与土著种的杂交后代取代土著种。借助于各种分子标记方法可以有效地揭示入侵物种的隐蔽种和遗传谱系的真实情况。

重构外来有害生物入侵历史，一方面有助于制定合理的检验措施、阻截及防控方案；另一方面可以确定入侵生物的起源地，以从原产地引进天敌。但历史记载和观察数据往往十分有限，而且不完整的数据甚至存在误导性，因此需要借助分子标记技术重构入侵历史。追溯入侵来源地和重构入侵路线可以通过比较本地种和入侵种的遗传相似度、特异等位基因分布和基因流进行。随着贝叶斯近似估算方法（approximate Bayesian computation，ABC）的出现，利用 GENECLASS 软件中贝叶斯分配测试（Bayesian assignment test）和排除测试（exclusion test）可以准确推断入侵种的来源地；通过 DIYABC 软件可以模拟构建不同的入侵方式；同时利用贝叶斯近似估算方法 Structure 软件分析本地种和入侵种的种群遗传结构及其变化规律可以揭示物种或群体的进化历史，从而作出最优方案选择，提高了不同分子标记技术揭示入侵历史的可靠性。此外，通过分子标记方法可以检验种群是否发生过种群瓶颈（population bottle neck）或奠基者事件（founder event），在一定程度上也反映了外来种所处的入侵阶段。由于入侵物种通过人为或者自然扩散传播到新的区域后，会遭遇瓶颈效应或奠基者效应，较低的遗传多样性不利于入侵种群的发展，所以入侵种群如何成功入侵一直是科学家关心的问题，分子标记技术为探索遗传变异与成功入侵的关系做出了重要贡献。

一、隐蔽种的检测

判断入侵种与土著种（本地种）或者检测入侵种的"实际数量"，对评价某个入侵物种引起经济损失和保护本地物种生物多样性十分重要。目前，入侵种的检测研究大致归纳为：姊妹种（sibling species）、生物型（biotype）、遗传谱系（genetic lineage）和地理种群（geographical population）。

（一）姊妹种

在入侵昆虫研究中，发现实蝇主要是以姊妹种形式隐蔽传入，其中包括南美按实蝇复合种（*Anastrepha fraterculus* complex）、橘小实蝇复合种（*Bactrocera dorsalis* complex）、苹果实蝇复合种（*Rhagoletis pomonella* complex）、非洲果实蝇复合种 "*Ceratitis* FAR complex"［具体所指 3 种非洲果实蝇（African frugivorous fly），其中包括 *Ceratitis rosa*、*C. fasciventris* 和 *C. anonae*］等。而实蝇复合种主要利用线粒体 DNA 进行鉴定区分，但因复合种之间可以发生交配繁殖导致基因渗透，单一应用线粒体 DNA COI 难以区分复合种。有报道认为，单独应用线粒体 DNA COI 不能鉴定区分地中海实蝇 *C. capitata*（Wiedemann）与其近缘种 *C. caetrata*（Munro），需要结合 RFLP 方可有效地区分。因此，部分实蝇复合种和近缘种鉴定需要分两个程序进行，首先用 DNA 条形码 COI 序列进行初步鉴定，然后再结合其他方法进行鉴定。

应用多种分子标记可以纠正实蝇姊妹种鉴定分类中存在的问题，过去认为橘小实蝇［*B. dorsalis*（Hendel）］、菲律宾实蝇［*B. philippinensis*（Drew & Hancock）］和木瓜实蝇［*B. papayae*（Drew & Hancock）］是属于 3 个具有明显地域分布的姊妹种，并以姊妹种形式入侵东南亚不同地区，但是最近综合应用形态鉴定和微卫星分子标记分析了形态特征和种群遗传数据，发现没有明显证据支持这些实蝇复合种属于不同的复合种。

（二）生物型

过去烟粉虱 [*Bemisia tabaci*（Gennadius）] 在美国早已发生，但危害并不严重。直至1985年该虫在不同地区暴发成灾，经酶谱标记及分子标记检测发现这种烟粉虱是传入美国的 B 型烟粉虱，并非土著烟粉虱（A 型烟粉虱）。而在我国也同样发现烟粉虱以不同生物型的隐蔽入侵。1997 年在广东部分地区发生烟粉虱危害，但未检测为入侵种。Luo 等通过线粒体 DNA CO I 基因序列比对方法，发现入侵中国的烟粉虱是由 B 型和 Q 型两个生物型组成。烟粉虱的两种生物型在我国发生了相互取代现象，2007 年以前是由 B 型烟粉虱逐步成功取代了土著烟粉虱；自 2007 年后 Q 型烟粉虱已在全国很多地区取代了 B 型烟粉虱而成为了作物上烟粉虱的优势种。对于烟粉虱的生物型相互取代的解释，Sun 等通过实验室模拟试验和田间试验研究认为与农药的施用和植物寄主的选择压力关系密切，其中农药施用是重要因素。

（三）遗传谱系

入侵种在原产地往往存在两个或者多个遗传谱系。不同遗传谱系的物种其入侵性存在差异。目前通过不同分子标记技术检测入侵昆虫的原产地，发现不同遗传谱系的昆虫入侵路线不同，如烟粉虱、西花蓟马 [*Frankiniella occidentalis*（Pergande）] 等。以西花蓟马的隐蔽种研究为例，发现在原产地美国有两个支系（温室系和羽扇豆系），传入澳大利亚、欧洲国家的是温室系，而我国与新西兰两个支系均有传入。入侵昆虫不同遗传谱系的形成可能与植物寄主的选择压力相关。Evans 等通过研究不同植物寄主的瘿螨 [*Aceria parapopuli*（Kiefer）] 的生殖隔离情况，并应用内转录间隔区序列 ITS1 调查了不同寄主品系的瘿螨遗传关系，发现不同植物寄生会导致植食性昆虫不同遗传谱系的产生。

（四）地理种群

在隐蔽入侵研究中，入侵种的种群来源往往存在地理偏倚的现象。Caldera 等联合应用微卫星标记和线粒体 DNA 研究入侵美国的红火蚁 [*Solenopsis invicta*（Buren）] 时发现，入侵种群来自于特定地理种群的现象。Gotzek 等联合应用形态分类学和分子序列分析（包括线粒体 DNA CO I 和 5 个核基因序列）探讨疯狂拉斯贝瑞蚁 [*Nylanderia fulva*（Mayr）] 的分类地位，发现其中一个地理种群属于高度入侵种群。Chu 等通过比较线粒体 DNA 单倍型与微卫星等位基因，发现我国山东省 Q 型烟粉虱的来源种群具有地理偏倚性，即均来源于西地中海地区，而同样具有较高遗传多样性的东地中海 Q 型烟粉虱种群则没有传入山东省。Wu 等应用线粒体 DNA ND1 研究中国和东南亚国家的橘小实蝇种群的遗传结构，发现中国橘小实蝇种群存在特定地理区域的隐蔽种，如部分隐蔽种来自泰国南部地区，但没有在中国大陆进一步扩散。针对不同地理种群的遗传谱系隐蔽入侵，有报道认为，可能与内共生菌造成的生殖隔离、农药施用所产生的抗药性及不同地域栽种植物寄主导致的寄主选择压力等相关。

二、重构入侵历史

（一）追溯入侵种来源地

当入侵种扩散至一个新区域，可靠的传入记录可以为追寻其起源和传播途径提供线索，但是往往大部分入侵种属于随机传入而导致全面历史记载缺失。然而根据所有入侵种都来自于共同祖先的基因组这一原理，可以借助于分子标记重构入侵历史。例如，通过分析各个支系的祖先基因型（共享单倍型），可以追溯入侵种的起源。De Barro 和 Ahmed 应用线粒体 DNA COI 分析了全球范围的烟粉虱种群的共享单倍型推测以色列可能是中东-亚洲种的起源地，地中海种可能存在两个起源地。Boykin 等利用相同方法分析了不同地区柑橘木虱［*Diaphorina citri*（Kuwayama）］亚洲种的入侵来源，根据单倍型分析具有明显的地理偏倚，分为亚洲西南支和亚洲东南支，而过去的 15～25 年，入侵美国和墨西哥的种群源自于亚洲西南支，而亚洲西南支和亚洲东南支共同入侵巴西。

　　微卫星标记作为另一种追溯入侵来源的分子标记技术，可以提供更多的线粒体 DNA 标记未能获得的线索。Tsutsui 等应用线粒体 DNA 和微卫星标记研究阿根廷蚂蚁［*Linepithema humile*（Mayr）］的种群起源问题。根据历史记载阿根廷蚂蚁于 1913 年从阿根廷和巴西入侵北美大陆，但是由于线粒体 DNA 多态性很低却未能获得入侵来源的信息。然而，高多态性的微卫星标记可以分析出北美大陆的阿根廷蚂蚁起源于阿根廷 Pio Parama 地区。所以在研究某些入侵昆虫时，微卫星标记比线粒体 DNA 标记更为有效，而其中的关键是筛选出高多态性的微卫星位点。

（二）重构入侵路线

1. 多点入侵现象

　　一般是指入侵地或者新发生地区的外来入侵昆虫来自于多个入侵源头。应用分子标记可以根据种群之间的遗传关系进行推算。以玉米根萤叶甲［*Diabrotica virgifera*（LeConte）］入侵欧洲为例，过去认为该虫首先入侵南斯拉夫后向欧洲东部和中部以自然方式扩散，通过 8 个微卫星位点标记对起源地（北美大陆）种群及入侵地的种群遗传信息进行分析，结果检测到 5 条独立的北美大陆向欧洲入侵线路，同时表明，玉米根萤叶甲从北美大陆跨越大西洋对欧洲进行的多点入侵，导致了遗传变异的重新分配。Liu 等应用限制性长度多态性分析全球范围的俄罗斯麦蚜［*Diuraphis noxia*（Kurdjumov）］，发现美国的俄罗斯麦蚜种群同样是由于多点入侵所致。

2. 桥头堡效应

　　在应用分子标记方法重构入侵物种的入侵历史研究中发现，来自于原产地的特定入侵种群传播到新的栖息地后以此作为"桥头堡"入侵其他地区，这种现象称为桥头堡效应（invasive bridgehead effect）。以异色瓢虫［*Harmonia axyridis*（Pallas）］的入侵桥头堡效应的研究为例，该虫原产自亚洲，于 1916 年作为蚜虫天敌引入北美洲，分别于 1988 年和 1991 年在美国东部和西部发现其入侵种群，2001～2004 年又相继在欧洲、南美洲及非洲发现异色瓢虫的入侵种群。结合发生历史记录和微卫星分子标记技术，运用贝叶斯近似估算发现欧洲、南美洲及非洲的异色瓢虫源自于美国东北部并非直接来源于亚洲，因此美国东北部的种群作为"桥头堡"并以此向其他地区扩散。此外，近年通过分子标记和贝叶斯近似估算研究了几种重要入侵害虫包括红火蚁、伊氏叶螨（*Tetranychus evansi* Baker & Pritchard）和西花蓟马在不同地区的入侵扩展路线，发现也存在"桥头堡"现象。

3. 瓶颈效应

　　当外来入侵种群传入新的区域时，入侵种群的遗传多样性一般会经历剧烈下降，这种机制称瓶颈效应（bottleneck effect）或者奠基者效应（founder effect）。由于原产地与入侵地环境的巨大差异会导致入侵种群数量急剧减少，只有小部分在新区域存活，种群瓶颈导致基因型的数量减少，进而使遗传多样性下降。此外，小型奠基者还受到基因漂移的强烈影响。这些因素使入侵种群的遗传变异水平发生剧烈变化，最终导致入侵种在新发生区域的遗传多样性水平降低。早期研究发现一种瘿蜂（cynipid gallwasps）在过去400 年前沿欧洲西行扩张，随着与原产地距离的增加，其平均异型合子逐渐减少，等位基因多样性也逐渐下降，反映了这种瘿蜂在逐渐西行的过程中发生了遗传多样性的缺失。同样以美洲散白蚁［Reticulitermes flavipes（Kollar）］入侵法国为例，入侵法国后的散白蚁种群遗传多样性明显低于美洲原产地种群。瓶颈效应或奠基者效应导致入侵种群的遗传多样性低于本地种群，所以也有研究认为，可以通过对比种群的遗传多样性以探讨入侵路线。瓶颈效应导致等位基因的缺失速度快于遗传多样性下降的速度，从而表现出杂合度过量（heterozygosity excess）或者稀有的等位基因缺失。瓶颈效应发生与否可以通过检测多态性位点上等位基因的频率、等位基因的缺失量，以及比较哈迪-温伯格平衡（Hardy-Weinberg equilibrium）假设下期望杂合度与观察杂合度之间的差异性进行判定。

三、遗传变异与成功入侵

　　入侵种群往往是由少数个体成功定殖并建立种群，这种缺乏遗传多样性的种群建立似乎"违背"了生物适应的原则。入侵种如何突破瓶颈效应的限制、实现快速进化适应新环境，是值得探讨的科学问题。目前，应用分子标记研究种群遗传变异的动态过程和协同入侵效应为探讨入侵机制提供了重要线索，特别是通过分子标记研究表型与功能基因关系，比较原产地和引入地中具有生态学意义的功能性状，能够深入理解生物入侵过程中的快速进化及遗传多样性的重要性。

（一）遗传多样性的缺失

　　遗传多样性的缺失往往不利于种群的发展，由于小型的奠基种群会发生近缘交配并导致遗传多样性进一步下降，然而这种负面影响并没有在一些外来入侵种种群中表现出来，如长脚捷蚁［Anoplolepis gracilipes（Smith）］、黑褐大头蚁［Pheidole megacephala（Fabricius）］、热带火蚁［Solenopsis geminate（Fabricius）］、小火蚁［Wasmannia auropunctata（Roger）］和阿根廷蚂蚁。其中，阿根廷蚂蚁的研究最为典型，入侵地的阿根廷蚂蚁由于瓶颈效应而导致遗传多样性大幅降低，不同巢穴的个体可能拥有相似的化学识别信号，可以显著地减少种内争斗，最终形成一个遗传相似、种群密度很高的超级蚁群，在与土著蚂蚁的竞争中取得优势，占据广阔的地理分布区。

　　Giraud 等应用 8 个微卫星位点进一步检验发现，欧洲出现的超级种群与遗传距离和进攻性的最大水平之间没有相关性，而且与触角化学识别也没有相关性，推测可能是由于识别位点的遗传多样性的"选择清除"导致了可能具有固定的识别位点的两个超级蚁群的形成。应用微卫星技术研究欧洲熊蜂［Bombus terrestris（L.）］从新西兰入侵到澳大利亚塔斯马尼亚岛的过程，数据显示塔斯马尼亚岛欧洲熊蜂的遗传多样性出现了显著降低，联合分析（coalescence analysis）更是表明入侵只发生过一次且入侵个体很少（大概只有 2 头）；分析其在经历如此激烈的瓶颈效应仍能成功入侵的原因：一方面是由于其具有广食性且经历了寄生性天敌大幅度减少的过程；另一方面则是由于欧洲熊蜂单双倍体性别决定模式可以快速暴露出隐性的、有害的突变，从而有利于在进化选择中将其清除出去，而纯化后的后代可以忍受低遗传多样性条件下较高水平的近亲繁殖且后代扩张能力很强。

（二）杂交

入侵生物的杂交可分为本地种和入侵种、不同入侵种之间的杂交。无论哪一种方式都是在遗传上具有差别的入侵种发生基因渗透，产生具有混合新特征的后代，导致遗传多样性提高，增加了入侵生物在新环境中的适应度。以西方蜜蜂（*Apis mellifera* L.）的入侵研究为例，1956 年，西方蜜蜂亚种——东非蜜蜂被引入巴西，并与早期入侵的另一西方蜜蜂亚种——欧洲蜜蜂发生杂交，"非洲化"的欧洲蜜蜂成为高度入侵种群进一步入侵整个美洲地区。随后 Whitfield 等应用单核苷酸多样性 SNP 分析还发现，非洲蜜蜂"走出非洲"入侵至温度较低的亚欧大陆是由于非洲蜜蜂与欧洲蜜蜂杂交至少两次的结果。Zayed 和 Whitfield 进一步发现编码基因较非编码基因的单核苷酸多样性 SNP 更为丰富，显示了编码基因突变为有利突变。

（三）协同入侵效应

以分子标记技术研究入侵性虫媒昆虫与内共生菌的互作关系和生殖隔离情况，发现虫媒昆虫中独特的协同入侵现象。分子标记既可以研究入侵昆虫，同时也可以标记其共生菌以追溯两者在入侵过程中的协同互作关系。中国科学院动物研究所孙江华领导的森林害虫化学生态研究组以红脂大小蠹［*Dendroctonus valens*（LeConte）］-内共生真菌为研究模型，在我国首次发现了"返传入"机制。最初通过分子标记检测长梗细帚霉［*Leptographium procerum*（W.B. Kendr）］是由红脂大小蠹携带从美国入侵到中国，而随红脂大小蠹入侵的长梗细帚霉在中国形成了独特单倍型。这种独特单倍型较美国独特单倍型和中美共有单倍型，具有在中国寄主油松上的较强竞争能力，还能够显著诱导寄主油松产生红脂大小蠹聚集信息素以有助于红脂大小蠹在中国的入侵。这种"返传入"的方式使在原产地属于次要性害虫的红脂大小蠹，在新的入侵地发生变异后，如再返回到原产地，也会上升为主要入侵害虫。

四、HRM 在昆虫入侵研究中的应用前景

高分辨率熔解曲线（high-resolution melting，HRM）分析技术作为新一代的遗传扫描技术应用于 SNP 基因分型研究中，具有高通量、低成本和快速便捷等优点。HRM 是依据在一定的温度范围内将 PCR 扩增的产物进行逐步变性，期间利用饱和染料实时监测核苷酸的熔解过程，生成特征曲线。HRM 仪器也可通过感应解链过程引起的温度的变化生成差异显著图（dF/dT），以相当高的分辨率区分不同碱基变异的差别。每一段 DNA 都有其独特的序列，因而也就有了独特的熔解曲线形状，如同 DNA 指纹图谱一样，具有很高的特异性、稳定性和重复性。根据曲线准确区分野生纯合子、杂合子和突变性纯合子，而不需要对 PCR 产物进行电泳分型或测序。目前，HRM 已逐步在亲缘关系密切的昆虫种类鉴定、种群遗传多样性分析和昆虫寄主与内生病原菌等研究中逐步得以应用。

1. HRM 可有效鉴定亲缘关系密切的昆虫种类

HRM 的 SNP 基因分析已实现复合种或者近缘种的鉴定。为了评估冈比亚按蚊的防

治效果，需要对与其形态非常相似的复合种——阿拉伯按蚊（*Anopheles arabiensis*）进行区分鉴定，Zianni 等对 X 染色体的核糖体基因的区间序列（intragenic spacer region，ISR）进行等位基因 PCR 扩增和 HRM 的 SNP 分型分析，实现了两个复合种的准确和快捷区分。同样，Kang 和 Sim 对致倦库蚊复合种 *Culex pipiens* complex 的乙酰胆碱酯酶-2 的等位基因扩增和 HRM 分析有效区分其复合种。此外，基于线粒体 DNA CO I -PCR 扩增和 HRM 已成功对 15 种不同重要法医昆虫——丽蝇科（Calliphoridae）昆虫的鉴定区分。HRM 的 SNP 基因分析也成功地用于入侵性社会昆虫的基因分型鉴定。例如，为了研究红火蚁两种基因型 Monogyne 群落和 Polygyne 群落的扩散特征，需要对其信息素结合蛋白基因 Gp-9 的纯合子和杂合子进行分型鉴定，研究表明，HRM 可对红火蚁的 Monogyne 群落和 Polygyne 群落有效鉴定分离。

2. HRM 研究无基因测序的昆虫种群遗传多样性

鉴于入侵昆虫中大部分没有完成基因组或者转录组测序，而种群遗传多样性的研究需要实现 SNP 的挖掘。Li 等通过限制性片段长度多态性 PCR 扩增和 HRM 检测亚洲玉米螟的磷酸丙糖异构酶（triosephosphate isomerase，TPIS）基因的 SNP 在不同地理种群的遗传多样性，并开发了用于种群多样性研究的 SNP 位点。因此，综合应用 HRM 与 RFLP 将可以对无昆虫基因组测序和转录组测序的入侵昆虫进行遗传多样性研究。

3. HRM 可探知内生病原菌与昆虫寄主的互作关系

在探索昆虫与多种微生物互作的关系中，主要研究内生真菌在寄主昆虫的种群建立、协同克服寄主抗性，而该项研究均需要对单个昆虫寄主和内生病原菌进行准确鉴定，为了简化该项研究程序，McCarthy 等通过 HRM 能够有效检测两种树皮甲虫 *Hylastes ater*（Paykull）和 *Hylurgus ligniperda*（Fabricius）的两个不同地理种群（*n*=455）与其 3 种内生病原真菌［*Sporothrix inflata* de Hoog、*Ophiostoma nigrocarpum*（Davidson）和 *Ophiostoma galeiforme*（Bakshi）］的寄生的互作关系。可见 HRM 在研究外来入侵昆虫与内生病原菌互作关系中具有潜在的应用价值。

4. HRM 简化微卫星分子标记开发的程序

目前新一代测序技术（next generation sequencing，NGS）加速了微卫星标记的发展。相对于传统的文库构建测序，新一代测序能检测更多候选微卫星位点，但在所测定的微卫星位点中需要进一步筛选出有效的微卫星标记，而往往由于 PCR 未充分扩增，微卫星位点的单态性和多拷贝都会导致大部分的候选位点被淘汰，因此对于新位点的发现依然是一种费时费力的方法。Arthofer 等通过评价工匠收获蚁［*Messor structor*（Latreille）］与两种蚂蚁［*Tetramorium* sp. 和 *Machilis pallid*（Janetschek）］的传统 SSR 基因分型效果与 HRM 的分析效果，证明了 HRM 是一种快速有效的筛选高质量微卫星位点的工具，并可以优化引物设计的工作流程。

第六节　昆虫 RNAi 技术

RNAi（RNA interference）主要指由 dsRNA（或 siRNA）诱导的对靶标基因 mRNA 进行沉默的技术，由于其作用方式的相对特异性，以及操作简便、实验成本相对较低的特点，在昆虫特别是遗传操作比较难的非模式昆虫中已经取得了广泛的应用。在昆虫之中利用 RNAi 技术进行的研究主要集中在基因功能、RNAi 介导的转基因抗虫植物及益虫疾病控制等方面。

目前在一般昆虫学 RNAi 研究中主要是由 dsRNA 诱导靶标基因的沉默,利用 siRNA 进行的研究只占极少数,而且在赤拟谷盗 [*Tribolium castaneum*(Herbst)]之中的研究发现小于 31 bp 的小分子 RNA 并不能诱导 RNAi 产生,因此下面介绍的 RNAi 技术主要指的是由 dsRNA 介导。根据研究目的及昆虫种类的不同,dsRNA 的导入方式主要包括注射法和饲喂法。在果蝇(*Drosophila melanogaster*)中,由于注射或饲喂 dsRNA 均不能诱导 RNAi 产生,目前采用的是 GAL4/GUS 系统在其体内稳定表达 dsRNA 来抑制靶标基因的表达。由于 GAL4/GUS 系统在普通昆虫 RNAi 研究中的应用还存在一定的困难,因此本节主要介绍注射法和饲喂法在昆虫 RNAi 技术中的应用。

一、dsRNA 的设计与合成

(一)dsRNA 的设计

在 RNAi 研究中 dsRNA 指的是相对于小片段 siRNA 的长的双链 RNA,它是诱导靶标基因 mRNA 沉默的关键分子。因为 dsRNA 进入昆虫细胞内被 Dicer 酶切割成 siRNA 后其作用靶标分子为 mRNA,所以要对特定基因进行功能研究,必须首先获得其 mRNA 序列。在获得感兴趣基因 mRNA 序列的基础上,就可以开始针对性的设计 dsRNA。RNAi 的特点之一就是可以特异抑制靶标 mRNA 表达,导致靶标基因沉默的关键分子 siRNA 一般长度为 19~25 bp,如果设计的 dsRNA 覆盖的 mRNA 序列中与其他基因比对分析没有发现连续 19 bp 的碱基完全相同,则基本就可以保证特异的对靶标基因进行沉默。

虽然比较短的 dsRNA 也可以诱导靶标基因的沉默,但是长链的 dsRNA 往往会更有效,在赤拟谷盗中的研究发现相同浓度的长链 dsRNA(520 bp)比短链 dsRNA(69 bp)抑制靶标基因表达的持续时间要长 63 d。在昆虫 RNAi 大多数研究中设计 dsRNA 的长度基本在 400~600 bp 即可有效诱导靶标基因的沉默。虽然按照这个原则设计的 dsRNA 可以保障大多数基因被特异性沉默,但是由于在非模式昆虫中许多基因的信息还是未知,因此也有可能导致非靶标基因沉默而产生脱靶效应(off target effect,OTE)。如果针对同一基因的不同区域设计不同的 dsRNA,则可以有效避免 OTE,因此对于基因信息不是很完整的昆虫而言,针对基因的多个区域设计 dsRNA 是研究具体基因功能及避免假阳性结果干扰的有效方法。一般设计的 dsRNA 基本覆盖在 mRNA 的 ORF 区域,根据现有的研究经验,靠近 mRNA 3′端设计的 dsRNA 有相对较高的沉默效率。

(二)dsRNA 的合成

现在进行的 RNAi 实验所用的 dsRNA 一般均可由商业化生物公司生产的 RNAi 试剂盒合成,应用较广泛的试剂盒有 T7 RiboMAXTM ExpressSystem(Promega)、MEGAscript RNAi Kit(Ambion)和 MEGAscript T7 High Yield TranscriptKit(Ambion)等。

根据要研究基因的不同,试剂盒合成时首先要根据靶标基因的 mRNA 序列设计引物以扩增目的片段,设计的用于 dsRNA 合成的引物在其 5′端含有一段 T7 启动子序列(5′-TAA TAC GAC TCACTA TAG GG-3′)来转录形成 ssRNA(single strand RNA)。然后利用设计的含有 T7 启动子的引物来扩增目的基因片段，得到用于 ssRNA 合成的模板。由于单个碱基的突变会对 RNAi 效率产生极大的影响，为了避免 PCR 扩增获得的模版序列个别碱基的错误，必须对获得的模板进行测序确认目的基因序列的准确性。为了方便大量 dsRNA 的合成，可以将含有目的基因片段的载体放在大肠杆菌中保存，以后需要时只需要扩大培养提取质粒即可迅速获得目的基因片段，不仅缩短了实验时间还可以保证获得片段的一致性。在获得模板的基础上即可以按照 RNAi 试剂盒中提供的试剂在一定反应条件体外分别合成正义链和反义链 ssRNA，然后将两条互补的 ssRNA 混合退火即可形成 dsRNA。对上述获得的 dsRNA 纯化并电泳检测后即可用于 RNAi 研究。在对纯化的 dsRNA 干燥时要避免过度干燥，否则获得的 dsRNA 很难溶于 DEPC 水中，影响后续实验的准确性。

除了采用商业化的试剂盒合成 dsRNA 以外，利用可以表达 dsRNA 的质粒在特定的大肠杆菌中也可以获得所需的dsRNA。采用大肠杆菌合成dsRNA的原理与试剂盒合成的相似。实验室采用的是含有双向 T7 启动子的 L4440 载体（可从美国 Addgene 机构索取），首先是将靶标基因选取合适的限制性内切核酸酶位点连接进 L4440 载体中，构建 dsRNA 重组表达载体。构建好的载体要进行测序确认正确性，然后将连接正确的重组载体转入用于 dsRNA 表达的大肠杆菌菌株 HT115（DE3）之中，利用 IPTG 诱导表达。其中 HT115 （DE3）为 RNaseⅢ 缺陷性的 Tet 抗性菌株，避免在大肠杆菌中表达的 dsRNA 被在菌体内切割，有效提高 RNAi 的效率。为了确保使用的诱导条件表达出目的 dsRNA，需要对表达后的 dsRNA 利用电泳检测，采用不含目的基因的空载体作为对照即可查看表达的目的 dsRNA 片段。

二、昆虫 RNAi 的导入方法

（一）注射法

在大部分昆虫 RNAi 研究中，利用注射法导入 dsRNA 是常用且有效的方法之一。注射时首先要选取合适发育时期的昆虫，对于活动性强的昆虫进行适当的麻醉后（采用乙醚、CO_2 或冰）再注射，可以避免由于虫体扭动而使注射的 dsRNA 流出体外。注射幼虫时可以从腹足或体侧沿从头部向尾部方向注射，因为昆虫的血液流动在背血管以外是从头向尾，这样可以最大程度地避免 dsRNA 由于体液的流动而被排出体外。此外，通过适当降低合成 dsRNA 浓度并增加注射量的方法也是减少 dsRNA 损失的有效方法。注射采用的工具可以是拉细的毛细管、手动或自动微量注射器等，根据试验虫体的大小及具体试验条件进行选择。在一般昆虫中进行的 RNAi 试验表明，相同的 dsRNA 浓度下龄期相对小的虫子诱导 RNAi 效果更佳一些。但不是对所有昆虫的所有基因都是这样，必须根据自己的研究进行试验才能明确。

（二）饲喂法

饲喂法是在注射法的基础上发展而来,对于一些难以采用注射导入 dsRNA 的昆虫而言是一种有效的研究方法。由于不同昆虫的取食量及取食方式存在差异，因此通过饲喂导入 dsRNA 的具体方法也有所不同。对于取食量小且可用人工饲料饲养的昆虫而言，直接采用试剂盒合成的 dsRNA 即可。可以将 dsRNA 与昆虫人工饲料混合在一起让昆虫取食，根据昆虫的取食量及研究目的 dsRNA 可以每 2 d 进行一次更换。由于饲喂法诱导

RNAi 的效率较注射法低，因此通过一次饲喂往往很难看到效果，一般要通过持续性的饲喂才可以抑制靶标基因的表达，饲喂的方式与该种类的昆虫人工饲养的方法相同。为了增加 dsRNA 的有效摄入量，可以将昆虫饥饿适当时间后再进行饲喂。

对于一些幼虫期取食量较大的昆虫，如果采用试剂盒合成的 dsRNA 进行试验会极大地增加实验的成本。利用大肠杆菌表达 dsRNA 的方法饲喂甜菜夜蛾［*Spodoptera exigua*（Hübner）］可有效抑制靶标基因的转录水平，并能有效降低实验的成本。如果采用表达 dsRNA 的大肠杆菌菌液直接进行试验浓度一般达不到要求，必须对菌液离心富集后才能进行实验。富集后的菌液用无菌水稀释后即可用于实验，实验表明，高浓度的菌液可更有效降低靶标基因的表达。饲喂时将含 dsRNA 的菌液与昆虫的人工饲料混合，饲料的大小要尽量与昆虫的食量相适应，以使混合的 dsRNA 尽可能被昆虫吃完。由于混合菌液的饲料黏度相对较大，所以饲喂时菌液和饲料应当每天都进行更换，避免由于饲料过度干燥而使昆虫无法正常取食引起异常死亡。

最近有报道通过将植物叶片浸泡在 dsRNA 溶液中，然后让供试昆虫取食植物叶片也可以诱导 RNAi 产生。这种方法的优点是对于一些没有合适人工饲料的昆虫可以利用这种饲喂的方式诱导靶标基因的沉默，此外，相对于 RNAi 介导的转基因植物而言，可以快速模拟类似的基因沉默效果；缺点就是这种方式需要的 dsRNA 量比较高，会增加实验的成本。利用 RNAi 介导的转基因植物饲喂昆虫的原理与方法都与以上类似，不同点在于转基因植物中表达的是昆虫目标基因片段的 hpRNA（hairpin RNA），但会被体内的相关内切酶剪切形成 dsRNA，这种方法的关键是获得含有靶标基因的有效目标植物。

三、昆虫 RNAi 结果分析

在一种特定的昆虫中要明确 dsRNA 是否诱导了 RNAi 的产生，最关键的就是要看靶标基因的转录水平是否被抑制，同时为了确认 RNAi 的特异性，还应当对非靶标基因的表达进行检测。实验结果的初步检测可以采用半定量 PCR 的方法，要定量检测 mRNA 的表达情况，可以采用定量 PCR 的方法进行检测。利用 PCR 方法检测时为了避免提取的 RNA 混入导入的 dsRNA 对实验结果准确性造成一定的影响，PCR 检测片段的区域最好选择在非 dsRNA 设计区域。

特定的基因在昆虫发育过程中一般均具备一定的作用，因此，dsRNA 对昆虫的影响不仅表现在可抑制基因的表达，更重要的是揭示具体基因在昆虫发育之中的功能。这些影响在宏观方面一般表现在昆虫的表型、存活率、发育历期及产卵量等生物学参数，同时某些基因被抑制后还会对昆虫的行为造成的一定的影响，因此，还应当从行为学方面分析这些基因的功能。在微观方面可能会对昆虫的组织器官、细胞产生一定的影响，需利用相关技术从组织、细胞水平对基因的具体功能进行分析。

第七节　昆虫基因组学技术

基因组学（genomics）是对生物体全基因组结构、功能及其进化模式的研究，也是对生物体内整套遗传信息的分析。主要包括两方面，以全基因组测序为目标的结构基因组学（structural genomics）和以基因功能鉴定为目标的功能基因组学（functional genomics），后者又被称为后基因组（postgenome）研究，已成为系统生物学研究的重要方法。越来越多的研究表明，应用基因组技术能够揭示害虫遗传变异的内在机制及其演化规律，害虫-植物协同进化模式及其互作机制，害虫环境适应性机制（如分子免疫、抗药性）；也能够促进高效和持续害虫控制新技术的研发，如行为调节剂、转基因抗性品种、新型杀虫蛋白、新型农药作用靶标等。

一、昆虫基因组的研究

　　自从 2000 年第一个模式昆虫果蝇（*Drosophila melanogaster*）基因组的破译至 2005 年首个新一代测序技术平台的问世，以每年完成 1～2 个昆虫基因组的速度增长；随后几年的增长速度加快，每 2～3 年就有 10 个以上昆虫基因组发布。在这样的背景下，美国伊利诺伊大学的 Robinson 等美英两国科学家于 2011 年致信 *Science* 期刊，宣告这项昆虫学的曼哈顿计划——5000 种昆虫等节肢动物基因组测序计划（简称"i5k"）的正式启动。2012 年，来自世界各地的昆虫学家汇聚一堂，最终确定了"i5k"联盟所关注的目标物种，以及相关项目、技术和人员的配套问题。近两年全世界发布的昆虫基因组的数量达到每年 30 个左右。

　　目前，利用基因组学的方法，已成功解决了一些长久以来颇受关注的进化生态学问题，并鉴定了昆虫某些关键生物学性状控制基因。例如，发现了家蚕 [*Bombyx mori*（L.）] 是由具有大量有效个体数的野生蚕（*B. mandarina* Moore）群体在近期演化而来，并鉴定出了 354 个与驯化过程相关的基因，可能涉及蚕丝生产、食物消化和生殖等重要生物学功能；通过比较蛱蝶属中诗神袖蝶（*Heliconius melpomene*）、白袖蝶（*H. timareta*）及艳丽袖蝶（*H. elevates*）3 个物种基因组，发现不同基因组中两个控制拟态区域的交流十分频繁，推测蛱蝶属近缘物种之间存在保护色基因的交换，暗示着不同物种杂交可能在适应性扩散过程中起到了重要的作用；对帝王斑蝶（*Danaus plexippus* L.）的重测序研究发现，其起源于一个北美的迁飞种群，伴随了 3 次连续的扩散事件，最终建立起现今的分布格局，而警戒色则由肌球蛋白单基因所决定；全球范围内的意大利蜜蜂（*Apis mellifera* L.）基因组学研究表明，与不同地理种群当地适应性相关的基因参与了免疫和精子活动性能等重要生理过程，与它们能够大量快速的繁殖、扩散及具有较强的抗病性有关；非模式农业害虫小菜蛾（*Plutella xylostella* L.）高度杂合基因组的破译，揭示了其与寄主植物协同进化的相互关系和对外源有毒物质的解毒能力。

　　随着越来越多的昆虫基因组的完成，使人们可以使用比较基因组学、进化基因组学和群体遗传学等方法，从微观的角度阐明或预测昆虫某些重要经济性状或致害特性的内在分子机制，有助于更好地开发和利用基于基因组的害虫防控或益虫保护的新方法及新技术。

二、昆虫与植物互作的分子机制

　　近年来，基于基因组研究昆虫与植物互作中的相关基因位点及其调控网络，提升了我们对昆虫与植物协同进化关系的认识，丰富了害虫治理的基础理论和技术途径。

　　昆虫取食或产卵等行为产生的激发子及其相关分子模式（herbivore-associated molecular pattern，HAMP）是一类重要的信号分子，可诱导植物启动不同的级联反应信号途径，如诱导植物 Ca^{2+} 流动，加快促分裂原激活蛋白激酶的活化（MAPK），促进茉莉酸（jasmonic acid，JA）、水杨酸（salicylic acid，SA）与乙烯（ethylene，ET）等防御信号物质的合成与激活，诱导活性氧（reactive oxygen species，ROS）产生，从而引发植物产生有毒次生物质，如芥子油苷、生物碱与酚类化合物等，从而诱导植物产生直接防御、趋避效应，以及利用天敌进行协同防御等。Signoretti 等证实，草地贪夜蛾（*Spodoptera frugiperda* Fisher）偏好选择未被取食过的玉米植株，以逃避竞争者与天敌危害。松叶蜂（*Diprion pini* L.）产卵可增强欧洲赤松（*Pinus sylvestris* L.）体内倍半萜烯合成基因 *PsTPS1* 和 *PsTPS2* 的转录表达，它们是引发松叶蜂卵寄生的标记物质。面对强大的植物防御体系，植食性昆虫在选择压力的作用下也演化出多种反防御调控网络。例如，释放效应蛋白（effector）干扰植物防御、行为逃避及消化解毒等，以维持种群发展。在蚜虫-植物协同进化中，其嗅觉与唾液系统相关基因区域受到强烈选择，这与昆虫寄主识别及抑制植物防御反应密切相关。作为十字花科蔬菜的专食性害虫，小菜蛾也进化出一组特殊的基因调控网络，用于对抗寄主植物中特有的防御物质硫代葡萄糖苷化合物及其水解产物。由此可见，剖析植食性昆虫反防御的分子机制与调控网络，不仅有利于基础生物学研究，对基于基因组学的害虫治理也极其重要。

口腔分泌物作为植食性昆虫抵抗植物防御反应的首要屏障，也是释放效应蛋白的主要途径。效应蛋白分为主效应蛋白、次效应蛋白和网络效应蛋白。主效应蛋白可直接或间接改变寄主植物的细胞结构和防御信号。例如，鳞翅目昆虫唾液葡糖氧化酶（glucose oxidase，GOX）能通过激活 SA 信号途径削弱 JA 和 ET 信号途径，从而干扰植物防御。次效蛋白具有补偿效应，主要促进解毒代谢与营养吸收，如唾液羧酸酯酶（carboxylesterase）能够降解包含酯酶结构域的植物毒素。网络效应蛋白则关注不同物种效应蛋白，以及同一物种不同效应蛋白之间的互作关系。Musser 等首次证实了植食性昆虫可分泌效应蛋白，结果显示，美洲棉铃虫［*Helicoverpa zea*（Boddie）］能分泌 GOX 以抑制烟草有毒物质烟碱的产生。研究人员在黑森瘿蚊（*Mayetiola destructor* Say）基因组中鉴定出潜在的效应蛋白编码基因（如 *vH6*、*vH9* 和 *vH13*），通过转录分析发现，黑森瘿蚊幼虫唾液脂肪酶具有次级效应蛋白的特性，能够改变植物细胞的渗透性或提高其寄主消化效率。Carolan 等通过转录组和蛋白组分析，鉴定出豌豆蚜唾液中的 300 多种候选效应蛋白。Thivierge 等发现，甜菜夜蛾唾液可导致拟南芥 JH 合成酶（脂氧合酶 2）与伴侣蛋白发生不同的磷酸化作用，从而抑制其 JH 防御信号产生。而欧洲粉蝶（*Pieris brassicae* L.）与海灰翅夜蛾［*Spodoptera littoralis*（Boisduval）］回流液能抑制拟南芥防御基因的表达，从而促进其幼虫生长，但相关的效应蛋白仍不明确。

蛋白酶抑制剂（protease inhibitor，PI）是重要的植物防御蛋白，可抑制植食性昆虫消化与营养摄取效率，从而导致其发育延迟、死亡率升高、繁殖力下降等。然而，在协同进化过程中，植食性昆虫已发展形成相应的应对策略，包括过量产生对抑制剂敏感的消化酶；提高对抑制剂不敏感的蛋白亚型的表达水平；增强蛋白酶的解毒活性等。大多数昆虫均能同时利用多种策略以避免 PI 的不利影响。马铃薯叶甲（*Leptinotarsa decemlineata* Say）中肠基因鉴定发现了不同结构的半胱氨酸蛋白酶，以及丝氨酸蛋白酶、纤维素酶、多聚半乳糖醛酸内切酶等消化酶和保幼激素结合蛋白等，这些均与叶甲适应马铃薯的防御反应密切相关。

取食蛋白酶抑制剂 E-64 虽能导致赤拟谷盗体内总的半胱氨酸酶活性下降，但仅有部分转录基因的表达受到抑制，其他基因表达上调可弥补活性损失。四纹豆象

[*Callosobruchus maculatus*（Fabricius）]通过调节细胞内 HNF-4 与 CmSvp 两个转录因子的平衡从而调控对大豆半胱氨酸蛋白酶抑制剂 scN（soybean cysteine protease inhibitor N，scN）不敏感的组织蛋白酶 B 基因 *CmCatB* 表达，说明昆虫反防御基因激活可能涉及复杂的转录调节网络。植物 PI 还可与其他防御物质协同作用，以加强其防御效应。Guo 等研究证实，植物有毒次生物质佛手柑内酯与 scN 同时处理时，四纹豆象反防御基因的表达水平明显下降，且发育延迟。Dawkar 等研究显示，PI 与有毒次生物质同时存在时，消化酶与解毒酶的对抗调节显著降低了棉铃虫（*Helicoverpa armigera* Hübner）在非寄主植物鹰嘴豆（*Cicer arietinum* L.）上的适应性。说明不同化合物之间诱导的补偿反应有时并不是独立的，昆虫适应一种防御机制的能力可能会受制于其他物质的协同作用。

物种之间的相互作用和信息联系及彼此之间的适应机制是复杂的，可能涉及多个物种在两个营养级或多个营养级上的联系网路和协同作用。例如，植物通常需要面对多种生物的共同作用，且不同的危害顺序导致了植物防御途径间的正、负交联效应；利用植物信号转导途径间的负交联效应也是植食性昆虫反防御的重要机制；在研究植物-昆虫相互作用时人们也经常关注植食性昆虫危害诱导的化合物（HIPV）对害虫和天敌的影响，即"植物-昆虫-天敌"三级营养关系的问题。

地上部与地下部昆虫虽未直接接触，彼此间仍能产生交互效应。Robert 等发现，海灰翅夜蛾危害玉米叶片后，玉米根萤叶甲（*Diabrotica virgifera virgifera* LeConte）幼虫的发育能力显著下降。此外，共生菌、微生物等在昆虫-植物互作中也扮演着重要角色。植物-昆虫-微生物组成的共生功能体（holobiont）打破了以动植物为中心研究协同进化的传统观点，近期发现，在协同进化中，微生物并非被动参与者，它们能控制信号或线索的传递者或接收者，被概括为"传递者/接受者操纵假说"（sender or receiver manipulation hypothesis）。研究证实，马铃薯叶甲共生菌可激活传递者（寄主植物）的 SA 防御途径，而使 JA 信号途径受到抑制，这一负交联效应导致植物更易受咀嚼式昆虫危害。虫生真菌球孢白僵菌 [*Beauveria bassiana*（Bals.-Criv.）Vuill.]孢子和它的次生代谢物能够增加麦扁盾蝽（*Eurygaster integriceps* Puton）血淋巴中酯酶和谷胱甘肽-*S*-转移酶的活力，从而提高其对植物次生有毒物质的代谢能力。Rosenberg 和 Zilber-Rosenberg 提出了植物-昆虫-微生物互作的全基因组（hologenome）理论。

三、昆虫免疫的分子机制

对入侵病原微生物的防御是所有生物最基础的生理反应。原核生物利用限制性内切酶，以及一类具有成簇的规律间隔的短回文重复序列（clustered regularly interspaced palindromic repeat，CRISPR）来降解入侵病原菌。随着真核生物的出现，一系列用以维持细胞完整、内环境稳态及宿主生存的防御机制也随之进化而来。昆虫是地球上物种多样性最丰富的类群，这种进化上的成功反映了它们能够适应经常性变化以及多样化的病原微生物。昆虫只具有天然免疫系统（innate immunity），其世代周期短，基因组相对较小使其免疫系统能够快速进化。昆虫免疫防御的机制包括由一系列复杂的分子和不同层次的细胞为基础建立的能够识别和对抗病原微生物的免疫系统。病原模式识别受体（pattern recognition receptor，PRR）是在长期的自然进化过程中被选择出来的，能够识别高度保守并且广泛分布的病原菌模式（microbial pattern），病原模式识别受体与病原体的互作调控着天然免疫的进程（Janeway，1989；Franc and White，2000）。病原模式识别受体识别病原菌后，会激发一系列的丝氨酸蛋白酶级联反应，通过丝氨酸蛋白酶的级联反应将信号放大或者抑制，从而激活体内的一系列免疫反应，包括包埋、吞噬、黑化，以及由 Toll、Imd、JNK 等免疫通路调控的抗菌肽等效应因子的免疫应答。

　　昆虫是研究免疫系统新机制的重要载体，如免疫激活、食物及共生微生物等环境因子对宿主免疫系统的影响等。当前，基于基因组水平鉴定出完整的参与免疫应答相关基因的物种主要包括果蝇、蚊子、意蜂、家蚕、赤拟谷盗、烟草天蛾及小菜蛾等。基于物种的遗传可操作性及完善的免疫基因信息，这些物种中，果蝇、蚊子和烟草天蛾均是当前昆虫免疫研究最深入的物种。这些免疫基因的鉴定不仅为研究相应物种的免疫系统提供了基因资源，同时还为利用比较基因组学的方法，从其他已测序昆虫中分离鉴定免疫基因奠定了基础。此外，转录组测序技术的广泛使用，为快速鉴别和筛选抵抗病原菌的效应基因提供了极大的便利，能够快速锁定关键的免疫防御基因，为昆虫的先天免疫，乃至高通量筛选基于免疫系统的生物防治靶标提供了平台。

　　生物农药的作用机制比较复杂，其中包括害虫对生物农药所引起的免疫防御反应。前期的研究发现，注射黄蜂毒蛋白后，鳞翅目害虫甘蓝夜蛾［*Mamestra brassicae*（L.）］对真菌农药球孢白僵菌，以及细菌农药苏云金杆菌（Bt）的敏感性均显著提高。进一步研究发现黄蜂毒蛋白提高生物农药杀虫效率的机制是通过抑制昆虫血细胞介导的免疫防御反应。Broderick 等的研究也发现 Bt 感染会激活舞毒蛾幼虫的细胞免疫防御，利用化学药品干扰鳞翅目昆虫的先天免疫系统，能够影响 Bt 的杀虫效率。前人的研究表明化学农药也能够显著干扰昆虫的免疫防御体系，提高其对疾病的易感性。因此，对昆虫免疫系统的深入研究将有助于提高农药的控害效率，特别是生物农药的开发与利用。

　　基于免疫防御在害虫治理中的潜力值得探讨，Bulmer 等提出通过锚定昆虫免疫系统中的抗菌效应因子作为一种新的害虫防控策略。他们的研究发现，蚂蚁的革兰氏阴性细菌结合蛋白（gram negative bacteria binding protein 2，GNBP-2）具有 β-（1，3）-葡萄糖苷酶活性，能够识别病原体的感染并激发宿主的免疫防御反应。蚂蚁把该蛋白分泌到其巢穴的建筑物材料中，当病原菌侵染时，便能及时剪切和释放病原组分，激活蚂蚁的抗菌防御系统。通过设计一个小分子拟糖物（glycomimetic）去阻断蚂蚁的免疫识别蛋白 tGNBP-2，使蚂蚁受到特异性或者条件致病性病原菌感染而死亡来防治昆虫。

四、昆虫抗药性的分子机制

　　近年来，随着越来越多昆虫基因组的研究和破译，对昆虫抗药性的研究也逐渐从生理生化水平发展到了分子水平。

　　对昆虫中重要代谢解毒酶，包括细胞色素 P450s 酶系（cytochrome P450）、谷胱甘肽-*S*-转移酶系（glutathione-*S*-transferase，GST）和羧酸酯酶系（carboxylesterase，CarE）的分子水平研究主要集中在酶表达量变化、基因结构变化及多重机制的共同作用。近年来还发现，ABC 转运蛋白（ABC-transporter）是继三大解毒酶系后又一类参与解毒作用的重要蛋白家族，与节肢动物对杀虫剂的抗药性密切相关。但害虫的抗药性水平多为其体内多个解毒代谢基因的综合表现，而先前的抗性研究受制于基因序列的获得，仅着眼于一个基因或几个基因的研究，随着昆虫基因组学研究的不断开展，使得我们有可能对所有解毒代谢相关基因展开系统分析。基于昆虫基因组数据，研究人员已对多种昆虫分析了这些解毒蛋白家族所包含的基因数量，为昆虫解毒代谢的深入研究提供了重要的信息资源。

　　昆虫对杀虫剂的解毒主要包括基因拷贝数增加和基因的上调表达两种机制，从而导致酶表达量的增加，对杀虫剂的解毒作用增强。例如，细胞色素 P450s 在桃蚜［*Myzus persicae*（Sulzer）］对新烟碱类药剂的代谢解毒中起重要作用，抗性品系中表达量是敏感品系的 22 倍，主要是通过基因扩增实现的。基因芯片分析发现，编码草地贪夜蛾羧酸酯酶的两个基因在毒死蜱抗性品系中过量表达，与 E4 序列相似性极高的基因在抗性中表达量是敏感品系的 21 倍。以全基因组芯片为基础的转录水平分析也发现，*CYP6M7* 也和非洲催命按蚊（*Anopheles funestus*）的拟除虫菊酯抗性相关。

　　昆虫的靶标抗性就是昆虫对杀虫剂抗性发展的主要抗性分子机制之一。刘莹等从昆虫转录组中分析了乙酰胆碱酯酶、乙酰胆碱受体、钠离子通道、γ-氨基丁酸受体和鱼尼丁受体 5 个杀虫剂靶标基因在 5 种鳞翅目昆虫中的数量。Shang 等的研究发现棉蚜（*Aphis gossypii* Glover）可能是由于其乙酰胆碱酯酶（AChE）发生多个点突变使其对药物的敏感度降低，研究发现毒扁豆碱、氧化乐果和马拉氧磷对抗性品系的 *Ace1* 和 *Ace2* 基因的体外表达产物的抑制性显著降低于敏感品系，对 *Ace2* 的效果更明显。同时发现 *Ace2* 在抗性品系中的拷贝数高于敏感品系，而且在两种品系中，*Ace2* 的拷贝数都显著高于 *Ace1*，表明 *Ace2* 的突变和基因扩增是介导棉蚜对杀虫剂抗性的主要原因。Wang 等的研究发现，由于玉米根萤叶甲的 γ-氨基丁酸（GABA）受体发生了一个氨基酸替换（Ala-Ser）介导了其对环戊二烯类杀虫剂的抗药性产生，而此氨基酸的替换是由于 GABA 受体中的非同义点突变产生，即 GABA 受体 cDNA 中的第 838 位发生突变（G-T）。白背飞虱［*Sogatella furcifer*（Horváth）］和二斑叶螨（*Tetranychus urticae* C. L. Koch）等均有 GABA 受体突变与抗药性产生的关联的研究。

　　伴随着各种组学的研究，使得杀虫剂新靶标或者抗性相关基因的筛选更加高效。Ellango 等从小菜蛾体内鉴定了 8 个 micro RNA（miRNA）并预测可能的靶标，认为抗性的发展可能与体内基因沉默有关。基于 *de novo* 测序的龟纹瓢虫［*Propylaea japonica*（Thunberg）］转录组分析得到敏感品系和抗性品系的数字基因表达有着显著差异，有助于深入挖掘其杀虫剂抗性机制。基因组芯片也分析了果蝇对 DDT 的高抗品系（91-R）、中抗品系（Wisconsin）和敏感品系（Canton-S），发现一个糖皮质激素受体类转录因子结合模体［glucocorticoid receptor（GR）-like putative transcription factor binding motif, TFBM］在抗性品系中有着差异转录。

五、基于基因组学的害虫治理

（一）景观遗传学与害虫治理

　　景观遗传学（landscape genetics）作为一门探究景观异质性与种群遗传结构之间相互关系的新兴学科，在短短的数年中表现出强大的科学生命力和应用价值。近年来的研究表明，景观格局对昆虫种群的遗传变异具有重要作用，人类活动、自然干扰导致的景观格局改变，如生境破碎化，亦影响着物种的遗传格局及其进化过程；景观特征会影响昆虫的生理状态、行为响应及其在不同生境斑块之间的迁移活动，进而影响昆虫的适应与遗传特性。例如，在对我国二化螟［*Chilo suppressalis*（Walker）］地理种群的研究中，薛进等采用随机扩增多态性DNA（RAPD）的手段，发现5个地理种群表现出较高的遗传变异水平，其中广西全州市多态位点百分率最高（52.73%），吉林省柳河县多态位点百分率最低（34.55%）；杨凤霞等采用线粒体CO Ⅱ基因和核糖体ITS基因测序的手段，发现江西宁都种群与其他13个种群的核苷酸差异相对较大；孟祥锋利用Ishiguro和Tsuchida筛选的4个微卫星位点（microsatellite loci）并结合4个线粒体DNA（mtDNA）基因片段分子标记手段，发现我国18个不同地区的二化螟种群间的基因交流水平较低；李金玉以16对二化螟微卫星引物为基础，采用扩增微卫星位点分子标记手段，应用景观遗传学的原理和方法，研究了农业景观特征与害虫群体遗传结构的关系，结果表明，海拔和土地利用状况是影响二化螟群体基因交流和遗传结构的主要因素。

基因组学研究的发展，为景观遗传学的研究注入了新的动力，提出了景观基因组学（landscape genomics）的概念和方法，即把基因组学、种群遗传学、空间分析方法（spatial analysis method，SAM）的研究与景观要素结合起来，考察和分析景观要素对物种基因组的结构和变异的影响，提高了人们对生物与环境条件相互适应及进化的认知和理解水平。

（二）分子鉴定与物种鉴定及食物网重构

DNA条形码技术是采用一段标准化的DNA序列用于快速准确的物种鉴定。在动物DNA条形码技术中最为有效的是采用约650 bp的细胞色素氧化酶Ⅰ（cytochrome coxidase subunit Ⅰ，COX Ⅰ）基因片段。Hebert等认为COX Ⅰ能够有效用于动物物种鉴定的原因是：①COX Ⅰ在所有的动物类群中有较高的进化速率；②种内的遗传变异受到限制，部分原因可能是由于与受核基因组介导的选择清除作用的影响。随着测序技术的发展，公共数据平台提供了大量的DNA条形码，如在BOLD（http://www.boldsystems.org/index.php/IDS_IdentificationRequest）这样的网上检索系统，研究者只需要上传所要求的序列就可以得到相应的物种信息，相比基于表型鉴定的传统技术，节省了大量的时间和人力。DNA条形码技术目前在分析环境DNA（environmental DNA，eDNA）上有广泛的应用，如基于粪便等环境DNA研究动物的食性及在生态系统中的作用。这一技术不仅可以定性或定量分析食物网内不同物种之间的关系，而且可以分析食物网在不同时空尺度下的变化。

DNA条形码技术用于研究不同昆虫物种之间的营养关系，丰富了昆虫群落生态学的研究方法。传统的研究方法难以真正准确地了解寄主昆虫和寄生蜂之间的营养关系，特别是对于个体微小的寄生蜂，Smith等采用DNA条形码技术研究以云杉卷叶蛾［*Choristoneura murinana*（Hübner）］为中心及与其相关联的100多种天敌所构成的食物网，发现这个网络比基于传统方法鉴定的更为复杂。Gariepy等在研究昆虫与寄生蜂之间的营养关系时，采用DNA条形码可以对空卵壳鉴定到种的水平，还可以用于大田样本中重寄生现象的检测。Lundgren和Fergen采用分子标记的方法分析了捕食者的丰度，以及群落的多样性和均匀度对于低营养级生物丰度的影响，通过计算16个玉米田块土壤节肢动物群落捕食者的数量和多样性，以及基于捕食者肠道内残留的玉米根萤叶甲的DNA量化捕食者与猎物之间的关系；结果表明，捕食者的丰富度和多样性与营养关系（基于捕食者肠道 DNA 检测猎物是否被捕食）之间呈正相关，咀嚼式口器捕食者的多样性和均匀度与猎物之间呈极显著的营养关系，刺吸式口器的捕食者与猎物之间则没有这种关系。

DNA 分子标记技术同时也可以用于分析生境等因素对于营养关系的影响。Derocles 等采用 16S rRNA 基因量化作物和非作物生境寄主与拟寄生蜂之间的相互作用，从法国西部的农耕地和非农耕地采集了大量的蚜虫样本，并基于遗传标记的数据分析作物和非作物生境对于蚜虫与拟寄生蜂之间的食物网络关系的影响，发现蚜虫与拟寄生蜂的关系受生境的影响显著，而田块边缘作为生物防控因子（如寄生性天敌）"库源"的传统观念受到了质疑，需要从更大时空尺度的作物与非作物生境进行研究和证实。Schmidt 等通过对南瓜缘蝽［*Anasa tristis*（DeGeer）］天敌肠道内南瓜缘蝽 DNA 的鉴定，分析捕食者与猎物之间营养关系对有机农田管理的响应，在 640 个捕食者的肠道内容物中，共有 11%的个体被检测到含有南瓜缘蝽的 DNA，但这些捕食者功能团对于南瓜缘蝽的捕食作用随着季节进行变化。

（三）RNAi 技术与害虫治理

RNAi 在农业害虫治理方面有巨大的应用潜力。RNAi 技术目前在鞘翅目昆虫中的应用效果优于其他昆虫类群，如赤拟谷盗和玉米根萤叶甲；而在其他类群中，RNAi 技术则没有明显稳定的效果，如鳞翅目昆虫。Terenius 等总结了超过 150 个作用于鳞翅目昆虫的 RNAi 后认为，RNAi 在鳞翅目昆虫的效率受物种、组织、龄期等因素的影响。研究结果表明，RNAi 技术在鳞翅目昆虫中应用有以下几个特点：①表皮组织对 RNAi 有阻隔作用；②对先天免疫途径的干扰作用优于对其他途径的干扰效果；③通过注射 dsRNA 能够在天蚕蛾科中起到很好的效果。除了类群上的差异之外，影响 RNAi 效率还包括如 RNAi 在体内的传递系统，以及 dsRNA 和 siRNA 相关酶的降解等因素。

昆虫摄取 dsRNA 的方式包括显微注射、浸泡、喂食、转基因昆虫等几种方式，通过喷洒 dsRNA 和种植能够诱导 RNAi 植株的喂食方式最适合在田间害虫防治中应用。Ma 等在转基因植物中表达发夹结构的 RNA 介导 RNAi，沉默了昆虫体内对抗植物棉子酚的 *CYP6AE14* 基因（编码细胞色素 P450 蛋白）的表达，从而达到防控棉铃虫的目的。使用不同杀虫机制的两种毒杀方式可以延缓害虫对于抗性的产生，如 Gordon 和 Waterhouse 提出可以将迟效的 RNAi 技术和速效的 Bt 毒蛋白一起用于害虫防治。由于两者的毒杀模式不相同，因此可以延长毒杀作用的时间，延缓害虫抗性的产生，同时也降低使用抗性缓冲"避难所"的需要。

采用喷洒人工合成的 dsRNA 或含有 dsRNA 的灭活的发酵工程菌是另一种比较好的手段。Gong 等采用化学合成小菜蛾乙酰胆碱酯酶对应的 siRNA 用于室内和田间对小菜蛾毒杀活性的测定，结果表明，siRNA *Si-ace2001* 对小菜蛾防治有比较好的效果，也暗示可以通过以 RNAi 技术为基础研制生物农药用于害虫的防治。

（四）昆虫转基因技术

昆虫转基因技术将遗传物质从其他物种转移到某种昆虫中来，在害虫防控、益虫利用和昆虫生物反应器开发等方面具有广泛的应用前景。此外，后基因组时代对于基因功能广泛而深入的研究也使得昆虫转基因技术的地位愈发重要。

转座子介导的昆虫转基因，除了最早被发现并在黑腹果蝇中得到广泛使用的 P 因子之外，目前在果蝇外的昆虫中应用的四类转座子包括：mos1、Minos、Hermes 和 piggyBac。其中 piggyBac 转座子来源于鳞翅目昆虫的粉蚊夜蛾［*Trichoplusia ni*（Hübner）］，是长 2472 bp 的自主可移动因子，包含转座酶的开放阅读框（1785 bp），以及末端 13 bp 的反向重复序列 5′CCC…GGG3′，其间还不对称的分布着 19 bp 的中间重复序列。piggyBac 转座系统可携带的外源基因大小受限较小，而且其转座受物种和生殖种系的限制较小，从单细胞生物到哺乳类都有应用成功的先例，是目前应用范围最为广泛的转座子载体。至今 piggyBac 转座子载体已经被成功用于转化双翅目、鳞翅目、鞘翅目和膜翅目等多种昆虫。虽然不同的转座子系统仍致力于昆虫基因组的研究，但转座子的应用仍受到一定的限制：转座子的整合是随机的，转化效率低，整合后的序列不稳定，以及容载量相对有限。整合酶系统为转基因工程提供了很多优势，它无需转座子，可定点整合在染色体特定的位点上，整合效率及承载量都优于转座子系统。目前常用的整合酶包括：依赖于酪氨酸的整合酶（如 cre 和 FLP 整合酶等）、丝氨酸催化的整合酶（φC31）、归巢内切酶（homing endonuclease）、锌指核酸酶（zinc-finger nuclease）、类转录激活因子核酸酶（transcription activator-like effector nuclease，TALEN）。

英国帝国理工学院的 Windbichler 等成功地应用归巢内切酶 I-*Sce* I，在精巢特异性启动子的驱动下雄性蚊子会表达 I-*Sce* I，并且能够把 I-*Sce* I 复制到不含该内切酶但含有该归巢内切酶识别位点的雄性个体中，并遗传给下一代，使后代的所有雄蚊都携带该基因。利用这种扩张机制，Windbichler 等向实验室培养的蚊子群体中投放少量携带该基因的蚊子，经过 12 代蚊子的繁殖，整个蚊子群体一半个体携带该基因，于是可以将防控疟疾的基因与该基因绑定，释放少量的转基因昆虫到野外，防疟疾的基因随着归巢内切酶的入侵在蚊子种群中大量扩散，该研究结果推动了用转基因蚊子防治疟疾的研究。

最新提出的 CRISPR/CasRNA 靶向编辑（clustered regularly interspaced short palindromic repeats/Cas9，CRISPR/Cas9）技术，可简单低耗地实现基因组的定点编辑。同样可对基因组进行定点编辑的 ZFN 和 TALEN 技术，在构建上就显得耗时且困难。CRISPR/Cas 系统只需要将能对基因组进行切割的 Cas9 蛋白及含有 PAM 结构的 23 bp 的靶向序列 tracRNA 结合，形成 gaid RNA（gRNA），在 gRNA 的导向下 Cas9-gRNA 复合体能高效地切割基因组，造成基因组的双链断裂。DNA 双链断裂主要通过两种方式进行修复：非同源末端连接（NHEJ）和同源重组（HR），因此，在 HR 修复的过程中可以将带有断裂口两端同源序列的遗传物质整合到基因中去，这就是 CRISPR/Cas 引导的基因敲入。目前，已在线虫、斑马鱼、老鼠、果蝇等物种中成功地实现 CRISPR/Cas 引导的基因定点敲入。

第八节 昆虫蛋白质组学技术

蛋白质组（proteome）一词由澳大利亚 Macquaie 大学的 Wilkins 和 Williams 于 1994 年在意大利的一次科学会议上首次提出，指在特定的生理和病理条件下一个基因组或一个细胞、组织表达的全部蛋白质。蛋白质组学（proteomics）是后基因组时代产生的一门新兴学科，是以蛋白质组为研究对象，大规模、系统地研究蛋白质的特征及结构，包括蛋白质的表达水平、翻译后修饰、蛋白质组成分的动态变化、蛋白质间的相互作用和相互联系等，旨在从整体水平上阐明生命现象的本质和活动规律。

一、双向电泳技术在昆虫研究中的应用

自从 1975 年 O'Farrell 和 Klose 等建立双向凝胶电泳技术（two-dimensional electrophoresis，2-DE）以来，2-DE 技术凭借其高灵敏度和高分辨率、便于计算机进行图像分析处理、可以很好地与质谱分析等鉴定方法匹配等优点成为目前蛋白质组学研究的核心手段。2-DE 技术是利用蛋白质的带电性和分子质量大小的差异性，通过 2 次凝胶电泳达到分离蛋白质组的技术。第一向电泳依据蛋白质等电点的不同，通过等电聚焦（isoelectric focusing，IEF）将带有不同净电荷的蛋白质进行分离。第二向十二烷基磺酸钠-聚丙烯酰胺凝胶电泳（SDS-polyacrylamide gel electrophoresis，DS-PAGE）是依据蛋白质分子质量的不同将蛋白质与 SDS 形成复合物后在聚丙烯酰胺凝胶电泳中进一步分离。

（一）在昆虫遗传学上的应用

在突变体研究上，通过双向电泳技术分离、质谱鉴定等蛋白质组学方法对差异蛋白进行检测鉴定，为研究突变背后的生化过程提供有价值的信息。脆性 X 综合征（fragile X syndrome）是由于脆性 X 智力低下蛋白（fragile X retardation gene，FMRP）缺失引起的一种遗传性疾病。在果蝇中已建立脆性 X 综合征的模型，果蝇中人类 fmr1 同源基因 dfmr1 突变与人类的脆性 X 综合征症状非常类似。张永清等通过双向电泳技术果蝇突变体（dfmr1 基因缺失）进行研究，质谱结果发现，该突变体中苯丙氨酸羟化酶与 GTP 水解酶介导了多巴胺和 5-羟色胺的合成途径，且活性明显上调。靳远祥等采用双向电泳分别对家蚕正常及 Ng 突变体雌蛾性附腺分泌部组织的蛋白质进行分离，银染得到的电泳图谱，分离约 700 个蛋白质点。发现有 4 个和 2 个蛋白质分别只在正常和 Ng 突变体中特异表达。此外，约有 29 种蛋白质在正常性附腺分泌部组织中的表达水平明显高于 Ng 突变，而约有 15 种蛋白质在 Ng 突变体的分泌部组织中表达水平较高。进一步对这些差异蛋白进行鉴定和功能分析，发现肌动蛋白 A3 只在化蛹后期正常的雌性附腺组织特异表达。这些差异可能与 Ng 突变的形成和导致这种突变体的性附腺不能正常分泌黏性蛋白的性状有关。

（二）在昆虫发育生物学上的应用

果蝇是发育生物学研究中非常重要的模式生物。腹沟的形成是果蝇原肠胚时期一个关键的形态发生事件。Gong 等采用荧光差异电泳（DIGE）方法对腹侧与单侧胚胎进行比较分析，超过 55 个蛋白质被鉴定在表达量或是亚型上发生了变化。这些差异的蛋白质大多数在原肠胚形成前表现良好，只有少数蛋白质随着原肠胚形成，表达量发生了改变，表明腹部细胞是细胞形变的根本；而且还在腹部和侧面胚胎存在 3 种蛋白酶体亚基的差异。家蚕催青期胚胎发育是蚕体内一系列生理生化反应的体现，是控制胚胎发育的基因有序表达的结果。钟伯雄、颜新培等以连续发育的家蚕胚胎为材料，采用双向电泳技术，从蛋白质水平对催青期各个时期的胚胎蛋白质进行分离，发现不同胚胎发育时期之间的蛋白质图谱相互间存在差异，点青期和转青期两个胚胎出现的特异蛋白斑点数在整个催青期胚胎中为最多。与催青前期胚胎出现的特异蛋白斑点变化规律相似，这些特异蛋白斑点大多也是在随后邻近的胚胎发育中消失，推测可能与相应胚胎的形体特征发育有关。

（三）在昆虫亚细胞器研究上的应用

2007 年，Li 等对滞育的肉蝇（*Sarcophaga crassipalpis* Macquart）蛹脑部蛋白利用双向电泳技术，分离得到大约 440 个蛋白点，并对其中 18 个蛋白点进行质谱鉴定。发现其中热激蛋白类（Hsp70 和小分子热激蛋白）在滞育的家蝇脑部发生了显著的上调；磷酸烯醇丙酮酸合成酶（phosphoenol pyruvate synthase）、脂肪酸结合蛋白（fatty acid binding protein）、核酸内切酶（endonuclease）在滞育的脑部中发生了显著的下调反应。这一结果与早期从分子水平得到的 mRNA 编码的 hsp 在滞育期脑部表达一致。并且认为这种在滞育上调的热激蛋白具有抗寒性和抑制其发育的双重功效。柞蚕（*Antheraea pernyi* Guerin-Meneville）是一种典型的野蚕，其丝腺能够合成和分泌丝蛋白。2009 年，徐淑荣对柞蚕 5 龄幼虫的后部丝腺采用双向电泳技术进行分离，发现 23 个蛋白质上调。进一步质谱鉴定和数据比对，其中 7 个蛋白涉及转录、翻译和代谢的调控。黑森瘿蚊（*Mayetiola destructor* Say）是全世界最具破坏性的小麦害虫，它的幼虫通过唾液腺分泌来控制宿主的生长和代谢。2008 年，陈明顺等分别从转录和蛋白质上对黑森瘿蚊幼虫的唾液腺进行研究，蛋白质组学分析结果显示，很高比例的蛋白质直接或间接地参与了蛋白质的合成，结合高比例的分泌蛋白转录子可以得出，黑森瘿蚊幼虫的唾液腺确实是为宿主注射蛋白质的专门组织。但 64 个蛋白质未能鉴定，在唾液腺中缺乏分泌蛋白的累积，推测很可能是有些分泌蛋白在合成开始即被分泌。

（四）在昆虫免疫学上的应用

王楚桃以感染金龟子绿僵菌的东亚飞蝗（*Locusta migratoria* L.）血淋巴为研究对象，首次用高通量、高分辨率的双向电泳技术在感病昆虫血淋巴中筛选出了 13 个差异表达糖蛋白点。通过对差异糖蛋白肽质量指纹图谱和肽段 *de novo* 测序分析，鉴定出了其中的 3 个蛋白质，分析推测了这 3 个糖蛋白可能与昆虫的免疫反应有关。

（五）在昆虫毒理学上的应用

Sharma 等采用差异蛋白质学方法，利用双向电泳技术分离经氨基甲酸盐处理后的褐飞虱，比较分析后发现，有 22 个蛋白质表达水平发生了变化，其中 10 个呈现上调表达，8 个下调表达和 4 个特异表达。经氨基酸序列分析及数据库检索，这些蛋白质分别为丝氨酸蛋白激酶、副肌球蛋白、Hsp90、ATP 酶等，这些蛋白质的差异表达反映了经杀虫剂处理后整个细胞结构和新陈代谢的改变。Jin 等采用蛋白质组学方法对经拟除虫菊酯类毒素处理不同时间的橘小实蝇幼体进行研究，结果发现很多蛋白在调控水平上发生了改变。在 15 个蛋白质中，9 个蛋白质只在经拟除虫菊酯类毒素处理后表达，其余 6 个显示出差异表达。经质谱和肽指纹图谱分析比对，发现抗性反应与上调的甘油三磷酸脱氢酶（glycerol-3-phosphate dehydrogenase）和下调的 ATPADP 逆向转运蛋白有关联。它表明增强代谢和能量能抵抗拟除虫菊酯类毒素。Park 等采用蛋白质组学方法，用双向电泳技术对谷蠹 [*Rhyzopertha dominica*（Fabricius）] 成虫的磷化氢敏感（RD2）和耐株（CRD343）进行了分离。结果发现，15 个蛋白质下调表达，而 6 个只在耐磷化氢株（CRD343）中表达；经质谱鉴定，下调的蛋白质鉴定为精氨酸激酶、二氢脱氢酶、甘油三磷酸脱氢酶等，二氢脱氢酶参与三羧酸循环途径，而甘油三磷酸脱氢酶和磷酸丙糖异构酶参与糖酵解过程。鉴定的上调蛋白是谷氨酸消旋酶、卵黄蛋白等。因此，磷化氢影响糖酵解和三羧酸循环，并且烯醇化酶的诱导可能恢复这种功能紊乱。

（六）在昆虫行为学上的应用

2006 年，随着蜜蜂基因组测序的完成，对其蛋白质组学研究也随之展开。蜜蜂的蕈形体（mushroom body）是蜜蜂等昆虫原脑的中心部分，也是神经细胞及其神经纤维的聚集中心，对蜜蜂的社会行为起到重要的作用。Uno 等对蜜蜂脑部的蕈形体和视叶通过双向电泳技术分离，图谱比较显示，分别有 5 个和 3 个蛋白质在蕈形体或视叶里选择性表达，其中在蕈形体选择表达的蛋白，2 个经质谱得到鉴定，为 cAMP 依赖性蛋白激酶（cAMP-dependent protein kinase，PKA）和保幼激素二醇激酶（juvenile hormone diolkinase），在视叶里 1 个得到鉴定为 3-磷酸甘油醛脱氢酶（glyceraldehyde-3-phosphate dehydrogenase），且原位杂交显示保幼激素二醇激酶上调表达，而 3-磷酸甘油醛脱氢酶下调表达，这种差异表达可能为研究蜜蜂的社会行为提供有利线索。Meng 以在紫外灯下照射 1 h 的 3 龄棉铃虫为研究对象，采用双向电泳技术分离，超过 1200 个蛋白点被重复检测，其中 12 个蛋白质表达量上调、21 个下调表达，质谱鉴定得到 29 个差异表达的蛋白质，这些蛋白质涉及信号转导、蛋白质合成、代谢及细胞结构等功能。

（七）在媒介昆虫的应用

媒介昆虫中研究最多的是恶性疟原虫的寄主冈比亚按蚊。Lefevre 等采用差异荧光双向电泳对被疟疾感染的冈比亚按蚊和未被感染的蚊子的头部蛋白组进行分离，被感染的蚊子头部有 12 个蛋白质在表达水平上发生了变化，质谱结果显示这些差异蛋白与代谢、突触、分子伴侣、信号转导及细胞骨架相关，同时也鉴定了一些表达量上调和下调的蛋白质。这些差异蛋白质的发现揭示了其行为修饰的内在分子机制，也为疟原虫与按蚊相互作用的研究提供了新的见解。蚊子在吸食人血、传播疾病的时候，唾液腺在这过程中起了关键的作用，在唾液腺中合成的蛋白对寄生物疟原虫的生活史非常重要。2005 年，Kalume 等应用蛋白质组学方法对蚊子的唾液腺进行了研究，发现在 69 个鉴定出的蛋白质中有 57 个是新蛋白质，生物信息学分析表明其中许多蛋白质已经有了 cDNA 片段的序列，唾液腺蛋白质组工作为研究按蚊与疟原虫的防治提供了新的研究思路。Valenzuela 等利用蛋白质组学方法，分离鉴定一些沙蝇 [*Lutzomyia longipalpis*（Lutz & Neiva）] 唾液腺分泌蛋白，其中有的与利氏曼原虫（*Leishmania chagasi*）寄生人体密切相关。

二、二维差异凝胶电泳技术在昆虫学研究中的应用

由于 2-DE 技术在样品制备、电泳条件和凝胶染色等条件上无法完全一致而产生胶间差异，使试验重复性差、敏感度低，甚至可能掩盖样品间真正的生物学差异或产生假阳性。此外，膜蛋白样品溶解性、低丰度蛋白质检测、极酸极碱性蛋白质降解、电泳图谱的分析、低分子质量和高分子质量蛋白质分离等也是制约 2-DE 技术应用和发展的瓶颈。

为了解决 2-DE 技术存在的缺陷，Unlü 等提出了荧光二维差异凝胶电泳技术（two dimension difference gel electrophoresis，2D-DIGE）。该分析系统是建立在传统的双向电

泳技术的基础上，在双向电泳前先对蛋白样品进行荧光（如 Cy2、Cy3、Cy5）标记，然后把标记好的蛋白质样品进行混合，同时在一块凝胶上进行电泳。2D-DIGE 技术结合了多重荧光分析的方法，在同一块凝胶上能同时分离出多个分别由不同荧光标记的蛋白质样品，并第一次引入了内标（internal standard）的概念，更好地消除了试验的偶然误差，避免了不同凝胶之间的差异，提高了结果的准确性和可信度。在 2D-DIGE 技术中，每个蛋白质点都有相应的内标，软件自动根据每个蛋白质点的内标对其表达量进行校准，从而克服了不同凝胶间电泳造成的蛋白质点位置和量的差异，可以很好地去除蛋白质样品的假阳性差异点。另外，2D-DIGE 技术不需要进行电泳后的固定或脱色过程，可以减少蛋白质特别是低分子质量蛋白质的损失。

　　2D-DIGE 技术的原理是先用不同的荧光染料标记蛋白质样品，再使蛋白质变性，然后用固定 pH 梯度凝胶，根据蛋白质电荷差异分离出不同 pH 的蛋白质带，再将此胶条置于含 SDS 的聚丙烯酰胺凝胶上，根据蛋白质分子质量加以分离，并通过多通道激光扫描分析不同蛋白质的 SDS-PAGE 凝胶图像。其主要步骤：用 2 种不同的荧光染料花青（Cy2、Cy3 或 Cy5）标记要比较的蛋白质样品；等量均匀混合荧光标记后的样品；使用相同的内标，将混合后的样品经双向凝胶电泳进行分离；在荧光显微镜下，用不同的激发波长来检测电泳结果。

（一）在昆虫发育生物学上的应用

　　果蝇因具有染色体数目少、染色体大、有多对易于区分的相对性状、繁殖快、易饲养等特点，成为发育生物学研究中非常重要的模式生物。果蝇腹沟的形成是原肠胚时期一个非常关键的形态发生事件，能引起中胚层前体细胞的分化。虽然基因组学已经揭示了参与腹沟形成的相关基因，但是担当腹沟细胞生命活动载体的结构蛋白没有被鉴定出来。通过采用 2D-DIGE 技术，Gong 等对果蝇胚胎的腹面与两侧胚胎进行了分析比较，鉴定出超过 50 个蛋白质在表达量或是亚型上发生了变化。研究发现，这些有差异的蛋白质大多数在原肠胚形成之前表现良好，只有少数随着原肠胚的形成及其表达量发生改变，表明腹部细胞是细胞形变的根本，而且还在果蝇胚胎的腹部和侧面发现了 3 种蛋白酶体亚基的差异。采用核糖核酸干扰敲击这些蛋白酶体亚基及和时间相关差异蛋白质，可造成腹沟缺陷，从而确认腹沟形态发生时期这些蛋白质承担着重要作用。

（二）在昆虫毒理学上的应用

　　磷化氢（PH$_3$）是一种广泛应用于储藏物害虫防治的熏蒸药剂，在谷蠹防治中起着极为重要的作用。但由于长期、大量地使用 PH$_3$，致使谷蠹对 PH$_3$ 产生了相当严重的抗性。20 世纪 70 年代，在孟加拉国和澳大利亚等国家发现了谷蠹的磷化氢抗性品系。Parket 等曾采用 2-DE 技术对谷蠹成虫的磷化氢敏感品系和抗性品系进行蛋白质分离，用胰蛋白缩氨酸质谱分析法研究了不同品系间蛋白质位点的差异性，以此来鉴定它们物种的同源性，并用聚丙烯酰胺凝胶电泳比较了谷蠹敏感品系和抗性品系之间的蛋白质差异。研究结果显示，共有 15 个蛋白质点表达量下调，而 6 个蛋白质点只在磷化氢抗性品系中表达，其中精氨酸激酶的差异表达最为明显。因此，Parket 认为，敏感品系和抗性品系之间存在的差异可以用精氨酸激酶作为快速鉴别抗性的标记。但是 Campbell 通过采用更加精确的 2D-DIGE 技术，对谷蠹成虫的敏感品系和抗性品系进行再次研究，分析精氨酸激酶作为测定谷蠹对 PH₃ 抗性指标的可能性。结果显示，在检测到的数百个蛋白质点中只有 2 个表现出明显的差异，同时精氨酸激酶也被鉴定出来，但其表达量变化并不显著，由此 Campbell 认为，把精氨酸激酶作为研究谷蠹对 PH₃ 抗性机制的标记是不可靠的，并提出敏感品系与抗性品系的重要差异位点可能位于线粒体上。

转 Bt 基因棉是棉铃虫综合防治中一种有效的防治手段，棉铃虫取食了转 Bt 基因棉以后，Bt 毒素蛋白进入棉铃虫中肠，在消化道内消化酶的作用下，水解产生的活性毒素分子与中肠上皮细胞刷状缘膜囊（brush border membrane vesicle，BBMV）上的特异性受体结合，并发生作用而使细胞膜穿孔，消化道细胞的离子渗透压平衡遭到破坏，从而对棉铃虫产生毒性，最终导致其死亡。随着 Bt 棉花的大面积种植，棉铃虫长期处于 Bt 毒蛋白的高压选择下，抗性问题不容忽视。高宇通过采用 2D-DIGE 技术，比较了 3 个不同抗性品系与敏感品系棉铃虫中肠 BBMV 上特异性受体蛋白的差异，并对差异蛋白质点进行了鉴定分析。研究结果表明，在 3 个抗性品系中共获得 77 个具有统计学意义的差异蛋白质点，其中 50 个蛋白质点表达量上调，27 个蛋白质点表达量下调，并通过生物质谱技术对选取的 13 个差异蛋白质点进行鉴定，成功鉴定出 7 个差异蛋白质点。该研究为 Bt 毒素作用机制的研究，以及控制棉铃虫对 Bt 毒素抗性的发展提供了理论依据。

利用 Bt 的晶体毒素（crystalline toxin，Cry）培育转基因作物所引起的昆虫抗药性，一直是被关注的焦点。生物标记有助于改进 DNA 鉴定技术，可以更好地监测昆虫在自然种群下对 Bt Cry 毒素的抗性发展。Jurat-Fuentes 等把中肠膜结合碱性磷酸酯酶（alkaline phosphatase，ALP）在蛋白质组学和基因组监测表达水平的降低作为共同的监测标准，对 Cry 毒素有抗性的烟青虫（*Helicoverpa assulta* Guenee）幼虫、棉铃虫幼虫和草地夜蛾 [*Spdoptera frugiperda*（J.E. Smith）] 幼虫与敏感品系的幼虫进行比较分析。通过采用 2D-DIGE 技术来检测 Cry 毒素抗性品系和敏感品系幼虫膜结合碱性磷酸酯酶表达量，结果发现，抗性烟青虫幼虫膜结合碱性磷酸酯酶表达量降低，并且进一步被碱性磷酸酯酶活跃度监测和蛋白免疫印迹等方法所验证。随后通过实时定量 PCR（quantitative real-time polymerase chain reaction，qRT-PCR）技术证明抗性烟青虫幼虫膜结合碱性磷酸酶蛋白水平的下降，是由于整体转录产物水平下降引起的。苏云金杆菌 Cry1Ac 毒素必须与中肠刷状薄膜内特殊受体结合才能表现出毒性，大多数报道认为，对 Cry1Ac 毒素产生抗性的机制是源于这些受体的改变。通过采用多肽聚合指纹识别技术或从头测序技术鉴定出薄膜中碱性磷酸酶和一种特别的磷酸酶是 Cry1Ac 结合蛋白，确定 Cry1Ac 结合蛋白为二维结构。Jurat-Fuentes 等采用 2D-DIGE 技术把 3 个独立的烟青虫抗性品系与 1 个烟青虫敏感品系幼虫用 Cry1Ac 毒素处理，然后对比分析处理后的烟青虫幼虫中肠内刷状薄膜 Cry1Ac 的结合蛋白。结果表明，碱性磷酸酶表达水平的降低与 YHD2-B 品系烟青虫幼虫抵抗 Cry1Ac 毒素有密切的关系。同时，确切地证明了碱性磷酸酶是一种 Cry1Ac 结合蛋白和特殊受体。YHD2-B 品系烟青虫幼虫抵抗 Cry1Ac 毒素与碱性磷酸酶的表达量紧密相关，这意味着碱性磷酸酶可作为潜在的抗性标记物。在毒蛋白 Cry1Ac 抗性种群棉铃虫和 Cry1Fa 抗性野生突变种群草地夜蛾体内，也检测到碱性磷酸酯酶活跃度和膜结合碱性磷酸酯酶水平的下降。这些研究结果定向地支持了采用 2D-DIGE 技术的生物标记法可有效地检测鳞翅目害虫对 Cry 毒素的抗性发展。

（三）在昆虫免疫学上的应用

通过采用 2D-DIGE 技术，Vierstraete 等对比分析了被革兰氏阴性细菌藤黄微球菌及酵母菌感染的果蝇 3 龄幼虫和对照组幼虫血淋巴蛋白质组的变化。研究结果表明，被革兰氏阴性藤黄球菌和酵母菌感染的果蝇 3 龄幼虫，其血淋巴中分别有 20 个和 19 个蛋白质点表达量上调。运用生物质谱鉴定技术对表达量有差异的蛋白质进行鉴定，发现多数差异点为同一蛋白质，表明存在翻译后修饰过程。这些有差异性的蛋白质，大多数对一种病菌有特殊的调节作用，但是当应对一些刺激时，如脂多糖类的刺激，只有相当少数的蛋白质发生改变。在未被感染的果蝇幼虫血淋巴中蛋白质表达量没有增加，因而蛋白质表达量的增加与免疫系统的特殊作用有密切关系。随后，之前未被标识的免疫蛋白也被鉴定出来，如CG4306 蛋白质，并确定了它的同系物在多细胞动物基因组数据库中所具备的功能。

（四）在传毒媒介昆虫上的应用

利用蛋白质组学研究寄主昆虫与病原物间相互关系，可为植物病害治理及人畜疾病预防与治疗提供理论基础。尽管越来越多的证据表明病原体对被感染寄主有行为操纵的作用，但大多数情况下，被感染寄主在利于病原体传播的潜在机制中所扮演的角色还是未知的。冈比亚按蚊作为恶性疟原虫的寄主，Lefevre 等采用 2D-DIGE 技术对被疟疾感染的冈比亚按蚊和未被感染的冈比亚按蚊的头部蛋白质组进行了分离分析。结果表明，被感染的蚊子头部有12 个蛋白质发生差异性表达，质谱鉴定显示这些差异蛋白质主要与代谢、信号转导、分子伴侣及细胞骨架相关。这些差异蛋白质的发现揭示了其行为修饰的内在分子机制。

昆虫所携带的传染病病毒引起了很多新型的、感染能力强的传染病。在这些虫媒病毒中，登革热病毒和屈公病毒是在全世界范围内引起人类疾病的重要病毒。蚊子的中肠是防止病菌感染的第一道障碍，同时也是虫媒病毒在感染其他组织器官之前必须要复制的靶标器官。Tchankouo-Nguetcheu 等采用 2D-DIGE 技术研究病毒与被感染媒介昆虫的相互关系，以及被感染媒介昆虫中肠蛋白质组的变化。结果发现，埃及伊蚊（*Aedes aegypti* Meigen）通过口器感染 7DPI 的登革热Ⅱ型病毒和屈公病毒 7 d 后，其中肠蛋白质表达量发生了明显变化，凝胶成像对比显示，登革热Ⅱ型病毒引起了 18 个蛋白质点差异性变化，屈公病毒引起 12 个蛋白质点差异性变化，这 2 种病毒以相同或不同的方式引起 20 个相同蛋白质点发生差异表达。登革热Ⅱ型病毒和屈公病毒感染造成了相同世代的埃及伊蚊中肠内与氧化反应、能量代谢、糖类和脂质新陈代谢相关蛋白质量的增加。

此外，屈公病毒引起了一系列与解毒密切相关蛋白质量的增加。研究还发现，被病毒感染后所发生差异性表达的蛋白质主要包括结构蛋白、调节蛋白，以及与氧化还原作用和新陈代谢相关的酶类，在这些蛋白质中，有些蛋白质与细胞对抗氧化剂的防卫有密切关系；而一些调节蛋白如铁传递蛋白、热休克蛋白 60 和麦芽糖酶，可能对病毒的生存、复制、传播有利，这意味着虫媒病毒对昆虫细胞的新陈代谢会产生破坏。

登革热Ⅰ型和Ⅲ型病毒很可能是造成多种传染病的最初传染源，但是目前支持这种假设的报道很少。Patramool 等运用 2D-DIGE 技术，分析白纹伊蚊［*Aedes albopictus* （Skuse）］被登革热Ⅰ型和Ⅲ型病毒感染期间细胞系蛋白质差异性表达。研究发现，白纹伊蚊在被登革热Ⅰ型和Ⅲ型病毒感染 48 h 后，与细胞应激反应和糖酵解过程相关的蛋白质发生了超表达。病毒性感染激活了某些寄主基因的翻译过程，很可能会给未激活蛋白质的回应带来压力，白纹伊蚊体内的氧化还原和糖酵解生化过程也参与抵抗登革热 I 型和Ⅲ型病毒反应机制中。

（五）在昆虫与寄主植物相互作用上的应用

番茄植株被马铃薯长管蚜（*Macrosiphum euphorbiae* Thomas）取食后，植株生长矮小，产量下降，并且会造成植株顶梢枯死，叶片畸形坏死，甚至导致植株死亡。抗虫番茄植株中的 Mi-1.2 基因对无致病力马铃薯长管蚜的无性繁殖个体具有抗性。无致病力的马铃薯长管蚜在抗性寄主上的存活率很低，然而有致病力的马铃薯长管蚜在抗性寄主上有很高的存活率。Francis 等通过采用 2D-DIGE 技术与质谱检测相结合的技术，对比分析了无致病力和有致病力的马铃薯长管蚜及其细菌内共生体在抗病和感病番茄寄主上蛋白质组的改变。结果表明，在 4 组试验中共鉴定出 82 个蛋白质点发生差异性表达，其中 48 个蛋白质点鉴定为同一类，有致病力和无致病力的马铃薯长管蚜相比，其体内与新陈代谢紧密相关的结构蛋白和酶类更加丰富。当把有致病力的马铃薯长管蚜从感病寄主转移到抗性寄主上时，其体内一些蛋白质表达量会上调，在这些差异性表达的蛋白质中，接近 1/4 的蛋白质发源于马铃薯长管蚜内共生体而不是其本身，同时鉴定出 6 个表达量上调的蛋白质发源于原始的蚜虫内共生菌，5 个表达量上调的蛋白质很可能起源于第 2 代立克次氏体内共生菌（刘欢等，2012）。

复 习 题

一、名词解释

DNA 核酸序列分析（DNA sequence analysis）

限制性片段长度多态性分析（restriction fragment length polymorphism，RFLP）

分子杂交技术（molecular hybridization，MH）

随机扩增 DNA 多态性分析（random amplified polymorphic DNA）

单链构象多态性分析（single-strand conformational polymorphism，SSCP）

双链构象多态性分析（double-strand conformational polymorphism，DSCP）

DNA 条形码（DNA barcoding）

迷你条形码（mini-barcode）

NJ 树（neighbor-joining phylogenetic tree）

信息素（pheromone）

他感作用物质（allelochemical）

气相色谱（gas chromatography，GC）

质谱（mass spectrum，MS）

气相色谱-质谱联用分析（gas chromatography mass spectrum，GC-MS）

高压液相色谱（high pressure liquid chromatography，HPLC）

触角电位与气谱联用（GC-EAD）

遗传多样性（genetic diversity）

种群抑制（population inhibition）

种群替代（population replacement）

昆虫不育技术（sterile insect technique，SIT）

生物入侵（biological invasion）

隐蔽入侵（cryptic invasion）

桥头堡效应（invasive bridgehead effect）

瓶颈效应（bottleneck effect）

RNA 干涉（RNA interference，RNAi）

脱靶效应（off target effects，OTEs）

ssRNA（single strand RNA）

基因组学（genomics）

结构基因组学（structural genomics）

功能基因组学（functional genomics）

后基因组（postgenome）

景观基因组学（landscape genomics）

蛋白质组（proteome）

蛋白质组学（proteomics）

双向凝胶电泳技术（two-dimensional electrophoresis，2-DE）

二维差异凝胶电泳技术（two dimension difference gel electrophoresis，2D-DIGE）

二、问答题

1. 试述分子生物学技术在病虫害防治的应用。

2. 试述分子生物学技术在昆虫系统学的应用。

3. 试述 DNA 条形码技术的原理。

4. 试述 DNA 条形码操作流程的主要步骤。

5. 试述 DNA 条形码技术在昆虫分类学、昆虫生态学和应用昆虫学的应用。

6. 试述昆虫信息素在害虫防治中的作用。

7. 试述昆虫信息物质的化学分析技术。

8. 试述昆虫触角电位与气谱联用（GC-EAD）原理与技术。

9. 试述昆虫种群抑制策略和种群替代策略的原理和方法。

10. 试述基于纳米材料载体的昆虫瞬时基因转染新技术。

11. 试述分子标记技术在入侵昆虫研究的应用。

12. 试述 HRM 在昆虫入侵研究中的应用前景。

13. 试述 dsRNA 的设计与合成。

14. 试述昆虫 RNAi 的导入方法。

15. 试述基因组学技术的理论基础。

16. 试述基于基因组学的害虫治理原理。

17. 试述二维差异凝胶电泳技术在昆虫学的应用。

18. 试述二维差异凝胶电泳技术的优缺点。

主要参考文献

毕明娟，徐昭焕，瞿小伟，等．2006．昆虫性选择行为研究进展．华东昆虫学报，15（2）：116-119．

宾淑英，吴仲真，张鹤，等．2014．分子标记技术在昆虫入侵研究中的应用．昆虫学报，57（9）：1094-1104．

彩万志．2001．昆虫生活史的科学记述方法．昆虫知识，38（3）：229-233．

常晓娜，高慧璟，陈法军，等．2008．环境湿度和降雨对昆虫的影响．生态学杂志，27（4）：619-625．

陈海坚，黄昭奋，黎瑞波，等．2005．农业生物多样性的内涵与功能及其保护．华南热带农业大学学报，11（2）：24-27．

陈豪，梁革梅，邹朗云，等．2010．昆虫抗寒性的研究进展．植物保护，36（2）：18-24．

陈利顶，李秀珍，傅伯杰，等．2014．中国景观生态学发展历程与未来研究重点．生态学报，34（12）：3129-3141．

陈琳，王广利，魏洪义．2014．杨小舟蛾的羽化和生殖行为节律．应用生态学报，25（8）：1-6．

陈苗苗，郭荣，张金良，等．2015．基于种特异性 CO I 标记的新入侵种甘蓝粉虱快速鉴定技术．昆虫学报，58（5）：579-586．

陈敏，王丹，沈杰．2015．害虫遗传学控制策略与进展．植物保护学报，42（1）：1-9．

陈明，罗进仓，周昭旭．2010．棉田节肢动物群落生态学研究进展．植物保护，36（2）：25-30．

陈圣宾，蒋高明，高吉喜，等．2008．生物多样性监测指标体系构建研究进展．生态学报，28（10）：5123-5132．

陈小波，顾国华，韩娟，等．2001．几种害虫夜间上灯节律分析与应用研究．南京农专学报，17（3）：39-43．

陈小勇，焦静，童鑫．2011．一个通用岛屿生物地理学模型．中国科学：生命科学，41（12）：1196-1202．

陈小云，刘满强，胡锋．2007．根际微型土壤动物——原生动物和线虫的生态功能．生态学报，27（8）：3132-3143．

陈颖．2009．生物多样性与害虫生态控制关系初探．福建热作科技，34（3）：39-41．

陈永林．2007．中国主要蝗虫及蝗灾的生态学治理．北京：科学出版社．

陈瑜，马春森．2010．气候变暖对昆虫影响研究进展．生态学报，30（8）：2159-2172．

陈元生，涂小云，陈超，等．2010．棉铃虫滞育的研究进展．江西植保，33（3）：95-99．

陈元生，夏勤雯，陈超，等．2011．昆虫延长滞育的研究．应用昆虫学报，48（3）：720-731．

陈云峰，胡诚，李双来，等．2011．农田土壤食物网管理的原理与方法．生态学报，31（1）：0286-0292．

陈珍珍，卢虹，王跃骅，等．2014．光周期对中华通草蛉自然越冬成虫及实验种群幼虫耐寒能力的影响．昆虫学报，46（8）：1610-1618．

成新跃，周红章，张广学．2000．分子生物学技术在昆虫系统学中的应用．动物分类学报，25（2）：121-132．

池康，秦飞，郝德君．2011．我国昆虫多样性的环境影响研究进展．安徽农业科学，39（17）：10303-10304＋10311．

崔洪莹，苏建伟，戈峰．2011．臭氧浓度升高对昆虫影响的研究进展．应用昆虫学报，48（5）：1130-1140．

党志浩，陈法军．2011．昆虫对降雨和干旱的响应与适应．应用昆虫学报，48（5）：1161-1169．

丁平，庄萍，李志安，等．2012．镉在土壤-蔬菜-昆虫食物链的传递特征．应用生态学报，23（11）：3116-3122．

丁伟，赵志模，王进军，等．2003．三种玉米蚜虫种群生态位分析．应用生态学报，14（9）：1481-1484．

董文霞，陈宗懋．2006．大气臭氧浓度升高对植物及其昆虫的影响．生态学报，26（11）：3878-3884．

董兆克，戈峰．2011．温度升高对昆虫发生发展的影响．应用昆虫学报，48（5）：1141-1148．

杜光青，尹姣，曹雅忠，等．2014．吸虫塔对麦长管蚜迁飞监测的影响因素分析．应用昆虫学报，51（6）：1516-1523．

杜娟，郭红珍，高宝嘉，等．2011．不同油松纯林中油松毛虫的遗传多样性及环境因素分析．河北农业大学学报，34（1）：82-86．

杜尧，马春森，赵清华，等．2007．高温对昆虫影响的生理生化作用机理研究进展．生态学报，27（4）：1565-1572．

杜一民，王萍，杨杰，等．2014．不同强度与持续时间 UV-B 辐射对麦长管蚜生长发育和繁殖的影响．昆虫学报，57（12）：1395-1401．

段云，武予清，蒋月丽，等．2009．LED 光照对棉铃虫成虫明适应状态和交尾的影响．生态学报，29（9）：4727-4731．

范进华，梁保德．2010．烟叶主要害虫生态管理（EPM）技术研究．中国烟草学报，16（4）：98-102．

范兰芬，林健荣，王叶元，等．2007．家蚕滞育人工解除及其机理研究进展．广东农业科学，1：66-68．

冯大庆．2006．昆虫滞育光周期理论的再思考．华东昆虫学报，15（3）：215-220．

冯剑丰，李宇，朱琳．2009．生态系统功能与生态系统服务的概念辨析．生态环境学报，18（4）：1599-1603．

冯明祥，姜瑞德，王继青，等．2012．崂山茶区茶树主要害虫的生态控制技术．茶叶科学技术，（1）：22-24.

高东，何霞红．2010．生物多样性与生态系统稳定性研究进展．生态学杂志，29（12）：2507-2513.

高桂珍，吕昭智，夏德萍，等．2013．高温胁迫及其持续时间对棉蚜死亡和繁殖的影响．生态学报，32（23）：568-575.

高立杰，高宝嘉，侯建华．2011．赤松毛虫地理种群的遗传变异与生态因子的相关性．生态学杂志，30（7）：1394-1397.

高灵旺，沈佐锐．2010．浅议植保信息技术．植物保护，36（3）：136-140.

高月波，翟保平．2010．昆虫定向机制研究进展．昆虫知识，47（6）：1055-1065.

高增祥，陈尚，李典谟，等．2007．岛屿生物地理学与集合种群理论的本质与渊源．生态学报，27（1）：304-313.

戈峰，陈法军．2006．大气 CO_2 浓度增加对昆虫的影响．生态学报，26（3）：935-944.

戈峰，欧阳芳，赵紫华．2014．基于服务功能的昆虫生态调控理论．应用昆虫学报，51（3）：597-605.

戈峰，欧阳芳．2014．定量评价天敌控害功能的生态能学方法．应用昆虫学报，51（1）：307-313.

戈峰．1998．害虫生态调控的原理和方法．生态学杂志，17（2）：38-42.

戈峰．2001．害虫区域性生态调控的理论、方法及实践．昆虫知识，38（5）：337-341.

戈峰．2008．昆虫生态学原理与方法．北京：高等教育出版社．

戈峰．2011．应对全球气候变化的昆虫学研究．应用昆虫学报，48（5）：1117-1122.

谷清义，陈文博，王利军，等．2010．阿维菌素和哒螨灵亚致死剂量对土耳其斯坦叶螨实验种群生命表的影响．昆虫学报，53（8）：876-883.

顾国华，葛红，陈小波，等．2004．几种夜出性昆虫夜间扑灯节律研究及应用．湖北农学院学报，24（3）：174-177.

郭晓华，齐淑艳，周兴文，等．2007．外来有害生物风险评估方法研究进展．生态学杂志，26（9）：1486-1490.

韩小梅，申双和．2008．物候模型研究进展．生态学杂志，27（1）：89-95.

韩争伟，马摇玲，曹传旺，等．2013．太湖湿地昆虫群落结构及多样性．生态学报，33（14）：4387-4397.

何应琴，陈文龙，鲁卓越，等．2015．柑橘三种蚜虫取食行为的 EPG 分析．植物保护学报，42（2）：217-222.

贺达汉．2009．农业景观与害虫种群控制．植物保护，35（3）：12-15.

贺海明，杨贵军，何立荣，等．2010．贺兰山东坡直翅目昆虫群落的边缘效应．安徽农业科学，38（10）：5127-5129＋5140.

贺虹，袁锋．2003．现代生物技术在昆虫生态学中的应用．西北林学院学报，18（2）：72-76.

胡良雄，何正盛，张小谷．2014．猫眼尺蠖在三种女贞属植物上的实验种群两性生命表．昆虫学报，57（12）：1408-1417.

胡阳，杨洪，李志宇，等．2010．昆虫多次交配的策略和利益．昆虫知识，47（1）：16-23.

黄保宏，刘安军．2004．利用最近邻体法探求朝鲜球坚蚧在梅树上的分布．安徽技术师范学院学报，18（6）：45-47.

黄翠虹，李静静，周琳，等．2014．昆虫触角电位及其与气谱联用技术．应用昆虫学报，51（2）：579-585.

黄志君，李庆荣，钟仰进，等．2010．昆虫变态发育的激素调控．广东蚕业，38（2）：42-45.

江幸福，蔡彬，罗礼智，等．2003．温、湿度综合效应对粘虫蛾飞行能力的影响．生态学报，23（4）：738-743.

江幸福，罗礼智．2007．昆虫黑化现象．昆虫学报，50（11）：1173-1180.

姜静，杨忠岐，唐艳龙，等．2010．专用黑光灯对栗山天牛的诱杀技术研究．环境昆虫学报，32（3）：369-374.

姜洋，皮兵．2004．我国昆虫物种多样性研究现状．湖南林业科技，31（3）：47-49.

姜玉英．2013．我国农作物害虫测报技术规范制定与应用．应用昆虫学报，50（3）：868-873.

金道超，高光澜．2012．全球气候变化与农业有害生物控制科学问题刍议．山地农业生物学报，31（1）：63-69.

靳然，李生才．2015．农作物害虫预测预报方法及应用．山西农业科学，43（1）：121-123.

靖湘峰，雷朝亮．2004．昆虫趋光性及其机理的研究进展．昆虫知识，41（3）：198-203.

鞠倩，曲明静，陈金凤，等．2010．光谱和性别对几种金龟子趋光行为的影响．昆虫知识，47（3）：512-516.

鞠瑞亭，杜予州．2002．昆虫过冷却点的测定及抗寒机制研究概述．武夷科学，18（1）：252-256.

句荣辉，沈佐锐．2005．昆虫种群动态模拟模型．生态学报，25（10）：2709-2716.

康文通．2011．刺桐姬小蜂的发育历期、发育起点温度和有效积温．福建农林大学学报（自然科学版），40（2）：118-121.

孔维娜，赵飞，李捷．2007．信息素在害虫综合治理中的研究进展．山西农业科学，35（7）：62-64.

赖锡婷，肖海军，薛芳森．2008．昆虫滞育持续时间的影响因子及其对滞育后生物学的影响．昆虫知识，45（2）：182-188.

黎健龙, 唐劲驰, 赵超艺, 等. 2013. 不同景观斑块结构对茶园节肢动物多样性的影响. 应用生态学报, 24 (5): 1305-1312.

李德志, 刘科轶, 臧润国, 等. 2006. 现代生态位理论的发展及其主要代表流派. 林业科学, 42 (8): 88-94.

李德志, 石强, 臧润国, 等. 2006. 物种或种群生态位宽度与生态位重叠的计测模型. 林业科学, 42 (7): 95-103.

李定旭, 任静, 杜迪, 等. 2015. 栾多态毛蚜在不同温度下的实验种群生命表. 昆虫学报, 58 (2): 154-159.

李浩, 周晓榕, 庞保平, 等. 2014. 沙葱萤叶甲的过冷却能力与抗寒性. 昆虫学报, 57 (2): 212-217.

李宏庆, 陈勇, 鲁心安, 等. 2000. 薜荔榕小蜂繁殖的代价. 昆虫知识, 37 (5): 302-303.

李鸿波, 史亮, 王建军, 等. 2011. 温度锻炼对西花蓟马温度耐受性及繁殖的影响. 应用昆虫学报, 48 (3): 530-535.

李杰, 朱金兆, 朱清科. 2003. 生态位理论及其测度研究进展. 北京林业大学学报, 25 (1): 100-107.

李静静, 黄翠虹, 周琳, 等. 2014. 风洞技术. 应用昆虫学报, 51 (2): 591-596.

李静静, 雷彩燕, 黄翠虹, 等. 2014. 信息物质的化学分析技术. 应用昆虫学报, 51 (2): 586-590.

李克斌, 杜光青, 尹姣, 等. 2014. 利用吸虫塔对麦长管蚜迁飞活动的监测. 应用昆虫学报, 51 (6): 1504-1515.

李玲媛. 2008. 水稻褐飞虱种群生态控制的理论和途径. 上海农业科技, (2): 29-30.

李禄军, 曾德慧. 2008. 物种多样性与生态系统功能的关系研究进展. 生态学杂志, 27 (11): 2010-2017.

李娜, 周晓榕, 庞保平. 2014. 宽翅曲背蝗卵的过冷却能力与抗寒性. 应用生态学报, 25 (7): 2009-2014.

李巧, 陈又清, 郭萧, 等. 2006. 节肢动物作为生物指示物对生态恢复的评价. 中南林学院学报, 26 (3): 117-122.

李巧, 涂璨, 熊忠平, 等. 2011. 物种多度格局研究概况. 云南农业大学学报, 26 (1): 117-123.

李锐, 赵飞, 彭宇, 等. 2014. 滞育诱导温周期对桃小食心虫滞育幼虫生理指标的影响. 昆虫学报, 57 (6): 639-646.

李水泉, 黄寿山, 韩诗畴, 等. 2012. 黄玛草蛉捕食米蛾卵的功能反应与数值反应. 生态学报, 32 (21): 6842-6847.

李廷友, 林育真. 2010. 三种蟊斯的性选择行为比较研究. 昆虫知识, 47 (2): 343-346.

李亚妮, 王文强, 廉振民. 2011. 延安北洛河流域蝗虫群落的边缘效应. 浙江农林大学学报, 28 (2): 275-279.

李耀发, 高占林, 党志红, 等. 2011. 绿盲蝽对不同波段光谱选择性的初步测定. 河北农业科学, 15 (5): 57-60.

李咏玲, 韩福生, 张金桐. 2010. 昆虫性信息素研究综述. 山西农业科学, 38 (6): 51-54.

李哲, 季荣, 谢宝瑜, 等. 2004. 论昆虫空间生态学研究. 昆虫知识, 40 (1): 1-6.

李粂, 曾鑫年, 王瑞霞, 等. 2008. 信息化合物对昆虫行为的影响及其在害虫防治中的应用. 广东农业科学, (7): 85-89.

梁光红, 陈家骅, 黄居昌. 2006. 湿度对橘小实蝇及寄生蜂存活与发育的影响. 华东昆虫学报, 15 (3): 196-200.

梁军, 孙志强, 乔杰, 等. 2010. 天然林生态系统稳定性与病虫害干扰-调控与被调控. 生态学报, 30 (9): 2454-2464.

林海清, 尤民生, 陈李林. 2007. 草间小黑蛛对茶蚜的捕食功能反应. 华东昆虫学报, 16 (1): 44-47.

刘长仲, 杜军利, 张廷伟, 等. 2012. 温度对三叶草彩斑蚜种群参数的影响. 应用生态学报, 23 (7): 1927-1932.

刘欢, 张茂新, 凌冰. 2012. 二维差异凝胶电泳 (2D-DIGE) 技术在昆虫学研究中的应用. 现代农业科技, (10): 14-17.

刘佳, 李锐, 赵燕妮, 等. 2014. 不同季节星豹蛛过冷却能力变化趋势. 植物保护学报, 41 (3): 263-269.

刘佳敏, 张慧, 黄秀凤, 等. 2013. 浙江3个自然保护区昆虫多样性及森林健康评价. 浙江农林大学学报, 30 (5): 719-723.

刘家莉, 杨斌, 陆永跃, 等. 2009. 改进实验种群生命表编制的方法——以黑肩绿盲蝽为例. 生态学报, 29 (6): 3206-3212.

刘军和, 孙小茹. 2008. 美国杂交杏李果园害虫与天敌群落种-多度关系分析. 广东农业科学, (10): 61-65.

刘军侠, 姜文虎, 李彦慧, 等. 2008. SO₂胁迫对异色瓢虫捕食桃粉大尾蚜功能影响的研究. 植物保护科学, 24 (6): 346-350.

刘奎, 符悦冠, 何声阳, 等. 2011. 瓜实蝇过冷却点的测定. 中国蔬菜, (10): 80-82.

刘启航, 周强. 2011a. 频闪光源和交变光源对蝗虫趋光响应的试验. 江苏大学学报, 32 (3): 260-265.

刘启航, 周强. 2011b. 诱导光源光照梯度对蝗虫趋光响应的影响. 农业机械学报, 42 (10): 105-109.

刘启航, 周强. 2011c. 光温耦合调控对蝗虫趋光增益效应的试验研究. 中国农业大学学报, 16 (4): 52-58.

刘清松, 李云河, 陈秀萍, 等. 2014. 转基因抗虫植物-植食性昆虫-天敌间化学通讯的研究进展. 应用生态学报, 25 (8): 2431-2439.

刘任涛, 毕润成, 闫桂琴. 2006. 复合种群生态学研究现状与展望. 山西师范大学学报 (自然科学版), 20 (3): 56-60.

刘若楠, 颜忠诚. 2008. 昆虫求偶行为方式及生物学意义. 生物学通报, 43 (9): 6-8.

刘万才, 姜玉英, 张跃进, 等. 2010. 我国农业有害生物监测预警30年发展成就. 中国植保导刊, 30 (9): 35-38.

刘向东. 2013. 田间昆虫的取样调查技术. 应用昆虫学报, 50 (3): 863-867.

刘晓漫, 方勇, 贤振华. 2010. 农业害虫抗药性监测技术研究进展. 广西农业科学, 41 (9): 931-935.

刘洋, 张健, 杨万勤. 2009. 高山生物多样性对气候变化响应的研究进展. 生物多样性, 17 (1): 88-96.

刘云慧, 常虹, 宇振荣. 2010. 农业景观生物多样性保护一般原则探讨. 生态与农村环境学报, 26 (6): 622-627.

刘云慧, 李良涛, 宇振荣. 2008. 农业生物多样性保护的景观规划途径. 应用生态学报, 19 (11): 2538-2543.

刘云慧, 张鑫, 张旭珠, 等. 2012. 生态农业景观与生物多样性保护及生态服务维持. 中国生态农业学报, 20 (7): 819-824.

刘志军, 马忠秋, 党申. 2001. 国内外昆虫种群动态研究概述. 山西林业科技, B12: 1-3.

刘重凌, 于晓东, 周红章. 2013. 群落谱系结构研究方法及其在昆虫学上的应用. 应用昆虫学报, 50 (3): 824-830.

柳淑蓉, 胡荣桂, 蔡高潮. 2012. UV-B 辐射增强对陆地生态系统碳循环的影响. 应用生态学报, 23 (7): 1992-1998.

卢辉, 徐雪莲, 卢芙萍, 等. 2011. 温度对黄胸蓟马生长发育的影响. 中国农学通报, 27 (21): 296-300.

卢彦, 廖庆玉, 李靖. 2011. 岛屿生物地理学理论与保护生物学介绍. 广州环境科学, 26 (1): 10-12.

陆明星, 陆自强, 杜予州. 2014. 水稻钻蛀性螟虫田间调查及测报技术. 应用昆虫学报, 51 (4): 1125-1129.

路虹, 宫亚军, 石宝才, 等. 2007. 西花蓟马在黄瓜和架豆上的空间分布型及理论抽样数. 昆虫学报, 50 (11): 1187-1193.

吕昭智, 沈佐锐, 程登发, 等. 2005. 现代信息技术在害虫种群密度监测中的应用. 农业工程学报, 21 (12): 112-115.

马飞, 程遐年. 2001. 害虫预测预报研究进展. 安徽农业大学学报, 28 (1): 92-97.

马占山. 1990. 昆虫种群抽样技术研究的现状. 林业科学, 26 (3): 254-261.

梅增霞, 李建庆. 2006. 昆虫抗寒性的生理机制及影响因子. 滨州学院学报, 22 (3): 57-61.

牛书丽, 万师强, 马克平. 2009. 陆地生态系统及生物多样性对气候变化的适应与减缓. 学科发展, 24 (4): 421-427.

欧阳芳, 曹婧, 戈峰. 2014. 定量评价天敌昆虫控害功能的稳定同位素方法. 应用昆虫学报, 51 (1): 302-306.

欧阳芳, 戈峰. 2011. 农田景观格局变化对昆虫的生态学效应. 应用昆虫学报, 48 (5): 1177-1183.

欧阳芳, 戈峰. 2014. 昆虫抗冻耐寒能力的测定与分析方法. 应用昆虫学报, 51 (6): 1646-1652.

裴元慧, 孔锋, 韩国华, 等. 2007. 昆虫取食行为研究进展. 山东林业科技, (6): 97-101.

彭露, 何玮毅, 夏晓峰, 等. 2015. 基因组学时代害虫治理的研究进展及前景. 应用昆虫学报, 52 (1): 1-22.

彭少麟, 殷祚云, 任海, 等. 2003. 物种集合的种-多度关系模型研究进展. 生态学报, 23 (8): 1590-1605.

蒲天胜. 1993. 浅谈昆虫年生活史研究. 广西植保, (3): 34-27.

蒲天胜. 2005. 对昆虫生活史有关问题的认识与讨论. 广西植保, 18 (2): 24-26.

齐会会, 张云慧, 王健, 等. 2014. 稻飞虱及黑肩绿盲蝽在探照灯下的扑灯节律. 植物保护学报, 41 (3): 277-284.

齐心, 宋包钢. 2010. 植物昆虫种群动态数学建模研究与展望. 中国科学: 信息科学, 40 (S1): 88-103.

秦秋菊, 高希武. 2005. 昆虫取食诱导的植物防御反应. 昆虫学报, 48 (1): 125-134.

权跃, 邓永学, 吕龙石, 等. 2010. 玉米面水分含量对谷蠹生长发育和繁殖的影响. 昆虫知识, 47 (3): 498-502.

邵天玉, 王克勤, 刘兴龙, 等. 2015. 利用吸虫塔研究昆虫生物多样性的现状与展望. 黑龙江农业科学, (12): 170-173.

申效诚, 孙浩, 赵华东. 2007. 中国夜蛾科昆虫的物种多样性及分布格局. 昆虫学报, 50 (7): 709-719.

沈君辉, 刘光杰, 袁明. 2002. 我国稻田节肢动物群落研究新进展. 中国农学通报, 18 (4): 90-93.

师光禄, 王有年, 苗振旺, 等. 2006. 间种牧草枣林捕食性节肢动物群落结构的动态. 应用生态学报, 17 (11): 2088-2092.

时培建, 池本孝哉, 戈峰. 2011. 温度与昆虫生长发育关系模型的发展与应用. 应用昆虫学报, 48 (5): 1149-1160.

史艳霞, 李庆荣, 黄志君, 等. 2009. 昆虫变态发育过程中的细胞自噬和凋亡. 昆虫学报, 52 (1): 84-94.

舒金平, 滕莹, 张爱良, 等. 2012. 竹笋基夜蛾的求偶及交配行为. 应用生态学报, 23 (12): 3421-3428.

宋红军, 刘婷, 刘晚兰, 等. 2009. 昆虫多型现象研究及展望. 山西农业科学, 37 (12): 71-74.

宋卫信, 张锋, 刘荣堂. 2009. 集合种群理论研究的数学模型. 甘肃农业大学学报, 44 (3): 133-139.

宋艳, 朱晓苏, 徐丽, 等. 2009. 光照和温度影响昆虫昼夜节律生物钟的分子机制. 蚕业科学, 35 (2): 451-456.

宋月芹, 董钧锋, 王锦锦, 等. 2011. 不同环境因素对蚱蝉卵孵化影响研究. 湖北农业科学, 50 (16): 3299-3301.

苏桂花, 谢恩倍, 欧善生, 等. 2011. 用物候短期预测金银花主要病虫发生期的研究. 安徽农业科学, 39 (17): 10299-10300+10379.

苏茂文，张钟宁．2007．昆虫信息化学物质的应用进展．昆虫知识，44（4）：477-485．

孙刚，房岩，殷秀琴．2006．豚草发生地土壤昆虫群落结构及动态．昆虫学报，49（2）：271-276．

孙莉，何海敏，薛芳森．2007．昆虫滞育的地理变异．江西农业大学学报，29（6）：922-927．

孙儒泳．1987．动物生态学原理．北京：北京师范大学出版社．

孙玉诚，郭慧娟，刘志源，等．2011．大气 CO_2 浓度升高对植物-植食性昆虫的作用机制．应用昆虫学报，48（5）：1123-1129．

陶士强，吴福安．2006．应用 Jackknife 技术统计昆虫生命表参数变异的 VFP 实现．昆虫知识，43（2）：262-265．

田宏刚，刘同先，张文庆．2013．昆虫 RNAi 技术与方法．应用昆虫学报，50（5）：1453-1457．

田瑜，邬建国，寇晓军，等．2011．种群生存力分析（PVA）的方法与应用．应用生态学报，22（1）：257-267．

万先萌，刘伟，魏洪义，等．2010．蛾类昆虫的生殖行为．江西植保，33（1）：3-7．

王登杰，雷仲仁，王帅宇，等．2015．球孢白僵菌侵染烟粉虱若虫过程的新方法——荧光显微法．应用昆虫学报，（1）：267-271．

王凤，鞠瑞亭，李跃忠，等．2006．生态位概念及其在昆虫生态学中的应用．生态学杂志，25（10）：1280-1284．

王刚，王彬．2011．浅议环境因素对豫北东亚飞蝗发生的影响．中国植保导刊，31（2）：36-37．

王寒，唐建军，谢坚，等．2007．稻田生态系统多个物种共存对病虫草害的控制．应用生态学报，18（5）：1132-1136．

王满，李周直．2004．昆虫滞育的研究进展．南京林业大学学报，28（1）：71-76．

王孟卿，杨定．2005．昆虫的雌雄二型现象．昆虫知识，42（6）：721-725．

王瑞林，陆明红，韩兰芝，等．2014．稻飞虱种群发生的调查与取样技术．应用昆虫学报，51（3）：842-827．

王巍巍，贺达汉，张大治．2013．荒漠景观地表甲虫群落边缘效应研究．应用昆虫学报，50（5）：1383-1391．

王文琪，赵志模，王进军，等．2009．生物入侵生态学研究进展．安徽农业科学，37（25）：12153-12155．

王小平，薛芳森，华爱，等．2004．食料因子对昆虫滞育及滞育后发育的影响．江西农业大学学报，26（1）：10-16．

王小平，薛芳森．2006．昆虫滞育诱导中的温周期效应．江西农业大学学报，28（5）：739-744．

王兴民，陈晓胜，邱宝利，等．2014．捕食性瓢虫采集与调查取样技术．应用昆虫学报，51（5）：1362-1366．

王秀梅，陈鹏，臧连生，等．2014．基于生命表技术评价豆柄瘤蚜茧蜂对豆蚜的控害潜能．植物保护学报，41（6）：687-691．

王秀梅，陈鹏，张锡珍，等．2014．使用生命表评价烯啶虫胺对异色瓢虫的影响．生态学报，34（13）：3629-3534．

王艳敏，忤均祥，万方浩．2010．昆虫对极端高低温胁迫的响应研究．环境昆虫学报，32（2）：250-255．

王郁，邱乐忠．2011．昆虫信息素的应用及前景．福建农业科技，（2）：48-50．

王忠婵，王方海．2006．成虫滞育的主要特点及神经内分泌调控．生物学杂志，23（4）：2-14．

魏洪义，万先萌，刘伟，等．2007．杀虫剂对蛾类昆虫生殖行为影响的研究进展．农药学学报，9（4）：317-323．

魏建荣，杨忠岐，杜家纬．2007．天敌昆虫利用信息化学物质寻找寄主或猎物的研究进展．生态学报，27（6）：563-573．

温硕洋，何晓芳．2003．一种适用于昆虫痕量 DNA 模板制备的方法．昆虫知识，40（3）：276-279．

文礼章．2010．昆虫学研究方法与技术导论．北京：科学出版社．

吴福中，刘志红，陈爽爽，等．2013．浅议现代科技和检验检疫技术的发展．农学学报，3（7）：57-61．

吴华，稽保中，刘曙雯，等．2011．大气 CO_2 浓度升高对花蜜及传粉昆虫的影响．环境昆虫学报，33（2）：234-240．

吴建国，吕佳佳，艾丽．2009．气候变化对生物多样性的影响：脆弱性和适应．生态环境学报，18（2）：693-703．

吴坤君，龚佩瑜，盛承发．2005．昆虫多样性参数的测定和表达．昆虫知识，42（3）：338-340．

吴坤君．2002．关于昆虫休眠和滞育的关系之浅见．昆虫知识，39（2）：154-156．

吴少会，向群，薛芳森．2006．昆虫的行为节律．江西植保，29（4）：147-157．

吴廷娟．2013．全球变化对土壤动物多样性的影响．应用生态学报，24（2）：581-588．

吴伟坚．2003．几种十字花科蔬菜害虫生态位的研究．昆虫知识，40（1）：42-44．

吴霞，张桂芬，万方浩．2011．基于 TaqMan 实时荧光定量 PCR 技术的西花蓟马快速检测．应用昆虫学报，48（3）：497-503．

武承旭，杨茂发，曾昭华，等．2015．斜纹夜蛾成虫在不同寄主上的繁殖行为日节律．植物保护学报，42（2）：210-216．

武海涛，吕宪国，杨青，等．2006．土壤动物主要生态特征与生态功能研究进展．土壤学报，43（2）：314-323．

夏基康．1981．昆虫种群空间分布型与抽样调查．南京农学院学报，2（1）：42-49．

夏明瑞，耿和平，杨兰旗，等．2010．环境胁迫下昆虫的分子适应策略．河北林果研究，25（2）：177-180．

夏勤雯，陈超，薛芳森．2011．为什么研究滞育？江西植保，34（1）：1-8．

向昌盛，周子英．2010．ARIMA 与 SVM 组合模型在害虫预测中的应用．昆虫学报，53（9）：1055-1060．

向玉勇，杨茂发．2006．昆虫性信息素研究应用进展．湖北农业科学，45（2）：250-256．

向玉勇，殷培峰，汪美英，等．2011．金银花尺蠖发育起点温度和有效积温的研究．应用昆虫学报，48（1）：152-155．

肖海军，魏晓棠，黄丽莉，等．2004．昆虫滞育诱导的光周期反应类型．江西农业大学学报，26（6）：867-873．

肖厚贞，方佳．2007．生态位理论及其在作物病虫害治理中的应用前景．华南热带农业大学学报，13（4）：43-49．

肖林云，王家云，王森山，等．2014．黑麦草草坪昆虫群落结构及演替研究．河南农业科学，43（12）：106-108．

肖婷，陈啸寅，杨鹤同，等．2011．三叶斑潜蝇发育起点温度和有效积温的研究．环境昆虫学报，33（1）：8-12．

肖治术，张知彬．2004．扩散生态学及其意义．生态学杂志，23（6）：107-110．

谢坚，屠乃美，唐建军，等．2008．农田边界与生物多样性研究进展．中国生态农业学报，16（2）：506-510．

谢正华，徐环李，杨璞．2011．传粉昆虫物种多样性监测、评估和保护概述．应用昆虫学报，48（3）：746-752．

解海翠，彩万志，王振营，等．2013．大气 CO_2 浓度升高对植物、植食性昆虫及其天敌的影响研究进展．应用生态学报，24（12）：3595-3602．

辛明，赵紫华，贺达汉，等．2011．种群生存力分析理论及其在害虫种群控制中的应用．农业科学研究，32（2）：47-51．

邢鲲，赵飞，韩巨才，等．2015．昼夜变温幅度对小菜蛾不同发育阶段生活史性状的影响．昆虫学报，58（2）：160-168．

熊新农，焦忠建，黄长干，等．2013．超宽带昆虫雷达的信号处理与仿真．计算机仿真，30（10）：438-441．

徐强，张庆．2007．大猿叶虫卵孵化的时辰节律研究．江西植保，30（3）：99-100．

许海云，单信洪．2009．种群密度调查——标志重捕法的模拟实验．生物学通报，44（6）：54．

许乐园，米勇，卢虹，等．2014．麦长管蚜在不同温度下的年龄-龄期生命表．植物保护学报，41（6）：673-678．

严陈，许静，钟文辉，等．2013．大气 CO_2 浓度升高对稻田根际土壤甲烷氧化细菌丰度的影响．生态学报，33（6）：1881-1888．

杨晨，王炜，汪诗平，等．2013．不同起始状态对草原群落恢复演替的影响．生态学报，33（10）：3091-3102．

杨和平，马罡，马春森．2011．农作物害虫预测模型网络共享平台系统．环境昆虫学报，33（2）：173-179．

杨慧，李鹏，金基宇，等．2013．一种基于 LED 灯的自适应捕虫方法．昆虫学报，56（11）：1306-1313．

杨菁菁，梁朝巍，沈斌斌，等．2012．昆虫扑灯节律研究．安徽农业科学，40（1）：210-212．

杨丽文，张帆，赵静，等．2014．短期驯化对米蛾卵饲养的东亚小花蝽捕食瓜蚜功能反应的影响．植物保护学报，41（6）：705-714．

杨茂发，杨大星，徐进，等．2013．稻水象甲成虫活动行为的日节律．昆虫学报，56（8）：952-959．

杨璞，祝增荣，商晗武，等．2008．昆虫孤雌生殖中中心体的组装和意义．细胞生物学杂志，30（3）：357-361．

杨振德，常明山，邓力，等．2008．尺蛾科昆虫化学生态学研究进展．林业科技开发，22（1）：10-12．

姚英娟，薛东，杨长举．2004．昆虫行为与信息化合物关系的研究进展．华中农业大学学报，23（4）：478-482．

叶彩玲，霍治国，丁胜利，等．2005．农作物病虫害气象环境成因研究进展．自然灾害学报，14（1）：90-97．

叶静文，李志刚，吕欣，等．2013．黄玛草蛉幼虫对埃及吹绵蚧若虫的捕食功能和数值反应．环境昆虫学报，35（1）：67-71．

于贵瑞．2001．略论生态系统管理的科学问题与发展方向．资源科学，23（6）：1-4．

于汉龙，李林懋，张思聪，等．2014．应用罩笼法定量评价天敌对麦蚜的控害作用．应用昆虫学报，51（1）：107-113．

于汉龙，门兴元，叶保华，等．2014．自然天敌对苗蚜和伏蚜控制作用的定量分析．应用昆虫学报，51（1）：99-106．

于佳星．2011．昆虫行为与周围环境的适应．吉林农业，8：242-243．

于晓东，罗天宏，周红章，等．2006．边缘效应对卧龙自然保护区森林 2 草地群落交错带地表甲虫多样性的影响．昆虫学报，49（2）：277-286．

于新文，刘晓云．2001．昆虫种群空间格局的研究方法评述．西北林学院学报，16（3）：83-87．

原鑫，赵伟春，程家安，等．2014．定量评价捕食性天敌功能——单克隆抗体技术．应用昆虫学报，51（1）：292-298．

袁秀，马克明，王德．2011．黄河三角洲植物生态位和生态幅对物种分布-多度关系的解释．生态学报，31（7）：1955-1961．

袁一杨，高宝嘉，李明，等．2008．不同林分类型下油松毛虫（*Dendrolimus tabulaeformis* Tsai et Liu）种群遗传多样性．生态学报，28（5）：2099-2106．

岳雷，周忠实，刘志邦，等. 2014. 不同强度快速冷驯化对广聚萤叶甲成虫耐寒性生理指标的影响. 昆虫学报，57（6）：631-638.

昝庆安，陈斌，孙跃先，等. 2010. 利用正弦模型估算昆虫发育的有效积温. 云南农业大学学报，25（4）：476-482.

曾保娟，冯启理. 2014. 昆虫的变态发育研究. 应用昆虫学报，51（2）：317-328.

翟保平. 2010. 农作物病虫测报学的发展与展望. 植物保护，36（4）：10-14.

翟连荣. 1997. 空间分析技术在害虫种群管理中的应用. 昆虫知识，34（5）：314-318.

张帮君，韩群鑫，郭正光，等. 2009. 成虫期长于幼期的昆虫实验种群生殖力表参数估计模型的改进. 生态学报，29（5）：2664-2668.

张纯胄，杨捷. 2007. 害虫趋光性及其应用技术的研究进展. 华东昆虫学报，16（2）：131-135.

张纯胄. 2007. 害虫对色彩的趋性及其应用技术发展. 温州农业科技，（2）：1-4.

张飞萍，蔡秋锦，王辉阳，等. 2001. 毛竹叶螨及其天敌捕食螨的生态位研究. 林业科学，37（2）：56-60.

张谷丰，易红娟，孙雪梅. 2009. 基于网络的害虫有效积温运算平台. 农业网络信息，3：86.

张桂芬，刘万学，郭建英，等. 2012. 美洲斑潜蝇 SS-PCR 检测技术研究. 生物安全学报，21（1）：74-78.

张桂芬，吕志创，万方浩. 2014. 捕食性天敌昆虫控害作用定量评价方法. 应用昆虫学报，51（1）：299-301.

张桂芬，吴霞，郭建英，等. 2010. 螺旋粉虱 SCAR 标记的建立与应用. 植物保护学报，37（5）：385-390.

张国庆. 2011. 气候变化对生物灾害发生的影响及对策. 资源与环境科学，（1）：318-321.

张宏杰. 2003. 中国昆虫遗传多样性研究现状. 汉中师范学院学报（自然科学），21（1）：82-89.

张立敏，张玉虎，陈斌，等. 2012. 元阳梯田黑光灯诱集昆虫群落多样性及其评价方法研究. 云南农业大学学报，27（5）：617-622＋657.

张丽，周冬，杨杰，等. 2013. UV-B 胁迫小麦上麦长管蚜的生命表参数和取食行为. 昆虫学报，56（6）：665-670.

张利军，李宾瑶，李丫丫，等. 2014. 黄色黏虫板在 3 种果园对蚜虫及其天敌的诱集作用. 植物保护学报，41（6）：747-753.

张连翔，温豁然，吕尚彬，等. 1996. 昆虫种群空间格局研究中的几个检验问题. 西北林学院学报，11（3）：59-65.

张清泉，张雪丽，陆温，等. 2009. 昆虫交配行为、繁殖适度和性信息素在国内的研究进展. 广西农业科学，40（2）：164-168.

张天澍，李恺，张丽莉，等. 2008. 人工饲料对龟纹瓢虫捕食功能的影响. 昆虫知识，45（5）：791-794.

张文军. 2007. 生态学研究方法. 广州：中山大学出版社.

张文庆，古德祥，张古忍. 2000. 论短期农作物生境中节肢动物群落的重建Ⅰ. 群落重建的概念及特性. 生态学报，20（6）：1107-1112.

张文庆，古德祥，张古忍. 2001. 论短期农作物生境中节肢动物群落的重建Ⅱ. 群落重建的分析和调控. 生态学报，21（6）：1020-1024.

张文庆，张古忍，古德祥. 2001. 论短期农作物生境中节肢动物群落的重建Ⅲ. 群落重建与天敌保护利用. 生态学报，21（11）：1927-1931.

张晓爱，赵亮，康玲. 2001. 生态群落物种共存的进化机制. 生物多样性，9（1）：8-17.

张欣杨，李杨，杨天翔，等. 2010. 东亚飞蝗孤雌生殖与两性生殖特性的比较. 北京农学院学报，25（1）：27-29.

张学卫，潘建芝，高宝嘉. 2009. 昆虫遗传多样性研究及展望. 河北林果研究，24（4）：433-438.

张祎，孙长红. 2012. 化学通讯在昆虫物种多样性调查中的应用前景. 甘肃畜牧兽医，5（2）：8-9.

张永生. 2009. 害虫预测预报方法的研究进展. 湖南农业科学，（7）：77-79.

张勇，刘来福，徐汝梅. 2008. 蒙特卡罗方法研究集合种群动态. 北京师范大学学报（自然科学版），44（1）：32-38.

张总泽，刘双平，罗礼智，等. 2010. 内蒙古巴彦淖尔地区向日葵螟的种群动态与生活史. 昆虫学报，53（6）：708-714.

赵彩云，李俊生，罗建武，等. 2010. 蝴蝶对全球气候变化响应的研究综述. 生态学报，30（4）：1050-1057.

赵春雷，李二杰，姚树然. 2009. 基于 GIS、GPS 技术的蝗虫灾害遥感监测系统. 全国农业遥感技术研讨会.

赵广宇，李虎，杨海林，等. 2014. DNA 条形码技术在昆虫学中的应用. 植物保护学报，41（2）：129-141.

赵洪霞，肖留斌，谭永安，等. 2011. 不同光周期对绿盲蝽实验种群生命表参数的影响. 棉花学报，23（2）：140-146.

赵化奇，吴乔明，郭振峰，等. 2001. 害虫防治决策的复序贯抽样方法和及抽样技术研究. 昆虫知识，38（2）：186-191.

赵建伟, 何玉仙, 翁启勇. 2008. 诱虫灯在中国的应用研究概况. 华东昆虫学报, 17 (1): 76-80.

赵俊红, 刘军侠, 姜文虎, 等. 2011. SO_2 胁迫对异色瓢虫的生长发育及保护酶的影响. 河北农业大学学报, 34 (1): 87-91.

赵瑞兴, 丛斌, 何莉莉. 2008. 分子生物学技术在病虫害防治中的应用. 辽宁林业科技, (1): 44-45.

赵中华, 尹哲, 杨普云. 2011. 农作物病虫害绿色防控技术应用概况. 植物保护, 37 (3): 29-32.

赵紫华, 欧阳芳, 贺达汉. 2012. 农业景观中不同生境界面麦蚜天敌的边缘效应与溢出效应. 中国科学: 生命科学, 42 (10): 825-840.

赵紫华, 欧阳芳, 门兴元, 等. 2013. 生境管理——保护性生物防治的发展方向. 应用昆虫学报, 50 (4): 879-889.

赵紫华, 石云, 贺达汉, 等. 2010. 不同农业景观结构对麦蚜种群动态的影响. 生态学报, 30 (23): 6380-6388.

郑斌, 仰素琴, 海英, 等. 2011. 气候变暖对小五台山自然保护区森林有害昆虫发生的影响. 河北林业科技, (6): 37-40.

郑巍, 罗阿蓉, 史卫峰, 等. 2013. 系统发育分析中的最大简约法及其优化. 昆虫学报, 56 (10): 1217-1228.

郑云开, 尤民生. 2009. 农业景观生物多样性与害虫生态控制. 生态学报, 29 (3): 1508-1518.

钟景辉. 2011. 温度胁迫对花角蚜小蜂产卵及存活的影响. 福建林业科技, 38 (1): 50-52.

周波, 马骏, 戈峰. 2008. 作物-害虫-天敌三级营养系统对臭氧增加的响应. 江西农业学报, 20 (7): 67-70.

周海波, 陈巨莲, 程登发, 等. 2012. 农田生物多样性对昆虫的生态调控作用. 植物保护, 38 (1): 6-10.

周红章, 于晓东, 罗天宏, 等. 2014. 土壤步甲和隐翅虫的采集与田间调查取样技术. 应用昆虫学报, 51 (5): 1367-1375.

周强, 徐瑞清, 程小桐. 2006. 昆虫的生物光电效应与虫害治理应用. 现代生物医学进展, 6 (4): 70-72.

周婷, 彭少麟. 2008. 边缘效应的空间尺度测度. 生态学报, 28 (7): 3322-3333.

周志艳, 罗锡文, 张扬, 等. 2010. 农作物虫害的机器检测与监测技术研究进展. 昆虫学报, 53 (1): 98-109.

朱承节, 贺张, 陈伟, 等. 2014. 以冷冻和新鲜家蝇蛹为寄主的蝇蛹俑小蜂实验种群生命表参数比较. 昆虫学报, 57 (10): 1219-1226.

朱芬萌, 安树青, 关保华, 等. 2007. 生态交错带及其研究进展. 生态学报, 27 (7): 3032-3042.

朱耿平, 刘晨, 李敏, 等. 2014. 基于 Maxent 和 GARP 模型的日本双棘长蠹在中国的潜在地理分布分析. 昆虫学报, 57 (5): 581-586.

朱剑, 李保平, 孟玲. 2011. 气候变暖对我国棉铃虫适生分布区的模拟预测. 生态学杂志, 30 (7): 1382-1387.

朱捷, 马力, 陈琪, 等. 2014. 莲藕食根金花虫成虫活动行为的日节律. 昆虫学报, 57 (10): 1227-1237.

朱麟, 古德祥, 吴海昌. 1998. 昆虫对植物次生性物质的生态适应机制. 福建林业科技, 25 (2): 59-62.

朱楠, 王玉波, 张海强, 等. 2011. 光周期、温度对丽蚜小蜂生长发育的影响. 植物保护学报, 38 (4): 381-382.

朱新玉, 高宝嘉, 毕华铭, 等. 2007. 森林-草原交错带土壤节肢动物群落多样性. 应用生态学报, 18 (11): 2567-2572.

朱燕玲, 过仲阳, 叶属峰, 等. 2011. 崇明东滩海岸带生态系统退化诊断体系的构建. 应用生态学报, 22 (2): 513-518.

卓德干, 李照会, 门兴元, 等. 2010. 昆虫滞育研究进展. 山东农业科学, (8): 86-90.

卓德干, 李照会, 门兴元, 等. 2011. 低温和光周期对绿盲蝽越冬卵滞育解除和发育历期的影响. 昆虫学报, 54 (2): 136-142.

邹建国. 1989. 岛屿生物地理学理论: 模型与应用. 生态学杂志, 8 (6): 34-39.

邹运鼎, 李昌根, 毕守东, 等. 2006. 群落结构特征参数对葡萄园节肢动物群落作用的比较. 应用生态学报, 17 (6): 1075-1080.

Agrell J, Kopper B, McDonald EP, et al. 2005. CO_2 and O_3 effects on host plant preferences of the forest tent caterpillar (*Malacosoma disstria*). Global Change Biology, 11(4): 588-599.

Ahmad SK, Ali A, Rizvi PQ. 2008. Influence of varying temperatures on the development and fertility of *Plutella xylostella* (L.) (Lepidoptera: Y ponomeutidae) on cabbage. Asian Journal of Agricultural Research, 2(1): 25-31.

Alphey L. 2002. Re-engineering the sterile insect technique. Insect Biochemistry and Molecular Biology, 32(10): 1243-1247.

Ammunet T, Kaukoranta T. 2012. Invading and resident defoliators extremewinter cold as a range-limiting factor. Ecological Entomology, 37: 212-220.

Angilletta Jr MJ. 2006. Estimating and comparing thermal performance curves. Journal of Thermal Biology, 31: 541-545.

Bale JS, Masters GJ, Hodkinson ID, et al. 2002. Herbivory in global climate change research: direct effects of rising temperature on insect herbivores. Global Change Biology, 8: 1-16.

Batáry P, Báldi A, Kleijn D, et al. 2011. Landscape-moderated biodiversity effects of agri-environmental management: a meta-analysis. Proceedings Biological Sciences, 278 (1713): 1894-1902.

Battisti A, Stastny M, Buffo E, et al. 2006. A rapid altitudinal range expansion in the pine processionary moth produced by the 2003 climatic anomaly. Global Change Biology, 12 (4): 662-671.

Baum JA, Bogaert T, Clinton W, et al. 2007. Control of coleopteran insect pests through RNA interference. Nature Biotechnology, 25(11): 1322-1326.

Beissinger SR, Mccullough DR. 2002. Population Viability Analysis. Chicago: University of Chicago Press: 481-506.

Bellés X. 2010. Beyond Drosophila: RNAi in vivo and functional genomic in insects. Annual Review of Entomology, 55(1): 111-128.

Bengtsson J, Ahnstrom J, Weibull AC. 2005. The effects of organic agriculture on biodiversity and abundance: a meta-analysis. Journal of Applied Ecology, 42(2): 261-269.

Benton TG, Vickery JA, Wilson JD. 2003. Farmland biodiversity: is habitat heterogeneity the key? Trends in Ecology & Evolution, 18(4): 182-188.

Berwaerts K, Dyck HV. 2004. Take-off performance under optimal and suboptimal thermal conditions in the butterfly Pararge aegeria. Saudi Medical Journal, 141(3): 536-545.

Bianchi FJJA, Booij CJH, Tscharntke T. 2006. Sustainable pest regulation in agricultural landscapes: a review on landscape composition, biodiversity and natural pest control. Proceedings of the Royal Society B-Biological Sciences, 273(1595): 1715-1727.

Booker M, Samsonova A, Kwon Y, et al. 2011. False negative rates in Drosophila cellbased RNAi screens: a case study. Bmc Genomics, 12(1): 50.

Brook BW, Ocgrady JJ, Chapman AP, et al. 2000. Predictive accuracy of population viability analysis in conservation biology. Nature, 404(6776): 385-387.

Bullock JM, Kenward RE, Hails RS. 2002. Dispersal Ecology: The 42th Symposium of the British Ecological Society Held at The University of Reading. London: Blackwell Science.

Burger J. 2008. Assessment and management of risk to wildlife from cadmium. Science of the Total Environment, 389(1): 37-45.

Calosi P, Bilton DT, Spicer JI. 2007. Thermal tolerance, acclimatory capacity and vulnerability to global climate change. Biology Letters, 4(1): 99-102.

Carroll AL, Taylor SW, Régnière J, et al. 2004. Effects of climate change on range expansion by the mountain pine beetle in British Columbia. Information Report-Pacific Forestry Centre, Canadian Forest Service, BC-X-399: 223-232.

Carroll MW, Glaser JA, Hellmich RL, et al. 2008. Use of spectral vegetation indices derived from airborne hyperspectral imagery for detection of European corn borer infestation in Iowa corn plots. Journal of Economic Entomology, 101(5): 1614-1623.

Cavender-Bares J, Kozak KH, Fine PV, et al. 2009. The merging of community ecology and phylogenetic biology. Ecology Letters, 12(7): 693-715.

Cha DH, Nojima S, Hesler SP, et al. 2008. Identification and field evaluation of grape shoot volatiles attractive to female grape berry moth (Paralobesia viteana). Journal of Chemical Ecology, 34(9): 1180-1189.

Chi H, Su HY. 2006. Age-stage, two-sex life tables of Aphidius gifuensis (Ashmead) (Hymenoptera: Braconidae) and its host Myzus persicae (Sulzer) (Homoptera: Aphididae) with mathematical proof of the relationship between female fecundity and the net reproductive rate. Environmental Entomology, 35(1): 10-21.

Colinet H, Renault D, Hance T, et al. 2006. The impact of fluctuating thermal regimes on the survival of a cold - exposed parasitic, Aphidius colemani. Physiological Entomology, 31(3): 234-240.

Crozier L, Dwyer G. 2006. Combining population-dynamic and ecophysiological models to predict climate-induced insect range shifts. The American Naturalist, 167(6): 853-866.

Davis JA, Radcliffe EB, Ragsdale DW. 2006. Effects of high and fluctuating temperatures on Myzus persicae (Hemiptera:

Aphididae). Environmental Entomology, 35(6): 1461-1468.

Denlinger DL. 2002. Regulation of diapause. Annual Review of Entomology, 47(1): 93-122.

Dingemanse NJ, Kalkman VJ. 2008. Changing temperature regimes have advanced the phenology of Odonata in the Netherlands. Ecological Entomology, 33(3): 394-402.

Dolež P, Habuštová O, Sehnal F. 2007. Effects of photoperiod and temperature on the rate of larval development, food conversion efficiency, and imaginal diapause in *Leptinotarsa decemlineata*. Journal of Insect Physiology, 53: 849-857.

Drake VA, Wang HK, Harman IT. 2002. Insect monitoring radar: Remote and network operation. Computers and Electronics in Agriculture, 35 (2-3): 77-94.

Edward DA, Blyth JE, Mckee R, et al. 2007. Change in the distribution of a member of the strand line community: the seaweed fly (Diptera: Coelopidae). Ecological Entomology, 32(6): 741-746.

Flint SD, Ryel RJ, Caldwell MM. 2003. Ecosystem UV-B experiments in terrestrial communities: a review of recent findings and methodologies. Agricultural and Forest Meteorology, 120: 177-189.

Gannes LZ, OBrien DM, del Rio CM. 1997. Stable isotopes in animal ecology: assumptions, caveats, and a call for more laboratory experiments. Ecology, 78(4): 1271-1276.

Gibbs JP, Stanton EJ. 2001. Habitat fragmentation and arthropod community change: *Carrion bettles*, Phoretic mites, and flies. Ecological Application, 11(1): 79-85.

Gomi T, Nagasaka M, Fukuda T, et al. 2007. Shifting of the life cycle and life-history traits of the fall webworm in relation to Climate change. Entomologia Experimentalis et Applicata, 125(2): 179-184.

Gonzalez Rodriguez A, Betty B, Castaneda A. 2000. Population genetic structure of *Acanthoscelides obtectus* and *A. obvelate* (Coleoptera: Bruchidae) from wild and cultivated *Phaseolus* spp. (Leguminosae). Annals of the Entomological Society of America, 93(5):1100-1107.

Gotoh T, Sugimoto N, Pallini A, et al. 2010. Reproductive performance of seven strains of the tomato red spider mite *Tetranychus evansi* (Acari: Tetranychidae) at five temperatures. Experimental & Applied Acarology, 52(3): 239-259.

Gray DR. 2008. The relationship between climate and outbreak characteristics of the spruce budworm in eastern Canada. Climatic Change, 87(3/4): 361-383.

Haatings A, Harrison S. 1994. Metapopulation dynamics and genetics. Annual Review of Ecology and Systematics, 25: 167-188.

Hagen SB, Jepsen JU, Ims RA, et al. 2007. Shifting altitudinal distribution of outbreak zones of winter moth *Operophtera brumata* in sub-arctic birch forest: a response to recent climate warming? Ecography, 30(2): 299-307.

Hanski I, Gilpin ME. 1997. Metapopulation Biology: Ecology, Genetics, and Evolution. San Diego: Academic Press.

Hanski I, Gyllenberg M. 1996. Minimum viable metapopulation size. The American Naturalist, 147(4): 527-541.

Hanski I, Pakkala M, Kuussaari M, et al. 1995. Metapopulation persistence of an endangered butterfly in a fragmented landscape. Oikos, 72: 21-28.

Hanski I. 1991. Single-species metapopulation dynamics: concepts, models and observations. Biological Journal of the Linnean Society, 42: 17-38.

Hanski I. 1994. A practical model of metapopulation dynamics. Journal of Animal Ecology, 63: 151-162.

Hanski I. 1998. Metapopulation dynamics. Nature, 396(6706): 41-49.

Hanski I. 1999. Metapopulation Ecology. Oxford: Oxford University Press.

Harrington R, Clark SJ, Welham SJ, et al. 2007. Environmental change and the phenology of European aphids. Global Change Biology, 13(8): 1550-1564.

Himanen SJ, Nerg AM, Nissinen A, et al. 2009. Elevated atmospheric ozone increases concentration of insecticidal *Bacillus thuringiensis* (Bt) Cry1Ac protein in Bt *Brassica napus* and reduces feeding of a Bt target herbivore on the non-transgenic parent. Environmental Pollution, 157(1): 181-185.

Holopainen JK. 2002. Aphid response to elevated ozone and CO_2. Entomologia Experimental Et Applicata, 104(1): 137-142.

Hughes PR, Chiment JJ, Dickie AI, *et al*. 1985. Life table studies of *Elasmopalpus lignosellus* (Lepidoptera: Pyralidae) on sugarcane to SO_2-induced changesin soybean. Environmental Entomology, 14(6): 718-721.

Ikemoto T. 2011. What is the intrinsic optimum temperature for development of insects and mites? (1) The theory and some tentative assumptions. Japan Plant Protection, 65(7): 448-453.

IPCC. 2007. IPCC Fourth Assessment Report (AR4). Cambridge: Cambridge University Press.

Jepsen JU, Hagen SB, Ims RA, *et al*. 2008. Climate change and outbreaks of the geometrids *Operophtera brumata* and *Epirrita autumnata* in subarctic birch forest: evidence of a recent outbreak range expansion. Journal of Animal Ecology, 77 (2): 257-264.

Johns CV, Hughes L. 2002. Interactive effects of elevated CO_2 and temperature on the leaf-miner *Dialectica scalariella* Zeller (Lepidoptera: Gracillariidae) in Paterson's curse, *Echium plantagineum* (Boraginaceae). Global Change Biology, 8: 142-152.

Koštál V, Renault D, Mehrabianova A, *et al*. 2007. Insect cold tolerance and repair of chill-injury at fluctuating thermal regimes: role of ion homeostasis. Comparative Biochemistry and Physiology, 147(1): 231-238.

Koštál V. 2006. Eco-physiological phases of insect diapause. Journal of Insect Physiology, 52 (2): 113-127.

Kruss A. 2003. Effects of landscape structure and habitat type on a plant-herbivore-parasitoid community. Ecography, 26: 283-290.

Lessard JP, Fordyce JA, Gotelli NJ, *et al*. 2009. Invasive ants alter the phylogenetic structure of ant communities. Ecology, 90(10): 2664-2669.

Liu WX, Pan YH. 2007. The Development of two-dimensional electrophoresis and its application in agricultural biological proteomics. Chinese Agricultural Science Bulletin, 6(23): 89-93.

Ma CS, Ma G, Chang XQ. 2008. Review of research and application in agricultural pest management with extreme high temperature. Journal of Environmental Entomology, 30(3): 257-264.

Ma G, Ma CS. 2007. Behavioral responses of bird cherry-oat aphid, *Rhopalosiphum padi*, to temperature gradients. Acta Phytophylacica Sinica, 34(6): 624-630.

Machac A, Janda M, Dunn RR, *et al*. 2011. Elevational gradients in phylogenetic structure of ant communities reveal the interplay of biotic and abiotic constraints on diversity. Ecography, 234(3): 364-371.

Marino PC, Landis DA. 1996. Effect of landscape structure on parasitoid diversity in agroecosystems. Ecological Application, 6: 276-284.

Mazor M, Dunkelblum E. 2005. Circadian rhythms of sexual behavior and pheromone titers of two closely related moth species *Autographa gamma* and *Cornutiplusia circumflexa*. Journal of Chemical Ecology, 31(31): 2153-2168.

Mironidis GK, Savopoulou-Soultani M. 2008. Development, survivorship and reproduction of *Helicoverpa armigera* (Lepidoptera: Noctuidae) under constant and alternating temperatures. Environmental Entomology, 37(1): 16-28.

Moilanen A, Hanski I. 1998. Metapopulation dynamics: effects of habitat quality and landscape structure. Ecology, 79: 2503-2515.

Molles MC. 2000. Ecology: Concepts and Applications. Beijing: Science Press, USA: McGraw Hill Companies: 304-308.

Musolin DL. 2007. Insects in a warmer world: ecological, physiological and life-history responses of true bugs (Heteroptera) to climate change. Global Change Biology, 13 (8): 1565-1585.

Nathan R, Perry G, Cronin JT, *et al*. 2003. Methods for estimating long-distance dispersal. Oikos, 103: 261-273.

Nimbalkar RK, Shinde SS, Wadikar MS, *et al*. 2010. Effect of constant temperature on development and reproduction of the *Cotton Aphid (Aphis gossypii)* (Glover) (Hemiptera: Aphididae) on Gossypium hirsutum in Laboratory Conditions. Journal of Ecobiotechnology, 2(8): 29-34.

Parmesan C. 2006. Ecological and evolutionary responses to recent climate change. Annual Review Ecology Evolution & Systematics, 37(1): 275-290.

Percy KE, Awmack CS, Lindroth RL, *et al*. 2002. Altered performance of forest pests under atmospheres enriched by CO_2 and O_3. Nature, 20: 403-407.

Pöyry J, Luoto M, Heikkinen R, *et al*. 2009. Species traits explain recent range shifts of Finnish butterflies. Global Change Biology,

15(3): 732-743.

Radmacher S, Strohm E. 2011. Effect of constant and fluctuating temperatures on the development of the solitary bee *Osmia bicornis* (Hymenoptera: Megachilidae). Apidologie, 42: 711-720.

Saleh A, Sengonca C. 2000. Effects of different high constant and alternating temperatures on the development and prey consumption of *Dicyphus tamaninii* Wagner (Heteroptera, Miridae) with *Aphis gossypii* Glover (Homoptera, Aphididae) as prey. Journal of Pest Science, 76(5): 118-123.

Sandhu HS, Nuessly GS, Webb SE, *et al.* 2010. Life table studies of *Elasmopalpus lignosellus*(Lepidoptera: Pyralidae) on sugarcane. Environmental Entomology, 39(6): 2025-2032.

Satar S, Kersting U, Uygun N. 2005. Effect of temperature on development and fecundity of *Aphis gossypii* Glover (Homoptera: Aphididae) on cucumber. Journal of Pest Science, 78(3): 133-137.

Saunders DS. 2002. Insect Clocks. Elsevier: Pergamon Press.

Scheifler R, Vaufleury AG, Toussaint ML, *et al.* 2002. Transfer and effects of cadmium in an experimental food chain involving the snail *Helix aspersa* and the predatory carabid beetle *Chrysocarabus splendens*. Chemosphere, 48: 571-579.

Schmidt JM, Harwood JD, Rypstra AL. 2012. Foraging activity of a dominant epigeal predator: molecular evidence for the effect of prey density on consumption. Oikos, 121(11): 1715-1724.

Shiga S, HamanakaY, Tatsu Y, *et al.* 2003. Juvenile hormone biosynthesis in diapause and nondiapause females of the adult blow fly Protophormia terraenovae. Zoolog Science, 20(10): 1199- 1206.

Stacey DA, Fellowes ME. 2002. Influence of elevated CO_2 on interspecific interactions at higher trophic levels. Globnal Change Biology, 8: 668-678.

Stephens AEA, Kriticos DJ, Leriche A. 2007. The current and future potential geographical distribution of the oriental fruit fly, *Bactrocera dorsalis* (Diptera: Tephritidae). Bulletin of Entomological Research, 97(4): 369-378.

Symondson WOC. 2002. Molecular identification of prey in predator diets. Molecular Ecology, 11(4): 627-641.

Tanaka K, Watari Y. 2003. Adult eclosion timing of the onion fly, *Delia antiqua,* in response to daily cycles of temperature at different soil depths. Die Naturwissenschften, 90(2): 76-79.

Teixeira LA, Polavarapu S. 2005. Evidence of a heat-Induced quiescence during pupal development in *Rhagoletis mendax* (Diptera: Tephritidae). Environmental Entomology, 34(2): 292-297.

Terenius O, Papanicolaou A, Garbutt JS, *et al.* 2011. RNA interference in Lepidoptera: An overview of successful and unsuccessful studies andimplications for experimental design. Journal of Insect Physiology, 57(2): 223-245.

Thissena U, Brakela R, de Weijerb AP, *et al.* 2003. Using support vector machines for time series prediction. Hemometrics and Intelligent Laboratory Systems, 69: 35-49.

Traill LW, Bradshaw CJA, Brook BW. 2007. Minimum viable population size: A meta- analysis of 30 years of published estimates. Biological Conservation, 139(1-2): 159-166.

Umina PA, Weeks AR, Kearney MR, *et al.* 2005. A rapid shift in a classic clinal pattern in *Drosophila* reflecting climate change. Science, 308(5772): 691-693.

Vanhanen H, Veteli TO, Päivinen S, *et al.* 2007. Climate change and range shifts in two insect defoliators: gypsy moth and nun moth-a model study. Silva Fennica, 41(4): 621-638.

Vilaplana L, Pascual N, Perera N, *et al.* 2007. Molecular characterization of an inhibitor of apoptosis in the Egyptian armyworm, *Spodoptera littoralis*, and midgut cell death during metamorphosis. *Insect Biochem & Molecular*. Biology, 37(12): 1241-1248.

Vuilleumier S, Wilcox C, Cairns BJ, *et al.* 2007. How patch configuration affects the impact of disturbances on metapopulation persistence. Theoretical Population Biology, 72(1): 77-85.

Walrant A, Loreau M. 1995. Comparison of iso-enzyme electrophoresis and gut content examination for determining the natural diets of the groundbeetle species *Abax ater* (Coleoptera: Carabidae). Entomolgia Generalis, 19(4): 253-259.

Watari Y. 2002a. Comparison of the circadian eclosion rhythm between non-diapause and diapause pupae in the onion fly, *Delia antiqua.* Journal of Insect Physiology, 48(9): 883-889.

Watari Y. 2002b. Comparison of the circadian eclosion rhythm between non-diapause and diapause pupae in the onion fly, *Delia antiqua:* the effect of thermoperiod. Journal of Insect Physiology, 48(9): 881-886.

Wilson RJ, Gutiérrez D, Gutiérrez J, *et al.* 2005. Changes to the elevational limits and extent of species ranges associated with climate change. Ecology Letters, 8: 1138-1146.

Wilson RJ, Gutiérrez D, Gutiérrez J, *et al.* 2007. An elevational shift in butterfly species richness and com position accompanying recent climate change. Global Change Biology, 13(9): 1873-1887.

Wolf A, Kozlov MV, Callaghan TV. 2008. Impact of non-outbreak Insect damage on vegetation in northern Europe will be greater than expected during a changing Climate. Climatic Change, 87(1 /2): 91-106.

Yoshinori S. 2009. Artificial selection for responsiveness to photoperiod change alters the response to stationary photoperiods in maternal induction of egg diapause in the rice leaf bug, *Trigonotylus caelestialium.* Journal of Insect Physiology, 55: 18-824.

Zamani A, Talebi A, Fathipour Y, *et al.* 2006. Temperature-dependent functional response of two aphid parasitoids, *Aphidius colemani* and *Aphidius matricariae* (Hymenoptera: Aphidiidae), on the cotton aphid. Journal of Pest Science, 79(4): 183-188.

Zamani AA, Talebi AA, Fathipour Y, *et al.* 2006. Effect of temperature on biology and population growth parameters of *Aphis gossypii* Glover (Hom., Aphididae) on greenhouse cucumber. Journal of Applied Entomology, 130(8): 453-460.

Zhen Y, Xu SP, Zhao ZZ, *et al.* 2008. The application of differential-display 2D-DIGE proteomics in plant research. Molecular Plant Breeding, 6(2): 405-412.

Zilahibalogh GMG, Shipp JL, Cloutier C, *et al.* 2006. Influence of light intensity, photoperiod, and temperature on the efficacy of two Aphelinid parasitoids of the greenhouse whitefly. Environmental Entomology, 35(3): 581-589.